普通高等教育“十一五”国家级规划教材

工厂供电

第6版

主编　刘介才
参编　霍　平

机械工业出版社

本书在第5版的基础上，按照与时俱进和培养技术应用型专门人才的要求，根据我国近年来新颁的标准规范及新技术的发展又进行了全面修订，以增强学生的规范意识和拓展学生的知识视野。本书注重理论结合实际，以实际应用为主。文字叙述力求深入浅出，明白易懂，插图力求简明清晰，做到图文并茂，便于自学。

本书共分十章。首先概述工厂供电及有关的基本知识；接着依次讲述工厂的电力负荷及其计算，短路电流及其计算，工厂变配电所及其一次系统，工厂电力线路，工厂供电系统的过电流保护，工厂供电系统的二次回路和自动装置，防雷、接地与电气安全，节约用电与计划用电；最后讲述工厂的电气照明。为便于复习和自学，每章前列有内容提要，每章末附有复习思考题和习题，书末附有习题参考答案。

本书除了可作应用型本科教材外，高职高专和广播电视大学等有关专业也可选用，还可供有关工程技术人员参考。

本书配套的电子课件、课程思政案例及课后习题解答请登录机械工业出版社教育服务网（http://www.cmpedu.com）注册下载。另外本书还配有在线测试题，学生可扫封底的二维码进行在线测试。

图书在版编目（CIP）数据

工厂供电/刘介才主编. —6版. —北京：教学与机械工业出版社，2015.5（2025.6重印）

普通高等教育“十一五”国家级规划教材

ISBN 978-7-111-50134-3

Ⅰ.①工… Ⅱ.①刘… Ⅲ.①工厂-供电-高等学校-教材 Ⅳ.①TM727.3

中国版本图书馆CIP数据核字（2015）第091921号

机械工业出版社（北京市百万庄大街22号 邮政编码100037）

策划编辑：王雅新 责任编辑：王雅新

责任校对：杜雨霏 封面设计：张 静

责任印制：单爱军

保定市中画美凯印刷有限公司印刷

2025年6月第6版第20次印刷

184mm×260mm·25.5印张·627千字

标准书号：ISBN 978-7-111-50134-3

定价：79.00元

电话服务 网络服务

客服电话：010-88361066 机 工 官 网：www.cmpbook.com

010-88379833 机 工 官 博：weibo.com/cmp1952

010-68326294 金 书 网：www.golden-book.com

封底无防伪标均为盗版 机工教育服务网：www.cmpedu.com

前　言

本书是普通高等教育“十一五”国家级规划教材《工厂供电》2010年第5版修订后的第6版。

本书适用于普通高等工科学校电气工程及其自动化专业和电气技术专业，高职高专和广播电视大学、业余大学等的有关专业也可使用，还可供有关工程技术人员参考。教材内容可根据专业要求和教学时数取舍，有些内容可布置给学生自学。

全书共分十章。首先是概论，简要地介绍工厂供电及有关电源的基本知识，包括电力系统的电压和电能质量问题，为学习本课程奠定初步的基础；接着依次讲述工厂的电力负荷及其计算，短路电流及其计算，工厂变配电所及其一次系统，工厂电力线路，工厂供电系统的过电流保护，工厂供电系统的二次回路和自动装置，防雷、接地与电气安全，节约用电与计划用电；最后讲述工厂的电气照明。

为便于学生复习和自学，每章前列有内容提要，每章末附有复习思考题和习题，书末附有习题参考答案。为配合教学和习题的需要，书末还附录一些技术数据图表。为便于学生更准确地理解有关专业名词术语的含义，本书在首次引用时加注了英文，并在书前列出了中英含义对照的常用字符表。

本书在第5版的基础上，坚守教育强国、为党育人、为国育才的初心，按照与时俱进、精益求精、培养技术应用型专门人才的要求，根据我国近年来新颁的一系列标准规范和新技术的发展，又进行了全面修订，以培养和增强学生的规范意识，拓展学生的知识视野。本书注重理论结合实际，以实际应用为主，而理论分析和计算以必需、够用为度。本书在文字叙述上，力求深入浅出，明白易懂，而且尽量配以简明清晰的插图，做到图文并茂，便于自学。

本书第1版和第2版由陕西机械学院苏文成教授主审，第3版和第4版由西南交通大学简克良教授主审，第5版由西南交通大学简克良教授和高仕斌教授共同审稿。对于上述各位教授对本书书稿的不断完善先后做出的贡献，谨在此次修订时再次表示衷心的感谢！

本书的编写和历次修订，还先后得到不少单位和个人的大力支持和帮助，也在此表示衷心的谢意！

本书配套的电子课件、课程思政案例及课后习题解答请登录机械工业出版社教育服务网（http://www.cmpedu.com）注册下载。另外本书还配有在线测试题，学生可扫封底小程序码进行在线测试。

限于编者水平，书中错漏难免，敬请使用本书的广大师生和读者指正，在此预致谢意！

编　者

本书常用字符表

一、电气设备的文字符号（中英对照）

文字符号	中文含义	英文含义	旧符号
A	装置，设备	device, equipment	Z, SB
A	放大器	amplifier	FD
APD	备用电源自动投入装置	auto-put-into device of reserve-source	BZT
AR	重合器	recloser	CH
ARD	自动重合闸装置	auto-reclosing device	ZCH
C	电容；电容器	capacitance; capacitor	*C*
EPS	应急电源	emergency power supply	EPS
F	避雷器	arrester	BL
FD	跌开式熔断器	drop-out fuse	DR
FD(L)	跌开式熔断器（负荷型）	dropp-out fuse (load-type)	DR(F)
FE	熔体；排气式避雷器	fuse-element; expulsion-type lightning arrester	RT; PB
FG	保护间隙	protective gap	JX
FMO	金属氧化物避雷器	metal-oxide lightning arrester	BL
FU	熔断器	fuse	RD
FV	阀式避雷器	valve-type lightning arrester	BL
G	发电机	generator	F
GN	绿色指示灯	green indicating lamp	LD
HL	指示灯，信号灯	indicating lamp, signal lamp	XD
K	继电器；接触器	relay; contactor	J; C, JC
KA	电流继电器	current relay	LJ
KAR	重合闸继电器	auto-reclosing relay	CHJ
KG	气体（瓦斯）继电器	gas relay	WSJ
KH	热继电器	heating relay	RJ
KM	中间继电器；接触器	medium relay; contactor	ZJ; C, JC
KO	合闸接触器	closing contactor	HC
KR	干簧继电器	reed relay	GHJ
KS	信号继电器	signal relay	XJ
KT	时间继电器	time-delay relay	SJ
KV	电压继电器	voltage relay	YJ
L	电感；电抗器	inductance; reactor	*L*; DK
LED	发光二极管	light emitting diode	—
M	电动机	motor	D
N	中性线	neutral wire	N
PA	电流表	ammeter	A
PE	保护线	protective wire	—
PEN	保护中性线	protective neutral wire	—
PJ	有功电能表	Watt-hour meter	Wh
PJR	无功电能表	var-hour meter	varh
PV	电压表	voltmeter	V
Q	电力开关	power switch	K

（续）

文字符号	中文含义	英文含义	旧符号
QF	断路器	circuit-breaker	DL
QK	刀开关	knife-switch	DK
QL	负荷开关	load-switch	FK
QM	手动操作(动)机构辅助触点	auxiliary contact of manual operating mechanism	—
QS	隔离开关	disconnecting switch	GK
QV	电子(晶体管)开关	electro (VT) switch	—
R	电阻;电阻器	resistance;resistor	*R*
RCD	剩余电流(漏电)保护器	residual current protective device	—
RD	红色指示灯	red indicating lamp	HD
RP	电位器	potential meter	W
S	电力系统;电源;辉光启动器	power system;source;glow starter	XT;DY;S
SA	控制开关;选择开关	control switch;selector switch	KK;XK
SB	按钮	push-button	AN
SPD	电涌保护器	surge protective device	—
SQ	限位(位置、行程)开关	limit switch	XK
SVC	静止无功补偿装置	static var compensator	—
SVG	静止无功电源	static var generator	—
T	变压器	transformer	B
TA	电流互感器	current transformer(CT)	LH
TAN	零序电流互感器	neutral-current transformer	LLH
TM	电力变压器	power transformer	B
TV	电压互感器	voltage (potential) transformer (PT)	YH
U	变流器;整流器	converter;rectifier	BL;ZL
UPS	不间断电源	uninterrupted power supply	—
V,VC	控制回路用电源整流器	rectifier for control circuit supply	KZL
V,VD	半导体二极管	diode	D
V,VT	晶体管,半导体三极管	transistor,triode	T
W	母线;导线,线路	busbar;wire	M;XL
WA	辅助小母线	auxiliary small-busbar	FM
WAS	事故声响信号小母线	accident sound signal small-busbar	SYM
WB	母线	busbar	M
WC	控制小母线	control small-busbar	KM
WF	闪光信号小母线	flash-light signal small-busbar	SM
WFS	预告信号小母线	forecast signal small-busbar	YXM
WH	白色指示灯	white indicator lamp	BD
WL	灯光信号小母线;线路	lighting signal small-busbar;line	DM;XL
WO	合闸电源小母线	switch-on source small-busbar	HM
WS	信号电源小母线	signal source small-busbar	XM
WV	电压小母线	voltage small-busbar	YM
X	电抗	reactance	*X*
X,XT	端子板	terminal board	X
XB	连接片;切换片	link;switching block	LP;QP
YA	电磁铁	electromagnet	DC
YE	黄色指示灯	yellow indecator lamp	UD
YO	合闸线圈	clossing operation coil	HQ
YR	跳闸线圈,脱扣器	opening operation coil, release	TQ

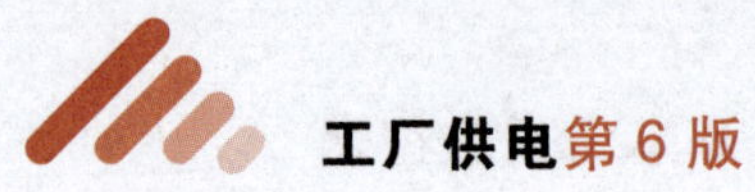

二、物理量下角标的文字符号(中英对照)

文字符号	中文含义	英文含义	旧符号
a	年	annual, year	n
a	有功	active	yg
Al	铝	Aluminium	Al, L
al	允许	allowable	yx
av	平均	average	pj
C	电容;电容器	capacitance; capacitor	*C*
c	计算;顶棚,天花板;持续	calculate; ceiling; continuous	js; DP; cs
cab	电缆	cable	L
cr	临界	critical	lj
Cu	铜	Copper	Cu, T
d	需要;基准;差动	demand; datum; differential	x; j; cd
dsq	不平衡	disequilibrium	bp
E	地;接地	earth; earthing	d; jd
e	设备;有效的	equipment; efficient	S, SB; yx
ec	经济的	economic	j, ji
eq	等效的	equivalent	dx
es	电动稳定	electrodynamic stable	dw
f	地板;形状	floor; form	DB; x
FE	熔体	fuse element	RT
Fe	铁	Iron	Fe
FU	熔断器	fuse	RD
h	高度;谐波	height; harmonic	*h*
i	电流;任一数目	current; arbitrary number	*i*
ima	假想的	imaginary	jx
K	继电器	relay	J
k	短路	short-circuit (sc)	d
L	电感	inductance	*L*
L	负荷,负载;灯	load; lamp	H, fz; D
l	线路,线;长延时	line; long-delay	xl, x; l
M	电动机	motor	D
m	最大,幅值	maximum	m
man	人工的	manual	rg
max	最大	maximum	zd
min	最小	minimum	zx
N	额定,标称	rated, nominal	e
n	数,数目	number	n
nat	自然的	natural	zr
np	非周期性	non-periodic	f-zq
oc	断路,开路	open circuit	dl
oh	架空线路	over-head line	K
OL	过负荷	over-load	gh
op	动作,操作	operate	dz
OR	过电流脱扣器	over-current release	TQ
p	有功功率	active power	yg
p	周期性的;保护	periodic; protect	zq; bh
pk	尖峰	peak	jf

（续）

文字符号	中文含义	英文含义	旧符号
q	无功功率	reactive power	wg
qb	速断	quick break	sd
QF	断路器	circuit breaker	DL
r	无功的	reactive	wg
RC	室空间	room cabin	RC
re	返回，复归	return，reset	f，fh
rel	可靠	reliability	k
S	系统	system	XT
s	短延时	short-delay	s
saf	安全	safety	aq
sh	冲击	shock，impulse	cj
st	起动，启动	start	qd
step	跨步	step	kb
T	变压器	transformer	B
t	时间	time	t
TA	电流互感器	current transformer	LH
tou	接触	touch	jc
TR	热脱扣器	thermal release	RT
TV	电压互感器	voltage（potential）transformer	YH
u	电压	voltage	u
w	接线，结线；工作；墙壁	wiring；work；wall	JX；gz；qb
WL	导线，线路	wire，line	XL
x	某一数值	a number	x
XC	［触头］接触	contact	jc
α	吸收	absorption	α
ρ	反射	reflection	ρ
τ	透射	transmission	τ
θ	温度	temperature	θ
Σ	总和	total，sum	Σ
φ	相	phase	xg
0	零，无，空	zero，nothing，empty	0
0	停止，停歇	stoping	0
0	每（单位）	per（unit）	0
0	中性线，零线	neutral wire	0
0	起始的	initial	0
0	周围（环境）	ambient	0
0	瞬时	instantaneous	0
30	半小时［最大］	30min［maximum］	30

目　录

前言

本书常用字符表

第一章　概论 ………………………………… 1

第一节　工厂供电的意义、要求及课程任务 ………………………………… 1

第二节　工厂供电系统及发电厂、电力系统与工厂的自备电源 …………………… 2

第三节　电力系统的电压与电能质量 ………… 9

第四节　电力系统中性点运行方式及低压配电系统接地形式 ………………… 18

复习思考题 ……………………………………… 24

习题 ……………………………………………… 24

第二章　工厂的电力负荷及其计算 ……… 26

第一节　工厂的电力负荷与负荷曲线 ……… 26

第二节　三相用电设备组计算负荷的确定 … 30

第三节　单相用电设备组计算负荷的确定 … 37

第四节　工厂的计算负荷及年耗电量的计算 ………………………………………… 40

第五节　尖峰电流及其计算 ………………… 43

复习思考题 ……………………………………… 44

习题 ……………………………………………… 45

第三章　短路电流及其计算 ……………… 46

第一节　短路的原因、后果和形式 ………… 46

第二节　无限大容量电力系统发生三相短路时的物理过程和物理量 ……………… 48

第三节　无限大容量电力系统中短路电流的计算 …………………………………… 50

第四节　短路电流的效应和稳定度校验 …… 59

复习思考题 ……………………………………… 65

习题 ……………………………………………… 66

第四章　工厂变配电所及其一次系统 …… 67

第一节　工厂变配电所的任务和类型 ……… 67

第二节　电力变压器 ………………………… 69

第三节　电流互感器和电压互感器 ………… 76

第四节　高压一次设备 ……………………… 84

第五节　低压一次设备 ……………………… 104

第六节　工厂变配电所的主接线图 ………… 116

第七节　工厂变配电所的所址、布置、结构及电气安装图 ………………… 127

第八节　工厂变配电所的运行维护与检修试验 ………………………………… 139

复习思考题 ……………………………………… 152

习题 ……………………………………………… 153

第五章　工厂电力线路 …………………… 154

第一节　工厂电力线路及其接线方式 ……… 154

第二节　工厂电力线路的结构和敷设 ……… 157

第三节　导线和电缆截面积的选择计算 …… 170

第四节　电力线路的电气安装图 …………… 179

第五节　电力线路的运行维护与检修试验 ………………………………… 183

复习思考题 ……………………………………… 190

习题 ……………………………………………… 190

第六章　工厂供电系统的过电流保护 …… 192

第一节　过电流保护的任务和要求 ………… 192

第二节　熔断器保护 ………………………… 193

第三节　低压断路器保护 …………………… 198

第四节　常用的保护继电器 ………………… 202

第五节　工厂高压线路的继电保护 ………… 211

第六节　电力变压器的继电保护 …………… 225

第七节　高压电动机的继电保护 …………… 234

复习思考题 ……………………………………… 237

习题 ……………………………………………… 238

第七章　工厂供电系统的二次回路和自动装置 …………………………… 239

第一节　二次回路及其操作电源 …………… 239

第二节　高压断路器的控制和信号回路 …… 244

第三节　电测量仪表与绝缘监视装置 ……… 248

第四节　供电系统的自动装置与远动化 …… 252

第五节　二次回路的安装接线和接线图 …… 259

复习思考题 ……………………………………… 264

习题 ……………………………………………… 264

第八章　防雷、接地与电气安全 ………… 266

第一节　过电压与防雷 ……………………… 266

第二节　电气装置的接地及有关保护 ……… 285

第三节　电气安全与触电急救 …… 304

复习思考题 …… 312

习题 …… 313

第九章　节约用电与计划用电 …… 314

第一节　节约用电的意义及其一般措施 …… 314

第二节　电力变压器的经济运行 …… 317

第三节　并联电容器的接线、装设、控制、保护及其运行维护 …… 320

第四节　计划用电、用电管理与电费计收 …… 325

复习思考题 …… 328

习题 …… 329

第十章　工厂的电气照明 …… 330

第一节　照明技术的基本概念 …… 330

第二节　工厂常用的电光源和灯具 …… 333

第三节　照明质量、照度标准与照度计算 …… 344

第四节　照明供电系统及其选择 …… 349

复习思考题 …… 353

习题 …… 353

附录 …… 355

附录表 1　用电设备组的需要系数、二项式系数及功率因数参考值 …… 355

附录表 2　部分工厂的需要系数、功率因数及年最大有功负荷利用小时参考值 …… 356

附录表 3　并联电容器的无功补偿率 …… 357

附录表 4　部分并联电容器的主要技术数据 …… 357

附录表 5　S9、SC9 和 S11－M・R 系列电力变压器的主要技术数据 …… 358

附录表 6　三相线路导线和电缆单位长度每相阻抗值 …… 360

附录表 7　导体在正常和短路时的最高允许温度及热稳定系数 …… 362

附录表 8　常用高压断路器的主要技术数据 …… 362

附录表 9　RM10 型低压熔断器的主要技术数据和保护特性曲线 …… 364

附录表 10　RT0 型低压熔断器的主要技术数据和保护特性曲线 …… 365

附录表 11　部分低压断路器的主要技术数据 …… 366

附录表 12　LQJ－10 型电流互感器的主要技术数据 …… 368

附录表 13　外壳防护等级的分类代号 …… 368

附录表 14　架空裸导线的最小允许截面积 …… 369

附录表 15　绝缘导线芯线的最小允许截面积 …… 369

附录表 16　LJ 型铝绞线和 LGJ 型钢芯铝绞线的允许载流量 …… 370

附录表 17　LMY 型矩形硬铝母线的允许载流量 …… 370

附录表 18　10kV 常用三芯电缆的允许载流量及其校正系数 …… 371

附录表 19　绝缘导线明敷、穿钢管和穿塑料管时的允许载流量 …… 372

附录表 20　电力变压器配用的高压熔断器规格 …… 381

附录表 21　GL-11、15、21、25 型电流继电器的主要技术数据及动作特性曲线 …… 381

附录表 22　爆炸性气体和粉尘危险区域的分区 …… 382

附录表 23　爆炸危险环境钢管配线的技术要求 …… 382

附录表 24　部分电力装置要求的工作接地电阻值 …… 382

附录表 25　土壤电阻率参考值 …… 383

附录表 26　垂直管形接地体的利用系数参考值 …… 383

附录表 27　普通照明白炽灯的主要技术数据 …… 384

附录表 28　室内一般照明灯具距离地面的最低悬挂高度 …… 384

附录表 29　部分工业、民用和公共建筑一般照明标准值 …… 385

附录表 30　GC1—A、B—2G 型工厂配照灯的主要技术数据和概算图表 …… 389

附录表 31　采用 GGY-125 型高压汞灯的工厂配照灯单位容量参考值 …… 390

习题参考答案 …… 391

参考文献 …… 395

第一章

概　论

本章概述工厂供电有关的一些基本知识和基本问题，为学习本课程奠定一个初步的基础。首先扼要说明工厂供电的意义、要求及本课程的任务，然后简介一些典型的工厂供电系统及发电厂、电力系统和工厂自备电源的基本知识，接着重点讲述电力系统的电压和电能质量问题，最后讲述电力系统的中性点运行方式和低压配电系统的接地型式。

第一节　工厂供电的意义、要求及课程任务

工厂供电是指工厂所需电能的供应和分配，也称工厂配电。

众所周知，电能是现代工业生产的主要能源和动力。电能既易于由其他形式的能量转换而来，也易于转换为其他形式的能量以供应用。电能的输送和分配既简单经济，又便于控制、调节和测量，有利于实现生产过程自动化，而且现代社会的信息技术和其他高新技术无一不是建立在电能应用的基础之上的。因此，电能在现代工业生产及整个国民经济生活中的应用极为广泛。

在工厂里，电能虽然是工业生产的主要能源和动力，但是它在产品成本中所占的比重一般很小（除电化等工业外）。例如在机械工业中，电费开支仅占产品成本的5%左右。从投资额来看，一般机械工业在供电设备上的投资，也仅占总投资的5%左右。因此电能在工业生产中的重要性，并不在于它在产品成本中或投资总额中所占比重多少，而是在于工业生产实现电气化以后，可以大大增加产量，提高产品质量，提高劳动生产率，降低生产成本，减轻工人的劳动强度，改善工人的劳动条件，有利于实现生产过程自动化。从另一方面来说，如果工厂供电突然中断，则对工业生产可能造成严重的后果。例如某些对供电可靠性要求很高的工厂，即使是极短时间的停电，也会引起重大设备损坏，或引起大量产品报废，甚至可能发生重大的人身事故，给国家和人民带来经济上或生态环境上甚至政治上的重大损失。因此，做好工厂供电工作对于发展工业生产，实现工业现代化，具有十分重要的意义。

工厂供电工作要很好地为工业生产服务，切实保证工厂生产和生活用电的需要，并做好节能和环保工作，就必须达到以下基本要求：

(1) 安全　在电能的供应、分配和使用中，要注意环境保护，特别要注意防止发生人身事故和设备事故。

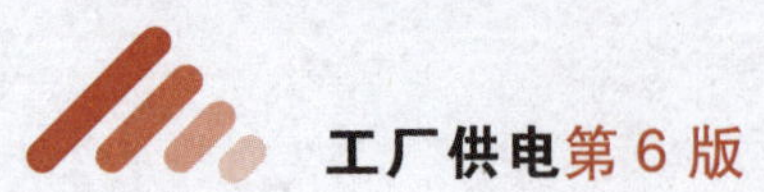

（2）可靠　应满足电能用户对供电可靠性即连续供电的要求。

（3）优质　应满足电能用户对电压和频率等的质量要求。

（4）经济　供电系统的投资要少，运行费用要低，并尽可能地节约电能和减少有色金属消耗量。

此外，在供电工作中，应合理地处理局部和全局、当前和长远等关系，既要照顾局部和当前的利益，又要有全局观点，能顾全大局，适应发展。例如计划用电问题，就不能只考虑一个单位的局部利益，更要有全局观点。

本课程的任务，主要是讲述中小型工厂内部的电能供应和分配问题，并讲述电气照明，使学生初步掌握中小型工厂供电系统和电气照明运行维护和简单设计计算所必需的基本理论和基本知识，为今后从事工厂供电技术工作奠定一定的基础。

第二节　工厂供电系统及发电厂、电力系统与工厂的自备电源

一、工厂供电系统概况

（一）6～10kV 进线的中型工厂供电系统

一般中型工厂的电源进线电压是6～10kV。电能先经高压配电所集中，再由高压配电线路将电能分送到各车间变电所，或由高压配电线路直接供给高压用电设备。车间变电所内装有配电变压器，将6～10kV的高压降为一般低压用电设备所需的电压，如220V/380V（220V为相电压，380V为线电压），然后由低压配电线路将电能分送给低压用电设备使用。

图1-1是一个比较典型的中型工厂供电系统简图。该图未绘出各种开关电器（除母线和低压联络线上装设的联络开关外），而且只用一根线来表示三相线路，即绘成单线图的形式。

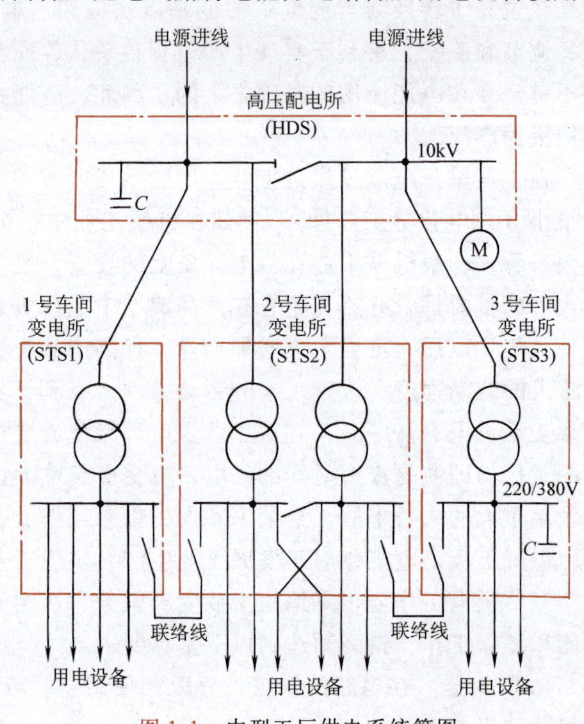

图1-1　中型工厂供电系统简图

从图1-1可以看出，该厂的高压配电所有两条10kV的电源进线，分别接在高压配电所的两段母线上。这两段母线间装有一个分段隔离开关（又称联络隔离开关）形成所谓“单母线分段制”。在任一条电源进线发生故障或进行检修而被切除后，可以利用分段隔离开关的闭合，由另一条电源进线恢复对整个配电所特别是其重要负荷的供电。这类接线的配电所通常的运行方式是：分段隔离开关闭合，整个配电所由一条电源进线供电，其电源通常来自公共电网（电力系统），而另一条电源进线作

为备用，通常从邻近单位取得备用电源。

图 1-1 所示高压配电所有四条高压配电线，供电给三个车间变电所。其中 1 号车间变电所和 3 号车间变电所都只装有一台配电变压器，而 2 号车间变电所装有两台，并分别由两段母线供电，其低压侧又采取单母线分段制，因此对重要的低压用电设备可由两段母线交叉供电。各车间变电所的低压侧，设有低压联络线相互连接，以提高供电系统运行的可靠性和灵活性。此外，该高压配电所还有一条高压配电线，直接供电给一组高压电动机；另有一条高压配电线，直接与一组并联电容器相连。3 号车间变电所低压母线上也连接一组并联电容器。这些并联电容器都是用来补偿无功功率以提高功率因数。图 1-2 是图 1-1 所示中型工厂供电系统的平面布线示意图。

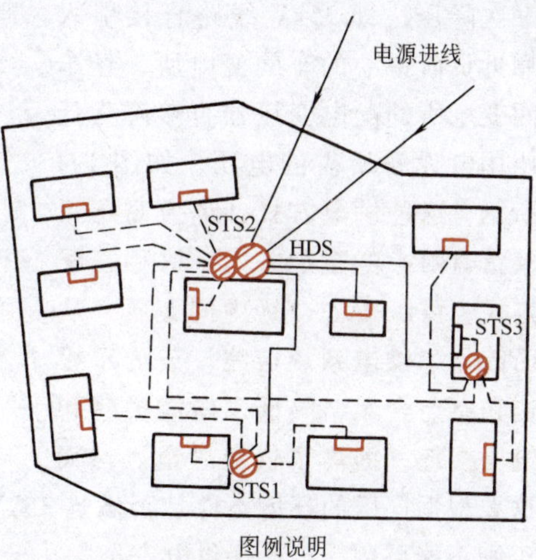

图例说明

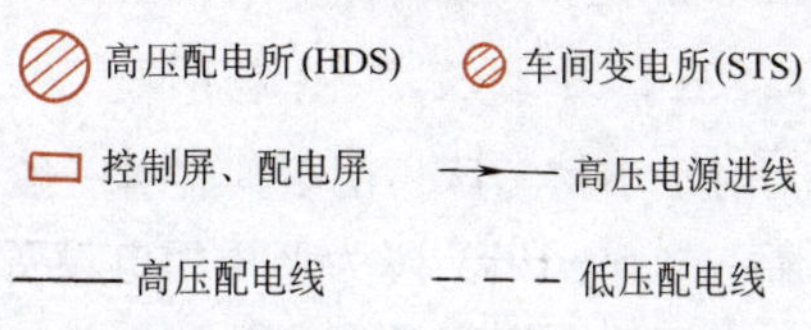

图 1-2　图 1-1 所示中型工厂供电系统的平面布线示意图

（二）35kV 及以上进线的大中型工厂供电系统

大型工厂及某些电源进线电压为 35kV 及以上的中型工厂，一般经两次降压，也就是电源进厂以后，先经总降压变电所，其中装有较大容量的电力变压器，将 35kV 及以上的电源电压降为 6 ~ 10kV 的配电电压，然后通过高压配电线将电能送到各个车间变电所，也有的中间经高压配电所再送到车间变电所，最后车间变电所经配电变压器降为一般低压用电设备所需的电压。其简图如图 1-3 所示。

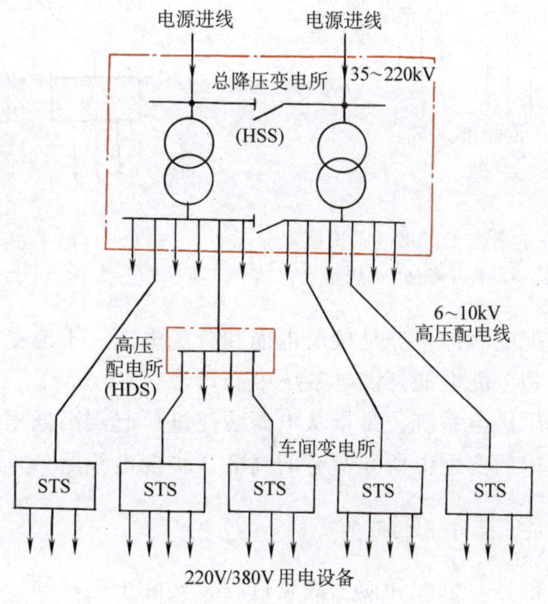

图 1-3　具有总降压变电所的工厂供电系统简图

有的35kV进线的工厂，只经一次降压，即35kV线路直接引入靠近负荷中心的车间变电所，经车间变电所的配电变压器直接降为低压用电设备所需的电压，如图1-4所示。**这种供电方式，称为高压深入负荷中心的直配方式。这种直配方式，可以省去一级中间变压，从而简化了供电系统接线，节约了投资和有色金属，降低了电能损耗和电压损耗，提高了供电质量。**然而这要根据厂区的环境条件是否满足35kV架空线路深入负荷中心的"安全走廊"要求而定，否则不能采用，以确保供电安全。

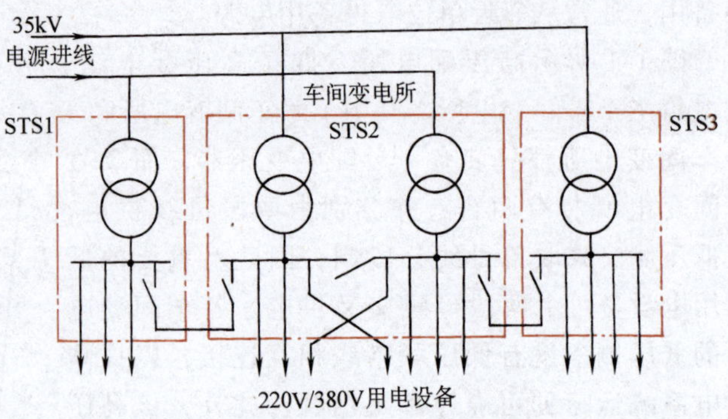

图1-4 高压深入负荷中心的工厂供电系统简图

（三）小型工厂供电系统

对于小型工厂，由于其容量一般不大于1000kV·A或稍多，因此通常只设一个降压变电所，将6~10kV降为低压用电设备所需的电压，如图1-5所示。

当工厂所需容量不大于160kV·A时，一般采用低压电源进线，直接由公共低压电网供电。因此工厂只需设一个低压配电间，如图1-6所示。

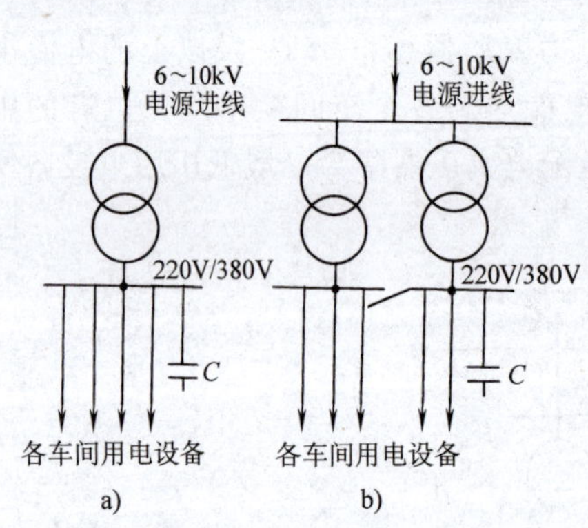

图1-5 只设一个降压变电所的工厂供电系统简图
a）装有一台主变压器 b）装有两台主变压器

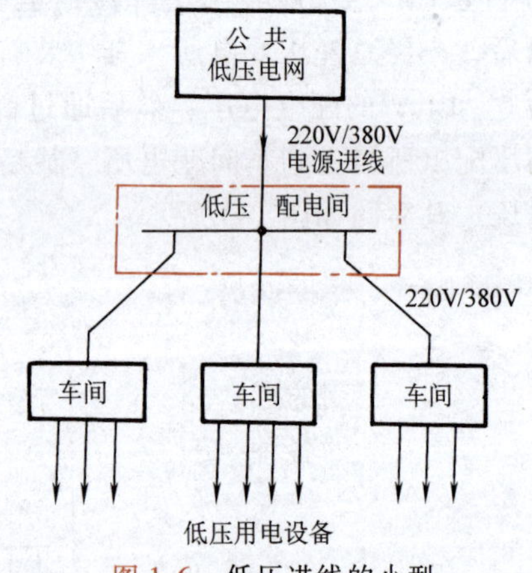

图1-6 低压进线的小型工厂供电系统简图

由以上分析可知，配电所的任务是接受电能和分配电能，不改变电压；而变电所的任务是接受电能、变换电压和分配电能。**供电系统中的母线（Busbar），又称汇流排，其任务是汇集和分配电能。**而工厂供电系统，是指从电源线路进厂起到高低压用电设备进线端止的整个电路系统，包括工厂内的变配电所和所有的高低压供配电线路。

二、发电厂和电力系统简介

由于电能的生产、输送、分配和使用的全过程，实际上是在同一瞬间实现的，彼此相互影响，因此除了了解工厂供电系统概况外，还需了解工厂供电系统电源方向的发电厂和电力

系统的一些基本知识。

（一）发电厂

发电厂又称发电站，是将自然界蕴藏的各种一次能源转换为电能（二次能源）的工厂。

发电厂按其所利用的能源不同，分为水力发电厂、火力发电厂、核能发电厂以及风力发电厂、地热发电厂、太阳能发电厂等类型。

（1）水力发电厂 水力发电厂简称水电厂或水电站，它利用水流的位能来生产电能。当控制水流的闸门打开时，水流沿进水管进入水轮机蜗壳室，冲动水轮机，带动发电机发电。**其能量转换过程是：**

$$\text{水流位能}\xrightarrow{\text{水轮机}}\text{机械能}\xrightarrow{\text{发电机}}\text{电能}$$

由于水电站的发电容量与水电站所在地点上下游的水位差（即落差，又称水头）及流过水轮机的水量（即流量）的乘积成正比，因此建造水电站，必须用人工的办法来提高水位。最常用的提高水位的办法，是在河流上建造一道很高的拦河水坝，形成水库，提高上游水位，使水坝的上下游形成尽可能大的落差，水电站就建在坝的后边。这类水电站，称为坝后式水电站。我国一些大型水电站包括长江三峡水电站都属于这种类型。另一种提高水位的办法，是在具有相当坡度的弯曲河段上游，筑一低坝，拦住河水，然后利用沟渠或隧道，将上游水流直接引至建设在弯曲河段末端的水电站。这类水电站，称为引水式水电站。还有一类水电站，是上述两种方式的综合，由高坝和引水渠道分别提高一部分水位。这类水电站，称为混合式水电站。另外还有一种利用海洋潮汐能的潮汐水电站，是在有潮汐的海湾或河口筑起水坝，形成水库。涨潮时蓄水，落潮时放水，利用潮汐能来驱动水轮发电机发电。

水电建设的初投资较大，建设周期较长，但发电成本较低，仅为火电发电成本的1/3～1/4；而且水电属于清洁、可再生的能源，有利于环境保护；同时水电建设，通常还兼有防洪、灌溉、航运、水产养殖和旅游等多项功能。我国的水力资源十分丰富（特别是我国的西南地区），居世界首位，因此我国确定要大力发展水电，并实施“西电东送”工程，以促进整个国民经济的发展。

（2）火力发电厂 火力发电厂简称火电厂或火电站，它利用燃料的化学能来生产电能。火电厂按其使用的燃料类别划分，有燃煤式、燃油式、燃气式和利用工业余热、废料或城市垃圾等来发电的各种类型，但我国的火电厂仍以燃煤为主。为了提高燃煤效率，都将煤块粉碎成煤粉燃烧。煤粉在锅炉的炉膛内充分燃烧，将锅炉内的水烧成高温高压的蒸汽，推动汽轮机带动发电机旋转发电。**其能量转换过程是：**

$$\text{燃料化学能}\xrightarrow{\text{锅炉}}\text{热能}\xrightarrow{\text{汽轮机}}\text{机械能}\xrightarrow{\text{发电机}}\text{电能}$$

现代火电厂一般都根据节能减排和环保要求，考虑了“三废”（废渣、废水、废气）的综合利用或循环使用；有的不仅发电，而且供热。兼供热能的火电厂，称为热电厂。

火电建设的重点，是煤炭基地的坑口电站。我国一些严重污染环境的低效火电厂，已按节能减排的要求陆续予以关停。我国火电发电量在整个发电量中的比重已逐年降低。

（3）核能发电厂 核能（原子能）发电厂通称核电站，它主要是利用原子核的裂变能来生产电能。其生产过程与火电厂基本相同，只是以核反应堆（俗称原子锅炉）代替燃煤锅炉，以少量的核燃料代替大量的煤炭。**其能量转换过程是：**

$$\text{核裂变能}\xrightarrow{\text{核反应堆}}\text{热能}\xrightarrow{\text{汽轮机}}\text{机械能}\xrightarrow{\text{发电机}}\text{电能}$$

由于核能是巨大的能源，而且核电也是比较安全和清洁的能源，所以世界上很多国家都很重视核电建设，核电在整个发电量中的比重逐年增长。我国在 20 世纪 80 年代就确定要适当发展核电，并已陆续兴建了秦山、大亚湾、岭澳等多座大型核电站。但核电站的选址不能处于地震带，以防地震引发核泄漏，污染环境，危害人类健康。

(4) 风力发电简介 风力发电是利用风的动能来生产电能，建在有丰富风力资源的地方。风能是一种取之不尽的清洁、价廉和可再生的能源，因此我国确定要大力发展风力发电。但是风能的能量密度较小，因此单机容量不可能很大；而且它是一种具有随机性和不稳定性的能源，因此风力发电必须配备一定的蓄电装置，以保证其连续供电。

(5) 太阳能发电简介 太阳能发电是利用太阳的光能或热能来生产电能。利用太阳光能发电，是通过光电转换元件如光电池等直接将太阳光能转换为电能，也称为“光伏发电”。这已广泛应用在人造地球卫星和宇航装置上，并已在阳光比较充足地区的很多建筑物顶上得到应用。利用太阳热能发电，可分直接转换和间接转换两种方式。温差发电、热离子发电和磁流体发电，均属于热电直接转换。而通过集热装置和热交换器，加热给水，使之变为蒸汽，推动汽轮发电机发电，与火电发电相同，属于间接转换发电。太阳能发电厂建在常年日照时间较长的地方。太阳能是一种十分安全、经济、没有污染而且是取之不尽的能源。我国的太阳能资源也相当丰富，利用太阳能发电大有可为。

(6) 地热发电简介 地热发电厂建在有足够地热资源的地方，利用地球内部蕴藏的大量地热资源来生产电能。地热发电不消耗燃料，运行费用低。它不像火力发电那样，要排出大量灰尘和烟雾，因此地热还是属于比较清洁的能源。但是地下水和蒸汽中大多含有硫化氢、氨和砷等有害物质，因此对其排出的废水要妥善处理，以免污染环境。

(二) 电力系统

为了充分利用动力资源，减少燃料运输，降低发电成本，因此有必要在有水力资源的地方建造水电站，而在有燃料资源的地方建造火电厂。但这些有动力资源的地方，往往离用电中心较远，所以必须用高压输电线路进行远距离输电，如图 1-7 所示。

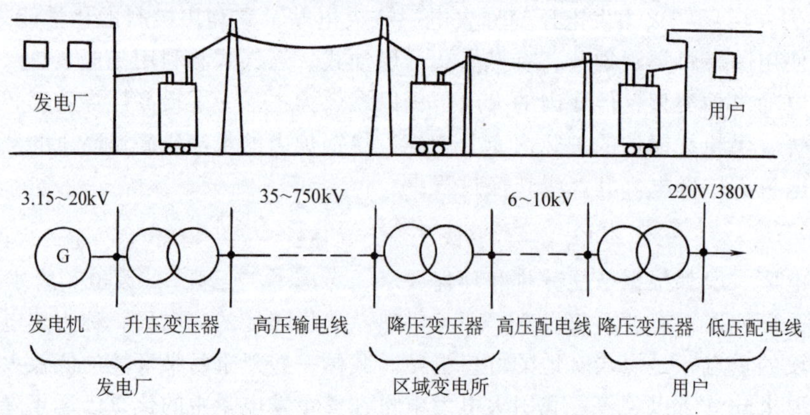

图 1-7 从发电厂到用户的送电过程示意图

由各级电压的电力线路将一些发电厂、变电所和电力用户联系起来的一个发电、输电、变电、配电和用电的整体，称为电力系统（Power System）。图 1-8 是一个大型电力系统简图。

电力系统中各级电压的电力线路及其联系的变电所，称为电力网或电网。但习惯上，电

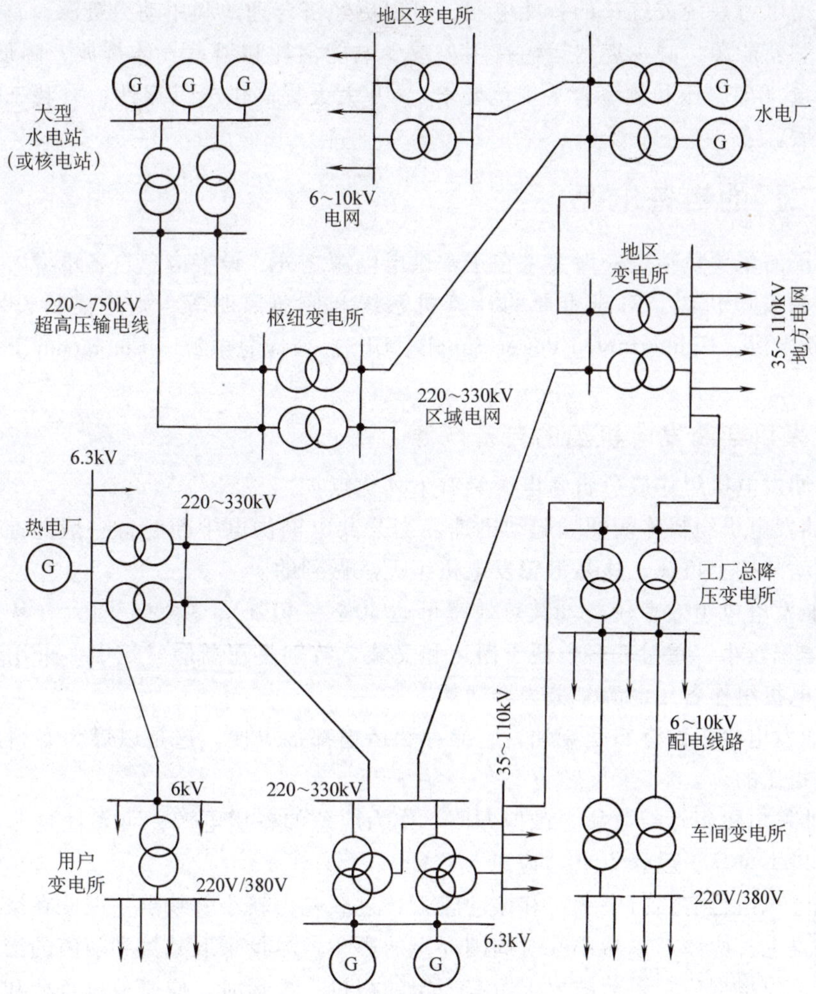

图 1-8 大型电力系统简图

网或系统往往以电压等级来区分，如说 10kV 电网或 10kV 系统。这里所说的电网或系统，实际上是指某一电压级的相互联系的整个电力线路。

电网可按电压高低和供电范围大小分为区域电网和地方电网。区域电网的范围大，电压一般在 220kV 及以上。地方电网的范围较小，最高电压一般不超过 110kV。工厂供电系统就属于地方电网的一种。

电力系统加上发电厂的动力部分及其热能系统和热能用户，就称为动力系统。

现在各国建立的电力系统越来越大，甚至建立跨国的电力系统或联合电网。我国规划，到 2020 年，要在做到水电、火电、核电和新能源合理利用和开发的基础上，初步建成全国统一的智能电网，实现电力资源在全国范围内的合理配置和可持续发展。

智能电网是建立在集成的、高速双向通信网络的基础上，通过先进的电子信息技术、先进的设备控制技术及决策支持系统的应用，实现电网的安全、可靠、优质、经济高效和环保的目标。智能电网的主要特点是电网出现故障时反应快、自动修复能力强，而且节能减排的效果好，可以更好地满足电能用户的用电要求。

建立大型电力系统或统一的智能电网，可以更经济合理地利用动力资源，首先是充分利用水力资源和新能源，减少燃料运输费用，减少电能消耗和温室气体排放，降低发电成本，保证电能质量（即电压和频率合乎规范要求），并大大提高供电可靠性，有利于整个国民经济的持续发展。

三、工厂的自备电源

对于工厂的重要负荷，一般要求在正常供电电源之外，设置应急自备电源。最常用的自备电源是柴油发电机组。对于重要的计算机系统和应急照明等，则还需另设不停电电源（也称不间断电源，Uninterrupted Power Supply，UPS）或应急电源（Emergency Power supply，EPS）。

（一）采用柴油发电机组的自备电源

采用柴油发电机组作应急自备电源具有下列优点：

1）柴油发电机组操作简便，起动迅速。当公共电网供电中断时，一般能在10~15s的短时间内起动并接上负荷，这是汽轮发电机组无法做到的。

2）柴油发电机组效率较高（其热效率可达30%~40%），功率范围大（从几千瓦至几兆瓦），且体积较小，重量较轻，便于搬运和安装。特别是在高层建筑中，采用体型紧凑的高效柴油发电机组作备用电源是最为合适的。

3）柴油发电机组的燃料是柴油，它储存和运输都很方便。这是以煤为燃料的汽轮发电机组所无法相比的。

4）柴油发电机组运行可靠，维护方便。作为应急的备用电源，可靠性是非常重要的指标。运行如果不可靠，就谈不上“应急”之需。

柴油发电机组也有运行中噪声和振动较大、过载能力较小等缺点。因此在柴油发电机房的选址和布置上，应该考虑减小其对周围环境的影响，尽量采取减振和消声的措施。在选择机组容量时，应根据应急负荷的要求留有一定的裕量；投运时，应避免过负荷和特大冲击负荷的影响。

柴油发电机组按起动控制方式分，有普通型、自起动型和全自动化型等型。作为应急电源，应选自起动型或全自动化型。自起动型柴油发电机组在公共电网停电时，能自行起动；全自动化型，则不仅在公共电网停电时能自行起动，而且在公共电网恢复供电时能使柴油发电机组自动退出运行。

图1-9是采用快速自起动型柴油发电机组作备用电源的主接线图，正常供电电源为10kV公共电网。

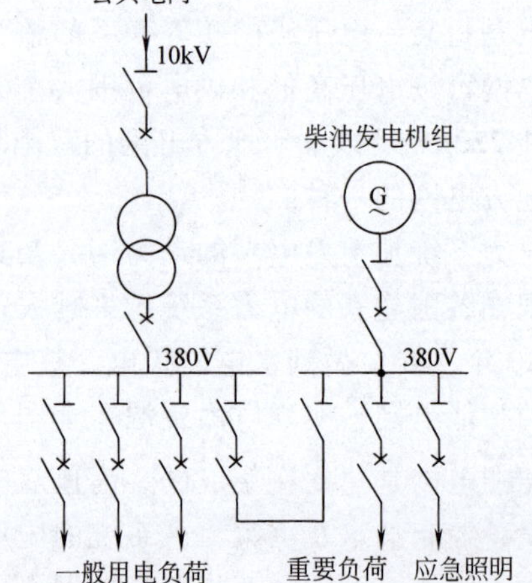

图1-9 采用柴油发电机组作备用电源的主接线图

（二）采用交流不停电的或应急的自备电源

交流不间断电源（UPS）和应急电源（EPS）都主要由整流器（UR）、逆变器

(UV) 和蓄电池组 (GB) 等三部分组成，其示意图如图 1-10 所示。

公共电网正常供电时，交流电源经晶闸管整流器 UR 转换为直流，对蓄电池组 GB 充电。当公共电网突然停电时，电子开关 QV 在保护装置作用下进行切换，蓄电池组 GB 放电，经逆变器 UV 转换为交流，UPS 或 EPS 投入工作，恢复对重要负荷的供电。

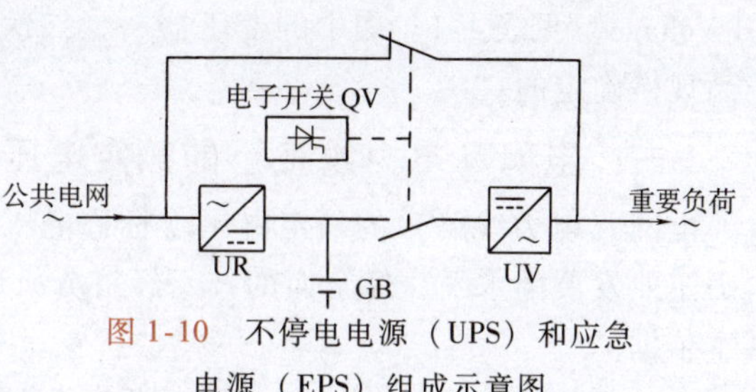

图 1-10 不停电电源 (UPS) 和应急电源 (EPS) 组成示意图

必须说明：上述 UPS 为“在线式”，即其工作电源与重要负荷的工作电源在同一线路上。正常情况下，UPS 与重要负荷同时运行；在工作电源故障停电时，UPS 即不间断地继续给重要负荷供电。而 EPS 为“离线式”或“后备式”，即其工作电源与重要负荷的工作电源是分开的，只作为后备电源；在重要负荷的正常供电电源故障停电时，EPS 通过切换装置迅速投入，向重要负荷供电，但其间有短暂的停电。

UPS 和 EPS 较之柴油发电机组，具有体积小、效率高、无噪声、无振动、维护费用低、可靠性高等优点，但其容量相对较小。UPS 主要用于不允许停电的电子计算机中心、工业自动控制中心等重要场所。EPS 则主要用于可短暂停电的应急照明系统、消防装置等。

第三节 电力系统的电压与电能质量

一、概述

电力系统中的所有设备，都是在一定的电压和频率下工作的。电压和频率是衡量电能质量的两个基本参数。

我国一般交流电力设备的额定频率为 50Hz，此频率通称为“工频”（工业频率）。我国 1996 年公布施行的《供电营业规则》规定：在电力系统正常情况下，工频的频率偏差一般不得超过 ±0.5Hz。如果电力系统容量达到 3000MW 或以上，则频率偏差不得超过 ±0.2Hz。在电力系统非正常状况下，频率偏差不应超过 ±1Hz。频率的调整，主要是依靠发电厂调整发电机的转速。

对工厂供电系统来说，提高电能质量主要是提高电压质量的问题。电压质量是按照国家标准或规范对电力系统电压的偏差、波动、波形及其三相的对称性（平衡性）等的一种质量评估。

电压偏差是指电气设备的端电压与其额定电压之差，通常以其对额定电压的百分值来表示。

电压波动是指电网电压有效值（方均根值）的快速变动。**电压波动值以用户公共供电点的在时间上相邻的最大与最小电压方均根值之差对电网额定电压的百分值来表示。**电压波动的频率用单位时间内电压波动（变动）的次数来表示。

电压波形的好坏用其对正弦波形畸变的程度来衡量。

三相电压的平衡情况用其不平衡度来衡量。

二、三相交流电网和电力设备的额定电压

按 GB/T 156—2007《标准电压》规定，我国三相交流电网和电力设备的额定电压（Rated Voltage）见表1-1。表中的变压器一、二次绕组额定电压，是依据我国电力变压器标准产品规格确定的。

（一）电网（电力线路）的额定电压

电网（电力线路）的额定电压（标称电压）等级，是国家根据国民经济发展的需要和电力工业发展的水平，经全面的技术经济分析后确定的。它是确定各类电力设备额定电压的基本依据。

表1-1 我国三相交流电网和电力设备的额定电压

分类	电网和用电设备额定电压/kV	发电机额定电压/kV	电力变压器额定电压/kV	
			一次绕组	二次绕组
低压	0.38	0.40	0.38	0.40
	0.66	0.69	0.66	0.69
高压	3	3.15	3,3.15	3.15,3.3
	6	6.3	6,6.3	6.3,6.6
	10	10.5	10,10.5	10.5,11
	—	13.8,15.75,18 20,22,24,26	13.8,15.75,18 20,22,24,26	—
	35	—	35	38.5
	66	—	66	72.5
	110	—	110	121
	220	—	220	242
	330	—	330	363
	500	—	500	550
	750	—	750	825（800）
	1000	—	1000	1100

（二）用电设备的额定电压

因为电力线路运行时（有电流通过时）要产生电压降，所以线路上各点的电压略有不同，如图1-11中虚线所示。但是批量生产的用电设备，其额定电压不可能按使用处线路的实际电压来制造，而只能按线路首端与末端的平均电压即电网的额定电压 U_N 来制造。因此，用电设备的额定电压规定与同级电网的额定电压相同。

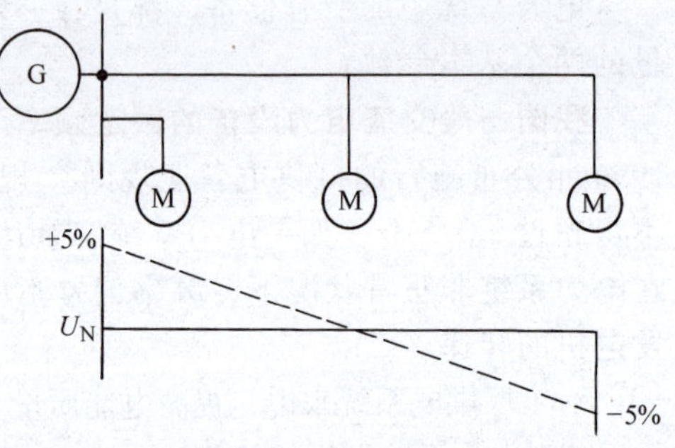

图1-11 用电设备和发电机的额定电压

但是在此必须指出：**按GB/T 11022—2011《高压开关设备和控制设备标准的共同技术要求》规定，高压开关设备和控制设备的额定电压按其允许的最高工作电压来标注**，即其额定电压不得小于它所在系统可能出现的最高电压，见表1-2。我国近年生产的高压设备已按此新规定标注。

表1-2 系统的额定电压、最高电压和部分高压设备的额定电压 （单位：kV）

系统额定电压	系统最高电压	高压开关、互感器及支柱绝缘子的额定电压	穿墙套管额定电压	熔断器额定电压
3	3.5	3.6	—	3.5
6	6.9	7.2	6.9	6.9
10	11.5	12	11.5	12
35	40.5	40.5	40.5	40.5

(三) 发电机的额定电压

由于电力线路允许的电压偏差一般为±5%，即整个线路允许有10%的电压损耗，因此为了维持线路的平均电压在额定电压值，线路首端（电源端）的电压应较线路额定电压高5%，而线路末端电压则较线路额定电压低5%，如图1-11所示。所以，发电机额定电压按规定应高于同级电网（线路）额定电压5%。

(四) 电力变压器的额定电压

1. 电力变压器一次绕组的额定电压

分两种情况：

1）当变压器直接与发电机相连时，如图1-12中的变压器T1，其一次绕组额定电压应与发电机额定电压相同，即高于同级电网额定电压5%。

2）当变压器不与发电机相连而是连接在线路上时，如图1-12中的变压器T2，则可将它看做是线路的用电设备，因此其一次绕组额定电压应与电网额定电压相同。

图1-12 电力变压器的额定电压说明

2. 电力变压器二次绕组的额定电压

也分两种情况：

1）变压器二次侧供电线路较长，如为较大的高压电网时，如图1-12中的变压器T1，其二次绕组额定电压需比相连电网额定电压高10%，其中有5%是用于补偿变压器满负荷运行时绕组内部的约5%的电压降（因为变压器二次绕组的额定电压是指变压器一次绕组加上额定电压时二次绕组开路的电压）；此外，变压器满负荷时输出的二次电压还要高于电网额定电压5%，以补偿线路上的电压损耗。

2）变压器二次侧供电线路不长，如为低压电网或直接供电给高低压用电设备时，如图1-12中的变压器T2，其二次绕组额定电压只需高于电网额定电压5%，即仅考虑补偿变压器满负荷时绕组内部5%的电压降。

(五) 电压高低的划分

我国现在统一以1000V为界线来划分电压的高低（见表1-1）：

低压——指交流电压在1000V及以下者；

高压——指交流电压在1000V以上者。

此外，还常细分为特低压、低压、中压、高压、超高压和特高压等：交流50V及以下为特低压；1000V及以下为低压；1000V至10kV或35kV为中压；35kV或以上至110kV或220kV为高压；220kV或330kV及以上为超高压；800kV及以上为特高压。不过这种电压高低的划分，尚无统一标准，因此划分的界线并不十分明确。

三、电压偏差与电压调整

(一) 电压偏差的有关概念

1. 电压偏差的含义

电压偏差又称电压偏移，是指给定瞬间设备的端电压 U 与设备额定电压 U_N 之差对额定电压 U_N 的百分值，即

$$\Delta U\% = \frac{U - U_N}{U_N} \times 100\% \tag{1-1}$$

2. 电压对设备运行的影响

（1）对感应电动机的影响　当感应电动机端电压较其额定电压低10%时，由于转矩M与端电压U的二次方成正比（$M \propto U^2$），因此其实际转矩将只有额定转矩的81%，而负荷电流将增大5%～10%以上，温升将增高10%～15%以上，绝缘老化程度将比规定增加一倍以上，从而明显地缩短电动机的使用寿命。而且由于转矩减小，转速下降，不仅会降低生产效率，减少产量，而且还会影响产品质量，增加废、次品。当其端电压较其额定电压偏高时，负荷电流和温升也将增加，绝缘相应受损，对电动机同样不利，也会缩短其使用寿命。

（2）对同步电动机的影响　当同步电动机的端电压偏高或偏低时，由于转矩也要按电压的二次方成正比变化，因此同步电动机的电压偏差，除了不会影响其转速外，其他如对转矩、电流和温升等的影响，均与感应电动机相同。

（3）对电光源的影响　电压偏差对白炽灯的影响最为显著。当白炽灯的端电压降低10%时，灯泡的使用寿命将延长2～3倍，但发光效率将下降30%以上，灯光明显变暗，照度降低，严重影响人的视力健康，降低工作效率，还可能增加事故。当其端电压升高10%时，发光效率将提高1/3，但其使用寿命将大大缩短，只有原来的1/3左右。电压偏差对荧光灯及其他气体放电灯的影响不像对白炽灯那样明显，但也有一定的影响。当其端电压偏低时，灯管不易启燃。如果多次反复启燃，则灯管寿命将大受影响；而且电压降低时，照度下降，影响视力工作。当其电压偏高时，灯管寿命也会缩短。

3. 允许的电压偏差

GB 50052—2009《供配电系统设计规范》规定：在电力系统正常运行情况下，用电设备端子处的电压偏差允许值（以额定电压的百分值表示）宜符合下列要求：

1）电动机：±5%。

2）电气照明：在一般工作场所为±5%；对于远离变电所的小面积一般工作场所，难以达到上述要求时，可为+5%～-10%；应急照明、道路照明和警卫照明等，为+5%～-10%。

3）其他用电设备：当无特殊规定时为±5%。

（二）电压调整的措施

为了满足用电设备对电压偏差的要求，供电系统必须采取相应的电压调整措施。

（1）正确选择无载调压型变压器的分接开关或采用有载调压型变压器　我国工厂供电系统中应用的6～10kV电力变压器，一般为无载调压型，其高压绕组（一次绕组）有U_{1N} ±5% U_{1N}的电压分接头，并装设有无励磁分接开关，如图1-13所示。如果设备端电压偏高，则应将分接开关换接到+5%的分接头，以降低设备端电压。如果设备端电压偏低，则应将分接开关换接到-5%的分接头，以升高设备端电压。但是这只能在变压器无载条件下进行调节，使设备端电压较接近于设备额定电压，而不能按负荷的变动实时地自动调节电压。如果用电负荷中有的设备对电压偏差要求严格，采用无载调压型变压器满足不了要求，而这些设备单独装设调压装置在技术经济上又不合理时，则可以采用有载调压型变压器，使之在负荷情况下自动调节电压，保证设备端电压的稳定。

（2）合理减小系统的阻抗　由于供电系统中的电压损耗与系统中各元件包括变压器和线路的阻抗成正比，因此可考虑减少系统的变压级数、适当增大导线电缆的截面积或以电缆

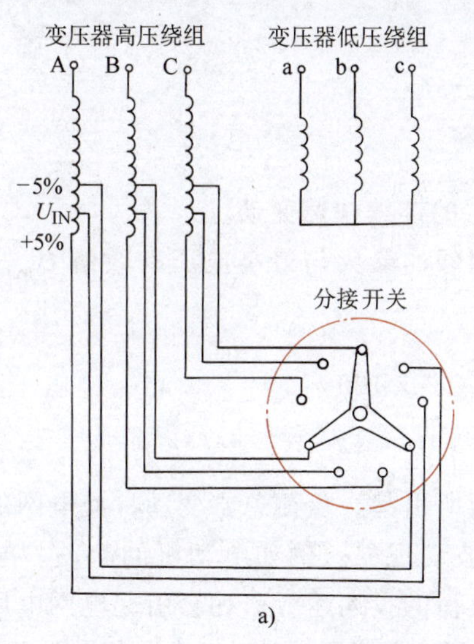

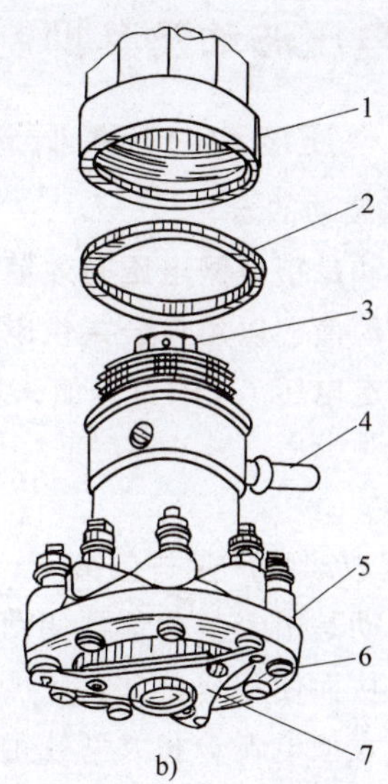

图 1-13 电力变压器的分接开关

a）分接开关接线 b）分接开关结构

1—帽 2—密封垫圈 3—操动螺母 4—定位钉 5—绝缘底座 6—静触头 7—动触头

取代架空线等来减小系统阻抗，降低电压损耗，从而减小电压偏差，达到电压调整的目的。但是增大导线电缆的截面积及以电缆取代架空线，要增加线路投资，因此应进行技术经济的分析比较，合理时才采用。

(3) 合理改变系统的运行方式 在一班制或两班制的工厂或车间中，工作班的时间内，负荷重，往往电压偏低，因此需要将变压器高压绕组的分接头调在 −5% 的位置上。但这样一来，到晚上负荷轻时，电压就会过高。这时如能切除变压器，改用与相邻变电所相连的低压联络线供电，则既可减少这台变压器的电能损耗，又可由于投入低压联络线而增加线路的电压损耗，从而降低所出现的过高电压。对于两台变压器并列运行的变电所，在负荷轻时切除一台变压器，同样可起到降低过高电压的作用。

(4) 尽量使系统的三相负荷均衡 在有中性线的低压配电系统中，如果三相负荷分布不均衡，则将使负荷端中性点电位偏移，造成有的相电压升高，从而增大线路的电压偏差。为此，应使三相负荷分布尽可能均衡，以降低电压偏差。

(5) 采用无功功率补偿装置 电力系统中由于存在大量的感性负荷，如电力变压器、感应电动机、电焊机、高频炉、气体放电灯等，因此会出现相位滞后的无功功率，导致系统的功率因数降低及电压损耗和电能损耗增大。为了提高系统的功率因数，降低电压损耗和电能损耗，可采用并联电容器或同步补偿机，使之产生相位超前的无功功率，以补偿系统中相位滞后的无功功率。这些专门用于补偿无功功率的并联电容器和同步补偿机，统称为无功补偿设备。由于并联电容器无旋转部分，具有安装简便、运行维护方便、有功损耗小、组装灵活和便于扩充等优点，因此并联电容器在工厂供电系统中获得了广泛的应用。但必须指出，采用专门的无功补偿设备，虽然电压调整的效果显著，却增加了额外投资，因此在进行电压调整时，应优先考虑前面所述各项措施，以提高供电系统的经济效果。

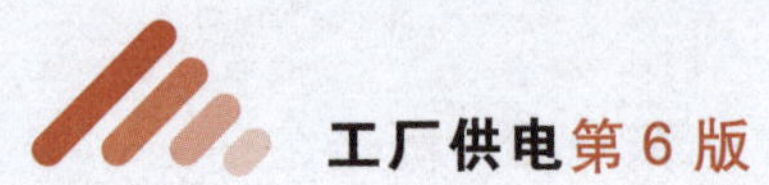

四、电压波动及其抑制

（一）电压波动的有关概念

1. 电压波动的含义

电压波动是指电网电压有效值（方均根值）的连续快速变动。

电压波动值，以用户公共供电点在时间上相邻的最大与最小电压有效值 U_{max} 与 U_{min} 之差对电网额定电压 U_N 的百分值来表示，即

$$\delta U\% = \frac{U_{max} - U_{min}}{U_N} \times 100\% \tag{1-2}$$

2. 电压波动的产生与危害

电压波动是由于负荷急剧变动的冲击性负荷所引起。负荷急剧变动，使电网的电压损耗相应变动，从而使用户公共供电点的电压出现波动现象。例如电动机的起动、电焊机的工作、特别是大型电弧炉和大型轧钢机等冲击性负荷的投入运行，均会引起电网电压的波动。

电网电压波动可影响电动机的正常起动，甚至使电动机无法起动；会引起同步电动机的转子振动；可使电子设备和电子计算机无法正常工作；可使照明灯光发生明显的闪变，严重影响视觉，使人无法正常生产、工作和学习。这种引起灯光（照度）闪变的波动电压，称为闪变电压。

（二）电压波动的抑制措施

抑制电压波动可采取下列措施：

1）对负荷变动剧烈的大型电气设备，采用专用线路或专用变压器单独供电。这是最简便有效的办法。

2）设法增大供电容量，减小系统阻抗，例如将单回路线路改为双回路线路，或将架空线路改为电缆线路等，使系统的电压损耗减小，从而减小负荷变动时引起的电压波动。

3）在系统出现严重的电压波动时，减少或切除引起电压波动的负荷。

4）对大容量电弧炉的炉用变压器，宜由短路容量较大的电网供电，一般是选用更高电压等级的电网供电。

5）对大型冲击性负荷，如果采取上列措施仍达不到要求时，可装设能“吸收”冲击性无功功率的静止型无功补偿装置（Static Var Compensator，SVC）。SVC 是一种能吸收随机变化的冲击性无功功率和动态谐波电流的无功补偿装置，其类型有多种，而以自饱和电抗器型（SR 型）的效能最好，其电子元件少，可靠性高，反应速度快，维护方便经济，且我国一般变压器厂均能制造，是最适于在我国推广应用的一种 SVC。

五、电网谐波及其抑制

（一）电网谐波的有关概念

1. 电网谐波的含义

谐波，是指对周期性非正弦交流量进行傅里叶级数分解所得到的大于基波频率整数倍的各次分量，通常称为高次谐波，而基波是指其频率与工频（50Hz）相同的分量。

向公用电网注入谐波电流或在公用电网中产生谐波电压的电气设备，称为谐波源。

就电力系统中的三相交流发电机发出的电压来说，可认为其波形基本上是正弦量，即电

压波形中基本上无直流和谐波分量。但是由于电力系统中存在着各种各样的谐波源，特别是大型变流设备和电弧炉等的日益广泛应用，使得谐波干扰成了当前电力系统中影响电能质量的一大“公害”，亟待采取对策。

2. 谐波的产生与危害

电网谐波的产生，主要是由于电力系统中存在各种非线性元件。因此，即使电力系统中电源的电压波形为正弦波，也会由于非线性元件的存在，使得电网中总有谐波电流或电压存在。产生谐波的电气元件很多，例如荧光灯和高压钠灯等气体放电灯、感应电动机、电焊机、变压器和感应电炉等，都要产生谐波电流或电压。最为严重的是大型晶闸管变流设备和大型电弧炉，它们产生的谐波电流最为突出，是造成电网谐波的主要因素。

谐波对电气设备的危害很大。谐波电流通过变压器，可使变压器铁心损耗明显增加，从而使变压器出现过热，缩短其使用寿命。谐波电流通过交流电动机，不仅会使电动机的铁心损耗明显增加，而且会使电动机转子发生振动现象，严重影响机械加工的产品质量。谐波对电容器的影响更为突出，谐波电压加在电容器两端时，由于电容器对于谐波的阻抗很小，因此电容器很容易过负荷甚至烧毁。此外，谐波电流可使电力线路的电能损耗和电压损耗增加，可使计量电能的感应式电能表计量不准确，可使电力系统发生电压谐振，从而在线路上引起谐振过电压，有可能击穿线路设备的绝缘，还可能造成系统的继电保护和自动装置发生误动作，并可对附近的通信设备和通信线路产生信号干扰。因此，GB/T 14549—2008《电能质量　公用电网谐波》对谐波电压限值和谐波电流允许值均作了规定。

（二）电网谐波的抑制

抑制电网谐波，可采取下列措施：

（1）三相整流变压器采用 Yd 或 Dy 联结　由于 3 次及 3 的整数倍次谐波在三角形联结的绕组内形成环流，而星形联结的绕组内不可能产生 3 次及 3 的整数倍次谐波电流，因此采用 Yd 或 Dy 联结的三相整流变压器，能使注入电网的谐波电流中消除 3 次及 3 的整数倍次的谐波电流。又由于电力系统中的非正弦交流电压或电流通常正、负两半波对时间轴是对称的，不含直流分量和偶次谐波分量，因此采用 Yd 或 Dy 联结的整流变压器后，注入电网的谐波电流只有 5、7、11、…等次谐波。这是抑制高次谐波最基本的方法。

（2）增加整流变压器二次侧的相数　整流变压器二次侧的相数越多，整流波形的脉波数越多，其次数低的谐波被消除的也越多。例如，整流相数为 6 相时，出现的 5 次谐波电流为基波电流的 18.5%，7 次谐波电流为基波电流的 12%。如果整流相数增加到 12 相时，则出现的 5 次谐波电流降为基波电流的 4.5%，7 次谐波电流降为基波电流的 3%，都差不多减少了 75%。由此可见，增加整流相数对高次谐波抑制的效果相当显著。

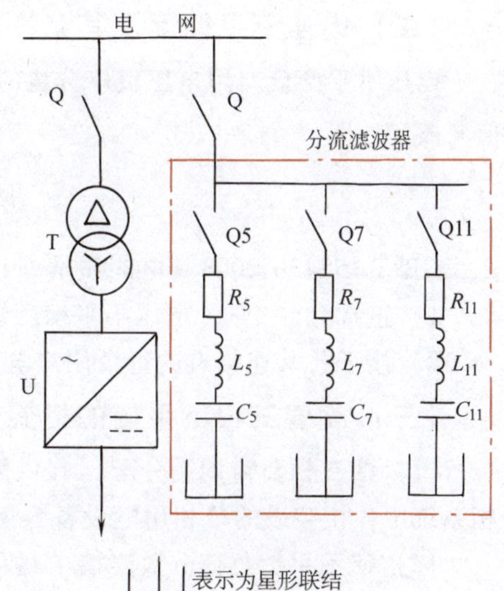

图 1-14　装设分流滤波器吸收高次谐波

（3）使各台整流变压器二次侧互有相角差　多台相数相同的整流装置并列运行时，使其整流变压器的二次侧互有适当的相角差，这与增加二次侧的相数效果相类似，也能大大减少注入电网的高次谐波。

(4) 装设分流滤波器 在大容量静止“谐波源”（如大型晶闸管整流器）与电网连接处装设如图 1-14 所示的分流滤波器，使滤波器的各组 $R-L-C$ 回路分别对需要消除的 5、7、11、…等次谐波进行调谐，使之发生串联谐振。由于串联谐振回路的阻抗极小，从而使这些次数的谐波电流被它分流吸收而不至注入公用电网中去。

(5) 选用 Dyn11 联结组三相配电变压器 由于 Dyn11 联结的变压器高压绕组为三角形联结，使 3 次及 3 的整数倍次的高次谐波在绕组内形成环流而不至注入高压电网中去，从而抑制了高次谐波。

(6) 其他抑制谐波的措施 例如限制电力系统中接入的变流设备和交流调压装置的容量，或提高对大容量非线性设备的供电电压，或者将“谐波源”与不能受干扰的负荷电路从电网的接线上分开，都能有助于谐波的抑制或消除。

六、三相不平衡及其改善

（一）三相不平衡的产生及其危害

在三相供电系统中，如果三相的电压或电流幅值或有效值不等，或者三相的电压或电流相位差不为 120°时，则称此三相电压或电流不平衡。

三相供电系统在正常运行方式下出现三相不平衡的主要原因，是三相负荷不平衡（不对称）。

不平衡的三相电压或电流，按对称分量法，可分解为正序分量、负序分量和零序分量。由于负序分量的存在，就使三相系统中的三相感应电动机在产生正向转矩的同时，还产生一个反向转矩，从而降低电动机的输出转矩，并使电动机绕组电流增大，温升增高，缩短电动机的使用寿命。对三相变压器来说，由于三相电流不平衡，当最大相电流达到变压器额定电流时，其他两相却低于额定值，从而使变压器容量不能得到充分利用。对多相整流装置来说，三相电压不对称，将严重影响多相触发脉冲的对称性，使整流装置产生较大的谐波，进一步影响电能质量。

（二）电压不平衡度及其允许值

电压不平衡度，用电压负序分量的方均根值 U_2 与电压正序分量的方均根值 U_1 的百分比值来表示，即

$$\varepsilon U\% = \frac{U_2}{U_1} \times 100\% \tag{1-3}$$

GB/T 15543—2008《电能质量　三相电压不平衡》规定：

1）正常允许 2%，电压不平衡度短时不超过 4%。

2）接于公共连接点的每个用户电压不平衡度一般不得超过 1.3%，短时不超过 2.6%。

（三）改善三相不平衡的措施

(1) 使三相负荷均衡分配 在供配电设计和安装中，应尽量使三相负荷均衡分配。三相系统中各相装设的单相用电设备容量之差应不超过 15%。

(2) 使不平衡负荷分散连接 尽可能将不平衡负荷接到不同的供电点，以减少其集中连接造成电压不平衡度可能超过允许值的问题。

(3) 将不平衡负荷接入更高电压的电网 由于更高电压的电网具有更大的短路容量，

因此接入不平衡负荷时对三相不平衡度的影响可大大减小。例如电网短路容量大于负荷容量50倍时，就能保证连接点的电压不平衡度小于2%。

(4) 采用三相平衡化装置 三相平衡化装置包括具有分相补偿功能的静止型无功补偿装置（SVC）和静止无功电源（Static Var Generator，SVG）。SVG基本上不用储能元件，而是充分利用三相交流电的特点，使能量在三相之间及时转移来实现补偿。与SVC相比，SVG可大大减小平衡化装置的体积和材料消耗，而且响应速度快，调节性能好，它综合了无功补偿、谐波抑制和改善三相不平衡的优点，是值得推广应用的一种先进产品。

七、工厂供配电电压的选择

(一) 工厂供电电压的选择

工厂供电的电压，主要取决于当地电网的供电电压等级，同时也要考虑工厂用电设备的电压、容量和供电距离等因素。由于在同一输送功率和输送距离条件下，供电电压越高，线路电流越小，从而使线路导线或电缆截面积越小，可减少线路的投资和有色金属消耗量。各级电压电力线路合理的输送功率和输送距离见表1-3。

表1-3 各级电压电力线路合理的输送功率和输送距离

线路电压/kV	线路结构	输送功率/kW	输送距离/km
0.38	架空线	≤100	≤0.25
0.38	电缆	≤175	≤0.35
6	架空线	≤1000	≤10
6	电缆	≤3000	≤8
10	架空线	≤2000	6~20
10	电缆	≤5000	≤10
35	架空线	2000~10000	20~50
66	架空线	3500~30000	30~100
110	架空线	10000~50000	50~150
220	架空线	100000~500000	200~300

《供电营业规则》规定：供电企业（指供电电网）供电的额定电压，低压有单相220V，三相380V；高压有10kV、35（66）kV、110kV、220kV。并规定：除发电厂直配电压可采用3kV或6kV外，其他等级的电压应逐步过渡到上述额定电压。当用户需要的电压等级不在上列范围时，应自行采用变压措施解决。当用户需要的电压等级在110kV及以上时，其受电装置应作为终端变电所设计，其方案需经省电网经营企业审批。

(二) 工厂高压配电电压的选择

工厂供电系统的高压配电电压，主要取决于工厂高压用电设备的电压和容量、数量等因素。

工厂采用的高压配电电压通常为10kV。如果工厂拥有相当数量的6kV用电设备，或者供电电源电压就是从邻近发电厂取得的6.3kV直配电压，则可考虑采用6kV作为工厂的高压配电电压。如果不是上述情况，或者6kV用电设备不多时，则应仍用10kV作高压配电电压，而少数6kV用电设备则通过专用的10kV/6.3kV变压器单独供电。3kV不能作为高压配电电压。如果工厂有3kV用电设备，则应通过10kV/3.15kV变压器单独供电。

如果当地电网供电电压为35kV，而厂区环境条件又允许采用35kV架空线路和较经济的35kV电气设备时，则可考虑采用35kV作为高压配电电压深入工厂各车间负荷中心，并经车间变电所直接降为低压用电设备所需的电压。这种高压深入负荷中心的直配方式，可以省去一级中间变压，大大简化供电系统接线，节约投资和有色金属，降低电能损耗和电压损耗，提高供电质量，因此有一定的推广价值。但必须考虑厂区要有满足35kV架空线路深入各车间负荷中心的“安全走廊”，以确保安全。

（三）工厂低压配电电压的选择

工厂的低压配电电压，一般采用220V/380V，其中线电压380V接三相动力设备及额定电压为380V的单相用电设备，相电压220V接额定电压为220V的照明灯具和其他单相用电设备。但某些场合宜采用660V或1140V作为低压配电电压，例如在矿井下，其负荷中心往往离变电所较远，因此为保证负荷端的电压水平而采用660V甚至1140V电压配电。采用660V或1140V配电，较之采用380V配电，可以减少线路的电压损耗，提高负荷端的电压水平，而且能减少线路的电能损耗，降低线路的投资和有色金属消耗量，增加供电半径，提高供电能力，减少变压点，简化配电系统。因此提高低压配电电压有明显的经济效益，是节电的有效措施之一，这在世界各国已成为发展趋势。但是将380V升高为660V，需电器制造部门乃至其他有关部门全面配合，我国目前尚难实现。目前660V电压只限于采矿、石油和化工等少数企业中采用，1140V电压只限于井下采用。至于220V电压，现已不作为三相配电电压，只作为单相配电电压和单相用电设备的额定电压。

第四节　电力系统中性点运行方式及低压配电系统接地形式

一、电力系统的中性点运行方式

在三相交流电力系统中，作为供电电源的发电机和变压器的中性点有三种运行方式：①电源中性点不接地；②中性点经阻抗接地；③中性点直接接地。前两种合称为小接地电流系统，也称中性点非有效接地系统，或称中性点非直接接地系统。后一种中性点直接接地系统，称为大接地电流系统，也称为中性点有效接地系统。

我国3～66kV的电力系统，特别是3～10kV系统，一般采用中性点不接地的运行方式。如果单相接地电流大于一定值时（3～10kV系统中单相接地电流大于30A，20kV及以上系统中单相接地电流大于10A时），则应采用中性点经消弧线圈接地的运行方式或低电阻接地的运行方式。我国110kV及以上的电力系统，则都采用中性点直接接地的运行方式。

电力系统电源中性点的不同运行方式，对电力系统的运行特别是在系统发生单相接地故障时有明显的影响，而且将影响系统二次侧的继电保护和监测仪表的选择与运行，因此有必要予以研究。

（一）中性点不接地的电力系统

图1-15是电源中性点不接地的电力系统在正常运行时的电路图和相量图㊀。为了讨论问题简化起见，假设图1-15a所示三相系统的电源电压和线路参数R、L、C都是对称的，而且将相线与大地之间存在的分布电容用一个集中电容C来表示，而相线之间存在的电容因对讨论的问题没有影响则予以略去。

㊀ 原国家标准GB 4728.11—1985《电气图用图形符号　电力、照明和电信布置》中附件规定：交流系统电源端的一、二、三相，分别标L1、L2、L3，而设备端一、二、三相分别标U、V、W。现新国家标准GB/T 4728.11—2000《电气简图用图形符号　建筑安装平面布置图》已将此附件取消。其他现行国标关于三相交流的相序代号大多采用国际通用的A、B、C。本书的所有电路图和相量图，不分电源端和设备端，均统一采用A、B、C为三相交流相序代号，特此说明[26]。

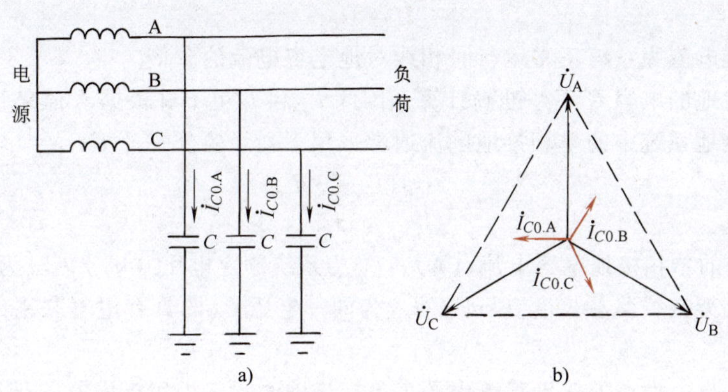

图 1-15 正常运行时的中性点不接地的电力系统

a) 电路图 b) 相量图

系统正常运行时，三个相的相电压 $\dot{U}_A$、$\dot{U}_B$、$\dot{U}_C$ 是对称的，三个相的对地电容电流 $\dot{I}_{C0}$ 也是平衡的，如图 1-15b 所示。因此三个相的电容电流的相量和为零，地中没有电流流过。各相的对地电压，就是各相的相电压。

单相接地故障，当假设是系统发生 C 相接地时，如图 1-16a 所示，这时 C 相对地电压为零，而 A 相对地电压 $\dot{U}'_A = \dot{U}_A + (-\dot{U}_C) = \dot{U}_{AC}$，B 相对地电压 $\dot{U}'_B = \dot{U}_B + (-\dot{U}_C) = \dot{U}_{BC}$，如图 1-16b 所示。由图 1-16b 的相量图可知，C 相接地时，完好的 A、B 两相对地电压都由原来的相电压升高到线电压，即升高为原对地电压的 $\sqrt{3}$ 倍。

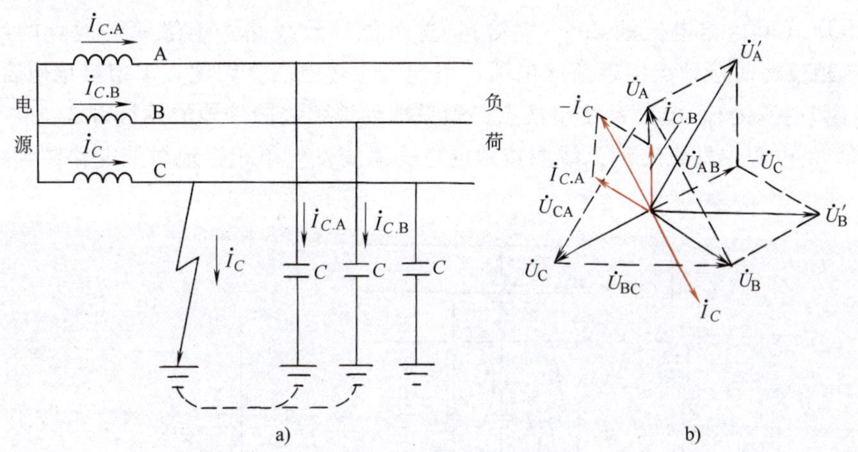

图 1-16 单相接地时的中性点不接地的电力系统

a) 电路图 b) 相量图

当 C 相接地时，系统的接地电流（电容电流）$\dot{I}_C$ 应为 A、B 两相对地电容电流之和，即

$$\dot{I}_C = -(\dot{I}_{C.A} + \dot{I}_{C.B}) \tag{1-4}$$

由图 1-16b 的相量图可知，$\dot{I}_C$ 在相位上超前 $\dot{U}_C$ 90°；而在量值上，由于 $I_C = \sqrt{3}I_{C.A}$，而 $I_{C.A} = U'_A / X_C = \sqrt{3}U_A / X_C = \sqrt{3}I_{C0}$，因此

$$I_C = 3I_{C0} \tag{1-5}$$

即单相接地电容电流为系统正常运行时相线对地电容电流的 3 倍。

由于线路对地的电容 C 不好准确计算，因此 I_{C0} 和 I_C 也不好根据 C 值来精确地确定。

中性点不接地系统中的单相接地电流通常采用下列经验公式计算：

$$I_C = \frac{U_N(l_{oh} + 35l_{cab})}{350} \tag{1-6}$$

式中，I_C 为系统的单相接地电容电流（A）；U_N 为系统额定电压（kV）；l_{oh} 为同一电压 U_N 的具有电气联系的架空线路总长度（km）；l_{cab} 为同一电压 U_N 的具有电气联系的电缆线路总长度（km）。

必须指出：**当中性点不接地系统中发生单相接地时，三相用电设备的正常工作并未受到影响，因为线路的线电压无论其相位和量值均未发生变化，**这从图 1-16b 的相量图可以看出，因此该系统中的三相用电设备仍能照常运行。**但是这种存在单相接地故障的系统不允许长期运行，以免再有一相发生接地故障时，形成两相接地短路，使故障扩大。**因此在中性点不接地系统中，应装设专门的单相接地保护（参见第六章第五节）或绝缘监视装置（参见第七章第三节）。当系统发生单相接地故障时，发出报警信号，提醒供电值班人员注意，及时处理；当危及人身和设备安全时，则单相接地保护应动作于跳闸，切除故障线路。

（二）中性点经消弧线圈接地的电力系统

上述中性点不接地的电力系统有一种故障情况比较危险，即在发生单相接地故障时如果接地电流较大，将在接地故障点出现断续电弧。由于电力线路既有电阻 R、电感 L，又有电容 C，因此在发生单相弧光接地时，可形成一个 R-L-C 的串联谐振电路，从而使线路上出现危险的过电压（可达相电压的 2.5～3 倍），这可能导致线路上绝缘薄弱地点的绝缘击穿。**为了防止单相接地时接地点出现断续电弧，引起谐振过电压，因此在单相接地电容电流大于一定值时（如前所述），电力系统中性点必须采取经消弧线圈接地的运行方式。**

图 1-17 是电源中性点经消弧线圈接地的电力系统发生单相接地时的电路图和相量图。

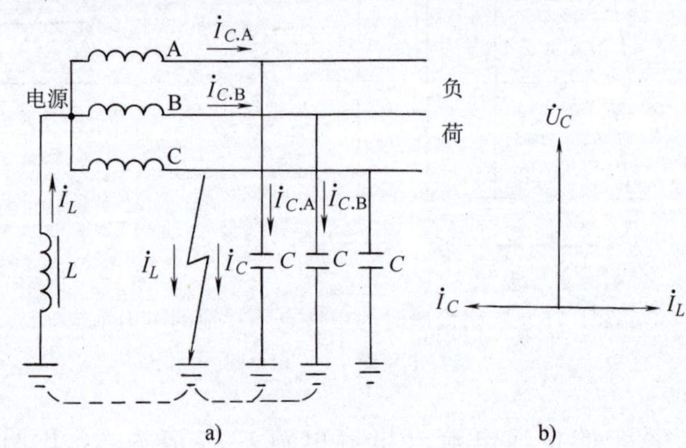

图 1-17　中性点经消弧线圈接地的电力系统发生单相接地时

a）电路图　b）相量图

消弧线圈实际上就是一个可调的铁心电感线圈，其电阻很小，感抗很大。

当系统发生单相接地时，通过接地点的电流为接地电容电流 $\dot{I}_C$ 与通过消弧线圈 L 的电

感电流 $\dot{I}_L$之和。由于 $\dot{I}_C$超前 $U_C 90°$，而 $\dot{I}_L$滞后 $U_C 90°$，因此 $\dot{I}_L$与 $\dot{I}_C$在接地点相互补偿。当 $\dot{I}_L$与 $\dot{I}_C$的量值差小于发生电弧的最小电流（称为最小生弧电流）时，电弧就不会产生，也就不会出现谐振过电压了。

在电源中性点经消弧线圈接地的三相系统中，与中性点不接地的系统一样，在系统发生单相接地故障时允许短时间（一般规定为 2h）继续运行，但应有保护装置在接地故障时及时发出报警信号。运行值班人员应抓紧时间积极查找故障，予以消除；在暂时无法消除故障时，应设法将重要负荷转移到备用电源线路上去。如发生单相接地会危及人身和设备安全时，则单相接地保护应动作于跳闸，切除故障线路。

中性点经消弧线圈接地的电力系统，在单相接地时，其他两相对地电压也要升高到线电压，即升高为原对地电压的$\sqrt{3}$倍。

（三）中性点直接接地或经低电阻接地的电力系统

图 1-18 是电源中性点直接接地的电力系统发生单相接地时的情况。这种系统的单相接地，即通过接地中性点形成单相短路 $k^{(1)}$。单相短路电流 $I_k^{(1)}$ 比线路的正常负荷电流大得多，因此在系统发生单相短路时保护装置应动作于跳闸，切除短路故障，使系统的其他部分恢复正常运行。

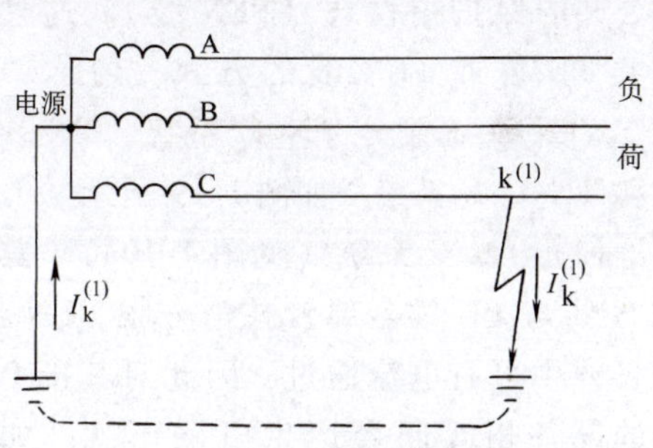

图 1-18　中性点直接接地的电力系统发生单相接地时的情况

中性点直接接地的系统发生单相接地时，其他两完好相的对地电压不会升高，这与上述中性点非直接接地的系统不同。因此中性点直接接地系统中的供用电设备绝缘只需按相电压考虑，而无需按线电压考虑。这对 110kV 及以上的超高压系统是很有经济技术价值的。因为高压电器特别是超高压电器，其绝缘问题是影响电器设计和制造的关键问题。电器绝缘要求的降低，不仅降低了电器的造价，而且改善了电器的性能。因此我国 110kV 及以上超高压系统的电源中性点通常都采取直接接地的运行方式。在低压配电系统中，我国广泛应用的 TN 系统及国外应用较广的 TT 系统，均为中性点直接接地系统。TN 系统和 TT 系统在发生单相接地故障时，一般能使保护装置迅速动作，切除故障部分，比较安全。如果再加装剩余电流保护器（参见第八章第二节），则人身安全更有保障。

在现代化城市电网中，由于广泛采用电缆取代架空线路，而电缆线路的单相接地电容电流远比架空线路的大［由式（1-6）可以看出］，**因此采取中性点经消弧线圈接地的方式往往也无法完全消除接地故障点的电弧，从而无法抑制由此引起的危险的谐振过电压。因此我国有的城市（例如北京市）的 10kV 城市电网中性点采取低电阻接地的运行方式。**它接近于中性点直接接地的运行方式，必须装设动作于跳闸的单相接地故障保护。在系统发生单相接地故障时，迅速切除故障线路，同时系统的备用电源投入装置动作，投入备用电源，恢复对重要负荷的供电。由于这类城市电网通常都采用环网供电方式，而且保护装置完善，因此供电可靠性是相当高的。

二、低压配电系统的接地型式

我国 220V/380V 低压配电系统，广泛采用中性点直接接地的运行方式，而且引出有中

性线（代号N）、保护线（代号PE）或保护中性线（代号PEN）。

中性线（N线）的功能：一是用来接以额定电压为系统相电压的单相用电设备；二是用来传导三相系统中的不平衡电流和单相电流；三是用来减小负荷中性点的电位偏移。

保护线（PE线）的功能：它是用来保障人身安全、防止发生触电事故用的接地线。系统中所有设备的外露可导电部分（指正常不带电压但故障时可能带电压的易被触及的导电部分，例如设备的金属外壳、金属构架等）通过保护线接地，可在设备发生接地故障时减少触电危险。

保护中性线（PEN线）的功能：它兼有中性线（N线）和保护线（PE线）的功能。这种PEN线在我国通称为“零线”，俗称“地线”。

低压配电系统按接地型式，分为TN系统、TT系统和IT系统。

（一）TN系统

TN系统的中性点直接接地，所有设备的外露可导电部分均接公共的保护线（PE线）或公共的保护中性线（PEN线）。这种接公共PE线或PEN线的方式，通称“接零”。**TN系统又分TN-C系统、TN-S系统和TN-C-S系统，**如图1-19所示。

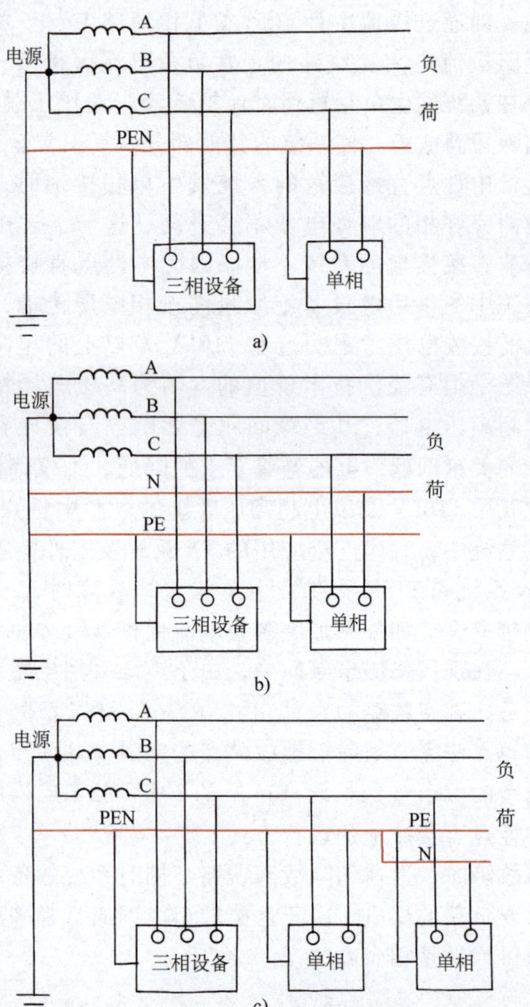

图1-19　低压配电的TN系统

a）TN-C系统　b）TN-S系统　c）TN-C-S系统

（1）TN-C系统（见图1-19a）　**其中的N线与PE线全部合并为一根PEN线。**PEN线中可有电流通过，因此对其接PEN线的设备相互间会产生电磁干扰。如果PEN线断线，还可使断线后边接PEN线的设备外露可导电部分带电而造成人身触电危险。该系统由于PE线与N线合为一根PEN线，从而节约了有色金属和投资，较为经济。该系统在发生单相接地故障时，线路的保护装置应该动作，切除故障线路。目前TN-C系统在我国低压配电系统中应用最为普遍，但不适用于对人身安全和抗电磁干扰要求高的场所。

（2）TN-S系统（见图1-19b）　**其中的N线与PE线全部分开，设备的外露可导电部分均接PE线。**由于PE线中没有电流通过，因此设备之间不会产生电磁干扰。PE线断线时，正常情况下，也不会使断线后边接PE线的设备外露可导电部分带电；但在断线后边有设备发生一相接壳故障时，将使断线后边其他所有接PE线的设备外露可导电部分带电，而造成人身触电危险。该系统在发生单相接地故障时，线路的保

护装置应该动作，切除故障线路。该系统在有色金属消耗量和投资方面较之 TN-C 系统有所增加。TN-S 系统现在广泛用于对安全要求较高的场所如浴室和居民住宅等处，及对抗电磁干扰要求高的数据处理和精密检测等实验场所。

(3) TN-C-S 系统（见图 1-19c） **该系统的前一部分全部为 TN-C 系统，而后边有一部分为 TN-C 系统，有一部分则为 TN-S 系统，**其中设备的外露可导电部分接 PEN 线或 PE 线。该系统综合了 TN-C 系统和 TN-S 系统的特点，因此比较灵活，对安全要求和对抗电磁干扰要求高的场所采用 TN-S 系统，而其他一般场所则采用 TN-C 系统。

（二）TT 系统

TT 系统的中性点直接接地，而其中设备的外露可导电部分均各自经 PE 线单独接地，如图 1-20 所示。

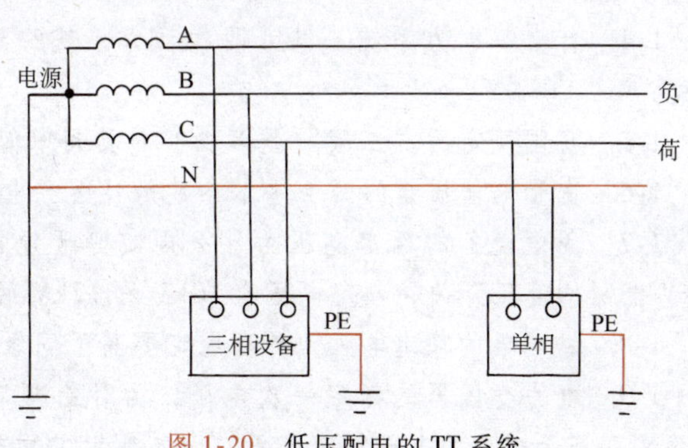

图 1-20 低压配电的 TT 系统

由于 TT 系统中各设备的外露可导电部分的接地 PE 线彼此是分开的，互无电气联系，因此相互之间不会发生电磁干扰问题。该系统如发生单相接地故障，则形成单相短路，线路的保护装置应动作于跳闸，切除故障线路。但是该系统如出现绝缘不良而引起漏电时，由于漏电电流较小可能不足以使线路的过电流保护动作，从而可使漏电设备的外露可导电部分长期带电，增加了触电的危险。因此该系统必须装设灵敏度较高的漏电保护装置（参看第八章第三节），以确保人身安全。该系统适用于安全要求及对抗干扰要求较高的场所。这种配电系统在国外应用较为普遍，现在我国也开始推广应用。GB 50096—2011《住宅设计规范》就规定：住宅供电系统“应采用 TT、TN-C-S 或 TN-S 接地方式”。

（三）IT 系统

IT 系统的中性点不接地，或经高阻抗（约 1000Ω）接地。该系统没有 N 线，因此不适用于接额定电压为系统相电压的单相设备，只能接额定电压为系统线电压的单相设备和三相设备。该系统中所有设备的外露可导电部分均经各自的 PE 线单独接地，如图 1-21 所示。

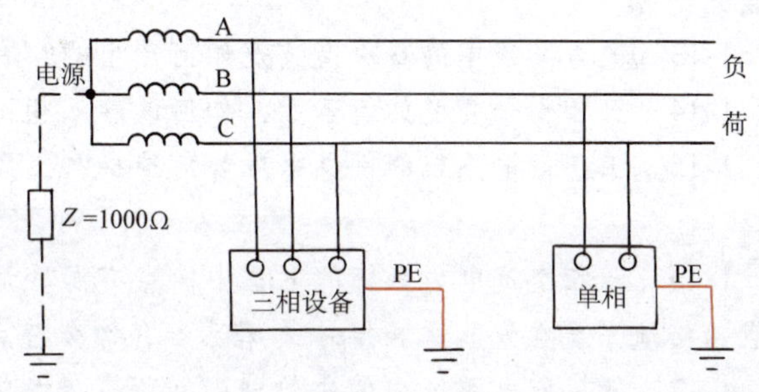

图 1-21 低压配电的 IT 系统

由于 IT 系统中设备外露可导电部分的接地 PE 线也是彼此分开的，互无电气联系，因此相互之间也不会发生电磁干扰问题。

由于 IT 系统中性点不接地或经高阻抗接地，因此当系统发生单相接地故障时，三相设备及接线电压的单相设备仍能照常运行。但是在发生单相接地故障时，应发出报警信号，以便供电值班人员及时处理，消除故障。

IT 系统主要用于对连续供电要求较高及有易燃易爆危险的场所，特别是矿山、井下等场所的供电。

复习思考题

1-1　工厂供电对工业生产有何重要作用？对工厂供电工作有哪些基本要求？

1-2　工厂供电系统包括哪些范围？变电所和配电所的任务有什么不同？什么情况下可采用高压深入负荷中心的直配方式？

1-3　水电站、火电厂和核电站各利用什么能源？风力发电、地热发电和太阳能发电各有何特点？

1-4　什么叫电力系统、电力网和动力系统？建立大型电力系统（联合电网）有哪些好处？

1-5　我国规定的“工频”是多少？对其频率偏差有何要求？

1-6　衡量电能质量的两个基本参数是什么？电压质量包括哪些方面要求？

1-7　用电设备的额定电压为什么规定等于电网（线路）额定电压？为什么现在同一10kV电网的高压开关，额定电压有10kV和12kV两种规格？

1-8　发电机的额定电压为什么规定要高于同级电网额定电压5%？

1-9　电力变压器的额定一次电压，为什么规定有的要高于相应的电网额定电压5%，有的又可等于相应的电网额定电压？而其额定二次电压，为什么规定有的要高于相应的电网额定电压10%，有的又可只高于相应的电网额定电压5%？

1-10　电网电压的高低如何划分？什么叫低压和高压？什么是中压、高压、超高压和特高压？

1-11　什么叫电压偏差？电压偏差对感应电动机和照明光源各有哪些影响？有哪些调压措施？

1-12　什么叫电压波动？电压波动对交流电动机和照明光源各有哪些影响？有哪些抑制措施？

1-13　电力系统中的高次谐波是如何产生的？有什么危害？有哪些消除或抑制措施？

1-14　三相不平衡度如何表示？如何改善三相不平衡的状况？

1-15　工厂供电系统的供电电压如何选择？工厂的高压配电电压和低压配电电压各如何选择？

1-16　三相交流电力系统的电源中性点有哪些运行方式？中性点非直接接地系统与中性点直接接地系统在发生单相接地故障时各有什么特点？

1-17　低压配电系统中的中性线（N线）、保护线（PE线）和保护中性线（PEN线）各有哪些功能？

1-18　什么叫TN-C系统、TN-S系统、TN-C-S系统、TT系统和IT系统？各有哪些特点？各适于哪些场合应用？

习　　题

1-1　试确定图1-22所示供电系统中变压器T1和线路WL1、WL2的额定电压。

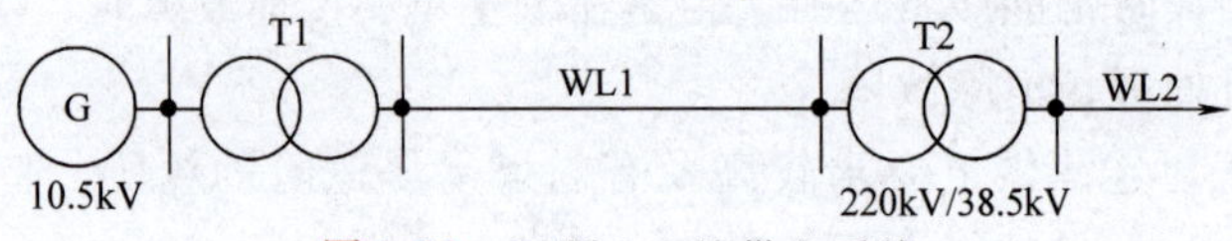

图1-22　习题1-1的供电系统

1-2 试确定图 1-23 所示供电系统中发电机和各变压器的额定电压？

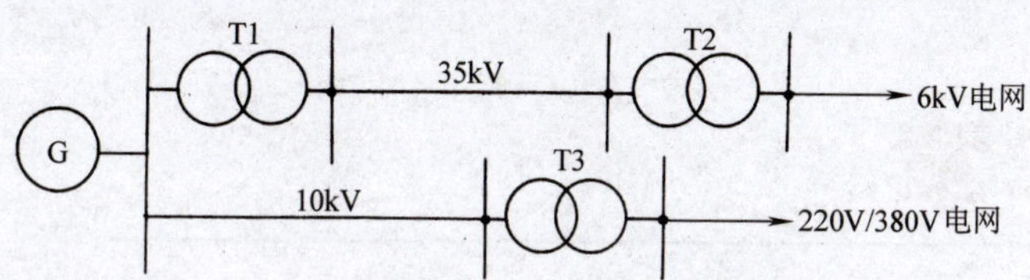

图 1-23 习题 1-2 的供电系统

1-3 某厂有若干车间变电所，互有低压联络线相连。其中有一车间变电所，装有一台无载调压型电力变压器，高压绕组有 +5%、0、−5% 三个电压分接头。现调在主分接头 0（即 U_N）的位置运行。但白天生产时，变电所低压母线电压只有 360V，而晚上不生产时，低压母线电压又高达 410V。问该变电所低压母线的昼夜电压偏差范围（%）为多少？宜采取哪些改善措施？

1-4 某 10kV 电网，其架空线路总长度为 70km，电缆线路总长度为 15km。试求此中性点不接地的电力系统发生单相接地各种故障时的接地电容电流，并判断该系统的中性点是否需要改为经消弧线圈接地。

第二章

工厂的电力负荷及其计算

本章首先简单介绍工厂用电设备的分级及有关概念，然后着重讲述用电设备组计算负荷和工厂计算负荷的计算方法，最后讲述尖峰电流及其计算。本章内容是工厂供电系统运行分析和设计计算的基础。

第一节　工厂的电力负荷与负荷曲线

一、工厂电力负荷的分级及其对供电电源的要求

电力负荷又称电力负载，有两种含义：一是指耗用电能的用电设备或用户，比如重要负荷、一般负荷、动力负荷、照明负荷等；另一是指用电设备或用户耗用的功率或电流大小，比如轻负荷（轻载）、重负荷（重载）、空负荷（空载）、满负荷（满载）等。电力负荷的具体含义视具体情况而定。

（一）工厂电力负荷的分级

工厂的电力负荷，按 GB 50052—2009《供配电系统设计规范》规定，根据其对供电可靠性的要求及中断供电在对人身安全和经济损失上所造成的影响程度分为三级：

（1）一级负荷　一级负荷为中断供电（注：这里指事故停电，不包括计划停电，下同）将造成人身伤害者，或者中断供电将在经济上造成重大损失者，例如使生产过程或生产装备处于不安全状态、重大产品报废、用重要原料生产的产品大量报废、生产企业的连续生产过程被打乱需要长时间才能恢复等。

在一级负荷中，当中断供电将造成人员伤亡或重大设备损坏或发生中毒、爆炸和火灾等情况的负荷，以及特别重要场所不允许中断供电的负荷，应视为特别重要的负荷。

（2）二级负荷　二级负荷为中断供电将在经济上造成较大损失者，如主要设备损坏、大量产品报废、连续生产过程被打乱需较长时间才能恢复、重点企业大量减产等。

（3）三级负荷　三级负荷为一般电力负荷，所有不属于上述一、二级负荷者均属三级负荷。

（二）各级电力负荷对供电电源的要求

（1）一级负荷对供电电源的要求　由于一级负荷属重要负荷，如果中断供电造成的后果将十分严重，因此要求由在安全供电方面互不影响的两条电路即“双重电源”供电，当

其中一个电源发生故障时，另一个电源应不至同时受到损坏。

一级负荷中特别重要的负荷，除由“双重电源”供电外，还必须增设应急电源，并严禁将其他负荷接入应急供电系统。

常用的应急电源有：①独立于正常电源的发电机组；②供电网络中独立于正常电源的专门供电线路；③蓄电池；④干电池。

(2) 二级负荷对供电电源的要求 二级负荷也属于重要负荷，但其重要程度低于一级负荷。二级负荷宜由两回路供电。当负荷较小或当地供电条件困难时，二级负荷可由一回路6kV及以上的专用架空线路供电。这是考虑架空线路发生故障时，较之电缆线路发生故障时易于发现且易于检查和修复。若采用电缆线路时，则必须采用两根电缆并列供电，而且每根电缆都应能承受全部二级负荷。

(3) 三级负荷对供电电源的要求 由于三级负荷为不重要的一般负荷，因此它对供电电源无特殊要求。

二、工厂用电设备的工作制

工厂的用电设备，按其工作制分为以下三类：

(1) 连续工作制设备 这类工作制设备在恒定负荷下运行，且运行时间长到足以使之达到热平衡状态，如通风机、水泵、空气压缩机、电动机-发电机组、电炉和照明灯等。机床电动机的负荷，一般变动较大，但其主电动机一般也是连续运行的。

(2) 短时工作制设备 这类工作制设备在恒定负荷下运行的时间短（短于达到热平衡所需的时间），而停歇时间长（长到足以使设备温度冷却到周围介质的温度），如机床上的某些辅助电动机（例如进给电动机）和闸门上的控制电动机等。

(3) 断续周期工作制设备 这类工作制设备周期性地时而工作、时而停歇，如此反复运行，而工作周期一般不超过10min，无论工作或停歇，均不足以使设备达到热平衡，如电焊机和吊车电动机等。

断续周期工作制设备，可用“负荷持续率”（又称暂载率）来表示其工作特征。负荷持续率为一个工作周期内工作时间与工作周期的百分比值，用ε表示，即

$$\varepsilon = \frac{t}{T} \times 100\% = \frac{t}{t + t_0} \times 100\% \tag{2-1}$$

式中，T为工作周期；t为工作周期内的工作时间；t_0为工作周期内的停歇时间。

断续周期工作制设备的额定容量（铭牌功率）P_N，是对应于某一标称负荷持续率ε_N的。如果实际运行的负荷持续率$\varepsilon \neq \varepsilon_N$，则实际容量$P_e$应按同一周期内等效发热条件进行换算。由于电流$I$通过电阻为$R$的设备在时间$t$内产生的热量为$I^2Rt$，因此在设备产生相同热量的条件下，$I \propto 1/\sqrt{t}$；而在同一电压下，设备容量$P \propto I$；又由式（2-1）知，同一周期$T$的负荷持续率$\varepsilon \propto t$。因此$P \propto 1/\sqrt{\varepsilon}$，即设备容量与负荷持续率的二次方根值成反比。由此可见，如果设备在ε_N下的容量为P_N，则换算到实际ε下的容量P_e为

$$P_e = P_N \sqrt{\frac{\varepsilon_N}{\varepsilon}} \tag{2-2}$$

三、负荷曲线及有关物理量

（一）负荷曲线的概念

负荷曲线是表征电力负荷随时间变动情况的一种图形，它绘在直角坐标纸上，纵坐标表示负荷（有功或无功功率），横坐标表示对应的时间（一般以小时 h 为单位）。

负荷曲线按负荷对象分，有工厂的、车间的或某类设备的负荷曲线。按负荷性质分，有有功和无功负荷曲线。按所表示的负荷变动时间分，有年的、月的、日的或工作班的负荷曲线。

图 2-1 是一班制工厂的日有功负荷曲线，其中图 2-1a 是依点连成的负荷曲线，图 2-1b 是依点绘成梯形的负荷曲线。为便于计算，负荷曲线多绘成梯形，横坐标一般按半小时分格，以便确定“半小时最大负荷”（将在后面介绍）。

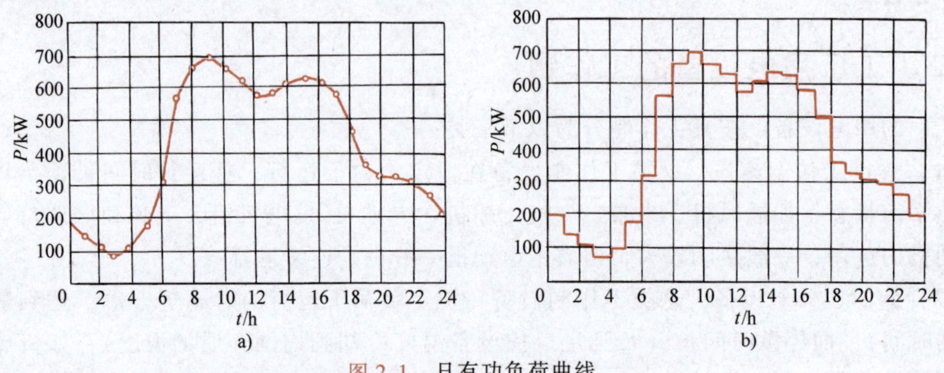

图 2-1　日有功负荷曲线

a）依点连成的负荷曲线　b）依点绘成梯形的负荷曲线

年负荷曲线通常绘成负荷持续时间曲线，按负荷大小依次排列（见图 2-2c），全年按 8760h 计。

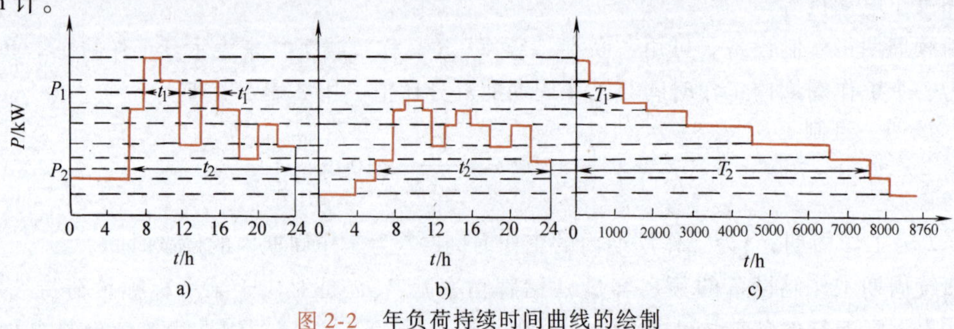

图 2-2　年负荷持续时间曲线的绘制

a）夏日负荷曲线　b）冬日负荷曲线　c）年负荷持续时间曲线

上述年负荷曲线，根据其一年中具有代表性的夏日负荷曲线（见图 2-2a）和冬日负荷曲线（见图 2-2b）来绘制。其夏日和冬日在全年中所占的天数，应视当地的地理位置和气温情况而定。例如在我国北方，可近似地取夏日 165 天，冬日 200 天；而在我国南方，则可近似地取夏日 200 天，冬日 165 天。假设绘制南方某厂的年负荷曲线（见图 2-2c），其中 P_1 在年负荷曲线上所占的时间 $T_1=200\ (t_1+t_1')$，P_2 在年负荷曲线上所占的时间 $T_2=200t_2+165t_2'$，其余依次类推。

另一形式的年负荷曲线，是按全年每日的最大负荷（通常取每日的最大负荷半小时平均值）绘制的，称为年每日最大负荷曲线，如图 2-3 所示。横坐标依次以全年 12 个月份的日期来分格。这种年最大负荷曲线，可以用来确定拥有多台电力变压器的工厂变电所在一年中的不同时期宜于投入运行的台数，即所谓经济运行方式，以降低电能损耗，提高供电系统的经济效益。

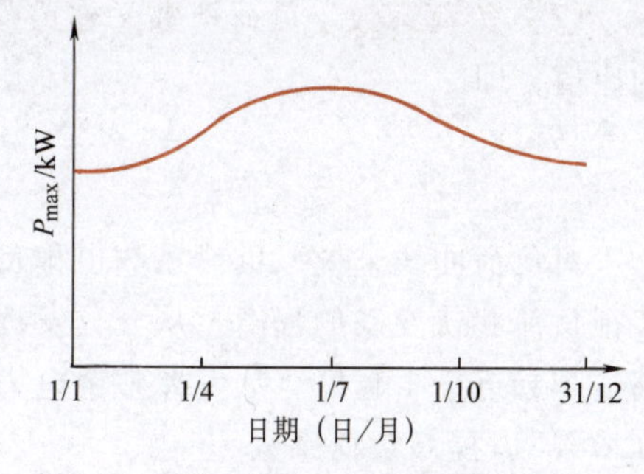

图 2-3　年每日最大负荷曲线

从各种负荷曲线上，可以直观地了解电力负荷变动的情况。通过对负荷曲线的分析，可以更深入地掌握负荷变动的规律，并可以从中获得一些对设计和运行有用的资料。因此负荷曲线对于从事工厂供电设计和运行的人员来说，都是很必要的。

（二）与负荷曲线和负荷计算有关的物理量

1. 年最大负荷和年最大负荷利用小时

（1）年最大负荷　年最大负荷 P_{max} 就是全年中负荷最大的工作班内（这一工作班的最大负荷不是偶然出现的，而是全年至少出现 2 ~ 3 次）消耗电能最大的半小时平均功率。因此年最大负荷也称为半小时最大负荷 P_{30}。

（2）年最大负荷利用小时　年最大负荷利用小时 T_{max} 是一个假想时间，在此时间内，电力负荷按年最大负荷 P_{max}（或 P_{30}）持续运行所消耗的电能，恰好等于该电力负荷全年实际消耗的电能，如图 2-4 所示。

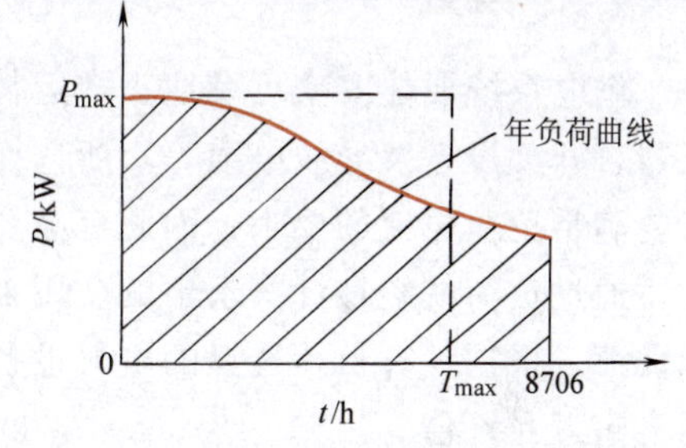

图 2-4　年最大负荷和年最大负荷利用小时

年最大负荷利用小时按下式计算：

$$T_{max} = \frac{W_a}{P_{max}} \tag{2-3}$$

式中，W_a 为年实际消耗的电能量。

年最大负荷利用小时是反映电力负荷特征的一个重要参数，与工厂的生产班制有明显的关系。例如一班制工厂，$T_{max} = 1800 \sim 3000h$；两班制工厂，$T_{max} = 3500 \sim 4800h$；三班制工厂，$T_{max} = 5000 \sim 7000h$。

2. 平均负荷和负荷系数

（1）平均负荷　平均负荷 P_{av} 就是电力负荷在一定时间 t 内平均消耗的功率，也就是电力负荷在该时间 t 内消耗的电能 W_t 除以时间 t 的值，即

$$P_{av} = \frac{W_t}{t} \tag{2-4}$$

年平均负荷如图 2-5 所示。图中，年平均负荷 P_{av} 的横线与纵横两坐标轴所包围的矩形面积恰好等于年负荷曲线与两坐标轴所包围的面积 W_a，即年平均负荷 P_{av} 为

$$P_{av} = \frac{W_a}{8760h} \tag{2-5}$$

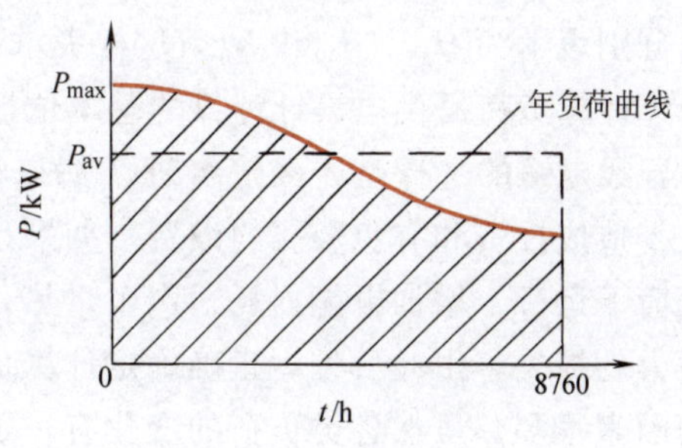

图 2-5　年平均负荷

（2）负荷系数 负荷系数又称负荷率，它是用电负荷的平均负荷 P_{av} 与其最大负荷 P_{max} 的比值，即

$$K_L = \frac{P_{av}}{P_{max}} \tag{2-6}$$

对负荷曲线来说，负荷系数也称负荷曲线填充系数，它表征负荷曲线不平坦的程度，即表征负荷起伏变动的程度。从充分发挥供电设备的能力、提高供电效率来说，希望此系数越高、越趋近于1越好。从发挥整个电力系统的效能来说，应尽量使不平坦的负荷曲线“削峰填谷”，提高负荷系数。

对用电设备来说，负荷系数就是设备的输出功率 P 与设备额定容量 P_N 的比值，即

$$K_L = \frac{P}{P_N} \tag{2-7}$$

负荷系数通常以百分值表示。负荷系数（负荷率）有时用符号 β 表示；在需要区分有功和无功时，有功负荷系数符号用 α 表示，无功负荷系数符号用 β 表示。

第二节　三相用电设备组计算负荷的确定

一、概述

供电系统要能安全可靠地正常运行，就必须正确地选择系统中的各个元件，包括电力变压器、开关设备及导线电缆等。所选元件除了应满足工作电压和频率的要求外，最重要的就是要满足负荷电流的要求，因此有必要对供电系统中各个环节的电力负荷进行统计计算。

通过负荷的统计计算求出的、用来按发热条件选择供电系统中各元件的负荷值，称为计算负荷。根据计算负荷选择的电气设备和导线电缆，如果以计算负荷连续运行，其发热温度不会超过允许值。

由于导体通过电流达到稳定温升的时间大约需（3～4）τ，τ 为发热时间常数。截面积在 $16mm^2$ 及以上的导体，其 $\tau \geqslant 10min$，因此载流导体大约经30min（半小时）后可达到稳定温升值。由此可见，计算负荷实际上与从负荷曲线上查得的半小时最大负荷 P_{30}（也即年最大负荷 P_{max}）是基本相当的。所以，计算负荷也可以认为就是半小时最大负荷。本来有功计算负荷可表示为 P_c，无功计算负荷可表示为 Q_c，计算电流可表示为 I_c，但考虑到“计算”的符号c容易与“电容”的符号 C 相混淆，因此本书（大多数供电书籍也是如此）都借用半小时最大负荷 P_{30} 来表示有功计算负荷，而无功计算负荷、视在计算负荷和计算电流则分别表示为 Q_{30}、S_{30} 和 I_{30}。这样表示，也使计算负荷的概念更加明确。

计算负荷是供电设计计算的基本依据。计算负荷确定得是否正确合理，直接影响到电器和导线电缆的选择是否经济合理。如果计算负荷确定得过大，将使电器和导线电缆选得过大，造成投资和有色金属的浪费。如果计算负荷确定得过小，又将使电器和导线电缆处于过负荷下运行，增加电能损耗，产生过热，导致绝缘过早老化，甚至燃烧引起火灾，从而造成更大的损失。由此可见，正确确定计算负荷非常重要。但是，负荷情况复杂，影响计算负荷的因素很多，虽然各类负荷的变化有一定的规律可循，但仍难准确确定计算负荷的大小。实际上，负荷也不是一成不变的，它与设备的性能、生产的组织 、生产者的技能及能源供应

的状况等多种因素有关。因此负荷计算只能是力求接近实际。

我国普遍采用的**确定用电设备组计算负荷的方法，主要是需要系数法和二项式法。需要系数法是国际上普遍采用的确定计算负荷的基本方法，最为简便。二项式法的应用局限性较大，但在确定设备台数较少而容量差别较大的分支干线的计算负荷时，采用二项式法较之需要系数法合理，且计算也比较简便。**本书只介绍这两种计算方法。关于以概率论为理论基础而提出的用以取代二项式法的利用系数法，由于其计算比较繁复而未得到普遍应用，此略。

二、按需要系数法确定计算负荷

（一）基本公式

用电设备组的计算负荷，是指用电设备组从供电系统中取用的半小时最大负荷 P_{30}，如图 2-6 所示。用电设备组的设备容量 P_e，是指用电设备组所有设备（不含备用的设备）的额定容量 P_N 之和，即 $P_e = \sum P_N$。而设备的额定容量 P_N，是设备在额定条件下的最大输出功率（出力）。但是用电设备组的设备实际上不一定都同时运行，运行的设备也不太可能都满负荷，同时设备本身和配电线路还有功率损耗，因此**用电设备组的有功计算负荷应为**

$$P_{30} = \frac{K_\Sigma K_L}{\eta_e \eta_{WL}} P_e \tag{2-8}$$

式中，K_Σ 为设备组的同时系数，即设备组在最大负荷时运行的设备容量与全部设备容量之比；K_L 为设备组的负荷系数，即设备组在最大负荷时输出功率与运行的设备容量之比；η_e 为设备组的平均效率，即设备组在最大负荷时输出功率与取用功率之比；η_{WL} 为配电线路的平均效率，即配电线路在最大负荷时的末端功率（也即设备组取用功率）与首端功率（也即计算负荷）之比。

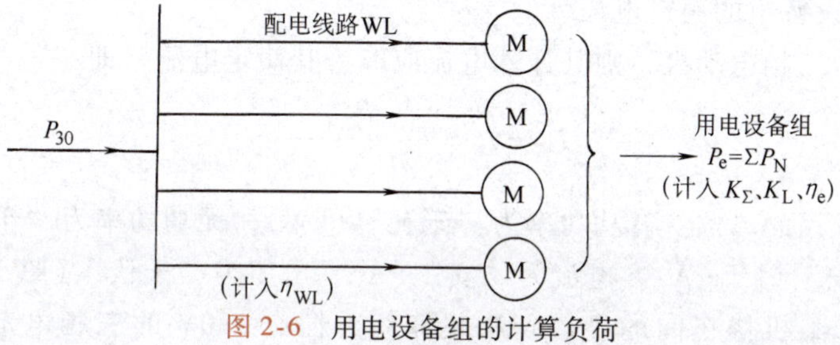

图 2-6 用电设备组的计算负荷

令上式中的 $K_\Sigma K_L/(\eta_e \eta_{WL}) = K_d$，这里的 K_d 称为需要系数。由式（2-8）可知，**需要系数的定义式为**

$$K_d = \frac{P_{30}}{P_e} \tag{2-9}$$

即用电设备组的需要系数，为用电设备组的半小时最大负荷与其设备容量的比值。

由此可得**按需要系数法确定三相用电设备组有功计算负荷的基本公式为**

$$P_{30} = K_d P_e \tag{2-10}$$

实际上，需要系数值不仅与用电设备组的工作性质、设备台数、设备效率和线路损耗等因素有关，而且与操作人员的技能和生产组织等多种因素有关，因此应尽可能地通过实测分析确定，使之尽量接近实际。

附录表 1 列出了工厂各种用电设备组的需要系数值，供参考。

必须注意：附录表1所列需要系数值是按车间范围内台数较多的情况来确定的。所以需要系数值一般都比较低，例如冷加工机床组的需要系数平均只有0.2左右。因此需要系数法较适用于确定车间的计算负荷。如果采用需要系数法来计算分支干线上用电设备组的计算负荷，则附录表1中的需要系数值往往偏小，宜适当取大。只有1～2台设备时，可认为$K_d=1$，即$P_{30}=P_e$。对于电动机，由于它本身功率损耗较大，因此当只有一台电动机时，其$P_{30}=P_N/\eta$，这里P_N为电动机额定容量，η为电动机效率。在K_d适当取大的同时，$\cos\varphi$也宜适当取大。

这里还要指出：**需要系数值与用电设备的类别和工作状态关系极大，因此在计算时，首先要正确判明用电设备的类别和工作状态，**否则会造成错误。例如机修车间的金属切削机床电动机，应属小批生产的冷加工机床电动机，因为金属切削就是冷加工，而机修不可能是大批生产。又如压塑机、拉丝机和锻锤等，应属热加工机床。再如桥式起重机、电葫芦等，均属起重机类。

在求出有功计算负荷P_{30}后，可按下列各式分别求出其余的计算负荷：

无功计算负荷为

$$Q_{30}=P_{30}\tan\varphi \tag{2-11}$$

式中，$\tan\varphi$为对应于用电设备组$\cos\varphi$的正切值。

视在计算负荷为

$$S_{30}=\frac{P_{30}}{\cos\varphi} \tag{2-12}$$

式中，$\cos\varphi$为用电设备组的平均功率因数。

计算电流为

$$I_{30}=\frac{S_{30}}{\sqrt{3}U_N} \tag{2-13}$$

式中，U_N为用电设备组的额定电压。

如果只是一台三相电动机，则其计算电流应取为其额定电流，即

$$I_{30}=I_N=\frac{P_N}{\sqrt{3}U_N\eta\cos\varphi} \tag{2-14}$$

负荷计算中常用的单位：有功功率为“千瓦”（kW），无功功率为“千乏”（kvar），视在功率为“千伏安”（kV·A），电流为“安”（A），电压为“千伏”（kV）。

例2-1　已知某机修车间的金属切削机床组，拥有380V的三相电动机7.5kW 3台，4kW 8台，3kW 17台，1.5kW 10台。试求其计算负荷。

解：此机床组电动机的总容量为

$$P_e=7.5\text{kW}\times3+4\text{kW}\times8+3\text{kW}\times17+1.5\text{kW}\times10=120.5\text{kW}$$

查附录表1中“小批生产的金属冷加工机床电动机”项，得$K_d=0.16\sim0.2$（取0.2），$\cos\varphi=0.5$，$\tan\varphi=1.73$。因此可求得：

有功计算负荷　$P_{30}=0.2\times120.5\text{kW}=24.1\text{kW}$

无功计算负荷　$Q_{30}=24.1\text{kW}\times1.73=41.7\text{kvar}$

视在计算负荷　$S_{30}=\dfrac{24.1\text{kW}}{0.5}=48.2\text{kV}\cdot\text{A}$

计算电流　$I_{30}=\dfrac{48.2\text{kV}\cdot\text{A}}{\sqrt{3}\times0.38\text{kV}}=73.2\text{A}$

（二）设备容量的计算

需要系数法基本公式 $P_{30}=K_{d}P_{e}$ 中的设备容量 P_{e}，不包含备用设备的容量，而且要注意，此容量的计算与用电设备组的工作制有关。

（1）对一般连续工作制和短时工作制的设备组容量计算 设备容量是所有设备（不包含备用设备）的铭牌额定容量之和。

（2）断续周期工作制的设备容量计算 其设备容量是将所有设备（不包含备用设备）在不同负荷持续率下的铭牌额定容量换算到一个规定的负荷持续率下的容量之和。容量换算的公式如式（2-2）所示。断续周期工作制的用电设备常用的有电焊机和起重机电动机，各自的换算要求如下：

1）电焊机组。要求容量统一换算到 $\varepsilon=100\%$[⊖]，因此由式（2-2）可得换算后的设备容量为

$$P_{e}=P_{N}\sqrt{\frac{\varepsilon_{N}}{\varepsilon_{100}}}=S_{N}\cos\varphi\sqrt{\frac{\varepsilon_{N}}{\varepsilon_{100}}}$$

即

$$P_{e}=P_{N}\sqrt{\varepsilon_{N}}=S_{N}\cos\varphi\sqrt{\varepsilon_{N}} \tag{2-15}$$

式中，P_{N}、S_{N} 为电焊机的铭牌容量（前者为有功功率，后者为视在功率）；ε_{N} 为与铭牌容量对应的负荷持续率（计算中用小数）；ε_{100} 为其值等于100%的负荷持续率（计算中用1）；$\cos\varphi$ 为铭牌规定的功率因数。

2）起重机电动机组。要求容量统一换算到 $\varepsilon=25\%$[⊜]，因此由式（2-2）可得换算后的设备容量为

$$P_{e}=P_{N}\sqrt{\frac{\varepsilon_{N}}{\varepsilon_{25}}}=2P_{N}\sqrt{\varepsilon_{N}} \tag{2-16}$$

式中，P_{N} 为起重机电动机的铭牌容量；ε_{N} 为与铭牌容量对应的负荷持续率（计算中用小数）；ε_{25} 为其值等于25%的负荷持续率（计算中用0.25）。

（三）多组用电设备计算负荷的计算

确定拥有多组用电设备的干线上或车间变电所低压母线上的计算负荷时，应考虑各组用电设备的最大负荷不同时出现的因素。因此在**确定多组用电设备的计算负荷时，应结合具体情况对其有功和无功负荷分别计入一个同时系数（又称参差系数或综合系数）$K_{\Sigma p}$ 和 $K_{\Sigma q}$。**

（1）车间干线 取

$$K_{\Sigma p}=0.85\sim0.95$$
$$K_{\Sigma q}=0.90\sim0.97$$

（2）低压母线

1）由用电设备组计算负荷直接相加来计算时，取

$$K_{\Sigma p}=0.80\sim0.90$$
$$K_{\Sigma q}=0.85\sim0.95$$

⊖ 电焊机的铭牌负荷持续率有20%、40%、50%、60%、75%、100%等多种，而 $\varepsilon=100\%$ 时，$\sqrt{\varepsilon}=1$，换算最为简便，因此规定其设备容量统一换算到 $\varepsilon=100\%$。附录表1中电焊机的需要系数及其他系数也都是对应于 $\varepsilon=100\%$ 的。

⊜ 起重机（吊车）的铭牌负荷持续率有15%、25%、40%、60%等，而 $\varepsilon=25\%$ 时，$\sqrt{\varepsilon}=0.5$，换算相对较为简便，因此规定其设备容量统一换算到 $\varepsilon=25\%$。附录表1中起重机组的需要系数及其他系数也都是对应于 $\varepsilon=25\%$ 的。

2）由车间干线计算负荷直接相加来计算时，取

$$K_{\Sigma p}=0.90\sim0.95$$
$$K_{\Sigma q}=0.93\sim0.97$$

总的有功计算负荷为

$$P_{30}=K_{\Sigma p}\sum P_{30.i} \tag{2-17}$$

总的无功计算负荷为

$$Q_{30}=K_{\Sigma q}\sum Q_{30.i} \tag{2-18}$$

以上两式中的$\sum P_{30.i}$和$\sum Q_{30.i}$分别为各组设备的有功和无功计算负荷之和。

总的视在计算负荷为

$$S_{30}=\sqrt{P_{30}^2+Q_{30}^2} \tag{2-19}$$

总的计算电流为

$$I_{30}=\frac{S_{30}}{\sqrt{3}U_N} \tag{2-20}$$

必须注意：**由于各组设备的功率因数不一定相同，因此总的视在计算负荷和计算电流一般不能用各组的视在计算负荷或计算电流之和来计算，总的视在计算负荷也不能按式（2-12）计算。**

此外还应注意：**在计算多组设备总的计算负荷时，为了简化和统一，各组的设备台数不论多少，各组的计算负荷均按附录表1所列计算系数计算，而不必考虑设备台数多少而适当增大K_d和$\cos\varphi$值的问题。**

例2-2 某机修车间380V线路上，接有金属切削机床电动机20台共50kW（其中较大容量电动机有7.5kW 1台，4kW 3台，2.2kW 7台），通风机2台共3kW，电阻炉1台2kW。试确定此线路上的计算负荷。

解： 先求各组的计算负荷

（1）金属切削机床组　查附录表1，取$K_d=0.2$，$\cos\varphi=0.5$，$\tan\varphi=1.73$，故

$$P_{30(1)}=0.2\times50\text{kW}=10\text{kW}$$
$$Q_{30(1)}=10\text{kW}\times1.73=17.3\text{kvar}$$

（2）通风机组　查附录表1，取$K_d=0.8$，$\cos\varphi=0.8$，$\tan\varphi=0.75$，故

$$P_{30(2)}=0.8\times3\text{kW}=2.4\text{kW}$$
$$Q_{30(2)}=2.4\text{kW}\times0.75=1.8\text{kvar}$$

（3）电阻炉　查附录表1，取$K_d=0.7$，$\cos\varphi=1$，$\tan\varphi=0$，故

$$P_{30(3)}=0.7\times2\text{kW}=1.4\text{kW}$$
$$Q_{30(3)}=0$$

此线路上总的计算负荷为（取$K_{\Sigma p}=0.95$，$K_{\Sigma q}=0.97$）

$$P_{30}=0.95\times(10+2.4+1.4)\text{kW}=13.1\text{kW}$$
$$Q_{30}=0.97\times(17.3+1.8+0)\text{kvar}=18.5\text{kvar}$$
$$S_{30}=\sqrt{13.1^2+18.5^2}\text{kV}\cdot\text{A}=22.7\text{kV}\cdot\text{A}$$
$$I_{30}=\frac{22.7\text{kV}\cdot\text{A}}{\sqrt{3}\times0.38\text{kV}}=34.5\text{A}$$

在实际工程设计说明书中，为了使人一目了然，便于审核，常列成电力负荷计算表的形式，见表 2-1。

表 2-1　例 3-2 的电力负荷计算表（按需要系数法）

序号	用电设备组名称	台数	容量 P_e/kW	需要系数 K_d	$\cos\varphi$	$\tan\varphi$	计算负荷			
							P_{30}/kW	Q_{30}/kvar	S_{30}/kV·A	I_{30}/A
1	金属切削机床	20	50	0.2	0.5	1.73	10	17.3		
2	通风机	2	3	0.8	0.8	0.75	2.4	1.8		
3	电阻炉	1	2	0.7	1	0	1.4	0		
车间总计		23	55	—			13.8	19.1		
		取 $K_{\Sigma p}=0.95, K_{\Sigma q}=0.97$					13.1	18.5	22.7	34.5

三、按二项式法确定计算负荷

（一）基本公式

二项式法的基本公式是

$$P_{30}=bP_e+cP_x \tag{2-21}$$

式中，bP_e 为二项式第一项，表示用电设备组的平均功率，其中 P_e 是用电设备组的总容量，其计算方法如前需要系数法所述；cP_x 为二项式第二项，表示用电设备组中 x 台容量最大的设备投入运行时增加的附加负荷，其中 P_x 是 x 台容量最大的设备总容量；b、c 为二项式系数。

附录表 1 中也列有部分用电设备组的二项式系数 b、c 和最大容量的设备台数 x 值，供参考。

但必须注意：**按二项式法确定计算负荷时，如果设备总台数 n 少于附录表 1 中规定的最大容量设备台数 x 的 2 倍，即 $n<2x$ 时，其最大容量设备台数宜适当取小，**建议取为 $x=n/2$，且按“四舍五入”修约规则取其整数[30]。例如某机床电动机组只有 7 台时，则其最大设备台数取为 $x=n/2=7/2\approx4$。

如果用电设备组只有 1～2 台设备时，则可认为 $P_{30}=P_e$。对于单台电动机，则 $P_{30}=P_N/\eta$，这里 P_N 为电动机额定容量，η 为其额定效率。在设备台数较少时，其 $\cos\varphi$ 也宜适当取大。

由于二项式法不仅考虑了用电设备组最大负荷时的平均负荷，而且考虑了少数容量最大的设备投入运行时对总计算负荷的额外影响，所以二项式法比较适于确定设备台数较少而容量差别较大的低压干线和分支线的计算负荷。但是二项式计算系数 b、c 和 x 的值只有机械加工工业用电设备组的数据，其他行业的这方面数据尚缺，从而使其应用受到一定的局限。

例 2-3　试用二项式法来确定例 2-1 中机床组的计算负荷。

解：由附录表 1 查得 $b=0.14$，$c=0.4$，$x=5$，$\cos\varphi=0.5$，$\tan\varphi=1.73$。设备总容量 $P_e=120.5\text{kW}$（见例 2-1），而 x 台最大容量的设备容量为

$$P_x=P_5=7.5\text{kW}\times3+4\text{kW}\times2=30.5\text{kW}$$

因此按式（2-21）可求得其有功计算负荷为

$$P_{30}=0.14\times120.5\text{kW}+0.4\times30.5\text{kW}=29.1\text{kW}$$

按式（2-11）可求得其无功计算负荷为

$$Q_{30}=29.1\text{kW}\times1.73=50.3\text{kvar}$$

按式（2-12）可求得其视在计算负荷为

$$S_{30}=\frac{29.1\text{kW}}{0.5}=58.2\text{kV}\cdot\text{A}$$

按式（2-13）可求得其计算电流为

$$I_{30}=\frac{58.2\text{kV}\cdot\text{A}}{\sqrt{3}\times0.38\text{kV}}=88.4\text{A}$$

比较例2-1和例2-3的计算结果可以看出，按二项式法计算的结果比按需要系数法计算的结果稍大，特别是在设备台数较少的情况下。**供电设计的经验说明，选择低压分支干线或支线时，按需要系数法计算的结果往往偏小，以采用二项式法计算为宜。**我国建筑行业标准JGJ 16—2008《民用建筑电气设计规范》也规定：“用电设备台数较少、各台设备容量相差悬殊时，宜采用二项式法。”

（二）多组用电设备计算负荷的确定

采用二项式法确定多组用电设备总的计算负荷时，也应考虑各组用电设备的最大负荷不同时出现的因素。但不是计入一个同时系数，而是在各组设备中取其中一组最大的有功附加负荷$(cP_x)_{max}$，再加上各组的平均负荷bP_e，由此求得：

总的有功计算负荷 $$P_{30}=\sum(bP_e)_i+(cP_e)_{max} \tag{2-22}$$

总的无功计算负荷 $$Q_{30}=\sum(bP_e\tan\varphi)_i+(cP_x)_{max}\tan\varphi_{max} \tag{2-23}$$

式中，$\tan\varphi_{max}$为最大附加负荷$(cP_x)_{max}$的设备组的平均功率因数角的正切值。

关于总的视在计算负荷S_{30}和计算电流I_{30}，仍分别按式（2-19）和式（2-20）计算。

为了简化和统一，按二项式法计算多组设备的计算负荷时，也不论各组设备台数多少，各组的计算系数b、c、x和$\cos\varphi$等均按附录表1所列数值。

例2-4 试用二项式法确定例2-2所述机修车间380V线路的计算负荷。

解： 先求各组的bP_e和cP_x

（1）金属切削机床组　查附录表1得$b=0.14$，$c=0.4$，$x=5$，$\cos\varphi=0.5$，$\tan\varphi=1.73$，故

$$bP_{e(1)}=0.14\times50\text{kW}=7\text{kW}$$

$$cP_{x(1)}=0.4\times(7.5\text{kW}\times1+4\text{kW}\times3+2.2\text{kW}\times1)=8.68\text{kW}$$

（2）通风机组　查附录表1得$b=0.65$，$c=0.25$，$x=5$，$\cos\varphi=0.8$，$\tan\varphi=0.75$，故

$$bP_{e(2)}=0.65\times3\text{kW}=1.95\text{kW}$$

$$cP_{x(2)}=0.25\times3\text{kW}=0.75\text{kW}$$

（3）电阻炉　查附录表1得$b=0.7$，$c=0$，$x=0$，$\cos\varphi=1$，$\tan\varphi=0$，故

$$bP_{e(3)}=0.7\times2\text{kW}=1.4\text{kW}$$

$$cP_{x(3)}=0$$

以上各组设备中，附加负荷以$cP_{x(1)}$为最大，因此总计算负荷为

$$P_{30}=(7+1.95+1.4)\text{kW}+8.68\text{kW}=19\text{kW}$$

$$Q_{30}=(7\times1.73+1.95\times0.75+0)\text{kvar}+8.68\times1.73\text{kvar}=28.6\text{kvar}$$

$$S_{30} = \sqrt{19^2 + 28.6^2}\text{kV}\cdot\text{A} = 34.3\text{kV}\cdot\text{A}$$

$$I_{30} = \frac{34.3\text{kV}\cdot\text{A}}{\sqrt{3}\times 0.38\text{kV}} = 52.1\text{A}$$

按在供电工程设计说明书中，以上计算可列成电力负荷计算表，见表 2-2。

表 2-2　例 2-4 的电力负荷计算表（按二项式法）

序号	用电设备组名称	设备台数		容量		二项式系数		$\cos\varphi$	$\tan\varphi$	计算负荷			
		总台数 n	最大容量台数 x	P_e /kW	P_x /kW	b	c			P_{30} /kW	Q_{30} /kvar	S_{30} /kV·A	I_{30} /A
1	金属切削机床	20	5	50	21.7	0.14	0.4	0.5	1.73	7 + 8.68	12.1 + 15.0		
2	通风机	2	5	3	3	0.65	0.25	0.8	0.75	1.95 + 0.75	1.46 + 0.56		
3	电阻炉	1	0	2	0	0.7	0	1	0	1.4	0		
总计		23		55						19	28.6	34.3	52.1

比较例 2-2 和例 2-4 的计算结果可以看出，按二项式法计算的结果比按需要系数法计算的结果大得多，较之更加合理。

第三节　单相用电设备组计算负荷的确定

一、概述

在工厂里，除了广泛应用的三相设备外，还应用有电焊机、电炉、电灯等各种单相设备。单相设备接在三相线路中，应尽可能均衡分配，使三相负荷尽可能均衡。如果三相线路中单相设备的总容量不超过三相设备总容量的 15%，则不论单相设备如何分配，单相设备可与三相设备综合按三相负荷平衡计算。如果单相设备容量超过三相设备容量的 15% 时，则应将单相设备容量换算为等效三相设备容量，再与三相设备容量相加。

由于确定计算负荷的目的，主要是为了选择线路上的设备和导线（包括电缆），使线路上的设备和导线在通过计算电流时不至过热或烧毁，因此在接有较多单相设备的三相线路中，不论单相设备接于相电压还是线电压，只要三相不平衡，就应以最大负荷相有功负荷的 3 倍作为等效三相有功负荷，以满足安全运行的要求。

二、单相设备组等效三相负荷的计算

（一）单相设备接于相电压时的等效三相负荷计算

其等效三相设备容量 P_e 应按最大负荷相所接单相设备容量 $P_{e.m\varphi}$ 的 3 倍计算，即

$$P_e = 3P_{e.m\varphi} \tag{2-24}$$

等效三相计算负荷则按前述需要系数法计算。

（二）单相设备接于线电压时的等效三相负荷计算

由于容量为 $P_{e.\varphi}$ 的单相设备接在线电压上产生的电流 $I = P_{e.\varphi}/(U\cos\varphi)$，这一电流应与等效三相设备容量 P_e 产生的电流 $I' = P_e/(\sqrt{3}U\cos\varphi)$ 相等，因此其等效三相设备容量

$$P_e = \sqrt{3}P_{e.\varphi} \tag{2-25}$$

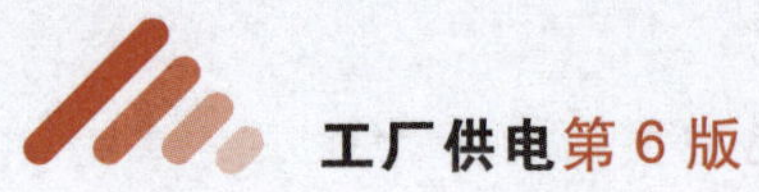

（三）单相设备分别接于线电压和相电压时的等效三相负荷计算

首先应将接于线电压的单相设备换算为接于相电压的设备容量，然后分相计算各相的设备容量和计算负荷。总的等效三相有功计算负荷为其最大有功负荷相的有功计算负荷 $P_{30.m\varphi}$ 的 3 倍，即

$$P_{30} = 3P_{30.m\varphi} \tag{2-26}$$

总的等效三相无功计算负荷为最大负荷相的无功计算负荷 $Q_{30.m\varphi}$ 的 3 倍，即

$$Q_{30} = 3Q_{30,m\varphi} \tag{2-27}$$

关于将接于线电压的单相设备容量换算为接于相电压的设备容量的问题，可按下列换算公式进行换算：

A 相

$$P_A = p_{AB-A}P_{AB} + p_{CA-A}P_{CA} \tag{2-28}$$

$$Q_A = q_{AB-A}P_{AB} + q_{CA-A}P_{CA} \tag{2-29}$$

B 相

$$P_B = p_{BC-B}P_{BC} + p_{AB-B}P_{AB} \tag{2-30}$$

$$Q_B = q_{BC-B}P_{BC} + q_{AB-B}P_{AB} \tag{2-31}$$

C 相

$$P_C = p_{CA-C}P_{CA} + p_{BC-C}P_{BC} \tag{2-32}$$

$$Q_C = q_{CA-C}P_{CA} + q_{BC-C}P_{BC} \tag{2-33}$$

式中，P_{AB}、P_{BC}、P_{CA} 分别为接于 AB、BC、CA 相间的有功设备容量；P_A、P_B、P_C 分别为 A、B、C 相的有功设备容量；Q_A、Q_B、Q_C 分别换算为 A、B、C 相的无功设备容量；p_{AB-A}、q_{AB-A}、…分别为接于 AB、…等相间的设备容量换算为 A、…等相设备容量的有功和无功换算系数，见表 2-3。

表 2-3　相间负荷换算为相负荷的功率换算系数

功率换算系数	负荷功率因数								
	0.35	0.4	0.5	0.6	0.65	0.7	0.8	0.9	1.0
p_{AB-A}、p_{BC-B}、p_{CA-C}	1.27	1.17	1.0	0.89	0.84	0.8	0.72	0.64	0.5
p_{AB-B}、p_{BC-C}、p_{CA-A}	-0.27	-0.17	0	0.11	0.16	0.2	0.28	0.36	0.5
q_{AB-A}、q_{BC-B}、q_{CA-C}	1.05	0.86	0.58	0.38	0.3	0.22	0.09	-0.05	-0.29
q_{AB-B}、q_{BC-C}、q_{CA-A}	1.63	1.44	1.16	0.96	0.88	0.8	0.67	0.53	0.29

例 2-5　如图 2-7 所示，220V/380V 三相四线制线路上接有 220V 单相电热干燥箱 4 台，其中 2 台 10kW 接于 A 相，1 台 30kW 接于 B 相，1 台 20kW 接于 C 相。另有 380V 单相对焊机 4 台，其中 2 台 14kW（$\varepsilon = 100\%$）接于 AB 相间，1 台 20kW（$\varepsilon = 100\%$）接于 BC 相间，1 台 30kW（$\varepsilon = 60\%$）接于 CA 相间。试求此线路的计算负荷。

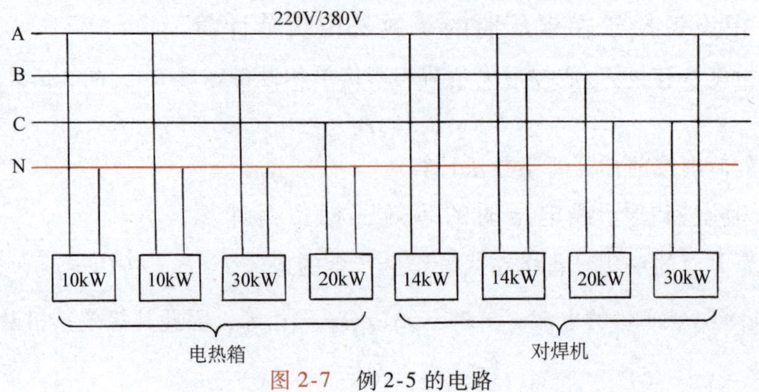

图 2-7　例 2-5 的电路

解：（1）电热干燥箱的各相计算负荷　查附录表 1 得 $K_d=0.7$，$\cos\varphi=1$，$\tan\varphi=0$。因此只需计算其有功计算负荷：

A 相　$$P_{30.A(1)}=K_d P_{e.A}=0.7\times2\times10\text{kW}=14\text{kW}$$

B 相　$$P_{30.B(1)}=K_d P_{e.B}=0.7\times1\times30\text{kW}=21\text{kW}$$

C 相　$$P_{30.C(1)}=K_d P_{e.C}=0.7\times1\times20\text{kW}=14\text{kW}$$

（2）对焊机的各相计算负荷　先将接于 CA 相间的 30kW（$\varepsilon=60\%$）换算至 $\varepsilon=100\%$ 的容量，即

$$P_{CA}=\sqrt{0.6}\times30\text{kW}=23\text{kW}$$

查附录表 1 得 $K_d=0.35$，$\cos\varphi=0.7$，$\tan\varphi=1.02$；再由表 2-3 查得 $\cos\varphi=0.7$ 时的功率换算系数 $p_{AB-A}=p_{BC-B}=p_{CA-C}=0.8$，$p_{AB-B}=p_{BC-C}=p_{CA-A}=0.2$，$q_{AB-A}=q_{BC-B}=q_{CA-C}=0.22$，$q_{AB-B}=q_{BC-C}=q_{CA-A}=0.8$。因此对焊机换算到各相的有功和无功设备容量如下：

A 相　$$P_A=0.8\times2\times14\text{kW}+0.2\times23\text{kW}=27\text{kW}$$

$$Q_A=0.22\times2\times14\text{kvar}+0.8\times23\text{kvar}=24.6\text{kvar}$$

B 相　$$P_B=0.8\times20\text{kW}+0.2\times2\times14\text{kW}=21.6\text{kW}$$

$$Q_B=0.22\times20\text{kvar}+0.8\times2\times14\text{kvar}=26.8\text{kvar}$$

C 相　$$P_C=0.8\times23\text{kW}+0.2\times20\text{kW}=22.4\text{kW}$$

$$Q_C=0.22\times23\text{kvar}+0.8\times20\text{kvar}=21.1\text{kvar}$$

各相的有功和无功计算负荷：

A 相　$$P_{30.A(2)}=0.35\times27\text{kW}=9.45\text{kW}$$

$$Q_{30.A(2)}=0.35\times24.6\text{kvar}=8.61\text{kvar}$$

B 相　$$P_{30.B(2)}=0.35\times21.6\text{kW}=7.56\text{kW}$$

$$Q_{30.B(2)}=0.35\times26.8\text{kvar}=9.38\text{kvar}$$

C 相　$$P_{30.C(2)}=0.35\times22.4\text{kW}=7.84\text{kW}$$

$$Q_{30.C(2)}=0.35\times21.1\text{kvar}=7.39\text{kvar}$$

（3）各相总的有功和无功计算负荷

A 相　$$P_{30.A}=P_{30.A(1)}+P_{30.A(2)}=14\text{kW}+9.45\text{kW}=23.5\text{kW}$$

$$Q_{30.A}=Q_{30.A(2)}=8.61\text{kvar}$$

B 相　$$P_{30.B}=P_{30.B(1)}+P_{30.B(2)}=21\text{kW}+7.56\text{kW}=28.6\text{kW}$$

$$Q_{30.B}=Q_{30.B(2)}=9.38\text{kvar}$$

C 相　$$P_{30.C}=P_{30.C(1)}+P_{30.C(2)}=14\text{kW}+7.84\text{kW}=21.8\text{kW}$$

$$Q_{30.C}=Q_{30.C(2)}=7.39\text{kvar}$$

（4）总的等效三相计算负荷　因 B 相的有功计算负荷最大，故取 B 相计算其等效三相计算负荷，由此可得

$$P_{30}=3P_{30.B}=3\times28.6\text{kW}=85.8\text{kW}$$

$$Q_{30}=3Q_{30.B}=3\times9.38\text{kvar}=28.1\text{kvar}$$

$$S_{30}=\sqrt{P_{30}^2+Q_{30}^2}=\sqrt{85.8^2+28.1^2}\text{kV}\cdot\text{A}=90.3\text{kV}\cdot\text{A}$$

$$I_{30}=\frac{S_{30}}{\sqrt{3}U_N}=\frac{90.3\text{kV}\cdot\text{A}}{\sqrt{3}\times0.38\text{kV}}=137\text{A}$$

以上计算也可列成计算表格[10]，限于篇幅，此处从略。

第四节 工厂的计算负荷及年耗电量的计算

一、工厂计算负荷的确定

工厂计算负荷是选择工厂电源进线及主要电气设备包括主变压器的基本依据，也是计算工厂的功率因数和无功补偿容量的基本依据。确定工厂计算负荷的方法很多，可按具体情况选用。

（一）按需要系数法确定工厂计算负荷

将全厂用电设备的总容量 P_e（不计备用设备容量）乘上一个需要系数 K_d，即得全厂的有功计算负荷

$$P_{30}=K_dP_e \tag{2-34}$$

附录表2列出了部分工厂的需要系数值，供参考。

全厂的无功计算负荷、视在计算负荷和计算电流，可分别按式（2-11）、式（2-12）和式（2-13）计算。

（二）按年产量估算工厂计算负荷

将工厂的年产量 A 乘上单位产品耗电量 a，可得到工厂全年耗电量

$$W_a=Aa \tag{2-35}$$

各类工厂的单位产品耗电量可由有关设计单位根据实测统计资料确定，也可查有关设计手册。

在求得工厂的年耗电量 W_a 后，除以工厂的年最大负荷利用小时 T_{max}，就可求出工厂的有功计算负荷

$$P_{30}=\frac{W_a}{T_{max}} \tag{2-36}$$

其他的计算负荷 Q_{30}、S_{30} 和 I_{30} 的计算，与上述需要系数法相同。

（三）按逐级计算法确定工厂计算负荷

如图2-8所示，工厂的计算负荷（这里举有功负荷为例）$P_{30(1)}$，应该是高压母线上所有高压配电线路计算负荷之和，再乘上一个同时系数。高压配电线路的计算负荷 $P_{30(2)}$，应该是该线路所供车间变电所低压侧的计算负荷 $P_{30(3)}$，加上变压器的功率损耗 ΔP_T 和高压配电线路的功率损耗 ΔP_{WL}，……如此逐级计算即可求得供电系统中所有元件的计算负荷。但对一般供电系统来说，由于高低压配电线路一般不很长，因此在确定其计算负荷往往不计线路损耗。

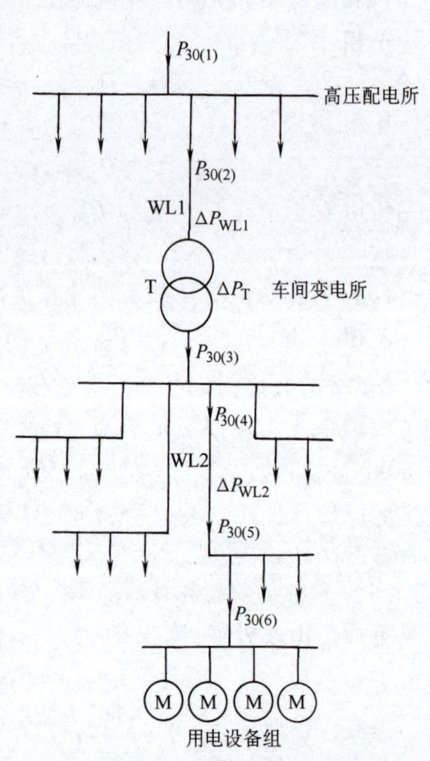

图2-8 工厂供电系统中各部分的计算负荷和功率损耗（只示出其有功部分）

在负荷计算中，新型低损耗电力变压器如 S9、SC9 等的功率损耗可按下列简化公式近似计算[9]：

有功损耗 $$\Delta P_T \approx 0.01S_{30} \tag{2-37}$$

无功损耗 $$\Delta Q_T \approx 0.05S_{30} \tag{2-38}$$

以上二式中为变压器二次侧的视在计算负荷。

（四）工厂的功率因数、无功补偿及补偿后工厂的计算负荷

1. 工厂的功率因数

工厂的功率因数，是工厂耗用的有功功率与其视在功率的比值。

（1）瞬时功率因数 可由相位表（功率因数表）直接测出，或由功率表、电压表、电流表间接测量，再按下式求得：

$$\cos\varphi = \frac{P}{\sqrt{3}UI} \tag{2-39}$$

式中，P 为功率表测出的三相有功功率读数（kW）；U 为电压表测出的线电压读数（kV）；I 为电流表测出的线电流读数（A）。

瞬时功率因数可用来了解和分析工厂或设备在生产过程中某一时间的功率因数值，借以了解当时的无功功率变化情况，研究是否需要和如何进行无功补偿的问题。

（2）平均功率因数 又称加权平均功率因数，按下式计算：

$$\cos\varphi = \frac{W_p}{\sqrt{W_p^2 + W_q^2}} = \frac{1}{\sqrt{1 + \left(\frac{W_q}{W_p}\right)^2}} \tag{2-40}$$

式中，W_p 为某一段时间（通常取一月）内消耗的有功电能，由有功电能表读取；W_q 为某一段时间（通常取一月）内消耗的无功电能，由无功电能表读取。

我国供电企业每月向工厂用户收取电费，就规定电费要按月平均功率因数高低进行调整。如果平均功率因数高于规定值，可减收电费；而低于规定值，则要加收电费，以鼓励用户积极设法提高功率因数，降低电能损耗。

（3）最大负荷时功率因数 指在最大负荷即计算负荷时的功率因数，按下式计算：

$$\cos\varphi = \frac{P_{30}}{S_{30}} \tag{2-41}$$

《供电营业规则》规定：“用户在当地供电企业规定的电网高峰负荷时的功率因数应达到下列规定：100kV·A 及以上高压供电的用户功率因数为 0.90 以上，其他电力用户和大、中型电力排灌站、趸购转售企业，功率因数为0.85 以上。”并规定，凡功率因数未达到上述规定的，应增添无功补偿装置，通常采用并联电容器进行补偿。这里所指功率因数，即为最大负荷时的功率因数。

2. 无功功率补偿

工厂中由于有大量的感应电动机、电焊机、电弧炉及气体放电灯等感性负荷，还有感性的电力变压器，从而使工厂的功率因数降低。如果在充分发挥设备潜力、改善设备运行性能、提高其自然功率因数的情况下，尚达不到规定的工厂功率因数要求时，则需要考虑增设无功功率补偿装置。

图 2-9 所示为功率因数提高与无功功率和视在功率变化的关系。假设功率因数由 $\cos\varphi$ 提高到 $\cos\varphi'$，这时在用户需用的有功功率 P_{30} 不变的条件下，无功功率将由 Q_{30} 减小到 Q'_{30}，

视在功率将由 S_{30}减小到 S'_{30}，相应地负荷电流 I_{30}也将有所减小，这将使系统的电能损耗和电压损耗相应降低，既节约了电能，又提高了电压质量，而且可选较小容量的供电设备和导线电缆。因此，提高功率因数对供电系统大有好处。

由图 2-9 可知，**要使功率因数由 $\cos\varphi$ 提高到 $\cos\varphi'$，必须装设无功补偿装置（并联电容器），其容量为**

$$Q_C = Q_{30} - Q'_{30} = P_{30}(\tan\varphi - \tan\varphi') \tag{2-42}$$

或

$$Q_C = \Delta q_C P_{30} \tag{2-43}$$

式中，Δq_C 称为无功补偿率，或比补偿容量，$\Delta q_C = \tan\varphi - \tan\varphi'$。这无功补偿率，是表示要使 1kW 的有功功率由 $\cos\varphi$ 提高到 $\cos\varphi'$所需要的无功补偿容量 kvar 值。

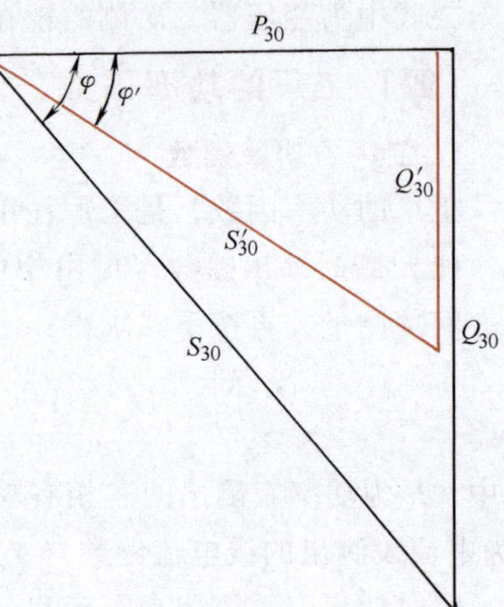

图 2-9　功率因数提高与无功功率和视在功率变化的关系

附录表 3 列出了并联电容器的无功补偿率，可利用补偿前和补偿后的功率因数直接查得。

在确定了总的补偿容量后，就可根据所选并联电容器的单个容量 q_C 来确定电容器的个数，即

$$n = Q_C / q_C \tag{2-44}$$

常用的并联电容器的主要技术数据见附录表 4。

由式（2-44）计算所得的电容器个数 n，对单相电容器（其全型号后标“1”者）来说，应取 3 的倍数，以便三相均衡分配。

3. 无功补偿后的工厂计算负荷

工厂（或车间）装设了无功补偿装置以后，总的有功计算负荷 P_{30}不变，而总的无功计算负荷应扣除无功补偿容量，即总的无功计算负荷为

$$Q'_{30} = Q_{30} - Q_C \tag{2-45}$$

总的视在计算负荷为

$$S'_{30} = \sqrt{P_{30}^2 + (Q_{30} - Q_C)^2} \tag{2-46}$$

由上式可以看出，在变电所低压侧装设了无功补偿装置以后，由于低压侧总的视在负荷减小，从而可使变电所主变压器容量选得小一些，这不仅可降低变电所的初投资，而且可减少工厂的电费开支。因为我国供电企业对工业用户是实行的“两部电费制”：一部分叫基本电费，按所装设的主变压器容量来计费，规定每月按 kV · A 容量大小交纳电费，容量越大，交纳的电费也越多，容量减小了，交纳的电费就减少了；另一部分叫电能电费，按每月实际耗用的电能 kW · h 来计算电费，并且要根据月平均功率因数的高低乘一个调整系数，凡月平均功率因数高于规定值的，可减交一定百分率的电费。由此可见，提高工厂功率因数不仅对整个电力系统大有好处，而且对工厂本身也是有一定经济实惠的。

例 2-6　某厂拟建一降压变电所，装设一台主变压器。已知变电所低压侧有功计算负荷为 650kW，无功计算负荷为 800kvar。为了使工厂（变电所高压侧）的功率因数不低于 0.9。当在变电所低压侧装设并联电容器进行补偿时，需装设多少补偿容量？并问补偿前后工厂变电所所选主变压器容量有何变化？

解：（1）补偿前的变压器容量和功率因数　变压器低压侧的视在计算负荷为

$$S_{30(2)} = \sqrt{650^2 + 800^2}\,\text{kV}\cdot\text{A} = 1031\,\text{kV}\cdot\text{A}$$

主变压器容量的选择条件为 $S_{\text{N.T}} \geqslant S_{30(2)}$，因此未进行无功补偿时，主变压器容量应选

为 1250kV · A（见附录表 5）。

这时变电所低压侧的功率因数为

$$\cos\varphi_{(2)} = 650/1031 = 0.63$$

（2）无功补偿容量　按规定，变电所高压侧的 $\cos\varphi \geqslant 0.9$，考虑到变压器本身的无功损耗 ΔQ_{T} 远大于其有功损耗 ΔP_{T}，一般 $\Delta Q_{\mathrm{T}} = (4 \sim 5)\Delta P_{\mathrm{T}}$，因此在变压器低压侧进行无功补偿时，低压侧补偿后的功率因数应略高于 0.9，这里取 $\cos\varphi' = 0.92$。

要使低压侧功率因数由 0.63 提高到 0.92，低压侧需装设的并联电容器容量为

$$Q_C = 650 \times (\tan \arccos 0.63 - \tan \arccos 0.92)\,\mathrm{kvar} = 525\,\mathrm{kvar}$$

取

$$Q_C = 530\,\mathrm{kvar}$$

（3）补偿后的变压器容量和功率因数　补偿后变电所低压侧的视在计算负荷为

$$S'_{30(2)} = \sqrt{650^2 + (800 - 530)^2}\,\mathrm{kV \cdot A} = 704\,\mathrm{kV \cdot A}$$

因此主变压器容量可改选为 800kV · A，比补偿前容量减少 450kV · A。

变压器的功率损耗为

$$\Delta P_{\mathrm{T}} \approx 0.01 S'_{30(2)} = 0.01 \times 704\,\mathrm{kV \cdot A} = 7\,\mathrm{kW}$$

$$\Delta Q_{\mathrm{T}} \approx 0.05 S'_{30(2)} = 0.05 \times 704\,\mathrm{kV \cdot A} = 35\,\mathrm{kvar}$$

变电所高压侧的计算负荷为

$$P'_{30(1)} = 650\,\mathrm{kW} + 7\,\mathrm{kW} = 657\,\mathrm{kW}$$

$$Q'_{30(1)} = (800 - 530)\,\mathrm{kvar} + 35\,\mathrm{kvar} = 305\,\mathrm{kvar}$$

$$S'_{30(1)} = \sqrt{657^2 + 305^2}\,\mathrm{kV \cdot A} = 724\,\mathrm{kV \cdot A}$$

补偿后工厂的功率因数为 $\cos\varphi' = P'_{30(1)}/S'_{30(1)} = 657/724 = 0.907$，满足要求。

由此例可以看出，采用无功补偿来提高功率因数能使工厂取得可观的经济效果。

二、工厂年耗电量的计算

工厂的年耗电量可用工厂的年产量和单位产品耗电量进行估算，如式（2-35）所示。

工厂年耗电量较精确的计算，可利用工厂的有功和无功计算负荷 P_{30} 和 Q_{30}：

年有功电能消耗量　$$W_{\mathrm{p.a}} = \alpha P_{30} T_{\mathrm{a}} \tag{2-47}$$

年无功电能消耗量　$$W_{\mathrm{q.a}} = \beta Q_{30} T_{\mathrm{a}} \tag{2-48}$$

式中，α 为年平均有功负荷系数，一般取 0.7 ~ 0.75；β 为年平均无功负荷系数，一般取 0.76 ~ 0.82；T_{a} 为年实际工作小时数，按每周五个工作日计，一班制可取 2000h，两班制可取 4000h，三班制可取 6000h。

例 2-7　假设例 2-6 所示工厂为两班制生产，试计算其年电能消耗量。

解： 按式（2-47）和式（2-48）计算，取 $\alpha = 0.7$，$\beta = 0.8$，$T_{\mathrm{a}} = 4000\mathrm{h}$，可得：

工厂年有功耗电量　$W_{\mathrm{p.a}} = 0.7 \times 661\,\mathrm{kW} \times 4000\,\mathrm{h} = 1.85 \times 10^6\,\mathrm{kW \cdot h}$

工厂年无功耗电量　$W_{\mathrm{q.a}} = 0.8 \times 312\,\mathrm{kvar} \times 4000\,\mathrm{h} = 0.998 \times 10^6\,\mathrm{kvar \cdot h}$

第五节　尖峰电流及其计算

一、概述

尖峰电流是指持续时间 1 ~ 2s 的短时最大电流。

尖峰电流主要用来作选择熔断器和低压断路器、整定继电保护装置及检验电动机自起动条件等的依据。

二、用电设备尖峰电流的计算

(一) 单台用电设备尖峰电流的计算

单台用电设备的尖峰电流就是其起动电流， 因此尖峰电流为

$$I_{pk}=I_{st}=K_{st}I_N \tag{2-49}$$

式中，I_N 为用电设备的额定电流；I_{st}为用电设备的起动电流；K_{st}为用电设备的起动电流倍数，笼型电动机 $K_{st}=5\sim7$，绕线转子电动机 $K_{st}=2\sim3$，直流电动机 $K_{st}=1.7$，电焊变压器 $K_{st}\geqslant3$。

(二) 多台用电设备尖峰电流的计算

引至多台用电设备的线路上的尖峰电流按下式计算：

$$I_{pk}=K_{\Sigma}\sum_{i=1}^{n-1}I_{N.i}+I_{st.max} \tag{2-50}$$

或

$$I_{pk}=I_{30}+(I_{st}-I_N)_{max} \tag{2-51}$$

式中，$I_{st.max}$和$(I_{st}-I_N)_{max}$分别为用电设备中起动电流与额定电流之差为最大的那台设备的起动电流及其起动电流与额定电流之差；$\sum\limits_{i=1}^{n-1}I_{N.i}$为将起动电流与额定电流之差为最大的那台设备除外的其他 $n-1$ 台设备的额定电流之和；K_{Σ} 为上述 $n-1$ 台设备的同时系数，按台数多少选取，一般取0.7~1；I_{30}为全部设备投入运行时的计算电流。

例 2-8 有一 380V 三相线路，供电给表 2-4 所列 4 台电动机。试计算该线路的尖峰电流。

表 2-4 例 2-8 的负荷资料

参 数	电动机			
	M1	M2	M3	M4
额定电流/A	5.8	5	35.8	27.6
起动电流/A	40.6	35	197	193.2

解： 由表2-4可知，电动机 M4 的 $I_{st}-I_N=193.2\text{A}-27.6\text{A}=165.6\text{A}$ 为最大，因此按式(2-50) 计算（取 $K_{\Sigma}=0.9$）得线路的尖峰电流

$$I_{pk}=0.9\times(5.8+5+35.8)\text{A}+193.2\text{A}=235\text{A}$$

复习思考题

2-1 电力负荷按重要程度分哪几级？各级负荷对供电电源有什么要求？

2-2 工厂用电设备按其工作制分哪几类？什么叫负荷持续率？它表征哪类设备的工作特性？

2-3 什么叫最大负荷利用小时？什么叫年最大负荷和年平均负荷？什么叫负荷系数？

2-4 什么叫计算负荷？为什么计算负荷通常采用半小时最大负荷？正确确定计算负荷有何意义？

2-5 确定计算负荷的需要系数法和二项式法各有什么特点？各适用于哪些场合？

2-6 在确定多组用电设备总的视在计算负荷和计算电流时，是否可将各组的视在计算

负荷和计算电流分别相加来求得？为什么？应如何正确计算？

2-7　在接有单相用电设备的三相线路中，什么情况下可将单相设备与三相设备综合按三相负荷的计算方法来确定计算负荷？

2-8　什么叫平均功率因数和最大功率因数？各如何计算？各有何用途？

2-9　为什么要进行无功功率补偿？如何确定其补偿容量？

2-10　什么叫尖峰电流？如何计算单台和多台设备的尖峰电流？

习　题

2-1　某大批生产的机械加工车间，拥有金属切削机床电动机容量共800kW，通风机容量共56kW，线路电压为380V。试分别确定各组和车间的计算负荷 P_{30}、Q_{30}、S_{30}和 I_{30}。

2-2　某机修车间，拥有冷加工机床52台，共200kW；桥式起重机1台，共5.1kW（$\varepsilon=15\%$）；通风机4台，共5kW；点焊机3台，共10.5kW（$\varepsilon=65\%$）。车间采用220V/380V三相四线制（TN-C系统）配电。试确定该车间的计算负荷 P_{30}、Q_{30}、S_{30}和 I_{30}。

2-3　有一380V三相线路，供电给35台小批生产的冷加工机床电动机，总容量为85kW，其中较大容量的电动机有7.5kW 1台，4kW 3台，3kW 12台。试分别用需要系数法和二项式法确定其计算负荷 P_{30}、Q_{30}、S_{30}和 I_{30}。

2-4　某实验室拟装设5台220V单相加热器，其中1kW的3台，3kW的2台。试合理分配上列各加热器于220V/380V线路上，并求其计算负荷 P_{30}、Q_{30}、S_{30}和 I_{30}。

2-5　某220V/380V线路上，接有表2-5所列的用电设备。试确定该线路的计算负荷 P_{30}、Q_{30}、S_{30}和 I_{30}。

表2-5　习题2-5的负荷资料

设备名称	380V单头手动弧焊机			220V电热箱		
接入相序	AB	BC	CA	A	B	C
设备台数	1	1	2	2	1	1
单台设备容量	21kV·A（$\varepsilon=65\%$）	17kV·A（$\varepsilon=100\%$）	10.3kV·A（$\varepsilon=50\%$）	3kW	6kW	4.5kW

2-6　某厂变电所装有一台630kV·A变压器，其二次侧（380V）的有功计算负荷为420kW，无功计算负荷为350kvar。试求此变电所一次侧（10kV）的计算负荷及其功率因数。如果功率因数未达到0.9，问此变电所低压母线上应装设多大并联电容器的容量才能达到要求？

2-7　某电器开关厂（一班制生产）共有用电设备5840kW。试估算该厂的计算负荷 P_{30}、Q_{30}、S_{30}及其年有功电能消耗量 $W_{p.a}$和年无功电能消耗量 $W_{q.a}$。

2-8　某厂的有功计算负荷为2400kW，功率因数为0.65。现拟在工厂变电所10kV母线上装设BWF10.5—30—1型并联电容器，使功率因数提高到0.9。问需装设多少个并联电容器？装设了并联电容器以后，该厂的视在计算负荷为多少？比未装设前视在计算负荷减少了多少？

2-9　某车间有一条380V线路供电给表2-6所列5台交流电动机。试计算该线路的计算电流和尖峰电流。（提示：计算电流在此可近似地按式 $I_{30}\approx K_{\Sigma}\sum I_N$ 计算，式中 K_{Σ} 建议取为0.9。）

表2-6　习题2-9的负荷资料

参数	电动机				
	M1	M2	M3	M4	M5
额定电流/A	10.2	32.4	30	6.1	20
起动电流/A	66.3	227	163	34	140

第三章

短路电流及其计算

本章首先简单介绍短路的原因、后果及其形式，然后讲述无限大容量电力系统发生三相短路时的物理过程及有关物理量，接着重点讲述工厂供电系统三相短路及两相和单相短路的计算，最后讲述短路电流的效应及短路校验条件。本章内容也是工厂供电系统运行分析和设计计算的基础。上一章是讨论和计算供电系统在正常状态下运行的负荷，而本章则是讨论和计算供电系统在短路故障状态下产生的电流及其效应问题。

第一节　短路的原因、后果和形式

一、短路的原因

工厂供电系统要求正常地不间断地对用电负荷供电，以保证工厂生产和生活的正常进行。然而由于各种原因，也难免出现故障，而使系统的正常运行遭到破坏。**系统中最常见的故障就是短路**。短路就是指不同电位的导电部分包括导电部分对地之间的低阻性短接。造成短路的原因主要有：

1）电气设备绝缘损坏。这可能是由于设备长期运行、绝缘自然老化造成的；也可能是设备本身质量低劣、绝缘强度不够而被正常电压击穿；或者设备质量合格、绝缘合乎要求而被过电压（包括雷电过电压）击穿；或者是设备绝缘受到外力损伤而造成短路。

2）有关人员误操作。这种情况大多是操作人员违反安全操作规程而发生的，例如带负荷拉闸（即带负荷断开隔离开关），或者误将低电压设备接入较高电压的电路中而造成击穿短路。

3）鸟兽为害事故。鸟兽（包括蛇、鼠等）跨越在裸露的带电导体之间或带电导体与接地物体之间，或者咬坏设备和导线电缆的绝缘，从而导致短路。

二、短路的后果

短路后，系统中出现的短路电流比正常负荷电流大得多。在大电力系统中，短路电流可达几万安甚至几十万安。如此大的短路电流可对供电系统造成极大的危害：

1）短路时要产生很大的电动力和很高的温度，而使故障元件和短路电路中的其他元件受到损害和破坏，甚至引发火灾事故。

2）短路时电路的电压骤然下降，严重影响电气设备的正常运行。

3）短路时保护装置动作，将故障电路切除，从而造成停电，而且短路点越靠近电源，停电范围越大，造成的损失也越大。

4）严重的短路要影响电力系统运行的稳定性，可使并列运行的发电机组失去同步，造成系统解列。

5）不对称短路包括单相和两相短路，其短路电流将产生较强的不平衡交流电磁场，对附近的通信线路、电子设备等产生电磁干扰，影响其正常运行，甚至使之发生误动作。

由此可见，**短路的后果是十分严重的，因此必须尽力设法消除可能引起短路的一切因素；同时需要进行短路电流的计算，以便正确地选择电气设备，使设备具有足够的动稳定性和热稳定性，以保证它在发生可能有的最大短路电流时不至损坏。**为了选择切除短路故障的开关电器、整定短路保护的继电保护装置和选择限制短路电流的元件（如电抗器）等，也必须计算短路电流。

三、短路的形式

在三相系统中，短路的形式有三相短路、两相短路、单相短路和两相接地短路，如图3-1所示。三相短路用 $k^{(3)}$ 表示，如图3-1a所示。两相短路用 $k^{(2)}$ 表示，如图3-1b所示。单相短路用 $k^{(1)}$ 表示，如图3-1c、d所示。两相接地短路一般用 $k^{(1.1)}$ 表示，如图3-1e、f所示，它实质上是两相短路，因此也可用 $k^{(2)}$ 表示。

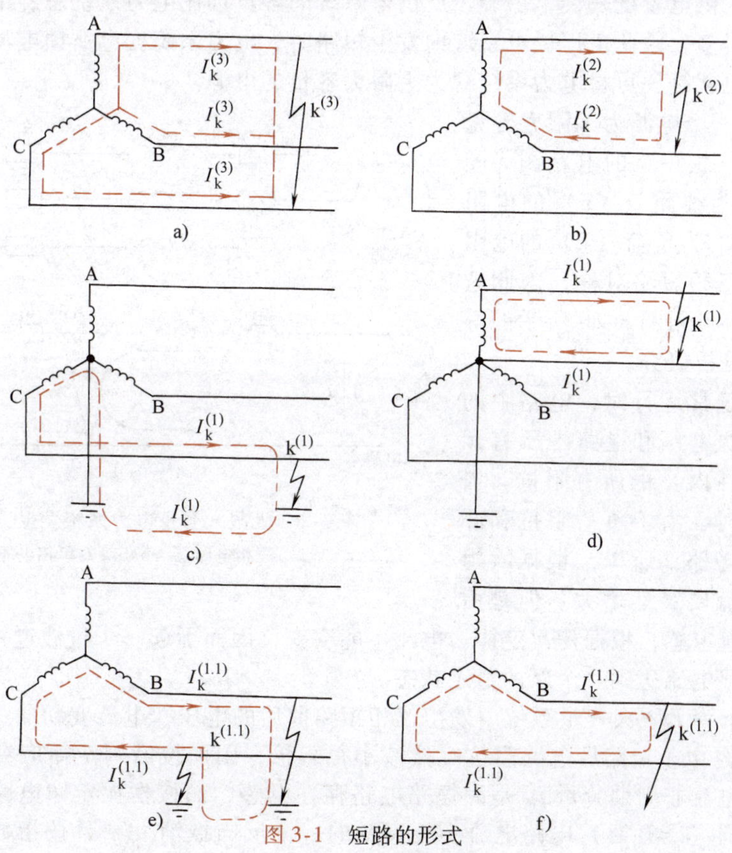

图3-1 短路的形式

a）三相短路 b）两相短路 c）、d）单相短路 e）、f）两相接地短路

注：虚线表示短路电流路径。

按短路电路的对称性来分，三相短路属于对称性短路，其他形式短路均为不对称短路。

电力系统中，发生单相短路的可能性最大，而发生三相短路的可能性最小。但一般情况下，特别是远离电源（发电机）的工厂供电系统中，三相短路电流最大，因此它造成的危害也最为严重。为了使电力系统中的电气设备在最严重的短路状态下也能可靠地态工作，因此在作为选择和校验电气设备用的短路计算中，常以三相短路计算为主。实际上，因为不对称短路也可以按对称分量法将不对称的短路电流分解为对称的正序、负序和零序分量，然后按对称量来分析和计算，所以对称的三相短路分析计算也是不对称短路分析计算的基础。

第二节　无限大容量电力系统发生三相短路时的物理过程和物理量

一、无限大容量电力系统及其三相短路的物理过程

无限大容量电力系统，是指供电容量相对于用户供电系统容量大得多的电力系统。其特点是：当用户供电系统的负荷变动甚至发生短路时，电力系统变电所馈电母线上的电压能基本维持不变。如果电力系统的电源总阻抗不超过短路电路总阻抗的 5% ~10%，或者电力系统容量超过用户供电系统容量的 50 倍时，则可将该电力系统视为无限大容量系统。

对一般工厂供电系统来说，由于工厂供电系统的容量远比电力系统总容量小，而阻抗又较电力系统大得多，因此工厂供电系统内发生短路时，电力系统变电所馈电母线上的电压几乎维持不变，也就是说可将电力系统视为无限大容量的电源。

图 3-2a 是一个电源为无限大容量电力系统发生三相短路的电路图。图中，R_{WL}、X_{WL}为线路（WL）的电阻和电抗，R_L、X_L 为负荷（L）的电阻和电抗。由于三相短路对称，因此这个三相短路电路可用图 3-2b 所示的等效单相电路来分析研究。

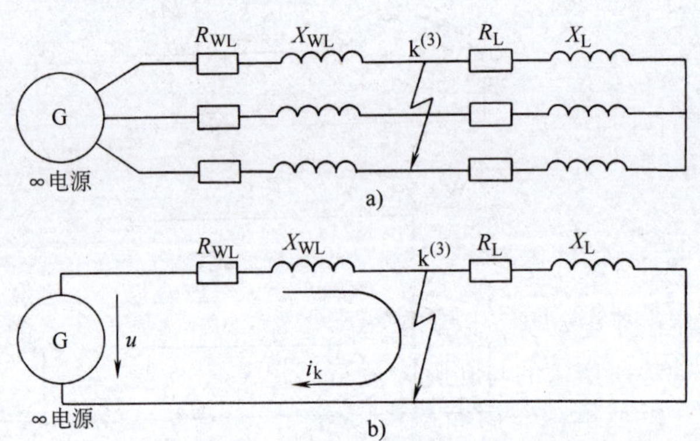

图 3-2　无限大容量电力系统发生三相短路
a）三相电路图　b）等效单相电路图

供电系统正常运行时，电路中的电流取决于电源电压和电路中所有元件（包括负荷在内）的所有阻抗。当发生三相短路时，由于负荷阻抗和部分线路阻抗被短路，所以，根据欧姆定律，电路电流要突然增大。但是由于电路中存在着电感，根据楞次定律，电流不能突变，因而引起一个过渡过程，即短路暂态过程。最后短路电流达到一个新的稳定状态。

图 3-3 所示为无限大容量系统中发生三相短路前后的电压、电流变动曲线。其中短路电流周期分量 i_p 是由于短路后电路阻抗突然减小很多倍，因而按欧姆定律应突然增大很多倍的电流。短路电流非周期分量 i_{np} 是因短路电路存在电感，而按楞次定律电路中感生的用以维持短路初瞬间（$t=0$ 时）电路电流不至突变的一个反向抵消 $i_{p(0)}$ 且按指数函数规律衰减的电流。短路电流周期分量 i_p 与短路电流非周期分量 i_{np} 的叠加，就是短路全电流。短路电流非周期分量 i_{np} 衰减完毕后的短路电流，称为短路稳态电流，其有效值用 I_∞ 表示。

二、短路的有关物理量

（1）短路电流周期分量　假设在电压 $u=0$ 时发生三相短路，如图 3-3 所示。短路电流周期分量为

$$i_p = I_{k.m}\sin(\omega t - \varphi_k) \tag{3-1}$$

式中，$I_{k,m}$为短路电流周期分量幅值，$I_{k.m}=U/\sqrt{3}\,|Z_\Sigma|$，其中$|Z_\Sigma|=\sqrt{R_\Sigma^2+X_\Sigma^2}$为短路电路总阻抗［模］；$\varphi_k=\arctan(X_\Sigma/R_\Sigma)$为短路电路的阻抗角。

由于短路电路的 $X_\Sigma \gg R_\Sigma$，因此 $\varphi_k \approx 90°$。故短路初瞬间（$t=0$ 时）的短路电流周期分量为

$$i_{p(0)} = -I_{k.m} = -\sqrt{2}I'' \tag{3-2}$$

式中，I''为短路次暂态电流有效值，即短路后第一个周期的短路电流周期分量 i_p 的有效值。

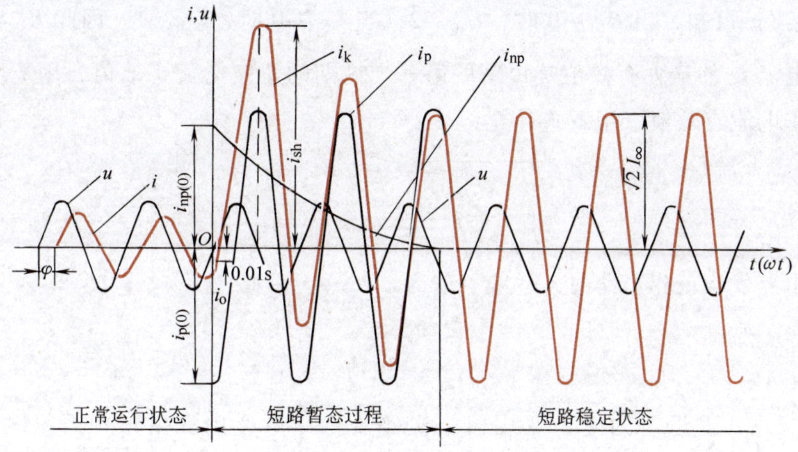

图 3-3　无限大容量系统中发生三相短路前后的电压、电流变动曲线

（2）短路电流非周期分量　由于短路电路存在电感，因此在突然短路时，电路的电感要感生一个电动势，以维持短路初瞬间（$t=0$ 时）电路内的电流和磁链不至突变。电感的感应电动势所产生的与初瞬间短路电流周期分量反向的这一电流，即为短路电流非周期分量。

短路电流非周期分量的初始绝对值为

$$i_{np(0)} = |i_0 - I_{k.m}| \approx I_{k.m} = \sqrt{2}I'' \tag{3-3}$$

由于短路电路还存在电阻，因此短路电流非周期分量要逐渐衰减，而且电路内的电阻越大、电感越小，衰减越快。

短路电流非周期分量是按指数函数衰减的，其表达式为

$$i_{np} = i_{np(0)}e^{-\frac{t}{\tau}} \approx \sqrt{2}I''e^{-\frac{t}{\tau}} \tag{3-4}$$

式中，τ 称为短路电流非周期分量衰减时间常数，或称为短路电路时间常数，$\tau=L_\Sigma/R_\Sigma=X_\Sigma/314R_\Sigma$，它就是使 i_{np} 由最大值按指数函数衰减到最大值的 $1/e=0.3679$ 倍时所需的时间。

（3）短路全电流　短路电流周期分量 i_p 与非周期分量 i_{np} 之和，即为短路全电流 i_k。而某一瞬间 t 的短路全电流有效值 $I_{k(t)}$，则是以时间 t 为中点的一个周期内的 i_p 有效值 $I_{p(t)}$ 与 i_{np} 在 t 的瞬时值 $i_{np(t)}$ 的方均根值，即

$$I_{k(t)}=\sqrt{I_{p(t)}^2+i_{np(t)}^2} \tag{3-5}$$

(4) 短路冲击电流 短路冲击电流为短路全电流中的最大瞬时值。由图 3 – 3 所示短路全电流 i_k 的曲线可以看出，短路后经半个周期（即 0.01s），i_k 达到最大值，此时的短路全电流即为短路冲击电流 i_{sh}。

短路冲击电流按下式计算：

$$i_{sh}=i_{p(0.01)}+i_{np(0.01)}\approx\sqrt{2}I''(1+e^{-\frac{0.01}{\tau}}) \tag{3-6}$$

或

$$i_{sh}\approx K_{sh}\sqrt{2}I'' \tag{3-7}$$

式中，K_{sh} 称为短路电流冲击系数。

由式（3-6）和式（3-7）可知，**短路电流冲击系数**

$$K_{sh}=1+e^{-\frac{0.01}{\tau}}=1+e^{-\frac{0.01R_\Sigma}{L_\Sigma}} \tag{3-8}$$

由式（3-8）可知，当 $R_\Sigma\to0$ 时，$K_{sh}\to2$；当 $L_\Sigma\to0$ 时，$K_{sh}\to1$。因此 $K_{sh}=1\sim2$。

短路全电流 i_k 的最大有效值是短路后第一个周期的短路电流有效值，用 I_{sh} 表示，也可称为短路冲击电流有效值，用下式计算：

$$I_{sh}=\sqrt{I_{p(0.01)}^2+i_{np(0.01)}^2}\approx\sqrt{I''^2+(\sqrt{2}I''e^{-\frac{0.01}{\tau}})^2}$$

或

$$I_{sh}\approx\sqrt{1+2(K_{sh}-1)^2}I'' \tag{3-9}$$

在高压电路发生三相短路时，一般可取 $K_{sh}=1.8$，因此

$$i_{sh}=2.55I'' \tag{3-10}$$

$$I_{sh}=1.51I'' \tag{3-11}$$

在 1000kV · A 及以下的电力变压器二次侧及低压电路中发生三相短路时，一般可取 $K_{sh}=1.3$，因此

$$i_{sh}=1.84I'' \tag{3-12}$$

$$I_{sh}=1.09I'' \tag{3-13}$$

(5) 短路稳态电流 **短路稳态电流是短路电流非周期分量衰减完毕以后的短路全电流，其有效值用 I_∞ 表示。**

在无限大容量系统中，由于系统馈电母线电压维持不变，所以其短路电流周期分量有效值（习惯上用 I_k 表示）在短路的全过程中维持不变，即 $I''=I_\infty=I_k$。

为了表明短路的类别，凡是三相短路电流，可在相应的电流符号右上角加标“（3）”，例如三相短路稳态电流写作 $I_\infty^{(3)}$。两相或单相短路电流，则在相应的电流符号右上角分别标“（2）”或“（1）”，而两相接地短路，则加标“（1.1）”。在不至引起混淆时，三相短路电流各量可不标注“（3）”。

第三节 无限大容量电力系统中短路电流的计算

一、概述

进行短路电流计算，首先要绘出计算电路图（参见图 3-5）。在计算电路图上，应将短

路计算所需考虑的各元件的额定参数都表示出来，并将各元件依次编号，然后确定短路计算点。短路计算点要选择得使需要进行短路校验的电气元件有最大可能的短路电流通过。

接着，按所选择的短路计算点绘出等效电路图（参见图 3-6），并计算电路中各主要元件的阻抗。在等效电路图上，只需将被计算的短路电流所流经的一些主要元件表示出来，并标明各元件的序号和阻抗值，一般是分子标序号，分母标阻抗值（阻抗用复数形式 $R+\mathrm{j}X$ 表示）。然后将等效电路化简。对于工厂供电系统来说，由于将电力系统当做无限大容量的电源，而且短路电路比较简单，因此通常只需采用阻抗串并联的方法即可将电路化简，求出其等效的总阻抗。最后计算短路电流和短路容量。

短路电流计算的方法，常用的有欧姆法和标幺制法。

短路计算中有关物理量在工程设计中一般采用下列单位：电流单位为“千安”（kA），电压单位为“千伏”（kV），短路容量和断流容量单位为“兆伏安”（MV·A），设备容量单位为“千瓦”（kW）或“千伏安”（kV·A），阻抗单位为“欧姆”（Ω）等。但是必须说明：本书计算公式中各物理量单位，除个别经验公式或简化公式外，一律采用国际单位制（SI 制）的基本单位“安”（A）、“伏”（V）、“瓦”（W）、“伏安”（V·A）、“欧姆”（Ω）等。因此后面导出的各个公式一般不标注物理量单位。如果采用工程设计中常用的单位计算时，则需注意所用公式中各物理量单位的换算系数。

二、采用欧姆法进行三相短路计算

欧姆法，又称有名单位制法，因其短路计算中的阻抗都采用有名单位“欧姆”而得名。

在无限大容量系统中发生三相短路时，其三相短路电流周期分量有效值按下式计算：

$$I_{\mathrm{k}}^{(3)}=\frac{U_{\mathrm{c}}}{\sqrt{3}\,|Z_{\Sigma}|}=\frac{U_{\mathrm{c}}}{\sqrt{3}\sqrt{R_{\Sigma}^{2}+X_{\Sigma}^{2}}} \tag{3-14}$$

式中，$|Z_{\Sigma}|$和 R_{Σ}、X_{Σ} 分别为短路电路的总阻抗［模］和总电阻、总电抗值；U_{c} 为短路点的短路计算电压（或称平均额定电压）。由于线路首端短路时其短路最为严重，因此按线路首端电压考虑，即短路计算电压取为比线路额定电压 U_{N} 高 5%，按我国电压标准，U_{c} 有 0.4kV、0.69kV、3.15kV、6.3kV、10.5kV、37kV、69kV、115kV、230kV 等。

在高压电路的短路计算中，通常总电抗远比总电阻大，所以一般只计电抗，不计电阻。在计算低压侧短路时，也只有当 $R_{\Sigma}>X_{\Sigma}/3$ 时才需计入电阻。

如果不计电阻，则三相短路电流周期分量有效值为

$$I_{\mathrm{k}}^{(3)}=\frac{U_{\mathrm{c}}}{\sqrt{3}X_{\Sigma}} \tag{3-15}$$

三相短路容量为

$$S_{\mathrm{k}}^{(3)}=\sqrt{3}U_{\mathrm{c}}I_{\mathrm{k}}^{(3)} \tag{3-16}$$

下面介绍供电系统中各主要元件包括电力系统（电源）、电力变压器和电力线路的阻抗计算。至于供电系统中的母线、线圈型电流互感器一次绕组、低压断路器过电流脱扣线圈等的阻抗及开关触头的接触电阻，相对来说很小，在一般短路计算中可略去不计。在略去上述阻抗后，计算所得的短路电流比实际值略有偏大，但用略有偏大的短路电流来校验电气设备，则可以使其运行的安全性更有保证。

（一）电力系统的阻抗计算

电力系统的电阻相对于电抗来说很小，一般不予考虑。电力系统的电抗，可由电力系统变电站馈电线出口断路器（参见图3-5）的断流容量 S_{oc} 来估算，S_{oc} 就看作是电力系统的极限短路容量 S_k。因此**电力系统的电抗为**

$$X_s = \frac{U_c^2}{S_{oc}} \tag{3-17}$$

式中，U_c 为电力系统馈电线的短路计算电压，但为了便于短路电路总阻抗的计算，免去阻抗换算的麻烦，此式中的 U_c 可直接采用短路点的短路计算电压；S_{oc} 为系统出口断路器的断流容量，可查有关手册或产品样本（见附录表8），如果只有断路器的开断电流 I_{oc} 数据，则其断流容量 $S_{oc}=\sqrt{3}I_{oc}U_N$，这里 U_N 为断路器的额定电压。

（二）电力变压器的阻抗计算

（1）变压器的电阻 R_T　可由变压器的短路损耗 ΔP_k 近似地计算。

因
$$\Delta P_k \approx 3I_N^2R_T \approx 3\left(\frac{S_N}{\sqrt{3}U_c}\right)^2 R_T = \left(\frac{S_N}{U_c}\right)^2 R_T$$

故
$$R_T \approx \Delta P_k\left(\frac{U_c}{S_N}\right)^2 \tag{3-18}$$

式中，U_c 为短路点的短路计算电压；S_N 为变压器的额定容量；ΔP_k 为变压器的短路损耗（也称负载损耗），可查有关手册或产品样本（见附录表5）。

（2）变压器的电抗 X_T　可由变压器的短路电压 $U_k\%$ 近似地计算。

因
$$U_k\% \approx \frac{\sqrt{3}I_NX_T}{U_c}\times 100 \approx \frac{S_NX_T}{U_c^2}\times 100$$

故
$$X_T \approx \frac{U_k\%}{100}\frac{U_c^2}{S_N} \tag{3-19}$$

式中，$U_k\%$ 为变压器的短路电压（也称阻抗电压）百分值，可查有关手册或产品样本（见附录表5）。

（三）电力线路的阻抗计算

（1）线路的电阻 R_{WL}　可由导线电缆的单位长度电阻乘以线路长度求得，即

$$R_{WL} = R_0 l \tag{3-20}$$

式中，R_0 为导线电缆单位长度电阻，可查有关手册或产品样本（见附录表6）；l 为线路长度。

（2）线路的电抗 X_{WL}　可由导线电缆的单位长度电抗乘以线路长度求得，即

$$X_{WL} = X_0 l \tag{3-21}$$

式中，X_0 为导线电缆单位长度电抗，也可查有关手册或产品样本（见附录表6）；l 为线路长度。

这里要说明：**三相线路导线单位长度的电抗，要根据导线截面和线间几何均距来查得。**设三相线路线间距离分别为 a_1、a_2、a_3（见图3-4a），则线间几何均距 $a_{av}=\sqrt[3]{a_1a_2a_3}$。当三相线路为等距水平排列，相邻线距为 a（见图3-4b），则 $a_{av}=\sqrt[3]{2}a=1.26a$。当三相线路为等边三角形排列，每边线距为 a（见图3-4c），则 $a_{av}=a$。

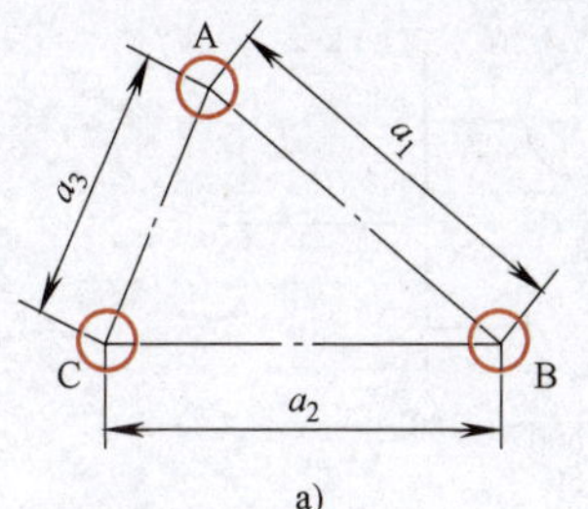

a)

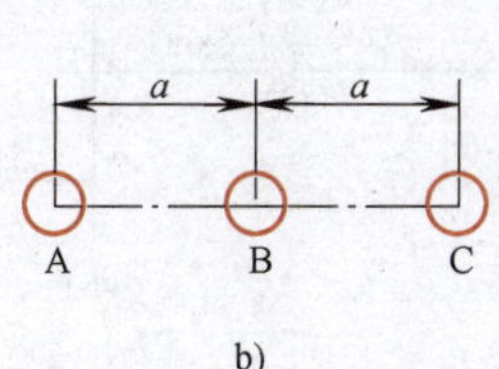

b)

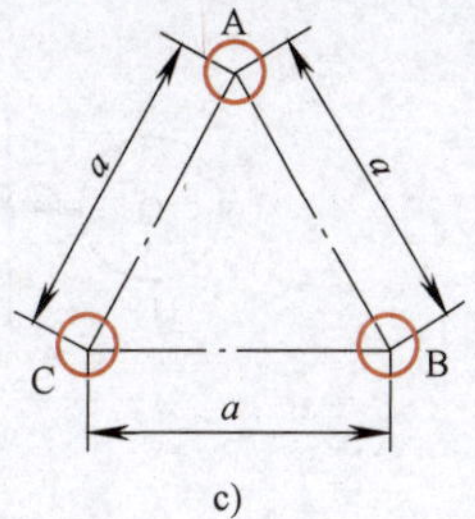

c)

图 3-4 三相线路的线间距离

a）一般情况 b）水平等距排列 c）等边三角形排列

当线路的结构数据不详时，X_0 可按表 3-1 取其电抗平均值。

表 3-1 电力线路每相的单位长度电抗平均值 （单位：Ω/km）

线路结构	线路电压		
	35kV 及以上	6～10kV	220V/380V
架空线路	0.40	0.35	0.32
电缆线路	0.12	0.08	0.066

求出短路电路中各元件的阻抗后，就可化简短路电路，求出其总阻抗，然后按式（3-14）或式（3-15）计算短路电流周期分量有效值 $I_k^{(3)}$。其他短路电流的计算公式见本章第二节。

必须注意：**在计算短路电路的阻抗时，假如电路内含有电力变压器，则电路内各元件的阻抗都应统一换算到短路点的短路计算电压去，阻抗等效换算的条件是元件的功率损耗维持不变。**

由 $\Delta P = U^2/R$ 和 $\Delta Q = U^2/X$ 可知，元件的阻抗值与电压二次方成正比，因此阻抗等效换算的公式为

$$R' = R\left(\frac{U'_c}{U_c}\right)^2 \tag{3-22}$$

$$X' = X\left(\frac{U'_c}{U_c}\right)^2 \tag{3-23}$$

式中，R、X 和 U_c 为换算前元件的电阻、电抗和元件所在处的短路计算电压；R'、X'和 U'_c 为换算后元件的电阻、电抗和短路点的短路计算电压。

就短路计算中需计算的几个主要元件的阻抗来说，实际上只有电力线路的阻抗有时需要按上述公式换算，例如计算低压侧短路电流时，高压侧的线路阻抗就需要换算到低压侧。而电力系统和电力变压器的阻抗，由于其计算公式中均包含有 U_c^2，因此计算其阻抗时，U_c 直接代以短路点的短路计算电压，就相当于阻抗已经换算到短路点一侧了。

例 3-1 某工厂供电系统如图 3-5 所示。已知电力系统出口断路器为 SN10—10Ⅱ型。试求工厂变电所高压 10kV 母线上 k-1 点短路和低压 380V 母线上 k-2 点短路的三相短路电流和短路容量。

解： 1. 求 k-1 点的三相短路电流和短路容量（$U_{c1} = 10.5\text{kV}$）

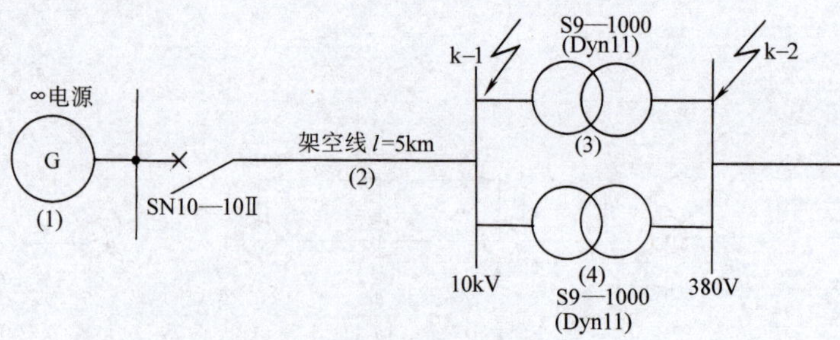

图 3-5　例 3-1 的短路计算电路

(1) 计算短路电路中各元件的电抗及总电抗

1) 电力系统的电抗：由附录表 8 查得 SN10—10Ⅱ型断路器的断流容量 $S_{oc}=500$ MV·A，因此

$$X_1=\frac{U_{c1}^2}{S_{oc}}=\frac{(10.5\text{kV})^2}{500\text{MV}\cdot\text{A}}=0.22\Omega$$

2) 架空线路的电抗：由表 3-1 得 $X_0=0.35\Omega/\text{km}$，因此

$$X_2=X_0 l=0.35\Omega/\text{km}\times 5\text{km}=1.75\Omega$$

3) 绘 k-1 点短路的等效电路，如图 3-6a 所示。图上标出各元件的序号（分子）和电抗值（分母），并计算其总电抗为

$$X_{\Sigma(k\text{-}1)}=X_1+X_2=0.22\Omega+1.75\Omega=1.97\Omega$$

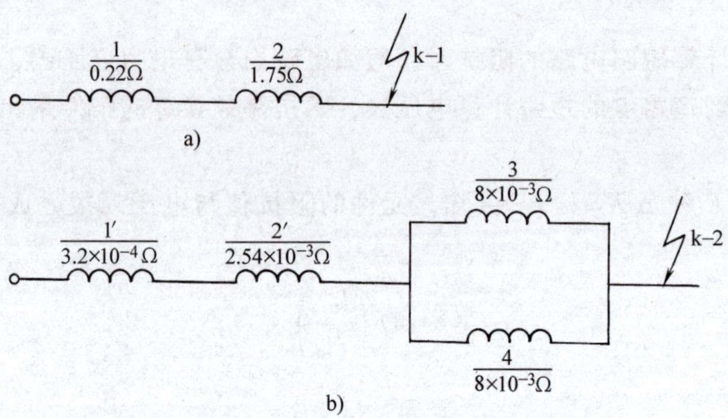

图 3-6　例 3-1 的短路等效电路图（欧姆法）

(2) 计算三相短路电流和短路容量

1) 三相短路电流周期分量有效值

$$I_{k\text{-}1}^{(3)}=\frac{U_{c1}}{\sqrt{3}X_{\Sigma(k\text{-}1)}}=\frac{10.5\text{kV}}{\sqrt{3}\times 1.97\Omega}=3.08\text{kA}$$

2) 三相短路次暂态电流和稳态电流

$$I''^{(3)}=I_{\infty}^{(3)}=I_{k\text{-}1}^{(3)}=3.08\text{kA}$$

3) 三相短路冲击电流及第一个周期短路全电流有效值

$$i_{sh}^{(3)}=2.55I''^{(3)}=2.55\times 3.08\text{kA}=7.85\text{kA}$$

$$I_{sh}^{(3)}=1.51I''^{(3)}=1.51\times 3.08\text{kA}=4.65\text{kA}$$

4）三相短路容量

$$S_{k-1}^{(3)}=\sqrt{3}U_{c1}I_{k-1}^{(3)}=\sqrt{3}\times 10.5\text{kA}\times 3.08\text{kA}=56.0\text{MV}\cdot\text{A}$$

2. 求 k-2 点的短路电流和短路容量（$U_{c2}=0.4\text{kV}$）

（1）计算短路电路中各元件的电抗及总电抗。

1）电力系统的电抗

$$X'_1=\frac{U_{c2}^2}{S_{oc}}=\frac{(0.4\text{kV})^2}{500\text{MV}\cdot\text{A}}=3.2\times 10^{-4}\Omega$$

2）架空线路的电抗

$$X'_2=X_0 l\left(\frac{U_{c2}}{U_{c1}}\right)^2=0.35(\Omega/\text{km})\times 5\text{km}\times\left(\frac{0.4\text{kV}}{10.5\text{kV}}\right)^2=2.54\times 10^{-3}\Omega$$

3）电力变压器的电抗：由附录表 5 查得 $U_k\%=5$，因此

$$X_3=X_4\approx\frac{U_k\%}{100}\frac{U_{c2}^2}{S_N}=\frac{5}{100}\times\frac{(0.4\text{kV})^2}{1000\text{kV}\cdot\text{A}}=8\times 10^{-3}\Omega$$

4）绘 k-2 点短路的等效电路如图 3-6b 所示，并计算其总电抗为

$$X_{\Sigma(k-2)}=X_1+X_2+X_3//X_4=X_1+X_2+\frac{X_3X_4}{X_3+X_4}$$

$$=3.2\times 10^{-4}\Omega+2.54\times 10^{-3}\Omega+\frac{8\times 10^{-3}\Omega}{2}=6.86\times 10^{-3}\Omega$$

（2）计算三相短路电流和短路容量

1）三相短路电流周期分量有效值

$$I_{k-2}^{(3)}=\frac{U_{c2}}{\sqrt{3}X_{\Sigma(k-2)}}=\frac{0.4\text{kV}}{\sqrt{3}\times 6.86\times 10^{-3}\Omega}=33.7\text{kA}$$

2）三相短路次暂态电流和稳态电流

$$I''^{(3)}=I_\infty^{(3)}=I_{k-2}^{(3)}=33.7\text{kA}$$

3）三相短路冲击电流及第一个周期短路全电流有效值

$$i_{sh}^{(3)}=1.84I''^{(3)}=1.84\times 33.7\text{kA}=62.0\text{kA}$$

$$I_{sh}^{(3)}=1.09I''^{(3)}=1.09\times 33.7\text{kA}=36.7\text{kA}$$

4）三相短路容量

$$S_{k-2}^{(3)}=\sqrt{3}U_{c2}I_{k-2}^{(3)}=\sqrt{3}\times 0.4\text{kV}\times 33.7\text{kA}=23.3\text{MV}\cdot\text{A}$$

在工程设计说明书中，往往只列短路计算表，见表 3-2。

表 3-2　例 3-1 的短路计算表

短路计算点	三相短路电流/kA					三相短路容量/MV·A
	$I_k^{(3)}$	$I''^{(3)}$	$I_\infty^{(3)}$	$i_{sh}^{(3)}$	$I_{sh}^{(3)}$	$S_k^{(3)}$
k-1	3.08	3.08	3.08	7.85	4.65	56.0
k-2	33.7	33.7	33.7	62.0	36.7	23.3

三、采用标幺制法进行三相短路计算

标幺制法又称相对单位制法，因其短路计算中的有关物理量采用标幺值即相对单位而得名。任一物理量的标幺值 A_d^*，为该物理量的实际值 A 与所选定的基准值 A_d 的比值，即

$$A_d^* = \frac{A}{A_d} \tag{3-24}$$

按标幺制法进行短路计算时，一般是先选定基准容量 S_d 和基准电压 U_d。

基准容量，工程设计中通常取 $S_d = 100\text{MV}\cdot\text{A}$。

基准电压，通常取元件所在处的短路计算电压，即取 $U_d = U_c$。

选定了基准容量和基准电压以后，基准电流 I_d 则按下式计算：

$$I_d = \frac{S_d}{\sqrt{3}U_d} = \frac{S_d}{\sqrt{3}U_c} \tag{3-25}$$

基准电抗 X_d 则按下式计算：

$$X_d = \frac{U_d}{\sqrt{3}I_d} = \frac{U_c^2}{S_d} \tag{3-26}$$

下面分别讲述供电系统中各主要元件的电抗标幺值的计算（取 $S_d = 100\text{MV}\cdot\text{A}$，$U_d = U_c$）

1）电力系统的电抗标幺值

$$X_S^* = \frac{X_S}{X_d} = \frac{U_c^2/S_{oc}}{U_c^2/S_d} = \frac{S_d}{S_{oc}} \tag{3-27}$$

2）电力变压器的电抗标幺值

$$X_T^* = \frac{X_T}{X_d} = \frac{U_k\%}{100}\frac{U_c^2}{S_N}\Big/\frac{U_c^2}{S_d} = \frac{U_k\% S_d}{100 S_N} \tag{3-28}$$

3）电力线路的电抗标幺值

$$X_{WL}^* = \frac{X_{WL}}{X_d} = \frac{X_0 l}{U_c^2/S_d} = X_0 l \frac{S_d}{U_c^2} \tag{3-29}$$

短路计算中各主要元件的电抗标幺值求出以后，即可利用其等效电路图（见图3-7）进行电路化简，求出其总电抗标幺值 X_Σ^*。由于各元件均采用相对值，与短路计算点的电压无关，因此电抗标幺值无需进行电压换算，这也是标幺制法较欧姆法的优越之处。

无限大容量系统三相短路电流周期分量有效值的标幺值按下式计算[⊖]**：**

$$I_k^{(3)*} = \frac{I_k^{(3)}}{I_d} = \frac{U_c/\sqrt{3}X_\Sigma}{S_d/\sqrt{3}U_c} = \frac{U_c^2}{S_d X_\Sigma} = \frac{1}{X_\Sigma^*} \tag{3-30}$$

由此可求得三相短路电流周期分量有效值

$$I_k^{(3)} = I_k^{(3)*} I_d = \frac{I_d}{X_\Sigma^*} \tag{3-31}$$

求出 $I_k^{(3)}$ 以后，即可利用欧姆法的有关公式求出 $I''^{(3)}$、$I_\infty^{(3)}$、$i_{sh}^{(3)}$、$I_{sh}^{(3)}$ 等。

三相短路容量的计算公式为

$$S_k^{(3)} = \sqrt{3}I_k^{(3)} U_c = \frac{\sqrt{3}I_d U_c}{X_\Sigma^*} = \frac{S_d}{X_\Sigma^*} \tag{3-32}$$

⊖ 此式未计电阻。标幺制法一般用于高压电路计算，通常只计电抗。如果要计及电阻，则式中 X_Σ^* 应换为 $|Z_\Sigma^*|$。$|Z_\Sigma^*| = \sqrt{R_\Sigma^{*2} + X_\Sigma^{*2}}$。

例 3-2 试用标幺制法计算例 3-1 所示供电系统中 k-1 点和 k-2 点的三相短路电流和短路容量。

解：(1) 确定基准值 取 $S_d = 100\text{MV}\cdot\text{A}$，$U_{c1} = 10.5\text{kV}$，$U_{c2} = 0.4\text{kV}$

而

$$I_{d1} = \frac{S_d}{\sqrt{3}U_{c1}} = \frac{100\text{MV}\cdot\text{A}}{\sqrt{3}\times 10.5\text{kV}} = 5.50\text{kA}$$

$$I_{d2} = \frac{S_d}{\sqrt{3}U_{c2}} = \frac{100\text{MV}\cdot\text{A}}{\sqrt{3}\times 0.4\text{kV}} = 144\text{kA}$$

(2) 计算短路电路中各主要元件的电抗标幺值

1) 电力系统的电抗标幺值：由附录表 8 查得 $S_{oc} = 500\text{MV}\cdot\text{A}$，因此

$$X_1^* = \frac{100\text{MV}\cdot\text{A}}{500\text{MV}\cdot\text{A}} = 0.2$$

2) 架空线路的电抗标幺值：由表 3-1 查得 $X_0 = 0.35\Omega/\text{km}$，因此

$$X_2^* = 0.35(\Omega/\text{km})\times 5\text{km}\times\frac{100\text{MV}\cdot\text{A}}{(10.5\text{kV})^2} = 1.59$$

3) 电力变压器的电抗标幺值：由附录表 5 查得 $U_k\% = 5$，因此

$$X_3^* = X_4^* = \frac{5\times 100\text{MV}\cdot\text{A}}{100\times 1000\text{kV}\cdot\text{A}} = \frac{5\times 100\times 10^3\text{kV}\cdot\text{A}}{100\times 1000\text{kV}\cdot\text{A}} = 5.0$$

绘短路等效电路图如图 3-7 所示，图上标出各元件的序号和电抗标幺值，并标明短路计算点。

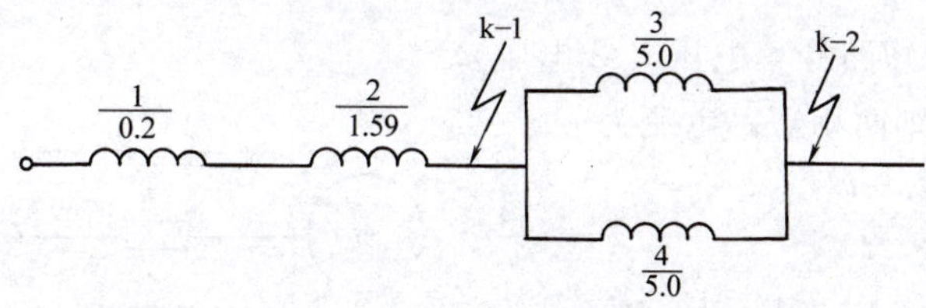

图 3-7 例 3-2 的短路等效电路图（标幺制法）

(3) 计算 k-1 点的短路电路总电抗标幺值及三相短路电流和短路容量

1) 总电抗标幺值

$$X_{\Sigma(k-1)}^* = X_1^* + X_2^* = 0.2 + 1.59 = 1.79$$

2) 三相短路电流周期分量有效值

$$I_{k-1}^{(3)} = \frac{I_{d1}}{X_{\Sigma(k-1)}^*} = \frac{5.50\text{kA}}{1.79} = 3.07\text{kA}$$

3) 其他三相短路电流

$$I''^{(3)} = I_\infty^{(3)} = I_{k-1}^{(3)} = 3.07\text{kA}$$

$$i_{sh}^{(3)} = 2.55\times 3.07\text{kA} = 7.83\text{kA}$$

$$I_{sh}^{(3)} = 1.51\times 3.07\text{kA} = 4.64\text{kA}$$

4) 三相短路容量

$$S_{k-1}^{(3)} = \frac{S_d}{X_{\Sigma(k-1)}^*} = \frac{100\text{MV}\cdot\text{A}}{1.79} = 55.9\text{MV}\cdot\text{A}$$

(4) 计算 k-2 点的短路电路总电抗标幺值及三相短路电流和短路容量

1) 总电抗标幺值

$$X_{\Sigma(k-2)}^{*}=X_1^{*}+X_2^{*}+X_3^{*}//X_4^{*}=0.2+1.59+\frac{5.0}{2}=4.29$$

2) 三相短路电流周期分量有效值

$$I_{k-2}^{(3)}=\frac{I_{d2}}{X_{\Sigma(k-2)}^{*}}=\frac{144\text{kA}}{4.29}=33.6\text{kA}$$

3) 其他三相短路电流

$$I''^{(3)}=I_{\infty}^{(3)}=I_{k-2}^{(3)}=33.6\text{kA}$$

$$i_{sh}^{(3)}=1.84\times33.6\text{kA}=61.8\text{kA}$$

$$I_{sh}^{(3)}=1.09\times33.6\text{kA}=36.6\text{kA}$$

4) 三相短路容量

$$S_{k-2}^{(3)}=\frac{S_d}{X_{\Sigma(k-2)}^{*}}=\frac{100\text{MV}\cdot\text{A}}{4.29}=23.3\text{MV}\cdot\text{A}$$

由此可见，采用标幺制法的计算结果与例 3-1 采用欧姆法计算的结果基本相同。

四、两相短路电流的计算

在无限大容量系统中发生两相短路时，如图 3-8 所示，其短路电流可由下式求得：

$$I_k^{(2)}=\frac{U_c}{2|Z_\Sigma|} \tag{3-33}$$

式中，U_c 为短路点的短路计算电压（线电压）。

如果只计电抗，则两相短路电流为

$$I_k^{(2)}=\frac{U_c}{2X_\Sigma} \tag{3-34}$$

其他两相短路电流 $I''^{(2)}$、$I_{\infty}^{(2)}$、$i_{sh}^{(2)}$ 和 $I_{sh}^{(2)}$ 等，都可按前面三相短路对应的短路电流公式计算。

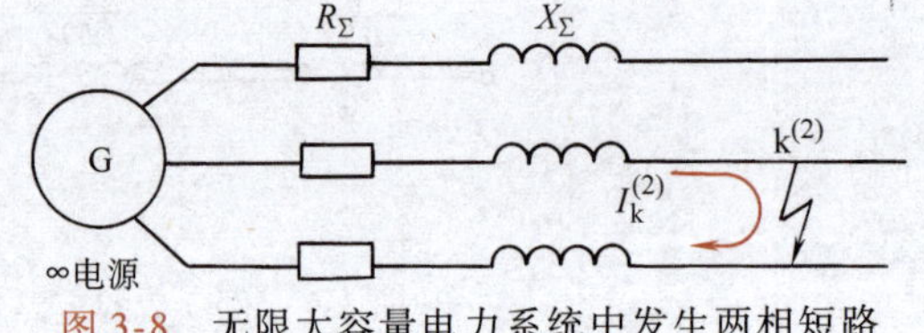

图 3-8 无限大容量电力系统中发生两相短路

关于**两相短路电流与三相短路电流的关系**，可由 $I_k^{(2)}=U_c/2X_\Sigma$ 和 $I_k^{(3)}=U_c/\sqrt{3}X_\Sigma$ 求得。因 $I_k^{(2)}/I_k^{(3)}=\sqrt{3}/2=0.866$，故

$$I_k^{(2)}=\frac{\sqrt{3}}{2}I_k^{(3)}=0.866I_k^{(3)} \tag{3-35}$$

式（3-35）说明，在无限大容量系统中，同一地点的两相短路电流为三相短路电流的 $\sqrt{3}/2$ 倍，或 0.866 倍。因此无限大容量系统中的两相短路电流，可在求出三相短路电流后利用式（3-35）直接求得。

附带说明：式（3-35）只适用于远离发电机的无限大容量系统的两相短路。如果在发电机出口短路，则 $I_k^{(2)}=1.5I_k^{(3)}$。

五、单相短路电流的计算

在大接地电流的电力系统或三相四线制低压配电系统中发生单相短路时（见图 3-1c、

d)，根据对称分量法可求得其单相短路电流为

$$I_{k}^{(1)}=\frac{3U_{\varphi}}{Z_{1\Sigma}+Z_{2\Sigma}+Z_{0\Sigma}} \tag{3-36}$$

式中，U_{φ} 为电源相电压；$Z_{1\Sigma}$、$Z_{2\Sigma}$、$Z_{0\Sigma}$ 分别为单相短路回路的正序、负序、零序阻抗。

在工程设计中，常利用下式计算单相短路电流：

$$I_{k}^{(1)}=\frac{U_{\varphi}}{|Z_{\varphi\text{-}0}|} \tag{3-37}$$

式中，U_{φ} 为电源相电压；$|Z_{\varphi\text{-}0}|$ 为单相短路回路的阻抗［模］，可查有关手册，或按下式计算：

$$|Z_{\varphi\text{-}0}|=\sqrt{(R_{T}+R_{\varphi\text{-}0})^{2}+(X_{T}+X_{\varphi\text{-}0})^{2}} \tag{3-38}$$

式中，R_{T}、X_{T} 分别为变压器单相的等效电阻和电抗；$R_{\varphi\text{-}0}$、$X_{\varphi\text{-}0}$ 分别为相线与 N 线或与 PE 线、PEN 线的短路回路电阻和电抗，包括回路中低压断路器过电流线圈的阻抗、开关触头的接触电阻及线圈型电流互感器一次绕组的阻抗等，可查有关手册或产品样本。

单相短路电流与三相短路电流的关系如下：

在远离发电机的用户变电所低压侧发生单相短路时，$Z_{1\Sigma}\approx Z_{2\Sigma}$，因此由式（3-36）得单相短路电流为

$$I_{k}^{(1)}=\frac{3U_{\varphi}}{2Z_{1\Sigma}+Z_{0\Sigma}} \tag{3-39}$$

而三相短路时，三相短路电流为

$$I_{k}^{(3)}=\frac{U_{\varphi}}{Z_{1\Sigma}} \tag{3-40}$$

因此

$$\frac{I_{k}^{(1)}}{I_{k}^{(3)}}=\frac{3}{2+\dfrac{Z_{0\Sigma}}{Z_{1\Sigma}}} \tag{3-41}$$

由于远离发电机发生短路时 $Z_{0\Sigma}>Z_{1\Sigma}$，故

$$I_{k}^{(1)}<I_{k}^{(3)} \tag{3-42}$$

由此可知，在远离发电机的无限大容量系统中发生短路时，两相短路电流和单相短路电流都比三相短路电流小，因此用于电气设备选择校验的短路电流，应该采用三相短路电流。两相短路电流主要用于相间短路保护的灵敏度检验，而单相短路电流则主要用于单相短路保护的整定和单相短路热稳定度的校验。

第四节 短路电流的效应和稳定度校验

一、概述

通过上述短路计算得知，**供电系统中发生短路时，**短路电流是相当大的。如此大的短路电流通过电器和导体，**一方面要产生很大的电动力，即电动效应；另一方面要产生很高的温**

度，即热效应。这两种短路效应，对电器和导体的安全运行威胁极大，因此这里要研究短路电流的效应及短路稳定度的校验问题。

二、短路电流的电动效应和动稳定度

供电系统短路时，短路电流特别是短路冲击电流将使相邻导体之间产生很大的电动力，有可能使电器和载流部分遭受严重破坏。为此，要使电路元件能承受短路时最大电动力的作用，电路元件必须具有足够的电动稳定度（简称“动稳定度”）。

（一）短路时的最大电动力

处在空气中的两平行导体分别通以电流 i_1、i_2（单位为 A）时，两导体间的电磁互作用力即电动力（单位为 N）为

$$F=\mu_0 i_1 i_2 \frac{l}{2\pi a}=2 i_1 i_2 \frac{l}{a}\times 10^{-7}\mathrm{N/A^2} \tag{3-43}$$

式中，a 为两导体的轴线间距离；l 为导体的两相邻支持点间距离，即档距（又称跨距）；μ_0 为真空和空气的磁导率，$\mu_0=4\pi\times 10^{-7}\mathrm{N/A^2}$。

式（3-43）适用于实心或空心的圆截面导体，也适用于导体间的净空距离大于导体截面周长的矩形截面导体。因此该式对于每相只有一条矩形截面的导体的线路都是适用的。

如果三相线路中发生两相短路，则两相短路冲击电流 $i_{sh}^{(2)}$ 通过导体时产生的电动力最大，其值（单位为 N）为

$$F^{(2)}=2 i_{sh}^{(2)2}\frac{l}{a}\times 10^{-7}\mathrm{N/A^2} \tag{3-44}$$

如果三相线路中发生三相短路，则三相短路冲击电流 $i_{sh}^{(3)}$ 在中间相产生的电动力最大，其值（单位为 N）为

$$F^{(3)}=\sqrt{3} i_{sh}^{(3)2}\frac{l}{a}\times 10^{-7}\mathrm{N/A^2} \tag{3-45}$$

由于三相短路冲击电流 $i_{sh}^{(3)}$ 与两相短路冲击电流 $i_{sh}^{(2)}$ 有下列关系：

$$i_{sh}^{(3)}/i_{sh}^{(2)}=2/\sqrt{3}$$

因此三相短路与两相短路产生的最大电动力之比为

$$F^{(3)}/F^{(2)}=2/\sqrt{3}=1.15 \tag{3-46}$$

由此可见，在无限大容量系统中发生三相短路时中间相导体所受的电动力比两相短路时导体所受的电动力大，因此校验电器和载流部分的短路动稳定度，一般应采用三相短路冲击电流 $i_{sh}^{(3)}$ 或短路后第一个周期的三相短路全电流有效值 $I_{sh}^{(3)}$。

（二）短路动稳定度的校验条件

（1）一般电器的动稳定度校验条件 按下列公式校验：

$$i_{max}\geqslant i_{sh}^{(3)} \tag{3-47}$$

或

$$I_{max}\geqslant I_{sh}^{(3)} \tag{3-48}$$

式中，i_{max} 和 I_{max} 分别为电器的动稳定电流峰值和有效值，可查有关手册或产品样本。附录表 8 列有部分高压断路器的主要技术数据，包括动稳定电流数据，供参考。

（2）绝缘子的动稳定度校验条件 按下列公式校验：

$$F_{al}\geqslant F_c^{(3)} \tag{3-49}$$

式中，F_{al}为绝缘子的最大允许载荷，可由有关手册或产品样本查得；如果手册或样本给出的是绝缘子的抗弯破坏载荷值，则可将抗弯破坏载荷值乘以0.6作为F_{al}值；$F_c^{(3)}$为三相短路时作用于绝缘子上的计算力，如果母线在绝缘子上为平放（见图3-9a），则$F_c^{(3)}$按式(3-45)计算，即$F_c^{(3)}=F^{(3)}$，如果母线为竖放（见图3-9b），则$F_c^{(3)}=1.4F^{(3)}$。

（3）硬母线的动稳定度校验条件 按下列公式校验：

$$\sigma_{al} \geqslant \sigma_c \tag{3-50}$$

式中，σ_{al}为母线材料的最大允许应力（Pa），硬铜母线（TMY型），$\sigma_{al}=140\text{MPa}$，硬铝母线（LMY型），$\sigma_{al}=70\text{MPa}$；$\sigma_c$为母线通过$i_{sh}^{(3)}$时所受到的最大计算应力。

上述最大计算应力按下式计算：

$$\sigma_c = \frac{M}{W} \tag{3-51}$$

式中，M为母线通过$i_{sh}^{(3)}$时所受到的弯曲力矩，当母线档数为1～2时，$M=F^{(3)}l/8$，当母线档数大于2时，$M=F^{(3)}l/10$，这里的$F^{(3)}$均按式（3-45）计算，l为母线的档距，W为母线的截面系数；当母线水平排列时（见图3-8），$W=b^2h/6$，这里的b为母线截面的水平宽度，h为母线截面的垂直高度。

电缆的机械强度很好，无须校验其短路动稳定度。

（三）对短路计算点附近交流电动机反馈冲击电流的考虑

当短路点附近所接交流电动机的额定电流之和超过系统短路电流的1%时（GB 50054—2011规定），或者交流电动机总容量超过100kW时[30]，应计入交流电动机在附近短路时反馈冲击电流的影响。

如图3-10所示，当交流电动机附近短路时，由于短路时电动机端电压骤降，致使电动机因其定子电动势反高于外施电压而向短路点反馈电流，从而使短路计算点的短路冲击电流增大。

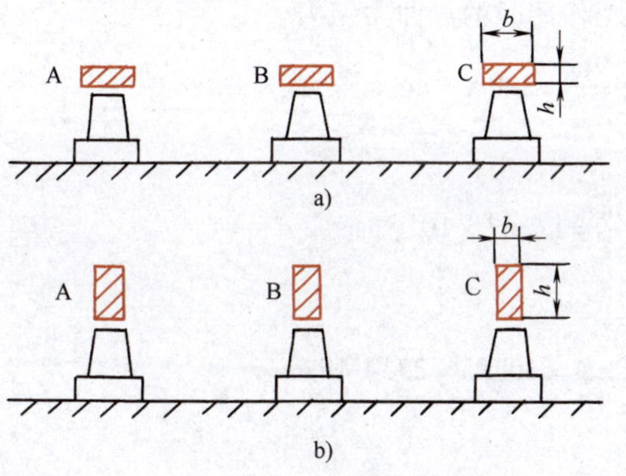

图3-9 水平排列的母线
a）平放 b）竖放

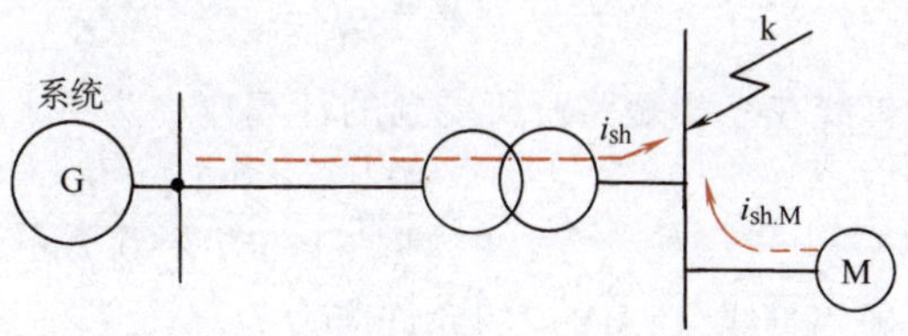

图3-10 大容量电动机对短路点反馈冲击电流

当交流电动机进线端发生三相短路时，它反馈的最大短路电流瞬时值（即电动机反馈冲击电流）可按下式计算：

$$i_{sh.M} = \sqrt{2}(E_M''^{*}/X_M''^{*})K_{sh.M}I_{N.M} = CK_{sh.M}I_{N.M} \tag{3-52}$$

式中，$E_M''^{*}$为电动机的次暂态电动势标幺值；$X_M''^{*}$为电动机的次暂态电抗标幺值；C为电动机的反馈冲击倍数，以上各量均见表 3-3；$K_{sh.M}$为电动机的短路电流冲击系数，对 3 ~ 10kV 电动机可取 1.4 ~ 1.7，对 380V 电动机可取 1；$I_{N.M}$为电动机额定电流。

表 3-3　电动机的 E''^{*}_{M}、X''^{*}_{M} 和 C 值

电动机类型	E''^{*}_{M}	X''^{*}_{M}	C	电动机类型	E''^{*}_{M}	X''^{*}_{M}	C
感应电动机	0.9	0.2	6.5	同步补偿机	1.2	0.16	10.6
同步电动机	1.1	0.2	7.8	综合性负荷	0.8	0.35	3.2

由于交流电动机在外电路短路后很快受到制动，所以它产生的反馈电流衰减极快，因此只在考虑短路冲击电流的影响时才需计及电动机反馈电流。

例 3-3　设例 3-1 中工厂变电所 380V 侧母线上接有 380V 感应电动机 250kW，平均 cos $\varphi=0.7$，效率 $\eta=0.75$。该母线采用 LMY—100 × 10 的硬铝母线，水平平放，档距为 900mm，档数大于 2，相邻两相母线的轴线距离为 160mm。试求该母线三相短路时所受的最大电动力，并校验其动稳定度。

解：（1）计算母线短路时所受的最大电动力　由例 3-1 知，380V 母线的短路电流$I_k^{(3)}=33.7\text{kA}$，$i_{sh}^{(3)}=62.0\text{kA}$；而接于 380V 母线的感应电动机额定电流为

$$I_{N.M}=\frac{250\text{kW}}{\sqrt{3}\times380\text{V}\times0.7\times0.75}=0.724\text{kA}$$

由于 $I_{N.M}>0.01I_k^{(3)}$，故需计入感应电动机反馈电流的影响。该电动机的反馈电流冲击值为

$$i_{sh.M}=6.5\times1\times0.724\text{kA}=4.7\text{kA}$$

因此母线在三相短路时所受的最大电动力为

$$F^{(3)}=\sqrt{3}(i_{sh}^{(3)}+i_{sh.M})^2\frac{l}{a}\times10^{-7}\text{N/A}^2$$

$$=\sqrt{3}(62.0\times10^3\text{A}+4.7\times10^3\text{A})^2\times\frac{0.9\text{m}}{0.16\text{m}}\times10^{-7}\text{N/A}^2=4334\text{N}$$

（2）校验母线短路时的动稳定度　母线在 $F^{(3)}$作用时的弯曲力矩为

$$M=\frac{F^{(3)}l}{10}=\frac{4334\text{N}\times0.9\text{m}}{10}=390\text{N}\cdot\text{m}$$

母线的截面系数为

$$W=\frac{b^2h}{6}=\frac{(0.1\text{m})^2\times0.01\text{m}}{6}=1.667\times10^{-5}\text{m}^3$$

故母线在三相短路时所受到的计算应力为

$$\sigma_c=\frac{M}{W}=\frac{390\text{N}\cdot\text{m}}{1.667\times10^{-5}\text{m}^3}=23.4\times10^6\text{Pa}=23.4\text{MPa}$$

而硬铝母线（LMY）的允许应力为

$$\sigma_{al}=70\text{MPa}>\sigma_c=23.4\text{MPa}$$

由此可见，该母线满足短路动稳定度的要求。

三、短路电流的热效应和热稳定度

（一）短路时导体的发热过程和发热计算

导体通过正常负荷电流时，由于导体具有电阻，因此会产生电能损耗。这种电能损耗转化为热能，一方面使导体温度升高，另一方面向周围介质散热。当导体内产生的热量与向周

围介质散发的热量相等时，导体就维持在一定的温度值。当线路发生短路时，短路电流将使导体温度迅速升高。因为短路后线路的保护装置很快动作，切除短路故障，所以短路电流通过导体的时间不长，通常不超过 2 ~3s。因此在短路过程中，可不考虑导体向周围介质的散热，即近似地认为导体在短路时间内是与周围介质绝热的，短路电流在导体中产生的热量，全部用来使导体的温度升高。

图 3-11 所示为短路前后导体的温度变化。导体在短路前正常负荷时的温度为 θ_L。假设在 t_1 时发生短路，导体温度按指数规律迅速升高，在 t_2 时线路保护装置将短路故障切除，这时导体温度已达到 θ_k。短路切除后，导体不再产生热量，而只按指数规律向周围介质散热，直到导体温度等于周围介质温度 θ_0 为止。

按照导体的允许发热条件，导体在正常负荷时和短路时的最高温度见附录表 7 所列。如果导体和电器在短路时的发热温度不超过允许温度，则应认为导体和电器是满足短路热稳定度要求的。

要确定导体短路后实际达到的最高温度 θ_k，按理应先求出短路期间实际的短路全电流 i_k 或 $I_{k(t)}$ 在导体中产生的热量 Q_k。但是 i_k 和 $I_{k(t)}$ 都是幅值变动的电流，要计算其 Q_k 是相当困难的，因此一般是采用一个恒定的短路稳态电流 I_∞ 来等效计算实际短路电流所产生的热量。

由于通过导体的短路电流实际上不是 I_∞，因此假定一个时间，在此时间内，设导体通过 I_∞ 所产生的热量，恰好与实际短路电流 i_k 或 $I_{k(t)}$ 在实际短路时间 t_k 内所产生的热量相等。这一假定的时间，称为短路发热的假想时间，也称热效时间，用 t_{ima} 表示，如图 3-12 所示。

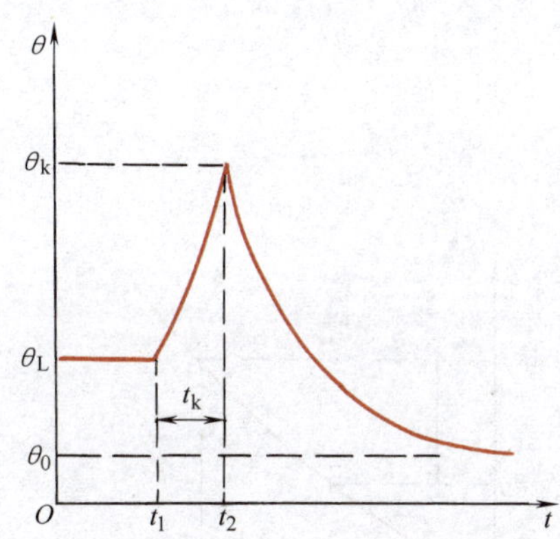

图 3-11 短路前后导体的温度变化

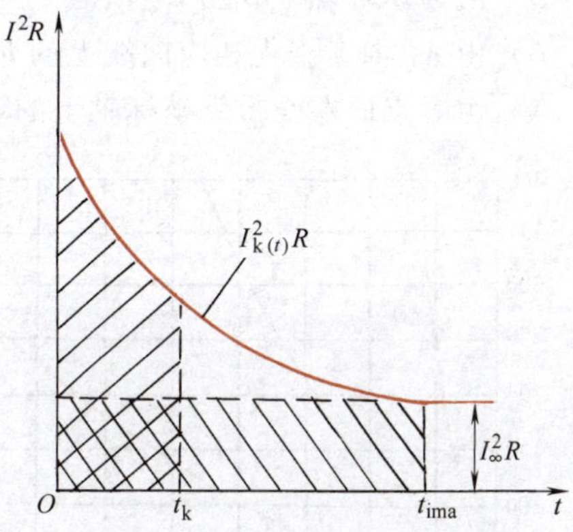

图 3-12 短路发热假想时间

短路发热假想时间（单位为 s）可由下式近似地计算：

$$t_{ima} = t_k + 0.05\left(\frac{I''}{I_\infty}\right)^2 \tag{3-53}$$

当无限大容量系统中发生短路时，由于 $I'' = I_\infty$，因此

$$t_{ima} = t_k + 0.05s \tag{3-54}$$

当 $t_k > 1s$ 时，可认为 $t_{ima} = t_k$。

上述短路时间 t_k 为短路保护装置实际最长的动作时间 t_{op} 与断路器（开关）的断路时间 t_{oc} 之和，即

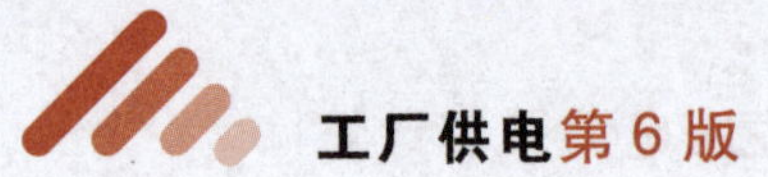

$$t_k = t_{op} + t_{oc} \tag{3-55}$$

对一般高压断路器（如油断路器），可取 $t_{oc}=0.2s$；对高速断路器（如真空断路器、SF_6 断路器），可取 $t_{oc}=0.1\sim0.15s$。

因此，实际短路电流通过导体在短路时间内产生的热量为

$$Q_k = \int_0^{t_k} I_{k(t)}^2 R\mathrm{d}t = I_\infty^2 R t_{ima} \tag{3-56}$$

根据 Q_k 可计算出导体在短路后所达到的最高温度 θ_k。但是这种计算相当繁复，而且涉及一些难以确定的系数，包括导体的电导率（它在短路过程中不是一个常数），因此最后计算结果往往与实际出入很大。在工程设计中，通常是利用图 3-13 所示曲线来确定 θ_k。该曲线的横坐标用导体加热系数 K 来表示，纵坐标表示导体发热温度 θ。

由 θ_L 查 θ_k 的步骤如下（见图 3-14）：

1）先从纵坐标轴上找出导体在正常负荷时的温度 θ_L 值。如果实际负荷的温度不详，可采用附录表 7 所列的额定负荷时的最高允许温度作为 θ_L。

2）由 θ_L 向右查得相应曲线上的 a 点。

3）由 a 点向下查得横坐标轴上的 K_L。

4）用下式计算 K_k：

$$K_k = K_L + \left(\frac{I_\infty}{A}\right)^2 t_{ima} \tag{3-57}$$

式中，A 为导体的截面积（mm^2）；I_∞ 为三相短路稳态电流（A）；t_{ima} 为短路发热假想时间（s）；K_L 和 K_k 分别为负荷时和短路时导体的加热系数（$A^2\cdot s/mm^4$）。

5）从横坐标轴上找出 K_k 值。

6）由 K_k 向上查得相应曲线上的 b 点。

7）由 b 点向左查得纵坐标轴上的 θ_k 值。

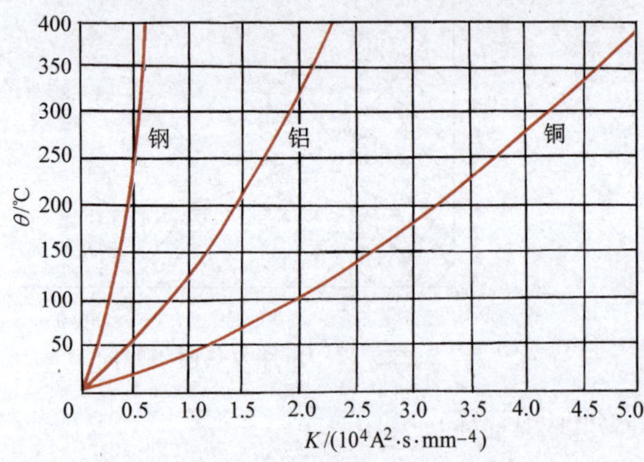

图 3-13 用来确定 θ_k 的曲线

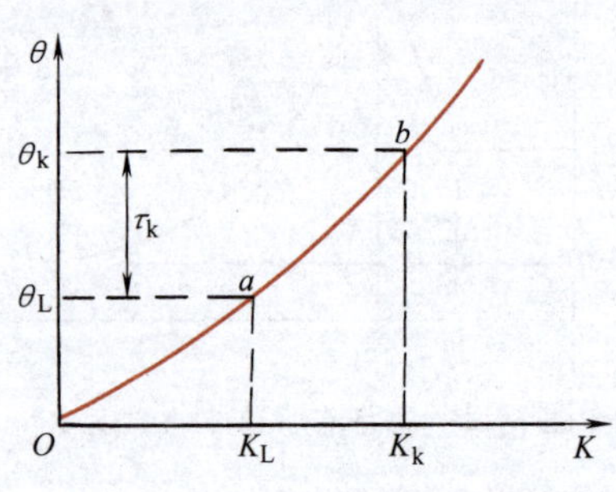

图 3-14 由 θ_L 查 θ_k 的曲线

（二）短路热稳定度的校验条件

（1）一般电器的热稳定度校验条件

$$I_t^2 t \geq I_\infty^{(3)2} t_{ima} \tag{3-58}$$

式中，I_t 为电器的热稳定电流；t 为电器的热稳定试验时间。

以上的 I_t 和 t 可查有关手册或产品样本。常用高压断路器的 I_t 和 t 可查附录表 8。

(2) 母线及绝缘导线和电缆等导体的热稳定度校验条件

$$\theta_{k.max} \geqslant \theta_k \tag{3-59}$$

式中，$\theta_{k.max}$ 为导体短路时的最高允许温度，见附录表 7。

如前所述，要确定导体的 θ_k 比较麻烦，因此也可根据短路热稳定度的要求来确定其最小允许截面积。由式（3-57）可得**满足热稳定度要求的最小允许截面积（mm^2）为**

$$A_{min} = I_{\infty}^{(3)} \sqrt{\frac{t_{ima}}{K_k - K_k}} = I_{\infty}^{(3)} \frac{\sqrt{t_{ima}}}{C} \tag{3-60}$$

式中，$I_{\infty}^{(3)}$ 为三相短路稳态电流（A）；C 为导体的热稳定系数（$A\sqrt{s}/mm^2$），可由附录表 7 查得。

例 3-4 试校验例 3-3 中工厂变电所 380V 侧 LMY 母线的短路热稳定度。已知此母线的短路保护动作时间为 0.6s，低压断路器的断路时间为 0.1s。该母线正常运行时最高温度为 55℃。

解： 用 $\theta_L = 55℃$ 查图 3-13 的铝导体曲线，对应的 $K_L \approx 0.5 \times 10^4 A^2 \cdot s/mm^4$。而

$$t_{ima} = t_k + 0.05s = t_{op} + t_{oc} + 0.05s$$
$$= 0.6s + 0.1s + 0.05s = 0.75s$$

又

$$I_{\infty}^{(3)} = 33.7kA = 33.7 \times 10^3 A(\text{见表3-2})$$
$$A = 100mm \times 10mm(\text{见例3-3})$$

因此由式（3-57）得

$$K_k = 0.5 \times 10^4 A^2 \cdot s/mm^4 + \left(\frac{33.7 \times 10^3 A}{100mm \times 10mm}\right)^2 \times 0.75s$$
$$= 0.59 \times 10^4 A^2 \cdot s/mm^4$$

用 K_k 去查图 3-13 的铝导体曲线可得

$$\theta_k \approx 100℃$$

而由附录表 7 知铝母线的 $\theta_{k.max} = 200℃ > \theta_k$，因此该母线满足短路热稳定度要求。

另解： 利用式（3-60）求母线满足热稳定度的最小允许截面积。查附录表 7 得 $C = 87A\sqrt{s}/mm^2$，而 $t_{img} = 0.75s$（见上解），故 $A_{min} = I_{\infty}^{(3)} \frac{\sqrt{t_{img}}}{c} = 33.7 \times 10^3 A \times \frac{\sqrt{0.75s}}{87A\sqrt{s}/mm^2} = 335mm^2$。由于母线实际截面积为 $A = 100mm \times 10mm = 1000mm^2 > A_{min}$，因此该母线满足短路热稳定度。

复习思考题

3-1 什么叫短路？短路故障产生的原因有哪些？短路对电力系统有哪些危害？

3-2 短路有哪些形式？哪种短路形式的可能性（几率）最大？哪种短路形式的危害最为严重？

3-3 什么叫无限大容量的电力系统？它有什么特点？在无限大容量系统中短路时，短路电流将如何变化？能否突然增大？

3-4 短路电流周期分量和非周期分量各是如何产生的？各符合什么定律？

3-5 什么是短路冲击电流 i_{sh}？什么是短路次暂态电流 I''？什么是短路后第一个周期短路全电流有效值 I_{sh}？什么是短路稳态电流 I_{∞}？

3-6 短路计算的欧姆法和标幺制法各有哪些特点？

3-7 什么叫短路计算电压？它与线路额定电压有什么关系？

3-8 在无限大容量系统中，两相短路电流和单相短路电流各与三相短路电流有什么关系？

3-9 什么叫短路电流的电动效应？它应该采用哪一个短路电流来计算？

3-10 在短路点附近有大容量交流电动机运行时，电动机对短路计算有什么影响？

3-11 对一般开关电器，其短路动稳定度和热稳定度校验的条件各是什么？对母线，其短路动稳定度和热稳定度校验的条件又各是什么？

习 题

3-1 有一地区变电站通过一条长 4km 的 10kV 电缆线路供电给某厂装有两台并列运行的 S9—800 型（Yyn0 联结）电力变压器的变电所。地区变电站出口断路器的断流容量为 300MV · A。试用欧姆法求该厂变电所 10kV 高压母线上和 380V 低压母线上的短路电流 $I_k^{(3)}$、$I''^{(3)}$、$I_{\infty}^{(3)}$、$i_{sh}^{(3)}$、$I_{sh}^{(3)}$ 和短路容量 $S_k^{(3)}$，并列出短路计算表。

3-2 试用标幺制法重作习题 3-1。

3-3 设习题 3-1 所述工厂变电所 380V 侧母线采用 80mm × 10mm 的 LMY 铝母线，水平平放，两相邻母线轴线间距为 200mm，档距为 0.9m，档数大于 2。该母线上接有一台 500kW 的同步电动机，$\cos\varphi = 1$ 时，$\eta = 94\%$。试校验此母线的短路动稳定度。

3-4 设习题 3-3 所述 380V 的短路保护动作时间为 0.5s，低压断路器的断路时间为 0.05s。试校验此母线的短路热稳定度。

第四章

工厂变配电所及其一次系统

本章首先介绍工厂变配电所的任务和类型；然后重点讲述工厂变配电所的一次设备和主接线图，对电力变压器、互感器和高低压一次设备着重介绍其功能、结构特点、基本原理及其选择，对主接线图着重讲述其基本要求及一些典型接线；最后讲述工厂变配电所的所址选择、布置、结构、电气安装图及其运行维护和检修试验的基本知识。本章是本课程的重点，也是从事工厂变配电所运行、维护和设计必备的基础知识。

第一节　工厂变配电所的任务和类型

一、变配电所的任务

变电所担负着从电力系统受电，经过变压，然后配电的任务。配电所担负着从电力系统受电，然后直接配电的任务。显然，变配电所是工厂供电系统的枢纽，在工厂中占有特殊重要的地位。

二、变配电所的类型

工厂变电所分为总降压变电所和车间变电所，一般中小型工厂不设总降压变电所。车间变电所按其主变压器的安装位置来分，有下列类型：

(1) 车间附设变电所　变电所变压器室的一面墙或几面墙与车间建筑的墙共用，变压器室的大门朝车间外开。如果按变压器室位于车间的墙内还是墙外，还可进一步分为内附式（见图 4-1 中的 1、2）和外附式（见图 4-1 中的 3、4）。

(2) 车间内变电所　变压器室位于车间内的单独房间内，变压器室的大门朝车间内开（见图 4-1 中的 5）。

(3) 露天（或半露天）变电所　变压器安装在车间外面抬高的地面上（见图 4-1 中的 6）。变压器上方没有任何遮蔽物的，称为露天式；变压器上方设有顶板或挑檐的，称为半露天式。

(4) 独立变电所　整个变电所设在与车间建筑有一定距离的单独建筑物内（见图 4-1 中的 7）。

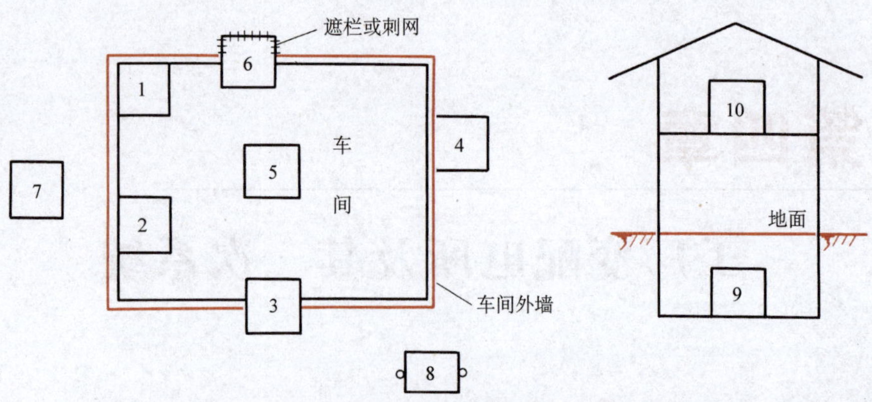

图 4-1　车间变电所的类型

1、2—内附式　3、4—外附式　5—车间内式　6—露天或半露天式

7—独立式　8—杆上式　9—地下式　10—楼上式

(5) 杆上变电台　变压器安装在室外的电杆上，也称杆上变电所（见图4-1中的8）。

(6) 地下变电所　整个变电所设置在地下（见图4-1中的9）。

(7) 楼上变电所　整个变电所设置在楼上（见图4-1中的10）。

(8) 成套变电所　由电器制造厂按一定接线方案成套制造、现场装配的变电所，又称组合式或箱式变电所。

(9) 移动式变电所　整个变电所装在可移动的车上。

上述的车间附设变电所、车间内变电所、独立变电所、地下变电所和楼上变电所，均属于室内型（户内式）变电所。露天、半露天变电所和杆上变电台，则属于室外型（户外式）变电所。成套变电所和移动式变电所，则室内型和室外型均有。

在负荷较大的多跨厂房、负荷中心在厂房中央且环境许可时，可采用车间内变电所。车间内变电所位于车间的负荷中心，可以缩短低压配电距离，从而降低电能损耗和电压损耗，减少有色金属消耗量，因此这种变电所的技术经济指标比较好。但是变电所建在车间内部，要占一定的生产面积，因此对一些生产面积比较紧凑和生产流程要经常调整、设备也要相应变动的生产车间不太适合；而且其变压器室门朝车间内开，对生产安全有一定的威胁。这种车间内变电所在大型冶金企业中较多。

生产面积比较紧凑和生产流程要经常调整、设备也要相应变动的生产车间，宜采用附设变电所的型式。至于是采用内附式还是外附式，要视具体情况而定。内附式要占一定的生产面积，但离负荷中心比外附式稍近一些，而从建筑外观来看，内附式一般也比外附式好。外附式不占或少占车间生产面积，而且其变压器室在车间的墙外，比内附式更安全一些。因此，内附式和外附式各有所长。这两种型式的变电所，在机械类工厂中比较普遍。

露天或半露天变电所比较简单经济，通风散热好，因此只要是周围环境条件正常，无腐蚀性、爆炸性气体和粉尘的场所都可以采用。这种型式的变电所在工厂的生活区及小厂中较为常见。但是这种型式的变电所其安全可靠性较差，在靠近易燃易爆的厂房附近及大气中含有腐蚀性爆炸性物质的场所不能采用。

独立变电所建筑费用较高，因此除各车间的负荷相当小而分散，或需远离易燃易爆和有腐蚀性物质的场所可以采用外，一般车间变电所不宜采用。电力系统中的大型变配电站和工厂的总变配电所，则一般采用独立式。

杆上变电台最为简单经济，一般用于容量在315kV·A及以下的变压器，而且多用于生活区供电。

地下变电所的通风散热条件较差，湿度较大，建筑费用也较高，但相当安全，且不碍观瞻。这种型式的变电所常在一些高层建筑、地下工程和矿井中采用。

楼上变电所适用于高层建筑。这种变电所要求结构尽可能轻型、安全，其主变压器通常采用无油的干式变压器，不少采用成套变电所。

移动式变电所主要用于坑道作业及临时施工现场供电。

工厂的高压配电所应尽可能与邻近的车间变电所合建，以节约建筑费用。

第二节　电力变压器

一、电力变压器及其分类

电力变压器（文字符号为T或TM）是变电所中最关键的一次设备，其主要功能是将电力系统的电能电压升高或降低，以利于电能的合理输送、分配和使用。

电力变压器按变压功能分，有升压变压器和降压变压器。工厂变电所都采用降压变压器。终端变电所的降压变压器，也称为配电变压器。

电力变压器按容量系列分，有R8容量系列和R10容量系列两大类。R8容量系列容量等级是按 $R8=\sqrt[8]{10}\approx1.33$ 倍数递增的。我国老的变压器容量等级采用R8系列，容量等级如100kV·A、135kV·A、180kV·A、240kV·A、320kV·A、420kV·A、560kV·A、750kV·A、1000kV·A等。R10容量系列容量等级是按 $R10=\sqrt[10]{10}\approx1.26$ 倍数递增的。R10系列的容量等级较密，便于合理选用，是IEC（国际电工委员会）推荐的，我国新的变压器容量等级采用这种R10系列，容量等级如100kV·A、125kV·A、160kV·A、200kV·A、250kV·A、315kV·A、400kV·A、500kV·A、630kV·A、800kV·A、1000kV·A等。

电力变压器按相数分，有单相和三相两大类。工厂变电所通常都采用三相变压器。

电力变压器按调压方式分，有无载调压（又称无励磁调压）和有载调压两大类。工厂变电所大多采用无载调压变压器，但在用电负荷对电压水平要求较高的场合，也有采用有载调压变压器的。

电力变压器按绕组（线圈）导体材质分，有铜绕组和铝绕组两大类。工厂变电所过去大多采用较价廉的铝绕组变压器，但现在低损耗的铜绕组变压器得到了越来越广泛的应用。

电力变压器按绕组型式分，有双绕组变压器、三绕组变压器和自耦变压器。工厂变电所一般采用双绕组变压器。

电力变压器按绕组绝缘及冷却方式分，有油浸式、干式和充气式（SF_6）等变压器。其中油浸式变压器，又有油浸自冷式、油浸风冷式、油浸水冷式和强迫油循环冷却式等。工厂变电所大多采用油浸自冷式变压器。

电力变压器按铁心材质分，有普通硅钢片铁心变压器和非晶合金铁心变压器两大类。后者的铁损耗更小，更节能。

电力变压器按用途分，有普通电力变压器、全封闭变压器和防雷变压器等。工厂变电所大多采用普通电力变压器，只在易燃易爆场所及安全要求特高的场所采用全封闭变压器，在多雷区采用防雷变压器。

二、电力变压器的结构和型号

（一）电力变压器的结构

电力变压器的基本结构，包括铁心和绕组两大部分。绕组又分高压和低压或一次和二次绕组等。

图4-2是普通三相油浸式电力变压器的结构图。

图4-3是环氧树脂浇注绝缘的三相干式电力变压器的结构图。

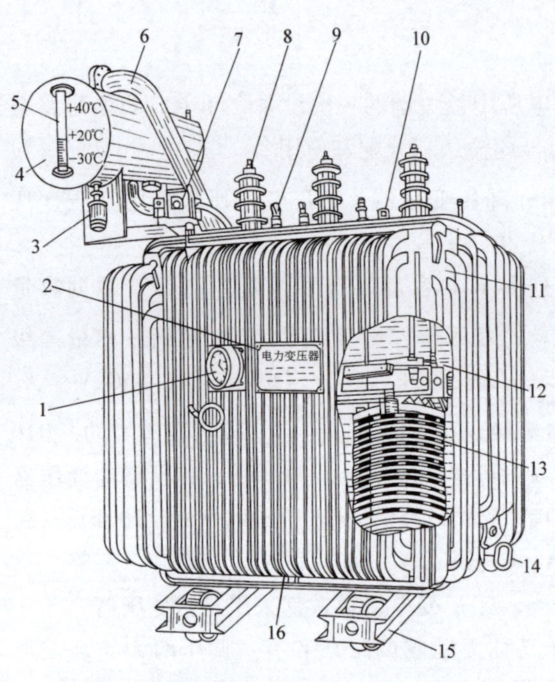

图4-2 三相油浸式电力变压器的结构
1—信号温度计 2—铭牌 3—吸湿器 4—储油柜（油枕） 5—油位指示器（油标） 6—防爆管 7—气体（瓦斯）继电器 8—高压出线套管和接线端子 9—低压出线套管和接线端子 10—分接开关 11—油箱及散热油管 12—铁心 13—绕组及绝缘 14—放油阀 15—小车 16—接地端子

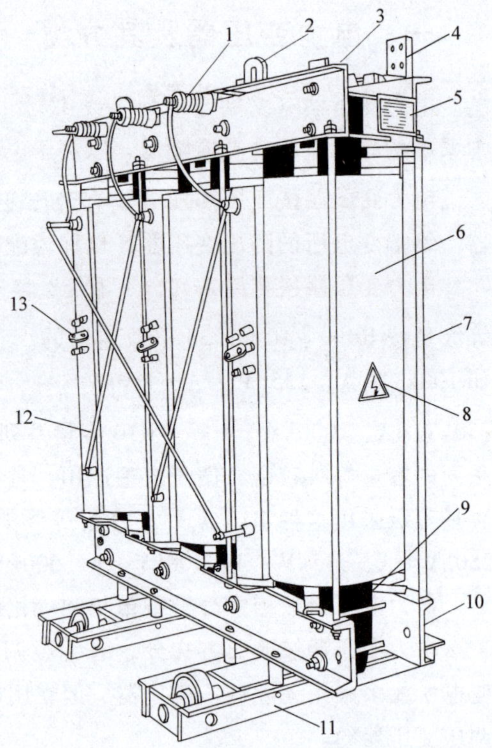

图4-3 环氧树脂浇注绝缘的三相干式电力变压器的结构
1—高压出线套管 2—吊环 3—上夹件 4—低压出线接线端子 5—铭牌 6—环氧树脂浇注绝缘绕组（内低压，外高压） 7—上下夹件拉杆 8—警示标牌 9—铁心 10—下夹件 11—小车（底座） 12—高压绕组相间连接导杆 13—高压分接头连接片

（二）电力变压器的型号

电力变压器全型号的表示和含义如下：

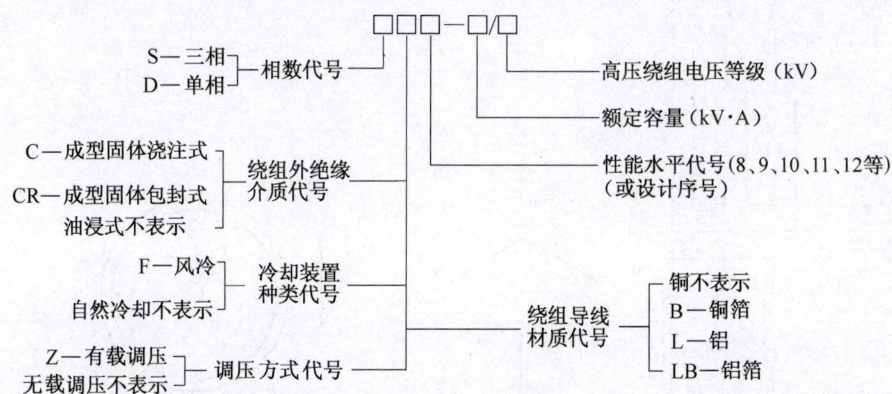

附录表 5 列出 S9、SC9 和 S11—M · R 等系列配电变压器的主要技术数据，供参考。

三、电力变压器的联结组标号及其选择

电力变压器的联结组标号，是指变压器一、二次（或一、二、三次）绕组因采取不同的联结方式而形成变压器一、二次（或一、二、三次）侧对应的线电压之间不同的相位关系。

（一）常用配电变压器的联结组标号

6～10kV 配电变压器（二次电压为 220V/380V）有 Yyn0（即 Y/Y_0-12）和 Dyn11（即 Δ/Y_0-11）两种常用的联结组。

变压器 Yyn0 联结组的接线和示意图如图 4-4 所示。其一次线电压与对应的二次线电压之间的相位关系，如同时钟在零点（12 点）时分针与时针的相互关系一样。图中一、二次绕组标注有黑点“·”的端子为对应的“同名端”。

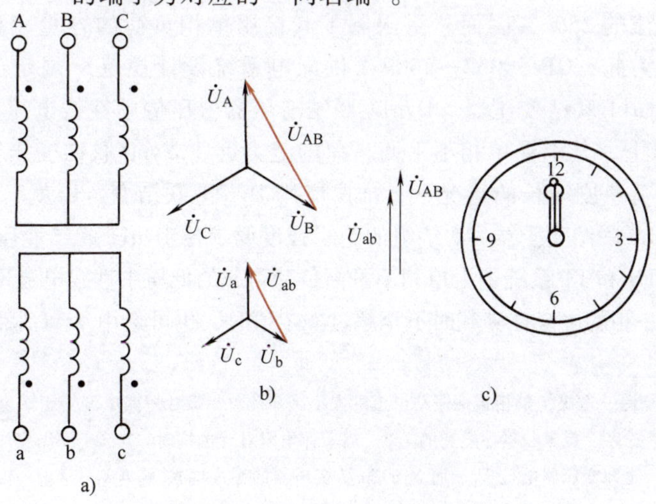

图 4-4　变压器 Yyn0 联结组

a）一、二次绕组接线　b）一、二次电压相量　c）时钟示意图

变压器 Dyn11 联结组的接线和示意图如图 4-5 所示。其一次线电压与对应的二次线电压之间的相位关系，如同时钟在 11 点时分针与时针的相互关系一样。

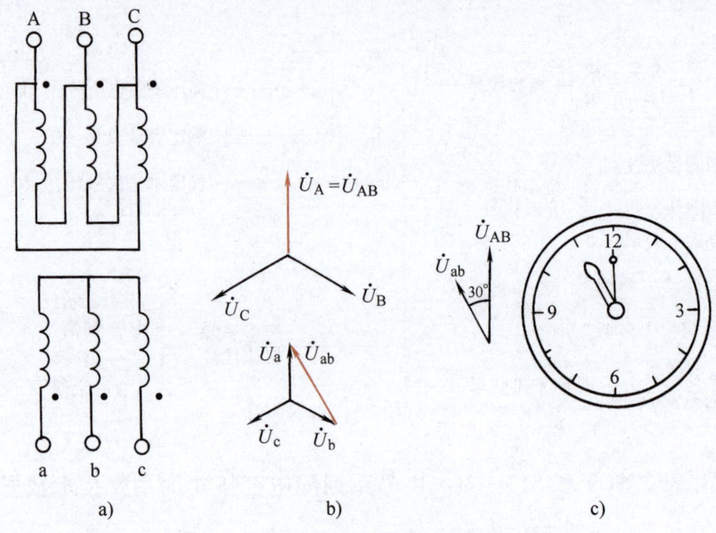

图 4-5　变压器 Dyn11 联结组

a）一、二次绕组接线　b）一、二次电压相量　c）时钟示意图

我国过去的配电变压器差不多全采用 Yyn0 联结。近 20 多年来，Dyn11 联结的配电变压器开始得到了推广应用。**配电变压器采用 Dyn11 联结较之采用 Yyn0 联结有下列优点：**

1）对 Dyn11 联结的变压器来说，其 3*n* 次（*n* 为正整数）谐波电流在其三角形联结的一次绕组内形成环流，从而不至注入公共的高压电网中去，这较之一次绕组接成星形的 Yyn0 联结的变压器更有利于抑制电网中的高次谐波。

2）Dyn11 联结变压器的零序阻抗较之 Yyn0 联结变压器的零序阻抗小得多[⊖]，从而更有利于低压单相接地短路故障保护的动作及故障的切除。

3）当低压侧接用单相不平衡负荷时，由于 Yyn0 联结变压器要求低压中性线电流不超过低压绕组额定电流的 25%，因而严重限制了其接用单相负荷的容量，影响了变压器设备能力的充分发挥。为此，GB 50052—2009《供配电系统设计规范》规定：低压为 TN 和 TT 系统时，宜选用 Dyn11 联结变压器。Dyn11 联结变压器低压侧中性线电流允许达到低压绕组额定电流的 75% 以上，其承受单相不平衡负荷的能力远比 Yyn0 联结变压器大。这在现代供配电系统中单相负荷急剧增长的情况下，推广应用 Dyn11 联结变压器就显得更有必要。

但是，由于 Yyn0 联结变压器一次绕组的绝缘强度要求比 Dyn11 联结变压器稍低，从而制造成本稍低，因此在 TN 和 TT 系统中由单相不平衡负荷引起的低压中性线电流不超过低压绕组额定电流的 25%、且其一相的电流在满载时不至超过额定值时，仍可选用 Yyn0 联结变压器。

⊖ 单相接地故障的切除，取决于单相接地短路电流的大小，而此单相接地短路电流等于相电压除以单相短路回路的计算阻抗，计算阻抗为其正序、负序和零序之和的 1/3。当不计电阻只计电抗时，Dyn11 联结变压器的零序电抗 $X_0 = X_1$，X_1 为变压器的正序电抗，也即变压器电抗 X_T；而 Yyn0 联结变压器的零序电抗 $X_0 = X_1 + X_{\mu0}$，$X_{\mu0}$ 为变压器的励磁电抗。由于 $X_{\mu0} \gg X_1$，故 Dyn11 联结变压器的 X_0 比 Yyn0 联结变压器的 X_0 小得多，因此 Dyn11 联结变压器的单相接地短路电流比 Yyn0 联结变压器的单相接地短路电流大得多，以至 Dyn11 联结变压器更有利于低压单相接地短路故障的保护和切除。

（二）防雷变压器的联结组别

防雷变压器通常采用 Yzn11 联结组，如图 4-6a 所示，其正常时的电压相量图如图 4-6b 所示。其结构特点是每一铁心柱上的二次绕组都分为两半个匝数相等的绕组，而且采用曲折形（Z 形）联结。

正常工作时，一次线电压 $\dot{U}_{AB}=\dot{U}_A-\dot{U}_B$，二次线电压 $\dot{U}_{ab}=\dot{U}_a-\dot{U}_b$，其中 $\dot{U}_a=\dot{U}_{a1}-\dot{U}_{b2}$，$\dot{U}_b=\dot{U}_{b1}-\dot{U}_{c2}$。由图 4-6b 知，$\dot{U}_{ab}$ 与 $-\dot{U}_B$ 同相，而 $-\dot{U}_B$ 滞后 $\dot{U}_{AB}$ 330°，即 $\dot{U}_{ab}$ 滞后 $\dot{U}_{AB}$ 330°。在钟表中一个小时的角度为 30°，因此该变压器的联结组号为 330°/30° = 11，即联结组标号为 Yzn11。

当雷电过电压沿变压器二次侧（低压侧）线路侵入时，由于变压器二次侧同一心柱上的两半个绕组的电流方向正好相反，其磁动势相互抵消，因此过电压不会感应到一次侧（高压侧）线路上去。同样，假如雷电过电压沿变压器一次侧（高压侧）线路侵入时，由于变压器二次侧（低压侧）同一心柱上的两半个绕组的感应电动势相互抵消，二次侧也不会出现过电压。由此可见，采用 Yzn11 联结的变压器有利于防雷，在多雷地区宜选用这类防雷变压器。

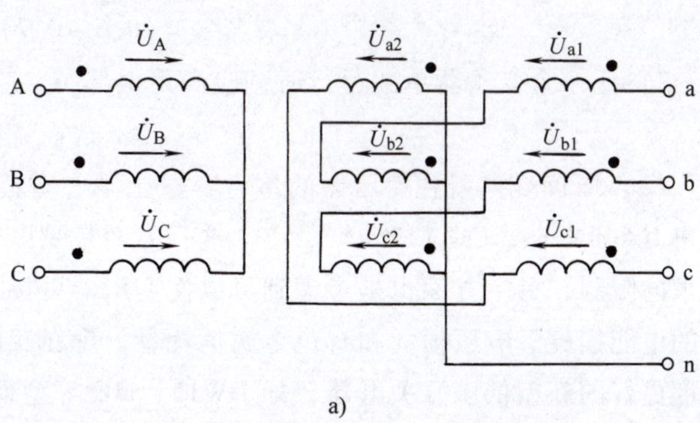

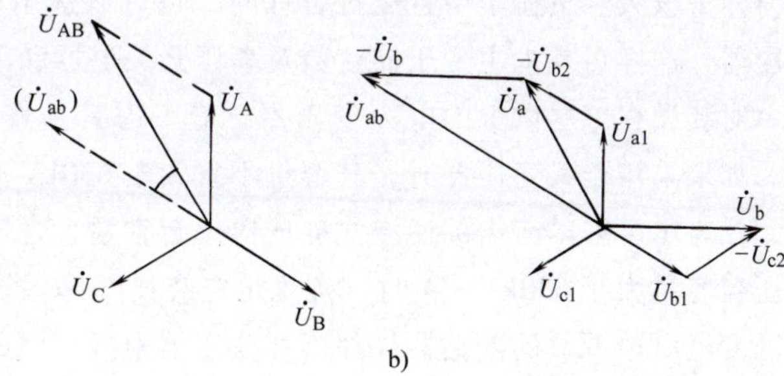

图 4-6　变压器 Yzn11 联结的防雷变压器

a）一、二次绕组接线　b）一、二次电压相量

四、变电所主变压器台数和容量的选择

（一）变电所主变压器台数的选择

选择主变压器台数时应考虑下列原则：

1）应满足用电负荷对供电可靠性的要求。对供有大量一、二级负荷的变电所，应采用两台变压器，以便当一台变压器发生故障或检修时，另一台变压器能对一、二级负荷继续供电。对只有二级负荷而无一级负荷的变电所，也可以只采用一台变压器，但必须在低压侧敷设与其他变电所相连的联络线作为备用电源，或另有自备电源。

2）对季节性负荷或昼夜负荷变动较大而宜于采用经济运行方式的变电所，也可考虑采用两台变压器。

3）除上述两种情况外，一般车间变电所宜采用一台变压器。但是负荷集中且容量相当大的变电所，虽为三级负荷，也可以采用两台或多台变压器。

4）在确定变电所主变压器台数时，应适当考虑负荷的发展，留有一定的余地。

（二）变电所主变压器容量的选择

（1）只装一台主变压器的变电所　主变压器的容量 $S_{N.T}$ 应满足全部用电设备总计算负

荷 S_{30} 的需要，即

$$S_{N.T} \geq S_{30} \tag{4-1}$$

（2）装有两台主变压器的变电所 **每台变压器的容量 $S_{N.T}$ 应同时满足以下两个条件：**

1）任一台变压器单独运行时，宜满足总计算负荷 S_{30} 的大约60%～70%的需要，即

$$S_{N.T} = (0.6 \sim 0.7) S_{30} \tag{4-2}$$

2）任一台变压器单独运行时，应满足全部一、二级负荷的需要，即

$$S_{N.T} \geq S_{30(\text{I}+\text{II})} \tag{4-3}$$

（3）车间变电所主变压器的单台容量上限 **车间变电所主变压器的单台容量一般不宜大于1000kV·A（或1250kV·A）。**这一方面是受以往低压开关电器断流能力和短路稳定度要求的限制，另一方面也是考虑到可以使变压器更接近于车间负荷中心，以减少低压配电线路的电能损耗、电压损耗和有色金属消耗量。现在我国已能生产一些断流能力更大和短路稳定度更好的新型低压开关电器，如DW15、ME等型低压断路器及其他电器，因此如果车间负荷容量较大、负荷集中且运行合理时，也可以选用单台容量为1250～2000kV·A的配电变压器，这样可减少主变压器台数及高压开关电器和电缆等。

对装设在二层以上的电力变压器，应考虑其垂直和水平运输时对通道及楼板荷载的影响。如果采用干式变压器时，其容量不宜大于630kV·A。

住宅小区变电所内的油浸式变压器单台容量，也不宜大于630kV·A。这是因为油浸式变压器容量大于630kV·A时，按规定应装设气体保护（参见第六章第六节），而这些住宅小区变电所电源侧的断路器往往不在变压器附近，因此气体保护很难实施，而且如果变压器容量增大，供电半径相应增大，往往造成配电线路末端的电压偏低，给居民生活带来不便，例如荧光灯起燃困难、电冰箱不能起动等。

（4）适当考虑负荷的发展 应该适当考虑今后5～10年电力负荷的增长，留有一定的余地。干式变压器的过负荷能力较小，更宜留有较大的裕量。

这里，电力变压器的额定容量 $S_{N.T}$ 是在一定温度条件下（例如户外安装，年平均气温为20℃）的持续最大输出容量（出力）。如果安装地点的年平均气温 $\theta_{0.av} \neq 20$℃时，则年平均气温每升高1℃，变压器容量相应地减小1%。因此户外电力变压器的实际容量（出力）为

$$S_T = \left(1 - \frac{\theta_{0.av} - 20}{100}\right) S_{N.T} \tag{4-4}$$

对于户内变压器，由于散热条件较差，一般变压器室的出风口与进风口之间有约15℃的温度差，从而使处在室中间的变压器环境温度比户外变压器环境温度要高出大约8℃，因此户内变压器的实际容量（出力）较之上式所计算的容量（出力）还要减小8%。

还要指出：**由于变压器的负荷是变动的，大多数时间是欠负荷运行，因此必要时可以适当过负荷，并不会影响其使用寿命。油浸式变压器，户外可正常过负荷30%，户内可正常过负荷20%。干式变压器一般不考虑正常过负荷。**

电力变压器在事故情况下（例如并列运行的两台变压器因故障切除一台时），允许短时间较大幅度地过负荷运行，而不论故障前的负荷情况如何，但过负荷运行时间不得超过表4-1所规定的时间。

表 4-1 电力变压器事故过负荷允许值

油浸自冷式变压器	过负荷百分数（%）	30	60	75	100	200
	过负荷时间/min	120	45	20	10	1.5
干式变压器	过负荷百分数(%)	10	20	30	50	60
	过负荷时间/min	75	60	45	16	5

最后必须指出：变电所主变压器台数和容量的最后确定，应结合变电所主接线方案，经技术经济比较择优而定。

例 4-1 某 10kV/0.4kV 变电所，总计算负荷为 1200kV · A，其中一、二级负荷为 680kV · A。试初步选择该变电所主变压器的台数和容量。

解： 根据变电所有一、二级负荷的情况，确定选两台主变压器。每台容量

$$S_{N.T}=(0.6\sim0.7)\times1200\text{kV}\cdot\text{A}=(720\sim840)\text{kV}\cdot\text{A}$$

且

$$S_{N.T}\geqslant S_{30(\text{I}+\text{II})}$$

因此初步确定每台主变压器容量为 800kV · A。

五、电力变压器并列运行条件

两台或多台变压器并列运行时，必须满足以下三个基本条件：

(1) 并列变压器的额定一、二次电压必须对应相等 也即并列变压器的电压比必须相同，允许差值不超过士 0.5%。如果并列变压器的电压比不同，则并列变压器二次绕组的回路内将出现环流，即二次电压较高的绕组将向二次电压较低的绕组供给电流，导致绕组过热甚至烧毁。

(2) 并列变压器的阻抗电压（即短路电压）尽量相等 由于并列运行变压器的负荷是按其阻抗电压值成反比分配的，如果阻抗电压相差很大，可能导致阻抗电压小的变压器发生过负荷现象，所以要求并列变压器的阻抗电压尽量相等，允许差值不得超过 ±10%。

(3) 并列变压器的联结组标号必须相同 也即所有并列变压器一、二次电压的相序和相位都必须对应地相同，否则不能并列运行。假设两台变压器并列运行，一台为 Yyn0 联结，另一台为 Dyn11 联结，则它们的二次电压将出现 30°相位差，从而在两台变压器的二次绕组间产生电位差 ΔU，如图 4-7 所示。这一 ΔU 将在两台变压器的二次侧产生一个很大的环流，可能使变压器绕组烧毁。

此外，并列运行的变压器容量应尽量相同或相近，其最大容量与最小容量之比一般不能超过 3:1。 如果容量相差悬殊，不仅运行很不方便，而且在变压器特性上稍有差异时，变压器间的环流将相当显著，特别是容量小的变压器容易过负荷或烧毁。

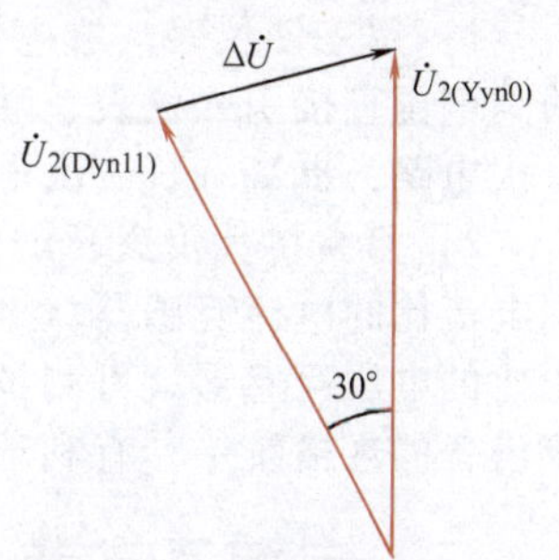

图 4-7 Yyn0 联结变压器与 Dyn11 联结变压器并列运行时二次电压相量图

例 4-2 现有一台 S9—800/10 型电力变压器与一台 S9—2000/10 型电力变压器并列运行，均为 Dyn11 联结。问总负荷达到 2800kV · A 时，上列变压器中哪一台将要过负荷？过负荷可达多少？

解： 并列运行的变压器之间的负荷分配是与其阻抗标幺值成反比的，因此先计算其阻抗标幺值。

变压器的阻抗标幺值按下式计算：

$$|Z_{T}^{*}|=\frac{U_{k}\%S_{d}}{100S_{N}}$$

式中，$U_k\%$ 为变压器的阻抗电压（短路电压）百分值；S_d 为基准容量（kV·A），通常取 $S_d=100\text{MV}\cdot\text{A}=10^5\text{kV}\cdot\text{A}$；$S_N$ 为变压器的额定容量（kV·A）。

查附录表 5-1，得 S9—800 型变压器（T1）的 $U_k\%=5$，S9—2000 型变压器（T2）的 $U_k\%=6$，因此这两台变压器的阻抗标幺值分别为（取 $S_d=10^5\text{kV}\cdot\text{A}$）：

$$|Z_{T1}^{*}|=\frac{5\times10^{5}\text{kV}\cdot\text{A}}{100\times800\text{kV}\cdot\text{A}}=6.25$$

$$|Z_{T2}^{*}|=\frac{6\times10^{5}\text{kV}\cdot\text{A}}{100\times2000\text{kV}\cdot\text{A}}=3.00$$

由此可以计算出两台变压器在负荷达 2800kV·A 时各台变压器负担的负荷分别为

$$S_{T1}=2800\text{kV}\cdot\text{A}\times\frac{3.00}{6.25+3.00}=908\text{kV}\cdot\text{A}$$

$$S_{T2}=2800\text{kV}\cdot\text{A}\times\frac{6.25}{6.25+3.00}=1892\text{kV}\cdot\text{A}$$

由以上计算结果可知，S9—800/10 型变压器（T1）将过负荷（908－800）kV·A＝108kV·A，将超过其额定容量 $\frac{108\text{kV}\cdot\text{A}}{800\text{kV}\cdot\text{A}}\times100\%=13.5\%$。

按规定，油浸式变压器正常允许过负荷可达 20%（户内）或 30%（户外），因此 S9—800/10 型变压器过负荷 13.5% 还是在允许范围内的。

从上述两台变压器的容量比来看，800kV·A:2000kV·A＝1:2.5，也未达到变压器并列运行一般不允许的容量比 1:3。但考虑到负荷的发展和运行的灵活性，S9—800/10 型变压器宜换以较大容量的变压器。

第三节　电流互感器和电压互感器

一、概述

电流互感器（文字符号为 TA），又称为仪用变流器。电压互感器（文字符号为 TV）又称为仪用变压器。它们合称仪用互感器，简称互感器。从基本结构和原理来说，互感器就是一种特殊变压器。

互感器的功能主要如下：

1）用来使仪表、继电器等二次设备与一次电路（主电路）绝缘。这既可避免一次电路的高电压直接引入仪表、继电器等二次设备，又可防止仪表、继电器等二次设备的故障影响一次电路，提高一、二次电路的安全性和可靠性，并有利于人身安全。

2）用来扩大仪表、继电器等二次设备的应用范围。例如用一只 5A 的电流表，通过不同电流比的电流互感器就可测量任意大的电流。同样，用一只 100V 的电压表，通过不同电压比的电压互感器就可测量任意高的电压。而且由于采用了互感器，可使二次仪表、继电器等设备的规格统一，有利于设备的批量生产。

二、电流互感器

（一）电流互感器的基本结构原理和接线方案

电流互感器的基本结构原理如图 4-8 所示。它的结构特点是：一次绕组匝数很少，导体

相当粗，有的电流互感器（例如母线式）还没有一次绕组，而是利用穿过其铁心的一次电路（如母线）作为一次绕组（相当于匝数为1）；其二次绕组匝数很多，导体较细。其接线特点是：一次绕组串联在被测的一次电路中，而二次绕组则与仪表、继电器等的电流线圈串联，形成一个闭合回路。由于这些电流线圈的阻抗很小，因此电流互感器工作时其二次回路接近于短路状态。二次绕组的额定电流一般为5A。

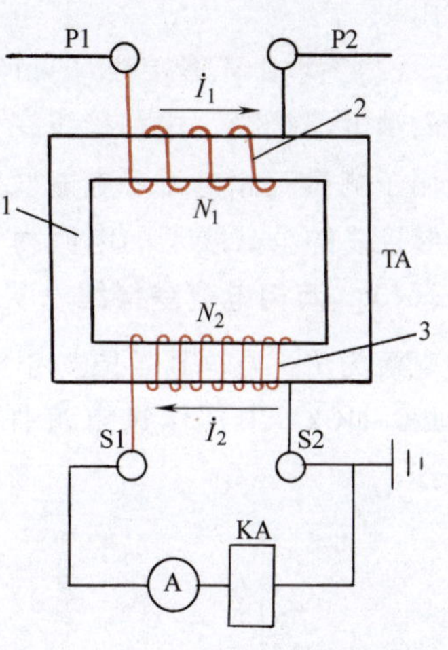

图 4-8　电流互感器的基本结构原理

1—铁心　2—一次绕组　3—二次绕组

电流互感器的一次电流 I_1 与其二次电流 I_2 之间有下列关系：

$$I_1 \approx \frac{N_2}{N_1} I_2 \approx K_i I_2 \tag{4-5}$$

式中，N_1、N_2 分别为电流互感器一、二次绕组匝数；K_i 为电流互感器的电流比，一般表示为其一、二次的额定电流之比，即 $K_i = I_{1N}/I_{2N}$，例如100A/5A。

电流互感器在三相电路中的几种常见接线方案如图4-9所示。

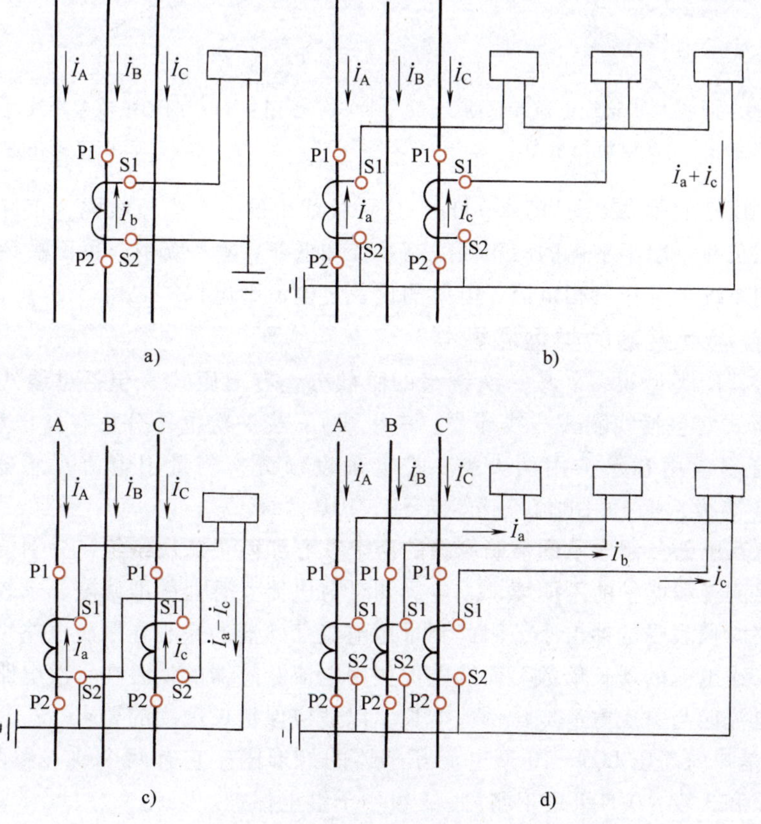

图 4-9　电流互感器的接线方案

a）一相式接线　b）两相V形接线　c）两相电流差接线　d）三相星形接线

(1) 一相式接线（见图4-9a） 电流线圈通过的电流，反映的是一次电路相应的电流。通常用于负荷平衡的三相电路如低压动力线路中，供测量电流、电能或接过负荷保护装置之用。

(2) 两相V形接线（见图4-9b） 也称为不完全星形接线。在继电保护装置中称为两相两继电器接线。这种接线在中性点不接地的三相三线制电路中（如6～10kV电路中），广泛用于测量三相电流、电能及作为过电流继电保护之用。由图4-10所示相量图可知，两相V形接线的公共线上的电流为$\dot{I}_a+\dot{I}_c=-\dot{I}_b$，反映的是未接电流互感器的那一相的电流。

(3) 两相电流差接线（见图4-9c） 由图4-11所示相量图可知，互感器二次侧公共线上电流为$\dot{I}_a-\dot{I}_c$，其量值为相电流的$\sqrt{3}$倍。这种接线适于中性点不接地的三相三线制电路中（如6～10kV中）作过电流保护之用。在继电器保护装置中，此接线称为两相一继电器接线。

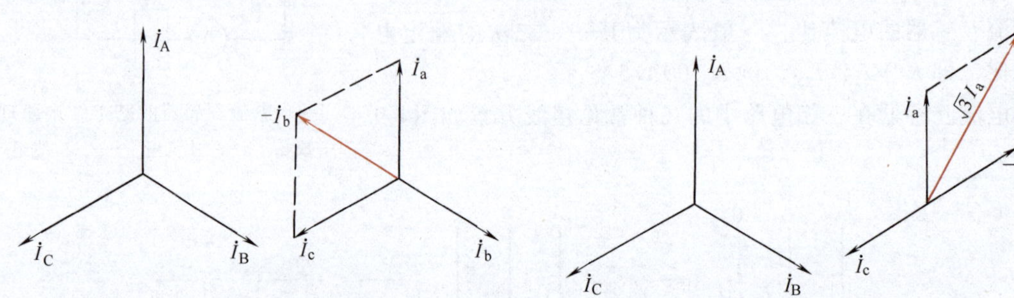

图4-10 两相V形接线电流互感器的一、二次电流相量图

图4-11 两相电流差接线电流互感器的一、二次电流相量图

(4) 三相星形接线（见图4-9d） 这种接线中的三个电流线圈，正好反映各相的电流，广泛用在负荷一般不平衡的三相四线制系统如低压TN系统中，也用在负荷可能不平衡的三相三线制系统中，作三相电流、电能测量及过电流继电保护之用。

（二）电流互感器的类型和型号

电流互感器的类型很多。按一次绕组的匝数分，有单匝式（包括母线式、心柱式、套管式）和多匝式（包括线圈式、线环式、串级式）。按一次电压分，有高压和低压两大类。按用途分，有测量用和保护用两大类。按准确度级分，测量用电流互感器有0.1、0.2、0.5、1、3、5等级，保护用电流互感器有5P、10P两级。

高压电流互感器多制成不同准确度级的两个铁心和两个二次绕组，分别接测量仪表和继电器，以满足测量和保护的不同要求。电气测量对电流互感器的准确度要求较高，且要求在一次电路短路时仪表受的冲击小，因此测量用电流互感器的铁心在一次电路短路时应易于饱和，以限制二次电流的增长倍数。而继电保护用电流互感器的铁心在一次电路短路时不应饱和，使二次电流能与一次电流成比例地增长，以适应保护灵敏度的要求。

图4-12是户内高压LQJ—10型电流互感器的外形图。它有两个铁心和两个二次绕组，分别为0.5级和3级，0.5级用于测量，3级用于继电保护。

图4-13是户内低压LMZJ1—0.5型（500～800A/5A）电流互感器的外形图。它不含一次绕组，穿过其铁心的母线就是其一次绕组（相当于1匝）。它用于500V及以下配电装置中。

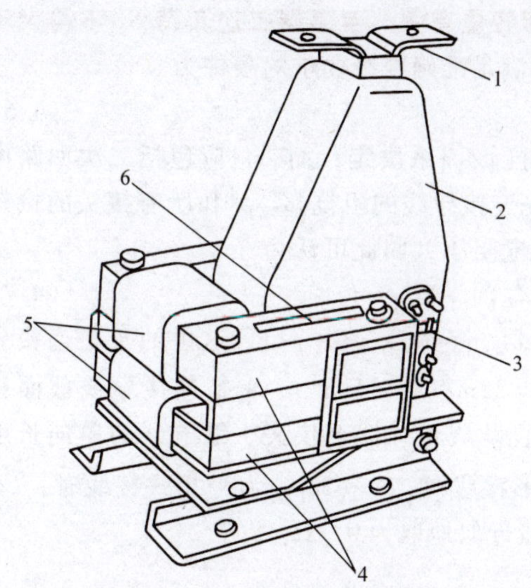

图 4-12　LQJ—10 型电流互感器

1—一次接线端子　2—一次绕组（树脂浇注）　3—二次接线端子　4—铁心　5—二次绕组　6—警示牌（上写“二次侧不得开路”等字样）

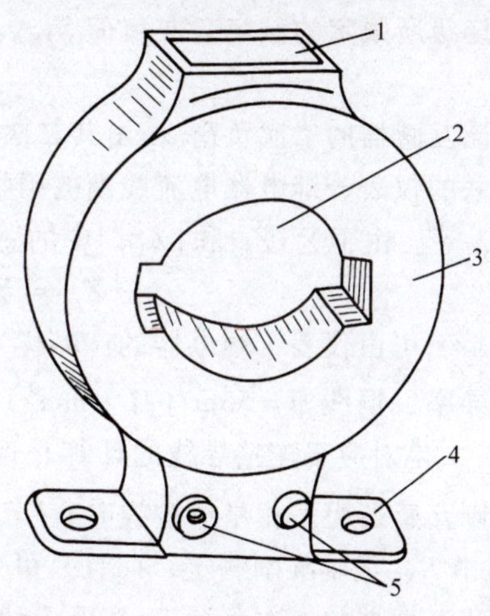

图 4-13　LMZJ1—0.5 型电流互感器

1—铭牌　2—一次母线穿孔　3—铁心，外绕二次绕组，树脂浇注　4—安装板　5—二次接线端子

以上两种电流互感器都是环氧树脂或不饱和树脂浇注绝缘的，较之老式的油浸式和其他非树脂绝缘的干式电流互感器的尺寸小、性能好、安全可靠，现在生产的高低压成套配电装置中差不多都采用这类新型电流互感器。

电流互感器全型号的表示和含义如下：

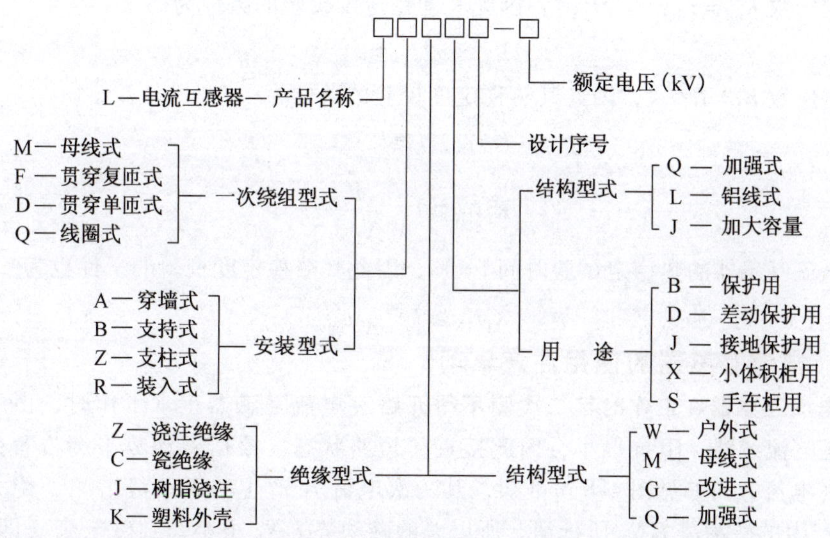

附录表 12 列出了 LQJ—10 型电流互感器的主要技术数据，供参考。

（三）电流互感器的选择与校验

电流互感器应按装设地点的条件及额定电压、一次电流、二次电流（一般为 5A）、准确度级等条件进行选择，并校验其短路动稳定度和热稳定度。

必须注意：**电流互感器的准确度级与二次负荷容量有关。互感器二次负荷 S_2 不得大于其准确度级所限定的额定二次负荷 S_{2N}**，即互感器满足准确度级要求的条件为

$$S_{2N} \geqslant S_2 \tag{4-6}$$

电流互感器的二次负荷 S_2 由其二次回路的阻抗 $|Z_2|$ 来决定，而 $|z_2|$ 应包括二次回路中所有串联的仪表、继电器电流线圈的阻抗 $\sum|Z_i|$、连接导线的阻抗 $|Z_{WL}|$ 和所有接头的接触电阻 R_{XC} 等。由于 $\sum|Z_i|$ 和 $|Z_{WL}|$ 中的感抗远比其电阻小，因此可认为

$$|Z_2| \approx \sum|Z_i| + |Z_{WL}| + R_{XC} \tag{4-7}$$

式中，$|Z_i|$ 可由仪表、继电器的产品样本查得；$|Z_{WL}| \approx R_{WL} = l/(\gamma A)$，这里的 γ 是连接导线的电导率，铜线 $\gamma = 53\text{m}/(\Omega \cdot \text{mm}^2)$，铝线 $\gamma = 32\text{m}/(\Omega \cdot \text{mm}^2)$，$A$ 是连接导线截面积 (mm^2)，l 是对应于连接导线的计算长度（m）。假设从互感器至仪表、继电器的单向长度为 l_1，则互感器为三相星形接线时，$l = l_1$；为V形接线时，$l = \sqrt{3}l_1$；为一相式接线时，$l = 2l_1$。式中 R_{XC} 很难准确测定，而且是可变的，一般近似地取为0.1Ω。

电流互感器的二次负荷 S_2 按下式计算：

$$S_2 = I_{2N}^2|Z_2| \approx I_{2N}^2(\sum|Z_i| + R_{WL} + R_{XC})$$

或

$$S_2 \approx \sum S_i + I_{2N}^2(R_{WL} + R_{XC}) \tag{4-8}$$

假设电流互感器不满足式（4-6）的要求，则应改选较大电流比或较大容量的互感器，或者加大二次接线的截面积。电流互感器二次接线一般采用铜芯线，截面积不小于 2.5mm^2。

关于电流互感器短路稳定度的校验，现在有的新产品如LZZB6—10型等直接给出了动稳定电流峰值和1s热稳定电流有效值，因此其动稳定度可按式（3-47）校验，其热稳定度可按式（3-58）校验。不过，电流互感器的大多数产品是给出动稳定倍数和热稳定倍数的。

动稳定倍数 $K_{es} = i_{max}/(\sqrt{2}I_{1N})$，因此其动稳定度校验的条件为

$$K_{es} \times \sqrt{2}I_{1N} \geqslant i_{sh}^{(3)} \tag{4-9}$$

热稳定倍数 $K_t = I_t/I_{1N}$，因此其热稳定度校验的条件为

$$(K_t I_{1N})^2 t \geqslant I_{\infty}^{(3)2} t_{ima}$$

或

$$K_t I_{1N} \geqslant I_{\infty}^{(3)} \sqrt{\frac{t_{ima}}{t}} \tag{4-10}$$

一般电流互感器的热稳定试验时间 $t = 1\text{s}$，因此其热稳定度校验的条件也为

$$K_t I_{1N} \geqslant I_{\infty}^{(3)} \sqrt{t_{ima}} \tag{4-11}$$

（四）电流互感器的使用注意事项

（1）**电流互感器在工作时其二次侧不得开路**　电流互感器正常工作时，由于其二次回路串联的是电流线圈，阻抗很小，因此接近于短路状态。根据磁动势平衡方程式 $I_1N_1 - I_2N_2 = I_0N_1$（电流方向参见图4-8）可知，其一次电流 I_1 产生的磁动势 I_1N_1，绝大部分被二次电流 I_2 产生的磁动势 I_2N_2 所抵消，所以总的磁动势 I_0N_1 很小，励磁电流（即空载电流）I_0 只有一次电流 I_1 的百分之几，很小。但是，当二次侧开路时，$I_2 = 0$，这时迫使 $I_0 = I_1$，而 I_1 是一次电路的负荷电流，只决定于一次电路的负荷，与互感器二次负荷变化无关，从而使 I_0 要突然增大到 I_1，比正常工作时增大几十倍，使励磁磁动势 I_0N_1 也增大几十倍。这样将产生如下严重后果：①铁心由于磁通量剧增而过热，并产生剩磁，降低铁心准确度级；

② 因为电流互感器的二次绕组匝数远比其一次绕组匝数多，所以在二次侧开路时会感应出危险的高电压，危及人身和设备的安全。因此电流互感器工作时二次侧不允许开路。在安装时，其二次接线要求连接牢靠，且二次侧不允许接入熔断器和开关。

（2）**电流互感器的二次侧有一端必须接地**　互感器二次侧有一端必须接地，是为了防止其一、二次绕组间绝缘击穿时，一次侧的高电压窜入二次侧，危及人身和设备的安全。

（3）**电流互感器在连接时，要注意其端子的极性**　按照规定，我国互感器和变压器的绕组端子，均采用“减极性”标号法。

所谓“减极性”标号法，就是互感器或变压器按图 4-14 所示接线时，一次绕组接上电压 U_1，二次绕组感应出电压 U_2。这时将一、二次绕组一对同名端短接，则在其另一对同名端测出的电压为 $U=|U_1-U_2|$。

用“减极性”法所确定的“同名端”，实际上就是“同极性端”，即在同一瞬间，两个对应的同名端同为高电位，或同为低电位。

GB 1208—2006《电流互感器》规定：一次绕组端子标 P1、P2，二次绕组端子标 S1、S2，其中 P1 与 S1、P2 与 S2 分别为对应的同名端。由图 4-8 可知，如果一次电流 I_1 从 P1 流向 P2，则二次电流 I_2 从 S2 流向 S1。

在安装和使用电流互感器时，一定要注意其端子的极性，否则其二次仪表、继电器中流过的电流就不是预想的电流，甚至可能引起事故。例如图 4-9b 中 C 相电流互感器的 S1、S2 如果接反，则公共线中的电流就不是相电流，而是相电流的$\sqrt{3}$倍，可能使电流表烧坏。

三、电压互感器

（一）电压互感器的基本结构原理和接线方案

电压互感器的基本结构原理如图 4-15 所示。它的结构特点是：一次绕组匝数很多，二次绕组匝数较少，相当于降压变压器。其接线特点是：一次绕组并联在一次电路中，而二次绕组则并联仪表、继电器的电压线圈。由于电压线圈的阻抗一般都很大，所以电压互感器工作时其二次侧接近于空载状态。二次绕组的额定电压一般为 100V。

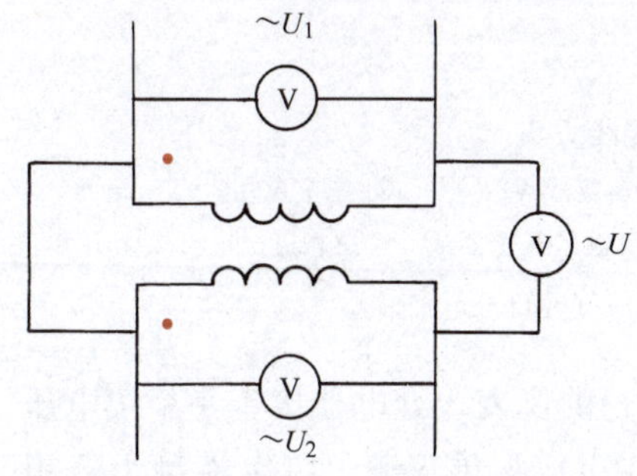

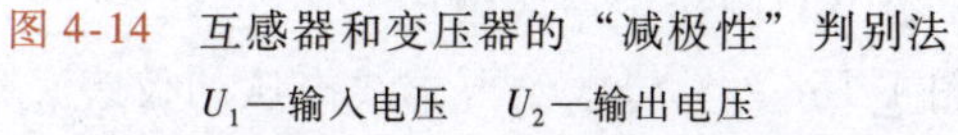
图 4-14　互感器和变压器的“减极性”判别法
U_1—输入电压　U_2—输出电压

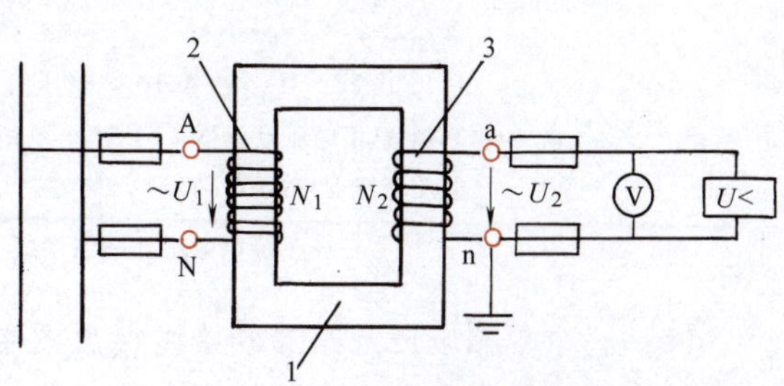

图 4-15　电压互感器的基本结构原理
1—铁心　2—一次绕组　3—二次绕组

电压互感器的一次电压 U_1 与其二次电压 U_2 之间有下列关系：

$$U_1 \approx \frac{N_1}{N_2} U_2 \approx K_u U_2 \tag{4-12}$$

式中，N_1、N_2 分别为电压互感器一、二次绕组的匝数；K_u 为电压互感器的电压比，一般表示为其额定一、二次电压比，即 $K_u = U_{1N}/U_{2N}$，例如 10000V/100V。

电压互感器在三相电路中有如图 4-16 所示的几种常见的接线方案。

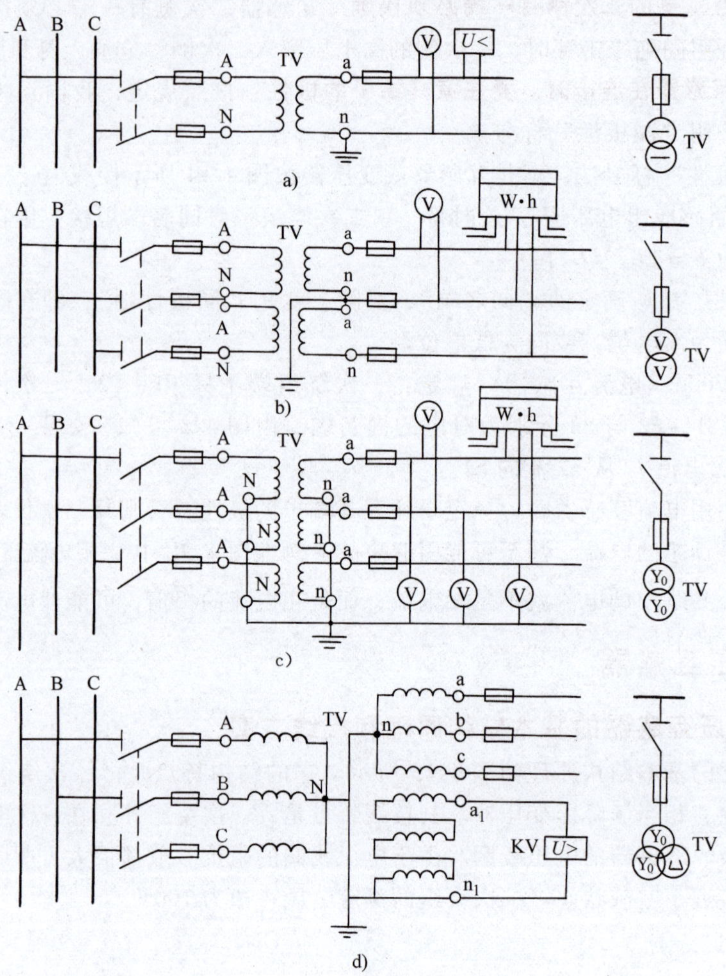

图 4-16 电压互感器的接线方案

a）一个单相电压互感器 b）两个单相电压互感器接成 V/V 形 c）三个单相电压互感器接成 Y_0/Y_0形 d）三个单相三绕组电压互感器或一个三相五心柱三绕组电压互感器接成 $Y_0/Y_0/$⊿（开口三角）形

（1）一个单相电压互感器的接线（见图 4-16a） 供仪表、继电器接于一个线电压。

（2）两个单相电压互感器接成 V/V 形（见图 4-16b） 供仪表、继电器接于三相三线制电路的各个线电压，广泛用在工厂变配电所的 6～10kV 高压配电装置中。

（3）三个单相电压互感器接成 Y_0/Y_0形（见图 4-16c） 供电给要求线电压的仪表、继电器，并供电给接相电压的绝缘监视电压表。由于小接地电流电力系统在一次电路发生单相接地时，另两个完好相的相电压要升高到线电压，所以绝缘监视电压表应按线电压选择，否则在一次电路发生单相接地时，电压表有可能被烧毁。

(4) 三个单相三绕组电压互感器或一个三绕组五心柱三绕组电压互感器接成 $Y_0/Y_0/$ △（开口三角）形（见图 4-16d）其接成 Y_0 的二次绕组，供电给接线电压的仪表、继电器及接相电压的绝缘监视用电压表；接成△（开口三角）形的辅助二次绕组接电压继电器。一次电压正常时，由于三个相电压对称，因此开口三角形两端的电压接近于零。当某一相接地时，开口三角形两端将出现近 100V 的零序电压，使电压继电器动作，发出信号。

（二）电压互感器的类型和型号

电压互感器按相数分，有单相和三相两类。按绝缘及其冷却方式分，有干式（含环氧树脂浇注式）和油浸式两类。图 4-17 是应用广泛的 JDZJ—10 型单相三绕组、环氧树脂浇注绝缘的户内电压互感器外形图。三个 JDZJ—10 型电压互感器可按图 4-16d 所示 $Y_0/Y_0/$△（开口三角）形接线，供小电流系统中作电压、电能测量及绝缘监视之用。

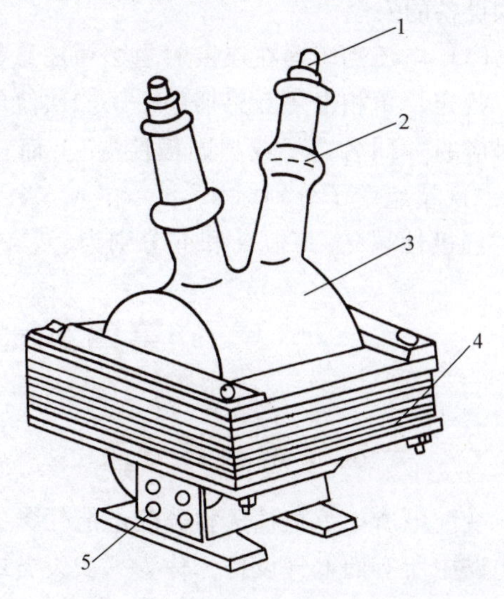

图 4-17　JDZJ—10 型电压互感器

1—一次接线端子　2—高压绝缘套管　3—一、二次绕组，树脂浇注绝缘　4—铁心　5—二次接线端子

电压互感器全型号的表示和含义如下：

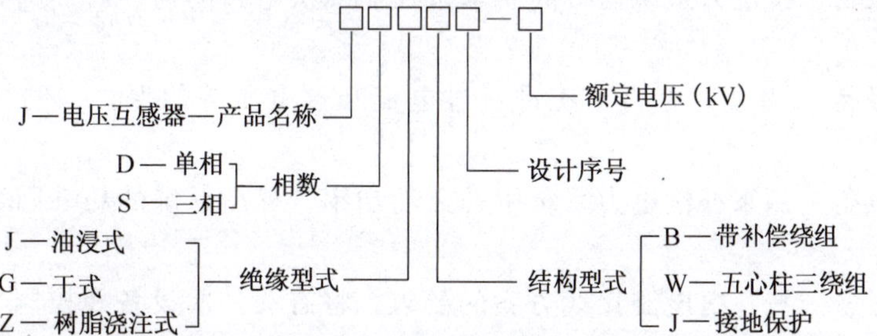

（三）电压互感器的选择

电压互感器应按装设地点的条件及一次电压、二次电压（一般为 100V）、准确度级等条件进行选择。由于它的一、二次侧均有熔断器保护，故不需进行短路稳定度的校验。

电压互感器的准确度也与其二次负荷容量有关，满足的条件与电流互感器的相同，即 $S_{2N} \geqslant S_2$，这里的 S_2 为其二次侧所有并联的仪表、继电器电压线圈所消耗的总视在功率，即

$$S_2 = \sqrt{(\sum P_u)^2 + (\sum Q_u)^2} \tag{4-13}$$

式中，$\sum P_u$、$\sum Q_u$ 分别为仪表、继电器电压线圈消耗的总有功功率和总无功功率，$\sum P_u = \sum (S_u \cos\varphi_u)$、$\sum Q_u = \sum (S_u \sin\varphi_u)$。

（四）电压互感器的使用注意事项

(1) 电压互感器工作时其二次侧不得短路　由于电压互感器一、二次绕组都是在并联状态下工作的，如果二次侧短路，将产生很大的短路电流，有可能烧毁互感器，甚至影响一次电路的安全运行。因此电压互感器的一、二次侧都必须装设熔断器进行短路保护。

(2) 电压互感器的二次侧有一端必须接地 这与电流互感器二次侧有一端必须接地的目的相同，也是为了防止一、二次绕组间的绝缘击穿时，一次侧的高压窜入二次侧，危及人身和设备的安全。

(3) 电压互感器在连接时也必须注意其端子的极性 GB 1207—2006《电磁式电压互感器》规定：单相电压互感器的一、二次绕组端子标以A、N和a、n，端子A与a、N与n各为对应的“同名端”或“同极性端”。而三相电压互感器的一次绕组端子分别标A、B、C、N，二次绕组端子分别标a、b、c、n，A与a、B与b、C与c及N与n分别为“同名端”或“同极性端”，其中N和n分别为一、二次三相绕组的中性点。

第四节 高压一次设备

一、一次设备及其分类

变配电所中承担输送和分配电能任务的电路，称为一次电路，或称主电路、主接线。一次电路中所有的电气设备，称为一次设备或一次元件。

一次设备按其功能来分，可分以下几类：

(1) 变换设备 按电力系统运行的要求改变电压或电流、频率等，例如电力变压器、电流互感器、电压互感器、变频机等。

(2) 控制设备 按电力系统运行的要求来控制一次电路的通、断，例如各种高低压开关设备。

(3) 保护设备 用来对电力系统进行过电流和过电压等的保护，例如熔断器和避雷器等。

(4) 补偿设备 用来补偿电力系统中的无功功率，提高系统的功率因数，例如并联电力电容器等。

(5) 成套设备 按一次电路接线方案的要求，将有关一次设备及控制、指示、监测和保护一次电路的二次设备组合为一体的电气装置，例如高压开关柜、低压配电屏、动力和照明配电箱等高压设备。

本节只介绍一次电路中常用的高压熔断器、高压隔离开关、高压负荷开关、高压断路器及高压开关柜等高压设备。

二、电气设备运行中的电弧问题与灭弧方法

电弧是电气设备运行中出现的一种强烈的电游离现象，其特点是光亮很强和温度很高。电弧的产生对供电系统的安全运行有很大的影响。首先，电弧延长了电路开断的时间。在开关分断短路电流时，开关触头上的电弧就延长了短路电流通过电路的时间，使短路电流危害的时间延长，这可能对电路设备造成更大的损坏。同时，电弧的高温可能烧损开关的触头，烧毁电气设备和导线电缆，还可能引起电路弧光短路，甚至引发火灾和爆炸事故。此外，强烈的弧光可能损伤人的视力，严重的可致人眼失明。因此，开关设备在结构设计上要保证操作时电弧能迅速地熄灭。为此，在讲述高低压开关设备之前，有必要先简介电弧产生与熄灭的原理和灭弧的方法。

（一）电弧的产生

1. 产生电弧的根本原因

开关触头在分断电流时之所以会产生电弧，根本原因在于触头本身及其周围介质中含有大量可被游离的电子。这样，当分断的触头之间存在着足够大的外施电压的条件下，这些电子就有可能强烈地电游离而产生电弧。

2. 产生电弧的游离方式

（1）**热电发射**　当开关触头分断电流时，其阴极表面由于大电流逐渐收缩集中而出现炽热的光斑，温度很高，从而使触头表面分子中外层电子吸收足够的热能而发射到触头间隙中去，形成自由电子。

（2）**高电场发射**　开关触头分断之初，电场强度很大。在这种高电场的作用下，触头表面的电子可能被强拉出来，使之进入触头间隙的介质中去，也形成自由电子。

（3）**碰撞游离**　当触头间隙存在足够大的电场强度时，其中的自由电子将以相当大的动能向阳极运动，电子在高速运动中碰撞到中性质点，就可能使中性质点中的电子游离出来，从而使中性质点分解为带电的正离子和自由电子。这些被碰撞游离出来的带电质点在电场力的作用下，继续参加碰撞游离，结果使触头间介质中的离子数越来越多，形成“雪崩”现象。当离子浓度足够大时，介质击穿而发生电弧。

（4）**高温游离**　电弧的温度很高，表面温度达 3000～4000℃，弧心温度可高达 10000℃。在如此高温下，电弧中的中性质点可游离为正离子和自由电子（据研究，一般气体在 9000～10000℃发生游离，而金属蒸气在 4000℃左右即发生游离），从而进一步加强了电弧中的游离。触头越分开，电弧越大，高温游离也越显著。

由于上述各种游离的综合作用，使得触头在分断电流时产生电弧并得以维持。

（二）电弧的熄灭

1. 熄灭电弧的条件

要使电弧熄灭，必须使触头中的去游离率大于游离率，即电弧中离子消失的速率大于离子产生的速率。

2. 熄灭电弧的去游离方式

（1）**正负带电质点的“复合”**　复合就是正负带电质点重新结合为中性质点。这与电弧中的电场强度、温度及电弧截面等因素有关，电弧中的电场强度越弱，电弧温度越低，电弧截面积越小，则其中带电质点的复合越强。此外，复合与电弧接触的介质性质也有关系，如果电弧接触的表面为固体介质，则由于较活泼的电子先使介质表面带一负电位，带负电位的介质表面就吸引电弧中的正离子而造成强烈的复合。

（2）**正负带电质点的“扩散”**　扩散就是电弧中的带电质点向周围介质中扩散开去，从而使电弧区域的带电质点减少。扩散的原因，一是由于电弧与周围介质的温度差，另一是由于电弧与周围介质的离子浓度差。扩散也与电弧截面积有关。电弧截面积越小，离子扩散也越强。

上述带电质点的复合和扩散，都使电弧中的离子数减少，即去游离增强，从而有助于电弧的熄灭。

3. 交流电弧的熄灭特点

由于交流电流每半个周期要经过零值一次，而电流过零时，电弧将暂时熄灭，所以交流电弧每一个周期（2π 电角度）要暂时熄灭两次，如图 4-18 所示。电弧熄灭的瞬间，弧隙温度骤降，高温游离中止，去游离（主要为复合）大大增强，这时弧隙虽然仍处于游离状态，但阴极附近空间差不多立刻获得了很高的绝缘强度。随后弧隙的电场强度又可能使之击穿，电弧复燃。但由于触头的迅速断开，电场强度的迅速降低，一般交流电弧经过若干周期的熄灭、复燃、熄灭……的反复，最终完全熄灭。因此交流电弧的熄灭，可利用交流电流过零时电弧要暂时熄灭这一特性，特别是低压开关的交流电弧，显然是比较容易熄灭的。具有较完善灭弧结构的高压断路器，熄灭交流电弧一般也只需几个周期，而真空断路器的灭弧，一般只需半个周期，即电流第一次过零时就能使电弧熄灭。

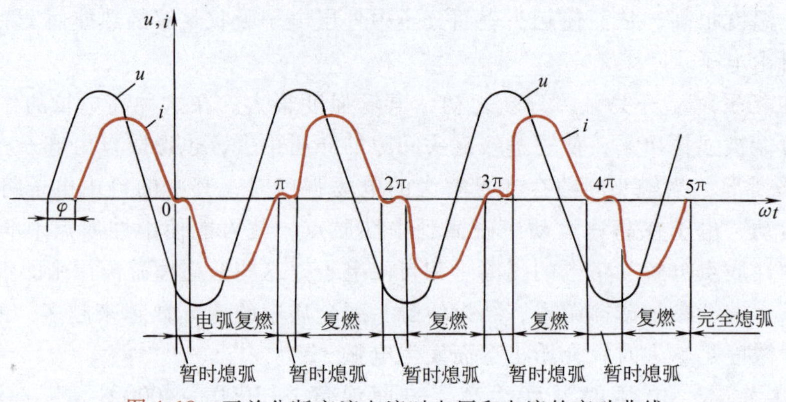

图 4-18　开关分断交流电流时电压和电流的变动曲线

4. 开关电器中常用的灭弧方法

(1) **速拉灭弧法**　迅速拉长电弧，可使弧隙的电场强度骤降，离子的复合迅速增强，从而加速电弧的熄灭。这种灭弧方法是开关电器中普遍采用的最基本的一种灭弧方法。高压开关中装设强有力的断路弹簧，目的就在于加快触头的分断速度，迅速拉长电弧。

(2) **冷却灭弧法**　降低电弧的温度，可使电弧中的高温游离减弱，正负离子的复合增强，有助于电弧的加速熄灭。这种灭弧方法在开关电器中也应用普遍，同样是一种基本的灭弧方法。

(3) **吹弧灭弧法**　利用外力（如气流、油流或电磁力）来吹动电弧，使电弧加速冷却，同时拉长电弧，降低电弧中的电场强度，使离子的复合和扩散增强，从而加速电弧的熄灭。按吹弧的方向分，有横吹和纵吹两种，如图 4-19 所示。按外力的性质分，有气吹、油吹、电动力吹和磁力吹等方式。低压刀开关被迅速拉开其闸刀时，不仅迅速拉长了电弧，而且其电流回路产生的电动力作用于电弧，使之加速拉长，如图 4-20 所示。有的开关装有专门的磁吹线圈来吹弧，如图 4-21 所示。也有的开关利用铁磁物质如钢片来吸弧，如图 4-22 所示，这相当于反向吹弧。

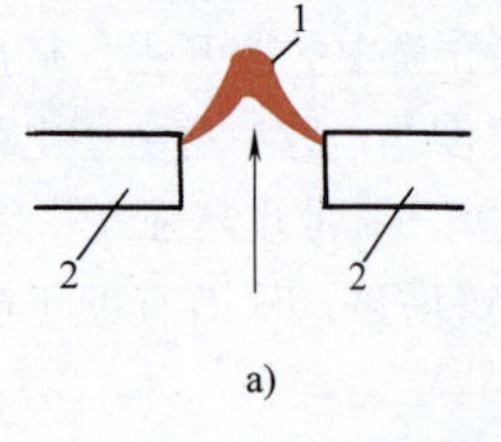

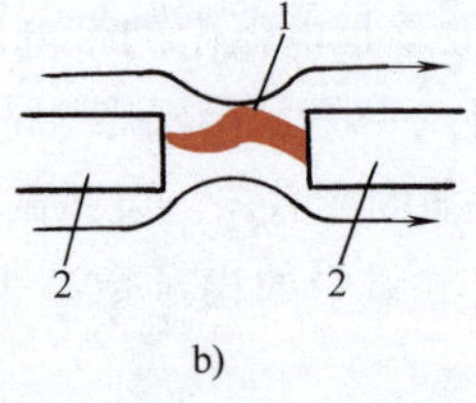

图 4-19　吹弧方式

a）横吹　b）纵吹

1—电弧　2—触头

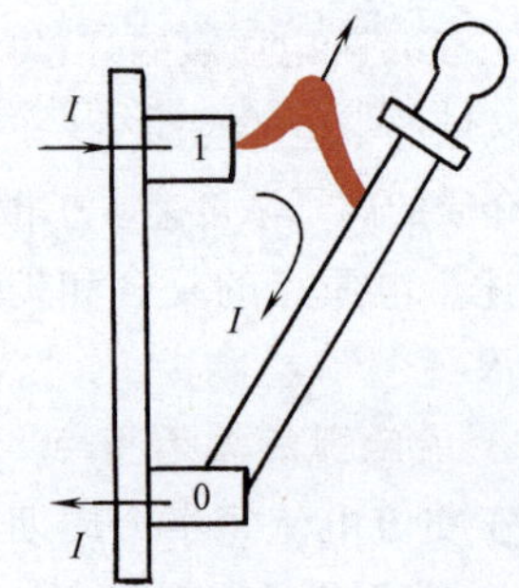

图 4-20　电动力吹弧（刀开关断开时）

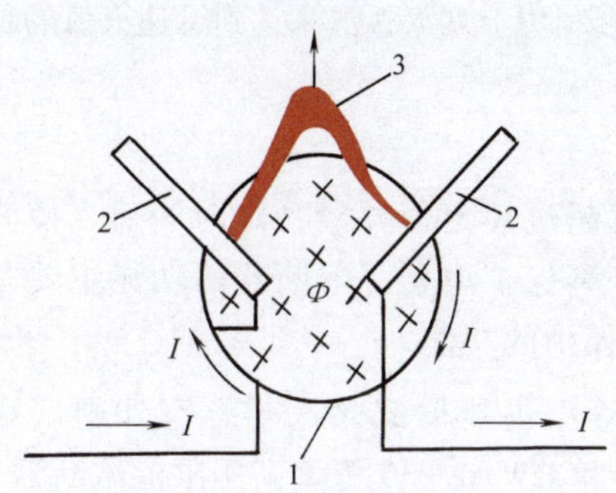

图 4-21　磁力吹弧

1—磁吹线圈　2—灭弧触头　3—电弧

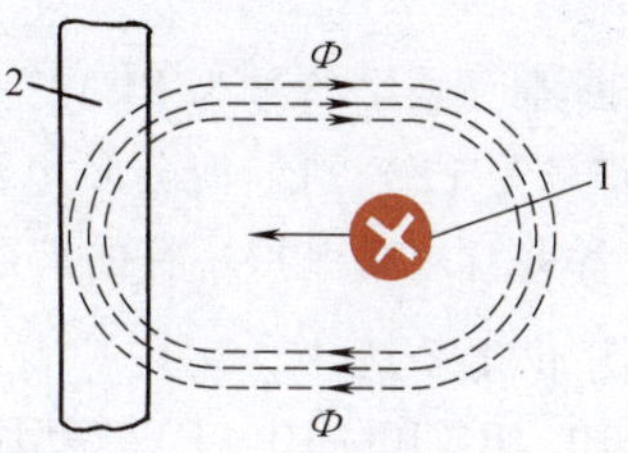

图 4-22　铁磁吸弧

1—电弧　2—钢片

（4）**长弧切短灭弧法**　由于电弧的电压降主要降落在阴极和阳极上，其中阴极电压降又比阳极电压降大得多，而弧柱（电弧的中间部分）的电压降是很小的，因此如果利用金属栅片（通常采用钢栅片）将长弧切割成若干短弧，则电弧上的电压降将近似地增大若干倍。当外施电压小于电弧上的电压降时，电弧就不能维持而迅速熄灭。图 4-23 所示为钢灭弧栅（又称去离子栅），当电弧在其电流回路本身产生的电动力及铁磁吸力的共同作用下进入钢灭弧栅内时，就被切割为若干短弧，使电弧电压降大大增加，同时钢片还有冷却降温作用，从而加速电弧的熄灭。

（5）**粗弧分细灭弧法**　将粗大的电弧分成若干平行的细小的电弧，使电弧与周围介质的接触面增大，改善电弧的散热条件，降低电弧的温度，使电弧中离子的复合和扩散都得到增强，从而使电弧迅速熄灭。

（6）**狭沟灭弧法**　使电弧在固体介质所形成的狭沟中燃烧。由于电弧的冷却条件改善，使电弧的去游离增强，同时介质表面的复合也比较强烈，从而使电弧迅速熄灭。有的熔断器的熔管内充填石英砂，就是利用狭沟灭弧原理。有一种用耐弧的陶瓷材料制成的绝缘灭弧栅，如图 4-24 所示，也同样利用了狭沟灭弧原理。

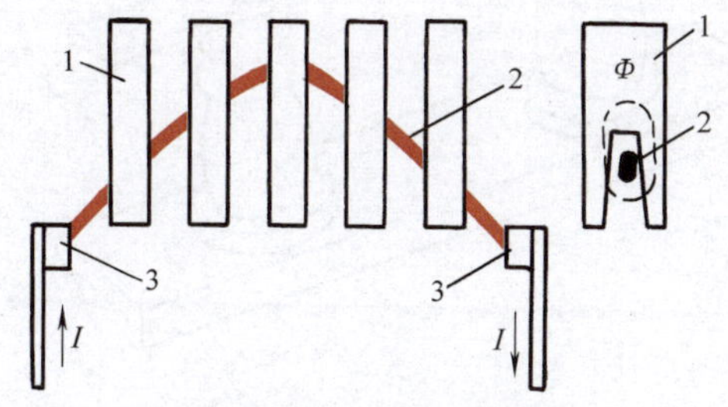

图 4-23　钢灭弧栅对电弧的作用

1—钢栅片　2—电弧　3—触头

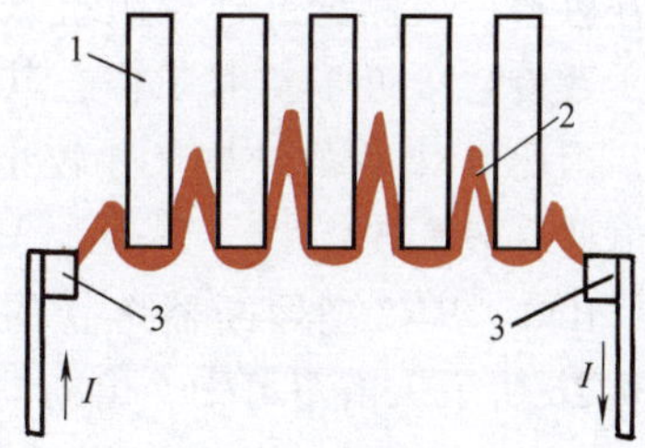

图 4-24　绝缘灭弧栅对电弧的作用

1—绝缘栅片　2—电弧　3—触头

（7）**真空灭弧法**　真空具有较高的绝缘强度，如果将触头装在真空容器内，则在电弧电流过零时就能立即熄灭而不会复燃。真空断路器就是利用真空灭弧法的原理制造的。

（8）**六氟化硫（SF_6）灭弧法**　SF_6气体具有优良的绝缘性能和灭弧性能，其绝缘强度约为空气的 3 倍，其绝缘强度恢复的速度约为空气的 100 倍。六氟化硫断路器就是利用 SF_6 作绝缘和灭弧介质的，从而获得较高的断流容量和灭弧速度。

在现代的电气开关设备中，常常根据具体情况综合利用上列灭弧法来达到迅速灭弧的目的。

三、高压熔断器

熔断器（文字符号为 FU），是一种在电路电流超过规定值并经一定时间后，使其熔体（文字符号为 FE）熔断而分断电流、断开电路的一种保护电器。熔断器的功能主要是对电路和设备进行短路保护，有的熔断器还具有过负荷保护的功能。

工厂供电系统中，室内广泛采用 RN1、RN2 等型高压管式熔断器，室外则广泛采用 RW4—10、RW10—10（F）等型高压跌开式熔断器和 RW10—35 等型高压限流熔断器。

高压熔断器全型号的表示和含义如下：

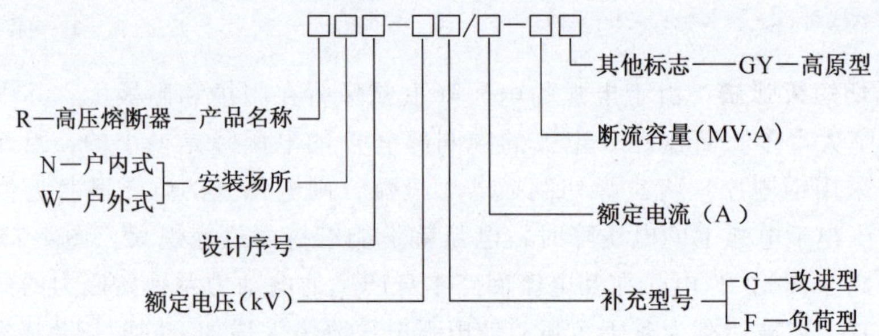

（一）RN1 和 RN2 型户内高压管式熔断器

RN1 型和 RN2 型的结构基本相同，都是瓷质熔管内充石英砂填料的密封管式熔断器，其外形如图 4-25 所示。

RN1 型主要用作高压电路和设备的短路保护，并能起过负荷保护的作用，其熔体要通过主电路的大电流，因此其结构尺寸较大，额定电流可达 100A。而 RN2 型只用作高压电压互感器一次侧的短路保护，由于电压互感器二次侧全部连接阻抗很大的电压线圈，致使它接近于空载工作，其一次电流很小，因此 RN2 型的结构尺寸较小，其熔体额定电流一般为 5A。

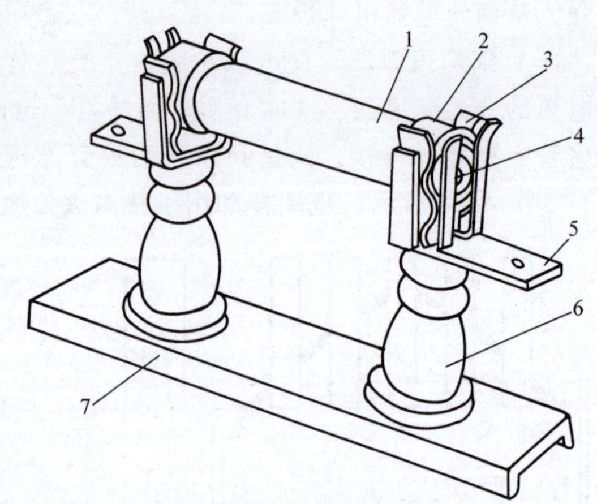

图 4-25 RN1、RN2 型高压熔断器
1—瓷熔管 2—金属管帽 3—弹性触座 4—熔断指示器 5—接线端子 6—支柱瓷绝缘子 7—底座

RN1、RN2 型熔断器熔管的内部结构如图 4-26 所示。由图可知，熔断器的工作熔体（铜熔丝）上焊有小锡球。锡是低熔点金属，过负荷时锡球受热首先熔化，包围铜熔丝，铜锡分子相互渗透而形成熔点较铜的熔点低的铜锡合金，使铜熔丝能在较低的温度下熔断，这就是所谓**“冶金效应”。它使熔断器能在不太大的过负荷电流和较小的短路电流下动作，从而提高了保护灵敏度。**又由图可知，该熔断器采用多根熔丝并联，熔断时产生多根并行的细小电弧，利用粗弧分细灭弧法来加速电弧的熄灭。而且该熔断器熔管内是充填有石英砂的，熔丝熔断时产生的电弧完全在石英砂内燃烧，因此其灭弧能力很强，能在短路后不到

半个周期内即短路电流未达到冲击值 i_{sh} 之前就能完全熄灭电弧，切断短路电流，从而使熔断器本身及其所保护的电气设备不必考虑短路冲击电流的影响。因此，这种熔断器属于“限流”熔断器。

当短路电流或过负荷电流通过熔断器的熔体时，工作熔体熔断后，指示熔体相继熔断，其红色的熔断指示器弹出，如图 4-26 中虚线所示，给出熔断的指示信号。

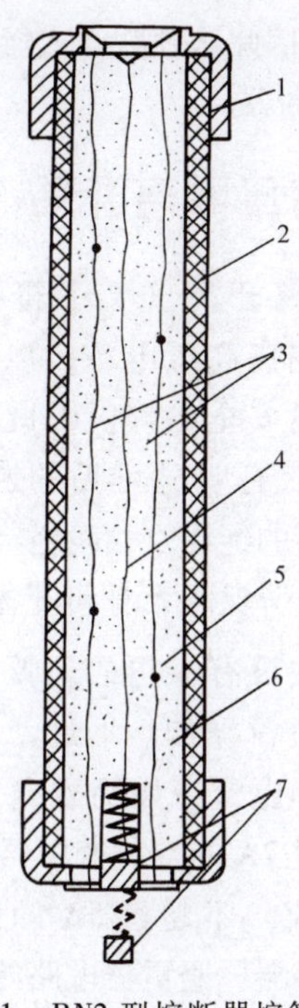

图 4-26　RN1、RN2 型熔断器熔管的内部结构
1—管帽　2—瓷管　3—工作熔体　4—指示熔体
5—锡球　6—石英砂填料　7—熔断指示器
注：虚线表示熔断指示器在熔体熔断时弹出。

（二）RW4 和 RW10（F）型户外高压跌开式熔断器

跌开式熔断器（其文字符号一般型用 FD，负荷型用 FDL），又称跌落式熔断器，广泛用于环境正常的室外场所。其功能是，既可作 6～10kV 线路和设备的短路保护，又可在一定条件下，直接用高压绝缘操作棒（俗称令克棒，参见图 8-50）来操作熔管的分合，兼起高压隔离开关的作用。

一般的跌开式熔断器如 RW4—10（G）型等，只能在无负荷下操作，或通断小容量的空载变压器和空载线路等，其操作要求与后面即将介绍的高压隔离开关相同。而负荷型跌开式熔断器如 RW10—10（F）型，则能带负荷操作，其操作要求与后面将要介绍的高压负荷开关相同。

图 4-27 是 RW4—10（G）型跌开式熔断器的外形结构图。这种跌开式熔断器串接在线路上。正常运行时，其熔管上端的动触头借熔丝的张力拉紧后，利用绝缘操作棒将此动触头推入上静触头内锁紧，同时下动触头与下静触头也相互压紧，从而使电路接通。当线路上发生短路时，短路电流使熔丝熔断，形成电弧。熔管（消弧管）内壁由于电弧烧灼而分解出大量气体，使管内气压剧增，并沿管道形成强烈的气流纵向吹弧，使电弧迅速熄灭。熔管的上动触头因熔丝熔断后失去张力而下翻，使锁紧机构释放熔管，在触头弹力及熔管自重的作用下，回转跌开，造成明显可见的断开间隙。

这种跌开式熔断器还采用了“逐级排气”的结构。其熔管上端在正常时是被一薄膜封闭的，在分断小的短路电流时，由于熔管上端封闭而形成单端排气，使管内保持足够大的气压，因此有助于熄灭小的短路电流所产生的电弧，而在分断大的短路电流时，由于管内产生的气压大，致使上端薄膜冲开而形成两端排气，则有助于防止分断大的短路电流时可能造成的熔管爆裂，从而较好地解决了自产气熔断器分断大小故障电流时的矛盾。

RW10—10（F）型跌开式熔断器是在一般跌开式熔断器的上静触头上面加装一个简单的灭弧室，因而能够带负荷操作。这种负荷型跌开式熔断器既能实现短路保护，又能带负荷操作，且能起隔离开关的作用，因此应用较广。

跌开式熔断器利用电弧燃烧使消弧管内壁分解产生气体来熄灭电弧，即使是负荷型跌开式熔断器加装有简单的灭弧室，其灭弧能力也不强，灭弧速度也不快，不能在短路电流达到冲击值之前熄灭电弧，因此这种跌开式熔断器属于“非限流”熔断器。

四、高压隔离开关

高压隔离开关（文字符号为 QS）主要是用来隔离高压电源，以保证其他设备和线路的安全检修。因此其结构特点是它断开后有明显可见的断开间隙，而且断开间隙的绝缘及相间绝缘都是足够可靠的，能充分保障人身和设备的安全。但是隔离开关没有专门的灭弧装置，因此不允许带负荷操作。不过，它可用来通断一定的小电流，如励磁电流（空载电流）不超过2A的空载变压器，电容电流（空载电流）不超过5A的空载线路以及电压互感器、避雷器电路等。

高压隔离开关按安装地点，分户内和户外两大类。图4-28是GN8—10/600型户内高压隔离开关的外形结构图。图4-29是GW2—35型户外高压隔离开关的外形结构图。

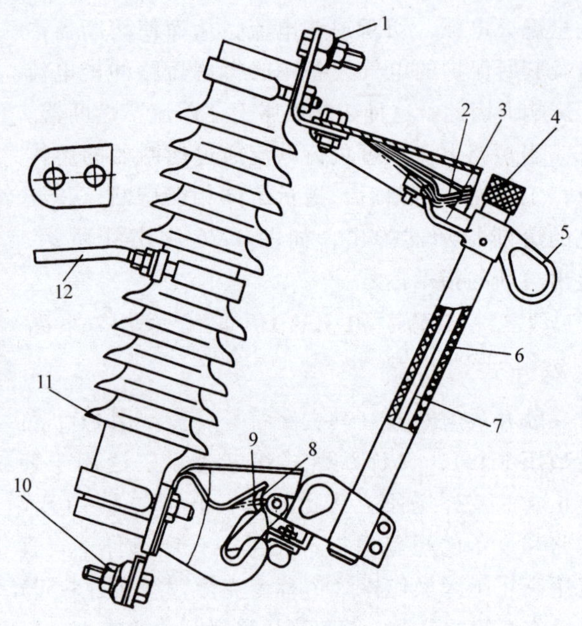

图 4-27 RW4—10（G）型跌开式熔断器

1—上接线端子 2—上静触头 3—上动触头 4—管帽（带薄膜） 5—操作扣环 6—熔管（外层为酚醛纸管或环氧玻璃布管，内套纤维质消弧管） 7—铜熔丝 8—下动触头 9—下静触头 10—下接线端子 11—瓷绝缘子 12—固定安装板

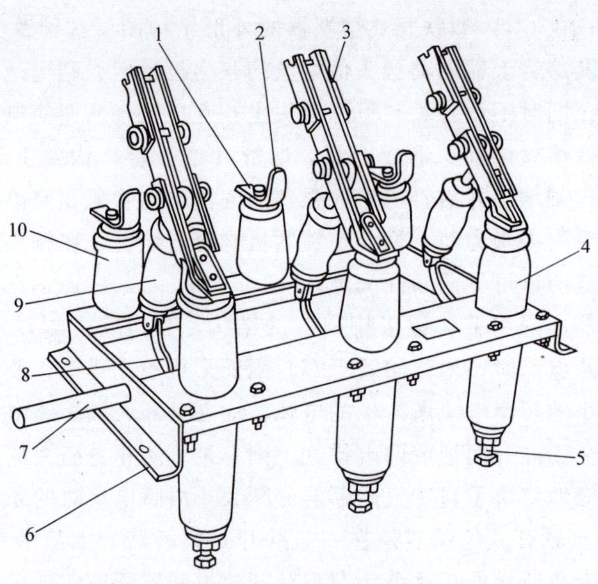

图 4-28 GN8—10/600型户内高压隔离开关

1—上接线端子 2—静触头 3—闸刀 4—绝缘套管 5—下接线端子 6—框架 7—转轴 8—拐臂 9—升降瓷绝缘子 10—支柱瓷绝缘子

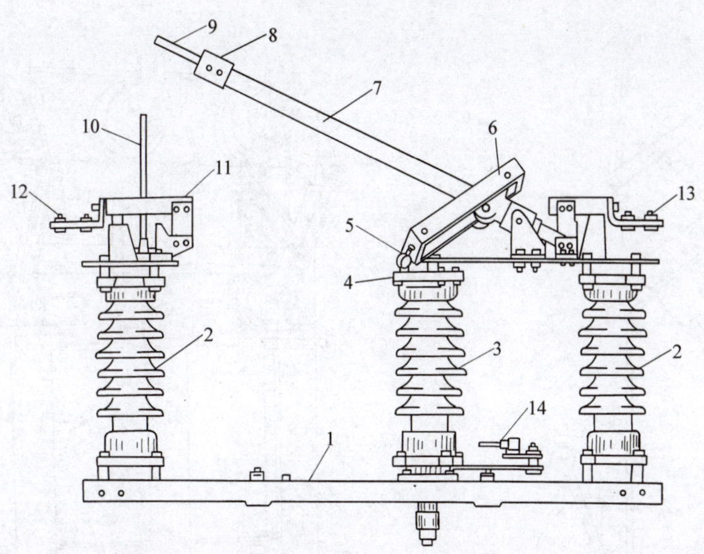

图 4-29 GW2—35 型户外高压隔离开关

1—角钢架 2—支柱瓷绝缘子 3—旋转瓷绝缘子 4—曲柄 5—轴套 6—传动框架 7—管形闸刀 8—工作触头 9、10—灭弧角条 11—插座 12、13—接线端子 14—曲柄传动机构

高压隔离开关全型号的表示和含义如下：

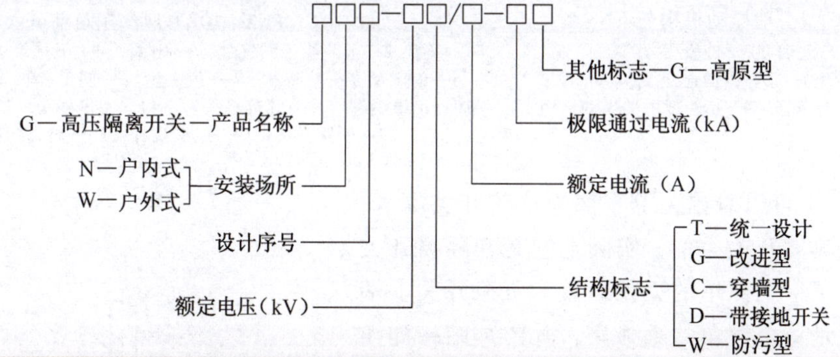

户内式高压隔离开关通常采用 CS6 型[㊀]手动操动机构进行操作，而户外式高压隔离开关则大多采用高压绝缘操作棒手工操作，也有的通过手动杠杆传动机构操作。

图 4-30 是 CS6 型手动操动机构与 GN8 型隔离开关配合的一种安装方式。

五、高压负荷开关

高压负荷开关（文字符号为 QL），具有简单的灭弧装置，能通断一定的负荷电流和过负荷电流，但不能断开短路电流，因此它必须与高压熔断器串联使用，以借助熔断器来切除短路故障。负荷开关断开后，与隔离开关一样，也有明显可见的断开间隙，因此也具有隔离高压电源、保证安全检修的功能。

高压负荷开关的类型较多，这里主要介绍一种应用最广的户内压气式高压负荷开关。

图 4-31 是 FN3—10RT 型户内压气式负荷开关的外形结构图。

㊀ 操动机构型号含义：C—操动机构；S—手动；6—设计序号。

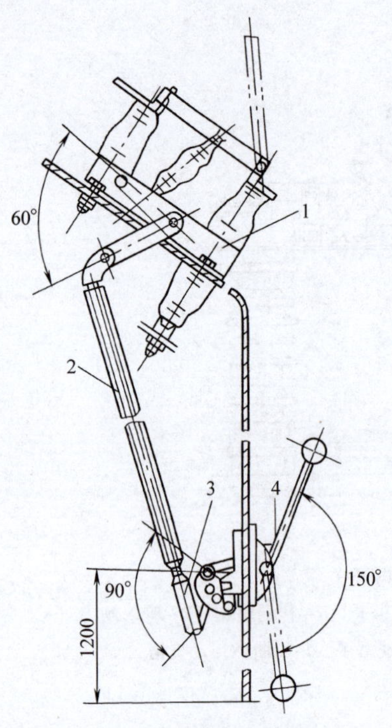

图 4-30 CS6 型手动操动机构与 GN8 型隔离开关配合的一种安装方式

1—GN8 型隔离开关 2—传动连杆（ϕ20mm 焊接钢管） 3—调节杆 4—CS6 型手动操动机构

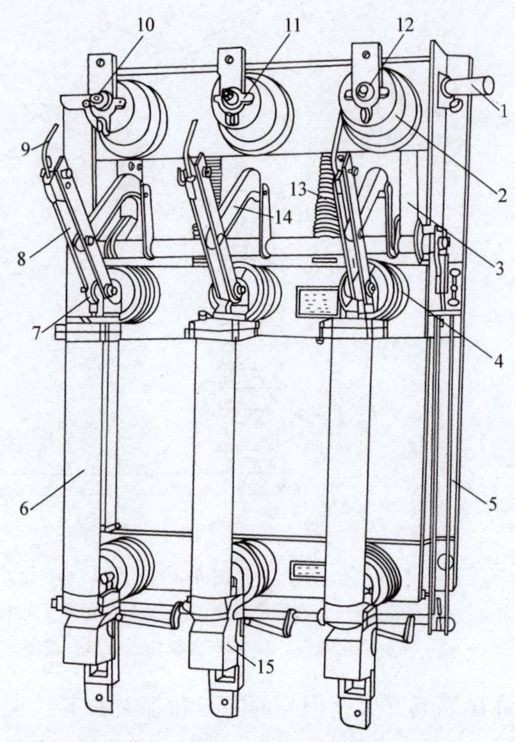

图 4-31 FN3—10RT 型高压负荷开关

1—主轴 2—上绝缘子兼气缸 3—连杆 4—下绝缘子 5—框架 6—RN1 型高压熔断器 7—下触座 8—闸刀 9—弧动触头 10—绝缘喷嘴（内有弧静触头） 11—主静触头 12—上触座 13—断路弹簧 14—绝缘拉杆 15—热脱扣器

由图 4-31 可以看出，上半部为负荷开关本身，外形与高压隔离开关类似，实际上它是在隔离开关的基础上加了一个简单的灭弧装置。负荷开关上端的绝缘子就是一个简单的灭弧室，其内部结构如图 4-32 所示。该绝缘子不仅起支柱绝缘子的作用，而且内部是一个气缸，装有由操动机构主轴传动的活塞，其作用类似打气筒。绝缘子上部装有绝缘喷嘴和弧静触头。当负荷开关分闸时，在闸刀一端的弧动触头与绝缘子上的弧静触头之间产生电弧。由于分闸时主轴转动而带动活塞，压缩气缸内的空气而从喷嘴往外吹弧，使电弧迅速熄灭。当然，分闸时还有迅速拉长电弧及电流回路本身的电磁吹弧的作用，也加强了灭弧。总的来说，负荷开关的断流灭弧能力是很有限的，只能分断一定的负荷电流和过负荷电流，因此负荷开关不能配置短路保护装置来自动跳闸，但可以装设热脱扣器用于过负荷保护。

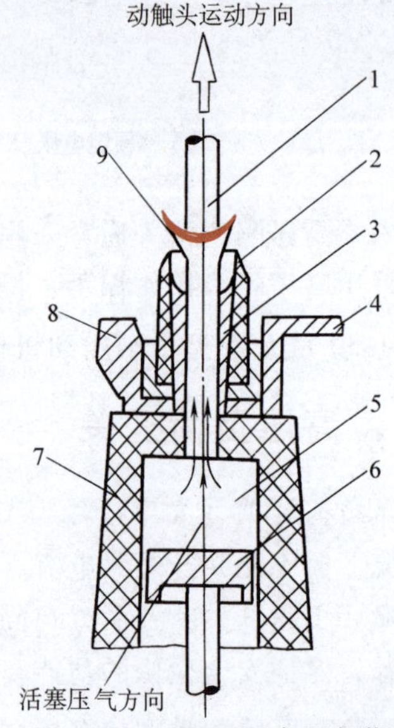

图 4-32 FN3—10RT 型高压负荷开关的压气式灭弧装置内部结构

1—弧动触头 2—绝缘喷嘴 3—弧静触头 4—接线端子 5—气缸 6—活塞 7—上绝缘子 8—主静触头 9—电弧

高压负荷开关全型号的表示和含义如下：

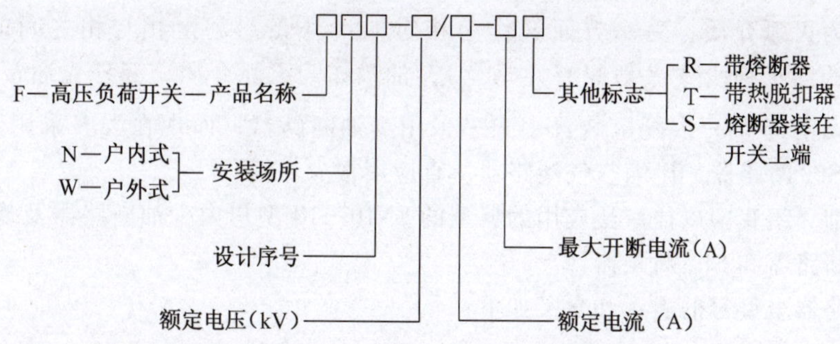

上述负荷开关一般配用 CS2 等型手动操动机构进行操作。图 4-33 是 CS2 型手动操动机构的外形及其与 FN3 型负荷开关配合的一种安装方式。

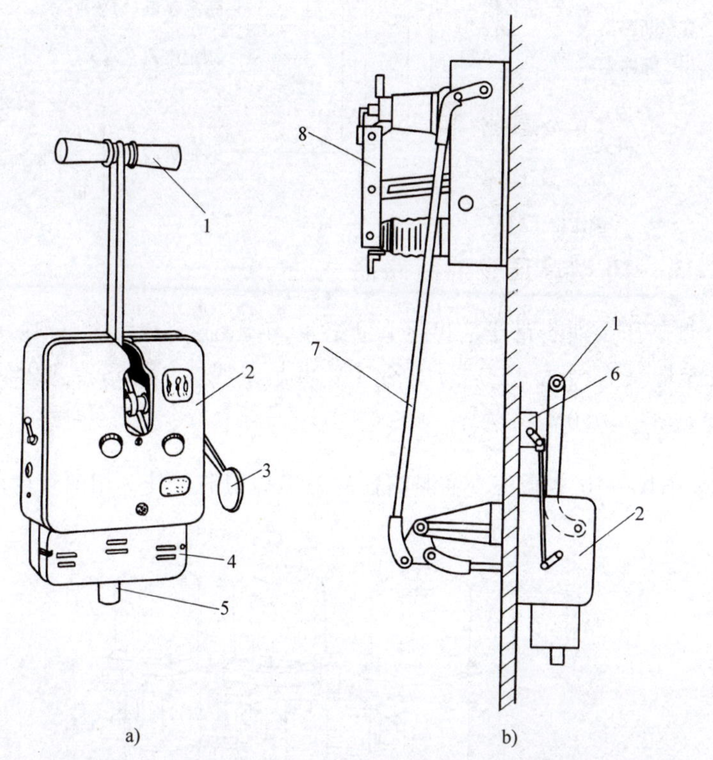

图 4-33 CS2 型手动操动机构的外形及其与 FN3 型负荷开关配合的一种安装方式

a）CS2 型操动机构的外形 b）CS2 型与负荷开关配合安装方式

1—操作手柄 2—操动机构外壳 3—分闸指示牌（掉牌） 4—脱扣器盒

5—分闸铁心 6—辅助开关（联动触头） 7—传动连杆 8—负荷开关

六、高压断路器

高压断路器（文字符号为 QF）不仅能通断正常的负荷电流，而且能接通和承受一定时间的短路电流，并能在保护装置作用下自动跳闸，切除短路故障。

高压断路器按其采用的灭弧介质分，有油断路器、真空断路器、六氟化硫（SF_6）断路器以及压缩空气断路器等。其中油断路器又分多油和少油两大类。多油断路器的油量多，

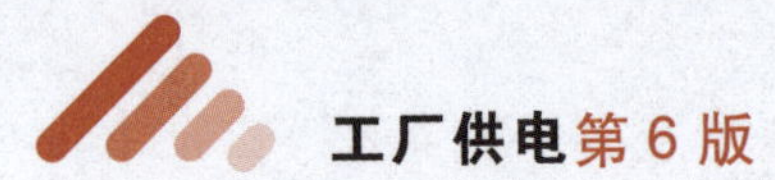

油一方面作为灭弧介质，另一方面又作为相对地（外壳）甚至相与相之间的绝缘介质。少油断路器的油量很少（一般只有几千克），油只作为灭弧介质，其外壳通常是带电的。过去，35kV 及以下的户内配电装置中大多采用少油断路器，而现在大多采用真空断路器，也有的采用 SF_6 断路器，压缩空气断路器一直应用很少。

下面分别介绍我国以往广泛应用的典型的 SN10—10 型户内少油断路器及现在应用日益广泛的真空断路器和 SF_6 断路器。

高压断路器全型号的表示和含义如下：

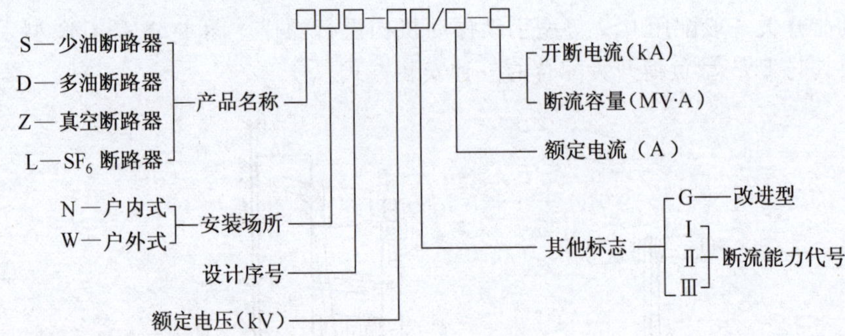

（一）SN10—10 型高压少油断路器

SN10—10 型高压少油断路器是我国上世纪 80 年代统一设计、推广应用的一种少油断路器。按其断流容量（符号为 S_{oc}）分，有Ⅰ、Ⅱ、Ⅲ型，Ⅰ型 S_{oc} = 300MV · A，Ⅱ型 S_{oc} = 500MV · A，Ⅲ型 S_{oc} = 750MV · A。

图 4-34 是 SN10—10 型高压少油断路器的外形结构图，其一相油箱内部结构图如图4-35所示。

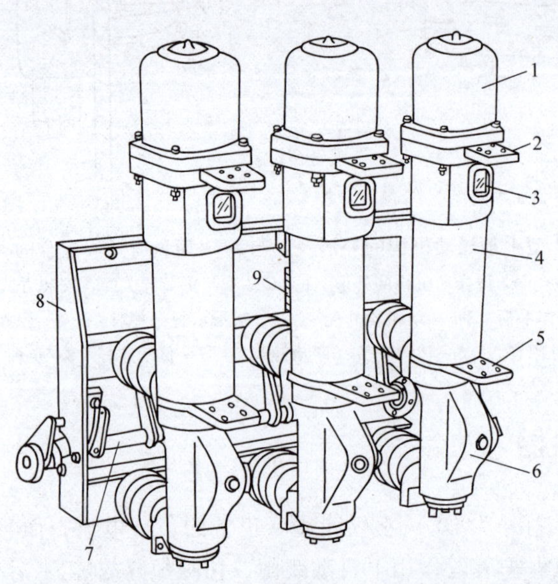

图 4-34　SN10—10 型高压少油断路器

1—铝帽　2—上接线端子　3—油标　4—绝缘筒　5—下接线端子
6—基座　7—主轴　8—框架　9—断路弹簧

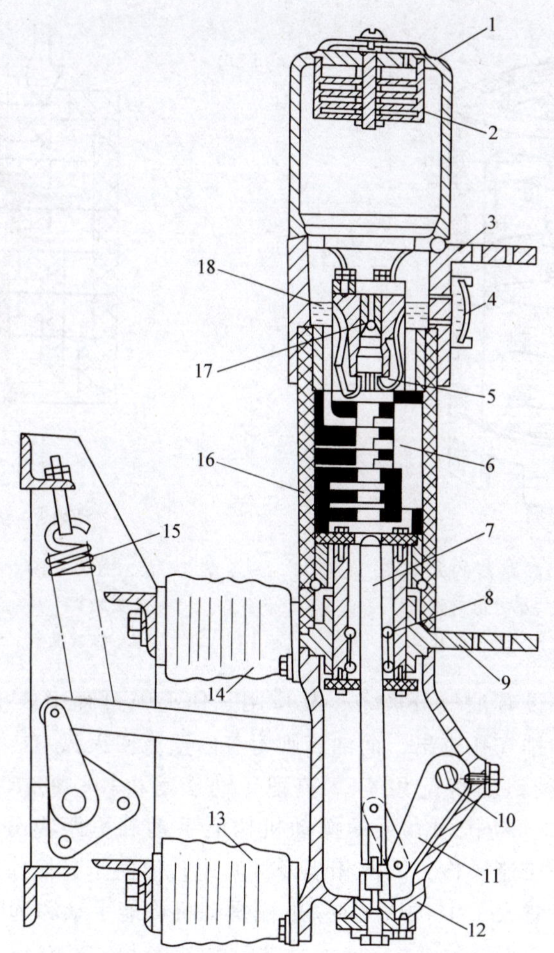

图 4-35 SN10—10 型高压少油断路器的一相油箱的内部结构

1—铝帽 2—油气分离器 3—上接线端子 4—油标 5—插座式静触头 6—灭弧室 7—动触头（导电杆） 8—中间滚动触头 9—下接线端子 10—转轴 11—拐臂（曲柄） 12—基座 13—下支柱瓷绝缘子 14—上支柱瓷绝缘子 15—断路弹簧 16—绝缘筒 17—逆止阀 18—绝缘油

这种断路器的导电回路是：上接线端子→静触头→导电杆（动触头）→中间滚动触头→下接线端子。

断路器的灭弧，主要依赖于图 4-36 所示的灭弧室。图 4-37 是灭弧室灭弧工作示意图。

断路器分闸时，导电杆（动触头）向下运动。当导电杆离开静触头时，产生电弧，使油分解，形成气泡，导致静触头周围的油压骤然增高，迫使逆止阀（钢球）上升堵住中心孔。这时电弧在近乎封闭的空间内燃烧，从而使灭弧室内的油压迅速增大。当导电杆继续向下运动，相继打开一、二、三道灭弧沟及下面的油囊时，油气流强烈地横吹和纵吹电弧。同时由于导电杆向下运动，在灭弧室内形成附加油流射向电弧。上述油气流的横吹、纵吹及机械运动引起的油吹的综合作用，使电弧熄灭。而且由于这种断路器分闸时导电杆向下运动，其端部总与下面的新鲜冷油接触，进一步改善了灭弧条件，因此该断路器具有较大的断流容量。

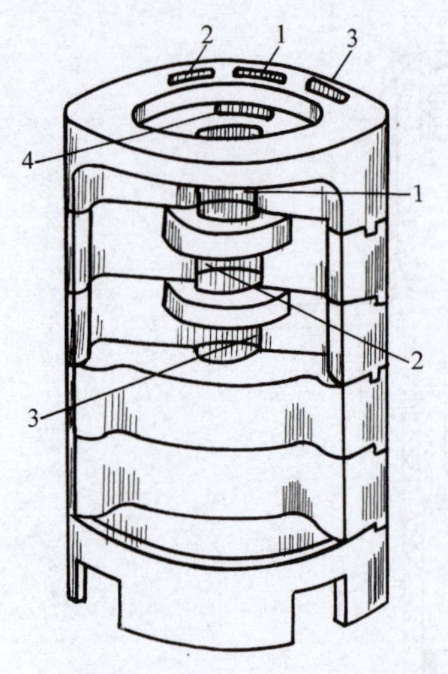

图4-36 SN10—10型断路器的灭弧室

1—第一道灭弧沟 2—第二道灭弧沟 3—第三道灭弧沟 4—吸弧铁片

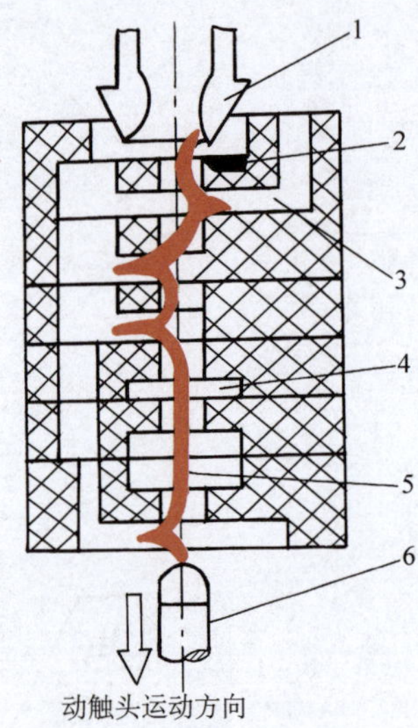

图4-37 SN10—10型断路器灭弧室工作示意图

1—静弧触头 2—吸弧铁片 3—横吹灭弧室 4—纵吹油囊 5—电弧 6—动触头

该断路器油箱上部设有油气分离室，其作用是使灭弧过程中产生的油气混合物旋转分离，气体从油箱顶部的排气孔排出，而油滴则附着内壁流回灭弧室。

SN10—10型少油断路器可配用CS2等型手动操动机构、CD10等型电磁操动机构或CT7等型弹簧［储能］操动机构。手动操动机构能手动和远距离分闸，但只能手动合闸。由于其结构简单，且为交流操作，因此相当经济实用；但由于其操作速度所限，它操作的断路器断开的短路容量不宜大于100MV·A。电磁操动机构能手动和远距离操作断路器的分、

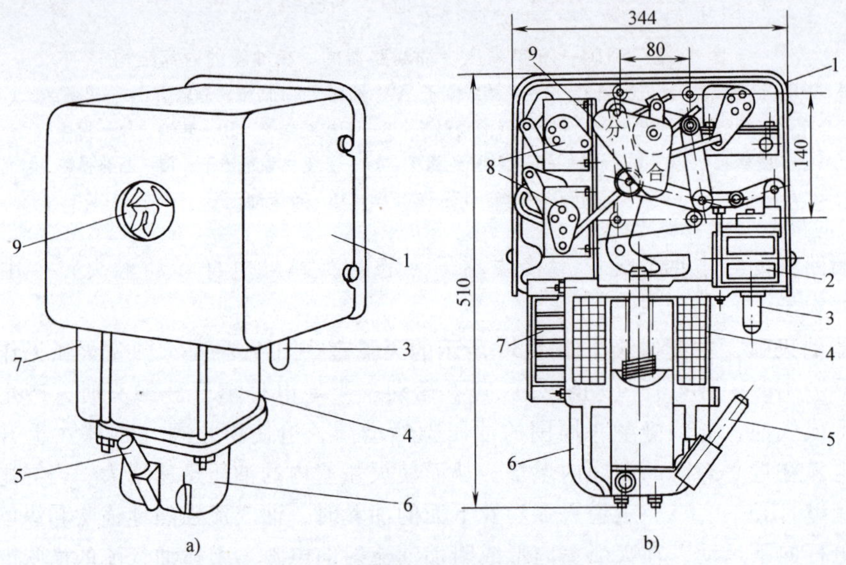

图4-38 CD10型电磁操动机构

a）外形图 b）剖面图

1—外壳 2—跳闸线圈 3—手动跳闸铁心 4—合闸线圈 5—手动合闸操作手柄 6—缓冲底座 7—接线端子排 8—辅助开关 9—分合闸指示器

合闸，但需直流操作，且要求合闸功率大。弹簧操动机构也能手动和远距离操作断路器的分、合闸，且其操作电源交、直流均可，但机构较复杂，价格较高。如需实现自动合闸或自动重合闸，则必须采用电磁操动机构或弹簧操动机构。由于采用交流操动电源较为简单经济，因此弹簧操动机构的应用越来越广。

图 4-38 是 CD10 型电磁操动机构的外形和剖面图，图 4-39 是其分、合闸传动原理示意图。

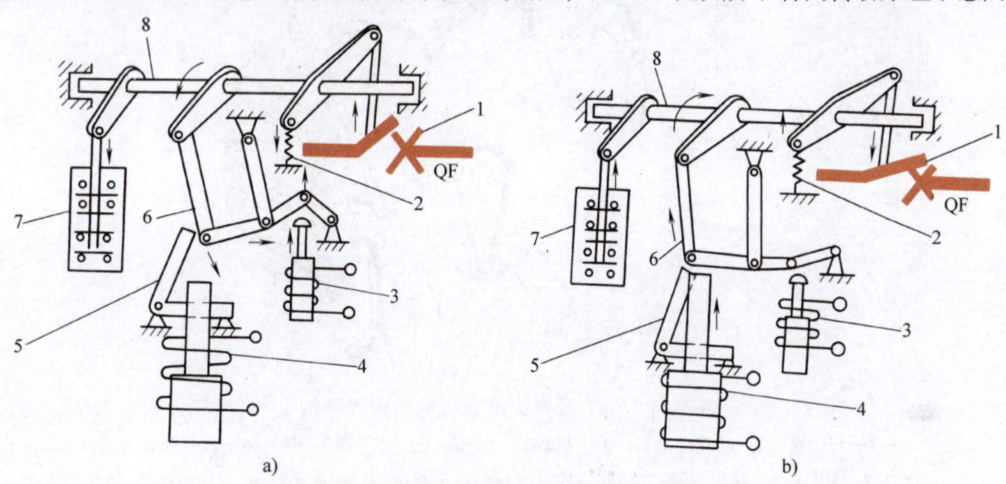

图 4-39　CD10 型电磁操动机构传动原理示意图

a）跳闸时　b）合闸时

1—高压断路器（QF）　2—断路器弹簧　3—跳闸线圈（带铁心）　4—合闸线圈（带铁心）　5—L 形搭钩　6—连杆　7—辅助开关　8—操动机构主轴

图 4-40 是 CT7 型弹簧操动机构的外形尺寸，图 4-41 是其操动机构内部结构图。

（二）高压真空断路器

高压真空断路器，是利用“真空”（气压为 10^{-6} ~ 10^{-2}Pa）灭弧的一种断路器，其触头装在真空灭弧室内。由于电弧主要是由强烈的气体游离引起的，而真空中不存在气体游离的问题，所以该断路器的触头断开时很难发生电弧。但是在感性电路中，灭弧速度过快，瞬间切断电流 i 将使 di/dt 极大，从而使电路出现很高的过电压（$u_L = Ldi/dt$），这对供电系统是很不利的。因此这种“真空”不宜是绝对的真空，而应是能在触头断开时由于电子发射而产生一点电弧。此电弧称为“真空电弧”，它能在电路电流第一次过零时（即半个周期时）熄灭。这样，燃弧的时间既短，又不至产生很高的过电压。

图 4-42 是 ZN12—12 型户内式真空断路器的外形结构图，其真空灭弧室的内部结构如图 4-43所示。真空灭弧室的中部，有一对圆盘状的触头。在触头刚分离时，由于电子发射而产生一点真空电弧。当电路电流过零时，电弧熄灭，触头间隙又恢复原有的真空度和绝缘强度。

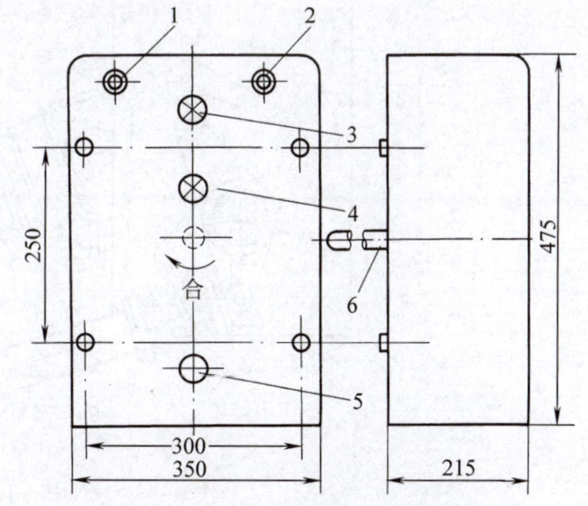

图 4-40　CT7 型弹簧操动机构外形尺寸

1—合闸按钮　2—分闸按钮　3—储能指示灯　4—分合闸指示灯　5—手动储能转轴　6—输出轴

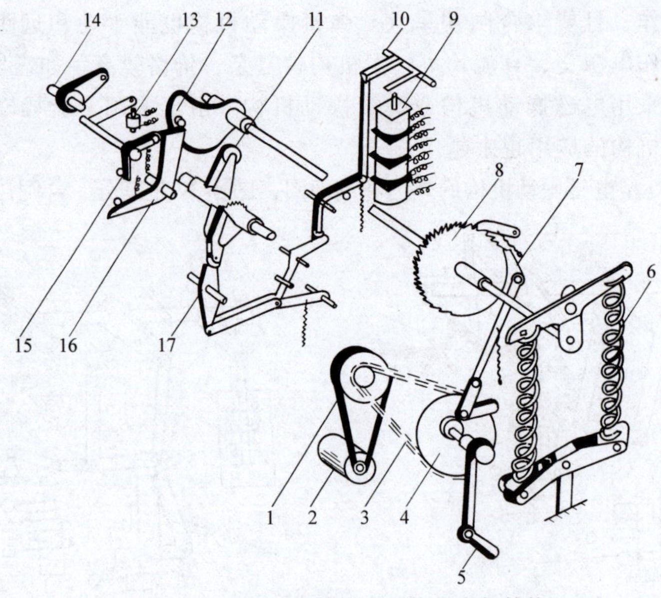

图4-41　CT7型弹簧操动机构的内部结构

1—传动带　2—储能电动机　3—传动链　4—偏心轮　5—操作手柄　6—合闸弹簧　7—棘爪　8—棘轮　9—脱扣器　10—连杆　11—拐臂　12—偏心凸轮　13—合闸电磁铁　14—输出轴　15—掣子　16—杠杆　17—连杆

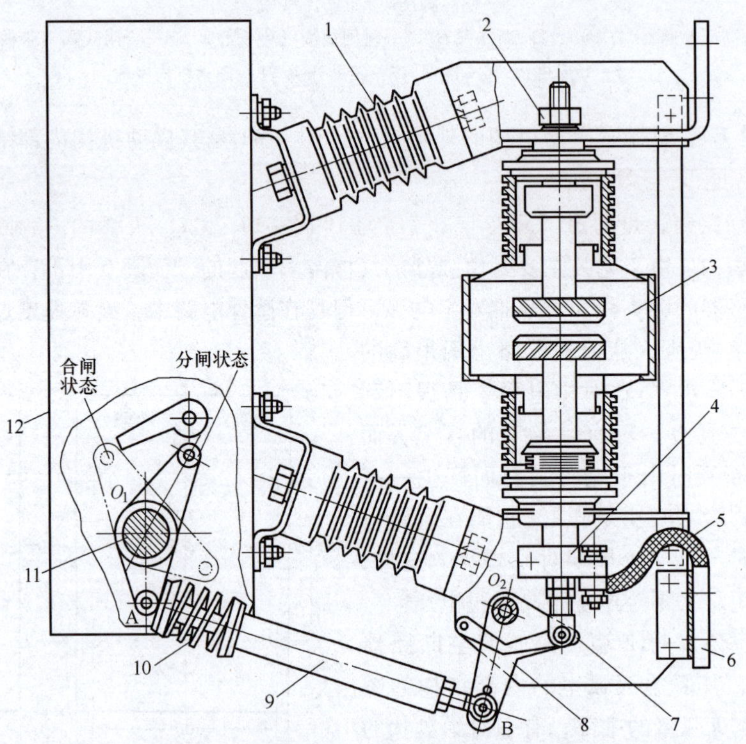

图4-42　ZN12—12型户内式真空断路器

1—绝缘子　2—上出线端　3—真空灭弧室　4—出线导电夹　5—出线软连接　6—下出线端　7—万向杆端轴承　8—转向杠杆　9—绝缘拉杆　10—触头压力弹簧　11—主轴　12—操动机构箱

注：虚线为合闸位置，实线为分闸位置。

真空断路器具有体积小、动作快、寿命长、安全可靠和便于维护检修等优点，但价格较贵，过去主要应用于频繁操作和安全要求较高的场所，而现在已开始取代少油断路器广泛应用在35kV及以下的高压配电装置中。

真空断路器配用CD10等型电磁操动机构或CT7等型弹簧操动机构。

（三）高压SF_6断路器

SF_6断路器，是利用SF_6气体作灭弧和绝缘介质的一种断路器。

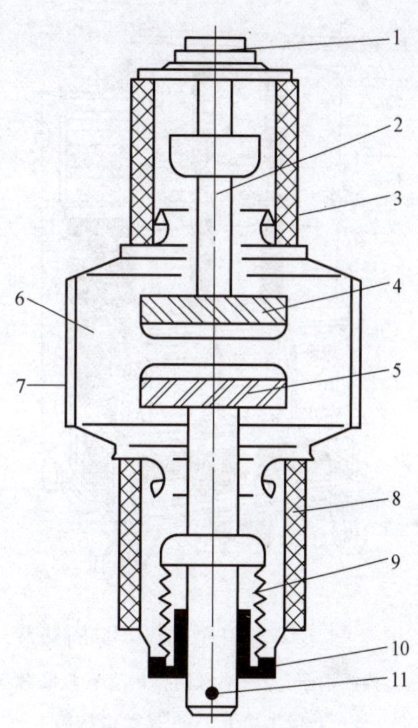

图4-43　真空断路器的真空灭弧室的内部结构

1—导电盘　2—导电杆　3—陶瓷外壳　4—静触头　5—动触头　6—真空室　7—屏蔽罩　8—陶瓷外壳　9—金属波纹管　10—导向管　11—触头磨损指示标记

SF_6是一种无色、无味、无毒且不易燃的惰性气体。在150℃以下时，其化学性能相当稳定。但它在电弧高温（高达几千度）作用下要分解出氟（F_2），氟有较强的腐蚀性和毒性，且能与触头的金属蒸气化合为一种具有绝缘性能的白色粉末状的氟化物。因此这种断路器的触头一般都设计成具有自动净化的功能。然而，由于上述的分解和化合作用所产生的活性杂质大部分能在电弧熄灭后几微秒的极短时间内自动还原，而且残余杂质可用特殊的吸附剂（如活性氧化铝）清除，因此对人身和设备都不会有什么危害。**SF_6不含碳元素（C），这对于灭弧和绝缘介质来说，是极为优越的特性。**前面所讲的油断路器是用油作灭弧和绝缘介质的，而油在电弧高温作用下要分解出碳（C），使油中的含碳量增高，从而降低了油的绝缘和灭弧性能。因此油断路器在运行中要经常注意监视油色，适时分析油样，必要时要更换新油。而SF_6就无这些麻烦。**SF_6又不含氧元素（O），因此它不存在触头氧化的问题。**所以SF_6断路器较之空气断路器，其触头的磨损较少，使用寿命增长。SF_6除具有上述优良的物理化学性能外，还具有优良的绝缘性能，在300kPa下，其绝缘强度与一般绝缘油的绝缘强度大体相当。**SF_6特别优越的性能是在电流过零时，电弧暂时熄灭后，它具有迅速恢复绝缘强度的能力，从而使电弧难以复燃而很快熄灭。**

SF_6断路器的结构，按其灭弧方式分，有双压式和单压式两类。双压式具有两个气压系统，压力低的作为绝缘，压力高的作为灭弧。单压式只有一个气压系统，灭弧时，SF_6的气流靠压气活塞产生。单压式的结构简单，LN1、LN2等型断路器均为单压式。

图4-44是LN2-10型户内式SF_6断路器的外形结构图，其灭弧室结构和工作示意图如图4-45所示。

由图4-45可以看出，断路器的静触头与灭弧室中的压气活塞是相对固定不动的。分闸时，装有动触头和绝缘喷嘴的气缸由断路器操动机构通过连杆带动，离开静触头，造成气缸与活塞的相对运动，压缩SF_6气体，使之通过喷嘴吹弧，从而使电弧迅速熄灭。

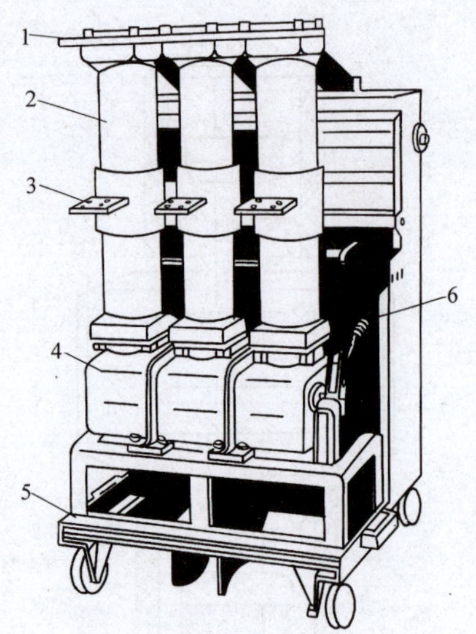

图 4-44　LN2-10 型高压 SF_6 断路器

1—上接线端子　2—绝缘筒（内有气缸和触头）
3—下接线端子　4—操动机构箱
5—小车　6—断路弹簧

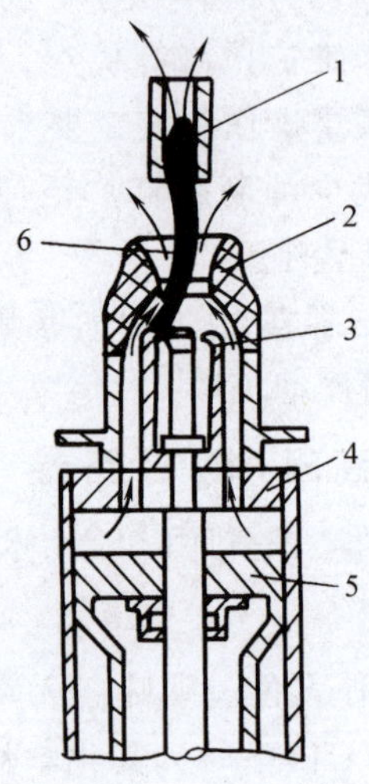

图 4-45　SF_6 断路器灭弧室的结构和工作示意图

1—静触头　2—绝缘喷嘴　3—动触头　4—气缸
（连同动触头由操动机构传动）
5—压气活塞（固定）　6—电弧

SF_6 断路器与油断路器比较，具有断流能力大、灭弧速度快、绝缘性能好和检修周期长等优点，适于频繁操作，且无易燃易爆危险；但其缺点是，要求制造加工的精度很高，对其密封性能要求更严，因此价格较贵。

SF_6 断路器主要用于需频繁操作及有易燃易爆危险的场所，特别是用作全封闭式组合电器。

SF_6 断路器与真空断路器一样，也配用 CD10 等型电磁操动机构或 CT7 等型弹簧操动机构。

附录表 8 列出了部分常用高压断路器的主要技术数据，供参考。

七、高压开关柜

高压开关柜是按一定的线路方案将有关一、二次设备组装在一起的一种高压成套配电装置，在电力系统中作为控制和保护高压设备和线路之用，其中安装有高压开关设备、保护电器、监测仪表和母线、绝缘子等。

高压开关柜有固定式和手车式（移开式）两大类。在一般中小型工厂中普遍采用较为经济的固定式高压开关柜。我国以往大量生产和广泛应用的固定式高压开关柜主要是 GG—1A（F）型。这种防误型开关柜装设了防止电气误操作和保障人身安全的闭锁装置，即所谓“五防”：①防止误分、误合断路器；②防止带负荷误拉、误合隔离开关；③防止带电误挂接地线；④防止带接地线或在接地开关闭合时误合隔离开关或断路器；⑤防止人员误入带电间隔。

图 4-46 是 GG—1A（F）—07S 型固定式高压开关柜的电路和外形结构图，其中断路器为 SN10—10 型。

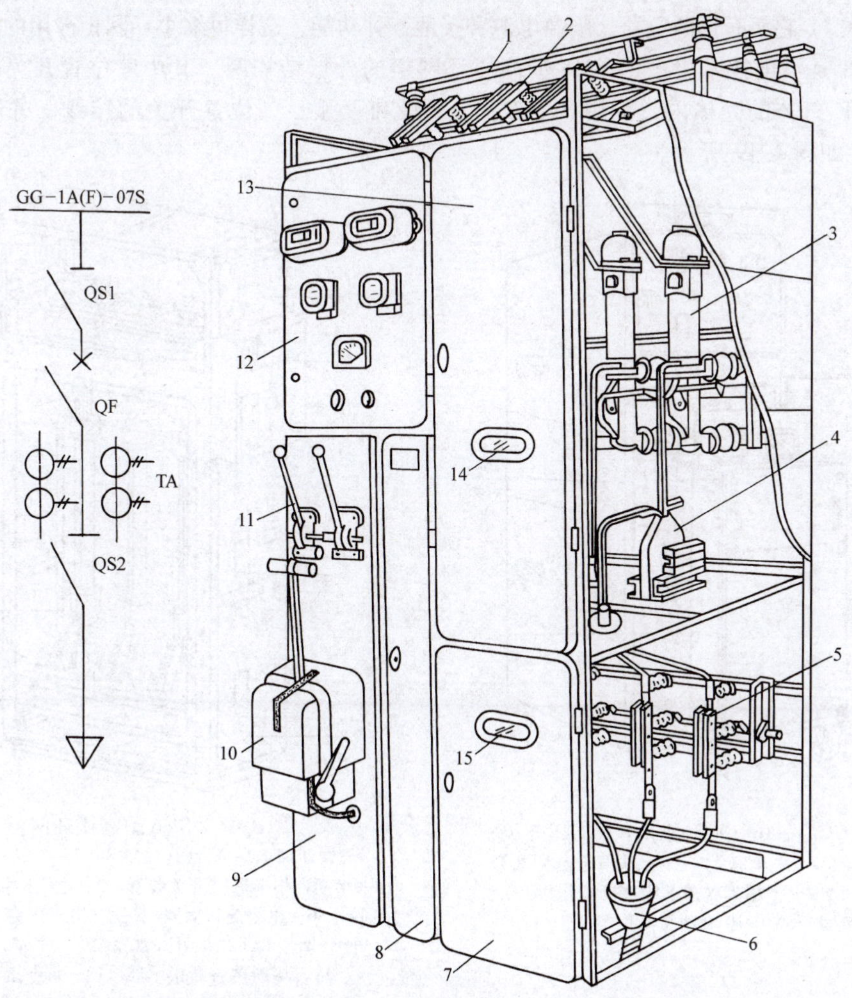

图 4-46 GG—1A（F）—07S 型高压开关柜（断路器柜）

1—母线 2—母线侧隔离开关（QS1，GN8-10 型） 3—少油断路器（QF，SN10—10 型）
4—电流互感器（TA，LQJ—10 型） 5—线路侧隔离开关（QS2，GN6-10 型） 6—电缆头
7—下检修门 8—端子箱门 9—操作板 10—断路器的手动操动机构（CS2 型）
11—隔离开关的操动机构手柄 12—仪表继电器屏 13—上检修门 14、15—观察窗口

手车式（又称移开式）高压开关柜的特点是，高压断路器等主要电气设备是装在可以拉出和推入开关柜的手车上的。高压断路器等设备出现故障需要检修时，可随时将其手车拉出，然后推入同类备用手车，即可恢复供电。因此采用手车式开关柜，较之采用固定式开关柜，具有检修安全方便、供电可靠性高的优点，但其价格较贵。

图 4-47 是 GC□—10（F）型手车式高压开关柜的外形结构图。

从 20 世纪 80 年代以来，我国设计生产了一些符合 IEC 标准的新型高压开关柜，例如 KGN□—10（F）型等固定式金属铠装开关柜、XGN 型箱式固定式开关柜、KYN□—10（F）等型移开式金属铠装开关柜、JYN□—10（F）等型移开式金属封闭间隔型开关柜和 HXGN 等型环网柜等。其中环网柜适用于 10kV 环形电网中，在城市电网中得到了广泛应用。

现在新设计生产的环网柜，大多将原来的负荷开关、隔离开关、接地开关的功能合并为一个

"三位置开关"，它兼有通断负荷、隔离电源和接地三种功能，这样可缩小环网柜占用的空间。

图 4-48 是引进技术生产的 SM6 型高压环网柜的外形结构图。其中三位置开关被密封在一个充满 SF_6气体的壳体内，利用 SF_6来进行绝缘和灭弧。三位置开关的接线、外形和触头的三种位置如图 4-49 所示。

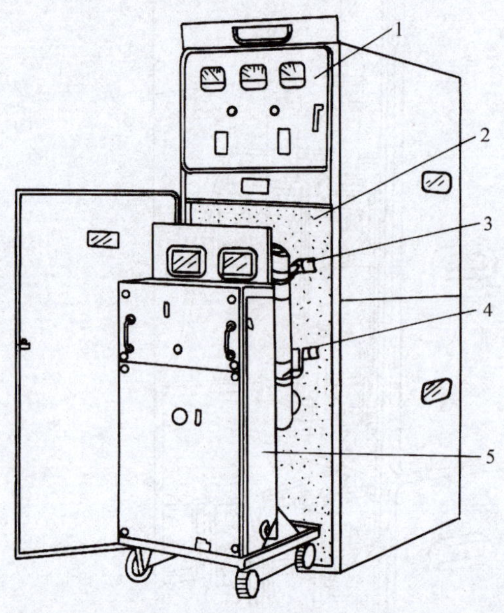

图 4-47　GC□—10（F）型手车式高压开关柜

1—仪表屏　2—手车室　3—上触头（兼起隔离开关作用）4—下触头（兼起隔离开关作用）5—SN10-10 型断路器手车

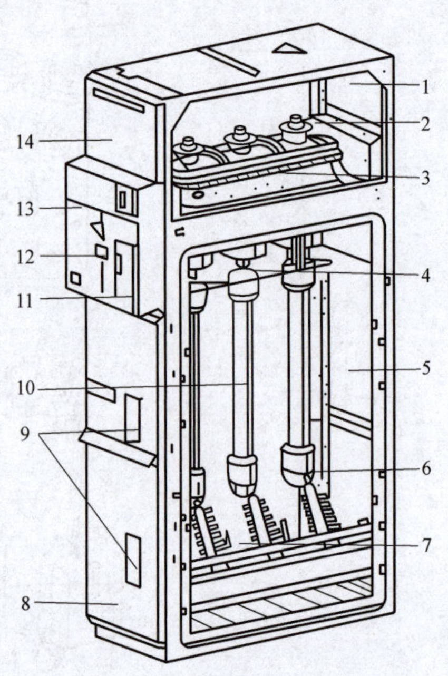

图 4-48　SM6 型高压环网柜

1—母线间隔　2—母线连接垫片　3—三位置开关间隔　4—熔断器熔断联跳开关装置　5—电缆连接与熔断器间隔　6—电缆连接间隔　7—下接地开关　8—面板　9—熔断器和下接地开关观察窗　10—高压熔断器　11—熔断器熔断指示器　12—带电指示器　13—操动机构间隔　14—控制、保护和测量间隔

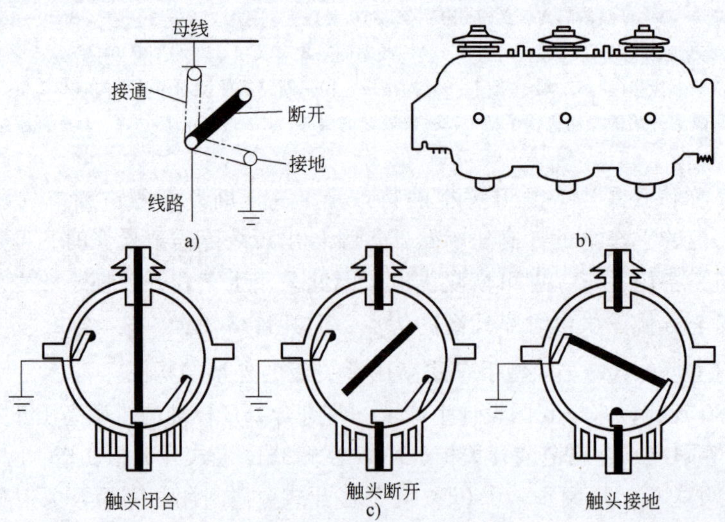

图 4-49　三位置开关的接线、外形和触头位置

a）接线示意　b）外形结构　c）触头位置

在智能电网中，现普遍推广应用一种GIS组合电器，即气体全封闭组合电器（Gas Insulated Switchgear，GIS），由断路器、隔离开关、接地开关、电流互感器、电压互感器、避雷器、母线及上述元件的封闭外壳和出线套管等组成，内充一定压力的SF_6气体作为GIS的绝缘和灭弧介质。

老系列高压开关柜全型号的表示和含义如下：

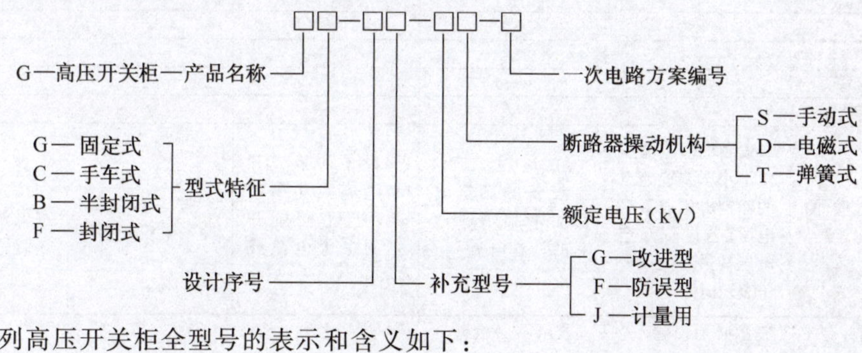

新系列高压开关柜全型号的表示和含义如下：

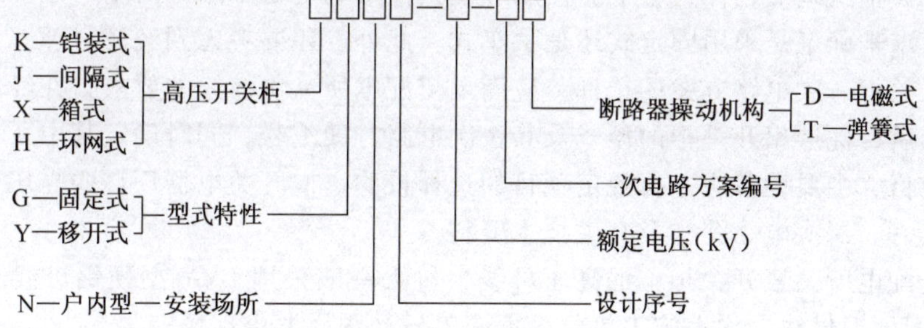

八、高压一次设备的选择与校验

高压一次设备必须满足其在一次电路正常条件下工作和在短路条件下工作的要求，工作安全可靠，运行维护方便，投资经济合理。

电气设备按在正常条件下工作进行选择时，要考虑电气装置的环境条件和电气要求。环境条件是指电气装置所处的位置（室内或室外）、环境温度、海拔以及有无防尘、防腐、防火、防爆等要求。电气要求是指电气装置对设备的电压、电流、频率（一般为50Hz）等的要求；对一些断流电器如开关、熔断器等，还应考虑其断流能力。

电气设备要满足在短路条件下工作的要求，必须按最大可能的短路故障时的动稳定度和热稳定度进行校验。但对熔断器及装有熔断器保护的电压互感器，不必进行短路动、热稳定度的校验，如上所述；对电力电缆，由于其机械强度足够，也不必进行短路动稳定度的校验，但必须进行短路热稳定度的校验。

高压一次设备的选择校验项目和条件见表4-2。

表4-2 高压一次设备的选择校验项目和条件

电气设备名称	电压/kV	电流/A	断流能力/kA或MV·A	短路稳定度校验	
				动稳定度	热稳定度
高压熔断器	√	√	√	—	—
高压隔离开关	√	√	—	√	√
高压负荷开关	√	√	√	√	√

（续）

电气设备名称	电压/kV	电流/A	断流能力/kA 或 MV·A	短路稳定度校验	
				动稳定度	热稳定度
高压断路器	√	√	√	√	√
电流互感器	√	√	—	√	√
电压互感器	√	—	—	—	—
高压电容器	√	—	—	—	—
母线	—	√	—	√	√
电缆	√	√	—	—	√
支柱绝缘子	√	—	—	√	—
套管绝缘子	√	√	—	√	√
选择校验的条件	设备的额定电压应不小于装置地点的额定电压或最高电压(若设备额定电压按最高工作电压表示时)	设备的额定电流应不小于通过它的计算电流	设备的最大开断电流或功率应不小于它可能开断的最大电流或功率	按三相短路冲击电流校验	按三相短路稳态电流和短路发热假想时间校验

注：表中，"√" 表示必须校验，"—" 表示不必校验。

高压开关柜型式的选择：应根据使用环境条件来确定是采用户内型还是户外型；根据供电可靠性要求来确定是采用固定式还是手车式。此外，还要考虑到经济合理。

高压开关柜一次电路方案的选择：应满足变配电所一次接线的要求，并经几个方案的技术经济比较后，优选出开关柜的型式及其一次电路方案编号，同时确定其中所有一、二次设备的型号规格，主要设备应进行规定项目的选择校验。向开关电器厂订购高压开关柜时，应向厂商提供一、二次电路图样及有关技术资料。

工厂变配电所高压开关柜上的高压母线，过去一般采用 LMY 型硬铝母线，现在也有的采用 TMY 型硬铜母线，均由施工单位根据施工设计图样要求现场安装。

例 4-3 试选择某 10kV 高压配电所进线侧的 ZN12-12 型高压户内真空断路器的型号规格。已知该配电所 10kV 母线短路时的 $I_k^{(3)}=4.5\text{kA}$，线路的计算电流为 750A，继电保护动作时间为 1.1s，断路器断路时间为 0.1s。

解： 根据线路计算电流 $I_{30}=750\text{A}$，试选 ZN12—12/1250 型真空断路器来进行校验，见表 4-3。校验结果说明，所选 ZN12—12/1250 型真空断路器是合格的。

表 4-3 例 4-3 中高压断路器的选择校验

序号	装设地点的电气条件		ZN12－12/1250 型真空断路器		
	项目	数据	项目	数据	结论
1	U_N/U_{max}	10kV/11.5kV	U_N	12kV	合格
2	I_{30}	750A	I_N	1250A	合格
3	$I_k^{(3)}$	4.5kA	I_{oc}	25kA	合格
4	$i_{sh}^{(3)}$	2.55×4.5kA＝11.5kA	i_{max}	63kA	合格
5	$I_\infty^{(3)2}t_{ima}$	$4.5^2\times(1.1+0.1)=24.3$	I_t^2t	$25^2\times4=2500$	合格

第五节　低压一次设备

一、低压熔断器

低压熔断器的类型很多，如插入式（RC 型）、螺旋式（RL 型）、无填料密封管式

（RM 型）、有填料密封管式（RT 型）以及引进技术生产的有填料管式 gF、aM 系列、高分断能力的 NT 型等。

国产低压熔断器全型号的表示和含义如下：

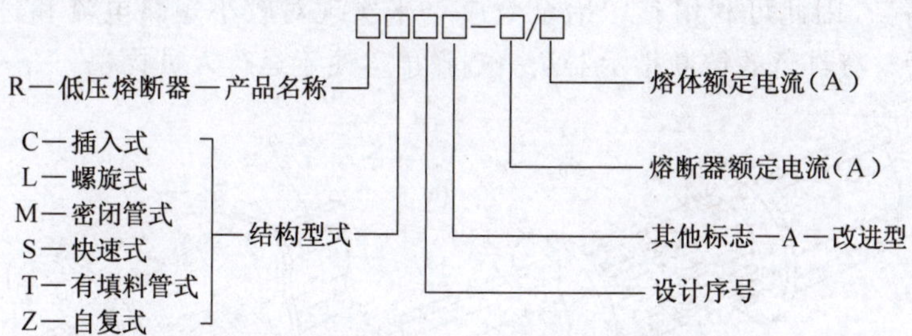

下面主要介绍低压配电系统中应用较多的密封管式（RM10）和有填料管式（RT0）两种低压熔断器。此外简介一种自复式（RZ1 型）熔断器。

（一）RM10 型低压密封管式熔断器

RM10 型熔断器由纤维熔管、变截面锌熔片和触头底座等部分组成。其熔管结构如图 4-50a 所示，其变截面锌熔片如图 4-50b 所示。锌熔片之所以冲制成宽窄不一的变截面，目的在于改善熔断器的保护性能。短路时，短路电流首先使熔片窄部（阻值较大）加热熔断，使熔管内形成几段串联短弧，而且熔片中段熔断后跌落，迅速拉长电弧，使电弧迅速熄灭。而在过负荷电流通过时，由于电流加热时间较长，熔片窄部散热较好，因此往往不在窄部熔断，而在宽窄之间的斜部熔断。根据熔片熔断的部位，即可大致判断熔断器熔断的故障电流性质。

当其熔片熔断时，纤维熔管内壁将有极少部分纤维物质被电弧烧灼而分解，产生高压气体，压迫电弧，加强了电弧中离子的复合，从而削弱了电弧，改善了灭弧性能。但总的来说，这种熔断器的灭弧断流能力仍然不强，不能在短路电流达到冲击值之前完全熄灭电弧，因此这种熔断器属于非限流熔断器。

RM10 型熔断器由于其结构简单、价廉及更换熔片方便，因此现在仍较普遍地应用在低压配电装置中。

附录表 9 列出了 RM10 型低压熔断器的主要技术数据和保护特性曲线，供参考。所谓保护特性曲线（又称安秒特性曲线），是指熔断器熔体的熔断时间（单位为 s）与熔体电流（单位为 A）之间的关系曲线，通常绘在对数坐标平面上。

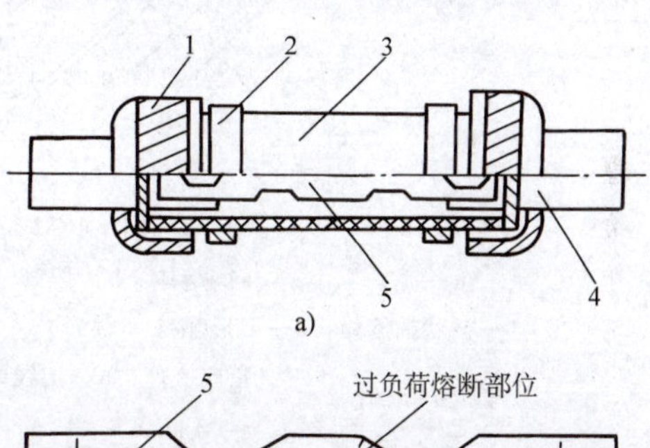

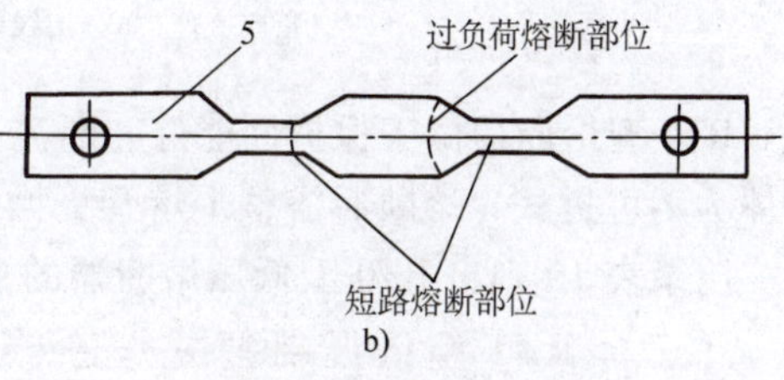

图 4-50　RM10 型低压熔断器
a）熔管　b）熔片
1—铜管帽　2—管夹　3—纤维熔管
4—刀形触头（触刀）　5—变截面熔片

（二）RT0 型低压有填料封闭管式熔断器

RT0 型熔断器主要由瓷熔管、栅状铜熔体和触头底座等部分组成，如图 4-51 所示。其栅状铜熔体由薄铜片冲压弯制而成，具有引燃栅。由于引燃栅的等电位作用，可使熔体在短路电流通过时形成多根并列电弧。同时熔体又具有变截面小孔，可使熔体在短路电流通过时又将长弧分割为多段短弧。而且所有电弧都在石英砂内燃烧，可使电弧中的正负离子强烈复合。因此这种熔断器的灭弧能力很强，属于限流型熔断器。由于该熔断器的栅状熔体中段弯曲处具有“锡桥”，因此可利用其“冶金效应”来实现对较小短路电流和过负荷电流的保护。熔体熔断后，有红色的熔断指示器从一端弹出，便于运行人员检视。

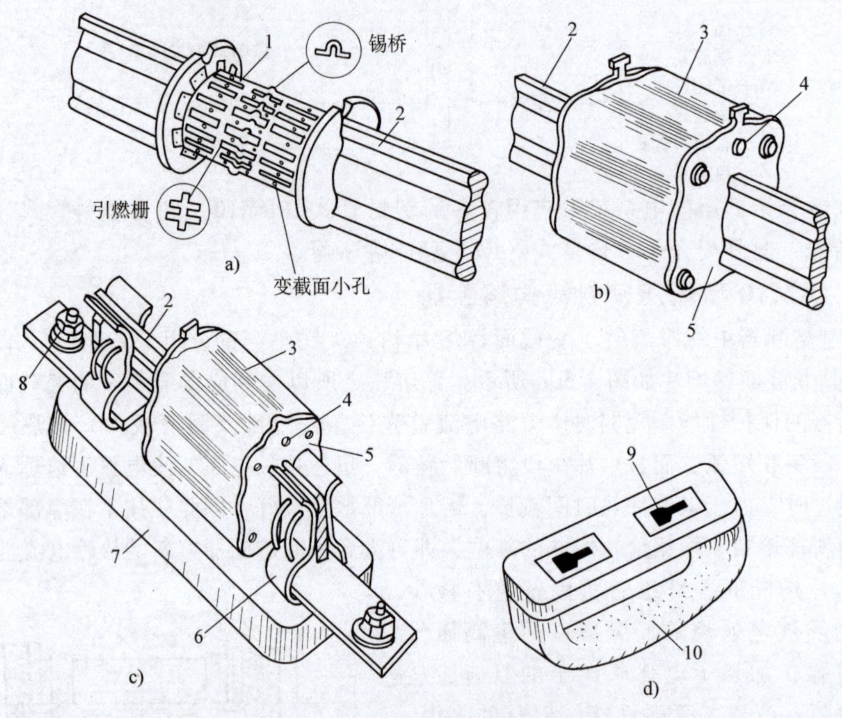

图 4-51　RT0 型低压熔断器

a）熔体　b）熔管　c）熔断器　d）绝缘操作手柄

1—栅状铜熔体　2—刀形触头（触刀）　3—瓷熔管　4—熔断指示器　5—盖板　6—弹性触座

7—瓷质底座　8—接线端子　9—扣眼　10—绝缘拉手手柄

RT0 型熔断器由于保护性能好和断流能力大，因此广泛应用在低压配电装置中。但是其熔体为不可拆式，熔断后需整个熔管更换，不够经济。

附录表 10 列出 RT0 型低压熔断器的主要技术数据和保护特性曲线，供参考。

（三）RZ1 型低压自复式熔断器

一般熔断器，包括上述 RM 型和 RT 型，都有一个共同缺点，就是在其熔体一旦熔断后，必须更换熔体后才能恢复供电，因而使停电时间延长，给配电系统和用电负荷造成一定的停电损失。这里介绍的自复式熔断器弥补了这一缺点，既能切断短路电流，又能在故障消除后自动恢复供电，无需更换熔体。

我国设计生产的 RZ1 型低压自复式熔断器如图 4-52 所示。它采用金属钠（Na）作熔体。在常温下，钠的电阻率很小，可以顺畅地通过正常负荷电流；但在短路时，钠受热迅速汽化，其电阻率变得很大，从而可限制短路电流。在金属钠汽化限流的过程中，装在熔断器一端的活塞将压缩氩气而迅速后退，降低由于钠汽化而产生的压力，以防熔管爆裂。在限流

动作结束后，钠蒸气冷却，又恢复为固态钠；而活塞在被压缩的氩气作用下，迅速将金属钠推回原位，使之恢复正常工作状态。

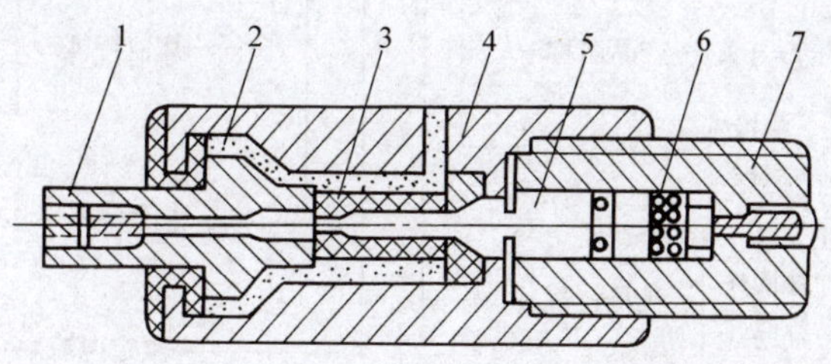

图 4-52 RZ1 型低压自复式熔断器

1—接线端子 2—云母玻璃 3—氧化铍瓷管 4—不锈钢外壳
5—钠熔体 6—氩气 7—接线端子

自复式熔断器通常与低压断路器配合使用，甚至组合为一种电器。我国生产的 DZ10-100Z 型低压断路器，就是 DZ10-100 型低压断路器与 RZ1-100 型自复式熔断器的组合，利用自复式熔断器来切断短路电流，而利用低压断路器来通断电路和实现过负荷保护，从而既能有效地切断短路电流，又能减轻低压断路器的工作负担，提高供电可靠性。不过，目前这种熔断器尚未得到推广应用。

二、低压刀开关和负荷开关

（一）低压刀开关

低压刀开关（文字符号为 QK）的类型很多。按其操作方式分，有单投和双投；按其极数分，有单极、双极和三极；按其灭弧结构分，有不带灭弧罩和带灭弧罩的两种。不带灭弧罩的刀开关，一般只能在无负荷或小负荷下操作，作隔离开关使用。带有灭弧罩的刀开关（见图 4-53）则能通断一定的负荷电流。

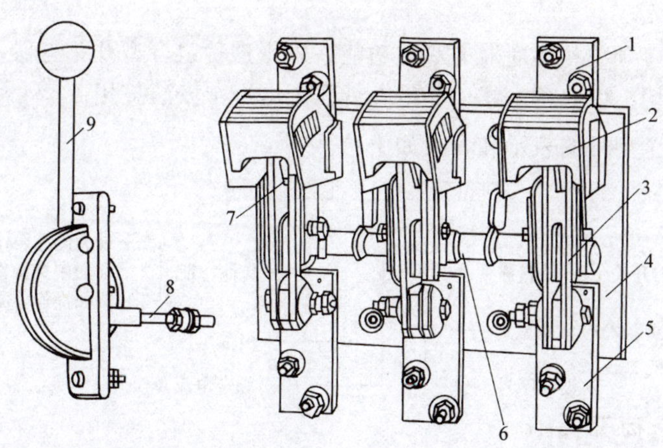

图 4-53 HD13 型低压刀开关

1—上接线端子 2—钢片灭弧罩 3—闸刀 4—底座 5—下接线端子
6—主轴 7—静触头 8—传动连杆 9—操作手柄

低压刀开关全型号的表示和含义如下：

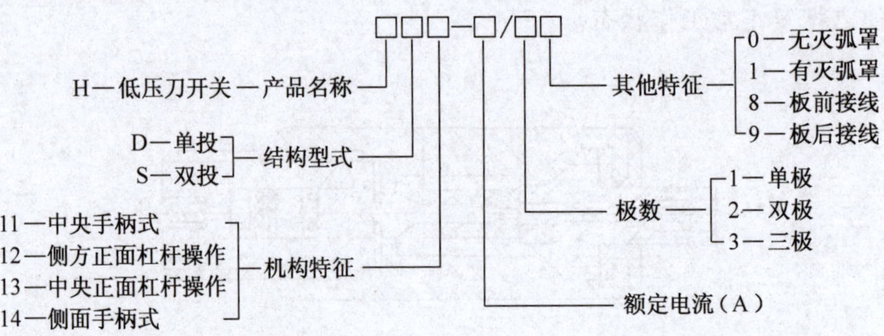

（二）低压熔断器式刀开关

低压熔断器式刀开关又称刀熔开关（文字符号为 QKF），是一种由低压刀开关与熔断器组合的开关电器。最常见的 HR3 型刀熔开关，就是将 HD 型刀开关的闸刀换以 RT0 型熔断器的具有刀形触头的熔管，如图 4-54 所示。

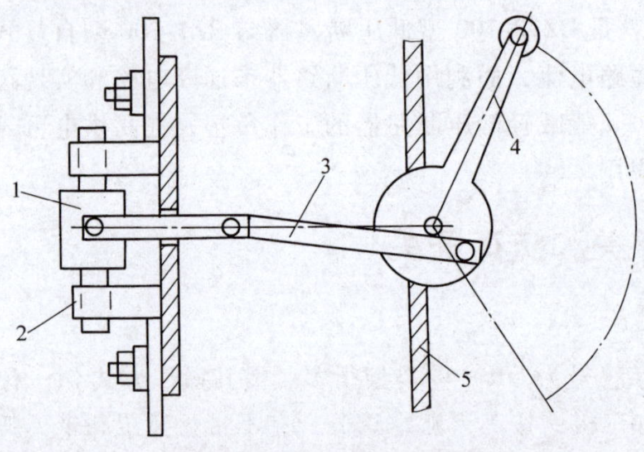

图 4-54　刀熔开关结构示意图

1—RT0 型熔断器的熔断体　2—弹性触座　3—传动连杆

4—操作手柄　5—配电屏面板

刀熔开关具有刀开关和熔断器的双重功能。采用这种组合型开关电器，可以简化配电装置的结构，经济实用，因此越来越广泛地在低压配电屏上安装应用。

低压刀熔开关全型号的表示和含义如下：

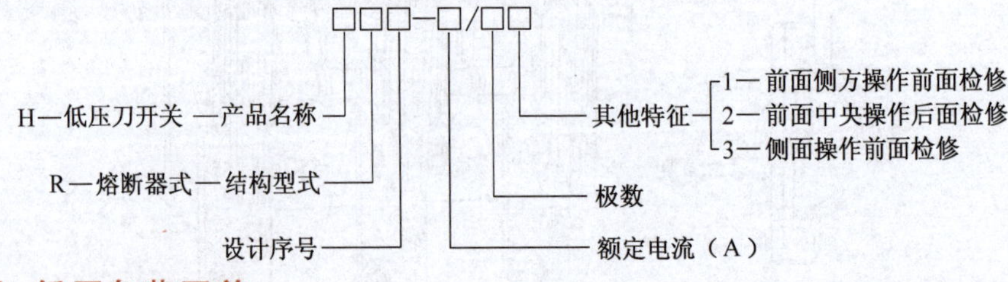

（三）低压负荷开关

低压负荷开关（文字符号为 QL）是由低压负荷开关和熔断器串联组合而成，外装封闭式铁壳或开启式胶盖的开关电器。低压负荷开关具有带灭弧罩刀开关和熔断器的双重功能，既可带负荷操作，又能进行短路保护，但短路熔断后需更换熔体后才能恢复供电。

低压负荷开关全型号的表示和含义如下：

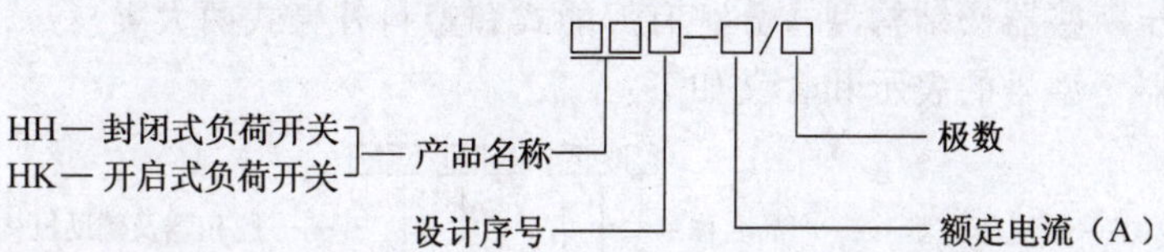

三、低压断路器

低压断路器（文字符号为QF）又称低压自动开关，它既能带负荷通断电路，又能在短路、过负荷和欠电压（失电压）下自动跳闸，其功能与高压断路器类似，其原理结构和接线如图4-55所示。当线路上出现短路故障时，其过电流脱扣器动作，使开关跳闸。如果出现过负荷时，其串联在一次电路上的加热电阻丝加热，使双金属片弯曲，也使开关跳闸。当线路电压严重下降或失电压时，其失电压脱扣器动作，同样使开关跳闸。如果按下脱扣按钮（图中6或7），则可使开关远距离跳闸。

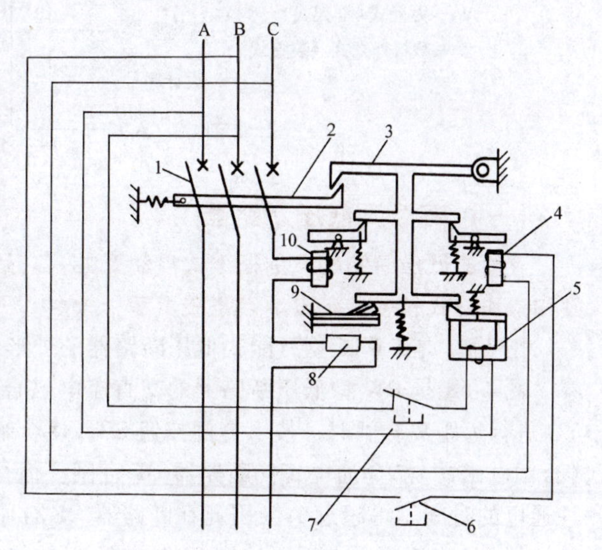

图4-55　低压断路器的原理结构和接线

1—主触头　2—跳钩　3—锁扣　4—分励脱扣器　5—失电压脱扣器　6、7—脱扣按钮　8—加热电阻丝　9—热脱扣器　10—过电流脱扣器

低压断路器按灭弧介质分，有空气断路器和真空断路器等，按用途分，有配电用断路器、电动机用断路器、照明用断路器和漏电保护用剩余电流断路器等。

配电用断路器按保护性能分，有非选择型和选择型两类。非选择型断路器一般为瞬时动作，只作短路保护用；也有的为长延时动作，只作过负荷保护用。选择型断路器，有两段保护、三段保护和智能化保护。两段保护为瞬时-长延时特性或短延时-长延时特性。三段保护为瞬时-短延时-长延时特性。瞬时和短延时特性适于短路保护，长延时特性适于过负荷保护。图4-56所示为低压断路器的上述三种保护特性曲线。而智能化保护，其脱扣器为微处

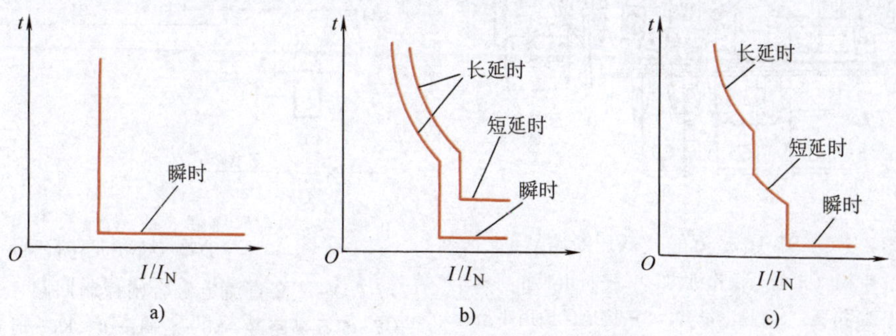

图4-56　低压断路器的保护特性曲线

a）瞬时动作式　b）两段保护式　c）三段保护式

理器或单片机控制，保护功能更多，选择性更好，这种断路器称为智能型断路器。

配电用低压断路器按结构型式分，有万能式和塑料外壳式两大类。

低压断路器全型号的表示和含义如下：

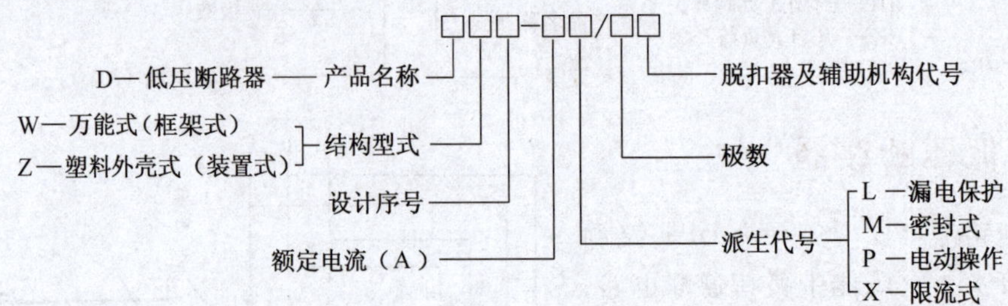

（一）万能式低压断路器

万能式低压断路器又称框架式自动开关。它是敞开地装设在金属框架上的，而其保护方案和操作方式较多，装设地点也较灵活，故名“万能式”或“框架式”。

图4-57是DW16型万能式低压断路器的外形结构图。

图4-58是DW型低压断路器的交直流电磁合闸控制回路。当断路器利用电磁合闸线圈YO进行远距离合闸时，按下合闸按钮SB，使合闸接触器KO通电动作，于是电磁合闸线圈（合闸电磁铁）YO通电，使断路器QF合闸。但是合闸线圈YO是按短时大功率设计的，允许通电的时间不得超过1s，因此在断路器QF合闸后，应立即使YO断电。这一要求靠时间继电器KT来实现。在按下按钮SB时，不仅使接触器KO通电，而且同时使时间继电器KT通电。KO线圈通电后，其触点KO 1-2在KO线圈通电1s后（QF已合闸）自动断开，使

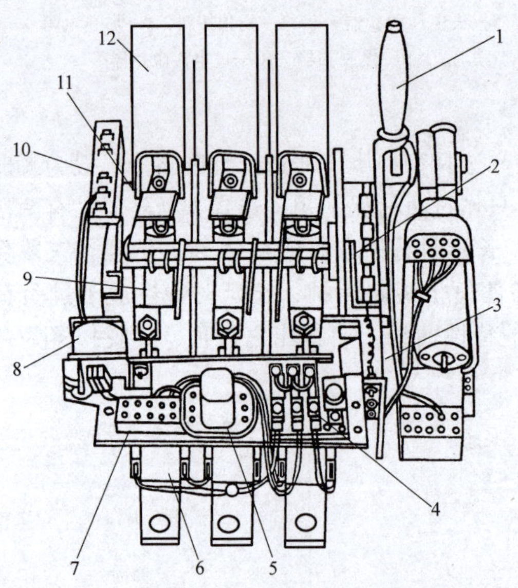

图4-57　DW16型万能式低压断路器

1—操作手柄（带电动操作机构）　2—自由脱扣机构　3—失电压脱扣器　4—热继电器　5—接地保护用小型电流继电器　6—过负荷保护用过电流脱扣器　7—接地端子　8—分励脱扣器　9—短路保护用过电流脱扣器　10—辅助触头　11—底座　12—灭弧罩（内有主触头）

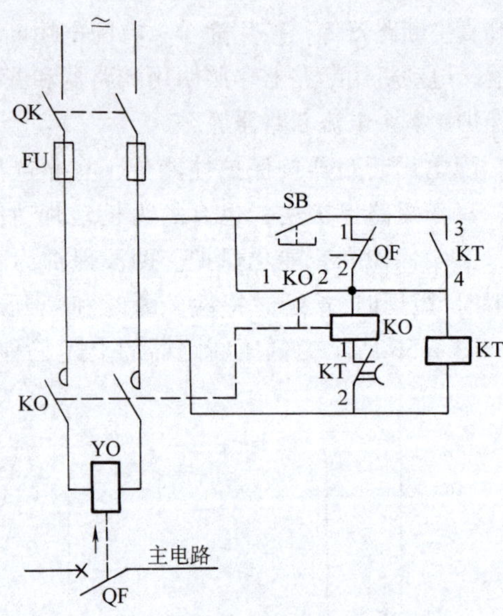

图4-58　DW型低压断路器的交直流电磁合闸控制回路

QF—低压断路器　SB—合闸按钮　KT—时间继电器　KO—合闸接触器　YO—电磁合闸线圈

KO 线圈断电，从而保证合闸线圈 YO 通电时间不至超过 1s。

时间继电器 KT 的另一对常开触点 KT 3-4 是用来“防跳”的。当按钮 SB 按下不返回或被粘住而断路器 QF 又闭合在永久性短路故障上时，QF 的过电流脱扣器（图 4-58 上未示出）瞬时动作，使 QF 跳闸。这时断路器的联锁触头 QF 1-2 返回闭合。如果没有接入时间继电器 KT 及其常闭触点 KT 1-2 和常开触点 KT 3-4，则合闸接触器 KO 将再次通电动作，使合闸线圈 YO 再次通电，使断路器 QF 再次合闸。但由于线路上还存在着短路故障，因此断路器 QF 又要跳闸，而其联锁触头 QF 1-2 返回时又将使断路器 QF 又一次合闸……。断路器 QF 如此反复地跳、合闸，称为断路器的“跳动”现象，将使断路器的触头烧毁，并将危及整个供电系统，使故障进一步扩大。为此，加装时间继电器常开触点 KT 3-4，如图 4-58 所示。当断路器 QF 因短路故障自动跳闸时，其联锁触头 QF 1-2 返回闭合，但由于在 SB 按下不返回时，时间继电器 KT 一直处于动作状态，其常开触点 KT 3-4 一直闭合，而其常闭触点 KT 1-2 则一直断开，因此合闸接触器 KO 不会通电，断路器 QF 也就不可能再次合闸，从而达到了“防跳”的目的。

低压断路器的联锁触头 QF-2 用来保证电磁合闸线圈 YO 在 QF 合闸后不至再次误通电。

目前推广应用的万能式低压断路器有 DW15、DW15X、DW16 等型及引进技术生产的 ME、AH 等型。此外还生产有智能型万能式断路器如 DW48 等型。其中 DW16 型保留了过去广泛使用的 DW10 型结构简单、使用维修方便和价廉的特点，而在保护性能方面大有改善，是取代 DW10 型的新产品。

（二）塑料外壳式低压断路器及模数化小型断路器

塑料外壳式低压断路器又称装置式自动开关，其全部机构和导电部分都装设在一个塑料外壳内，仅在壳盖中央露出操作手柄，供手动操作用。它通常装设在低压配电装置中。

图 4-59 是 DZ20 型塑料外壳式低压断路器的内部结构图。

DZ 型断路器可根据工作要求装设以下脱扣器：①电磁脱扣器，只作短路保护；②热脱扣器，只作过负荷保护；③复式脱扣器，可同时实现过负荷保护和短路保护。

目前推广应用的塑料外壳式断路器有 DZX10、DZ15、DZ20 等型及引进技术生产的 H、3VE 等型，此外还生产有智能型塑料外壳式断路器如 DZ40 等型。

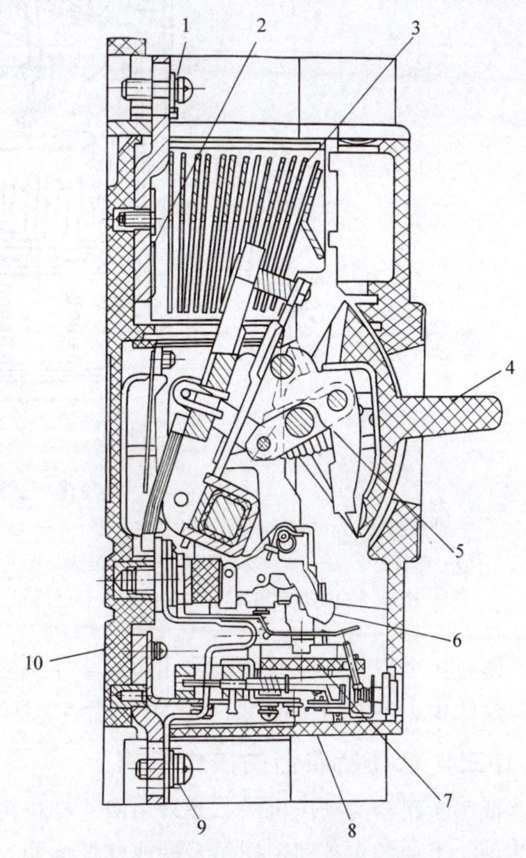

图 4-59 DZ20 型塑料外壳式低压断路器的内部结构
1—引入线接线端子 2—主触头 3—灭弧室（钢片灭弧栅） 4—操作手柄 5—跳钩 6—锁扣 7—过电流脱扣器 8—塑料外壳 9—引出线接线端子 10—塑料底座

塑料外壳式断路器中，有一类是 63A 及以下的小型断路器。由于它具有模数化结构和小型（微型）尺寸，因此通常称为“模数化小型（或微型）断路器”。它现在广泛应用在低压配电系统的终端，作为各种工业和民用建筑特别是住宅中照明线路及小型动力设备、家用电器等的通断控制和过负荷、短路及漏电保护等之用。

模数化小型断路器具有以下优点：体积小，分断能力高，机电寿命长，具有模数化的结构尺寸和通用型卡轨式安装结构，组装灵活方便，安全性能好。

由于模数化小型断路器是应用在“家用及类似场所”，所以其产品执行的标准为 GB 10963—1989《家用及类似场所用断路器》，该标准是等下列采用的 IEC 898 国际电工标准。其结构适用于未受过专门训练的人员使用，安全性能好，且不能进行维修，即损坏后必须换新。

模数化小型断路器由操作机构、热脱扣器、电磁脱扣器、触头系统和灭弧室等部件组成，所有部件都装在一个塑料外壳内，如图 4-60 所示。有的小型断路器还备有分励脱扣器、失压脱扣器、漏电脱扣器和报警触头等附件，供需要时选用，以拓展断路器的功能。

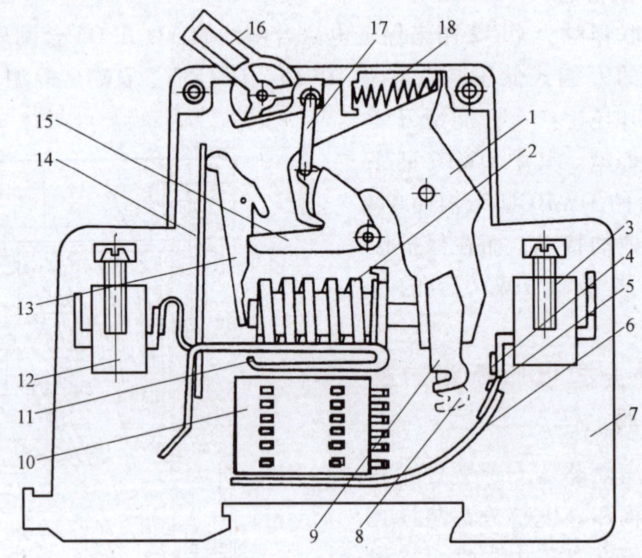

图 4-60　模数化小型断路器的原理结构

1—动触头杆　2—瞬动电磁铁（电磁脱扣器）　3—接线端子　4—主静触头　5—中线静触头　6—弧角　7—塑料外壳　8—中线动触头　9—主动触头　10—灭弧栅片（灭弧室）　11—弧角　12—接线端子　13—锁扣　14—双金属片（热脱扣器）　15—脱扣钩　16—操作手柄　17—连接杆　18—断路弹簧

模数化小型断路器的外形尺寸和安装导轨的尺寸，如图 4-61 所示。

模数化小型断路器常用的型号有 C45N、DZ23、DZ47、M、K、S、PX200C 等系列。

（三）低压断路器的操作机构

低压断路器的操作机构一般采用四连杆机构，可自由脱扣。按操作方式分，有手动和电动两种。手动操作是利用操作手柄或杠杆操作，电动操作是利用专门的电磁线圈或控制电动机操作。

低压断路器的操作手柄有三个位置，如图 4-62 所示。

（1）合闸位置（见图 4-62a）　手柄扳在上边。这时铰链 9 稍低于铰链 7 与 8 的连接直

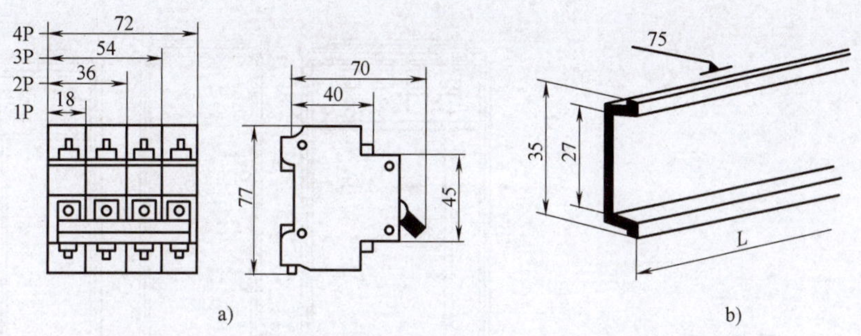

图 4-61 模数化小型断路器的外形尺寸和安装导轨的尺寸

a）外形尺寸和安装尺寸 b）安装导轨尺寸

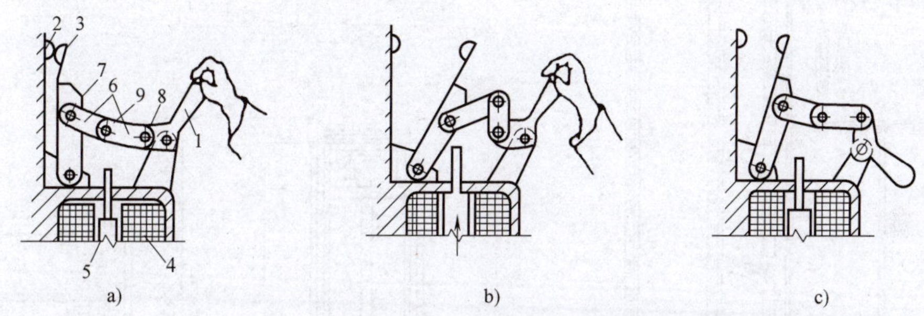

图 4-62 低压断路器的自由脱扣机构的原理说明

a）合闸位置 b）自由跳闸位置 c）准备合闸的“再扣”位置

1—操作手柄 2—静触头 3—动触头 4—脱扣器线圈 5—铁心顶杆 6—连杆 7、8、9—铰链

线，处于“死点”位置，其跳钩被锁扣扣住（参见图 4-55），触头处于闭合状态。

（2）自由跳闸位置（见图 4-62b） 当脱扣器通电动作时，其铁心顶杆向上运动，使铰链 9 移开“死点”位置，从而在断路弹簧作用下，使断路器脱扣跳闸。

（3）准备合闸的“再扣”位置（见图 4-62c） 在断路器自由脱扣（跳闸）后，如果要重新合闸，必须将操作手柄扳向下边，使跳钩又被锁扣扣住，从而完成“再扣”的操作，使铰链 9 又处于“死点”位置。只有这样操作，才能使断路器再次合闸。如果断路器自动跳闸后，不将手柄扳向“再扣”位置，想直接合闸是合不上的。

附录表 11 列出了部分常用低压断路器的主要技术数据，供参考。

四、低压配电屏和配电箱

（一）低压配电屏

低压配电屏（柜）是按一定的线路方案将有关一、二次设备组装而成的一种低压成套配电装置，在低压配电系统中作动力和照明用。

低压配电屏的结构型式有固定式、抽屉式和组合式三大类型。抽屉式和组合式价格昂贵，一般中小工厂多采用固定式。我国广泛应用的固定式低压配电屏主要有 PGL、GGL、GGD 等型。PGL 型是开启式结构，采用的开关电器容量较小，而 GGL、GGD 型为封闭式结构，采用的开关电器技术更先进，断流能力更大。图 4-63 是过去应用广泛的 PGL 型低压配电屏的外形结构图。图 4-64 是现在应用广泛的 GGD 型低压配电柜的外形尺寸及安装示意图。

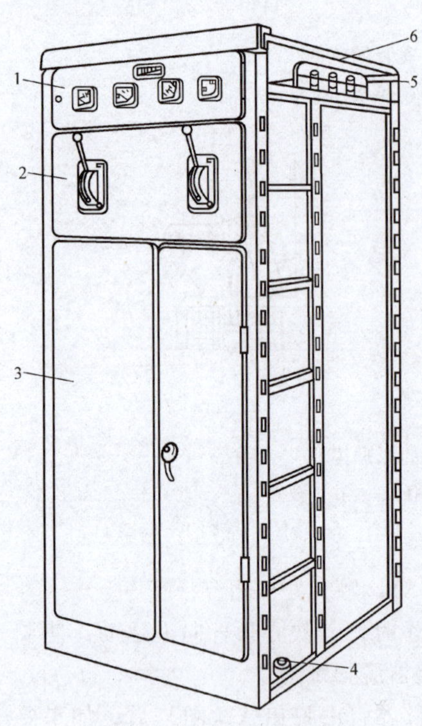

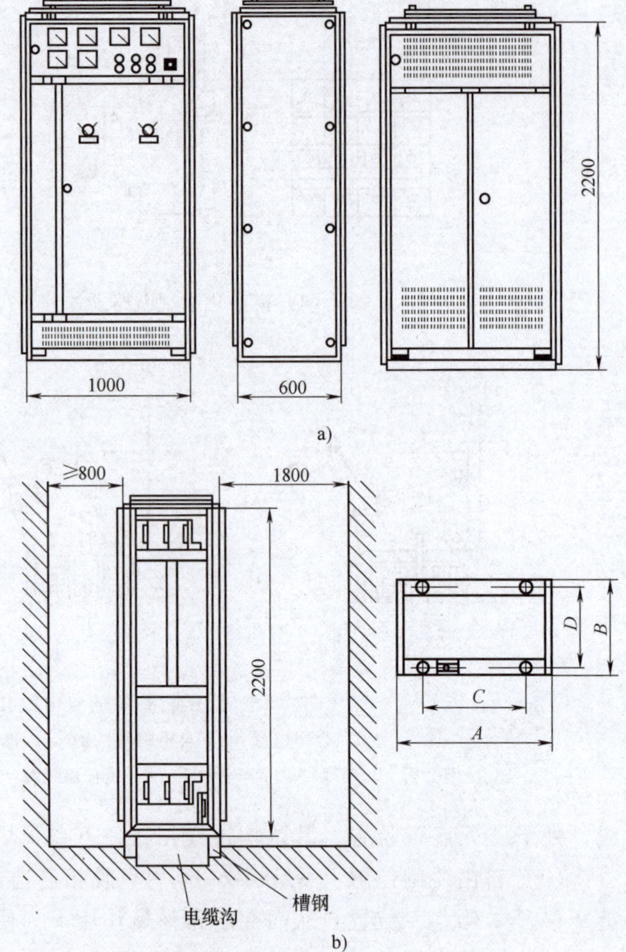

图4-63 PGL型低压配电屏

1—仪表板 2—操作板 3—检修门 4—中性母线绝缘子 5—母线绝缘框 6—母线防护罩

图4-64 GGD型低压配电柜的外形尺寸及安装示意图

a) GGD型低压配电柜的外形尺寸

b) GGD型低压配电柜安装示意图

国产新系列低压配电屏全型号的表示和含义如下：

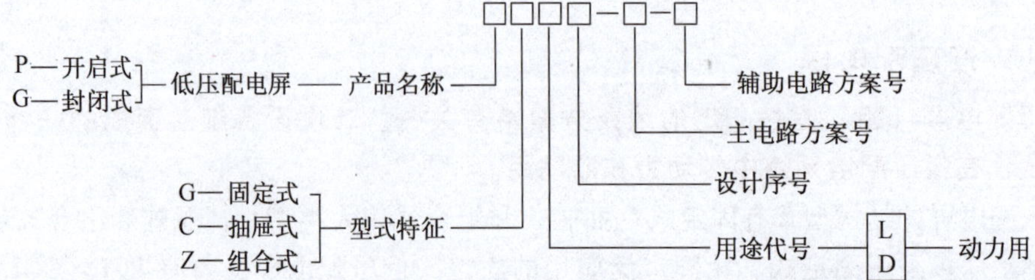

（二）低压配电箱

低压配电箱按其用途分，有动力配电箱和照明配电箱两类。动力配电箱主要用于对动力设备配电，但也可向照明设备配电。照明配电箱主要用于照明配电，但也可对一些小容量的单相动力设备和家用电器配电。

低压配电箱的类型很多。按其安装方式分，有靠墙式、挂墙（明装）式和嵌入式。靠墙式是靠墙落地安装，挂墙式是明装在墙面上，嵌入式是嵌入墙内安装。现在应用的新型配电箱，一般都采用模数化小型断路器等元件进行组合。例如 DYX（R）型多用途配电箱，可用于工业和民用建筑中作低压动力和照明配电之用，具有 XL—3、XL—10、XL—20 等型动力配电箱和 XM—4、XM—7 等型照明配电箱的功能。它有Ⅰ、Ⅱ、Ⅲ型。Ⅰ型为插座箱，装有三相和单相的各种插座，其箱面布置如图 4-65a 所示。Ⅱ型为照明配电箱，箱内装有 C45 型等模数化小型断路器，其箱面布置如图 4-65b 所示。Ⅲ型为动力照明多用配电箱，箱内安装的电器元件更多，应用范围更广，其箱面布置如图 4-65c 所示。该配电箱的电源开关采用 DZ20 型断路器或带漏电保护的 DZ15L 型剩余电流（漏电）断路器。

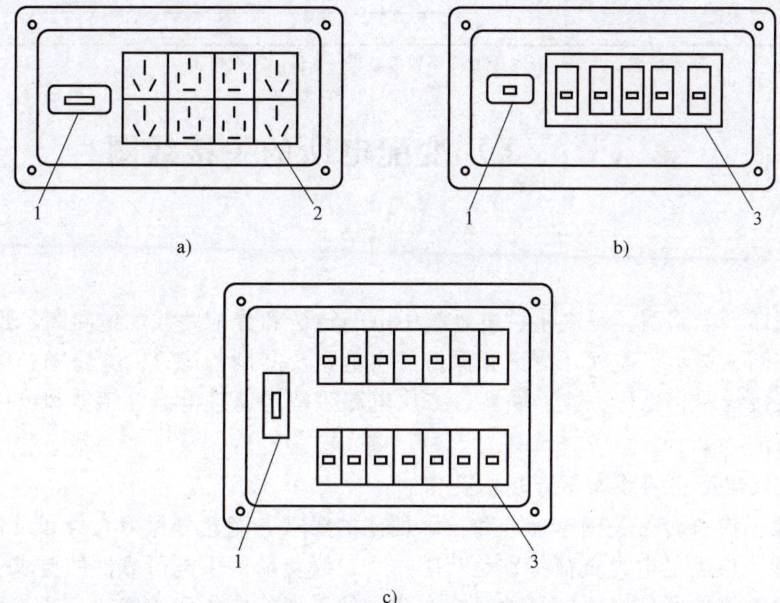

图 4-65 DYX（R）型多用途低压配电箱箱面布置示意图
a）插座箱（Ⅰ型） b）照明配电箱（Ⅱ型） c）动力照明配电箱（Ⅲ型）
1—电源开关（小型断路器或剩余电流断路器） 2—插座 3—小型开关（模数化小型断路器）

国产低压配电箱全型号的表示和含义如下：

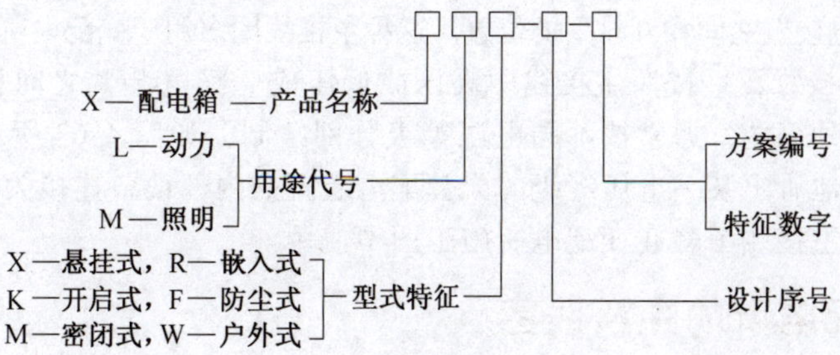

上述 DYX（R）型中的“DY”指“多用途”，“X”指“配电箱”，“R”指“嵌入式”。如果未标“R”，则为“明装式”。

五、低压一次设备的选择与校验

低压一次设备的选择，与高压一次设备的选择一样，必须满足在正常条件下和短路故障条件下工作的要求，同时设备应工作安全可靠，运行维护方便，投资经济合理。

低压一次设备的选择校验项目见表 4-4。关于低压电流互感器、电压互感器、电容器及母线、电缆、绝缘子等的校验项目及选择校验的条件，也与前面表 4-2 相同，此处从略。

表 4-4　低压一次设备的选择校验项目

电气设备名称	电压/V	电流/A	断流能力/kA	短路稳定度校验	
				动稳定度	热稳定度
低压熔断器	√	√	√	—	—
低压刀开关	√	√	√	√	√
低压负荷开关	√	√	√	√	√
低压断路器	√	√	√	√	√

注：表中"√"表示必须校验，"√"表示一般可不校验，"—"表示不要校验。

第六节　工厂变配电所的主接线图

一、概述

主接线图即主电路图，是表示供电系统中电能输送和分配路线的电路图，也称一次电路图。而用来控制、指示、监视、测量和保护一次电路及其设备运行的电路图，则称为二次电路图，或二次接线图，也称二次回路图。二次电路一般是通过电流互感器和电压互感器与一次电路相联系的。

对工厂变配电所主接线有下列基本要求：

（1）安全　应符合有关国家标准和技术规范的要求，能充分保障人身和设备的安全。

（2）可靠　应满足电力负荷特别是其中一、二级负荷对供电可靠性的要求。

（3）灵活　应能适应必要的各种运行方式，便于切换操作和检修，且适应负荷的发展。

（4）经济　在满足上述要求的前提下，尽量使主接线简单，投资少，运行费用低，并节约电能和有色金属消耗量。

主接线图有两种绘制形式：

（1）**系统式主接线图**　按照电力输送的顺序依次安排其中的设备和线路相互连接关系而绘制的一种简图，如图 1-1 和图 4-66 等。它能全面系统地反映出主接线中电力的传输过程，但不能反映其中各成套配电装置之间相互排列的位置。这种主接线图多用于变配电所的运行中。

（2）**装置式主接线图**　按照主接线中高压或低压成套配电装置之间相互连接关系和排列位置而绘制的一种简图，通常按不同电压等级分别绘制，如图 4-67 所示。从这种主接线图上可以一目了然地看出某一电压等级的成套配电装置的内部设备连接关系及装置之间相互排列的位置。这种主接线图多在变配电所施工图中使用。

二、高压配电所的主接线图

高压配电所担负着从电力系统受电并向各车间变电所及某些高压用电设备配电的任务。图 4-66 是图 1-1 所示工厂供电系统中高压配电所及其附设 2 号车间变电所主接线图。

这一高压配电所的主接线方案具有一定的代表性，下面依其电源进线、母线和出线的顺序对其作分析介绍。

（一）电源进线

该配电所有两路10kV电源进线，一路是架空线路WL1，另一路是电缆线路WL2。最常见的进线方案是：一路电源来自发电厂或电力系统变电站，作为正常工作电源；而另一路电源来自邻近单位的高压联络线，作为备用电源。

我国1996年发布施行的《供电营业规则》规定："对10kV及以下电压供电的用户，应配置专用的电能计量柜（箱）；对35kV及以上电压供电的用户，应有专用的电流互感器二次线圈和专用的电压互感器二次连接线，并不得与保护、测量回路共用"。因此在这两路进线的主开关（高压断路器）柜之前（在其后也可）各装设一台GG—1A—J型高压计量柜（图中No.101和No.112柜），其中的电流互感器和电压互感器只用来连接计费的电能表。

装设进线断路器的高压开关柜（图中No.102和No.111柜），因为需与计量柜相连，因此采用GG—1A（F）—11型。由于进线采用高压断路器控制，所以切换操作十分灵活方便，而且可配以继电保护和自动装置，使供电可靠性大大提高。

考虑到进线断路器在检修时有可能两端来电，因此为保证检修人员的人身安全，断路器两侧都必须装设高压隔离开关。

（二）母线

母线（文字符号为W或WB）又称汇流排，是配电装置中用来汇集和分配电能的导体。

高压配电所的母线，通常采用单母线制。如果是两路或以上电源进线时，则采用高压隔离开关或高压断路器（其两侧装隔离开关）分段的单母线制。母线采用隔离开关分段时，分段隔离开关可安装在墙壁上，也可采用专门的分段柜（也称联络柜），如GG—1A（F）—119型柜。

图4-66所示高压配电所通常采用一路电源工作、一路电源备用的运行方式，因此母线分段开关通常是闭合的，高压并联电容器对整个配电所进行无功补偿。当工作电源发生故障或进行检修时，在切除该进线后，投入备用电源即可恢复对整个配电所的供电。如果装有备用电源自动投入装置（APD），则供电可靠性可进一步提高，但这时进线断路器的操作机构必须是电磁式或弹簧式。

为了测量、监视、保护和控制一次电路设备的需要，每段母线上都接有电压互感器，进线和出线上都接有电流互感器。图4-66上的高压电流互感器均有两个二次绕组，其中一个接测量仪表，另一个接继电保护装置。为了防止雷电过电压侵入配电所击毁其中的电气设备，各段母线上都装设了避雷器。避雷器和电压互感器同装设在一个高压柜内，且共用一组高压隔离开关。

（三）高压配电出线

该配电所共有六路高压出线。其中有两路分别由两段母线经隔离开关-断路器配电给2号车间变电所；有一路由左边母线WB1经隔离开关-断路器配电给1号车间变电所；有一路由右边母线WB2经隔离开关-断路器配电给3号车间变电所；有一路由左边母线WB1经隔离开关-断路器供无功补偿用的高压并联电容器组；还有一路由右边母线经隔离开关-断路器供一组高压电动机用电。由于这里的高压配电线路都是由高压母线来电，因此其出线断路器需在其母线侧加装隔离开关，以保证断路器和出线的安全检修。

图4-67是图4-66中所示10kV高压配电所的装置式主接线图。

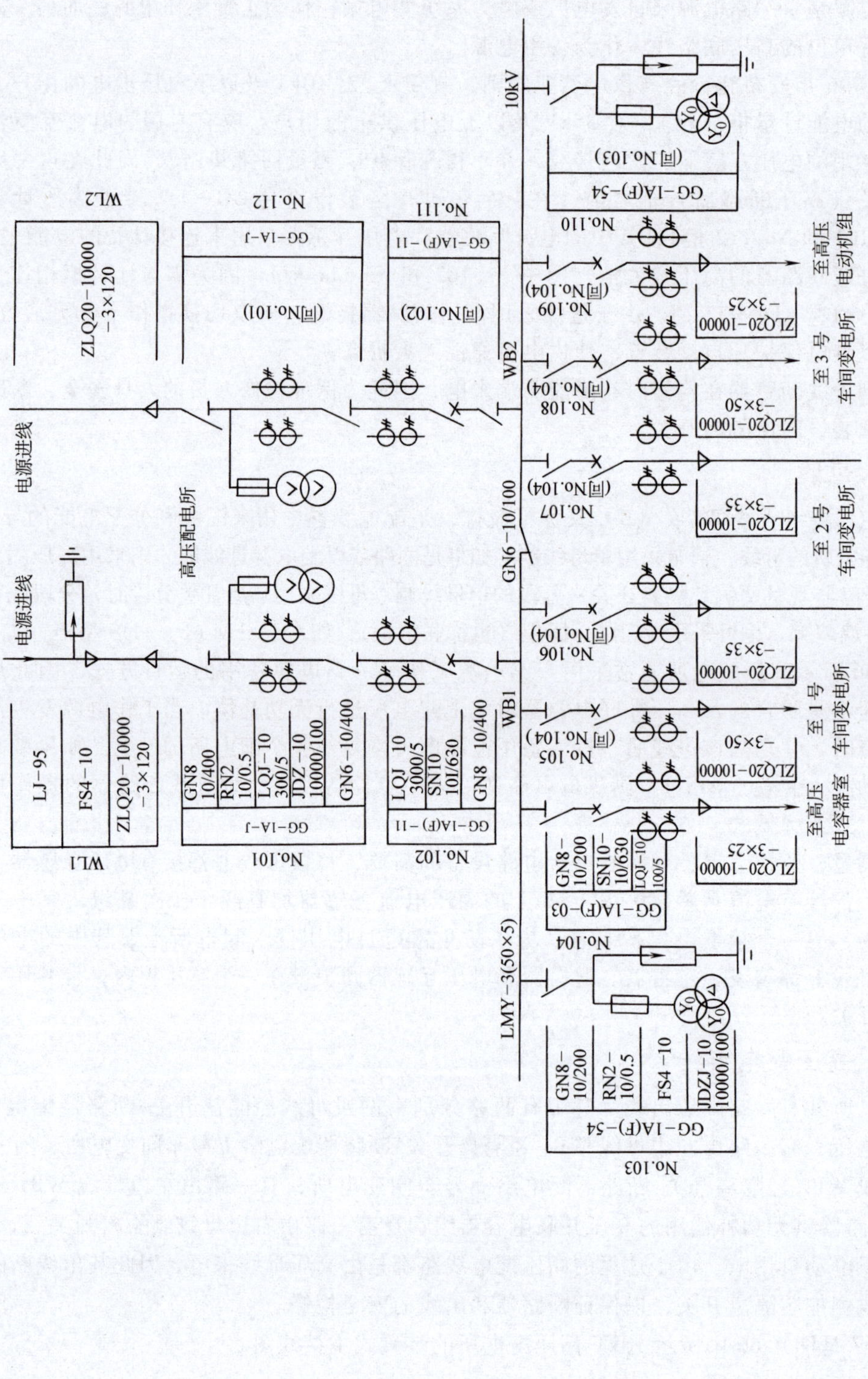

图 4-66 图 1-1 所示高压配电所及其附设 2 号车间变电所主接线图

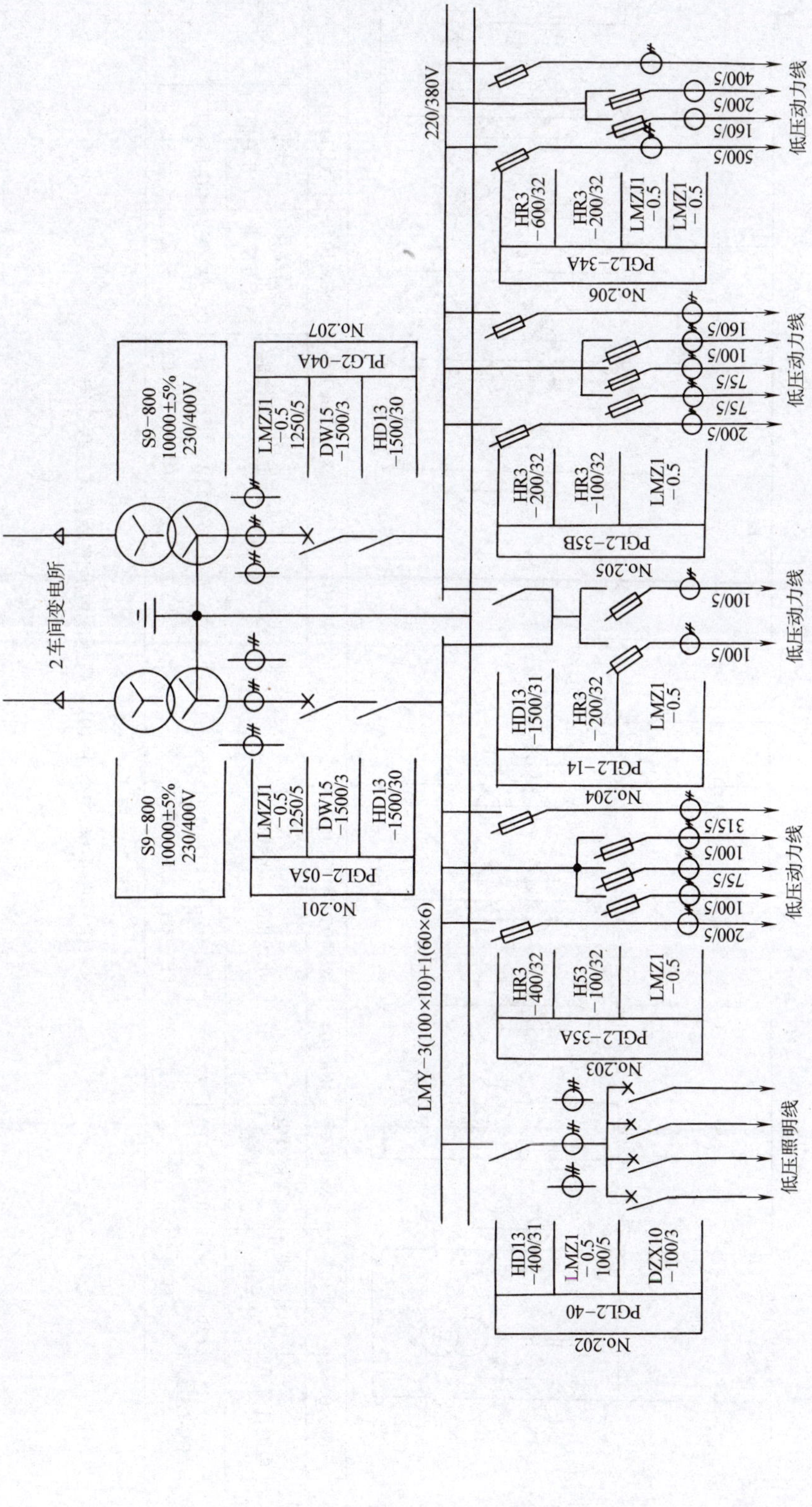

图 4-66　图 1-1 所示高压配电所及其附设 2 号车间变电所主接线图（续）

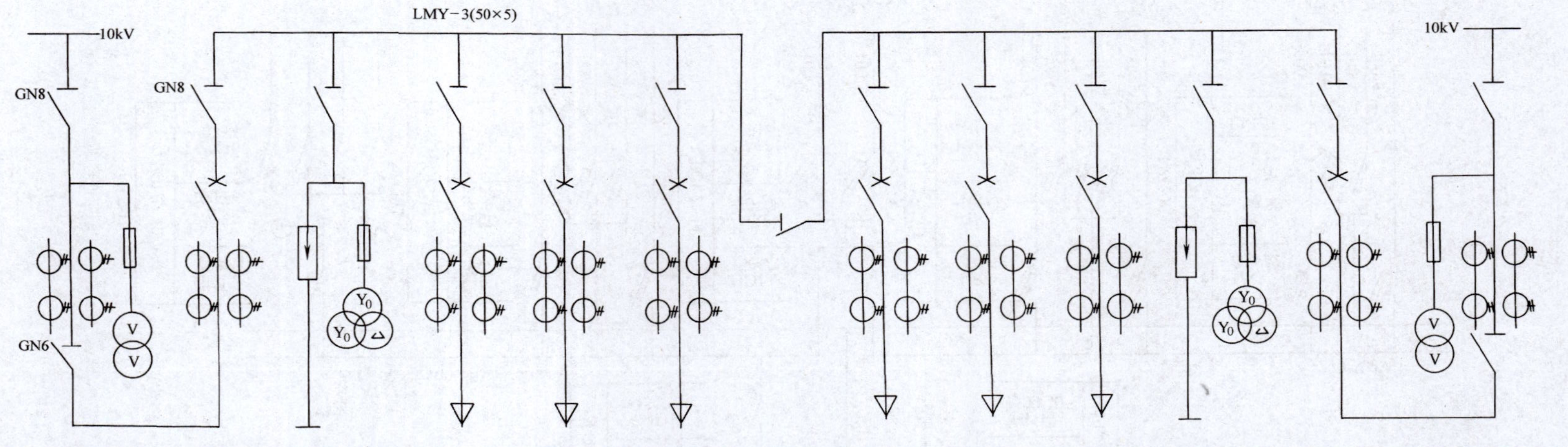

No. 101	No. 102	No. 103	No. 104	No. 105	No. 106	GN6-10/400	No. 107	No. 108	No. 109	No. 110	No. 111	No. 112
电能计量柜	1 号进线开关柜	避雷器及电压互感器	出线柜	出线柜	出线柜		出线柜	出线柜	出线柜	避雷器及电压互感器	2 号进线开关柜	电能计量柜
GG-1A-J	GG-1A（F）-11	GG-1A（F）-54	GG-1A（F）-03	GG-1A（F）-03	GG-1A（F）-03		GG-1A（F）-03	GG-1A（F）-03	GG-1A（F）-03	GG-1A（F）-54	GG-1A（F）-11	GG-1A-J

图 4-67　图 4-66 中所示 10kV 高压配电所的装置式主接线图

三、车间和小型工厂变电所

车间变电所和小型工厂变电所，都是将高压6~10kV降为一般用电设备所需的低压220V/380V的降压变电所。其变压器容量一般不超过1000kV·A，主接线方案通常比较简单。

（一）车间变电所的主接线图

车间变电所的主接线分两种情况：

1. 有工厂总降压变电所或高压配电所的车间变电所

这类车间变电所高压侧的开关电器、保护装置和测量仪表等，一般都安装在高压配电线路的首端，即总变配电所的高压配电室内，而车间变电所只设变压器室（室外则设变压器台）和低压配电室，其高压侧多数不装开关，或只装简单的隔离开关、熔断器（室外装跌开式熔断器）、避雷器等，如图4-68所示。由图可以看出，凡是高压架空进线，变电所高压侧必须装设避雷器，以防雷电波沿架空线侵入变电所击毁电力变压器及其他设备的绝缘。而采用高压电缆进线时，避雷器则装设在电缆的首端（图上未示出），而且避雷器的接地端要连同电缆的金属外皮一起接地。此时变压器高压侧一般可不再装设避雷器。如果变压器高压侧为架空线但又经一段电缆引入，如图4-66中的进线WL1，则变压器高压侧仍应装设避雷器。

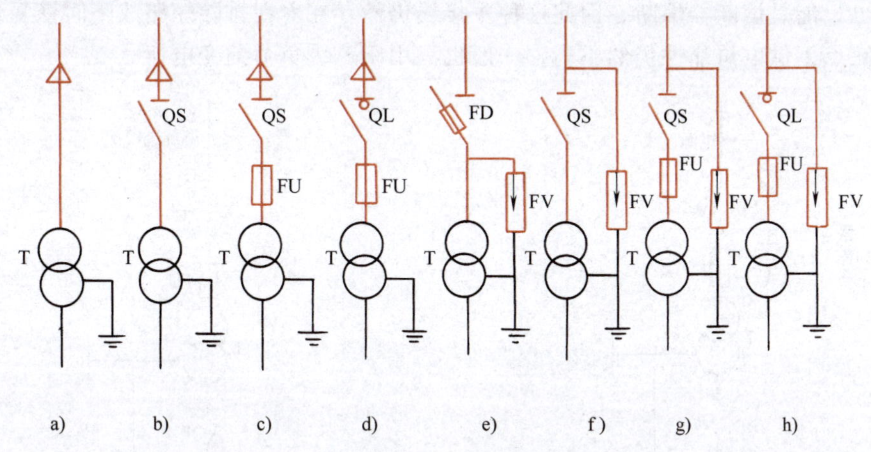

图4-68 车间变电所高压侧主接线方案（示例）

a）高压电缆进线，无开关 b）高压电缆进线，装隔离开关 c）高压电缆进线，装隔离开关-熔断器
d）高压电缆进线，装负荷开关-熔断器 e）高压架空进线，装跌开式熔断器和避雷器
f）高压架空进线，装隔离开关和避雷器 g）高压架空进线，装隔离开关-熔断器和避雷器
h）高压架空进线，装负荷开关-熔断器和避雷器

2. 工厂无总变、配电所的车间变电所

工厂内无总降压变电所和高压配电所时，其车间变电所往往就是工厂的降压变电所，其高压侧的开关电器、保护装置和测量仪表等，都必须配备齐全，所以一般要设置高压配电室。在变压器容量较小、供电可靠性要求不高的情况下，也可不设高压配电室，其高压侧的开关电器就装设在变压器室（室外为变压器台）的墙上或电杆上，而在低压侧计量电能；或者高压开关柜（不多于6台时）就装在低压配电室内，在高压侧计量电能。

（二）小型工厂变电所的主接线图

这里介绍一些常见的主接线方案。为使主接线简明，下面的主接线图中未绘出电能计量柜的电路。

1. 只装有一台主变压器的小型变电所主接线图

只装有一台主变压器的小型变电所，其高压侧一般采用无母线的接线。根据高压侧采用的开关电器不同，有以下三种比较典型的主接线方案。

（1）高压侧采用隔离开关-熔断器或户外跌开式熔断器的变电所主接线图（见图4-69）

这种主接线，受隔离开关和跌开式熔断器切断空载变压器容量的限制，一般只用于500kV·A及以下容量的变电所。这种变电所相当简单经济，但供电可靠性不高，当主变压器或高压侧停电检修或发生故障时，整个变电所就要停电。由于隔离开关和跌开式熔断器不能带负荷操作，因此变电所送电和停电的操作程序比较复杂。如果稍有疏忽，还容易发生带负荷拉闸的严重事故；而且在熔断器熔断后，更换熔体需一定时间，也影响供电可靠性。但是这种主接线简单经济，对于三级负荷的小容量变电所是适宜的。

（2）高压侧采用负荷开关-熔断器或负荷型跌开式熔断器的变电所主接线图（见图4-70） 由于负荷开关和负荷型跌开式熔断器能带负荷操作，从而使变电所停、送电的操作比上述主接线（见图2-67）要简便灵活得多，也不存在带负荷拉闸的危险。但在发生短路故障时，也只能是熔断器熔断，因此这种主接线仍然存在着在排除短路故障时恢复供电的时间较长的缺点，供电可靠性仍然不高，一般也只用于三级负荷的变电所。

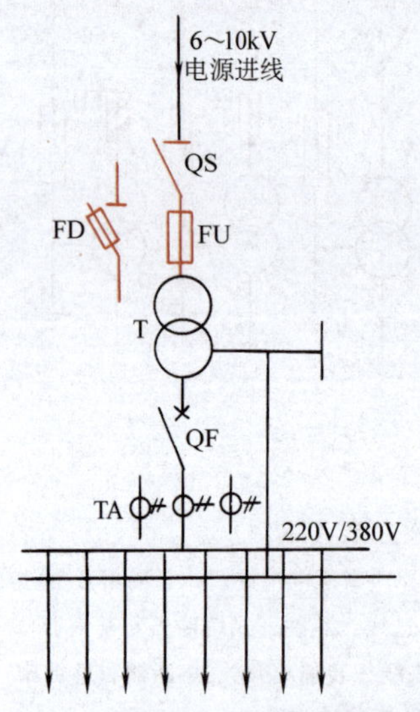

图4-69 高压侧采用隔离开关-熔断器或跌开式熔断器的变电所主接线图

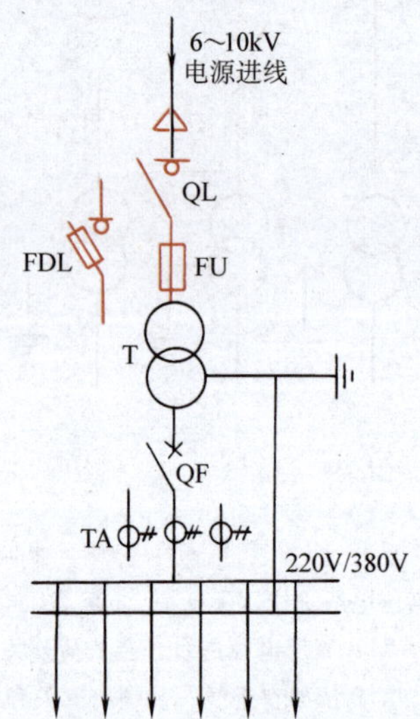

图4-70 高压侧采用负荷开关-熔断器或负荷型跌开式熔断器的变电所主接线图

（3）高压侧采用隔离开关-断路器的变电所主接线图（见图4-71） 这种主接线由于采用了高压断路器，因此变电所的停、送电操作十分灵活方便，而且在发生短路故障时，过电流保护装置动作，断路器会自动跳闸。如果短路故障已经消除，则可立即合闸恢复供电。如果配备自动重合闸装置（ARD），则供电可靠性更高。但是当变电所只此一路电源进线时，一般也只用于三级负荷；如果变电所低压侧有联络线与其他变电所相连时，或另有备用电源

时，则可用于二级负荷。如果变电所有两路电源进线，如图 4-72 所示，则供电可靠性相应提高，可用于二级负荷或少量一级负荷。

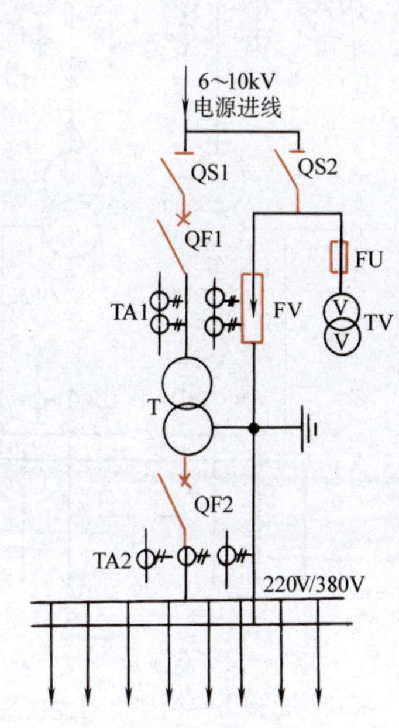

图 4-71 高压侧采用隔离开关-断路器的变电所主接线图

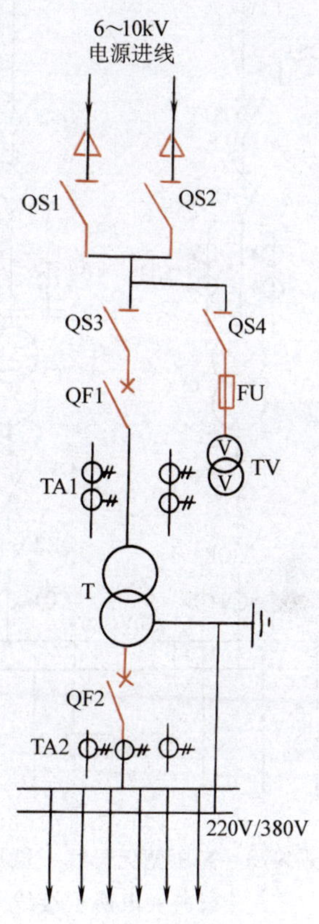

图 4-72 高压双回路进线的一台主变压器的变电所主接线图

2. 装有两台主变压器的小型变电所主接线图

（1）高压无母线、低压采用单母线分段的变电所主接线图（见图 4-73） 这种主接线的供电可靠性较高。当任一主变压器或任一电源进线停电检修或发生故障时，该变电所通过闭合低压母线分段开关，即可迅速恢复对整个变电所的供电。如果两台主变压器高压侧断路器装有互为备用的备用电源自动投入装置（APD），则任一主变压器高压侧的断路器因电源断电（失电压）而跳闸时，另一主变压器高压侧的断路器在 APD 作用下自动合闸，恢复对整个变电所的供电。这时该变电所可供电给一、二级负荷。

（2）高压采用单母线、低压采用单母线分段的变电所主接线图（见图 4-74） 这种主接线适用于装有两台及以上主变压器或具有多路高压出线的变电所，其供电可靠性也较高。任一主变压器检修或发生故障时，通过切换操作，即可迅速恢复对整个变电所的供电。但在高压母线或电源进线进行检修或发生故障时，整个变电所仍要停电。这时只能供电给三级负荷。如果有与其他变电所相连的高压或低压联络线时，则可供电给一、二级负荷。

（3）高低压侧均采用单母线分段的变电所主接线图（见图 4-75） 这种主接线的两段高压母线，在正常时可以接通运行，也可以分段运行。任一台主变压器或任一路电源进线停电检修或发生故障时，通过切换操作，均可迅速恢复整个变电所的供电。因此其供电可靠性

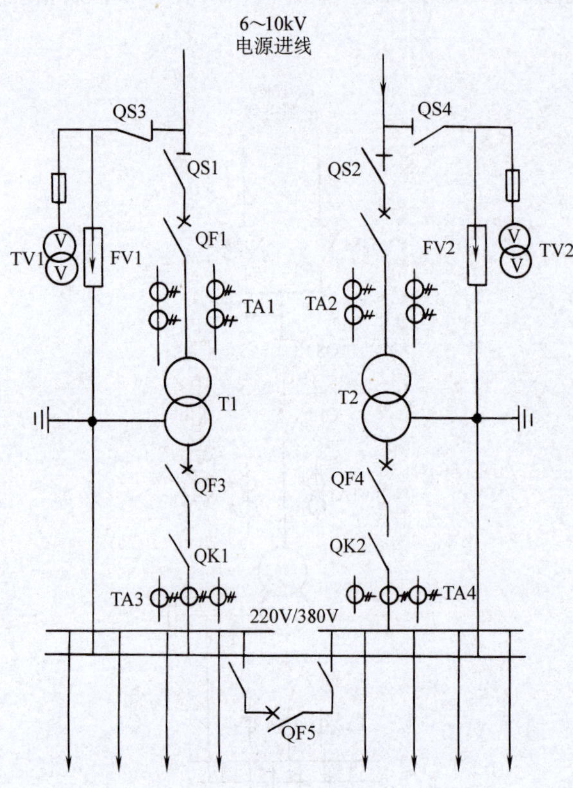

图 4-73　高压侧无母线、低压单母线分段的变电所主接线图

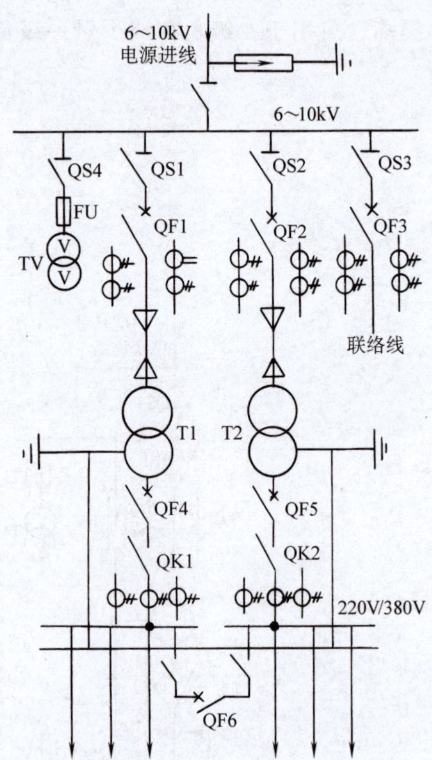

图 4-74　高压单母线、低压单母线分段的变电所主接线图

相当高，可供电给一、二级负荷。

四、工厂总降压变电所的主接线图

对于电源电压为35kV及以上的大中型工厂，通常是先经工厂总降压变电所降为6~10kV的高压配电电压，然后经车间变电所，降为一般低压用电设备所需的电压，如220V/380V。

下面介绍工厂总降压变电所几种较常见的主接线方案。为了使主接线图简明起见，图上省略了包括电能计量柜及所需的电流互感器、电压互感器及避雷器等一次设备。

（一）只装有一台主变压器的总降压变电所主接线图

这种主接线的一次侧无母线、二次侧为单母线，如图4-76所示。其特点是简单经济，但供电可靠性不高，只适用于三级负荷的工厂。

（二）装有两台主变压器的总降压变电所主接线图

（1）一次侧采用内桥式接线、二次侧采用单母线分段的总降压变电所主接线图（见图4-77）　这种主接线，其一次侧的高压断路器QF10跨接在两路电源进线之间，犹如一座桥梁，而且处在线路断路器QF11和QF12的内侧，靠近变压器，因此称为“内桥式”接线。这种主接线的运行灵活性较好，供电可靠性较高，适用于一、二级负荷的工厂。如果某路电源，例如WL1线路停电检修或发生故障，则断开QF11、投入QF10（其两侧隔离开关QS先

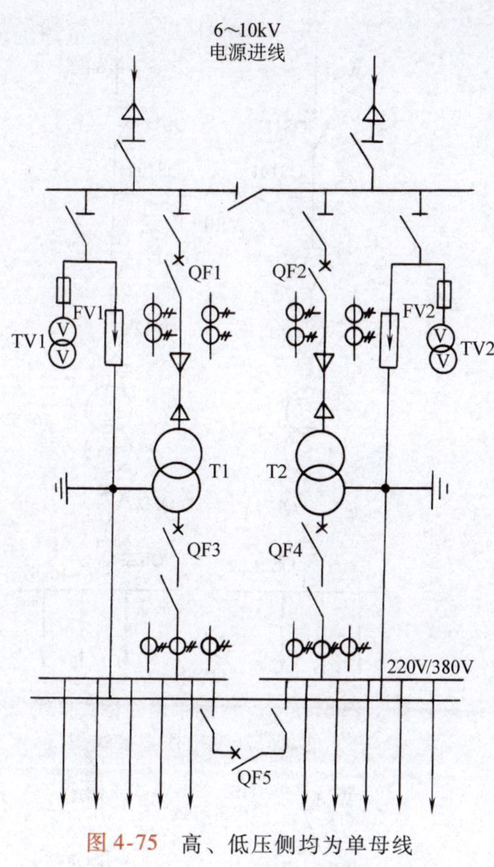

图 4-75 高、低压侧均为单母线分段的变电所主接线图

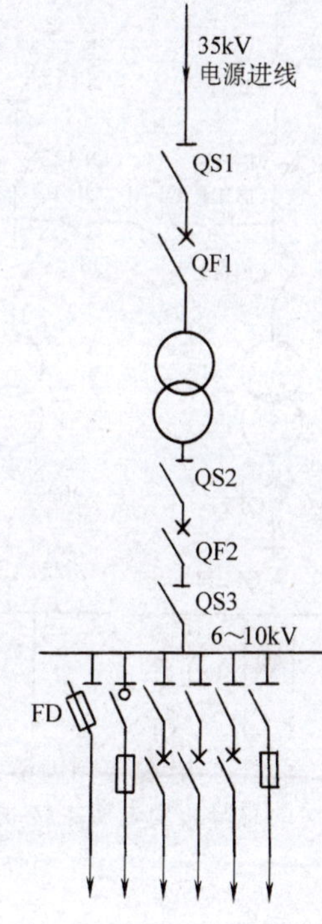

图 4-76 只装有一台主变压器的总降压变电所主接线图

合），即可由 WL2 恢复对变压器 T1 的供电。这种内桥式接线多用于电源线路较长因而发生故障和停电检修的机会较多、并且变压器不需要经常切换的总降压变电所。

（2）一次侧采用外桥式接线、二次侧采用单母线分段的总降压变电所主接线图（见图 4-78） 这种主接线，其一次侧的高压断路器 QF10 也跨接在两路电源进线之间，但处在线路断路器 QF11 和 QF12 的外侧，靠近电源方向，因此称为“外桥式”接线。这种主接线的运行灵活性也较好，供电可靠性也较高，也适用于一、二级负荷的工厂，但与上述内桥式接线适用场合有所不同。如果某台变压器，例如 T1 停电检修或发生故障，则断开 QF11，投入 QF10（其两侧隔离开关 QS 先合），使两路电源进线又恢复并列运行。这种外桥式接线适用于电源线路较短而变电所昼夜负荷变动较大、因经济运行需经常切换变压器的总降压变电所。当一次电源线路采用环形接线时，也宜于采用这种接线，使环形电网的穿越功率不通过断路器 QF11、QF12，这对改善线路断路器的工作及其继电保护装置的整定都极为有利。

（3）一、二次侧均采用单母线分段的总降压变电所主接线图（见图 4-79） 这种主接线兼有上述两种桥式接线运行灵活性的优点，但采用的高压开关设备较多。可供电给一、二级负荷，适用于一、二次侧进出线均较多的总降压变电所。

（4）一、二次侧均采用双母线的总降压变电所主接线图（见图 4-80） 采用双母线接线较之采用单母线接线，其供电可靠性和运行灵活性可大大提高，但开关设备也相应大大增加，从而大大增加了初投资，所以这种双母线接线在工厂变电所中很少采用，它主要应用在电力系统的枢纽变电站。

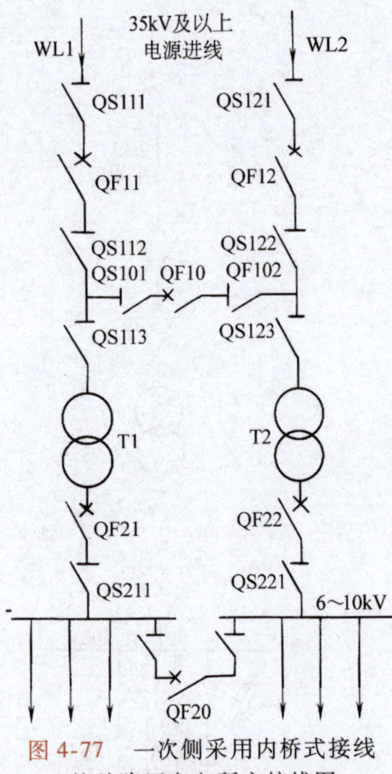

图 4-77 一次侧采用内桥式接线的总降压变电所主接线图

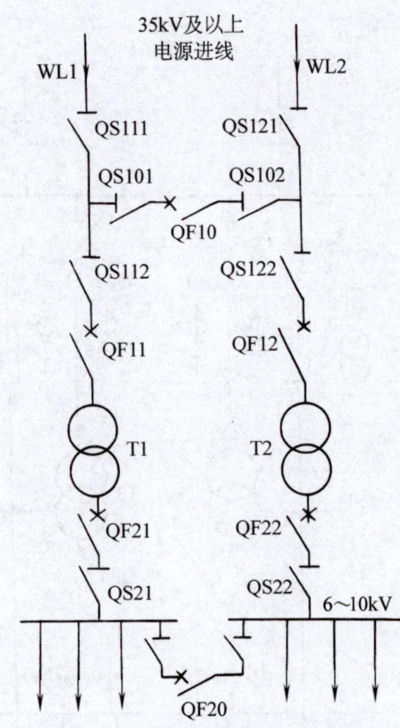

图 4-78 一次侧采用外桥式接线的总降压变电所主接线图

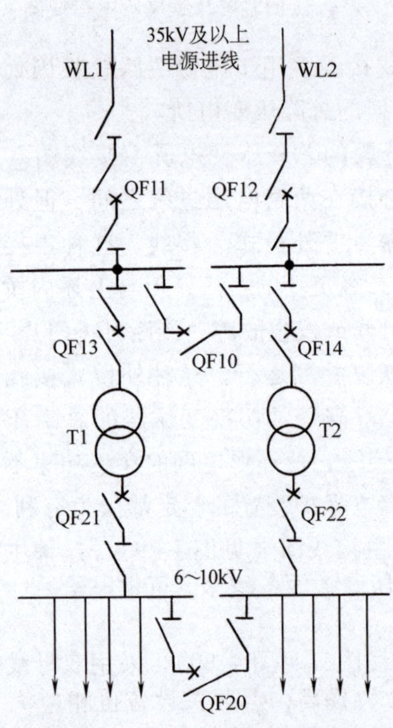

图 4-79 一、二次侧均采用单母线分段的总降压变电所主接线图

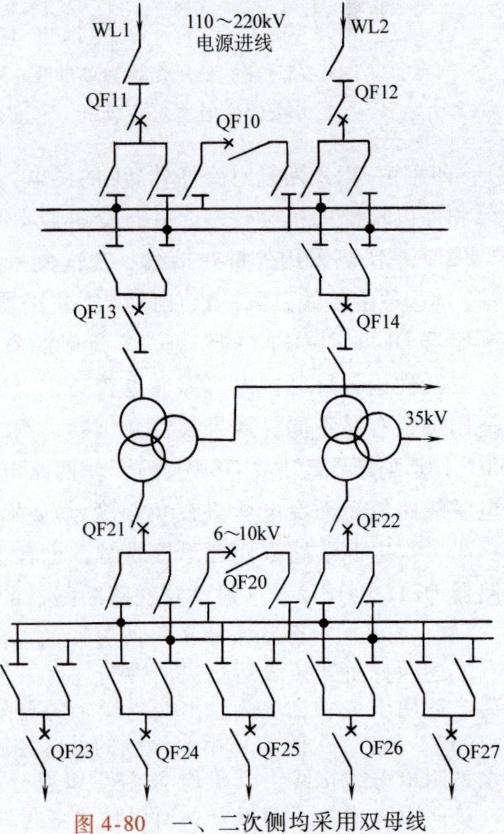

图 4-80 一、二次侧均采用双母线的总降压变电所主接线图

第七节　工厂变配电所的所址、布置、结构及电气安装图

一、变配电所所址的选择

（一）变配电所所址选择的一般原则

变配电所所址的选择，应根据下列要求并经技术及经济性分析比较后确定：

1）尽量靠近负荷中心，以降低配电系统的电能损耗、电压损耗和有色金属消耗量。

2）进出线方便，特别是要便于架空进出线。

3）接近电源侧，特别是工厂的总降压变电所和高压配电所。

4）设备运输方便，特别要考虑电力变压器和高低压成套配电装置的运输。

5）不应设在有剧烈振动或高温的场所；无法避开时，应有防振和隔热的措施。

6）不宜设在多尘或有腐蚀性气体的场所；无法远离时，不应设在污染源的下风侧。

7）不应设在厕所、浴室和其他经常积水场所的正下方，且不宜与上述场所相贴邻。

8）不应设在有爆炸危险环境的正下方或正上方，且不宜设在有火灾危险环境的正上方或正下方。当与有爆炸或火灾危险环境的建筑物毗连时，应符合国家标准 GB 50058—2014《爆炸和火灾危险环境电力装置设计规范》的规定。

9）不应设在地势低洼和可能积水的场所。

关于工厂或车间的负荷中心，可用下面介绍的负荷指示图或负荷功率矩法来近似地确定。

（二）按负荷指示图确定负荷中心

负荷指示图是将电力负荷按一定比例（例如以 1mm^2 面积代表□kW）**用负荷圆的形式标示在工厂或车间的平面图上，**如图 4-81所示。各车间（建筑）的负荷圆的圆心应与车间（建筑）的负荷“重心”（负荷中心）大致相符。在负荷大体均匀分布的车间（建筑）内，这一重心就是车间（建筑）的中心；在负荷分布不均匀的车间（建筑）内，这一重心应偏向负荷集中的一侧。

负荷圆的半径 r 可由车间（建筑）的计算负荷 $P_{30}=K\pi r^2$ 求得，即

$$r=\sqrt{\frac{P_{30}}{K\pi}} \tag{4-14}$$

式中，K 为负荷圆的比例（kW/mm^2）。

由图 4-81 所示的工厂负荷指示图可以直观地大致确定工厂的负荷中心，但还必须结

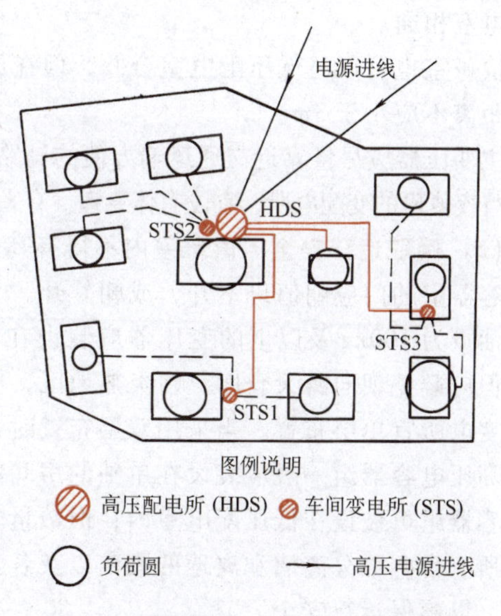

图 4-81　图 1-2 所示工厂的负荷指示图

合其他条件，综合分析比较几个方案，最后择其最佳方案来确定变配电所的所址。

(三) 按负荷功率矩法确定负荷中心

设有负荷 P_1、P_2 和 P_3（均表示有功计算负荷），分布如图 4-82 所示。它们在任意选定的直角坐标系中的坐标分别为 $P_1(x_1,y_1)$，$P_2(x_2,y_2)$，$P_3(x_3,y_3)$。现假设总负荷 $P=\sum P_i=P_1+P_2+P_3$ 的负荷中心位于坐标 $P(x, y)$ 处，则仿照力学中求重心的力矩方程可得

$$x\sum P_i=P_1x_1+P_2x_2+P_3x_3,\quad y\sum P_i=P_1y_1+P_2y_2+P_3y_3$$

写成一般式为

$$x\sum P_i=\sum(P_ix_i),\quad y\sum P_i=\sum(P_iy_i)$$

因此可求得**负荷中心的坐标为**

$$x=\frac{\sum(P_ix_i)}{\sum P_i} \tag{4-15}$$

$$y=\frac{\sum(P_iy_i)}{\sum P_i} \tag{4-16}$$

这里必须指出：负荷中心虽然是选择变配电所所址的重要因素，但不是唯一因素，而且负荷中心也不是固定不变的，因此负荷中心的计算并不要求十分精确。

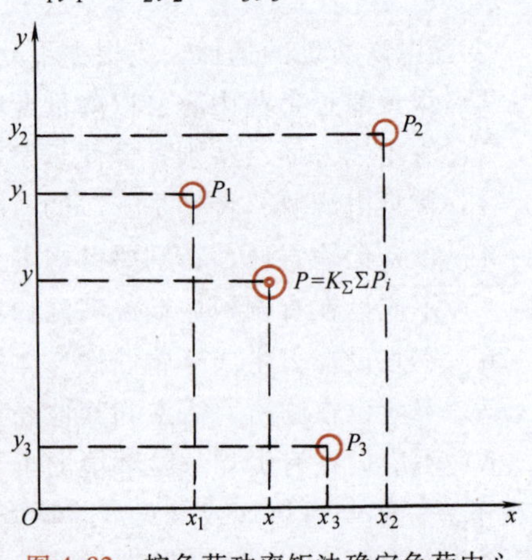

图 4-82　按负荷功率矩法确定负荷中心

二、变配电所的总体布置要求及方案示例

(一) 变配电所总体布置的要求

(1) 便于运行维护和检修　有人值班的变配电所，一般应设值班室。值班室应尽量靠近高低压配电室，且有门直通。如果值班室靠近高低压配电室有困难时，则值班室可经走廊与配电室相通。

值班室也可以与低压配电室合并，但在放置值班工作桌的一面或一端，低压配电装置到墙的距离不应小于 3m。

主变压器应尽量靠近交通运输方便的马路侧。条件许可时，可单设工具材料室或维修间。

昼夜值班的变配电所，宜设有休息室。有人值班的独立变配电所，宜设有厕所和给排水设施。

(2) 保证运行安全　值班室内不得有高压设备 。值班室的门应朝外开。高低压配电室和电容器室的门应朝值班室开，或朝外开。

油量为 100kg 及以上的变压器应装设在单独的变压器室内。变压器室的大门应朝马路开，但应避免朝向露天仓库。在炎热地区，应避免朝西开门。

变电所宜单层布置。当采用双层布置时，变压器应设在底层。

高压电容器组一般应装设在单独的房间内；但数量较少时，可装设在高压配电室内。低压电容器组可装设在低压配电室内；但数量较多时，宜装设在单独的房间内。

所有带电部分离墙和离地的距离以及各室维护操作通道的宽度等，均应符合有关规程的规定，以确保运行安全。

(3) 便于进出线　如果是架空进线，则高压配电室宜位于进线侧。

考虑到变压器低压出线通常是采用矩形裸母线，因此变压器的安装位置（户内式变电

所即为变压器室）宜靠近低压配电室。

低压配电室宜位于其低压架空出线侧。

(4) 节约土地和建筑费用 值班室可与低压配电室合并；但这时低压配电室的面积应适当扩大，以便安置值班桌或控制台，满足运行值班的要求。

高压开关柜不多于6台时，可与低压配电屏设置在同一房间内，但高压柜与低压屏的间距不得小于2m。

不带可燃性油的高低压配电装置和非油浸式电力变压器，可设置在同一房间内。

具有符合外壳防护等级代号IP3X（见附录表13）的不带可燃性油的高低压配电装置和非油浸式电力变压器，当环境允许时，可相互靠近布置在车间内。

高压电容器柜数量较少时，可装设在高压配电室内。

周围环境正常的变电所，可采用露天或半露天式，即变压器安装在户外。

高压配电所应尽量与邻近的车间变电所合建。

(5) 适应发展要求 变压器室应考虑到扩建时有更换大一级容量变压器的可能。

高低压配电室内均应留有适当数量开关柜、屏的备用位置。

既要考虑到变配电所留有扩展的余地，又要不妨碍工厂或车间的发展。

(二) 变配电所总体布置方案示例

变配电所总体布置的方案，应因地制宜，合理设计。布置方案的最后确定，应通过几个方案的技术及经济性比较。

图4-83是图4-66所示高压配电所及其附设2号车间变电所的平面图和剖面图。高压配电室中的开关柜为双列布置时，按GB 50060—2008《3～110kV高压配电装置设计规范》规定，操作通道的最小宽度为2m。这里取为2.5m，从而使运行维护更为安全方便。这里变压器室的尺寸，按所装设的变压器容量增大一级来考虑，以适应变电所负荷增长的要求。高低压配电室也都留有一定的余地，供将来添设高低压开关柜、屏之用。

由图4-83所示配、变电所平面布置方案可以看出：①值班室紧靠高低压配电室，而且有门直通，因此运行维护方便；②高低压配电室和变压器室的进出线都非常方便；③各室大门都按要求双向开启，保证运行安全；④高压电容器室与高压配电室相邻，既安全又配线方便；⑤各室都留有一定的余地，能适应发展的要求。

图4-84是高压配电所与附设车间变电所合建的另几种平面布置方案。

对于不设高压配电所和总降压变电所的工厂或车间变电所，其布置方案也与以上图4-83和图4-84所示布置方案基本相同，只是高压开关柜数量较少，因此高压配电室相应小一些。如果不设高压配电室和高压电容器室，则取消这些室就可以了。

对于既无高压配电室又无值班室的车间变电所，其平面布置方案更简单，如图4-85所示。

三、变配电所的结构

(一) 变压器室和室外变压器台的结构

1. 变压器室的结构

变压器室的结构型式，取决于变压器的型式、容量、放置方式、主接线方案及进出线方式和方向等诸多因素，且应考虑运行维护的安全以及通风、防火等问题。考虑到发展，变压

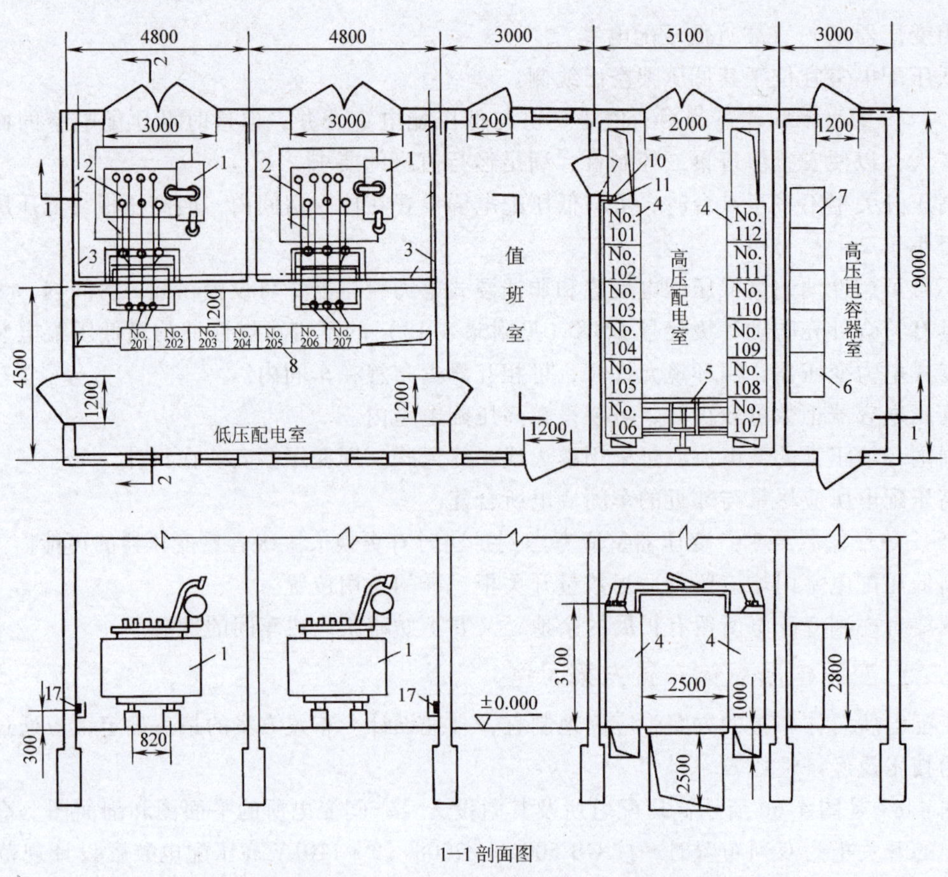

图 4-83　图 4-66 所示高压配电所及其附设 2 号车间变电所的平面图和剖面图

1—S9—800/10 型电力变压器　2—PEN 线　3—接地线　4—GG—1A（F）型高压开关柜
5—GN6 型高压隔离开关　6—GR—1 型高压电容器柜　7—GR—1 型电容器放电柜　8—PGL2 型低压配电屏
9—低压母线及支架　10—高压母线及支架　11—电缆头　12—电缆　13—电缆保护管　14—大门
15—进风口（百叶窗）　16—出风口（百叶窗）　17—接地线及其固定钩

器室宜有更换大一级容量的可能性。

为保证变压器安全运行及防止变压器失火时故障蔓延，GB 50053—2013《20kV 及以下变电所设计规范》规定，可燃油油浸式变压器外廓与变压器室墙壁和门的最小净距应符合表 4-5 的规定。

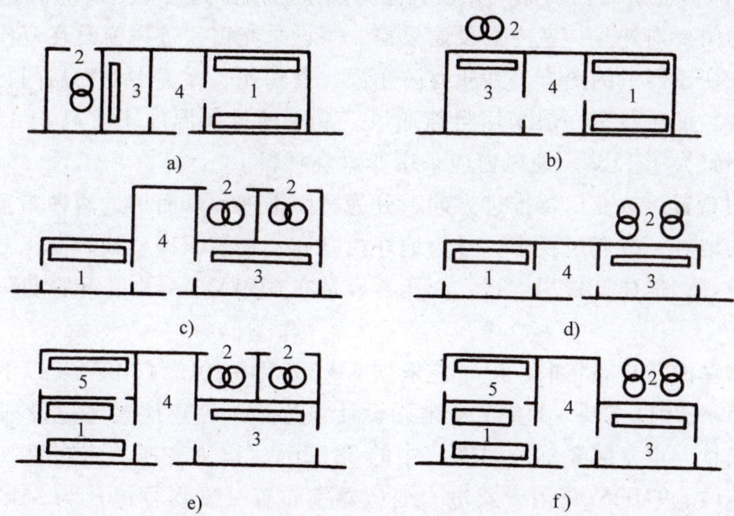

图 4-84 工厂高压配电所与附设车间变电所合建的平面布置方案（示例）

a）室内型，有值班室，一台变压器 b）室外型，有值班室，一台变压器 c）室内型，有值班室，两台变压器 d）室外型，有值班室，两台变压器 e）室内型，有值班室和高压电容器室，两台变压器 f）室外型，有值班室和高压电容器室，两台变压器

1—高压配电室 2—变压器室或室外变压器台 3—低压配电室 4—值班室 5—高压电容器室

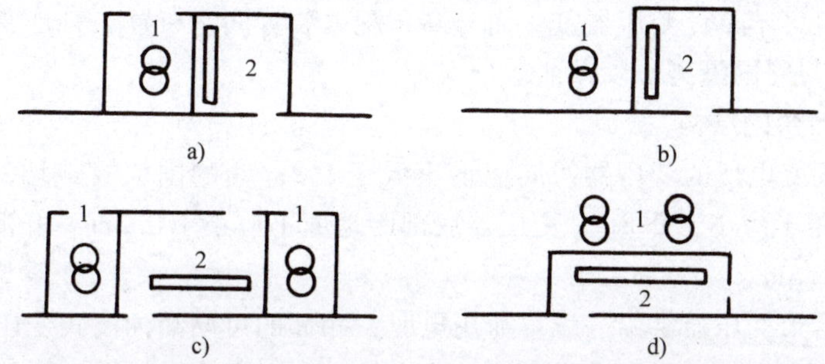

图 4-85 无高压配电室和值班室的车间变电所平面布置方案（示例）

a）室内型，一台变压器 b）室外型，一台变压器 c）室内型，两台变压器 d）室外型，两台变压器

1—变压器室或室外变压器台 2—低压配电室

表 4-5 可燃油油浸式变压器外廓与变压器室墙壁和门的最小净距（据 GB 50053—2013）

变压器容量/kV · A	100 ~ 1000	1250 及以上
变压器外廓与后壁、侧壁净距/mm	600	800
变压器外廓与门净距/mm	800	1000

可燃油油浸式变压器室的耐火等级应为一级，非燃或难燃介质（干式）变压器室的耐火等级不应低于二级。

可燃油油浸式变压器如果位于容易沉积可燃粉尘、可燃纤维的场所，或者变压器室附近有粮、棉及其他易燃物品大量集中的露天场所，或变压器下面有地下室时，变压器室应设置容量为100%变压器油量的挡油池，并设置能将多余的油排到安全处所的措施。

变压器室的门要向外开。室内只设通风窗，不设采光窗。进风窗设在变压器室前门的下方，出风窗设在变压器室的上方，并应有防止雨、雪和蛇、鼠类小动物从门、窗和电缆沟等进入室内的设施。变压器室一般采用自然通风。夏季的排风温度不宜高于45℃，进风和排风的温度差别不宜大于15℃。通风窗应采用非燃烧材料。

变压器室的布置，按变压器推进方向，分为宽面推进和窄面推进两种布置方式。

变压器室的地坪，按通风要求，分为地坪抬高和不抬高两种型式。变压器室的地坪抬高时，通风散热更好，但建筑费用增高。变压器容量在630kV·A及以下的变压器室地坪，一般不抬高。

设计变压器室的结构布置时，除了应依据GB 50053—2013《20kV及以下变电所设计规范》和GB 50059—2011《35~110kV变电站设计规范》外，还应参考建设部批准的《全国通用建筑标准设计　电气装置标准图集》中的88D264《电力变压器室布置（变压器电压为6~10kV/0.4kV）》、97D267《附设式电力变压器室布置（变压器电压为35kV/0.4kV）》和99D268《干式变压器安装》等。

图4-86是88D264图集中一油浸式变压器室的结构布置图，其高压侧装有高压负荷开关-熔断器。本变压器室为窄面推进式，室内地坪不抬高，高压电缆由左侧下方进线，低压母线由右侧上方出线。

图4-87是99D268图集中一干式变压器室的结构布置图，其高压侧装有负荷开关或隔离开关。变压器室也为窄面推进式，高压电缆也由左侧下方进线，低压母线也由右侧上方出线。

干式变压器也可不单设变压器室，而与高压配电装置同室布置，只是变压器应设不低于1.7m高的遮拦，与周围隔离，以保证运行安全。

2. 室外变压器台的结构

露天或半露天变电所的变压器四周应设不低于1.7m高的围栏（或墙）。变压器外廓与围栏（墙）的净距不应小于0.8m，变压器底部距地面不应小于0.3m，相邻变压器外廓之间的净距不应小于1.5m。

当露天或半露天变压器供给一级负荷用电时，相邻的可燃油油浸式变压器的防火净距不应小于5m。如果小于5m，则应设防火墙，防火墙应高出变压器储油柜顶部，且墙两端应大于挡油设施两侧各0.5m。

设计露天变电所时，除了应依据前述GB 50053—2013和GB 50059—2011等设计规范外，还 应参考建设部批准的86D266《落地式变压器台》标准图集。

图4-88是86D266图集中一室外变压器台的结构图。该变电所有一路架空进线，高压侧装有可带负荷操作的RW10-10（F）型跌开式熔断器及避雷器。避雷器与变压器低压侧中性点及变压器外壳共同接地，并将变压器的接地中性线（PEN线）引入低压配电室内。

当变压器容量在315kV·A及以下、环境正常且符合用电负荷供电可靠性要求时，可考虑采用杆上变压器台的型式。设计时可参考建设部批准的86D265《杆上变压器台》标准图集。

（二）配电室、电容器室和值班室的结构

1. 高低压配电室的结构

高低压配电室的结构型式，主要决定于高低压配电柜、屏的型式、尺寸和数量，同时要

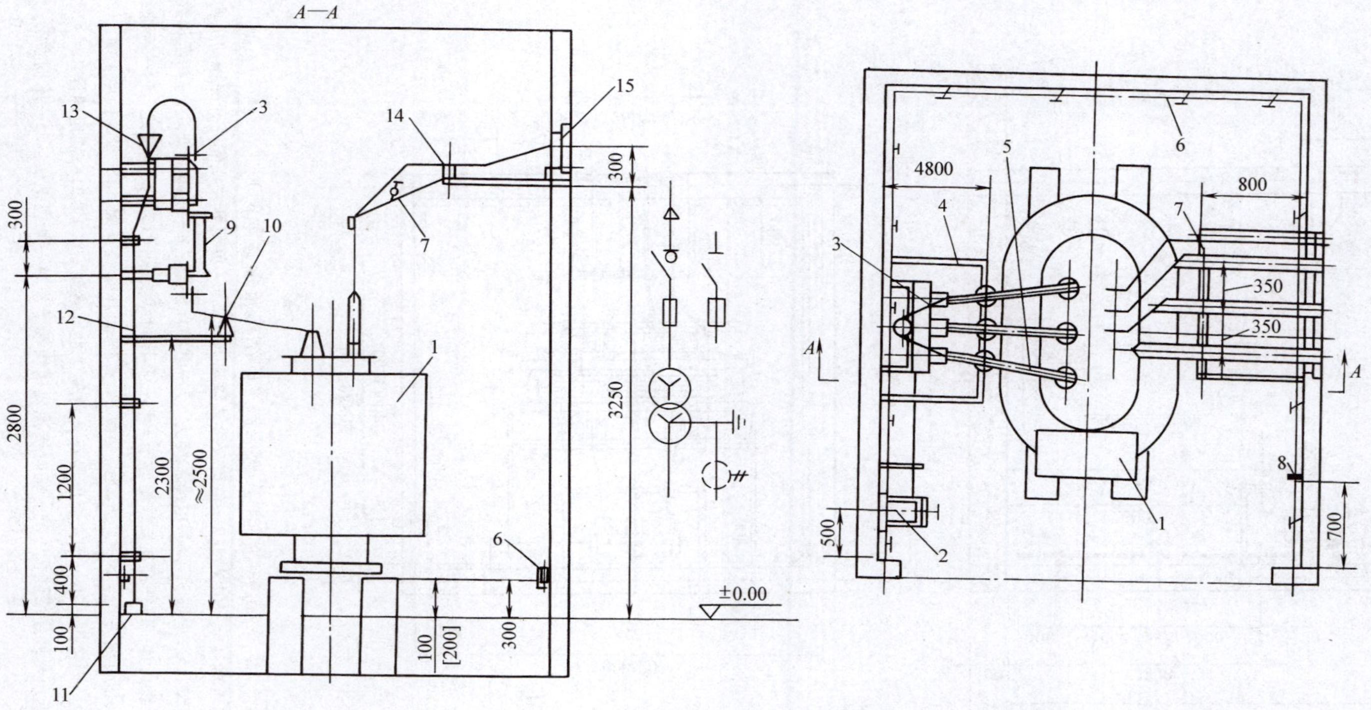

图 4-86 油浸式变压器室的结构布置（示例）

1—油浸式变压器 2—高压负荷开关操动机构 3—高压负荷开关 4—高压母线支架 5—高压母线 6—接地线 7—中性母线 8—临时接地线接线端子 9—高压熔断器 10—高压绝缘子 11—电缆保护管 12—高压电缆 13—电缆头 14—低压母线 15—低压母线穿墙隔板

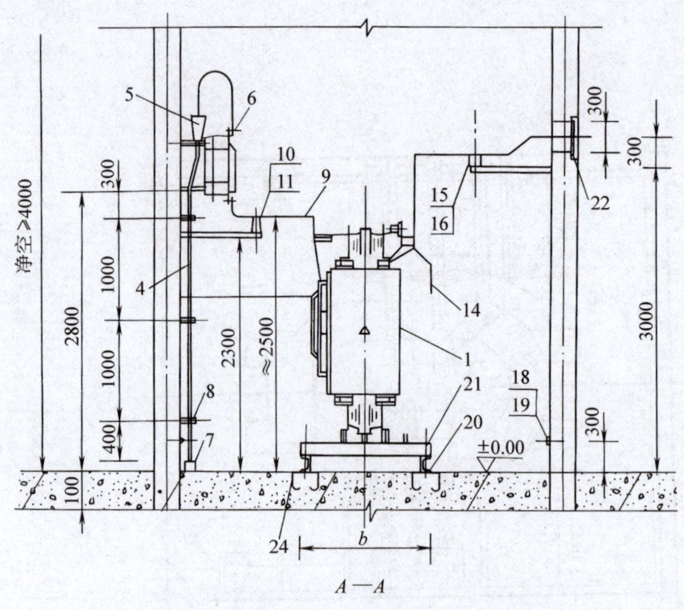

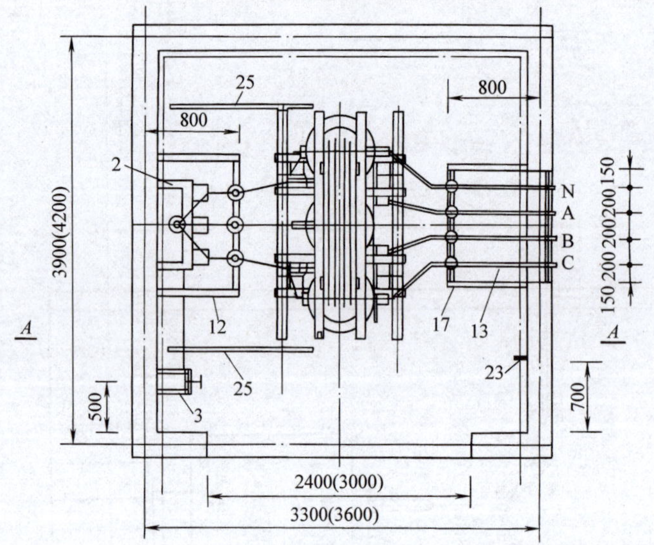

图 4-87　干式变压器室的结构布置（示例）

1—干式变压器（6～10kV）　2—负荷开关或隔离开关　3—负荷开关或隔离开关操动机构　4—高压电缆　5—电缆头　6—电缆芯接头　7—电缆保护管　8—电缆支架　9—高压母线　10—高压母线夹具　11—高压支柱绝缘子　12—高压母线支架　13—低压母线　14—接地线　15—低压母线夹具　16—电车线路绝缘子　17—低压母线支架　18—PE 接地干线　19—固定钩　20—干式变压器安装底座（也可落地安装）　21—固定螺栓　22—低压母线穿墙隔板　23—临时接地线接线端子　24—预埋钢板　25—木栅栏

考虑运行维护的方便和安全，留有足够的操作维护通道，并且要照顾今后的发展，留有适当数量的备用开关柜、屏的位置，但占地面积不宜过大，建筑费用不宜过高。

高压配电室内各种通道的最小宽度，按 GB 50053—2013 规定，见表 4-6。

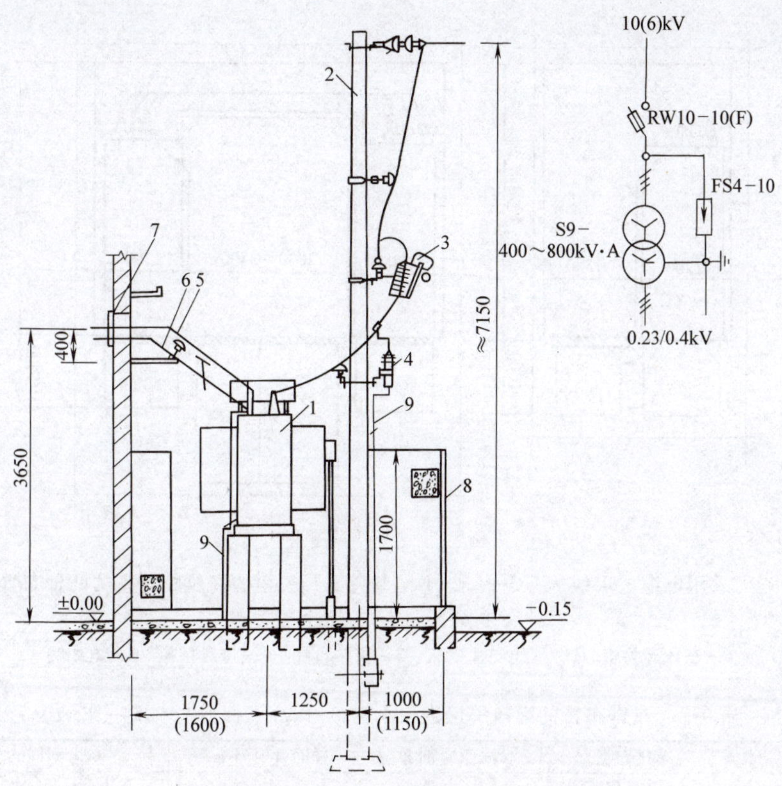

图 4-88 露天变电所变压器台的结构（示例）

1—变压器 2—水泥电杆 3—RW10—10F 型跌开式熔断器 4—避雷器 5—低压母线 6—中性母线 7—低压母线穿墙隔板 8—围墙 9—接地线

注：图中括号内尺寸适于容量为 630kV · A 及以下的变压器。

表 4-6 高压配电室内各种通道的最小宽度（据 GB 50053—2013）

开关柜布置方式	柜后维护通道/mm	柜前操作通道/mm	
		固定式柜	手车式柜
单排布置	800	1500	单手车长度 +1200
双排面对面布置	800	2000	双手车长度 +900
双排背对背布置	1000	1500	单手车长度 +1200

注：1. 固定式开关柜靠墙布置时，柜后与墙净距应大于 50mm，侧面与墙净距宜大于 200mm。
2. 通道宽度在建筑物的墙面遇有柱类局部突出时，突出部位的通道宽度可减少 200mm。
3. 当开关柜侧面需设置通道时，通道宽度不应小于 800mm。
4. 对全绝缘密封式成套配电装置，可根据厂家安装使用说明书减少通道宽度。

图 4-89 是 88D263《变配电所常用设备构件安装》标准图集中关于装有 GG—1A（F）型高压开关柜、采用电缆进出线的高压配电室的两种布置方案剖面图。由图可知，装设 GG—1 A（F）型高压开关 柜（柜高 3. 1m）的高压配电室高度为 4m，这是采用电缆进出线的情况。如果采用架空进出线时，则高压配电室高度应在 4. 2m 以上。如采用电缆进出线，而开关柜为手车式（一般柜高 2. 2m）时，高压配电室高度可降低为 3. 5m。为了布线和检修的需要，开关柜下面应设电缆沟。

低压配电室内成排布置的配电屏，其屏前、屏后的通道最小宽度，应符合现行《低压配电设计规范》GB 50054—2011 的规定，见表 4-7。

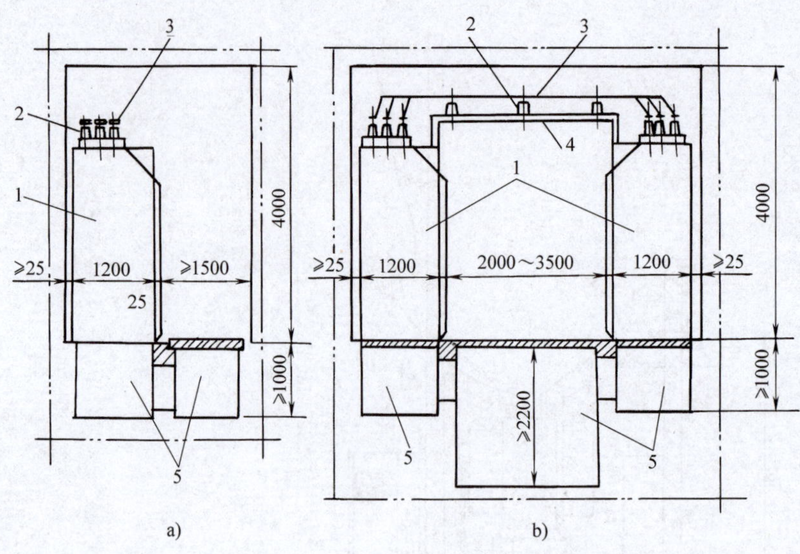

图 4-89 采用电缆进出线的GG—1A（F）型高压开关柜的高压配电室的两种布置方案

a）单列布置 b）双列面对面布置

1—高压开关柜 2—母线支柱瓷瓶 3—高压母线 4—母线桥架 5—电缆沟

表 4-7 成排布置的配电屏通道最小宽度（m）（据 GB 50054—2011）

配电屏种类		单排布置			双排面对面布置			双排背对背布置			多排同向布置			屏侧通道
		屏前	屏后		屏前	屏后		屏前	屏后		屏间	前、后排屏距墙		
			维护	操作		维护	操作		维护	操作		前排屏前	后排屏后	
固定式	不受限制时	1.5	1.0	1.2	2.0	1.0	1.2	1.5	1.5	2.0	2.0	1.5	1.0	1.0
	受限制时	1.3	0.8	1.2	1.8	0.8	1.2	1.3	1.3	2.0	1.8	1.3	0.8	0.8
抽屉式	不受限制时	1.8	1.0	1.2	2.3	1.0	1.2	1.8	1.0	2.0	2.3	1.8	1.0	1.0
	受限制时	1.6	0.8	1.2	2.1	0.8	1.2	1.6	0.8	2.0	2.1	1.6	0.8	0.8

注：1. 受限制时是指受到建筑平面的限制、通道内有柱等局部突出物的限制；
2. 屏后操作通道是指需在屏后操作运行中的开关设备的通道；
3. 背靠背布置时屏前通道宽度可按本表中双排背对背布置的屏前尺寸确定；
4. 控制屏、控制柜、落地式动力配电箱前后的通道最小宽度可按本表确定；
5. 挂墙式配电箱的箱前操作通道宽度，不宜小于1m。

低压配电室的高度，应与变压器室综合考虑，以便变压器低压出线。当配电室与抬高地坪的变压器室相邻时，配电室的高度不应低于4m；当配电室与不抬高地坪的变压器室相邻时，配电室的高度不应低于3.5m。为了布线需要，低压配电屏下面也应设电缆沟。

高压配电室的耐火等级不应低于二级；低压配电室的耐火等级不应低于三级。

高压配电室宜设不能开启的自然采光窗，窗台距室外地坪不宜低于1.8m；低压配电室可设能开启的自然采光窗。配电室临街的一面不宜开窗。

高低压配电室的门应向外开。相邻配电室之间有门时，其门应能双向开启。

配电室也应设置防止雨、雪和蛇、鼠类小动物从采光窗、通风窗、门和电缆沟等进入室内的设施。

配电室的顶棚、墙面及地面的建筑装修应使之少积灰和不起灰，顶棚不应抹灰。

长度大于7m的配电室，应设两个出口，并宜布置在配电室的两端。长度大于60m时，宜增设一个出口。

2. 高低压电容器室的结构

高低压电容器室采用的电容器柜，通常都是成套型的。按 GB 50053—2013 规定，成套电容器柜单列布置时，柜正面与墙面距离不应小于 1.3m；双列布置时，柜面之间距离不应小于 1.5m。

高压电容器室的耐火等级不应低于二级；低压电容器室的耐火等级不应低于三级。

电容器室应有良好的自然通风。当自然通风不能满足排热要求时，可增设机械排风。电容器室应设温度指示装置。电容器室的门也应向外开。

电容器室也应设置防止雨、雪和蛇、鼠类小动物从采光窗、通风窗、门和电缆沟等进入室内的设施。

电容器室的顶棚、墙面及地面的建筑要求与配电室相同。

3. 值班室的结构

值班室的结构型式，要结合变配电所的总体布置和值班工作要求全盘考虑，以利于运行值班工作。

值班室要有良好的自然采光，采光窗宜朝南。在采暖地区，值班室应采暖，采暖的计算温度为 18℃，采暖装置宜采用排管焊接。在蚊子和其他昆虫较多的地区，值班室应装纱窗、纱门。值班室除通往配电室、电容器室的门外，其他的门均应向外开。

（三）组合式成套变电所的结构

组合式成套变电所又称箱式变电所，其各个单元都由生产厂商成套供应、现场组合安装而成。这种成套变电所不必建造变压器室和高低压配电室等，从而可减少土建投资，而且便于深入负荷中心，简化供配电系统。它全部采用无油或少油电器，因此运行相当安全，维护工作量也小。这种组合式变电所已在城市、工厂特别是高层建筑中广泛应用。

组合式成套变电所分户内式和户外式两大类。户内式主要用于高层建筑和民用建筑群的供电；户外式则用于工矿企业、公共建筑和住宅小区供电。

组合式成套变电所的电气设备一般分三部分（以 XZN-1 型户内组合式成套变电所为例）：

（1）高压开关柜　采用 GFC-10A 型手车式高压开关柜，其手车上装有 ZN4-10C 型真空断路器。

（2）变压器柜　主要装配 SC 或 SCL 型环氧树脂浇注干式变压器，为防护式可拆装结构。变压器底部装有滚轮，便于取出检修。

（3）低压配电柜　采用 BFC-10A 型抽屉式低压配电柜，其开关主要为 ME 型低压断路器等。

某 XZN-1 型户内组合式成套变电所的平面布置图如图 4-90 所示。该变电装置的高度为 2.2m，其装置式主接线图如图 4-91 所示。

四、变配电所的电气安装图

电气安装图又称电气施工图，是设计单位提供给施工单位进行电气安装所依据的技术图样，也是运行单位进行竣工验收及运行维护和检修试验的重要依据。

绘制电气安装图，必须遵循国家有关标准的规定。例如，图形符号必须按照 GB/T 4728—1996～2000《电气简图用图形符号》，文字符号必须按照 GB 7159—1987《电气技术中的文字符号制订通则》，绘图方法必须按照 GB/T 6988.1—2008《电气技术用文件的编制

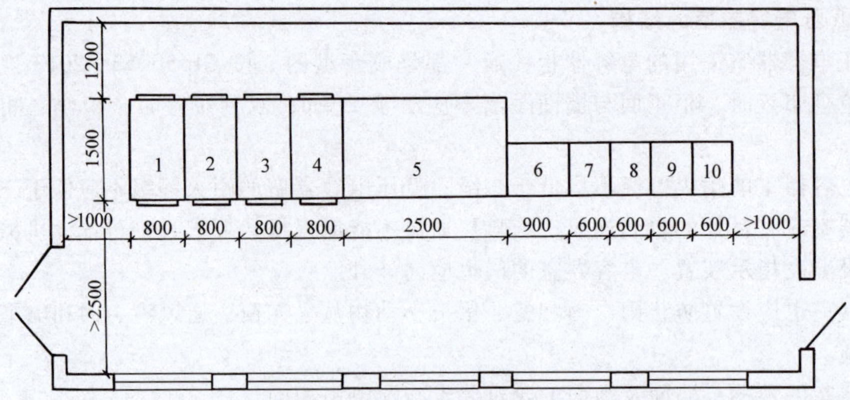

图 4-90 某 XZN-1 型户内组合式成套变电所的平面布置图

1～4—GFC-10A 型手车式高压开关柜 5—SC 或 SCL 型环氧树脂浇注干式变压器

6—低压总进线柜 7～10—BFC-10A 型抽屉式低压配电柜

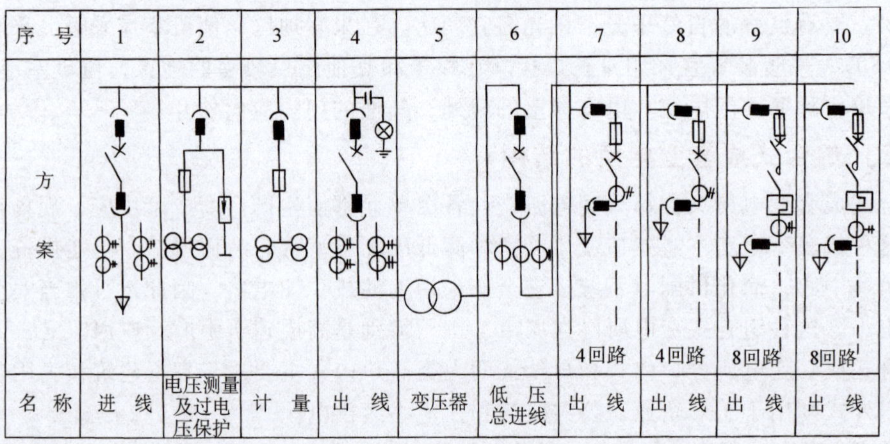

图 4-91 图 4-90 所示 XZN-1 型户内组合式成套变电所的装置式主接线图

第 1 部分：规则》的规定编制和绘制。

变配电所的电气安装图主要包括下列图样：

(1) 变配电所主接线图 即主电路图，一般绘成单线图，如图 4-66 或图 4-67 所示。图上所有一次设备和线路均应进行标号，并注明其型号规格。

(2) 变配电所二次电路图 包括二次电路原理图和安装接线图，这将在第七章介绍。

(3) 变配电所平、剖面图 用适当比例（见表 4-8）绘制，具体表示出变配电所的总体布置和一次设备的安装位置，如图 4-83 所示。设计时应依据有关设计规范，并参照有关标准图集。

表 4-8 供电设计中平、剖面图上常用的比例

比 例	适 用 范 围
1:2000、1:1000、1:500	用户总平面图
1:200、1:100、1::50	建筑物的平、剖面图；采用 A2 图纸时，用户总变配电所多采用比例 1:100，车间变电所多采用 1:50
1:50、1:20、1:10	建筑物的局部放大图
1:20、1:10、1:5	电气装置的零部件及其结构详图

(4) 构件安装大样图 有标准图样时，应采用标准图样，只需提出其标准图样的代号即可。无标准图样的构件，应按设计要求绘制其安装大样图，图上注明比例、尺寸及有关材料和技术要求，以便制作单位按图制作和安装。

第八节 工厂变配电所的运行维护与检修试验

一、变配电所的值班制度和值班员职责

(一) 变配电所的值班制度

工厂变配电所的值班制度，主要有轮换值班制和无人值班制。采用无人值班制，可以节约人力，减少运行费用，但需要有较完善的监测信号系统和自动装置等，才能确保变配电所的安全运行。从发展方向来说，工厂变配电所肯定要向自动化和无人值班的方向发展。但在当前，我国大多数工厂变配电所仍以三班轮换的值班制度为主，即全天分为早、中、晚三班，而值班人员则分为若干组，轮流值班，全年都不间断。这种值班制度对于确保变配电所的安全运行有很大好处，但人力耗费较多。一些小型工厂的变配电所和大中型工厂的一些车间变电所，则往往采用无人值班制，仅由工厂的维修电工或工厂总变配电所的值班电工每天定时巡视检查。

有高压设备的变配电所，为保证安全，一般应不少于两人值班。但按原电力行业标准 DL 408—1991《电业安全工作规程》或国家电网公司 2005 年发布的《电力安全工作规程》规定：当室内高压设备的隔离室设有遮拦，遮拦的高度在 1.7m 以上，安装牢固并加锁者，且室内高压开关的操动机构用墙或金属板与该开关隔离，或装有远方操作机构者，可单人值班。

(二) 变配电所值班员的职责

1) 遵守变配电所值班工作制度，坚守工作岗位，不进行与工作无关的其他活动，确保变配电所的安全运行。

2) 积极钻研本职工作，认真学习和贯彻有关规程包括国家电网公司 2005 年发布的《电力安全工作规程》及其 2006 年发布的《变电站管理规范》等，熟悉变配电所的设备和接线及其运行维护和倒闸操作要求，掌握安全用具和消防器材的使用方法及触电急救法，了解变配电所现在的运行方式、负荷情况及负荷调整、电压调节等措施。

3) 监视所内各种设备的运行情况，定期巡视检查，按照规定抄报各种运行数据，记录运行日志。发现设备缺陷和运行不正常时，及时处理，并作好有关记录，以备查考。

4) 按上级调度命令进行操作，发生事故时进行紧急处理，并做好记录，以备查考。

5) 保管所内各种资料图表、工具仪器和消防器材等，并做好和保持所内设备和环境的清洁卫生。

6) 按规定进行交接班。值班员未办好交接手续时，不得擅离岗位。在处理事故时，一般不得交接班。接班的值班员可在当班的值班员要求和主持下，协助处理事故。如果事故一时难以处理完毕，在征得接班的值班员同意或上级同意后，可进行交接班。

这里必须指出：不论高压设备带电与否，值班员不得单独移开或越过遮拦进行工作；如有必要移开遮拦时，必须有监护人在场，并符合《电力安全工作规程》规定的设备不停电

时的安全距离，见表4-9。在雷雨天巡视露天高压设备时，必须穿绝缘靴，且不得靠近避雷器和接闪杆（避雷针）。当高压设备发生接地故障时，室内不得接近故障点4m以内，室外不得接近故障点8m以内。进入上述范围的人员必须穿绝缘靴，接触设备的外壳和构架时，应戴绝缘手套。

表4-9 设备不停电时的安全距离

电压等级/kV	10及以下(13.8)	20、35	66、110	220	330	500
安全距离/m	0.70	1.00	1.50	3.00	4.00	5.00

注：表中“（13.8）”表示“含13.8kV电压级”。表中未列电压，按高一级电压的安全距离。

二、变配电所的送电和停电操作

（一）操作的一般要求

为了确保运行安全，防止误操作，按《电力安全工作规程》规定，倒闸操作应根据值班调度员值班负责人的指令，受令人复诵无误后执行。倒闸操作由操作人员填写操作票。变电所倒闸操作票格式见表4-10。

表4-10 变电所倒闸操作票格式

变电所倒闸操作票

单位__________ 编号__________

发令人		受令人		发令时间： 年 月 日 时 分
操作开始时间： 年 月 日 时 分				操作结束时间： 年 月 日 时 分
（ ）监护下操作		（ ）单人操作		（ ）检修人员操作
操作任务：				
顺序	操作项目			√
备注：				
操作人：		监护人：		值班负责人（值长）：

操作票应用钢笔或圆珠笔填写。用计算机开出的操作票应与手写格式一致。操作票票面应清楚整洁，不得任意涂改。操作人和监护人应根据模拟图或接线图核对所填写的操作项目，并分别签名，然后经运行值班负责人（检修人员操作时由工作负责人）审核签名。每张操作票只能填写一个操作任务。

操作票应填写下列项目：

1）应拉合的开关设备，验电，装拆接地线，安装或拆除控制回路或电压互感器回路的熔断器，切换保护回路和自动化装置及检验是否确无电压等。

2）拉合开关设备后检查其位置。

3）进行停、送电操作时，在拉、合隔离开关（刀闸）或拉出、推入手车式开关前，检查断路器确实在分闸位置。

4）在进行切换负荷或解、并列操作前后，检查相关电源运行及负荷分配情况。

5）设备检修后合闸送电前，检查送电范围内接地开关是否拉开，接地线是否拆除。

操作票应填写设备的双重名称，即其本身名称和编号。

开始操作前，应先在模拟图（或微机防误装置、微机监控装置）上进行核对性模拟预演，无误后再进行操作。操作前应先核对设备名称、编号和位置，操作中应认真执行监护复诵制度（单人操作时也应高声唱票），现场宜全过程录音。操作过程中应按操作票填写的顺序逐项操作。每操作完一步，应检查无误后做一个“√”记号，全部操作完毕后进行复查。

监护操作时，操作人在操作过程中不得有任何未经监护人同意的操作行为。

操作中发生疑问时，应立即停止操作，并向发令人报告。待发令人再行许可后，方可继续进行操作。不准擅自更改操作票。

用绝缘棒拉合隔离开关或经传动机构拉合断路器和隔离开关，均应戴绝缘手套。雨天操作室外高压设备时，绝缘棒应有防雨罩，还应穿绝缘靴。接地网的接地电阻不符合要求的，晴天也要穿绝缘靴。雷雨时，一般不进行倒闸操作。

在发生人身触电事故时，为了抢救触电人，可以不经许可，即行断开有关设备的电源，但事后应立即报告调度和上级部门。

下列各项工作可不用操作票：①事故应急处理；②拉合断路器的单一操作；③拉开或拆除全所唯一的一组接地开关或接地线。上述操作完成后，应做好记录，事故应急处理应保存原始记录。

（二）变配电所的送电操作

变配电所送电时，一般应从电源侧的开关合起，依次合到负荷侧开关。按这种程序操作，可使开关的闭合电流减至最小，比较安全。万一某部分存在故障，也容易发现。但是在高压隔离开关-断路器电路及低压刀开关-断路器（自动开关）电路中，一定要按照先合母线侧隔离开关或刀开关、再合线路侧隔离开关或刀开关、最后合高低压断路器的顺序依次操作。

如果变配电所是事故停电后的恢复送电操作，则操作的程序应视开关类型而有所不同。若电源进线是装设的高压断路器，则在高压母线发生短路故障时，断路器自动跳闸。在故障消除后，直接合上断路器即可恢复送电。若电源进线是装设的高压负荷开关，则在故障消除并更换熔断器熔管后，合上负荷开关即可恢复送电。如果电源进线装设的是高压隔离开关-熔断器，则在故障消除、更换熔断器熔管后，必须先断开所有出线开关，然后合隔离开关，再合所有出线开关才能恢复送电。若电源进线装设的是一般跌开式熔断器，则其操作程序与上述装设隔离开关-熔断器的操作程序相同；若装设的是负荷型跌开式熔断器，则其操作程序与上述装设负荷开关的操作程序相同。

（三）变配电所的停电操作

变配电所停电时，一般应从负荷侧的开关拉起，依次拉到电源侧开关。按这种程序操作，可使开关的开断电流减至最小，也比较安全。但在高压隔离开关-断路器电路及低压刀开关-断路器（自动开关）电路中，停电时，一定要按照先拉高低压断路器、再拉线路侧隔离开关或刀开关、最后拉母线侧隔离开关或刀开关的顺序依次操作。

线路或设备停电以后，为了安全，一般规定要在主开关的操作手柄上悬挂“禁止合闸，有人工作！”之类的标示牌。如有线路或设备检修时，应在电源侧（如有可能两侧来电时，则应在其两侧）安装临时接地线。装设接地线时，应先接接地端，后接线路端；而拆除接地线时，则应先拆线路端，后拆接地端。

三、电力变压器的运行维护

（一）一般要求

电力变压器是变电所内最关键的设备，做好变压器的运行维护工作是十分重要的。

有人值班的变电所，应根据控制盘或开关柜上的仪表信号来监视变压器的运行情况，并每小时抄表一次。如果变压器在过负荷下运行，则至少每半小时抄表一次。安装在变压器上的温度计，应于巡视时检视和记录。

无人值班的变电所，应于每次定期巡视时，记录变压器的电压、电流和上层油温。

变压器应定期进行外部检查。有人值班的变电所，每天至少检查一次，每周应进行一次夜间检查。无人值班的变电所，变压器容量大于315kV·A的，每月至少检查一次；容量在315kV·A及以下的，可两月检查一次。根据现场的具体情况，特别是在气候骤变时，应适当增加检查次数。

（二）巡视项目

1）**检查变压器的声响是否正常。**变压器的正常声响应是均匀的嗡嗡声。如果其声响较平常正常时沉重，说明变压器过负荷。如果其声响尖锐，说明电源电压过高。

2）**检查油温是否超过允许值。**油浸式变压器的上层油温一般不应超过85℃，最高不应超过95℃。油温过高，可能是变压器过负荷引起的，也可能是变压器内部故障引起的。

3）**检查储油柜及气体继电器的油位和油色，检查各密封处有无渗油和漏油现象。**油面过高，可能是冷却装置运行不正常或变压器内部故障等所引起。油面过低，可能是有渗油漏油现象。变压器油正常时应为透明略带浅黄色，如果油色变深变暗，则说明油质变坏。

4）**检查瓷套管是否清洁，有无破损裂纹和放电痕迹；检查高低压接头的螺栓是否紧固，有无接触不良和发热现象。**

5）**检查防爆膜是否完好无损；检查吸湿器是否畅通，硅胶是否吸湿饱和。**

6）**检查接地装置是否完好。**

7）**检查冷却、通风装置是否正常。**

8）**检查变压器周围有无其他影响其安全运行的异物**（例如易燃易爆和腐蚀性物品等）**和异常现象。**

在巡视中发现的异常情况，应记入专用的记录簿内，重要情况应及时汇报上级，请示处理。

四、电力变压器的检修试验

（一）电力变压器的检修

电力变压器的检修，分大修、小修和临时检修。按DL/T 573—2010《电力变压器检修导则》规定：变压器在投入运行后5年内及以后每隔10年应大修一次。变压器存在内部故障或严重渗漏油时，或其出口短路或经综合诊断分析有必要时，也应进行大修。小修一般是每年一次。临时检修视具体情况而定。

1. 变压器的大修

变压器的大修，是指变压器的吊芯检修。变压器的大修应尽量安排在室内进行。室温应在10℃以上。如果在寒冷季节，室温应比室外气温高出10℃以上。室内应清洁干燥，无腐蚀性气体和灰尘。

为防止变压器芯子（器身）吊出后，暴露在空气中时间过长可使绕组受潮，因此应避免在阴雨天吊芯，而且吊出的芯子暴露在空气中的时间：干燥空气中（相对湿度不大于65%）不超过16h；潮湿空气中（相对湿度不大于75%）不超过12h。

吊芯前，应先对外壳、套管、散热管、防爆管、储油柜和放油阀等进行外部检查，然后放油，拆开变压器顶盖，吊出芯子，可将芯子放置在平整牢靠的方木上或其他物体上，但不得直接放在地上。

接着仔细检查芯子，包括铁心、绕组、分接开关、接头部分和引出线等。

对变压器绕组，应根据其色泽和老化程度来判断绝缘的好坏。根据经验，变压器绝缘老化的程度可分四级，见表4-11。

表4-11　变压器绝缘老化的分级

级别	绝缘状态	说　明
1	绝缘性能良好，色泽新鲜均匀	绝缘良好
2	绝缘较硬，但手按时无变形	尚可使用
3	绝缘发脆，手按时有轻微裂纹，但变形不太大，色泽较暗	绝缘不可靠，应酌情更换绕组
4	绝缘已炭化发脆，手按时即出现较大裂纹或脱落	不能继续使用，应更换

对变压器铁心上及油箱内的油泥，可用铲刀刮除，再用不易脱毛的干布擦干净，最后用变压器油冲洗。对变压器绕组上的油泥，只能用手轻轻剥脱；对绝缘脆弱的绕组，尤其要细心，以防损坏绝缘。擦洗后，用强油流冲洗干净。变压器内的油泥，不能用碱水刷洗，以免碱水冲洗不净时，残留在芯子中影响油质。

对变压器铁心的铁心螺杆，可用1000V的绝缘电阻表（兆欧表）来测量它与铁心间的绝缘电阻。6～10kV及以下变压器的铁心螺杆对铁心的绝缘电阻，一般不应小于2MΩ。如果不满足要求时，应拆下绝缘纸管检修，必要时予以更换。

对分接开关，主要是检修其触头表面和接触压力情况。触头表面不应有烧结的疤痕。触头烧损严重时，应予拆换。触头的接触压力应平衡。如果分接开关的弹簧可调时，可适当调节触头压力。运行较久的变压器，触头表面有氧化膜和污垢。这种情况，轻者可将触头在各个位置上往返切换多次，使氧化膜和污垢自行清除；重者则可用汽油擦洗干净。有时绝缘油的分解物在触头上结成有光泽的薄膜，看似黄铜的光泽，其实是一种绝缘层，应该用丙酮擦洗干净。此外，应检查顶盖开关的标示位置是否与其触头的实际接触位置一致，并检查触头在每一位置的接触是否良好。

对变压器上的所有接头都应检查是否紧固；如有松动，应予紧好。对焊接的接头，如有脱焊情况，应予补焊。瓷套管如有破损时，应予更换。对变压器上的测量仪表、信号和保护装置，也应进行检查和修理。

变压器如有漏油现象，应查明原因。变压器漏油，一般有焊缝漏油和密封漏油两种。焊缝漏油的修补办法是补焊。密封漏油如系密封垫圈放得不正或压得不紧，则应放正或压紧；如系密封垫圈老化（发黏、开裂）和损坏，则必须更换密封材料。

变压器大修时，应滤油或换油。换的油必须先经过试验，合格的油才能注入变压器。

运行中的变压器大修时一般不必干燥；只有经试验证明受潮，或检修中超过允许暴露时间导致器身绝缘下降时，才需进行干燥。最后清扫外壳，必要时进行油漆；然后装配还原，并进行规定的试验，合格后即可投入运行。

DL/T 573—2010《电力变压器检修导则》对变压器的检修工艺和质量标准均有明文规定，应予遵循。

2. 变压器的小修

变压器的小修，主要指变压器的外部检修，不需吊芯检查。

变压器小修的项目包括：①处理发现的可就地消除的缺陷；②放出储油柜下部的污油；③检修油位计，调整油位；④检查冷却装置，必要时吹扫冷却器管束；⑤检修安全保护装置，包括储油柜、防爆管、气体继电器等；⑥检查油保护装置、测温装置和调压装置等；⑦检查接地系统；⑧检修所有阀门和塞子，检查全部密封系统，处理渗漏油；⑨清扫油箱及附件，必要时进行补漆；⑩清扫绝缘套管，检查接头；⑪按有关规程规定，进行测量和试验。如满足规定要求，即可投入运行。

（二）电力变压器的试验

变压器试验的目的，在于检验变压器的性能是否符合有关规程或标准的技术要求，是否存在缺陷或故障征象，以便确定能否出厂或者检修后能否投入运行。

按试验的目的，变压器试验分为出厂试验和交接试验。这里主要介绍检修后的交接试验。

变压器的试验项目，包括测量绕组连同套管的绝缘电阻，测量铁心螺杆的绝缘电阻，油浸式变压器绝缘油的试验，测量绕组连同套管的直流电阻，检查变压器的联结组标号和所有分接头的电压比，绕组连同套管的交流耐压试验等。

1. 变压器绕组连同套管的绝缘电阻测量

按 GB 50150—2006《电气装置安装工程　电气设备交接试验标准》规定：3kV 及以上的电力变压器应采用 2500V 绝缘电阻表来测量其绕组的绝缘电阻，加压时间为 1min。因此其绝缘电阻通常表示为 $R_{60''}$。测量时，其他未测绕组连同其套管应予接地。油浸式变压器的绝缘试验，应在充满合格油且静置 24h 以上待气泡消失后方可进行。测得的绝缘电阻值不低于出厂试验值的 70% 才算合格。当实测时的温度高于出厂试验时的温度（一般为 20℃）时，则绝缘电阻值应乘以表 4-12 所列温度换算系数（如果实测时的温度低于出厂试验的温度时则应除以换算系数）后才能与出厂试验温度进行比较。例如，温度为 30℃ 时测得绝缘电阻为 80MΩ，则换算到出厂时试验温度 20℃ 时的绝缘电阻为 $R_{60''} = 80\text{M}\Omega \times 1.5 = 120\text{M}\Omega$。

表 4-12　绝缘电阻的温度换算系数

温度差/℃	5	10	15	20	25	30	35	40	45	50	55	60
换算系数	1.2	1.5	1.8	2.3	2.8	3.4	4.1	5.1	6.2	7.5	9.2	11.2

注：表中温度差为实测时的温度减去 20℃ 时的温度的绝对值。测量温度以变压器上层油温为准。

2. 铁心螺杆绝缘电阻的测量

3kV 及以上变压器的铁心螺杆与铁心间的绝缘电阻也应用 2500V 绝缘电阻表测量，加压时间也是 1min，应无闪络及击穿现象。

3. 变压器油的试验

变压器的绝缘油，通常有DB—10（10号）、DB—25（25号）和DB—45（45号）三种规格。DB—10的凝固点不高于－10℃；DB—25的凝固点不高于－25℃；DB—45的凝固点不高于－45℃。

变压器油在新鲜时呈浅黄色，运行后变为浅红色，均应清彻透明。如果油色变暗，则说明油质变坏。

按规定，依试验目的不同，绝缘油可进行三类试验：

（1）全分析试验　对每批新到的油及运行中发生故障后认为有必要检验的油应作此类试验，以全面检验油的质量。按GB 50150—2006规定，绝缘油的试验项目及标准见表4-13。

（2）简化试验　其目的在于按绝缘油的主要的、特征性的参数来检查其老化过程。对准备注入变压器的新油，应按表4-13中的第2～9项规定进行试验。

表4-13　绝缘油的试验项目及标准（据GB 50150—2006）

序号	项　目	标　准	说　明
1	外状	透明，无杂质或悬浮物	外观目视
2	水溶性酸（pH值）	>5.4	按GB/T 7598中有关要求进行试验
3	酸值，mgKOH/g	≤0.03	按GB/T 7599中有关要求进行试验
4	闪点	DB—10，不低于140℃ DB—25，不低于140℃ DB—45，不低于135℃	按GB/T 261中有关要求（闭口杯法）进行试验
5	水分	500kV，≤10mg/L 220～330kV，≤15mg/L 110kV及以下，≤20mg/L	按GB/T 7600或GB/T 7601中有关要求进行试验
6	界面张力（25℃）	≥35mN/m	按GB/T 6541中有关要求进行试验
7	介质损耗因数 $\tan\delta$	90℃时， 注入电气设备前，≤0.5% 注入电气设备后，≤0.7%	按GB/T 5654中有关要求进行试验
8	击穿电压	500kV，≥60kV 330kV，≥50kV 60～220kV，≥40kV 35kV及以下，≥35kV	1. 按GB/T 507或DL/T 429.9中有关要求进行试验 2. 油样应取自被试设备 3. 试验油杯采用平板电极 4. 注入设备的新油均不应低于本标准
9	体积电阻率（90℃）	$\geqslant 6\times10^{10}\Omega\cdot m$	按GB/T 5654或DL/T 421中有关要求进行试验
10	油中含气量（体积分数）	330～500kV，≤1%	按DL/T 423或DL/T 450中有关要求进行试验
11	油泥与沉淀物（质量分数）	≤0.02%	按GB/T 511有关要求进行试验

（3）电气强度试验　其目的在于对运行中的绝缘油进行日常检查。对注入6kV及以上设备的新油也需进行此项试验。

图4-92是绝缘油电气强度试验电路图。图4-93是绝缘油电气强度试验用油杯及电极的结构尺寸图。油杯用瓷或玻璃制成，容积约为200mL。电极用黄铜或不锈钢制成，直径为25mm，厚4mm，倒角半径为2.5mm。两极的极面应平行，均垂直于杯底面。从电极到杯底、到杯壁及到上层油面的距离，均不得小于15mm。

试验前，用汽油将油杯和电极清洗干净，并调整电极间隙，使间隙精确地等于2.5mm。

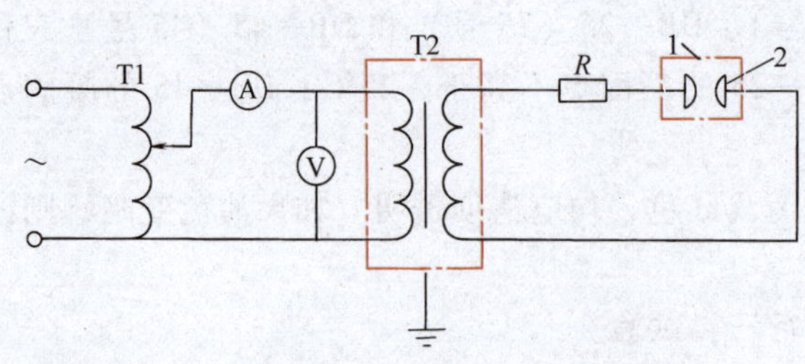

图 4-92 绝缘油电气强度试验电路图
1—试验油杯 2—电极 T1—调压器
T2—试验变压器（升压 0 ~ 50kV）
R—保护电阻（水阻，5 ~ 10MΩ）

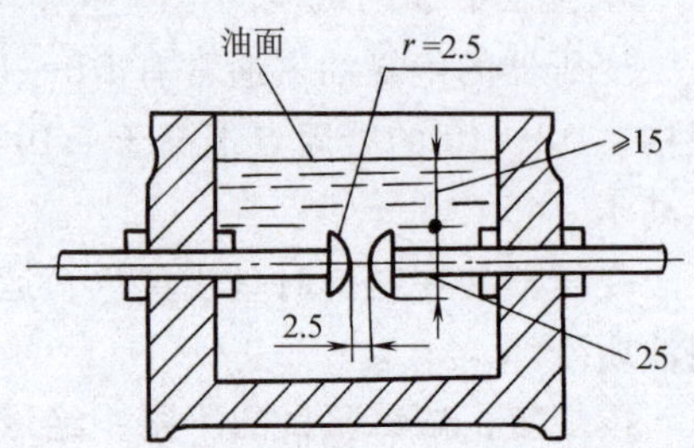

图 4-93 绝缘油电气强度试验用油杯及电极结构尺寸

被试油样注入油杯后，应静置 10 ~ 15min，使油中气泡逸出。

试验时，合上电源开关、调节调压器，升压速度约为 3kV/s，直至油被击穿放电、电压表读数骤降至零、电源开关自动跳闸为止。

发生击穿放电前一瞬间的最高电压值，即为油的击穿电压。

油样被击穿后，可用玻璃棒在电极中间轻轻搅动几次（注意不要触动电极），以清除滞留在电极间隙的游离碳。静置 5min 后，重复上述升压击穿试验。如此进行 5 次，取其击穿电压平均值作为试验结果。

试验过程中应记录：各次击穿电压值，击穿电压平均值，油的颜色，有无机械混合物和灰分，油的温度，试验日期和结论等。

4. 变压器绕组连同套管的直流电阻测量

采用双臂电桥对所有各分接头进行直流电阻测量。按 GB 50150—2006 的规定：1600kV · A及以下三相变压器，各相测得值的相互差值应小于平均值的 4%，线间测得值的相互差值应小于平均值的 2%；1600kV · A 以上三相变压器，各相测得值的相互差值应小于平均值的 2%，线间测得值的相互差值应小于平均值的 1%。

5. 变压器联结组标号的检查

变压器在更换绕组后，应检查其联结组标号是否与变压器铭牌的规定相符。这里介绍检查变压器绕组联结组标号的直流感应极性测定法。

以 Yyn0 联结的三相变压器为例，如图 4-94 所示，在其低压绕组的 ab、bc 和 ac 间分别

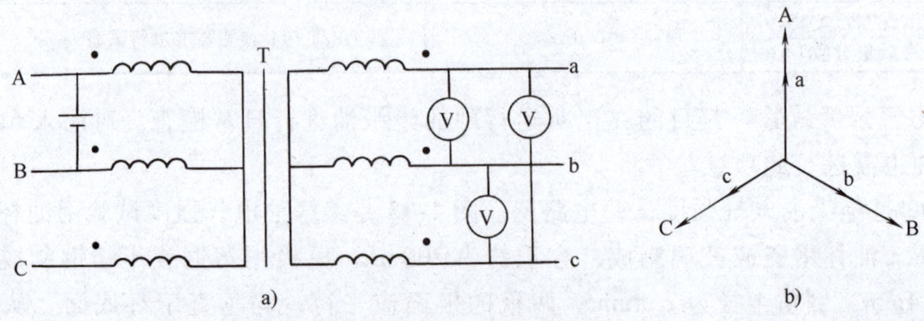

图 4-94 用直流感应法判别三相变压器的联结组标号（以 Yyn0 联结变压器为例）
a）电路图 b）相量图

接入直流电压表，而在其高压绕组 AB 间接入直流电压（电池），观察并记录接入直流电压瞬间低压侧各电压表指针的偏转方向（正、负）。然后再在 BC 间和 AC 间相继接入直流电压，同样观察并记录各电压表指针的偏转方向（正、负）。

表 4-14 列出了利用直流感应法判别几种常见三相变压器联结组标号时各电压表指示的情况，供参考。

表 4-14 用直流感应法判别三相变压器的联结组标号

变压器联结组标号	变压器高低压绕组电路图	加有直流电压的高压绕组	低压绕组的电压表指示		
			ab	bc	ac
Yy0（或 Yyn0）		AB	+	−	+
		BC	−	+	+
		AC	+	+	+
Yy6（或 Yyn6）		AB	−	+	−
		BC	+	−	−
		AC	−	−	−
Dy11（或 Dyn11）		AB	+	0	+
		BC	−	+	0
		AC	0	+	+
Dy5（或 Dyn5）		AB	−	0	−
		BC	+	−	0
		AC	0	−	−

6. 变压器电压比的测量

变压器在大修时如果更换了绕组，则大修后必须测量各接头上的电压比。这里介绍用两只电压表测量电压比的方法。

如图 4-95 所示，将变压器高压绕组接上比较平衡和稳定的三相电源，依次测量变压器两侧的相间电压 U_{AB}、U_{ab}、U_{BC}、U_{bc}、U_{CA}、U_{ca}，然后按下列公式计算出实测的电压比：

$$K_{AB}=\frac{U_{AB}}{U_{ab}} \tag{4-17}$$

$$K_{BC}=\frac{U_{BC}}{U_{bc}} \tag{4-18}$$

$$K_{CA}=\frac{U_{CA}}{U_{ca}} \tag{4-19}$$

一般规定，实测电压比对铭牌规定的额定电压比的允许偏差为 ±1%（220kV 及以上变压器为 ±0.5%）。

7. 交流耐压试验

变压器绕组连同套管进行的交流耐压试验，是检查变压器绝缘状况的主要方法。如果其

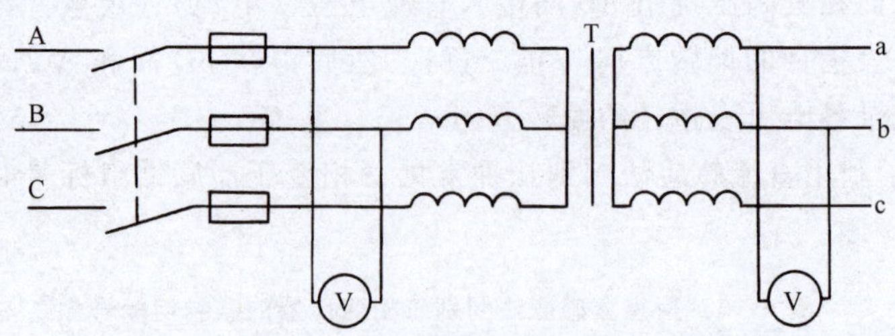

图 4-95　用双电压表法测量双绕组变压器的电压比

绕组绝缘受潮、损坏或夹杂异物等，都可能在试验中产生局部放电或击穿。

图 4-96 是变压器交流耐压试验电路图，与前面图 4-92 所示绝缘油电气强度试验电路图基本相同。图中，R 用来保护试验变压器，一般按试验电压以（0.1～0.2）Ω/V 来选择。

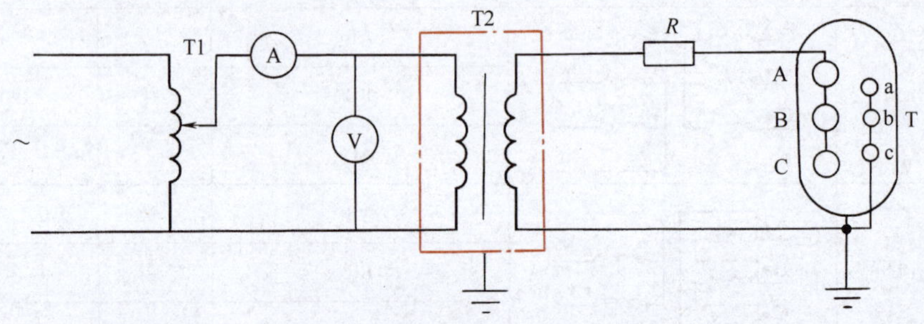

图 4-96　变压器交流耐压试验电路图

T—被试变压器　T1—调压器　T2—试验变压器　R—保护电阻

试验时，合上电源，调节调压器。在试验电压的 40% 之前，电压上升速度不限，但此后应以缓慢均匀的速度升压至要求的数值。试验电压升至要求的数值后，应保持 1min，然后匀速降压，大约在 5s 内降至试验电压的 25% 以下时，切断电源。

在试验过程中，应仔细探听变压器内部的声响。如果在耐压期间，仪表指示没有变化，没有击穿放电声，储油柜及其排气孔没有表征变压器内部击穿的迹象，则应认为变压器的内部绝缘是满足规定的耐压要求的。

检修后的试验电压值一般为出厂试验电压的 80%。如果出厂试验电压不详，则可按表 4-15 所列试验电压值进行耐压试验。

表 4-15　电力变压器交接时的工频耐压试验电压标准　　（单位：kV）

变压器高压电压级	3	6	10	15	20	35	66	110
油浸式变压器	14	20	28	36	44	68	112	160
干式变压器	8.5	17	24	32	43	60	—	—

耐压试验时注意事项：①电源电压应比较稳定；②应按图 4-96 所示电路图可靠地接地；③被试变压器注油后要静置 24h 以上才能进行耐压试验；④被试变压器的所有气孔均应该打开，以便击穿时排除变压器内部产生的气体和油烟

变压器的其他试验项目，可参考有关试验标准和手册，限于篇幅，此处从略。

五、配电装置的运行维护

（一）一般要求

配电装置应定期进行检查，以便及时发现运行中出现的设备缺陷和故障，例如导体接头部分发热、瓷绝缘子闪络或破损、油断路器漏油等，并设法采取措施予以消除。

在有人值班的变配电所内，配电装置应每班或每天进行一次外部检查。在无人值班的变配电所内，配电装置应至少每月检查一次。如遇短路引起开关跳闸或其他特殊情况（如雷击时），应对设备进行特别检查。

（二）巡视项目

1）由母线及接头的外观或其温度指示装置（如变色漆、示温蜡等）的指示，检查母线及接头的发热温度是否超过允许值。

2）开关电器中所装的绝缘油颜色和油位是否正常，有无漏油现象，油位计有无破损。

3）瓷绝缘子是否赃污、破损，有无放电痕迹。

4）电缆及其接头有无漏油及其他异常现象。

5）熔断器的熔体是否熔断，熔断器有无破损和放电痕迹。

6）二次系统的设备如仪表、继电器等的工作是否正常。

7）接地装置及 PE 线、PEN 线的连接处有无松脱、断线的情况。

8）整个配电装置的运行状态是否符合当时的运行要求。停电检修部分有没有在其电源侧断开的开关操作手柄处悬挂“禁止合闸，有人工作！”之类的标示牌，有没有装设必要的临时接地线。

9）高低压配电室及电容器室的通风、照明及安全防火装置等是否正常。

10）配电装置本身和周围有无影响其安全运行的异物（例如易燃易爆和腐蚀性物品等）和异常现象。

在巡视中发现的异常情况，应记入专用记录簿内，重要情况应及时汇报上级，请示处理。

六、配电装置的检修试验

（一）配电装置的检修

配电装置的检修，也分大修和小修。按《电力工业技术管理法规》规定，配电装置应按下列期限进行大修（内部检修）：

1）高压断路器及其操动机构，每 3 年至少一次。低压断路器及其操动机构，每 2 年至少一次。高低压断路器在断开 4 次短路故障后要进行临时性检修；但根据运行情况并经有关领导批准，可适当增减此项断开次数。

2）高压隔离开关及其操动机构，每 3 年至少一次。

3）配电装置其他设备的大修期限，按预防性试验和检查的结果而定。

以检查操作（动）机构动作和绝缘状况为主的小修，期限一般为每年至少一次。

下面以 SN10—10 型高压少油断路器为例，介绍其停电内部检修，该一般要求也适用于其他少油断路器。

(1) 油箱的检修　油箱最常见的毛病是渗漏油，其原因大多是油封问题。如果是油封（密封垫圈）老化裂纹或损坏时，应予以更换，一般可用耐油橡皮配制。如果是油箱有砂眼时，应进行补焊。如果外壳脱漆，应按原色补漆。

(2) 灭弧室的检修　应采用干净布片擦去残留在灭弧室表面的烟灰和油垢。灭弧室烧伤严重时，应拆下进行清洗和修理。检修完毕后，应装配复原，注意对好各条灭弧沟道和喷口方向（参见图4-36）。

(3) 触头的检修　动触头（导电杆）端部的黄铜触头有轻微烧伤时，可用细锉刀锉平。为保持端面圆滑，可用零号砂布打磨。动触头端部的黄铜触头严重烧伤时，可用机床车光或更换触头。

(4) 断路器的整体调整　调整断路器的转轴或拐臂从合闸到分闸的回转角度，恢复到原来设计的要求（110°~120°）。调整动触头（导电杆）的行程，也使之达到原来设计的要求（约160mm）。

在调整动触头行程时，应同时进行三相触头合闸同时性的调整。检查断路器触头三相合闸同时性的电路如图4-97所示。检查时，缓慢地用手操作合闸，观察三灯是否同时亮。如果三灯同时亮，说明三相触头是同时接通的。如果三灯不同时亮，则应调节有关动静触头的相对位置，直至三相触头基本上同时接通即三灯基本上同时亮为止。

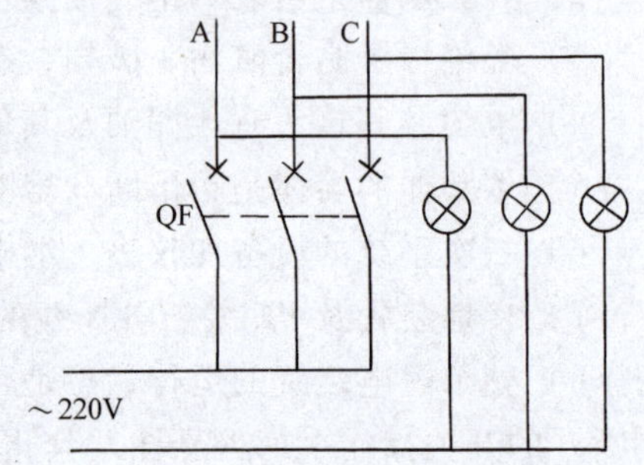

图4-97　断路器三相合闸同时性检查的电路图

(二) 配电装置的试验

按《电力工业技术管理法规》规定：新建和改建后的配电装置大修后，在投入运行之前，应进行下列各项检查和试验：

1) 检查开关设备的各相触头接触的严密性、分合闸的同时性以及操动机构的灵活性和可靠性，并测量二次回路的绝缘电阻。按GB 50150—2006《电气装置安装工程　电气设备交接试验标准》规定：小母线在断开所有其他并联支路时，其绝缘电阻不应小于10MΩ；二次回路的每一支路和断路器、隔离开关的操动机构的电源回路等的绝缘电阻，均不应小于1MΩ，在比较潮湿的地方，可不小于0.5MΩ。

2) 检查和测量互感器的变比和极性等。

3) 检查母线接头接触的严密性。

4) 充油设备绝缘油的质量分析试验；油量不多的，可仅作耐压试验。

5) 绝缘子的绝缘电阻、介质损耗角及多元件绝缘子的电压分布测量；对35kV及以下绝缘子仅作耐压试验。

6) 检查接地装置，必要时测量接地电阻。

7) 检查和试验继电保护装置和过电压保护装置。

8) 检查熔断器及其他防护设施。

下面仍以SN10—10型断路器为例，介绍高压少油断路器的试验项目。

(1) 绝缘拉杆的绝缘电阻测量　采用2500V绝缘电阻表测量。由有机材料制成的绝缘拉杆在常温下的绝缘电阻不应低于1200MΩ。

(2) 分、合闸线圈和合闸接触器线圈绝缘电阻的测量 也采用2500V绝缘电阻表测量，其绝缘电阻不应低于10MΩ。

(3) 交流耐压试验 在交接时、大修后及每年一次预防性试验中，都要进行交流耐压试验。6～10kV的断路器应分别在分、合闸状态下进行试验。试验方法与前述变压器的试验相同。6kV断路器，试验电压用21kV；10kV断路器，试验电压用27kV。

(4) 每相导电回路电阻（触头接触电阻）的测量 在交接时、大修后、每年一次的预防性试验中及故障跳闸4次后，均应对断路器触头进行检查，并测量其接触电阻。测量方法，可采用不小于100A的直流电流通过触头，测量其电流和触头上的电压降，然后计算触头的接触电阻值。测量前，应将断路器分、合闸数次，使触头接触良好。测量的结果，应取分散性较小的3次平均值。3～10kV油断路器触头接触电阻的要求见表4-16。

表4-16 3～10kV油断路器触头接触电阻的要求

油断路器额定电流/A	200	400	630	1000
交接时、大修后触头电阻/μΩ	300～350	200～250	100～150	80～100
运行中触头电阻/μΩ	400	300	200	150

(5) 分、合闸时间的测量 对于配有远距离分、合闸操动机构的断路器，应在交接时和每次检修后，利用电气秒表测量其固有分闸时间和合闸时间，检查这两个时间是否符合断路器出厂的技术要求。所谓**固有分闸时间，是指从断路器的跳闸线圈通电时起到断路器触头刚开始分离时止的一段时间**。所谓**合闸时间，是指从断路器的合闸接触器通电时起到断路器触头刚开始接触时止的一段时间。**

图4-98所示为一种应用广泛的周波积算器，也称电气秒表。它的固定部分是一个马蹄形永久磁铁，可动部分是绕有电磁线圈的可偏转电磁铁，置于永久磁铁两极掌之间。当接上工频（50Hz）电压220V或110V时，可动电磁铁两端的极性就要随着外施电压的周波数而交变，从而使之在永久磁铁两极掌间依外施电压的周波数而往复振动。可动电磁铁的轴连接着一套齿轮计数机构，用以记录外施电压接通时间的周波数。由于工频电压1周波的时间为0.02s，因此将记录的周波数乘以0.02s就可得到外施电压作用的时间（s）。所以，它可用来精确测量较短的10^{-2}s数量级的时间。

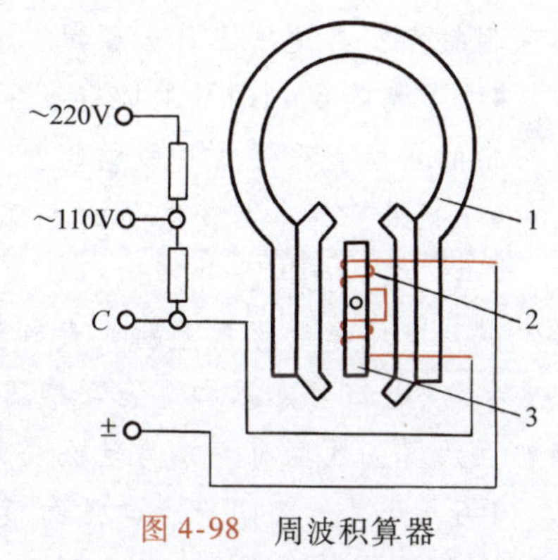

图4-98 周波积算器

1—永久磁铁 2—电磁线圈 3—振动电磁铁

图4-99所示为断路器固有分闸时间的测量电路。测量时，合上双极刀开关QK（两极应同时接通），跳闸线圈YR通电（断路器联锁触点QF在断路器合闸时是闭合的），周波积算器同时开始工作，记录时间。断路器QF的主触头一分开，周波积算器立刻断电停走，由此可测得断路器的固有分闸时间。

图4-100所示为断路器合闸时间的测量电路。测量时，合上双极刀开关（两极应同时接通），合闸接触器KO通电，周波积算器同时开始工作，记录时间。断路器的主触头一闭合，周波积算器的电磁线圈立刻被短路而停走，由此可测得断路器的合闸时间。

(6) 绝缘油的试验 在交接时、每次检修中及运行期间认为有必要时，都应该进行绝

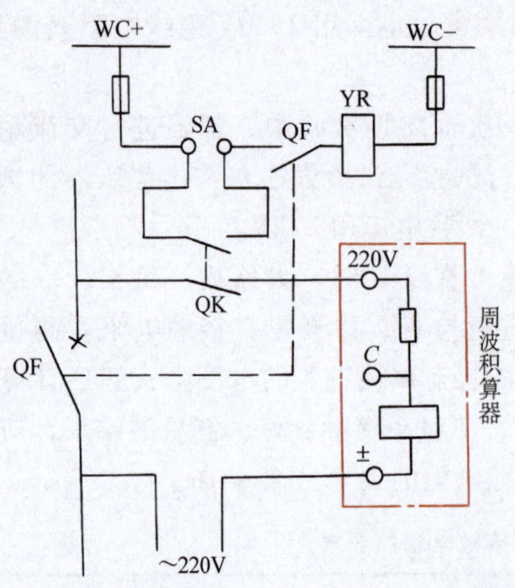

图 4-99　断路器固有分闸时间的测量电路

QF—被测断路器及其联锁触点　YR—断路器跳闸线圈　WC—控制小母线　SA—控制开关　QK—刀开关

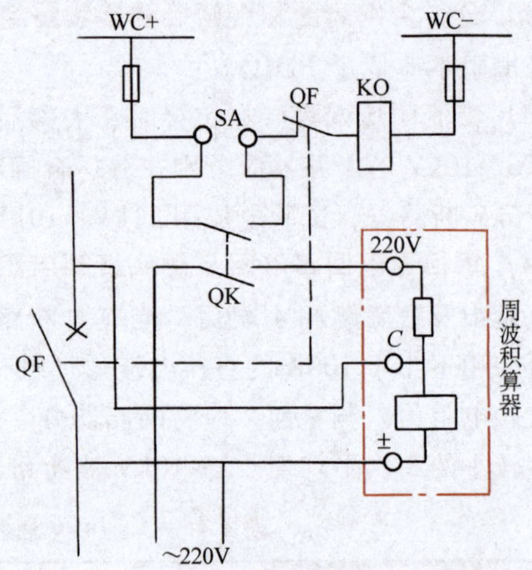

图 4-100　断路器合闸时间的测量电路

QF—被测断路器及其联锁触点　KO—合闸接触器　WC—控制小母线　SA—控制开关　QK—刀开关

缘油的试验。由于少油断路器的油量少，只作灭弧介质用，因此按规定可只作电气强度（耐压）试验，方法与前面变压器油的试验相同。

复习思考题

4-1　什么叫室内（户内）变电所和室外（户外）变电所？车间内变电所与附设变电所各有何特点？各适用于什么情况？

4-2　我国 6~10kV 的配电变压器常用哪两种联结组？在三相严重不平衡或 3 次谐波电流突出的场所宜采用哪种联结组？

4-3　工厂或车间变电所的主变压器台数和容量各如何确定？

4-4　电力变压器并列运行必须满足哪些条件？联结组不同的变压器并列运行有什么危险？并列变压器的容量差别太大有什么不好？

4-5　电流互感器和电压互感器各有哪些功能？电流互感器工作时二次侧为什么不能开路？互感器二次侧有一端为什么必须接地？

4-6　开关触头间产生电弧的根本原因是什么？发生电弧有哪些游离方式？其中最初的游离方式是什么？维持电弧主要靠什么游离方式？

4-7　使电弧熄灭的条件是什么？熄灭电弧的去游离方式有哪些？开关电器中有哪些常用的灭弧方法？

4-8　熔断器的主要功能是什么？什么叫“限流”熔断器？什么叫“非限流”熔断器？

4-9　一般跌开式熔断器与一般高压熔断器（如 RN1 型）在功能方面有何区别？一般跌开式熔断器与负荷型跌开式熔断器在功能方面又有何区别？

4-10　高压隔离开关有哪些功能？有哪些结构特点？

4-11　高压负荷开关有哪些功能？它可装设什么保护装置？它靠什么来进行短路保护？

4-12　高压断路器有哪些功能？少油断路器中的油与多油断路器中的油各有哪些功能？为什么真空断路器和六氟化硫断路器适用于频繁操作场所，而油断路器不适于频繁操作？

4-13 低压断路器有哪些功能？图 4-58 所示 DW 型断路器合闸控制回路中的时间继电器起什么作用？

4-14 熔断器、高压隔离开关、高压负荷开关、高低压断路器及低压刀开关在选择时，哪些需校验断路能力？哪些需校验短路动、热稳定度？

4-15 对工厂变配电所主接线有哪些基本要求？变配电所主接线图有哪些绘制方式？各适用于哪些场合？

4-16 变电所高压电源进线采用隔离开关-熔断器接线与采用隔离开关-断路器接线，各有哪些优缺点？各适用于什么场合？

4-17 什么叫内桥式接线和外桥式接线？各适用于什么场合？

4-18 变配电所所址选择应考虑哪些条件？变电所靠近负荷中心有哪些好处？

4-19 变配电所总体布置应考虑哪些要求？变压器室、低压配电室、高压配电室、高压电容器室和值班室的结构及相互位置安排各应如何考虑？

4-20 变配电所通常有哪些值班制度？值班员有哪些主要职责？

4-21 在采用高压隔离开关-断路器的电路中，送电时应如何操作？停电时又应如何操作？

4-22 什么是电力变压器的大修？什么是其小修？变压器的交流耐压试验在接线和操作上各有哪些要求？

习　题

4-1 某 10kV/0.4kV 的车间附设式变电所，总计算负荷为 780kV · A，其中一、二级负荷有 460kV · A。试初步选择该变电所主变压器的台数和容量。已知当地的年平均气温为 +25℃。

4-2 某 10kV/0.4kV 的车间附设式变电所，原装有 S9—1000/10 型变压器一台。现在负荷发展，计算负荷达 1300kV · A。问增加一台 S9—315/10 型变压器并列运行，有没有什么问题？如果引起过负荷，将是哪一台过负荷？过负荷多少？已知两台变压器均为 Yyn0 联结。

4-3 某 10kV 进线的 A、C 两相各装设有一个 LQJ—10 型电流互感器，其 0.5 级的二次绕组接测量仪表，接线参见图 7-8，其中电流表 PA（1T1—A 型）消耗功率为 3V · A，有功电能表 PJ（DS2 型）和无功电能表 PJR（DX2 型）的每一电流线圈消耗功率为 0.7V · A；其 3 级的二次绕组接 GL—15 型电流继电器，其接线参见图 6-25 所示，其线圈消耗功率为 15V · A。电流互感器二次回路接线采用 BV—500—1 × 2.5mm^2 的铜芯塑料线，互感器至仪表、继电器的连接线单向长度为 2m。试检验此电流互感器是否符合准确度级的要求。

（提示：图 7-8 所示电流表接在两个电流互感器二次侧的公共连线上，因此该电流表消耗的功率应由两互感器各负担一半。）

4-4 某厂的有功计算负荷为 3000kW，功率因数经补偿后达到 0.92。该厂 6kV 进线上拟安装一台 SN10—10 型高压断路器，其主保护动作时间为 0.9s，断路器断路时间为 0.2s。该厂高压配电所 6kV 母线上的 $I_k^{(3)}$ = 20kA。试选择该高压断路器的规格。

第五章

工厂电力线路

本章首先讲述工厂电力线路的接线方式及其结构和敷设，然后重点讲述导线和电缆的选择计算，最后讲述工厂电力线路的电气安装图知识。本章也是工厂供电一次系统的重要内容。

第一节　工厂电力线路及其接线方式

一、概述

电力线路是电力系统的重要组成部分，担负着输送和分配电能的重要任务。

电力线路按电压高低分，有高压线路（即1kV以上线路）和低压线路（即1kV及以下线路）两大类。也有的细分为低压（1kV及以下）、中压（1kV以上～35kV）、高压（35～220kV）、超高压（220kV及以上）和特高压（800kV及以上）等线路，但其电压等级的划分并不十分统一和明确。

电力线路按其结构型式分，有架空线路、电缆线路和车间（室内）线路等。

二、高压线路的接线方式

工厂的高压线路有放射式、树干式和环形等基本接线方式。

（一）高压放射式接线

高压放射式接线（见图5-1）的线路之间互不影响，因此其供电可靠性较高，而且便于装设自动装置，保护装置也比较简单。但是其高压开关设备用得较多，且每台断路器须装设一个高压开关柜，从而使投资增加，而且在发生故障或检修时，该线路所供电的负荷都要停电。要提高其供电可靠性，可在各车间变电所的高压侧之间或低压侧之间敷设联络线。如果要进一步提高其供电可靠性，可采用来自两个电源的两路高压进线，然后经分段母线，由两段母线用双回路对

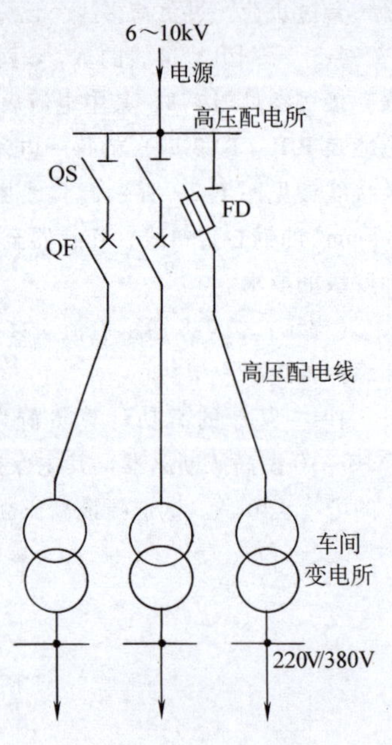

图5-1　高压放射式接线

重要负荷交叉供电，如图 1-1 中的 2 号车间变电所配电的方式。

（二）高压树干式接线

高压树干式接线（见图 5-2）与放射式接线相比，具有以下优点：多数情况下，能减少线路的有色金属消耗量；采用的高压开关数较少，投资较省。但有以下缺点：供电可靠性较低，当干线发生故障或检修时，接于干线的所有变电所都要停电，且在实现自动化方面适应性较差。要提高其供电可靠性，可采用双干线供电或两端供电的接线方式，如图 5-3a、b 所示。

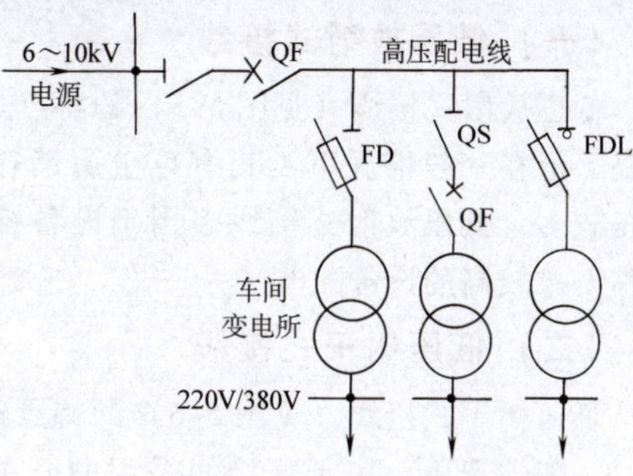

图 5-2 高压树干式接线

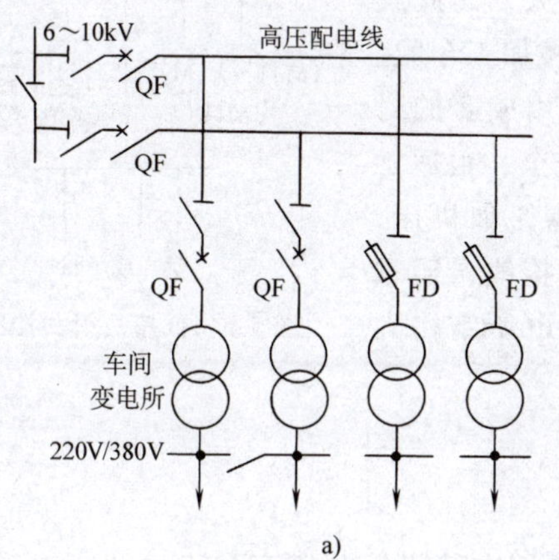

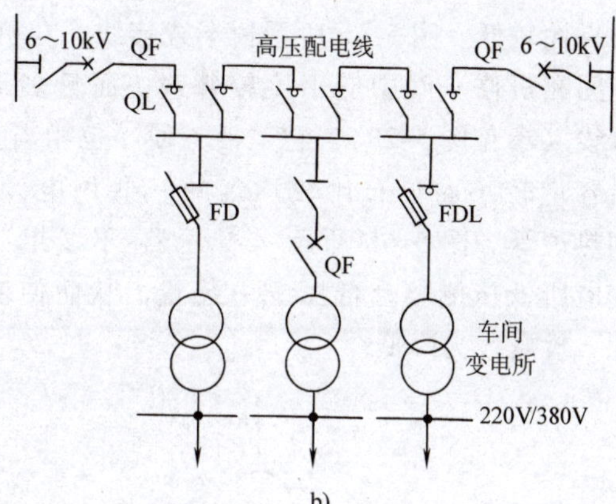

图 5-3 双干线供电及两端供电的接线方式

a）双干线供电 b）两端供电

（三）高压环形接线

高压环形接线（见图 5-4），实质上与两端供电的树干式接线相同，这种接线在现代城市电网中应用很广。为了避免环形线路上发生故障时影响整个电网，也为了便于实现线路保护的选择性，因此大多数环形线路都采用“开口”运行方式，即环形线路中有一处的开关是断开的。为了便于切换操作，环形线路中的开关多采用负荷开关。

实际上，工厂的高压配电线路往往是几种接线方式的组合，视具体情况而定。不过对大中型工厂，高压配电系统宜优先考虑采用放射式，因为放射式接线供电可靠性较高，且便于运行管理。但放射式接线采用的高压开关设备较多，投资较大，因此对于供电可靠性要求不高的辅助生产区和生活住宅区，可考虑采用树干式或环形配电，这样比较经济。

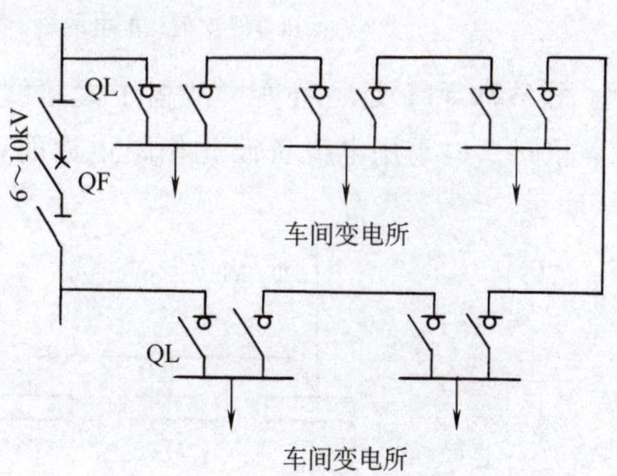

图 5-4 高压环形接线

三、低压线路的接线方式

工厂的低压配电线路也有放射式、树干式

和环形等基本接线方式。

（一）低压放射式接线

低压放射式接线（见图5-5）的特点是其引出线发生故障时互不影响，因此供电可靠性较高。但在一般情况下，其有色金属消耗较多，采用的开关设备较多。低压放射式接线多用于设备容量较大或对供电可靠性要求较高的设备配电。

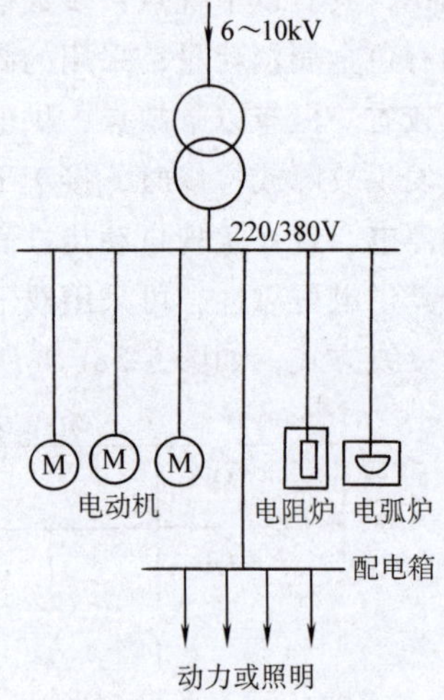

图5-5　低压放射式接线

（二）低压树干式接线

低压树干式接线（见图5-6）的特点正好与放射式接线相反。一般情况下，树干式接线采用的开关设备较少，有色金属消耗也较少，但当干线发生故障时，影响范围大，因此其供电可靠性较低。图5-6a所示树干式接线，在机械加工车间、工具车间和机修车间中应用比较普遍，而且多采用成套的封闭型母线（参见图5-28），它灵活方便，也相当安全，很适于供电给容量较小而分布比较均匀的一些用电设备，如机床、小型加热炉等。图5-6b所示“变压器-干线组”接线，还省去了变电所低压侧整套低压配电装置，从而使变电所结构大为简化，投资大为降低。

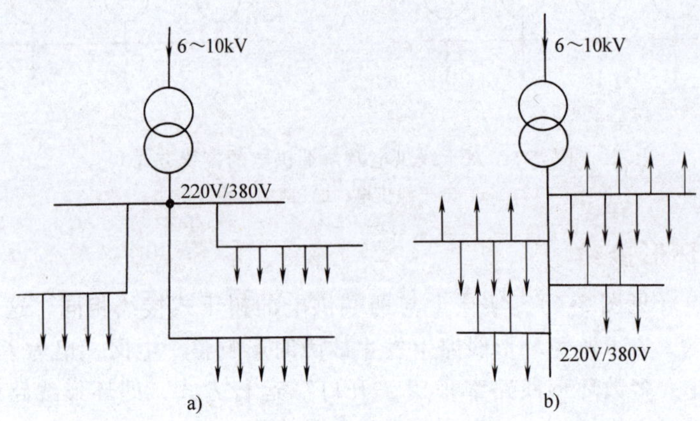

图5-6　低压树干式接线

a）低压母线放射式配电的树干式　b）低压“变压器-干线组”的树干式

图5-7a和b是一种变形的树干式接线，通常称为链式接线。链式接线的特点与树干式基本相同，适于用电设备彼此相距很近而容量均较小的次要用电设备。链式相连的用电设备

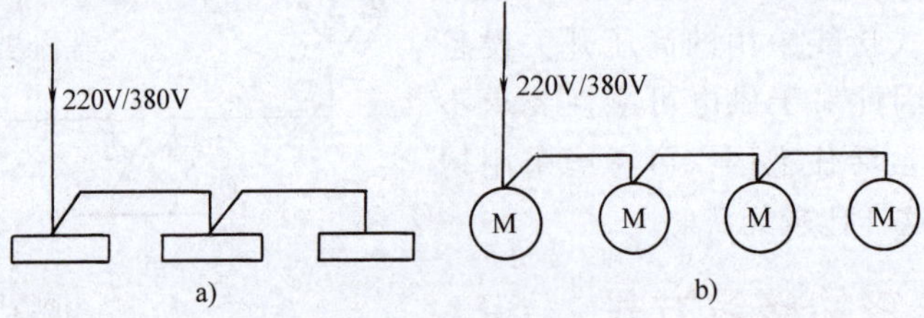

图5-7　低压链式接线

a）连接配电箱　b）连接电动机

一般不宜超过 5 台，链式相连的配电箱不宜超过 3 台，且总容量不宜超过 10kW。

（三）低压环形接线

工厂内的一些车间变电所的低压侧可通过低压联络线相互连接成为环形。

低压环形接线（见图 5-8）的供电可靠性较高。任一段线路发生故障或检修时，都不至造成供电中断，或者只短时停电，一旦切换电源的操作完成，就能恢复供电。环形接线可使电能损耗和电压损耗减少，但是环形线路的保护装置及其整定配合比较复杂，如果配合不当，容易发生误动作，反而扩大故障停电范围。实际上，低压环形线路也多采用“开口”运行方式。

在工厂的低压配电系统中，也往往是采用几种接线方式的组合，依具体情况而定。不过在环境正常的车间或建筑内，当大部分用电设备不很大又无特殊要求时，宜采用树干式配电。这一方面是由于树干式配电较之放射式经济，另一方面是由于我国各工厂的供电人员对采用树干式配电积累了相当成熟的运行经验。实践证明，低压树干式配电在一般正常情况下能够满足生产要求。

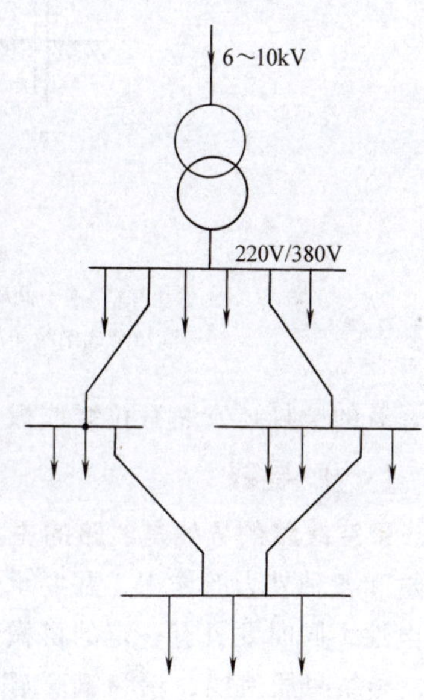

图 5-8　低压环形接线

总的来说，工厂电力线路（包括高压和低压线路）的接线应力求简单。运行经验证明，供配电系统如果接线复杂，层次过多，不仅浪费投资，维护不便，而且由于电路串联的元件过多，因操作错误或元件故障而产生的事故也随之增多，且事故处理和恢复供电的操作也比较麻烦，从而延长了停电时间。同时由于配电级数多，继电保护级数也相应增加，保护动作时间也相应延长，对供配电系统的故障切除十分不利。因此，GB 50052—2009《供配电系统设计规范》规定：供配电系统应简单可靠，同一电压供电系统的变配电级数不宜多于两级。以图 1-3 所示工厂供电系统为例，由工厂总降压变电所直接配电到车间变电所的配电级数只有一级，而由总降压变电所经高压配电所再配电到车间变电所的配电级数就有两级了，最多不宜超过两级。此外，高低压配电线路均应尽可能深入负荷中心，以减少线路的电压损耗、电能损耗和有色金属消耗量，提高负荷端的电压水平。

第二节　工厂电力线路的结构和敷设

一、架空线路的结构和敷设

因为架空线路与电缆线路相比具有较多优点，如成本低、投资少、安装容易、维护和检修方便、易于发现和排除故障等，所以架空线路过去在工厂中应用比较普遍。但是架空线路直接受大气影响，易受雷击、冰雪、风暴和污秽空气的危害，且要占用一定的地面和空间，有碍交通和观瞻，因此现代化工厂有逐渐减少架空线路、改用电缆线路的趋向。

架空线路由导线、电杆、绝缘子和线路金具等主要元件组成，结构如图 5-9 所示。为了防雷，有的架空线路上还装设有接闪线（又称避雷线或架空地线）。为了加强电杆的稳固

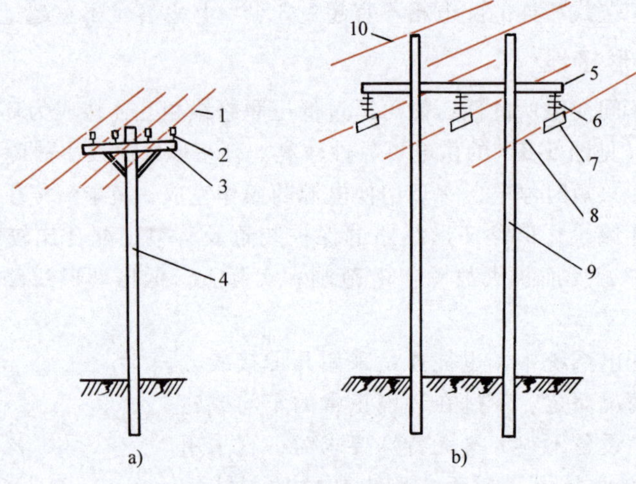

图 5-9 架空线路的结构

a）低压架空线路 b）高压架空线路

1—低压导线 2—低压针式绝缘子 3—低压横担 4—低压电杆 5—高压横担 6—高压悬式绝缘子串 7—线夹 8—高压导线 9—高压电杆 10—接闪线

性，有的电杆还安装有拉线或扳桩。

（一）导线

架空线路的导线是线路的主体，承担输送电能的功能。它架设在电杆上面，要经受自身重量和各种外力的作用，并要承受大气中各种有害物质的侵蚀。因此，导线必须具有良好的导电性，同时要具有一定的机械强度和耐腐蚀性，尽可能地质轻而价廉。

导线材质有铜、铝和钢。铜的导电性最好（电导率为53MS/m），机械强度也相当高（抗拉强度约为380MPa），但铜是贵重金属，应尽量节约。铝的机械强度较差（抗拉强度约为160MPa），但其导电性也较好（电导率为32MS/m），且具有质轻、价廉的优点，因此在能“以铝代铜”的场合，宜尽量采用铝导线。钢的机械强度很高（多股钢绞线的抗拉强度达1200MPa），而且价廉，但其导电性差（电导率为7.52MS/m），功率损耗大，对交流电流还有磁滞涡流损耗（铁磁损耗），并且它在大气中容易锈蚀，因此钢导线在架空线路上一般只作接闪线使用，且使用镀锌钢绞线。

架空线路一般采用裸导线。裸导线按其结构分，有单股线和多股绞线，一般采用多股绞线。绞线又有铜绞线、铝绞线和钢芯铝绞线。架空线路一般情况下采用铝绞线。在机械强度要求较高和35kV及以上的架空线路上，则多采用钢芯铝绞线。钢芯铝绞线简称钢芯铝线，其横截面结构如图5-10所示。这种导线的线芯是钢线，用以增强导线的抗拉强度，弥补铝线机械强度较差的缺点；而其外围用铝线，取其导电性较好的优点。由于交流电流在导线中通过时有趋肤效应，交流电流实际上只从铝线部分通过，从而弥补了钢线导电性差的缺点。钢芯铝线型号中表示的截面积，就是其铝线部分的截面积。

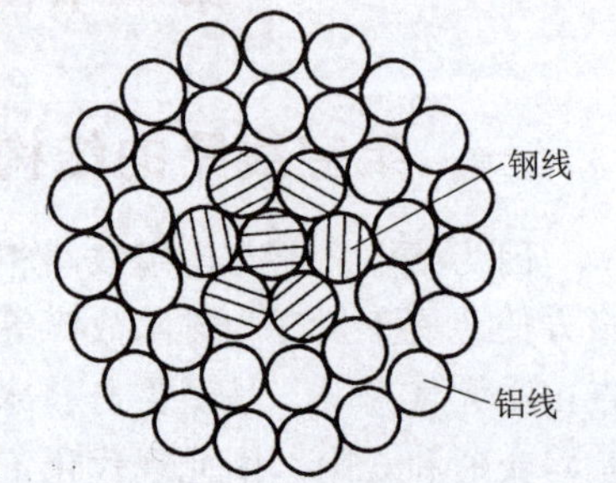

图 5-10 钢芯铝绞线的横截面结构

常用裸导线全型号的表示和含义如下：

1）铜（铝）绞线　T(L)　J　—　□

铜(铝)：T(L)；绞线：J；□：额定截面积(mm^2)

2）钢芯铝绞线　L　G　J　—　□

铝：L；钢芯：G；绞线：J；□：铝线部分额定截面积(mm^2)

对于工厂和城市中10kV及以下的架空线路，当安全距离难以满足要求，或邻近高层建筑及在繁华街道或人口密集地区、游览区和绿化区、空气严重污秽地段和建筑施工现场时，按GB 50061—2010《66kV及以下架空电力线路设计规范》规定，可采用绝缘导线。

（二）电杆、横担和拉线

电杆是支持导线的支柱，是架空线路的重要组成部分。对电杆的要求主要是要有足够的机械强度，同时尽可能地经久耐用，价廉，便于搬运和安装。

电杆按其采用的材料分，有木杆、水泥杆（钢筋混凝土杆）和铁塔。对工厂来说，水泥杆应用最为普遍，因为采用水泥杆可以节约大量的木材和钢材，而且它经久耐用，维护简单，也比较经济。

电杆按其在架空线路中的地位和功能分，有直线杆、分段杆、转角杆、终端杆、跨越杆和分支杆等型式。图5-11是上述各种杆型在低压架空线路上的应用。

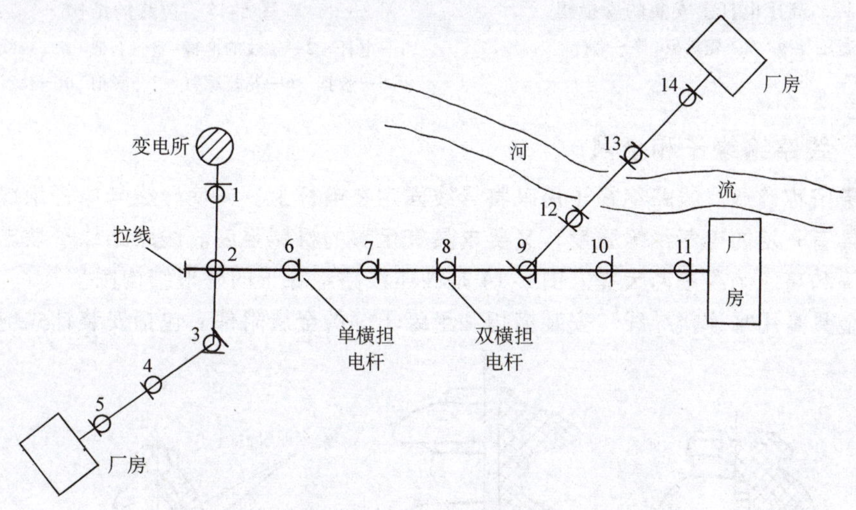

图5-11　各种杆型在低压架空线路上的应用示例

1、5、11、14—终端杆　2、9—分支杆　3—转角杆　4、6、7、10—直线杆（中间杆）

8—分段杆（耐张杆）　12、13—跨越杆

横担安装在电杆的上部，用来安装绝缘子以架设导线。常用的横担有木横担、铁横担和瓷横担。现在工厂里普遍采用的是铁横担和瓷横担。瓷横担是我国独特的产品，具有良好的电气绝缘性能，兼有绝缘子和横担的双重功能，能节约大量的木材和钢材，有效地利用电杆高度，降低线路造价。瓷横担在断线时能够转动，以避免因断线而扩大事故，同时它的表面便于雨水冲洗，可减少线路的维护工作量。瓷横担的结构简单，安装方便，可加快施工进度，但其比较脆，在安装和使用中必须避免机械损伤。图5-12是高压电杆上安装的瓷横担。

拉线是为了平衡电杆各方向的作用力，并抵抗风压以防止电杆倾倒用的，如终端杆、转角杆、分段杆等往往都装有拉线。拉线的结构如图5-13所示。

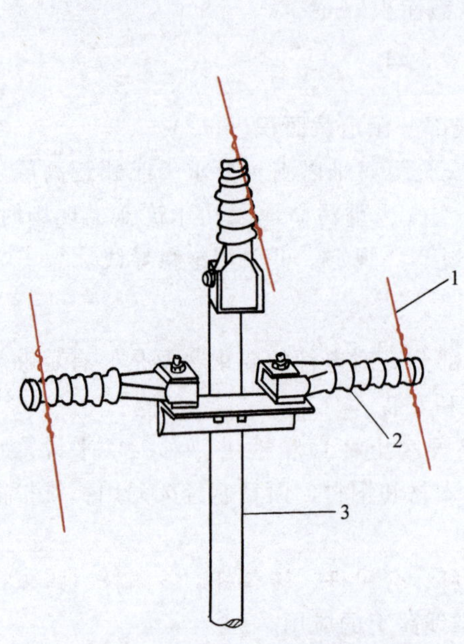

图5-12 高压电杆上安装的瓷横担
1—高压导线 2—瓷横担 3—电杆

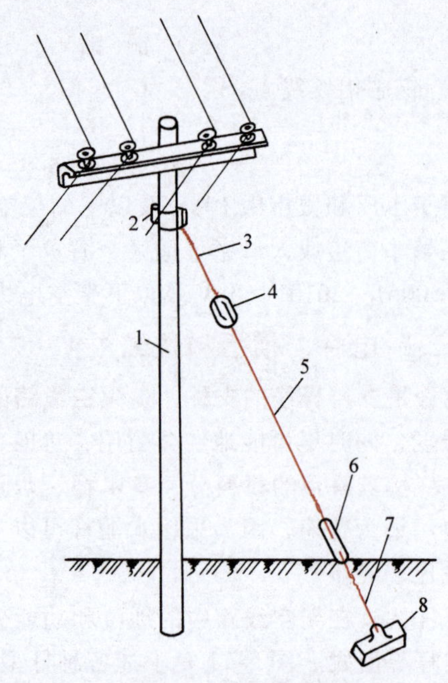

图5-13 拉线的结构
1—电杆 2—拉线的抱箍 3—上把 4—拉线绝缘子
5—腰把 6—花篮螺钉 7—底把 8—拉线底盘

（三）线路绝缘子和金具

绝缘子俗称瓷瓶。线路绝缘子用来将导线固定在电杆上，并使导线与电杆绝缘，因此对其既要求具有一定的电气绝缘强度，又要求具有足够的机械强度。线路绝缘子按电压高低分低压绝缘子和高压绝缘子两大类。图5-14是高压线路绝缘子的外形结构图。

线路金具是用来连接导线、安装横担和绝缘子等的金属附件，包括安装针式绝缘子的直

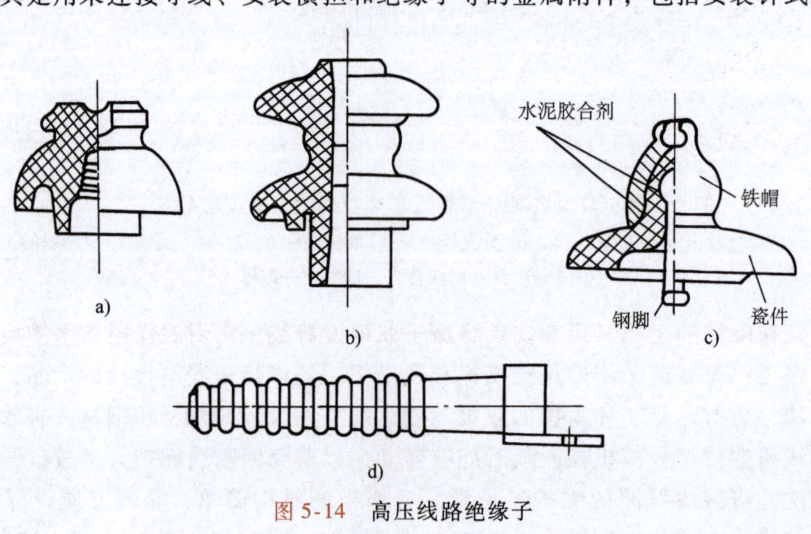

图5-14 高压线路绝缘子
a）针式 b）蝴蝶式 c）悬式 d）瓷横担

脚（见图 5-15a）和弯脚（见图 5-15b），安装蝴蝶式绝缘子的穿芯螺钉（见图 5-15c），将横担或拉线固定在电杆上的 U 形抱箍（见图 5-15d），调节拉线松紧的花篮螺钉（见图5-15e），以及悬式绝缘子串的挂环、挂板、线夹（见图 5-15f）等。

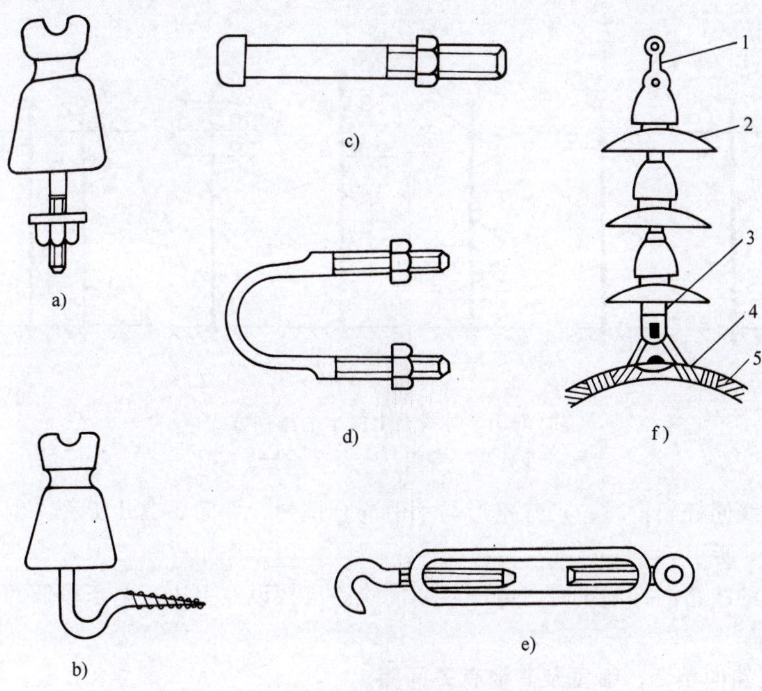

图 5-15 架空线路用金具

a）直脚及低压针式绝缘子 b）弯脚及低压针式绝缘子 c）穿芯螺钉
d）U 形抱箍 e）花篮螺钉 f）高压悬式绝缘子串及金具
1—球头挂环 2—悬式绝缘子 3—碗头挂板 4—悬垂线夹 5—架空导线

（四）架空线路的敷设

1. 架空线路敷设的要求和路径的选择

敷设架空线路，要严格遵守有关技术规程的规定。整个施工过程中，要重视安全教育，采取有效的安全措施，特别是立杆、组装和架线时，更要注意人身安全，防止发生事故。竣工以后，要按照规定的手续和要求进行检查和验收，确保工程质量。

选择架空线路的路径时，应考虑以下原则：

1）路径要短，转角要少，尽量减少与其他设施的交叉；当与其他架空线路或弱电线路交叉时，其间间距及交叉点或交叉角应符合 GB 50061—2010《66kV 及以下架空电力线路设计规范》的规定。

2）尽量避开河洼和雨水冲刷地带、不良地质地区及易燃、易爆等危险场所。

3）不应引起机耕、交通和人行困难。

4）不宜跨越房屋，应与建筑物保持一定的安全距离。

5）应与工厂和城镇的整体规划协调配合，并适当考虑今后的发展。

2. 导线在电杆上的排列方式

三相四线制低压架空线路的导线，一般都采用水平排列，如图 5-16a 所示。由于中性线

(PEN 线) 电位在三相均衡时为零，而且其截面积一般较小，机械强度较差，所以中性线一般架设在靠近电杆的位置。

三相三线制架空线路的导线，可三角形排列，如图 5-16b、c 所示；也可水平排列，如图 5-16f 所示。

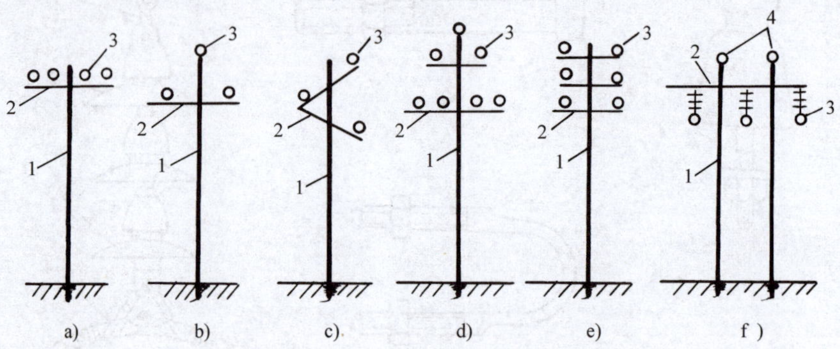

图 5-16 导线在电杆上的排列方式

1—电杆 2—横担 3—导线 4—接闪线

多回路导线同杆架设时，可三角形与水平混合排列，如图 5-16d 所示，也可全部垂直排列，如图 5-16e 所示。

电压不同的线路同杆架设时，电压较高的线路应架设在上边，电压较低的线路则架设在下边。

3. 架空线路的档距、弧垂及其他有关间距

架空线路的档距，又称跨距，是指同一线路上相邻两根电杆之间的水平距离，如图5-17 所示。

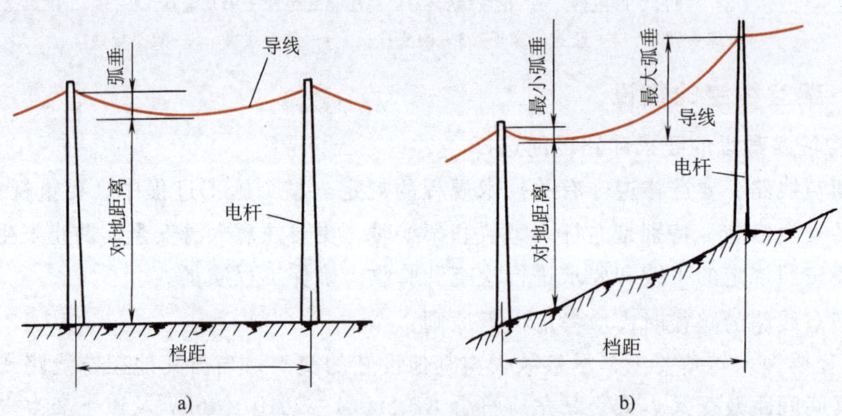

图 5-17 架空线路的档距和弧垂

a) 平地上 b) 坡地上

架空线路的弧垂，又称弛垂，是指架空线路一个档距内导线最低点与两端电杆上导线悬挂点之间的垂直距离，如图 5-17 所示。导线的弧垂是由于导线存在着荷重所形成的。弧垂不宜过大，也不宜过小。弧垂过大，则在导线摆动时容易引起相间短路，而且造成导线对地或对其他物体的安全距离不够；弧垂过小，则将使导线内应力增大，在天冷时可能使导线收缩绷断。

架空线路的线间距离、档距、导线对地面和水面的最小距离、架空线路与各种设施接近和

交叉的最小距离等，在 GB 50061—2010 等规范中均有明确规定，设计和安装时必须遵循。

二、电缆线路的结构和敷设

电缆线路与架空线路相比，虽然成本高、投资大、维修不便，但是电缆线路具有运行可靠、不受外界影响、不需架设电杆、不占地面、不碍观瞻等优点，特别是在有腐蚀性气体和易燃易爆场所、不宜架设架空线路时，只能敷设电缆线路。**在现代化工厂和城市中，电缆线路得到了越来越广泛的应用。**

（一）电缆和电缆头

1. 电缆

电缆是一种特殊结构的导线，在其几根绞绕的（或单根）绝缘导电芯线外面，统包有绝缘层和保护层。保护层又分内护层和外护层。内护层用以保护绝缘层，而外护层用以防止内护层受到机械损伤和腐蚀。外护层通常为钢丝或钢带构成的钢铠，外覆麻被、沥青或塑料护套。

供电系统中常用的电力电缆，按其缆芯材质分，有铜芯电缆和铝芯电缆两大类。按其采用的绝缘介质分，有油浸纸绝缘电缆和塑料绝缘电缆两大类。

（1）油浸纸绝缘电力电缆 如图 5-18 所示，它具有耐压强度高、耐热性能好和使用寿命较长等优点，应用相当普遍。由于该电缆工作时浸渍油会流动，因此对其两端的安装高度差有一定的限制，否则电缆低的一端可能因油压过大而使端头胀裂漏油，而高的一端则可能因油流失而使绝缘干枯，致使其耐压强度下降，甚至击穿损坏。

（2）塑料绝缘电力电缆 它有聚氯乙烯绝缘及护套电缆和交联聚乙烯绝缘聚氯乙烯护套电缆两种类型。塑料绝缘电缆具有结构简单、制造加工方便、重量较轻、敷设安装方便、不受敷设高度差限制以及能抵抗酸碱腐蚀等优点。交联聚乙烯绝缘电力电缆（见图 5-19）

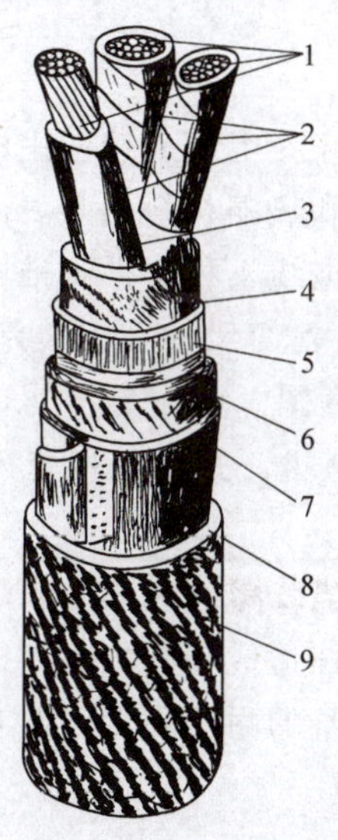

图 5-18 油浸纸绝缘电力电缆

1—缆芯（铜芯或铝芯） 2—油浸纸绝缘层 3—麻筋（填料） 4—油浸纸（统包绝缘） 5—铅包 6—涂沥青的纸带（内护层） 7—浸沥青的麻被（内护层） 8—钢铠（外护层） 9—麻被（外护层）

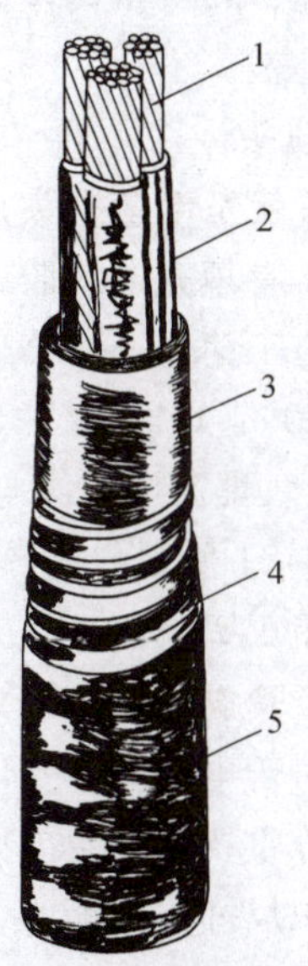

图 5-19 交联聚乙烯绝缘电力电缆

1—缆芯（铜芯或铝芯） 2—交联聚乙烯绝缘层 3—聚氯乙烯护套（内护层） 4—钢铠或铝铠（外护层） 5—聚氯乙烯外套（外护层）

的电气性能更优异，因此在工厂供电系统中有逐步取代油浸纸绝缘电力电缆的趋势。

在考虑电缆缆芯材质时，一般情况下宜按“节约用铜、以铝代铜”原则，优先选用铝芯电缆。但在下列情况应采用铜芯电缆：①振动剧烈、有爆炸危险或对铝有腐蚀等的严酷工作环境；②安全性、可靠性要求高的重要回路；③耐火电缆及紧靠高温设备的电缆等。

电力电缆全型号的表示和含义如下：

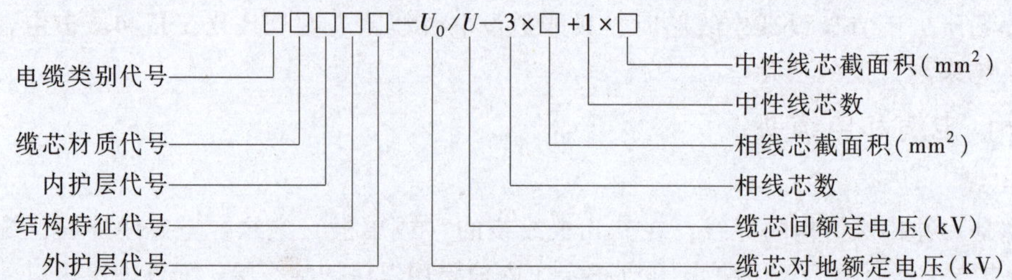

1）电缆类别代号含义：Z—油浸纸绝缘电力电缆；V—聚氯乙烯绝缘电力电缆；YJ—交联聚乙烯绝缘电力电缆；X—橡皮绝缘电力电缆；JK—架空电力电缆（加在上列代号之前）；ZR 或 Z—阻燃型电力电缆（加在上列代号之前）。

2）缆芯材质代号含义：L—铝芯；LH—铝合金芯；T—铜芯（一般不标）；TR—软铜芯。

3）内护层代号含义：Q—铅包；L—铝包；V—聚氯乙烯护套。

4）结构特征代号含义：P—滴干式；D—不滴流式；F—分相铅包式。

5）外护层代号含义：02—聚氯乙烯套；03—聚乙烯套；20—裸钢带铠装；22—钢带铠装聚氯乙烯套；23—钢带铠装聚乙烯套；30—裸细钢丝铠装；32—细钢丝铠装聚氯乙烯套；33—细钢丝铠装聚乙烯套；40—裸粗钢丝铠装；41—粗钢丝铠装纤维外被；42—粗钢丝铠装聚氯乙烯套；43—粗钢丝铠装聚乙烯套；441—双粗钢丝铠装纤维外被；241—钢带-粗钢丝铠装纤维外被。

2. 电缆头

电缆头就是电缆接头，包括电缆中间接头和电缆终端头。电缆头按使用的绝缘材料或填充材料分，有填充电缆胶的、环氧树脂浇注的、缠包式的和热缩材料的等。由于热缩材料电缆头具有施工简便、价格低廉和性能良好等优点而在现代电缆工程中得到推广应用。

图 5-20 是 10kV 交联聚乙烯绝缘电力电缆热缩中间头剥切尺寸和安装示意图。图 5-21 是 10kV 交联聚乙烯绝缘电力电缆户内热缩终端头结构示意图。而作为户外热缩终端头，还必须在图 5-21 所示户内热缩终端头上套上三孔防雨热缩伞裙，并在各相套入单孔防雨热缩伞裙，如图 5-22 所示。

运行经验说明：电缆头是电缆线路中的薄弱环节，电缆线路的大部分故障都发生在电缆接头处。由于电缆头本身的缺陷或安装质量上的问题，往往造成短路故障。因此电缆头的安装质量十分重要，密封要好，其耐压强度不应低于电缆本身的耐压强度，要有足够的机械强度，且体积尺寸尽可能小，结构简单，安装方便。

（二）电缆的敷设

1. 电缆敷设路径的选择

选择电缆敷设路径时，应考虑以下原则：

1）避免电缆遭受机械性外力、过热和腐蚀等的危害。

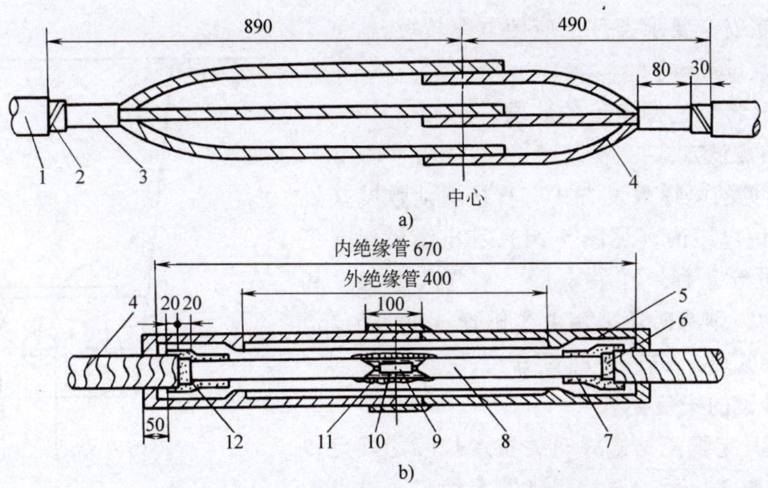

图 5-20 10kV 交联聚乙烯绝缘电力电缆热缩中间头

a）中间头剥切尺寸示意图 b）每相接头安装示意图

1—聚氯乙烯外护套 2—钢铠 3—内护套 4—铜屏蔽层（内有缆芯绝缘） 5—半导电管 6—半导电层 7—应力管 8—缆芯绝缘 9—压接管 10—填充胶 11—四氟带 12—应力疏散胶

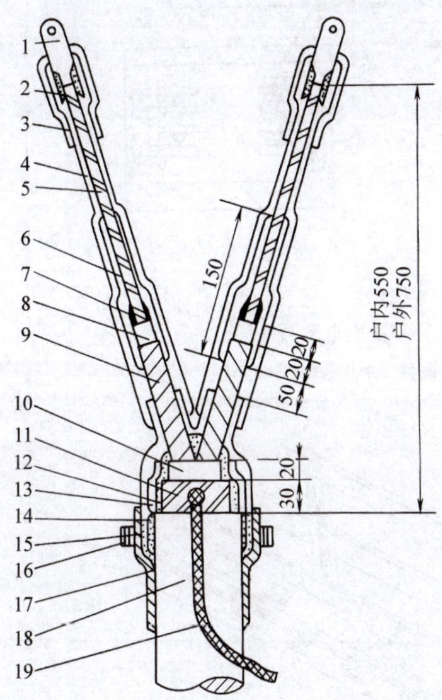

图 5-21 10kV 交联聚乙烯绝缘电力电缆户内热缩终端头

1—缆芯接线端子 2—密封胶 3—热缩密封管 4—热缩绝缘管 5—缆芯绝缘 6—应力控制管 7—应力疏散管 8—半导体层 9—铜屏蔽层 10—热缩内护层 11—钢铠 12—填充胶 13—热缩环 14—密封胶 15—热缩三芯手套 16—喉箍 17—热缩密封管 18—PVC（聚氯乙烯）外护套 19—接地线

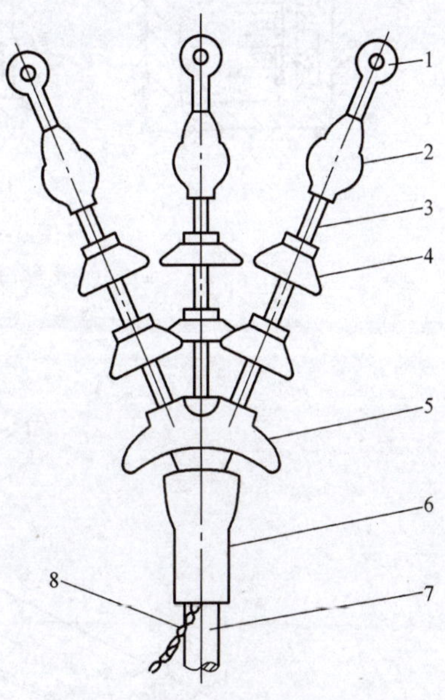

图 5-22 户外热缩电力电缆终端头

1—缆芯接线端子 2—热缩密封管 3—热缩绝缘管 4—单孔防雨伞裙 5—三孔防雨伞裙 6—热缩三芯手套 7—PVC（聚氯乙烯）外护套 8—接地线

2）在满足安全要求条件下应使电缆较短。

3）便于敷设和维护。

4）应避开将要挖掘施工的地段。

2. 电缆的敷设方式

工厂中常见的电缆敷设方式有直接埋地敷设（见图5-23）、利用电缆沟（见图5-24）和电缆桥架（见图5-25）敷设等几种。在发电厂、某些大型工厂和现代化城市中，则有时还采用电缆排管（见图5-26）和电缆隧道（见图5-27）等敷设方式。

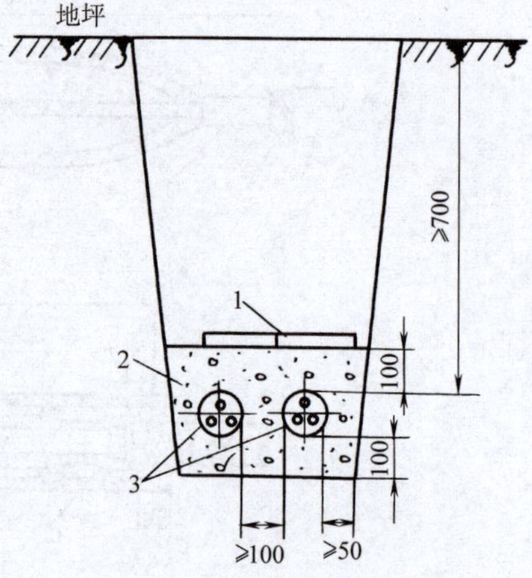

图5-23　电缆直接埋地敷设

1—保护盖板　2—沙　3—电力电缆

3. 电缆敷设的一般要求

敷设电缆一定要严格遵守有关技术规程的规定和设计的要求。竣工以后，要按规定的手续和要求进行检查和验收，确保线路的质量。

部分重要的技术要求如下：

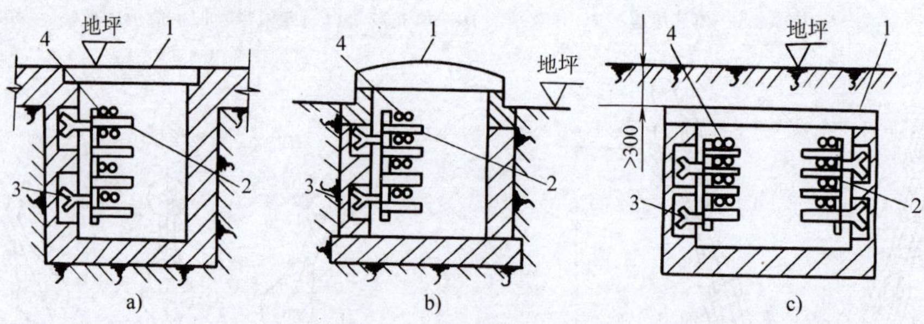

图5-24　电缆在电缆沟内敷设

a）户内电缆沟　b）户外电缆沟　c）厂区内电缆沟

1—盖板　2—电缆支架　3—预埋铁件　4—电缆

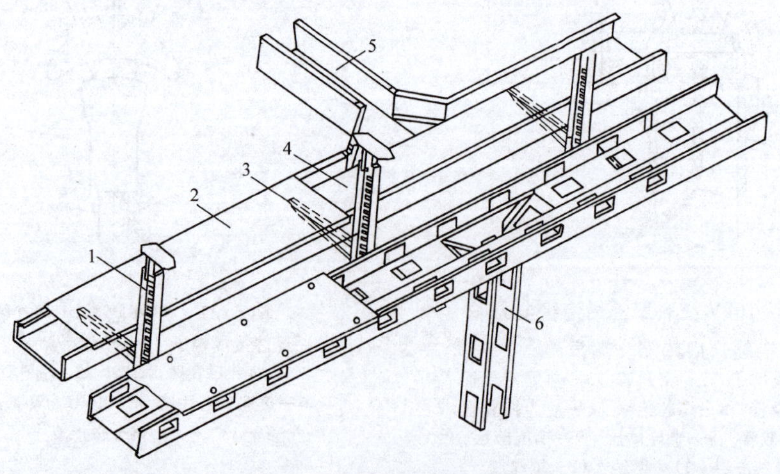

图5-25　电缆桥架

1—支架　2—盖板　3—支臂　4—线槽　5—水平分支线槽　6—垂直分支线槽

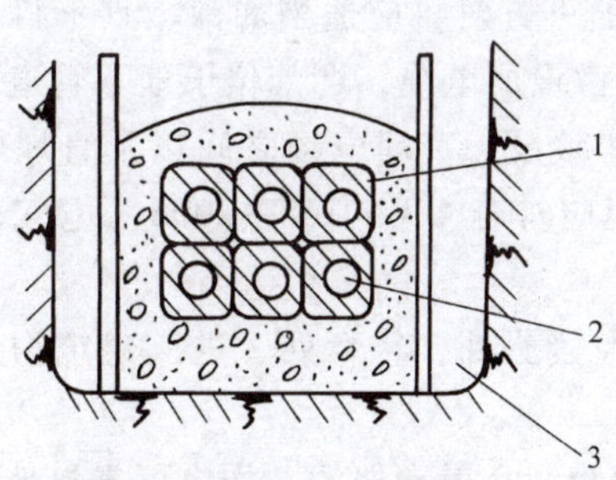

图 5-26 电缆排管
1—水泥排管 2—电缆孔（穿电缆）
3—电缆沟

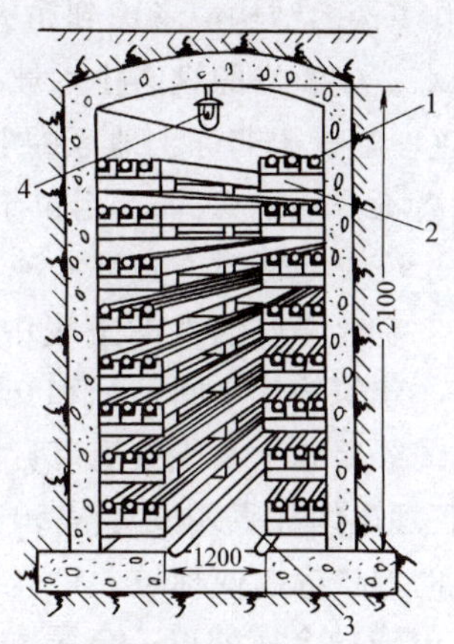

图 5-27 电缆隧道
1—电缆 2—支架
3—维护走廊 4—照明灯具

1）电缆长度宜按实际线路长度增加 5% ~10% 的裕量，以作为安装、检修时的备用。直埋电缆应作波浪形埋设。

2）下列场合的非铠装电缆应采取穿管保护：电缆引入或引出建筑物或构筑物；电缆穿过楼板及主要墙壁处；从电缆沟引出至电杆，或沿墙敷设的电缆距地面 2m 高度及埋入地下小于 0.3m 深度的一段；电缆与道路、铁路交叉的一段。所用保护管的内径不得小于电缆外径或多根电缆包络外径的 1.5 倍。

3）多根电缆敷设在同一通道中位于同侧的多层支架上时，应按下列敷设要求进行配置：①应按电压等级由高至低的电力电缆、强电至弱电的控制和信号电缆、通信电缆的顺序排列；②支架层数受通道空间限制时，35kV 及以下的相邻电压级的电力电缆可排列在同一层支架上，1kV 及以下电力电缆也可与强电控制和信号电缆配置在同一层支架上；③同一重要回路的工作电缆与备用电缆实行耐火分隔时，宜适当配置在不同层次的支架上。

4）明敷的电缆不宜平行敷设于热力管道上边。电缆与管道之间无隔板防护时，相互间距应符合表 5-1 所列的允许距离（据 GB 50217—2007《电力工程电缆设计规范》规定）。

表 5-1 明敷电缆与管道之间的允许间距 （单位：mm）

电缆与管道之间走向		电力电缆	控制和信号电缆
热力管道	平行	1000	500
	交叉	500	250
其他管道	平行	150	100

5）电缆应远离爆炸性气体释放源。敷设在爆炸性危险较小的场所时，应符合下列要求：①易爆气体比空气重时，电缆应在较高处架空敷设，且对非铠装电缆采取穿管敷设，或置于托盘、槽盒等内进行机械性保护；②易爆气体比空气轻时，电缆应敷设在较低处的管、沟内，沟内的非铠装电缆应埋沙。

6）电缆沿输送易燃气体的管道敷设时，应配置在危险程度较低的管道一侧，且应符合下列要求：①易燃气体比空气重时，电缆宜在管道上方；②易燃气体比空气轻时，电缆宜在管道下方。

7）电缆沟的结构应考虑到防火和防水。电缆沟从厂区进入厂房处应设置防火隔板。为了顺畅排水，电缆沟的纵向排水坡度不得小于0.5%，而且不能排向厂房内侧。

8）直埋敷设于非冻土地区的电缆，其外皮至地下构筑物基础的距离不得小于0.3m；至地面的距离不得小于0.7m；当位于车行道或耕地的下方时，应适当加深，且不得小于1m。电缆直埋于冻土地区时，宜埋入冻土层以下。直埋敷设的电缆，严禁位于地下管道的正上方或正下方。有化学腐蚀性的土壤中，电缆不宜直埋敷设。直埋电缆之间以及直埋电缆与管道、道路、建筑物等之间平行和交叉时的最小净距应符合 GB 50168—2006《电气装置安装工程　电缆线路施工及验收规范》的规定。

9）直埋电缆在直线段每隔 50 ~ 100m 处、电缆接头处、转弯处、进入建筑物处等，应设置明显的方位标志或标桩。

10）电缆的金属外皮、金属电缆头以及保护钢管、金属支架等，均应可靠接地。

三、车间线路的结构和敷设

车间线路包括室内配电线路和室外配电线路两部分。室内配电线路大多采用绝缘导线，而配电干线则多采用裸导线（母线），少数采用电缆。室外配电线路指沿车间外墙或屋檐敷设的低压配电线路，一般采用绝缘导线。

（一）绝缘导线的结构和敷设

绝缘导线按芯线材质分，有铜芯和铝芯两种。重要回路例如办公楼、图书馆、实验室、住宅内等的线路及振动场所或对铝线有腐蚀的场所，均应采用铜芯绝缘导线；其他场所可选用铝芯绝缘导线。

绝缘导线按绝缘材料分，有橡皮绝缘导线和塑料绝缘导线两种。塑料绝缘导线的绝缘性能好，耐油和抗酸碱腐蚀，价格较低，且可节约大量橡胶和棉纱，因此在室内明敷和穿管敷设中应优先选用塑料绝缘导线。但是塑料绝缘材料在低温时要变硬变脆，高温时又易软化老化，因此室外敷设宜优先选用橡皮绝缘导线。

绝缘导线全型号的表示和含义如下：

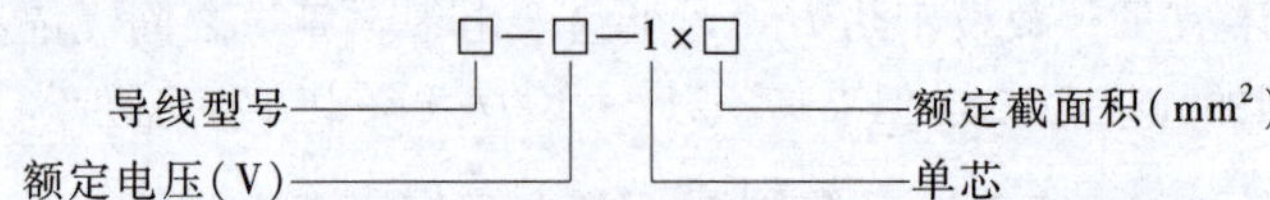

1）橡皮绝缘导线型号含义：BX（BLX）—铜（铝）芯橡皮绝缘棉纱或其他纤维编织导线；BXR—铜芯橡皮绝缘棉纱或其他纤维编织软导线；BXS—铜芯橡皮绝缘双股软导线。

2）聚氯乙烯绝缘导线型号含义：BV（BLV）—铜（铝）芯聚氯乙烯绝缘导线；BVV（BLVV）—铜（铝）芯聚氯乙烯绝缘聚氯乙烯护套圆型导线；BVVB（BLVVB）—铜（铝）芯聚氯乙烯绝缘聚氯乙烯护套扁型导线；BVR—铜芯聚氯乙烯绝缘软导线。

绝缘导线的敷设方式分明敷和暗敷两种。明敷是导线直接敷设，或在穿线管、线槽等保护体内，敷设于墙壁、顶棚的表面及桁架、支架等处。暗敷是导线在穿线管、线槽内，敷设于墙壁、顶棚、地坪及楼板等内部，或在混凝土板孔内敷设。

绝缘导线的敷设要求应符合有关规程的规定。其中有几点应特别注意：

1）线槽布线和穿管布线的导线中间不许直接接头，接头必须经专门的接线盒。

2）穿金属管或金属线槽的交流线路，应将同一回路的所有相线和中性线（如有中性线

时）穿于同一管、槽内；否则由于线路电流不平衡会在金属管、槽内产生铁磁损耗，使管、槽发热，导致其中导线过热甚至烧毁。

3）电线管路与热水管、蒸汽管同侧敷设时，应敷设在水、汽管的下方；如有困难时，可敷设在水、汽管的上方，但相互间距应适当增大，或采取隔热措施。

（二）裸导线的结构和敷设

车间内配电的裸导线大多数采用裸母线的结构，其截面形状有圆形、管形和矩形等，其材质有铜、铝和钢。车间内以采用 LMY 型硬铝母线最为普遍。现代化的生产车间，大多采用封闭式母线（也称“母线槽”）布线，如图 5-28 所示。封闭式母线安全、灵活、美观，但耗用的钢材较多，投资也较大。

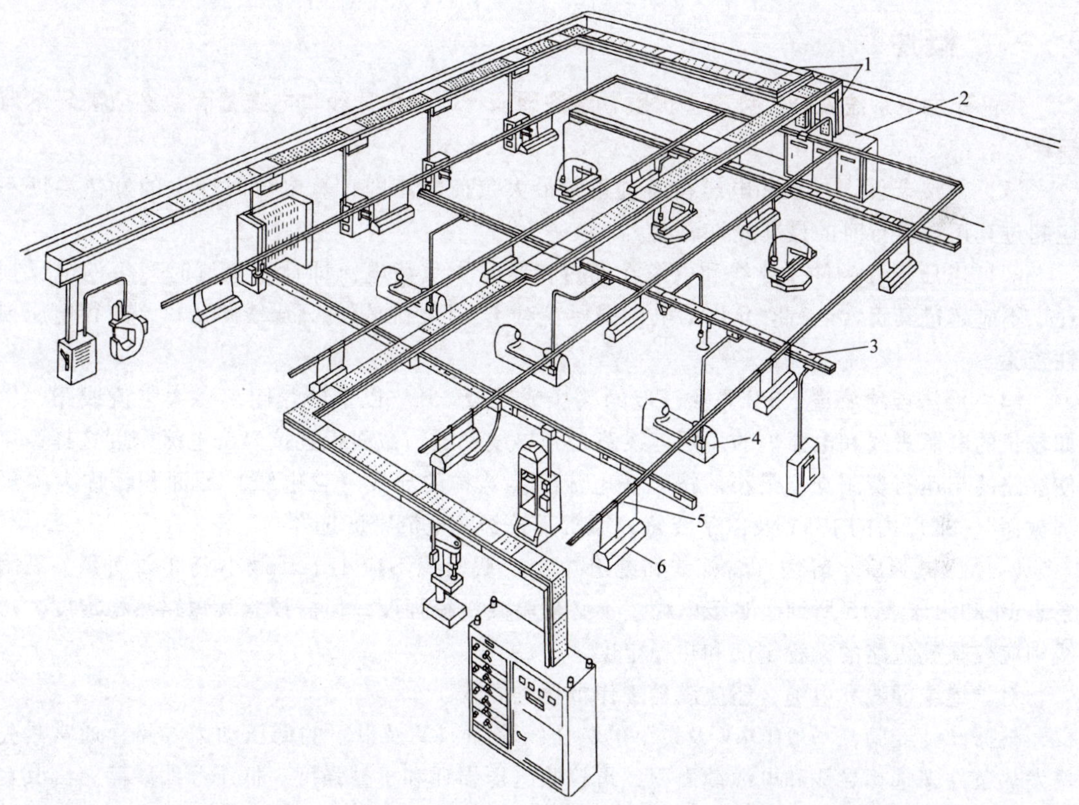

图 5-28　封闭式母线（母线槽）在车间内的布置

1—馈电母线槽　2—配电装置　3—插接式母线槽　4—机床　5—照明母线槽　6—灯具

封闭式母线水平敷设时，至地面的距离不宜小于 2.2m。垂直敷设时，其距地面 1.8m 以下部分应采取防止机械损伤的措施，但敷设在电气专用房间内（如配电室、电机房等）时除外。

封闭式母线水平敷设的支持点间距不宜大于 2m。垂直敷设时，应在通过楼板处采用专用附件支承。垂直敷设的封闭式母线，当进线盒及末端悬空时，应采用支架固定。

封闭式母线终端无引出或引入线时，端头应封闭。

封闭式母线的插接分支点应设在安全及安装维护方便的地方。

为了识别裸导线的相序，以利于运行维护和检修，GB 2681—1981《电工成套装置中的

导线颜色》规定交流三相系统中的裸导线应按表 5-2 所列涂色。裸导线涂色，不仅有利于识别相序，而且有利于防腐蚀及改善散热条件。表 5-2 的规定对需识别相序的绝缘导线线路也是适用的。

表 5-2　交流三相系统中导线的涂色

导线类别	A 相	B 相	C 相	N 线、PEN 线	PE 线
涂漆颜色	黄	绿	红	淡蓝	黄绿双色

第三节　导线和电缆截面积的选择计算

一、概述

为保证供电系统安全、可靠、优质、经济地运行，选择导线和电缆截面积必须满足下列条件：

(1) 发热条件　导线和电缆在通过正常最大负荷电流即计算电流时产生的发热温度不应超过其正常运行时的最高允许温度。

(2) 电压损耗条件　导线和电缆在通过正常最大负荷电流即计算电流时产生的电压损耗，不应超过其正常运行时允许的电压损耗。对于工厂内较短的高压线路，可不进行电压损耗校验。

(3) 经济电流密度　35kV 及以上的高压线路及 35kV 以下的长距离、大电流线路，例如较长的电源进线和电弧炉的短网等线路，其导线和电缆截面积宜按经济电流密度选择，以使线路的年运行费用支出最小。按经济电流密度选择的导线（含电缆）截面积，称为“经济截面”。工厂内的 10kV 及以下线路，通常不按经济电流密度选择。

(4) 机械强度　导线（含裸线和绝缘导线）截面积不应小于其最小允许截面积，见附录表 14 和附录表 15 所列。对于电缆，不必校验其机械强度，但需校验其短路热稳定度。母线则应校验其短路的动稳定度和热稳定度。

对于绝缘导线和电缆，还应满足工作电压的要求。

根据设计经验，一般 10kV 及以下的高压线路和 1kV 及以下的低压动力线路，通常是先按发热条件来选择导线和电缆截面积，再校验电压损耗和机械强度。低压照明线路，因其对电压水平要求较高，通常是先按允许电压损耗进行选择，再校验发热条件和机械强度。对长距离大电流线路和 35kV 及以上的高压线路，则可先按经济电流密度确定经济截面，再校验其他条件。按上述经验来选择计算，通常容易满足要求，较少返工。

下面分别介绍如何按发热条件、经济电流密度和电压损耗选择导线和电缆截面积的问题。关于机械强度，对于工厂电力线路，一般只需按其最小允许截面积（见附录表 14、附录表 15）校验就行了，因此不再赘述。

二、按发热条件选择导线和电缆的截面积

（一）三相系统相线截面积的选择

电流通过导线（包括电缆、母线，下同）时，要产生电能损耗，使导线发热。裸导线

的温度过高时，会使其接头处的氧化加剧，增大接触电阻，使之进一步氧化，最后可能发展到断线。而绝缘导线和电缆的温度过高时，还可使其绝缘加速老化甚至烧毁，或引发火灾事故。因此，导线的正常发热温度一般不得超过附录表 7 所列的额定负荷时的最高允许温度。

按发热条件选择三相系统中的相线截面积时，应使其允许载流量 I_{al} 不小于通过相线的计算电流 I_{30}，即

$$I_{al} \geqslant I_{30} \tag{5-1}$$

所谓导线的允许载流量，就是在规定的环境温度条件下，导线能够连续承受而不至使其稳定温度超过允许值的最大电流。如果导线敷设地点的环境温度与导线允许载流量所采取的环境温度不同时，则导线的允许载流量应乘以以下温度校正系数：

$$K_{\theta} = \sqrt{\frac{\theta_{al} - \theta_0'}{\theta_{al} - \theta_0}} \tag{5-2}$$

式中，θ_{al}为导线额定负荷时的最高允许温度；θ_0 为导线的允许载流量所采用的环境温度；θ_0'为导线敷设地点实际的环境温度。

这里所说的“环境温度”，是按发热条件选择导线所采用的特定温度：在室外，环境温度一般取当地最热月平均最高气温；在室内，则取当地最热月平均最高气温加 5℃。对土中直埋的电缆，则取当地最热月地下 0.8～1m 的土壤平均温度，也可近似地取为当地最热月平均气温。

附录表 16 列出了 LJ 型铝绞线和 LGJ 型钢芯铝绞线的允许载流量，附录表 17 列出了 LMY 型矩形硬铝母线的允许载流量，附录表 18 列出了 10kV 常用三相电缆的允许载流量及校正系数，附录表 19 列出了绝缘导线明敷、穿钢管和穿塑料管时的允许载流量，供参考。

按发热条件选择的导线和电缆截面积，还必须用式（6-4）或式（6-15）来校验它与其相应的保护装置（熔断器或低压断路器的过电流脱扣器）是否配合得当。如果配合不当，则可能发生导线或电缆因过电流而发热起燃但保护装置不动作的情况，这当然是不允许的。

（二）中性线和保护线截面积的选择

1. 中性线（N 线）截面积的选择

三相四线制中的中性线要通过系统的不平衡电流和零序电流，因此中性线的允许载流量不应小于三相系统的最大不平衡电流，同时应考虑系统中谐波电流的影响。

按 GB 50054—2011《低压配电设计规范》规定：

1）符合下列情况之一的线路，中性线截面积 A_0 应与相线截面积 A_φ 相同，即

$$A_0 = A_\varphi \tag{5-3}$$

① 单相两线制线路；②铜相线截面积 $A_\varphi \leqslant 16\text{mm}^2$，或铝相线截面积 $A_\varphi \leqslant 25\text{mm}^2$ 的三相四线制线路。

2）符合下列情况之一的线路，中性线截面积 A_0 可小于相线截面积 A_φ，但不宜小于相线截面积的 50%，即

$$0.5A_\varphi \leqslant A_0 < A_\varphi \tag{5-4}$$

①铜相线截面积 $A_\varphi > 16\text{mm}^2$，或铝相线截面 $A_0 \geqslant 25\text{mm}^2$ 时；②铜中性线截面积 $A_\varphi \geqslant 16\text{mm}^2$，或铝中性线截面积 $A_0 \geqslant 25\text{mm}^2$ 时；③在正常工作时，包括谐波电流在内的中性线预期最大电流 $I_{0.\max}$ 小于或等于中性线允许载流量 $I_{0.\text{al}}$ 时；④中性线导体已进行了过电流保护时。

2. 保护线（PE线）截面积的选择

保护线要考虑三相系统发生单相短路故障时单相短路电流通过时的短路热稳定度。

根据短路热稳定度的要求，保护线（PE线）的截面积A_{PE}，按GB 50054—2011《低压配电设计规范》规定：

1）当$A_{\varphi} \leqslant 16mm^2$时

$$A_{PE} \geqslant A_{\varphi} \tag{5-5}$$

2）当$16mm^2 < A_{\varphi} \leqslant 35mm^2$时

$$A_{PE} \geqslant 16mm^2 \tag{5-6}$$

3）当$A_{\varphi} > 35mm^2$时

$$A_{PE} \geqslant 0.5A_{\varphi} \tag{5-7}$$

注意：按GB 50054—2011的规定，当PE线采用单芯绝缘导线时，按机械强度要求，有机械保护的PE线，铜导体截面积不应小于$2.5mm^2$，铝导体截面积不应小于$16mm^2$；无机械保护的PE线，铜导体截面积不应小于$4mm^2$，铝导体截面积不应小于$16mm^2$。

3. 保护中性线（PEN线）截面积的选择

保护中性线兼有保护线和中性线的双重功能，因此保护中性线截面积选择应同时满足上述保护线和中性线的要求，取其中的最大截面积。

例5-1 有一条BLX—500型铝芯橡皮线明敷的220V/380V的TN-S线路，线路计算电流为150A，当地最热月平均最高气温为+30℃。试按发热条件选择此线路的导线截面积。

解：（1）相线截面积的选择 查附录表19-1得环境温度为30℃时明敷的BLX—500型截面积为$50mm^2$的铝芯橡皮线的$I_{al} = 163A > I_{30} = 150A$，满足发热条件。因此相线截面积选为$A_{\varphi} = 50mm^2$。

（2）中性线截面积的选择 按$A_0 \geqslant 0.5A_{\varphi}$，选$A_0 = 25mm^2$。

（3）保护线截面积的选择 由于$A_{\varphi} > 35mm^2$，故选$A_{PE} \geqslant 0.5A_{\varphi} = 25mm^2$。

所选导线型号可表示为BLX—500—(3×50+1×25+PE25)。

例5-2 上例所示TN-S线路，如果采用BLV—500型铝芯塑料线穿硬塑料管埋地敷设，当地最热月平均气温为+25℃。试按发热条件选择此线路导线截面积及穿线管内径。

解：查附录表19-3得+25℃时5根单芯线穿硬塑料管（PC）的BLV—500型截面积为$120mm^2$的导线允许载流量$I_{al} = 160A > I_{30} = 150A$。

因此按发热条件，相线截面积选为$120mm^2$。

中性线截面积按$A_0 \geqslant 0.5A_{\varphi}$，选为$70mm^2$。

保护线截面积按$A_{PE} \geqslant 0.5A_{\varphi}$，选为$70mm^2$。

穿线的硬塑料管内径，查附录表19-3中5根导线穿管管径为80mm。

选择结果可表示为BLV—500—(3×120+1×70+PE70)—PC80。

三、按经济电流密度选择导线和电缆的截面积

导线（包括电缆，下同）的截面积越大，电能损耗越小，但是线路投资、维修管理费用和有色金属消耗量都要增加。因此从经济方面考虑，可选择一个比较合理的导线截面积，既使电能损耗小，又不至过分增加线路投资、维修管理费用和有色金属消耗量。

图5-29是线路年运行费用C与导线截面积A的关系曲线。其中，曲线1表示线路的年折旧费（即线路投资除以折旧年限之值）和线路的年维修管理费之和与导线截面积的关系

曲线；曲线 2 表示线路的年电能损耗费与导线截面积的关系曲线；曲线 3 为曲线 1 与曲线 2 的叠加，表示线路的年运行费用（包括线路的年折旧费、维修管理费和电能损耗费）与导线截面积的关系曲线。由曲线 3 可以看出，与年运行费最小值 C_a（a 点）相对应的导线截面积 A_a 不一定是很经济合理的导线截面积。因为 a 点附近，曲线比较平坦，如果将导线再选小一些，例如选为 A_b（b 点），年运行费 C_b 比 C_a 增加不多，但 A_b 却比 A_a 减小很多，从而使有色金属消耗量显著减少。因此从全面的经济效益考虑，导线截面积选为 A_b 看来比选为 A_a 更为经济合理。这种从全面的经济效益考虑，既使线路的年运行费用接近于最小又适当考虑有色金属节约的导线截面积，称为“经济截面”，用符号 A_{ec} 表示。

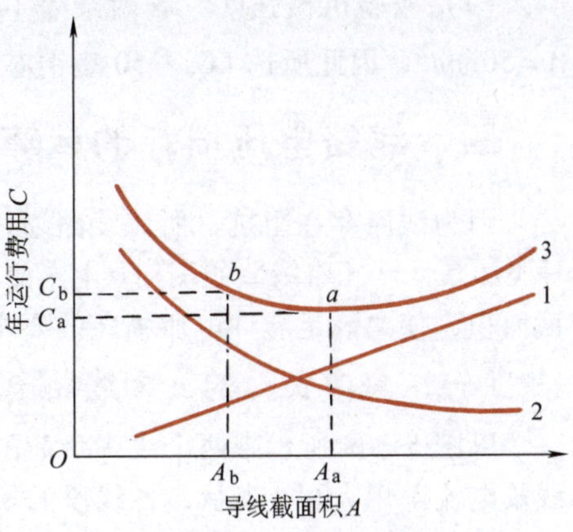

图 5-29 线路年运行费用与导线截面积的关系曲线

各国根据其具体国情特别是其有色金属资源的情况，规定了导线和电缆的经济电流密度。**我国现行的经济电流密度规定见表 5-3。**

表 5-3 导线和电缆的经济电流密度 （单位：A/mm^2）

线路类别	导线材质	年最大有功负荷利用小时		
		3000h 以下	3000～5000h	5000h 以上
架空线路	铜	3.00	2.25	1.75
	铝	1.65	1.15	0.90
电缆线路	铜	2.50	2.25	2.00
	铝	1.92	1.73	1.54

按经济电流密度 j_{ec} 计算经济截面 A_{ec} 的公式为

$$A_{ec} = I_{30}/j_{ec} \tag{5-8}$$

式中，I_{30} 为线路的计算电流。

按式（5-8）计算出 A_{ec} 后，应选最接近的标准截面积（可取较小的标准截面积），然后校验其他条件。

例 5-3 有一条用 LGJ 型钢芯铝线架设的 5km 长的 35kV 架空线路，计算负荷为 2500kW，$\cos\varphi=0.7$，$T_{max}=4800h$。试选择其经济截面，并校验其发热条件和机械强度。

解：（1）选择经济截面

$$I_{30}=\frac{P_{30}}{\sqrt{3}U_N\cos\varphi}=\frac{2500kW}{\sqrt{3}\times35kV\times0.7}=58.9A$$

由表 5-3 查得 $j_{ec}=1.15A/mm^2$，故

$$A_{ec}=\frac{58.9A}{1.15A/mm^2}=51.2mm^2$$

选标准截面积 $50mm^2$，即选 LGJ—50 型钢芯铝线。

（2）校验发热条件　查附录表 16 得 LGJ—50 型钢芯铝线的允许载流量（假设环境温度为 40℃）$I_{al}=178A>I_{30}=58.9A$，因此满足发热条件。

（3）校验机械强度　查附录表 14 得 35kV 架空钢芯铝线的最小截面积 $A_{min}=35mm^2<A=50mm^2$，因此所选 LGJ—50 型钢芯铝线也满足机械强度要求。

四、线路电压损耗的计算

因为线路存在阻抗，所以线路通过负荷电流时要产生电压损耗。**一般线路的允许电压损耗不超过 5%（对线路额定电压）**。如果线路的电压损耗超过了允许值，则应适当加大导线截面积，使之满足允许电压损耗的要求。

（一）集中负荷的三相线路电压损耗的计算

以图 5-30a 所示带两个集中负荷的三相线路为例。图中，负荷电流都用小写 i 表示，各线段电流都用大写 I 表示，各线段的长度、每相电阻和电抗分别用小写 l、r 和 x 表示，线路首端至各负荷点的长度、每相电阻和电抗则分别用大写 L、R 和 X 表示。

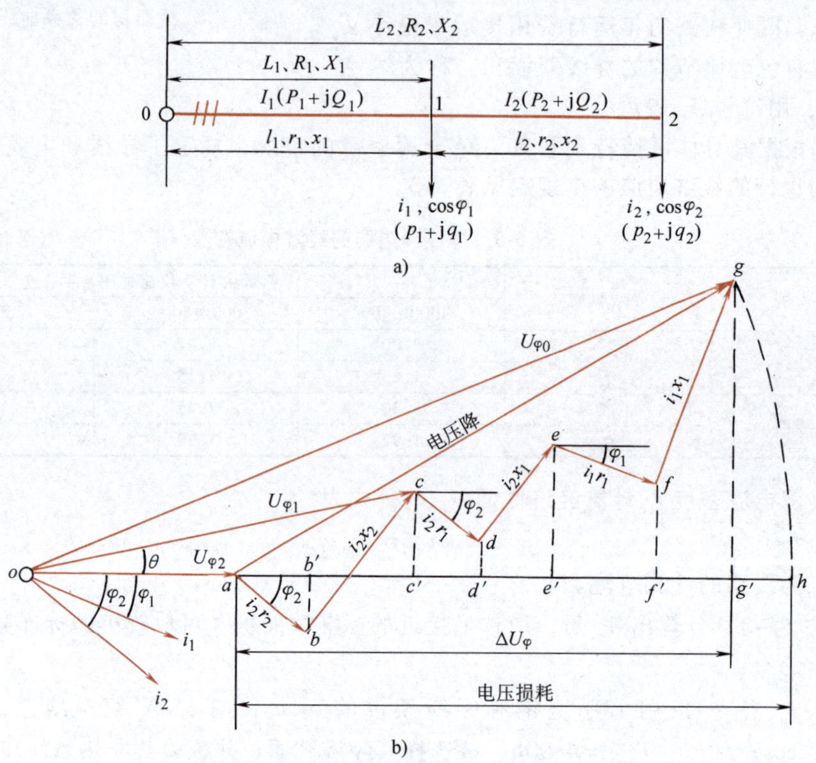

图 5-30　带有两个集中负荷的三相线路

a）单相电路图　b）线路电压降相量图

以线路末端的相电压 $U_{\varphi2}$[㊀] 作参考轴，绘制线路电压降相量图，如图 5-30b 所示。由于线路上的电压降相对于线路电压来说很小，$U_{\varphi1}$ 与 $U_{\varphi2}$ 间的相位差 θ 实际上小到可以忽略不计，因此负荷电流 i_1 与电压 $U_{\varphi1}$ 间的相位差 φ_1 可近似地绘成 i_1 与电压 $U_{\varphi2}$ 间的相位差。

作上述相量图的步骤如下：

1）在水平方向作矢量 $\overrightarrow{oa}=U_{\varphi2}$。

㊀ 为简化起见，这里将相量 $\dot{U}$ 简写为 U，省略了符号上边的“·”，其他相量也相同。

2）由 o 点绘负荷电流 i_1 和 i_2，分别滞后 $U_{\varphi 2}$ 相位角 φ_1 和 φ_2。

3）由 a 点作矢量$\overrightarrow{ab}=i_2r_2$，平行于 i_2。

4）由 b 点作矢量$\overrightarrow{bc}=i_2x_2$，超前于 i_2 90°。

5）连$\overrightarrow{oc}$，即得 $U_{\varphi 1}$。

6）由 c 点作矢量$\overrightarrow{cd}=i_2r_1$，平行于 i_2。

7）由 d 点作矢量$\overrightarrow{de}=i_2x_1$，超前于 i_2 90°。

8）由 e 点作矢量$\overrightarrow{ef}=i_1r_1$，平行于 i_1。

9）由 f 点作矢量$\overrightarrow{fg}=i_1x_1$，超前于 i_1 90°。

10）连$\overrightarrow{og}$，即得 $U_{\varphi 0}$。

11）以 o 点为圆心、og 为半径作圆弧，交参考轴（oa 的延线）于 h 点。

12）连接 a、g 两点，得$\overrightarrow{ag}$，此即全线路的电压降，而$\overline{ah}$即为全线路的电压损耗。

线路的电压降的定义为：线路首端电压与末端电压的相量差。

线路的电压损耗的定义为：线路首端电压与末端电压的代数差。

电压降在参考轴（纵轴）上的投影（见图 5-30b 上的$\overline{ag'}$）称为电压降的纵分量，用 ΔU_{φ} 表示。

相应地，电压降在参考轴的垂直方向（横轴）上的投影（见图 5-30b 上的$\overline{gg'}$）称为电压降的横分量，用 δU_{φ} 表示。

在地方电网和工厂供电系统中，由于线路的电压降相对于线路电压来说很小（图 5-30b 中的电压降相量图是被放大的），因此可近似地认为电压降纵分量 ΔU_{φ} 就是电压损耗。

图 5-30a 所示线路的相电压损耗可按下式近似计算：

$$\begin{aligned}\Delta U_{\varphi} &= \overline{ab'}+\overline{b'c'}+\overline{c'd'}+\overline{d'e'}+\overline{e'f'}+\overline{f'g'}\\ &= i_2r_2\cos\varphi_2+i_2x_2\sin\varphi_2+i_2r_1\cos\varphi_2+i_2x_1\sin\varphi_2+i_1r_1\cos\varphi_1+i_1x_1\sin\varphi_1\\ &= i_2(r_1+r_2)\cos\varphi_2+i_2(x_1+x_2)\sin\varphi_2+i_1r_1\cos\varphi_1+i_1x_1\sin\varphi_1\\ &= i_2R_2\cos\varphi_2+i_2X_2\sin\varphi_2+i_1R_1\cos\varphi_1+i_1X_1\sin\varphi_1\end{aligned}$$

将上式的相电压损耗 ΔU_{φ} 换算为线电压损耗 ΔU，**并以带任意个集中负荷的一般式来表示，即得电压损耗计算公式**

$$\Delta U=\sqrt{3}\,\Sigma\,(iR\cos\varphi+iX\sin\varphi)=\sqrt{3}\,\Sigma\,(i_aR+i_rX) \tag{5-9}$$

式中，i_a 为负荷电流的有功分量；i_r 为负荷电流的无功分量。

如果用各线段中的负荷电流来计算，则电压损耗计算公式为

$$\Delta U=\sqrt{3}\,\Sigma\,(Ir\cos\varphi+Ix\sin\varphi)=\sqrt{3}\Sigma(I_ar+I_rx) \tag{5-10}$$

式中，I_a 为线段电流的有功分量；I_r 为线段电流的无功分量。

如果用负荷功率 p、q 来计算，则利用 $i=p/(\sqrt{3}U_N\cos\varphi)=q/(\sqrt{3}U_N\sin\varphi)$ 代入式(5-9)，**即可得电压损耗计算公式**

$$\Delta U=\frac{\Sigma\,(pR+qX)}{U_N} \tag{5-11}$$

如果用线段功率 P、Q 来计算，则利用 $I=P/(\sqrt{3}U_N\cos\varphi)=Q/(\sqrt{3}U_N\sin\varphi)$ 代入式(5-10)，**即可得电压损耗计算公式**

$$\Delta U=\frac{\Sigma\,(Pr+Qx)}{U_N} \tag{5-12}$$

对于“无感”线路，即线路感抗可略去不计或负荷 $\cos\varphi \approx 1$ 的线路，其电压损耗为

$$\Delta U = \sqrt{3}\Sigma(iR) = \sqrt{3}\Sigma(Ir) = \frac{\Sigma(pR)}{U_N} = \frac{\Sigma(Pr)}{U_N} \tag{5-13}$$

对于“均一无感”线路，即全线的导线型号规格一致且可不计感抗或负荷 $\cos\varphi \approx 1$ 的线路，则其电压损耗为

$$\Delta U = \frac{\Sigma(pL)}{\gamma A U_N} = \frac{\Sigma(Pl)}{\gamma A U_N} = \frac{\Sigma M}{\gamma A U_N} \tag{5-14}$$

式中，γ 为导线的电导率；A 为导线的截面积；ΣM 为线路的所有功率矩之和；U_N 为线路的额定电压。

线路电压损耗的百分值为

$$\Delta U\% = \frac{\Delta U}{U_N} \times 100 \tag{5-15}$$

“均一无感”的三相线路电压损耗百分值为

$$\Delta U\% = \frac{100\Sigma M}{\gamma A U_N^2} = \frac{\Sigma M}{CA} \tag{5-16}$$

式中，C 为计算系数，见表 5-4。

表 5-4　公式 $\Delta U\% = \Sigma M/CA$ 中的计算系数 C 值

线路额定电压/V	线路类别	C 的计算式	计算系数 $C/(\mathrm{kW \cdot m \cdot mm^{-2}})$	
			铜线	铝线
220/380	三相四线	$\gamma U_N^2/100$	76.5	46.2
	两相三线	$\gamma U_N^2/225$	34.0	20.5
220	单相及直流	$\gamma U_N^2/200$	12.8	7.74
110			3.21	1.94

注：C 值是导线工作温度为 50℃、功率矩 M 的单位为 kW · m、导线截面积 A 的单位为 $\mathrm{mm^2}$ 时的数值。

对于均一无感的单相交流线路和直流线路，因为其负荷电流（或功率）要通过来回两根导线，所以总的电压损耗应为一根导线上电压损耗的 2 倍，而三相线路的电压损耗实际上是一相（即一根相线）导线上的电压损耗。因此，这种**单相和直流线路的电压损耗百分值为**

$$\Delta U\% = \frac{200\Sigma M}{\gamma A U_N^2} = \frac{\Sigma M}{CA} \tag{5-17}$$

对于均一无感的两相三线线路（见图 5-31a），由其相量图（见图 5-31b）可知，$I_A = I_B = I_0 = 0.5P/U_\varphi$，这里 P 为线路负荷，假设它平均分配于 A-N 和 B-N 之间。该线路总的电压降应为相线与中性线电压降的相量和，而该线路总的电压损耗，则可认为是此电压降在以相线电压降或中性线电压降为参考轴上的投影。由图 5-31b 所示的相量图可知，其线路电压降为

$$\begin{aligned}\Delta U &= I_A R + 0.5 I_0 R = 1.5IR \\ &= 1.5 \times \frac{0.5P}{U_\varphi}\frac{l}{\gamma A} = \frac{0.75Pl}{U_\varphi \gamma A}\end{aligned} \tag{5-18}$$

式中，R、l 分别为一根导线的电阻和长度。

因此两相三线线路的电压损耗百分值为

$$\Delta U\% = \frac{75Pl}{\gamma A U_\varphi^2} = \frac{75Pl}{\gamma A (U_N/\sqrt{3})^2} = \frac{225M}{\gamma A U_N^2}$$

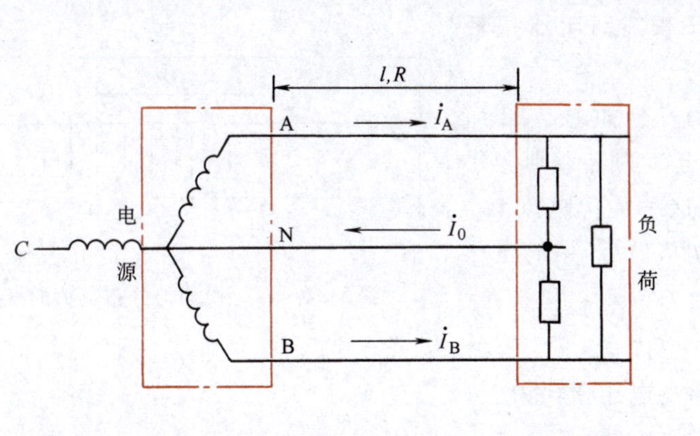

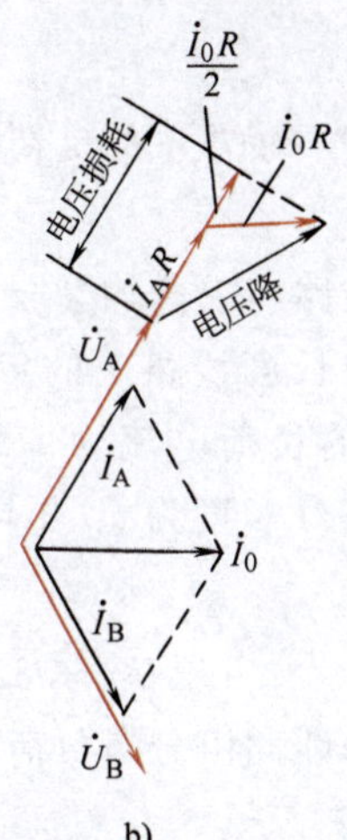

图 5-31 两相三线线路

a）电路图 b）线路电压降相量图

改写为一般式，即为

$$\Delta U\% = \frac{225\sum M}{\gamma A U_N^2} = \frac{\sum M}{CA} \tag{5-19}$$

根据式（5-16）、式（5-17）和式（5-19）可得**均一无感线路按允许电压损耗选择导线截面积的公式为**

$$A = \frac{\sum M}{C\Delta U_{al}\%} \tag{5-20}$$

式（5-20）常用于照明线路导线截面积的选择（参见第十章第四节）。

例 5-4 试验算例 5-3 所选 LGJ—50 型钢芯铝线是否满足允许电压损耗 5% 的要求。已知该线路导线为水平等距排列，相邻线距为 1.6m。

解： 由例 5-3 知 $P_{30} = 2500\text{kW}$，$\cos\varphi = 0.7$，因此 $\tan\varphi = 1$，$Q_{30} = 2500\text{kvar}$。

又利用 $A = 50\text{mm}^2$（LGJ 的截面积）和 $a_{av} = 1.26 \times 1.6\text{m} \approx 2\text{m}$ 查附录表 6，得 $R_0 = 0.68\Omega/\text{km}$，$X_0 = 0.39\Omega/\text{km}$。

故线路的电压损耗为

$$\Delta U = \frac{2500\text{kW} \times (5 \times 0.68)\Omega + 2500\text{kvar} \times (5 \times 0.39)\Omega}{35\text{kV}} = 382\text{V}$$

线路的电压损耗百分值为

$$\Delta U\% = \frac{100 \times 382\text{V}}{35000\text{V}} = 1.09\% < \Delta U_{al}\% = 5\%$$

因此所选 LGJ—50 型钢芯铝线满足电压损耗要求。

例 5-5 某 220V/380V 线路，采用 BLX—500—$(3 \times 25 + 1 \times 16)\text{mm}^2$ 的四根导线明敷，在距首端 50m 处，接有 7kW 电阻性负荷，在线路末端（线路全长 75m）接有 28kW 电阻性负荷。试计算该线路的电压损耗百分值。

解： 查表 5-4 得 $C = 46.2\text{kW}\cdot\text{m/mm}^2$，而

$$\Sigma M = 7\text{kW} \times 50\text{m} + 28\text{kW} \times 75\text{m} = 2450\text{kW}\cdot\text{m}$$

故
$$\Delta U\% = \frac{\sum M}{CA} = \frac{2450}{46.2 \times 25} = 2.12\%$$

（二）均匀分布负荷的三相线路电压损耗的计算

设线路有一段均匀分布负荷，如图5-32所示。单位长度线路上的负荷电流为 i_0，则微小线段 $\mathrm{d}l$ 的负荷电流为 $i_0\mathrm{d}l$。这一负荷电流 $i_0\mathrm{d}l$ 流过线路（长度为 l，电阻为 R_0l）产生的电压损耗为

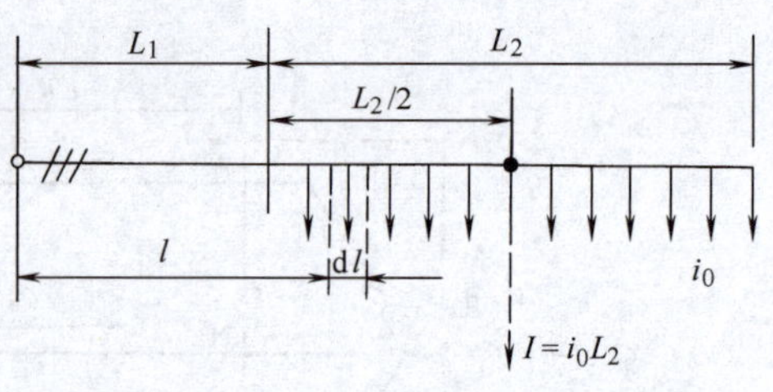

图5-32　有一段均匀分布负荷的线路

$$\mathrm{d}(\Delta U) = \sqrt{3}i_0\mathrm{d}l \cdot R_0 l$$

因此整个线路由分布负荷产生的电压损耗为

$$\Delta U = \int_{L_1}^{L_1+L_2}\mathrm{d}(\Delta U) = \int \sqrt{3}i_0R_0l\mathrm{d}l = \sqrt{3}i_0R_0\int_{L_1}^{L_1+L_2}l\mathrm{d}l$$
$$= \sqrt{3}i_0R_0\left[\frac{l^2}{2}\right]_{L_1}^{L_1+L_2} = \sqrt{3}i_0R_0\frac{L_2(2L_1+L_2)}{2} = \sqrt{3}i_0L_2R_0\left(L_1+\frac{L_2}{2}\right)$$

令 $i_0L_2 = I$ 为与均匀分布负荷等效的集中负荷，则得

$$\Delta U = \sqrt{3}IR_0\left(L_1+\frac{L_2}{2}\right) \tag{5-21}$$

式（5-21）说明，**带有均匀分布负荷的线路，在计算其电压损耗时，可将分布负荷集中于分布线段的中点，按集中负荷来计算。**

例5-6　某220V/380V的TN-C线路，如图5-33a所示。线路拟采用BX—500型铜芯橡皮绝缘线明敷，环境温度为30℃，允许电压损耗为5%。试选择该线路的导线截面积。

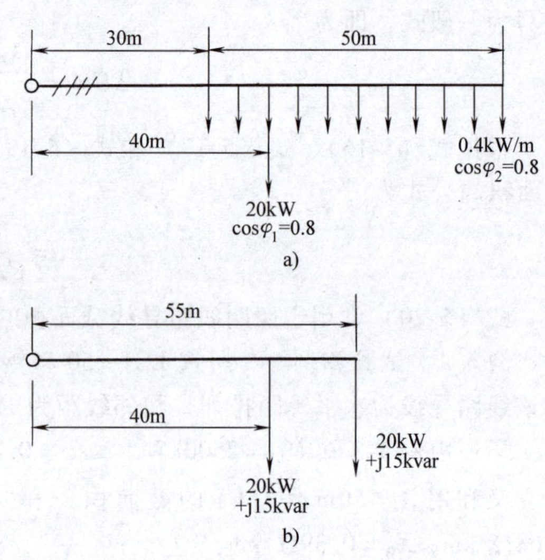

图5-33　例5-6的线路
a）带有均匀分布负荷的线路　b）等效为集中负荷的线路

解：（1）线路的等效变换　将图5-33a所示带有均匀分布负荷的线路等效变换为图5-33b所示集中负荷的线路。

原集中负荷 $p_1 = 20\text{kW}$，$\cos\varphi_1 = 0.8$，$\tan\varphi_1 = 0.75$，故 $q_1 = 20 \times 0.75\text{kvar} = 15\text{kvar}$。

原分布负荷 $p_2 = 0.4(\text{kW/m}) \times 50\text{m} = 20\text{kW}$，$\cos\varphi_2 = 0.8$，$\tan\varphi_2 = 0.75$，故 $q_2 = 20 \times 0.75\text{kvar} = 15\text{kvar}$。

（2）按发热条件选择导线截面积　线路中的最大负荷（计算负荷）为

$$P = p_1 + p_2 = 20\text{kW} + 20\text{kW} = 40\text{kW}$$
$$Q = q_1 + q_2 = 15\text{kvar} + 15\text{kvar} = 30\text{kvar}$$
$$S = \sqrt{P^2+Q^2} = \sqrt{40^2+30^2}\text{kV}\cdot\text{A} = 50\text{kV}\cdot\text{A}$$
$$I = \frac{S}{\sqrt{3}U_\text{N}} = \frac{50\text{kV}\cdot\text{A}}{\sqrt{3}\times 0.38\text{kV}} = 76\text{A}$$

查附录表 19-1，得 BX—500 型导线 $A=10\text{mm}^2$，在 30℃ 明敷时的 $I_{al}=77\text{A}>I=76\text{A}$，因此可选 3 根 BX—500—1 ×10 型导线作相线，另选 1 根 BX—500—1 ×10 型导线作 PEN 线。

（3）校验机械强度　查附录表 15 知，按明敷在户外支持件上且支持件间距为最大时，铜芯线的最小截面积为 6mm^2，因此以上所选 BX—500—1 ×10 型导线完全满足机械强度要求。

（4）校验电压损耗　查附录表 12 知，BX—500—1 ×10 型导线的电阻（工作温度按 65℃ 计）$R_0=2.19\Omega/\text{km}$，电抗（线距按 150mm 计）$X_0=0.31\Omega/\text{km}$，因此线路的电压损耗为

$$\begin{aligned}\Delta U &= [(p_1L_1+p_2L_2)R_0+(q_1L_1+q_2L_2)X_0]/U_N\\ &= [(20\text{kW}\times0.04\text{km}+20\text{kW}\times0.055\text{km})\times2.19\Omega/\text{km}\\ &\quad+(15\text{kvar}\times0.04\text{km}+15\text{kvar}\times0.055\text{km})\times0.31\Omega/\text{km}]/0.38\text{kV}=12\text{V}\end{aligned}$$

故
$$\Delta U\%=\frac{100\Delta U}{U_N}=\frac{100\times12\text{V}}{380\text{V}}=3.2\%<\Delta U_{al}\%=5\%$$

因此，所选 BX—500—1 ×10 型铜芯橡皮绝缘线也满足允许电压损耗要求。

另解：图 5-33a 所示带有均匀分布负荷的线路，等效变换为图 5-33b 所示带有两个集中负荷的线路，正巧这两个集中负荷完全相同（属一个特例），因此又可看作“均匀分布负荷”，将这两个相等负荷又等效地集中于两负荷点之间的中点，即进一步等效变换为只有一个集中负荷 $p+\text{j}q=(p_1+p_2)+\text{j}(q_1+q_2)=40\text{kW}+\text{j}30\text{kvar}$ 的线路，而等效线路长度为 $l=40\text{m}+(55-40)\text{m}/2=47.5\text{m}$。这样，电压损耗的计算就简单多了。读者可自行计算，其结果应与上一解法相同。

第四节　电力线路的电气安装图

一、概述

电力线路的电气安装图，主要包括电气系统图和电气平面布置图。

电气系统图是应用国家标准规定的电气简图用图形符号概略地表示一个系统的基本组成、相互关系及其主要特征的一种简图。

电气平面布置图又称电气平面布线图，或简称电气平面图，是用国家标准规定的图形符号和文字符号，按照电气设备的安装位置及电气线路的敷设方式、部位和路径绘制的一种电气平面布置和布线的简图。它按布线地区来分，有厂区电气平面布置图和车间电气平面布置图等。按功能分，有动力电气平面布置图、照明电气平面布置图和弱电系统（包括广播、电视和电话等）电气平面布置图等。

二、电气安装图上电力设备和线路的标注方式与文字符号

（一）电力设备的标注

按住建部 2009 年批准施行的 09DX001 号国家建筑标准设计图集《建筑电气工程设计常用图形和文字符号》规定，**电气安装图上用电设备标注的格式为**

$$\frac{a}{b} \tag{5-22}$$

式中，a 为设备编号或设备位置代号；b 为设备的额定容量（kW 或 kV · A）。

在电气安装图上，还需表示出所有配电设备的位置，同样要依次编号，并注明其型号规格。按上述 09DX001 标准图集的规定，**电气箱（柜、屏）标注的格式为**

$$-a+b/c \tag{5-23}$$

式中，a 为设备种类代号（见表 5-5）；b 为设备安装位置代号；c 为设备型号。

例如，-AP1+1·B6/XL21—15，表示动力配电箱种类代号为 -AP1，位置代号为 +1·B6，即安装在一层 B6 轴线上，配电箱型号为 XL21—15。

表 5-5　部分电力设备的文字符号

设备名称	英文名称	文字符号
交流(低压)配电屏	AC(Low-voltage) switchgear	AA
控制箱(柜)	Control box	AC
并联电容器屏	Shunt capacitor cubicle	ACC
直流配电屏、直流电源柜	DC switchgear, DC power supply cabinet	AD
高压开关柜	High-voltage switchgear	AH
照明配电箱	Lighting distribution board	AL
动力配电箱	Power distribution board	AP
电度表箱	Watt-boar meter box	AW
插座箱	Socket box	AX
空气调节器	Ventilator	EV
蓄电池	Battery	GB
柴油发电机	Diesel-engine generator	GD
电流表	Ammeter	PA
有功电能表	Watt-hour meter	PJ
无功电能表	Var-hour meter	PJR
电压表	Voltmeter	PV
电力变压器	Power transformer	T,TM
插头	Plug	XP
插座	Socket	XS
端子板	Terminal board	XT

（二）配电线路的标注

配电线路标注的格式[㊀]

$$ab—c(d\times e+f\times g+\mathrm{PE}h)i-jk \tag{5-24}$$

式中，a 为线缆编号；b 为线缆型号；c 为并联电缆和线管根数（单根电缆或单根线管则省略）；d 为相线根数；e 为相线截面积（mm^2）；f 为 N 线或 PEN 线根数（一般为 1）；g 为 N 线或 PEN 线截面积（mm^2）；h 为 PE 线截面积（mm^2，无 PE 线则省略）；i 为线缆敷设方式代号（见表 5-6）；j 为线缆敷设部位代号（见表 5-6）；k 为线缆敷设高度（m）。

例如，WP201　YJV—0.6/1kV—2(3×150+1×70+PE70) SC80—WS3.5，表示电缆线路编号为 WP201；电缆型号为 YJV—0.6/1kV；2 根电缆并联，每根电缆有 3 根相线芯，每根截面积为 $150mm^2$，有 1 根 N 线芯，截面积为 $70mm^2$，另有 1 根 PE 线芯，截面积也为 $70mm^2$；敷设方式为穿焊接钢管，管内径为 80mm，沿墙面明敷，电缆敷设高度离地 3.5m。

必须说明：上述配电线路标注的格式，与 09DX001 的规定略有差异。09DX001 规定的标准格式中没有“PEh”项，这是本书编者建议加上的。

㊀　此格式中“PEh”项系编者建议所加，09DX001 规定的格式中无此项。

表 5-6 线路敷设方式和导线敷设部位的标注代号

序号	名 称	英 文 名 称	代 号
1	线 路 敷 设 方 式 的 标 注		
1.1	穿焊接钢管敷设	Run in welded steel conduit	SC
1.2	穿电线管敷设	Run in electrical metallic tubing	MT
1.3	穿硬塑料管敷设	Run in rigid PVC conduit	PC
1.4	穿阻燃半硬聚氯乙烯管敷设	Run in flame retardant semiflexible PVC conduit	FPC
1.5	电缆桥架敷设	Installed in cable tray	CT
1.6	金属线槽敷设	Installed in metallic raceway	MR
1.7	塑料线槽敷设	Installed in PVC raceway	PR
1.8	钢索敷设	Supported by messenger wire	M
1.9	穿聚氯乙烯塑料波纹电线管敷设	Run in corrugated PVC conduit	KPC
1.10	穿金属软管敷设	Run in flexible metal conduit	CP
1.11	直接埋设	Direct burying	DB
1.12	电缆沟敷设	Installed in cable trough	TC
1.13	混凝土排管敷设	Installed in concrete encasement	CE
2	导 线 敷 设 部 位 的 标 注		
2.1	沿或跨梁(屋架)敷设	Along or across beam	AB
2.2	暗敷在梁内	Concealed in beam	BC
2.3	沿或跨柱敷设	Along or across column	AC
2.4	暗敷在柱内	Concealed in column	CLC
2.5	沿墙面敷设	On wall surface	WS
2.6	暗敷在墙内	Concealed in wall	WC
2.7	沿天棚或顶板面敷设	Along ceiling or slab surface	CE
2.8	暗敷在屋面或顶板内	Concealed in ceiling or slab	CC
2.9	吊顶内敷设	Recessed in ceiling	SCE
2.10	地板或地面下	In floor ground	F

三、工厂电力线路电气安装图的绘制和示例

（一）车间动力配电线路的电气安装图

1. 低压配电线路电气系统图的绘制和示例

绘制低压配电线路电气系统图必须注意以下两点：

1）线路一般用单线图表示。为表示线路的导线根数，可在线路上加短斜线，短斜线数等于导线根数；也可在线路上画一条短斜线再加注数字表示导线根数。有的系统图，用一根粗实线表示三相的相线，而用一根与之平行的细实线或虚线表示 N 线或 PEN 线，另用一根与之平行的点划线加短斜线表示 PE 线（如果有 PE 线时）。也有的照明系统图，用多线图表示，并标明每根导线的相序。

2）配电线路绘制应排列整齐，并应按规定对设备和线路进行必要的标注，如标注配电箱的编号、型号规格等，以及标注线路的编号、型号规格、敷设方式部位及线路去向或用途等。

图 5-34 是某机械加工车间的动力配电系统图（只绘出车间一角）。该车间采用铝芯塑料电缆 VLV—1000—(3×185+1×95) 直接埋设（DB）由车间变电所来电，其总配电箱 AP1 采用 XL（F)-31 型。它通过铝芯塑料绝缘线 BLV—500—(3×70+1×35) 沿墙明敷向分配电箱 AP2 配电。分配电箱 AP2 又引出一路 BLV—500—4×10 穿钢管（SC）埋地（F）向另一分配电箱 AP3 配电。总配电箱 AP1 又通过一路 BLV—500—(3×95+1×50) 沿墙明向分配电箱 AP4 配电。另通过一路 BLV—500—(3×50+1×25) 沿墙明敷向分配电箱 AP5 配电。分配电箱 AP5 又通过一路 BLV—500—(3×25+1×16) 穿钢管（SC）埋地（F）向另一配电箱 AP6 配电。所有分配电箱（AP2～AP6）均为 XL-21 型。

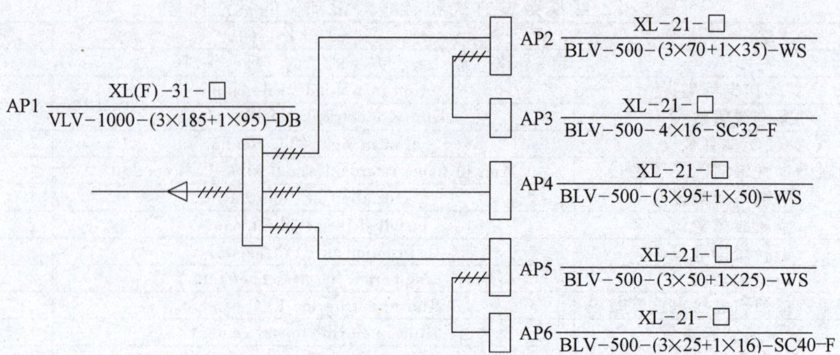

图5-34　某机械加工车间的动力配电系统图

2. 低压配电平面布置图的绘制和示例

绘制低压配电平面布置图必须注意以下几点：

1）有关配电装置（箱、柜、屏）和用电设备及开关、插座等，应采用规定的图形符号绘在平面图的相应位置上，例如配电箱用扁框符号表示，电机用圆圈符号表示。大型设备如机床等，则可按外形的大体轮廓绘制。

2）配电线路一般用单线图表示，且按其实际敷设的大体路径或方向绘制。

3）平面图上的配电装置、电器和线路，应按规定进行标注。当图上的某些线路采用的导线型号规格完全相同时，可统一在图上加注说明，不必在有关线路上一一标注。

4）保护电器的标注，主要应标注其熔体电流（对熔断器）或脱扣电流（对低压断路器）。

5）平面图上应标注主要尺寸，特别是建筑物外墙定位轴线之间的距离（单位为mm）应予标注。

6）平面图上宜附上“图例”，特别是平面图上使用的非标准图形符号应在图例中说明。

图5-35是图5-34所示机械加工车间（一角）动力配电平面布置图。这里仅示出分配电箱AP6对35号~42号机床的配电线路。由于各配电支线的型号规格和敷设方式都相同，因此统一在图上加注说明。

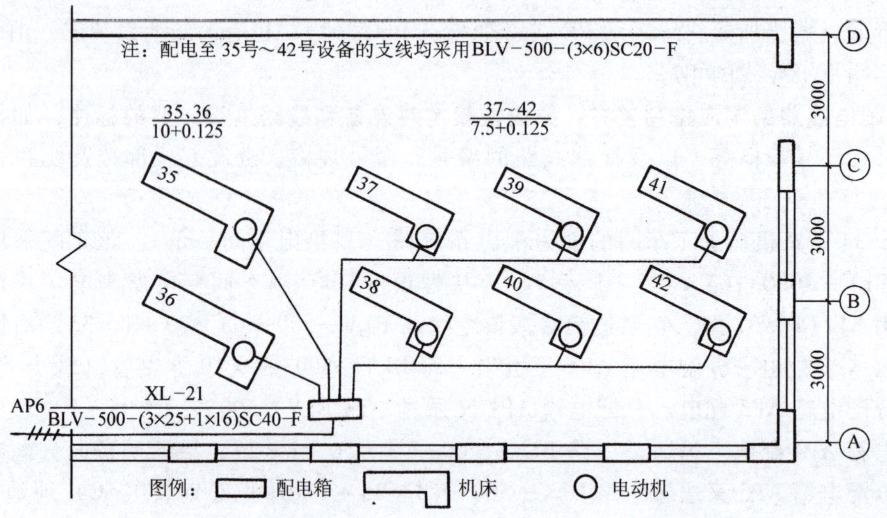

图5-35　某机械加工车间（一角）动力配电平面布置图

(二) 工厂室外电力线路平面图示例

图 5-36 是某工厂室外电力线路平面布置图（示例）。该厂电源进线为 10kV 架空线路，采用 LJ—70 型铝绞线。10kV 降压变电所安装有两台 S9—500kV · A 配电变压器。从该变电所 400V 侧用架空线路配电给各建筑物。

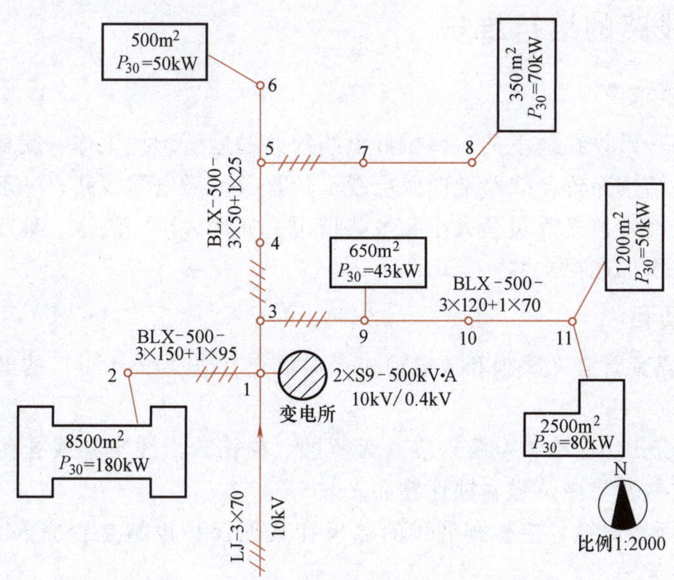

图 5-36 某工厂室外电力线路平面布置图

第五节 电力线路的运行维护与检修试验

一、架空线路的运行维护

(一) 一般要求

对厂区架空线路，一般要求每月进行一次巡视检查。如遇大风大雨及发生故障等特殊情况时，应临时增加巡视次数。

(二) 巡视项目

1) 电杆有无倾斜、变形、腐朽、损坏及基础下沉等现象；如有，应设法修理或更换。

2) 沿线路的地面是否堆放有易燃易爆和强腐蚀性物品；如有，应立即设法挪开。

3) 沿线路周围，有无危险建筑物；应尽可能保证在雷雨季节和大风季节里，这些建筑物不至对线路造成损坏。

4) 线路上有无树枝、风筝等杂物悬挂；如有，应设法清除。

5) 拉线和扳桩是否完好，绑扎线是否紧固可靠；如有缺陷，应设法修理或更换。

6) 导线接头是否接触良好，有无过热发红、严重氧化、腐蚀或断脱现象，绝缘子有无破损和放电现象；如有，应设法修理或更换。

7) 避雷装置的接地是否良好，接地线有无断脱情况。在雷雨季节来临之前，应重点检查，以确保防雷安全。

8）其他危及线路安全运行的异常情况。

在巡视中发现的异常情况，应记入专用记录簿内，重要情况应及时汇报上级，请示处理。

二、电缆线路的运行维护

（一）一般要求

电缆线路大多是敷设在地下的，要做好电缆线路的运行维护工作，就要全面了解电缆的型式、敷设方式、结构布置、线路走向及电缆头位置等。对电缆线路，一般要求每季进行一次巡视检查，并应经常监视其负荷大小和发热情况。如遇大雨、洪水、地震等特殊情况及发生故障时，应临时增加巡视次数。

（二）巡视项目

1）电缆头及瓷套管有无破损和放电痕迹；对填充有电缆胶（油）的电缆头，还应检查有无漏油溢胶现象。

2）对明敷电缆，还应检查电缆外皮有无锈蚀、损伤，沿线支架或挂钩有无脱落，线路上及附近有无堆放易燃易爆及强腐蚀性物品。

3）对暗敷和埋地电缆，应检查沿线的盖板和其他保护设施是否完好，有无挖掘痕迹，线路标桩是否完整无缺。

4）电缆沟内有无积水或渗水现象，是否堆放有杂物及易燃易爆等危险品。

5）线路上各种接地是否良好，有无松脱、断股和腐蚀现象。

6）其他危及电缆安全运行的异常情况。

在巡视中发现的异常情况，应记入专用记录簿内，重要情况应及时汇报上级，请示处理。

三、车间配电线路的运行维护

（一）一般要求

要搞好车间配电线路的运行维护工作，必须全面了解线路的布线情况、导线型号规格及配电箱和开关、保护装置的位置等，并了解车间负荷的要求、大小及车间变电所的有关情况。对车间配电线路，有专门的维护电工时，一般要求每周进行一次巡视检查。

（二）巡视项目

1）检查导线的发热情况。例如裸母线在正常运行的最高允许温度一般为70℃。如果温度过高时，将使母线接头处的氧化加剧，使接触电阻增大，运行情况迅速恶化，最后可能导致接触不良甚至断线。所以通常在母线接头处涂以变色漆或示温蜡，以检查其发热情况。

2）检查线路的负荷情况。线路的负荷电流不得超过导线（或电缆）的允许载流量，否则导线要过热，对绝缘导线，过热可引发火灾。因此运行维护人员要经常监视线路的负荷情况，除了可从配电屏上的电流表指示了解负荷外，还可利用钳形电流表来测量线路的负荷电流。

3）检查配电箱、分线盒、开关、熔断器、母线槽及接地保护装置等的运行情况，着重检查其接线有无松脱、螺栓是否紧固、瓷绝缘子有无放电等现象。

4）检查线路上及线路周围有无影响线路安全的异常情况。绝对禁止在带电的绝缘导线

上悬挂物体，禁止在线路近旁堆放易燃易爆及强腐蚀性的危险品。

5）对敷设在潮湿、有腐蚀性物质场所的线路和设备，要作定期的绝缘检查，绝缘电阻一般不得小于0.5MΩ。

在巡视中发现的异常情况，应记入专用记录簿内，重要情况应及时汇报上级，请示处理。

四、电力线路运行中突然停电的处理

电力线路在运行中，如突然停电时，可按不同情况分别处理。

1）当进线没有电压时，说明是电力系统方面暂时停电。这时总开关不必拉开，但出线开关必须全部拉开，以免突然来电时，用电设备同时起动，造成过负荷和电压骤降，影响供电系统的正常运行。

2）当双回路进线中的一回路进线停电时，应立即进行倒闸（切换）操作，将负荷特别是其中的重要负荷转移给另一回路供电。

3）厂内架空线路发生故障使开关跳闸时，如果开关的断流容量允许，可以试合一次，争取尽快恢复供电。由于架空线路的多数短路故障（含接地故障）是暂时性的，所以多数情况下可能试合成功，恢复供电。如果试合失败，开关再次跳闸，说明架空线路上的故障尚未消除，这时应该对故障线路进行停电隔离检修。

4）对放射式线路中某一分支线上的故障检查，可采用“分路合闸检查”的方法。如图5-37所示放射式供电系统，假设线路WL8发生短路故障，但由于保护装置失灵或选择配合不当，致使线路WL1的开关越级跳闸。现在采用“分路合闸检查”的方法，步骤如下：

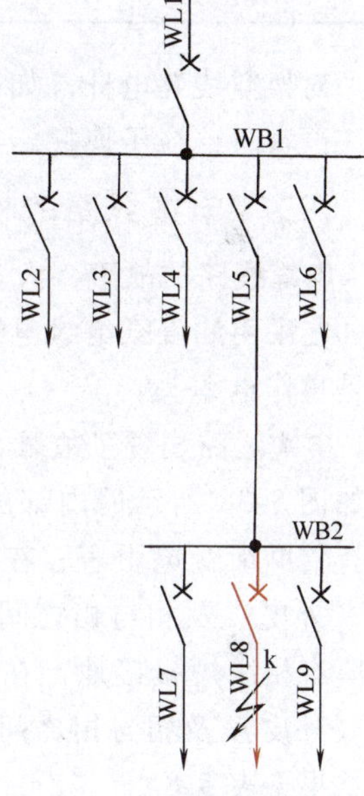

图5-37 供电系统分路合闸故障检查示例

① 将出线WL1～WL6的开关全部断开，然后合上WL1的开关，由于母线WB1正常，因此合闸成功。

② 依次合WL2～WL6的开关，结果除WL5的开关因其分支线WL8存在故障又跳闸外，其余开关均试合成功，恢复供电。

③ 将分支线WL7～WL9的开关全部断开，然后试合WL5的开关，由于母线WB2正常，因此合闸成功。

④ 依次试合WL7～WL9的开关，WL7和WL9的开关因线路正常均试合成功，恢复供电，而WL8的开关则因其线路上存在故障又自动跳闸。找出故障线路后，即可组织力量进行检修。

这种分路合闸检查故障的方法，可将故障范围逐步缩小，迅速找出故障线路，并迅速恢复其他完好线路的供电。

五、电力线路的检修

电力线路的检修，分停电检修和不停电检修（带电检修）两种。不停电检修对保证电力系统连续供电、减少停电损失有很大意义。但对一般工厂供电系统来说，主要还是采用停电检修。范围较小的短时间停电检修，例如检修低压分支线，在不影响重要负荷用电的情况下，可随时通知用户停电进行。范围较大时间较长的停电检修，例如检修高压线路或低压干线，则必须及早通知用户，而且尽量安排在假日进行，以减少停电造成的损失。

（一）架空线路的检修

对架空线路导线，如发现缺陷时，其检修要求见表 5-7。

表 5-7　架空线路导线缺陷的处理要求

导线类型	钢芯铝绞线	单一金属线	处理方法
导线缺陷	磨损	磨损	不作处理
	铝线 7% 以下断股	截面 7% 以下断股	缠绕
	铝线 7% ~25% 断股	截面 7% ~17% 断股	补修
	铝线 25% 以上断股	截面 17% 以上断股	锯断重接

对架空线路电杆，如果电杆受损使其断面缩减至 50% 以下时，应立即补修或加绑桩；损坏严重时，应予换杆。

（二）电缆线路的检修

电缆线路的故障，大多发生在电缆的中间接头和终端接头处，而且常见的毛病是漏油溢胶（在采用油浸纸绝缘电缆时）。如果电缆头漏油溢胶严重或放电时，应立即停电检修，通常是重作电缆头。

电缆线路出现了故障，一般需借助一定的测量仪表和测量方法才能确定。例如电缆发生了如图 5-38 所示的内部故障，外观无法检查，只有借助绝缘电阻表，在电缆两端摇测各相对地（外皮）及相与相之间的绝缘电阻，并将一端所有相线短接接地，在另一端重作上述相对地（外皮）及相与相之间的绝缘电阻摇测，测量结果见表 5-8。

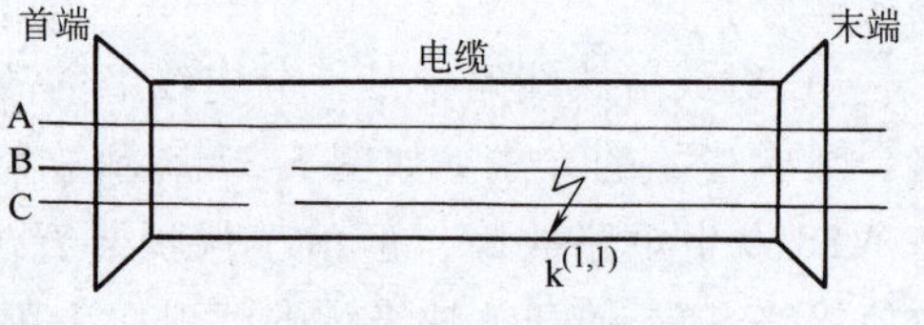

图 5-38　电缆内部故障示例

表 5-8　图 5-38 所示故障电缆的绝缘电阻测量结果

测量顺序	电缆绝缘电阻/MΩ					
	相对地			相对相		
	A	B	C	A-B	B-C	C-A
在首端测量	∞	∞	∞	∞	∞	∞
在末端测量	∞	0	0	∞	0	∞
末端短接接地，在首端测量	0	∞	∞	∞	∞	∞

注：表中∞值在测量中可为几百或几千兆欧，而表中 0 值在测量中可为几千或几万欧。

对表 5-8 的测量结果进行分析，可得如下结论：此电缆故障为两相断线又对地（外皮）击穿，如图 5-38 所示。

在确定了电缆的故障性质以后，接着就要探测故障地点，以便检修。

探测电缆故障点的方法，按所利用的故障点绝缘电阻高低来分，有低阻法和高阻法两种。限于篇幅，这里只介绍最常用的探测电缆故障点的低阻法。

采用低阻法探测电缆故障点，一般要经过烧穿、粗测和定点等三道程序。

1. 烧穿

由于电缆内部的绝缘层较厚，往往在电缆内发生闪络性短路或接地故障后，故障点的绝

缘水平能得到一定程度的恢复而呈高阻状态，绝缘电阻可达0.1MΩ以上。因此采用低阻法探测故障点时，必须先将故障点的绝缘用高电压予以烧穿，使之变为低阻。加在故障电缆芯线上的高电压，一般为电缆额定电压的4~5倍，略低于电缆的直流耐压试验电压。

2. 粗测

粗测就是粗略地测定电缆故障点的大致线段。对于芯线未断而有一相或多相短路或接地故障的电缆，可采用直流惠斯顿（单臂）电桥（回路法）来粗测故障点位置，如图5-39所示。这里利用完好芯线（B相）作为桥接线的回路。如果电缆的三根芯线均有故障，则可借用其他电缆芯线作为桥接线的回路。

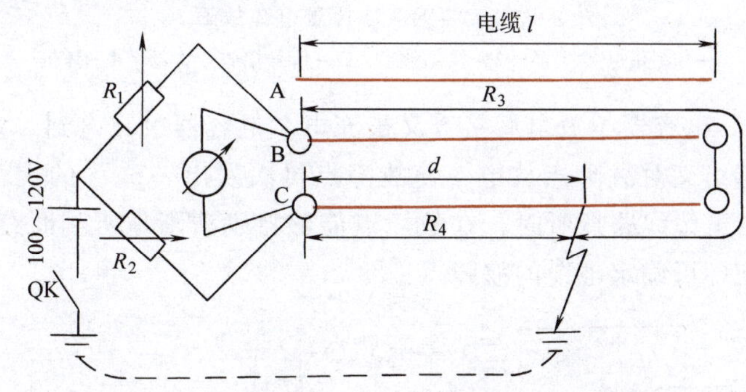

图5-39 用惠斯顿电桥粗测电缆故障点（回路法）

当电桥平衡时，$R_1:R_2=R_3:R_4$，或者（R_1+R_2）$:R_2=$（R_3+R_4）$:R_4$。设电缆长度为l，电缆首端至故障点距离为d，则（R_3+R_4）$:R_4=2l:d$，因此（R_1+R_2）$:R_2=2l:d$。由此可求得电缆首端至故障点的大致距离为

$$d=2l\frac{R_2}{R_1+R_2} \tag{5-25}$$

必须注意：为了提高测量的准确度，测量时应将电流计直接接在被测电缆的一端，以减小电桥与电缆间接线电阻和接触电阻的影响，同时电缆另一端的短接线的截面积也应不小于电缆芯线截面积。

对于芯线折断及可能兼有绝缘损坏的故障电缆，则应利用电缆的电容与其长度成正比的关系，采用交流电桥测量电缆的电容（电容法），来粗测电缆的故障点。

3. 定点

定点就是比较精确地确定电缆的故障点。通常采用音频感应法或电容放电声测法来定点。

(1) 音频感应法定点 如图5-40所示，将低压音频信号发生器（输出电压为5~30V）接在电缆的一端，然后利用探测线圈、信号接收放大器和耳机沿电缆线路进行探测。音频信号电流沿电缆的故障芯线经故障点形成一个回路，使得探测线圈内感应出音频信号电流，经过放大，传送到耳机中去。探测人员可根据耳机内声响的改变，来确定地下电缆的故障点。探测人员一走离故障点，耳机内的声响将急剧减弱乃至消失，由此可测定电缆的故障点。

(2) 电容放电声测法定点 如图5-41所示，利用高压整流设备使电容器组充电，电容器组充电到一定电压后，放电间隙就被击穿，此时电容器组对故障点放电，使故障点发出

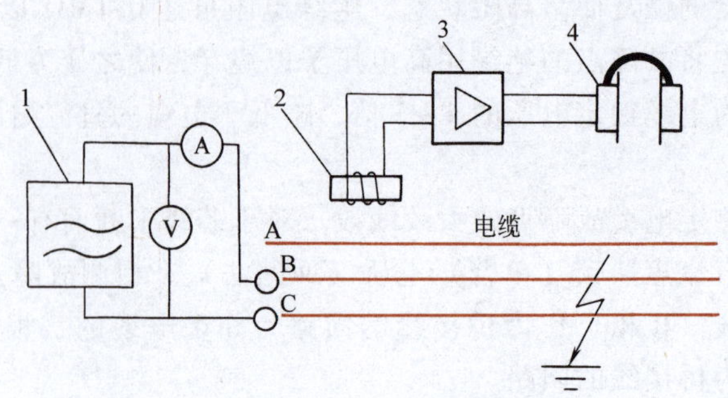

图 5-40 音频感应法探测电缆故障点

1—音频信号发生器 2—探测线圈 3—信号接收放大器 4—耳机

"pa"的火花放电声。电容器组放电后接着又被充电。电容器组充电到一定电压后，放电间隙又被击穿，电容器组又对故障点放电，使故障点再次发出"pa"的火花放电声。因此利用探测棒或拾音器沿电缆线路探听时，在故障点能够特别清晰地听到断续性的"pa-pa-pa"的火花放电声，由此即可确定电缆的故障点。

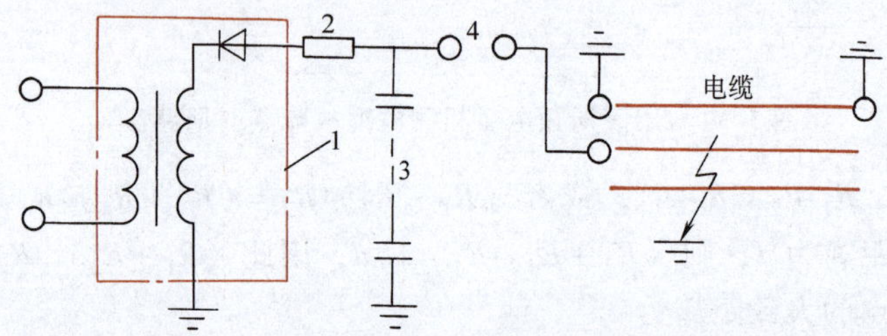

图 5-41 电容放电声测法探测电缆故障点

1—高压整流设备 2—保护电阻 3—高压电容器组 4—放电球间隙

补充说明：图 5-41 所示电路，实际上也是前面所说的用于电缆故障点"烧穿"的高压电路，利用电容器组连续充-放电，使电缆故障点连续产生火花放电而使绝缘烧穿。

六、电力线路的试验

电力线路最基本的试验项目，是绝缘电阻的测量和定相。

（一）线路绝缘电阻的测量

测量线路的绝缘电阻，目的在于检查绝缘导线和电缆的绝缘是否完好，有无接地和相间短路故障。利用绝缘电阻表测量绝缘电阻时，必须注意以下几点：

1）高压线路一般采用 2500V 绝缘电阻表测量，低压线路采用 1000V 绝缘电阻表测量。但额定电压为 0.6kV/1kV 的电缆线路也可采用 250V 绝缘电阻表测量。摇测时间为 1min。

2）在测量绝缘电阻前，应仔细检查沿线有无外物搭接，线路上有无人在工作，线路电源和负荷是否全部断开。只有线路上无人工作，且线路电源和负荷全部断开的情况下，才能摇测线路的绝缘电阻。

3）雷雨时不得摇测室外线路的绝缘电阻，以免雷电过电压伤人。

4）摇测电缆和绝缘导线的绝缘电阻时，应将其绝缘层接到绝缘电阻表的"保护环"

（又称“屏蔽环”）接线端，如图 5-42 所示，以消除其表面泄漏电流对测量结果的影响。

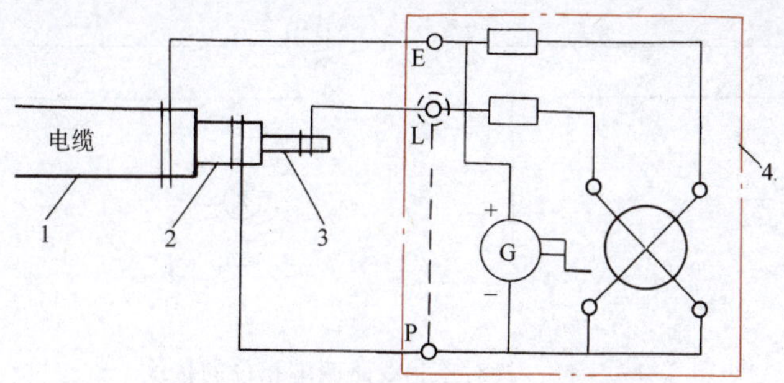

图 5-42 用绝缘电阻表测量电缆的绝缘电阻

1—电缆外皮 2—绝缘层 3—电缆芯线 4—绝缘电阻表 E—接地端子 L—线路端子 P—保护环端子

5）为避免线路的充电电压损坏绝缘电阻表，测量完毕后，应先取下相线，再停止摇动；并且应立即使线路短接放电，以免线路的充电电压伤人。

（二）三相线路的定相

定相，就是测定三相线路的相序和核对相位。新安装的或改装后的三相线路投入运行前及双回路要并列运行前，均需经过定相，以免彼此的相序和相位不一致，投入运行时造成短路或环流而损坏设备，造成事故。

（1）测定相序 测定三相线路的相序，可采用如图 5-43 所示的电容式或电感式指示灯相序表。

图 5-43a 是电容式指示灯相序表的原理接线，A 相电容 C 的容抗与 B、C 两相白炽灯的阻值相等。此相序表接上待测的三相线路电源后，灯亮的相为 B 相，灯暗的相为 C 相。

图 5-43b 是电感式指示灯相序表的原理接线，A 相电感 L 的感抗与 B、C 两相白炽灯的阻值相等。此相序表接上待测的三相线路电源后，灯暗的相为 B 相，灯亮的相为 C 相。

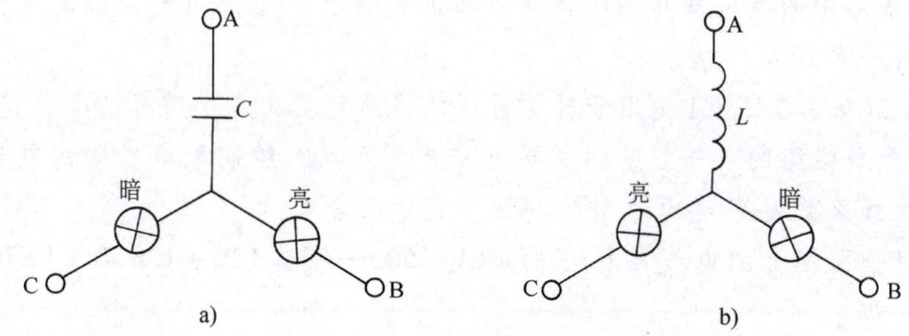

图 5-43 指示灯相序表的原理接线

a）电容式 b）电感式

（2）核对相位 常用的核对相位的方法有如图 5-44 所示的绝缘电阻表法和指示灯法。

图 5-44a 是用绝缘电阻表核对线路两端相位的接线。线路首端接绝缘电阻表，其 L 端接线路，E 端接地。线路末端逐相接地。如果绝缘电阻表指示为零，则说明末端接地的相线与首端的相线属同一相。如此三相轮流测量，即可确定线路首端和末端各自对应的相。

图 5-44b 是用指示灯核对线路两端相位的接线。线路首端接指示灯，而线路末端也逐相接地。如果指示灯通上电源时灯亮，则说明末端接地的相线与首端指示灯的相线属同一相。

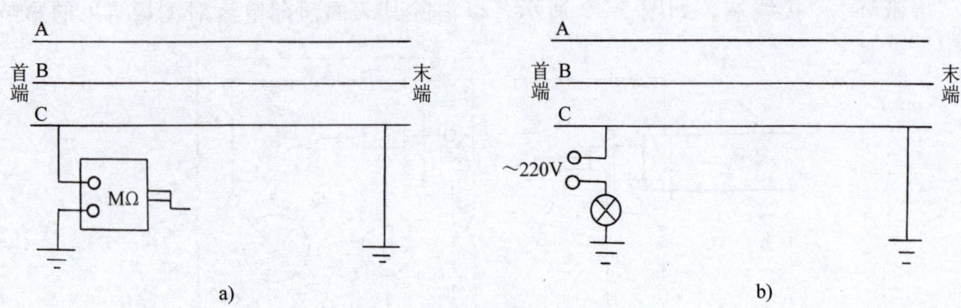

图 5-44 核对三相线路两端相位的接线
a）绝缘电阻表法 b）指示灯法

如此三相轮流测量，也可确定线路首端和末端各自对应的相。

复习思考题

5-1 试比较放射式接线和树干式接线的优缺点及适用范围。

5-2 试比较架空线路和电缆线路的优缺点及适用范围。

5-3 导线和电缆截面积的选择应满足哪些条件？一般动力线路宜先按什么条件选择再校验其他条件？照明线路宜先按什么条件选择再校验其他条件？为什么？

5-4 三相系统中的中性线（N 线）截面积一般情况下如何选择？三相系统中引出的两相三线线路及单相线路中的中性线（N 线）截面积又如何选择？3 次谐波比较突出的三相线路中的中性线（N 线）截面积又如何选择？

5-5 三相系统中的保护线（PE 线）和保护中性线（PEN 线）的截面积各如何选择？

5-6 什么叫“经济截面”？什么情况下线路导线和电缆的截面积要先按经济电流密度选择？

5-7 交流线路中的电压降和电压损耗各指的是什么？工厂供电系统的电压损耗一般用的电压降的什么分量计算？为什么？

5-8 公式 $\Delta U\% = \Sigma M/CA$ 适用于什么性质的线路？其中各个符号的含义是什么？

5-9 绘制配电线路的电气系统图主要应注意哪几点？绘制配电线路的电气平面图主要应注意哪几点？线路敷设符号 SC、MT、WS 各是什么含义？

5-10 电气平面图上配电线路标注的 BLV—500—(3×120＋1×70＋PE70) PC80—WC 是什么含义？

5-11 电力线路（包括架空线路和电缆线路）的日常巡视主要应注意哪些问题？

5-12 如何测定三相线路的相序？如何核定三相线路两端的相位？

习　题

5-1 试按发热条件选择 220V/380V、TN-C 系统中的相线和 PEN 线的截面积及穿线钢管（SC）的直径。已知线路的计算电流为 150A，安装地点环境温度为 25℃，拟用 BLV-500 型铝芯塑料线穿钢管埋地敷设。

5-2 如果上题所述220V/380V线路为TN-S系统，试按发热条件选择其相线、N线和PE线的截面积及穿线的硬塑料管（PC）的直径。

5-3 有一380V的三相架空线路，拟采用LJ型铝绞线，配电给2台40kW（$\cos\varphi=0.8$，$\eta=0.85$）的电动机。该线路长70m，线间几何均距为0.6m，允许电压损耗为5%，当地最热月平均最高气温为30℃。试选择该线路的相线和PEN线的截面积。

5-4 试选择图5-45所示10kV线路的LJ型铝绞线截面积。该线路全线路截面积一致，允许电压损耗5%，当地环境温度为35℃。两台变压器的年最大负荷利用小时数均为4500h，$\cos\varphi=0.9$。线路的三相导线作水平等距排列，相邻线距1m。（注：变压器功率损耗可按近似公式计算。）

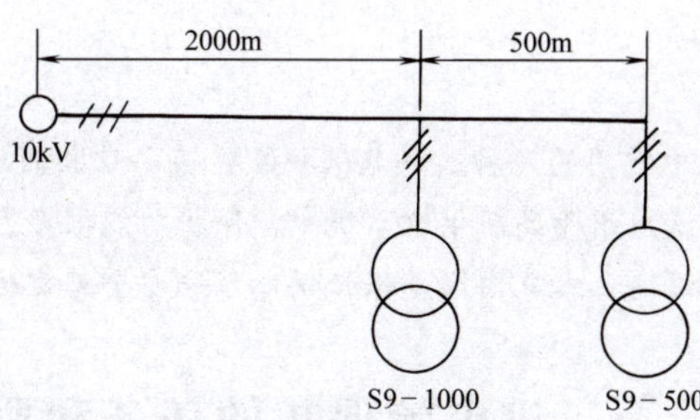

图5-45 习题5-4的线路

5-5 某380V三相线路，供电给16台4kW、$\cos\varphi=0.87$、$\eta=85.5\%$的Y型电动机，各台电动机之间相距2m，线路全长50m，环境温度为30℃，允许电压损耗为5%。试按发热条件选择明敷的BLV-500型导线的截面积，并校验其电压损耗和机械强度。（建议电动机总负荷的K_{Σ}取为0.7）。

第六章

工厂供电系统的过电流保护

本章讲述工厂供电系统中常用的几种过电流保护装置——熔断器保护、低压断路器保护和继电保护。其中，继电保护广泛应用于高压供电系统中，保护功能很多，而且是实现供电系统自动化的基础，因此将予以重点讲述。本章内容是保证供电系统安全可靠运行的基本技术知识。

第一节　过电流保护的任务和要求

一、过电流保护装置的类型和任务

为了保证工厂供电系统的安全运行，避免过负荷和短路对系统的影响，因此在工厂供电系统中装有各种类型的过电流保护装置。

工厂供电系统的过电流保护装置有熔断器保护、低压断路器保护和继电保护。

（1）熔断器保护　适用于高低压供电系统。由于其装置简单经济，因此在工厂供电系统中应用非常广泛。但其断流能力较小，选择性较差，且熔体熔断后要更换熔体才能恢复供电，因此在要求供电可靠性较高的场所不宜采用熔断器保护。

（2）低压断路器保护　又称低压自动开关保护，适用于要求供电可靠性较高和操作灵活方便的低压供配电系统中。

（3）继电保护　适用于要求供电可靠性较高、操作灵活方便，特别是自动化程度较高的高压供配电系统中。

熔断器保护和低压断路器保护都能在过负荷和短路时动作，断开电路，切除过负荷和短路部分，而使系统的其他部分恢复正常运行。但熔断器大多主要用于短路保护，而低压断路器则除了可作过负荷和短路保护外，有的还可作欠电压或失电压保护。

继电保护装置在过负荷时动作，一般只发出报警信号，引起运行值班人员注意，以便及时处理；只有当过负荷可危及人身或设备安全时，才动作于跳闸；而在发生短路故障时，则要求其有选择性地动作于跳闸，将故障部分切除。

二、对保护装置的基本要求

供电系统对保护装置有下列基本要求：

（1）选择性　当供电系统发生故障时，只离故障点最近的保护装置动作，切除故障，

而供电系统的其他部分则仍然正常运行。保护装置满足这一要求的动作，称为“选择性动作”。如果供电系统发生故障时，靠近故障点的保护装置不动作（拒动），而离故障点远的前一级保护装置动作（越级动作），就称为“失去选择性”。

(2) 速动性 为了防止故障扩大，减轻其危害程度，并提高电力系统运行的稳定性，在系统发生故障时，保护装置应尽快地动作，切除故障。

(3) 可靠性 保护装置在应该动作时要动作，不应该拒动；而不应该动作时，不要误动。保护装置的可靠程度，与保护装置的元件质量、接线方案以及安装、整定和运行维护等多种因素有关。

(4) 灵敏度 灵敏度或灵敏系数是表征保护装置对其保护区内故障和不正常工作状态反应能力的一个参数。如果保护装置对其保护区内极轻微的故障都能及时地反应动作，就说明保护装置的灵敏度高。

过电流保护的灵敏度或灵敏系数，用其保护区内在电力系统为最小运行方式㊀时的最小短路电流 $I_{k.min}$ 与保护装置一次动作电流（即保护装置动作电流 I_{op} 换算到一次电路的值）$I_{op.1}$ 的比值来表示，即

$$S_p = \frac{I_{k.min}}{I_{op.1}} \tag{6-1}$$

在 GB/T 50062—2008《电力装置的继电保护和自动装置设计规范》中，对各种继电保护装置包括过电流保护的灵敏度都有一个最小值的规定，这将在后面讲述各种保护时再分别介绍。

以上所讲的**对保护装置的四项基本要求，对一个具体的保护装置来说，不一定都是同等重要的，而往往有所侧重**。例如对电力变压器，由于它是供电系统中最关键的设备，因此对其保护装置的灵敏度要求较高；而对一般电力线路的保护装置，灵敏度要求可低一些，但对其选择性要求较高。又例如，在无法兼顾保护选择性和速动性的情况下，为了快速切除故障，以保证某些关键设备，或者为了尽快恢复系统的正常运行，有时需要牺牲选择性来保证速动性。

第二节 熔断器保护

一、熔断器在供配电系统中的配置

熔断器在供配电系统中的配置应符合选择性保护的原则，也就是说，熔断器要配置得能使故障范围缩小到最低限度。此外应考虑经济性，即供电系统中配置的熔断器的数量要尽量少。

图 6-1 是熔断器在低压放射式配电系统中合理配置的方案，该方案既可满足保护选择性的要求，又使配置的熔断器数量较少。图中，熔断器 FU5 用来保护电动机及其支线，当 k-5 处发生短路时，FU5 熔断；熔断器 FU4 主要用来保护动力配电箱母线，当 k-4 处发生短路时，FU4 熔断；同理，熔断器 FU3 主要用来保护配电干线，FU2 主要用来保护低压配电屏母线，FU1 主要用来保护电力变压器，在 k-1 ~ k-3 处短路时，也都是靠近短路点的熔断器熔断。

㊀ 电力系统的最小运行方式，是指电力系统处于短路回路阻抗为最大、短路电流为最小的状态下的一种运行方式。例如双回路供电的系统在只有一回路运行时，就属于一种最小运行方式。

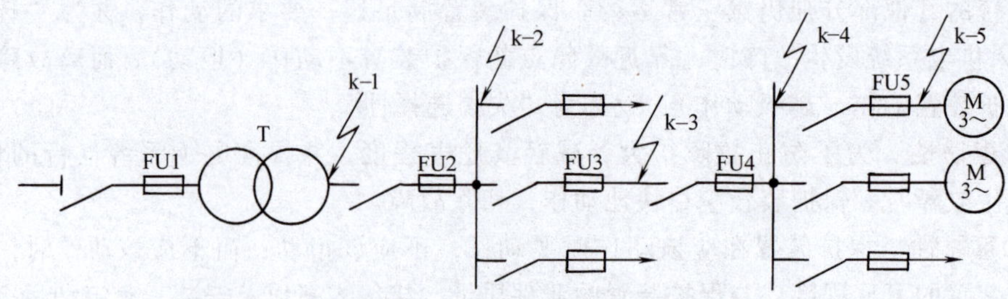

图 6-1　熔断器在低压放射式线路中的合理配置方案

必须注意：在低压配电系统中的 PE 线和 PEN 线上不允许装设熔断器，以免 PE 线或 PEN 线因熔断器熔断而断路时，致使所有接 PE 线或 PEN 线的设备的外露可导电部分带电，危及人身安全。

二、熔断器熔体电流的选择

（一）保护电力线路的熔断器熔体电流的选择

保护线路的熔断器熔体电流，应满足下列条件：

1）熔体额定电流 $I_{N.FE}$ 应不小于线路的计算电流 I_{30}，以使熔体在线路正常运行时不至熔断，即

$$I_{N.FE} \geqslant I_{30} \tag{6-2}$$

2）熔体额定电流 $I_{N.FE}$ 还应躲过[⊖]线路的尖峰电流 I_{pk}，以使熔体在线路上出现正常的尖峰电流时也不至熔断。由于尖峰电流是短时最大电流，而熔体加热熔断需一定时间，所以满足的条件为

$$I_{N.FE} \geqslant KI_{pk} \tag{6-3}$$

式中，K 为小于 1 的计算系数。

对供单台电动机的线路熔断器来说，系数 K 应根据熔断器的特性和电动机的起动情况来决定：

起动时间在 3s 以下（轻载起动），宜取 $K=0.25\sim0.35$；

起动时间在 3～8s（重载起动），宜取 $K=0.35\sim0.5$；

起动时间超过 8s 或频繁起动、反接制动，宜取 $K=0.5\sim0.8$。

对供多台电动机的线路熔断器来说，系数 K 应视线路上容量最大的一台电动机的起动情况、线路尖峰电流与计算电流的比值及熔断器的特性而定，取为 $K=0.5\sim1$；如果线路尖峰电流与计算电流的比值接近于 1，则可取 $K=1$。

必须说明：由于熔断器品种繁多，特性各异，因此上述有关计算系数 K 的取值方法，不一定都很恰当，故 GB 50055—2011《通用用电设备配电设计规范》规定：保护交流电动机的熔断器熔体额定电流“应大于电动机的额定电流，且其安秒特性曲线计及偏差后略高于电动机起动电流和起动时间的交点。当电动机频繁起动和制动时，熔体的额定电流应再加大 1～2 级。”

3）熔断器保护还应与被保护的线路相配合，使之不至发生因过负荷和短路引起绝缘导线或电缆过热起燃而熔体不熔断的事故，因此还应满足条件

⊖　这里的“躲过”不同于“大于”或“不小于”，而是指在所需躲过的电流作用下保护装置不至动作。

$$I_{N.FE} \leqslant K_{OL} I_{al} \tag{6-4}$$

式中，I_{al}为绝缘导线和电缆的允许载流量；K_{OL}为绝缘导线和电缆的允许短时过负荷倍数。

如果熔断器只作短路保护，对电缆和穿管绝缘导线，取 $K_{OL}=2.5$；对明敷绝缘导线，取 $K_{OL}=1.5$。

如果熔断器不只作短路保护，而且要求作过负荷保护时，例如住宅建筑、重要仓库和公共建筑中的照明线路，有可能长时间过负荷的动力线路，以及在可燃建筑物构架上明敷的有延燃性外层的绝缘导线线路等，则应取 $K_{OL}=1$；当 $I_{N.FE} \leqslant 25A$ 时，则取为 $K_{OL}=0.85$。对有爆炸性气体和粉尘的区域内的线路，应取 $K_{OL}=0.8$。

如果按式（6-2）和式（6-3）两个条件选择的熔体电流不满足式（6-4）的配合要求，则应改选熔断器的型号规格，或者适当增大导线或电缆的芯线截面积。

（二）保护电力变压器的熔断器熔体电流的选择

保护电力变压器的熔断器熔体电流，根据经验，应满足下式要求：

$$I_{N.FE} = (1.5 \sim 2.0) I_{1N.T} \tag{6-5}$$

式中，$I_{1N.T}$为变压器的额定一次电流。

式（6-5）考虑了以下三个因素：

1）熔体电流要躲过变压器允许的正常过负荷电流。油浸式变压器的正常过负荷，室内为20%，室外为30%。正常过负荷下熔断器不应熔断。

2）熔体电流要躲过来自变压器低压侧的电动机自起动引起的尖峰电流。

3）熔体电流还要躲过变压器自身的励磁涌流。励磁涌流又称空载合闸电流，是变压器在空载投入时或者在外部故障切除后突然恢复电压时所产生的一个电流。

当变压器空载投入或突然恢复电压时，由于变压器铁心中的磁通不能突变，因此在变压器加上电压的初瞬间（$t=0$ 时），其铁心中的磁通 Φ 应维持为零，从而与三相电路突然短路时所发生的物理过程（参见第三章第二节）相类似，铁心中将同时产生两个磁通：一个是符合磁路欧姆定律的周期分量 Φ_p（与短路的 i_p 相当）；另一个是符合楞次定律的非周期分量 Φ_{np}（与短路的 i_{np}相当）。这两个磁通分量在 $t=0$ 时大小相等，极性相反，使合成磁通 $\Phi=0$，如图 6-2 所示。经半个周期即 0.01s 后，Φ 达到最大值（与短路的 i_{sh}相当）。这时铁心将严重饱和，励磁电流迅速增大，可达变压器额定一次电流的 8 ~10 倍，形成类似涌浪的冲击性电流，因此这一励磁电流称为励磁涌流。

由图 6-2 可以看出，励磁涌流中含有数值很大的非周期分量，而且衰减较慢（与短路电流非周期分量相比），因此其波形在过渡过程中相当长一段时间内，都偏向时间轴的一侧。很明显，如果熔断器的熔体电流不躲过励磁涌流，熔断器就可能在变压器空载投入时或电压突然恢复时熔断，破坏了供电系统的正常运行。

附录表 20 列出了部分电力变压器配用的高压熔断器规格，供参考。

（三）保护电压互感器的熔断器熔体电流的选择

由于电压互感器二次侧的负荷很小，因此保护电压互感器的 RN2 型熔断器熔体额定电流一般为 0.5A。

三、熔断器的选择与校验

选择熔断器时应满足下列条件：

1）**熔断器的额定电压应不低于线路的额定电压**。对高压熔断器，其额定电压应不低于

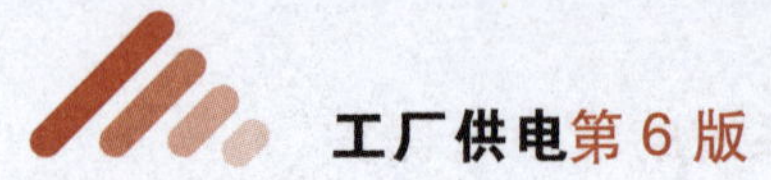

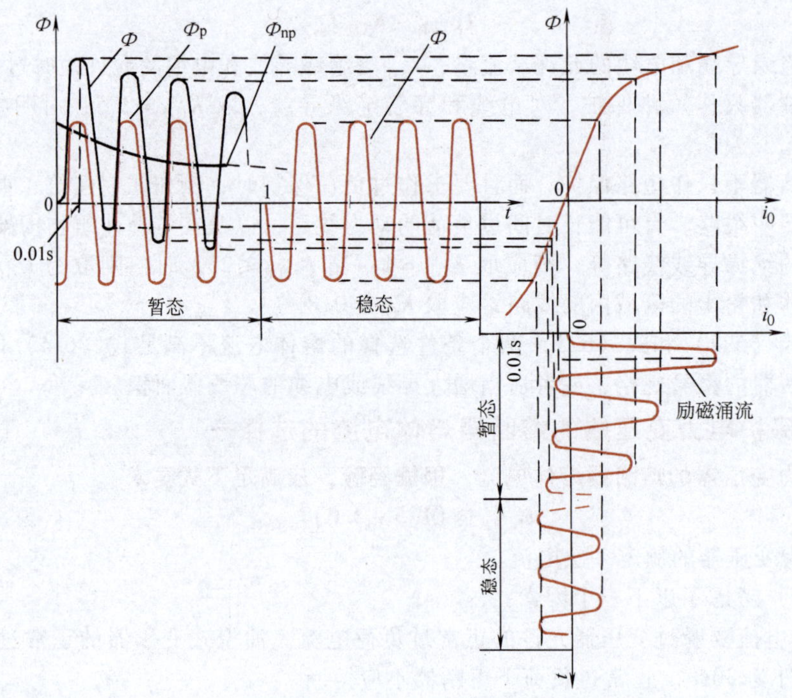

图 6-2　变压器空载投入时励磁涌流的变化曲线

线路的最高电压。

2）熔断器的额定电流应不小于它所装熔体的额定电流。

3）熔断器的类型应符合安装条件（户内或户外）及被保护设备对保护的技术要求。

熔断器还必须进行断流能力的校验：

1）对限流式熔断器（如 RN1、RT0 等型）：由于限流式熔断器能在短路电流达到冲击值之前完全熔断并熄灭电流，切除短路故障，因此需满足的条件为

$$\boldsymbol{I_{oc} \geqslant I''^{(3)}} \tag{6-6}$$

式中，I_{oc}为熔断器的最大分断电流；$I''^{(3)}$为熔断器安装地点的三相次暂态短路电流有效值，在无限大容量系统中，$I''^{(3)}=I_{\infty}^{(3)}=I_k^{(3)}$。

2）对非限流熔断器（如 RW4、RM10 等型）：由于非限流熔断器不能在短路电流达到冲击值之前熄灭电弧，切除短路故障，因此需满足的条件为

$$I_{oc} \geqslant I_{sh}^{(3)} \tag{6-7}$$

式中，$I_{sh}^{(3)}$为熔断器安装地点的三相短路冲击电流有效值。

3）对具有断流上下限的熔断器（如 RW4 等型跌开式熔断器）：其断流上限应满足式（6-7）的校验条件，其断流下限应满足下列条件：

$$\boldsymbol{I_{oc.\,min} \leqslant I_k^{(2)}} \tag{6-8}$$

式中，$I_{oc.\,min}$为熔断器的最小分断电流；$I_k^{(2)}$为熔断器所保护线路末端的两相短路电流（这是对中性点不接地系统而言。如果是中性点直接接地系统，应改为线路末端的单相短路电流）。

四、熔断器保护灵敏度的校验

为了保证熔断器在其保护区内发生短路故障时可靠地熔断，按规定，**熔断器保护的灵敏**

度应满足下列条件：

$$S_p = \frac{I_{k.min}}{I_{N.FE}} \geqslant K \tag{6-9}$$

式中，$I_{N.FE}$为熔断器熔体的额定电流；$I_{k.min}$为熔断器所保护线路末端在系统最小运行方式下的最小短路电流（对 TN 系统和 TT 系统，为线路末端的单相短路电流或单相接地故障电流；对 IT 系统和中性点不接地系统，为线路末端的两相短路电流；对保护变压器的高压熔断器来说，为低压侧母线的两相短路电流换算到高压侧之值）；K 为灵敏系数的最小比值，见表 6-1。

表 6-1　校验熔断器保护灵敏度的最小比值 K

熔体额定电流		4～10A	16～32A	40～63A	80～200A	250～500A
熔断时间	5s	4.5	5	5	6	7
	0.4s	8	9	10	11	—

注：表中 K 值适用于符合 IEC 标准的一些新型熔断器，如 RT12、RT14、RT15、NT 等型熔断器。对于老型熔断器，可取 $K=4\sim7$，即近似地按表中熔断时间为 5s 的熔断器来取值。

例 6-1　有一台 Y 型电动机，其额定电压为 380V，额定功率为 18.5kW，额定电流为 35.5A，起动电流倍数为 7。现拟采用 $A=10\text{mm}^2$ 的 BLV 型导线穿焊接钢管敷设。该电动机采用 RT0 型熔断器作短路保护，短路电流 $I_k^{(3)}$ 最大可达 13kA。当地环境温度为 +30℃。试选择该熔断器及其熔体的额定电流，并选择导线截面积和钢管直径。

解：（1）选择熔体及熔断器的额定电流

$$I_{N.FE} \geqslant I_{30} = 35.5\text{A}$$

且

$$I_{N.FE} \geqslant KI_{pk} = 0.3 \times 35.5\text{A} \times 7 = 74.55\text{A}$$

因此由附录表 10-1，可选 RT0—100 型熔断器，即 $I_{N.FU}=100\text{A}$，而熔体选 $I_{N.FE}=80\text{A}$。

（2）校验熔断器的断流能力　查附录表 10-1，得 RT0—100 型熔断器的 $I_{oc}=50\text{kA}>I''^{(3)}=I_k^{(3)}=13\text{kA}$，其断流能力满足要求。

（3）选择导线截面积和钢管直径　按发热条件选择，查附录表 19-3 得 $A=10\text{mm}^2$ 的 BLV 型铝芯塑料线三根穿钢管（SC）时，$I_{al(30℃)}=41\text{A}>I_{30}=35.5\text{A}$，满足发热条件。相应地选择穿线钢管 SC20mm。

校验机械强度，查附录表 15 知，穿管铝芯线的最小截面积为 2.5mm^2。现 $A=10\text{mm}^2$，故满足机械强度要求。

（4）校验导线与熔断器保护的配合　假设该电动机安装在一般车间内，熔断器只作短路保护用，因此导线与熔断器保护的配合条件为

$$I_{N.FE} \leqslant 2.5 I_{al}$$

现 $I_{N.FE}=80\text{A}<2.5\times41\text{A}=102.5\text{A}$，故满足熔断器保护与导线的配合要求。（注：因本例题未给出 $I_{k.min}$的数据，熔断器保护灵敏度未予校验从略。）

五、前后熔断器之间的选择性配合

所谓前后熔断器的选择性配合，就是要求在线路发生短路故障时靠近故障点的熔断器首先熔断，切除故障部分，从而使系统的其他部分仍能正常运行。

前后熔断器的选择性配合，宜按它们的保护特性曲线（安秒特性曲线）来进行检验。

如图 6-3a 所示，设支线 WL2 的首端 k 点发生三相短路，则三相短路电流 I_k 要通过熔断器 FU2 和 FU1。保护选择性要求是，FU2 的熔体首先熔断，切断故障线路 WL2，而 FU1 不

再熔断，使干线 WL1 维持正常运行。但是熔体实际熔断时间与其产品的标准特性曲线查得的熔断时间可能有 ±（30% ~50%）的偏差，从最不利的情况考虑，k 点短路时，FU1 的实际熔断时间 t'_1 比标准特性曲线查得的时间 t_1 小 50%（为负偏差），即 $t'_1=0.5t_1$；而 FU2 的实际熔断时间 t'_2 又比标准特性曲线查得的时间 t_2 大 50%（为正偏差），即 $t'_2=1.5t_2$。这时由图 6-3b 所示熔断器保护特性曲线可以看出，**要保证前后两熔断器 FU1 和 FU2 的保护选择性，必须满足的条件是** $t'_1>t'_2$，或 $0.5t_1>1.5t_2$，因此

$$t_1>3t_2 \tag{6-10}$$

式（6-10）说明：在后一熔断器所保护的首端发生最严重的三相短路时，前一熔断器按其保护特性曲线查得的熔断时间，至少应为后一熔断器按其保护特性曲线查得的熔断时间的 3 倍，才能确保前后两熔断器动作的选择性。如果不能满足这一要求，则应将前一熔断器的熔体额定电流提高 1 ~2 级，再进行校验。

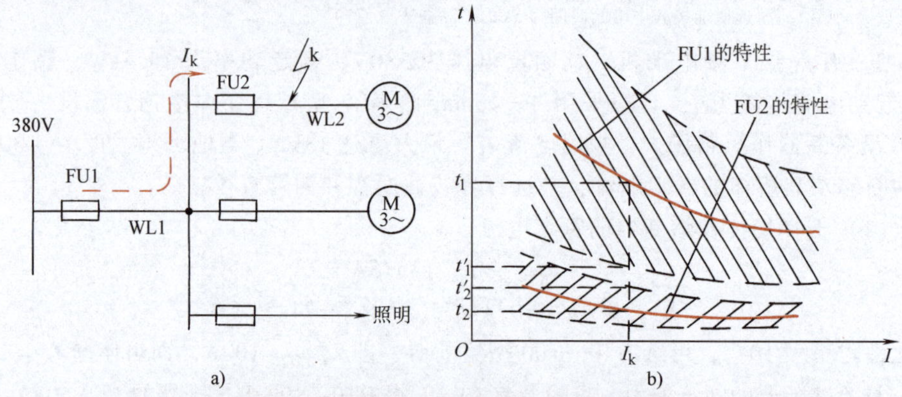

图 6-3　熔断器保护的配置和选择性校验

a）熔断器在低压配电线路中的配置　b）熔断器按保护特性曲线进行选择性校验

注：曲线图中斜线区表示特性曲线的偏差范围。

如果不用熔断器的保护特性曲线来校验选择性，则一般只有前一熔断器的熔体电流大于后一熔断器的熔体电流 2 ~3 级以上，才有可能保证其动作的选择性。

例 6-2　在图 6-3a 所示电路中，设 FU1（RT0 型）的 $I_{N.FE1}=100A$，FU2（RM10 型）的 $I_{N.FE2}=60A$。k 点的三相短路电流 $I_k^{(3)}=1000A$。试校验 FU1 和 FU2 是否能选择性配合。

解： 用 $I_{N.FE1}=100A$ 和 $I_k=1000A$ 查附录表 10-2 曲线得 $t_1\approx0.3s$。

用 $I_{N,FE2}=60A$ 和 $I_k=1000A$ 查附录表 9-2 曲线得 $t_2\approx0.08s$。

由于

$$t_1=0.3s>3t_2=3\times0.08s=0.24s$$

因此 FU1 与 FU2 能保证选择性动作。

第三节　低压断路器保护

一、低压断路器在低压配电系统中的配置

低压断路器（自动开关）在低压配电系统中的配置通常有三种方式。

（一）单独接低压断路器或低压断路器-刀开关的方式

1）对于只装一台主变压器的变电所，低压侧主开关采用低压断路器，如图 6-4a 所示。

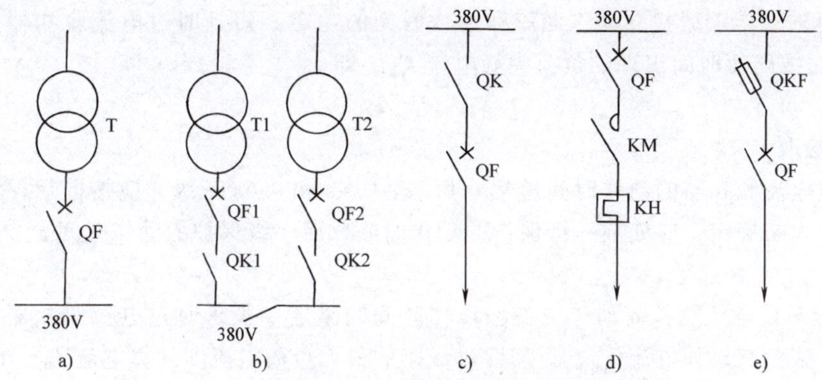

图 6-4　低压断路器的配置方式

a）适于一台主变压器的变电所　b）适于两台主变压器的变电所　c）适于低压配电出线
d）适于频繁操作电路　e）适于需熔断器保护短路的电路
QF—低压断路器　QK—刀开关　QKF—刀熔开关　KM—接触器　KH—热继电器

2）对于装有两台主变压器的变电所，低压侧主开关采用低压断路器时，低压断路器容量应考虑到一台主变压器退出工作时，另一台主变压器要供电给变电所 60% ~70% 以上的负荷及全部一、二级负荷，而且这时两段母线都带电。为了保证检修主变压器和低压断路器的安全，低压断路器的母线侧应装设刀开关或隔离开关，如图 6-4b 所示，以隔离来自低压母线的反馈电源。

3）对于低压配电出线上装设的低压断路器，为了保证检修配电出线和低压断路器的安全，在低压断路器的母线侧应加装刀开关，如图 6-4c 所示，以隔离来自低压母线的电源。

（二）低压断路器与电磁起动器或接触器配合的方式

对于频繁操作的低压电路，宜采用图 6-4d 所示的接线方式。这里的低压断路器主要用于电路的短路保护，而电磁起动器或接触器用作电路频繁操作的控制，其上的热继电器用作过负荷保护。

（三）低压断路器与熔断器配合的方式

当低压断路器的断流能力不足以断开电路的短路电流时，可采用如图 6-4e 所示接线方式。这里的低压断路器作为电路的通断控制及过负荷和失电压保护，它只装热脱扣器和失电压脱扣器，不装过电流脱扣器，是利用熔断器或刀熔开关来实现短路保护。

二、低压断路器脱扣器的选择和整定

（一）低压断路器过电流脱扣器额定电流的选择

过电流脱扣器的额定电流 $I_{N.OR}$ 应不小于线路的计算电流 I_{30}，即

$$I_{N.OR} \geqslant I_{30} \tag{6-11}$$

（二）低压断路器过电流脱扣器动作电流的整定

(1) 瞬时过电流脱扣器动作电流的整定　瞬时过电流脱扣器的动作电流 $I_{op(0)}$ 应躲过线路的尖峰电流 I_{pk}，即

$$I_{op(0)} \geqslant K_{rel} I_{pk} \tag{6-12}$$

式中，K_{rel} 为可靠系数：对动作时间在 0.02s 以上的万能式（DW 型）断路器，可取 1.35；对动作时间在 0.02s 及以下的塑料外壳式（DZ 型）断路器，宜取 2 ~2.5。

(2) 短延时过电流脱扣器动作电流和动作时间的整定 短延时过电流脱扣器的动作电流 $I_{op(s)}$ 应躲过线路短时间出现的负荷尖峰电流 I_{pk}，即

$$I_{op(s)} \geqslant K_{rel} I_{pk} \tag{6-13}$$

式中，K_{rel}一般取1.2。

短延时过电流脱扣器的动作时间通常分0.2s、0.4s和0.6s三级，应按前后保护装置保护选择性的要求来确定，应使前一级保护的动作时间比后一级保护的动作时间至少长一个时间级差0.2s。

(3) 长延时过电流脱扣器动作电流和动作时间的整定 长延时过电流脱扣器主要用于过负荷保护，因此其动作电流 $I_{op(l)}$ 只需躲过线路的最大负荷电流即计算电流 I_{30}，即

$$I_{op(l)} \geqslant K_{rel} I_{30} \tag{6-14}$$

式中，K_{rel}一般取1.1。

长延时过电流脱扣器的动作时间，应躲过允许过负荷的持续时间。其动作特性通常是反时限的，即过负荷电流越大，动作时间越短。一般动作时间可达1~2h。

(4) 过电流脱扣器与被保护线路的配合要求 为了不至发生因过负荷或短路引起绝缘导线或电缆过热起燃而低压断路器不跳闸的事故，低压断路器过电流脱扣器的动作电流 I_{op} 还应满足下式：

$$I_{op} \leqslant K_{OL} I_{al} \tag{6-15}$$

式中，I_{al}为绝缘导线和电缆的允许载流量；K_{OL}为绝缘导线和电缆的允许短时过负荷倍数，对瞬时和短延时的过电流脱扣器一般取4.5，对长延时过电流脱扣器可取1，对有爆炸性气体和粉尘区域的线路应取0.8。

如果不满足上式的配合要求，则应改选脱扣器的动作电流，或者适当加大导线或电缆的线芯截面积。

(三) 低压断路器热脱扣器的选择和整定

(1) 热脱扣器额定电流的选择 热脱扣器的额定电流 $I_{N.TR}$ 应不小于线路的计算电流 I_{30}，即

$$I_{N.TR} \geqslant I_{30} \tag{6-16}$$

(2) 热脱扣器动作电流的整定 热脱扣器用于过负荷保护，其动作电流 $I_{op.TR}$ 按下式整定：

$$I_{op.TR} \geqslant K_{rel} I_{30} \tag{6-17}$$

式中，K_{rel}可取1.1，不过一般应通过实际运行进行校验。

三、低压断路器的选择和校验

选择低压断路器时应满足下列条件：

1）低压断路器的额定电压应不低于保护线路的额定电压。

2）低压断路器的额定电流应不小于它所安装的脱扣器的额定电流。

3）低压断路器的类型应符合安装条件、保护性能及操作方式的要求，因此应同时选择其操作机构型式。

低压断路器还必须进行断流能力的校验：

1）对动作时间在0.02s以上的万能式（DW型）断路器，其极限分断电流 I_{oc} 应不小于

通过它的最大三相短路电流周期分量有效值 $I_k^{(3)}$，即

$$I_{oc} \geqslant I_k^{(3)} \tag{6-18}$$

2）对动作时间在 0.02s 及以下的塑料外壳式（DZ 型）断路器，其极限分断电流 I_{oc} 或 i_{oc} 应不小于通过它的最大三相短路冲击电流 $I_{sh}^{(3)}$ 或 $i_{sh}^{(3)}$，即

$$I_{oc} \geqslant I_{sh}^{(3)} \tag{6-19}$$

或

$$i_{oc} \geqslant i_{sh}^{(3)} \tag{6-20}$$

例 6-3 有一条 380V 动力线路，$I_{30}=120\text{A}$，$I_{pk}=400\text{A}$；线路首端的 $I_k^{(3)}=18.5\text{kA}$。当地环境温度为 +30℃。试选择此线路的 BLV 型导线的截面积、穿线的硬塑料管直径和线路首端装设的 DW16 型低压断路器及其过电流脱扣器的规格。

解：（1）选择低压断路器及其过电流脱扣器规格　查附录表 11 知，DW16-630 型低压断路器的过电流脱扣器额定电流 $I_{N.OR}=160\text{A}>I_{30}=120\text{A}$，故初步选 DW16-630 型低压断路器，其 $I_{N.OR}=160\text{A}$。

设瞬时脱扣电流整定为 3 倍，即 $I_{op(0)}=3\times160\text{A}=480\text{A}$。而 $K_{rel}I_{pk}=1.35\times400\text{A}=540\text{A}$，不满足 $I_{op(0)}\geqslant K_{rel}I_{pk}$ 的要求，因此需增大脱扣电流。当脱扣电流整定为 4 倍时，$I_{op(0)}=4\times160\text{A}=640\text{A}>K_{rel}I_{pk}=1.35\times400\text{A}=540\text{A}$，满足脱扣电流躲过尖峰电流的要求。

校验断流能力：再查附录表 11 知，所选 DW16-630 型断路器的 $I_{oc}=30\text{kA}>I_k^{(3)}=18.5\text{kA}$，满足要求。

（2）选择导线截面积和穿线塑料管直径　查附录表 19-5 知，当 $A=70\text{mm}^2$ 的 BLV 型铝芯塑料线三根线穿管在 30℃ 时，其 $I_{al}=121\text{A}>I_{30}=120\text{A}$，故按发热条件可选 $A=70\text{mm}^2$，管径选为 50mm。

校验导线机械强度：由附录表 15 可知，导线最小截面积为 2.5mm^2，现 $A=70\text{mm}^2$，故满足机械强度要求。

（3）校验导线与低压断路器保护的配合　由于瞬时过电流脱扣器整定为 $I_{op(0)}=640\text{A}$，而 $4.5I_{al}=4.5\times121\text{A}=544.5\text{A}$，不满足 $I_{op(0)}\leqslant4.5I_{al}$ 的要求，因此将导线截面积增大为 95mm^2，这时其 $I_{al}=147\text{A}$，$4.5I_{al}=4.5\times147\text{A}=661.5\text{A}>I_{op(0)}=640\text{A}$，满足导线与保护装置配合的要求。相应的穿线塑料管直径改选为 65mm。

四、低压断路器过电流保护灵敏度的校验

为了保证低压断路器的瞬时或短延时过电流脱扣器在系统最小运行方式下在其保护区内发生最轻微的故障时能可靠动作，**低压断路器保护的灵敏度必须满足下列条件：**

$$S_p=\frac{I_{k.min}}{I_{op}}\geqslant K \tag{6-21}$$

式中，I_{op} 为瞬时或短延时过电流脱扣器的动作电流；$I_{k.min}$ 为其保护线路末端在系统最小运行方式下的单相短路电流（对 TN 和 TT 系统）或两相短路电流（对 IT 系统）；K 为灵敏系数的最小比值，一般取 1.3。

五、前后低压断路器之间及低压断路器与熔断器之间的选择性配合

（一）前后低压断路器之间的选择性配合

前后两低压断路器之间是否符合选择性配合，宜按其保护特性曲线进行检验，按产品样

本给出的保护特性曲线考虑其偏差范围 ±（20% ~30%）。如果在后一断路器出口发生三相短路时，在前一断路器保护动作时间计入负偏差而后一断路器保护动作时间计入正偏差的情况下，前一级的动作时间仍大于后一级的动作时间，则能实现选择性配合的要求。对于非重要负荷线路，保护电器允许无选择性动作。

一般来说，要保证前后两低压断路器之间能选择性动作，前一级低压断路器宜采用带短延时的过电流脱扣器，后一级低压断路器宜采用瞬时过电流脱扣器，而且动作电流也是前一级大于后一级，前一级的动作电流至少不小于后一级动作电流的 1.2 倍，即

$$I_{op.1} \geqslant 1.2 I_{op.2} \tag{6-22}$$

（二）低压断路器与熔断器之间的选择性配合

检验低压断路器与熔断器之间是否符合选择性配合也只能通过其保护特性曲线。前一级低压断路器可按厂商提供的保护特性曲线考虑 -30% ~ -20% 的负偏差，而后一级熔断器可按厂商提供的保护特性曲线考虑 +30% ~ +50% 的正偏差。在这种情况下，如果两条曲线不重叠也不交叉，且前一级的曲线总在后一级的曲线之上，则前后两级保护可实现选择性动作，而且两条曲线之间留有的裕量越大，两者动作的选择性越有保证。

第四节　常用的保护继电器

一、概述

继电器是一种在其输入的物理量（电气量或非电气量）达到规定值时，其电气输出电路被接通或被分断的自动电器。

继电器按其输入量的性质分为电气继电器和非电气继电器两大类。按其用途分为控制继电器和保护继电器两大类，前者用于自动控制电路中，后者用于继电保护电路中。这里只讲述保护继电器。

保护继电器按其在继电保护电路中的功能，可分测量继电器和有或无继电器两大类。测量继电器装设在继电保护电路中的第一级，用来反映被保护元件的特性变化，当其特性量达到动作值时即行动作，属于基本继电器或起动继电器。有或无继电器是一种只按电气量是否在其工作范围内或者为零时而动作的电气继电器，包括时间继电器、信号继电器、中间继电器等，在继电保护装置中用来实现特定的逻辑功能，属于辅助继电器，也称逻辑继电器。

保护继电器按其组成元件分，有机电型、晶体管型和微机型等。由于机电型继电器具有简单可靠、便于维修等优点，因此工厂供电系统中现在仍普遍应用机电型继电器。

机电型继电器按其结构原理分，有电磁式、感应式等。

保护继电器按其反映的物理量分，有电流继电器、电压继电器、功率继电器、气体（瓦斯）继电器等。

保护继电器按其反映的物理量数量变化分，有过量继电器和欠量继电器，例如过电流继电器、欠电压继电器等。

保护继电器按其在保护装置中的用途分，有起动继电器、时间继电器、信号继电器、中间（也称出口）继电器等。图 6-5 是过电流保护装置框图。当线路上发生短路时，起动用

的电流继电器 KA 瞬时动作，使时间继电器 KT 起动；经整定的一定时限（延时）后，接通信号继电器 KS 和中间继电器 KM；KM 即接通断路器的跳闸回路，使断路器 QF 自动跳闸。

保护继电器按其动作于断路器的方式分，有直接动作式（直动式）和间接动作式两大类。断路器操作机构中的脱扣器（跳闸线圈）实际上就是一种直动式继电器，而一般的保护继电器均为间接动作式。

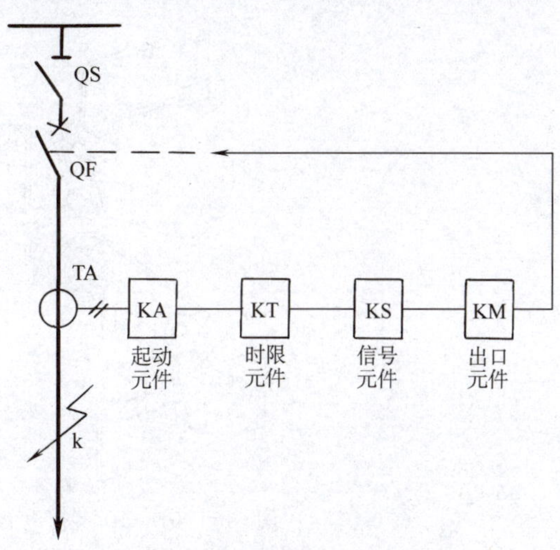

图 6-5 过电流保护装置框图
KA—电流继电器 KT—时间继电器
KS—信号继电器 KM—中间（出口）继电器

保护继电器按其与一次电路的联系方式分，有一次式继电器和二次式继电器。一次式继电器的线圈是与一次电路直接相连的，例如低压断路器的过电流脱扣器和失电压脱扣器（参见图 4-55），实际上就是一次式继电器，并且也是直动式继电器。二次式继电器的线圈连接在电流互感器和电压互感器的二次侧，通过互感器与一次电路相联系。高压供电系统中的保护继电器都属于二次式继电器。

保护继电器型号的表示和含义如下：

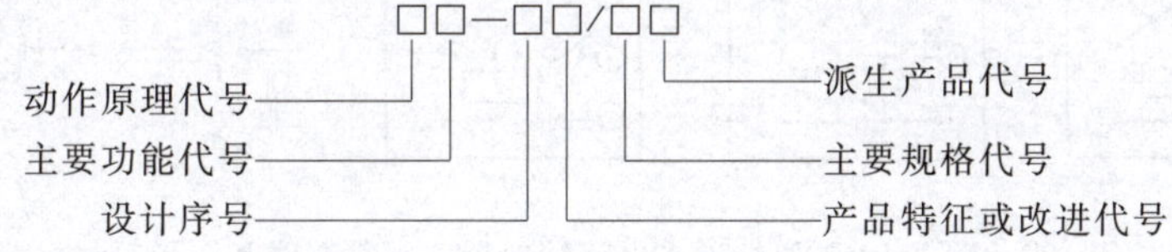

1）动作原理代号：D—电磁式，G—感应式，L—整流式，B—半导体式，W—微机式。

2）主要功能代号：L—电流，Y—电压，S—时间，X—信号，Z—中间，C—冲击，CD—差动。

3）产品特征或改进代号：用阿拉伯数字或字母 A、B、C 等表示。

4）派生产品代号：C—可长期通电，X—带信号牌，Z—带指针，TH—湿热带用。

5）设计序号和规格代号：用阿拉伯数字表示。

下面分别介绍工厂供电系统中常用的几种机电型保护继电器。

二、电磁式电流继电器和电压继电器

电磁式电流继电器和电压继电器在继电保护装置中均为起动元件，属测量继电器类。电流继电器的文字符号为 KA，电压继电器的文字符号为 KV[29]。

（一）电磁式电流继电器

工厂供电系统中常用的 DL—10 系列电磁式电流继电器的内部结构图如图 6-6 所示，其内部接线和图形符号如图 6-7 所示。

由图 6-6 可知，当继电器线圈 1 通过电流时，电磁铁 2 中产生磁通，力图使 Z 形钢舌片 3 向凸出磁极偏转。与此同时，轴 10 上的反作用弹簧 9 又力图阻止钢舌片偏转。当继电器线圈中的电流增大到使钢舌片所受的转矩大于弹簧的反作用力矩时，钢舌片便被吸近磁极，使常开触点闭合，常闭触点断开，这就称为继电器动作。

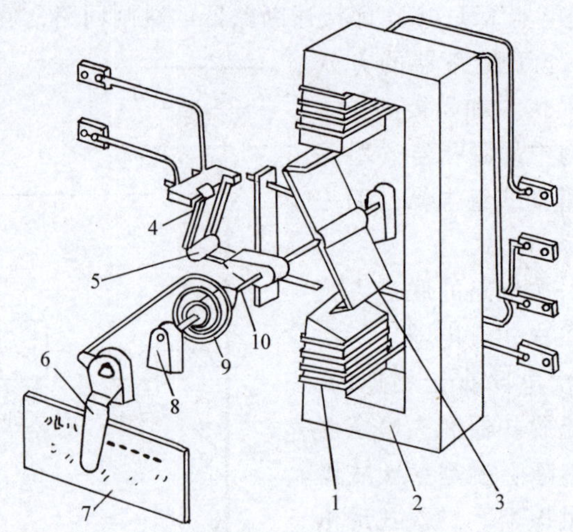

图 6-6　DL—10 系列电磁式电流继电器的内部结构

1—线圈　2—电磁铁　3—钢舌片　4—静触点　5—动触点　6—起动电流调节转杆　7—标度盘（铭牌）　8—轴承　9—反作用弹簧　10—轴

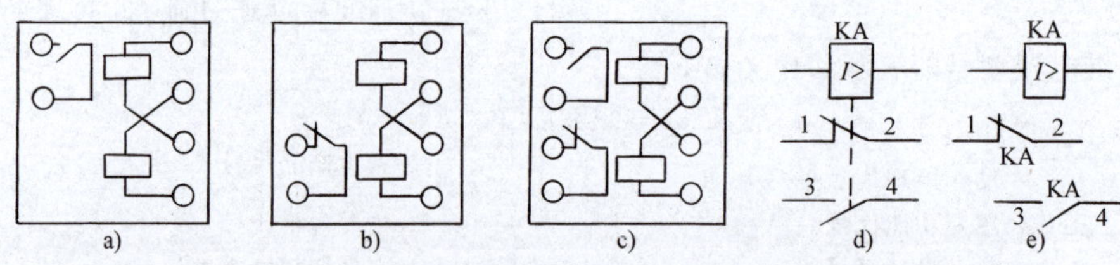

图 6-7　DL—10 系列电磁式电流继电器的内部接线和图形符号

a）DL—11 型　b）DL—12 型　c）DL—13 型　d）集中表示的图形　e）分开表示的图形　KA1-2—常闭（动断）触点　KA3-4—常开（动合）触点

过电流继电器线圈中的使继电器动作的最小电流，称为继电器的动作电流，用 I_{op} 表示。

过电流继电器动作后，减小其线圈电流到一定值时，钢舌片在弹簧作用下返回起始位置。使过电流继电器由动作状态返回到起始位置的最大电流，称为继电器的返回电流，用 I_{re} 表示。

继电器的返回电流与动作电流的比值，称为继电器的返回系数，用 K_{re} 表示，即

$$K_{re} = \frac{I_{re}}{I_{op}} \tag{6-23}$$

对于过量继电器（例如过电流继电器），K_{re} 总小于 1，一般为 0.8。K_{re} 越接近于 1，说明继电器越灵敏。如果过电流继电器的 K_{re} 过低时，还可能使保护装置发生误动作，这将在后面讲述过电流保护的电流整定要求时进一步说明。

电磁式电流继电器的动作电流有两种调节方法：①平滑调节，即拨动转杆 6（见图 6-6）来改变弹簧 9 的反作用力矩；②级进调节，即利用线圈 1 的串联或并联。当线圈由串联改为并联时，相当于线圈匝数减少一半。由于继电器动作所需的电磁力是一定的，即所需的磁动势（IN）是一定的，因此动作电流将增大一倍。反之，当线圈由并联改为串联时，动作电流将减小一半。

这种电流继电器的动作极为迅速，可认为是瞬时动作的，因此它是一种瞬时继电器。

（二）电磁式电压继电器

供电系统中常用的电磁式电压继电器的结构和动作原理，与上述电磁式电流继电器基本相同，只是电压继电器的线圈为电压线圈，且多做成欠电压（低电压）继电器。欠电压继电器的动作电压 U_{op} 为其线圈上的使继电器动作的最高电压；其返回电压 U_{re} 为其线圈上的使继电器由动作状态返回到起始位置的最低电压。**欠电压继电器的返回系数为**

$$K_{re}=\frac{U_{re}}{U_{op}}>1 \tag{6-24}$$

K_{re} 值越接近于 1，说明继电器越灵敏。欠电压继电器的 K_{re} 一般为 1.25。

三、电磁式时间继电器

电磁式时间继电器在继电保护装置中用来使保护装置获得所要求的延时（时限），属于机电式有或无继电器。时间继电器的文字符号为 KT。

供电系统中 DS—110、120 系列电磁式时间继电器的内部结构图如图 6-8 所示，其内部接线和图形符号如图 6-9 所示。DS—110 系列用于直流，DS—120 系列用于交流。

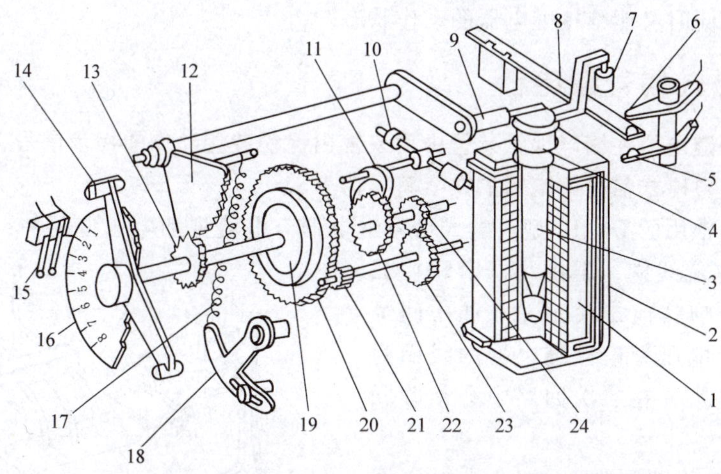

图 6-8 DS—110、120 系列时间继电器的内部结构

1—线圈 2—电磁铁 3—可动铁心 4—返回弹簧 5、6—瞬时静触点 7—绝缘件 8—瞬时动触点 9—压杆 10—平衡锤 11—摆动卡板 12—扇形齿轮 13—传动齿轮 14—主动触点 15—主静触点 16—动作时限标度盘 17—拉引弹簧 18—弹簧拉力调节器 19—摩擦离合器 20—主齿轮 21—小齿轮 22—掣轮 23、24—钟表机构传动齿轮

当继电器线圈接上工作电压时，铁心被吸入，使被卡住的一套钟表机构被释放，同时切换瞬时触点。在拉引弹簧作用下，经过整定的时限，使主触点闭合。

继电器的延时时限，可借改变主静触点的位置即主静触点与主动触点的相对位置来调节。调节的时限范围，在标度盘上标出。

当继电器的线圈断电时，继电器在弹簧作用下返回起始位置。

为了缩小继电器的尺寸和节约材料，时间继电器的线圈通常不按长时间接上额定电压来设计，因此凡需长时间接上电压工作的时间继电器（如 DS—111C 型等，见图 6-9b），应在

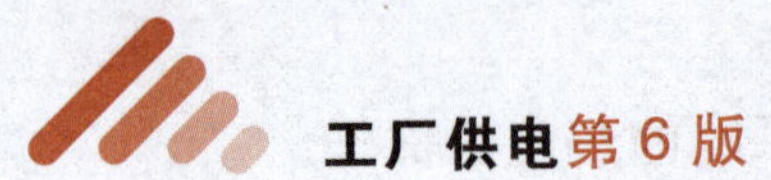

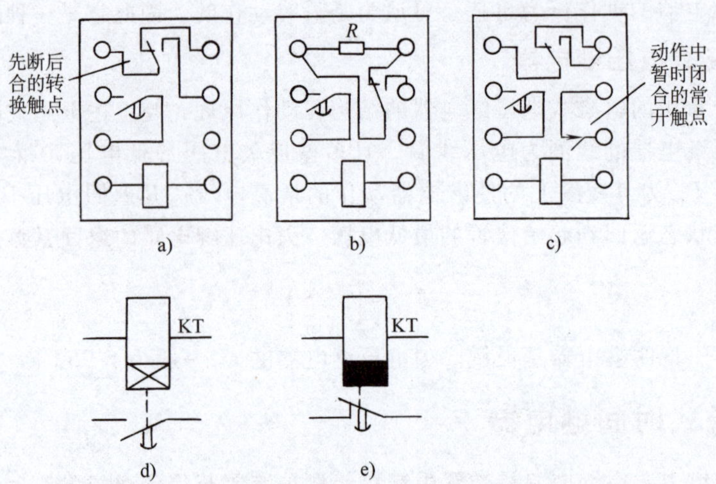

图 6-9　DS—110、120 系列时间继电器的内部接线和图形符号

a）DS—111、112、113、121、122、123 型　b）DS—111C、112C、113C 型　c）DS—115、116、125、126 型
d）时间继电器的缓吸线圈及延时闭合触点　e）时间继电器的缓放线圈及延时断开触点

它动作后，利用其常闭瞬时触点的断开，使其线圈串入限流电阻，以限制线圈的电流，避免线圈过热烧毁，同时又能维持继电器的动作状态。

四、电磁式信号继电器

电磁式信号继电器在继电保护装置中用来发出保护装置动作的指示信号，也属于机电式有或无继电器。电磁式信号继电器的文字符号为 KS。

供电系统中常用的 DX-11 型电磁式信号继电器有电流型和电压型两种：电流型信号继电器的线圈为电流线圈，阻抗小，串联在二次回路内，不影响其他二次元件（如中间继电器）的动作；电压型信号继电器的线圈为电压线圈，阻抗大，在二次回路中必须并联使用。

DX-11 型信号继电器的内部结构如图 6-10所示。它在正常状态时，其信号牌是被衔铁支持住的。当继电器线圈通电时，衔铁被吸向铁心而使信号牌掉下，显示其动作信号，同时带动转轴旋转 90°，使固定在转轴上的动触点（导电条）与静触点接通，从而接通信号回路，发出声响和灯光信号。要使信号停止，可旋转外壳上的复位旋钮，断开信号回路，同时使信号牌复位。

图 6-10　DX—11 型信号继电器的内部结构
1—线圈　2—电磁铁　3—弹簧　4—衔铁
5—信号牌　6—观察窗口　7—复位旋钮
8—动触点　9—静触点　10—接线端子

DX-11 型信号继电器的内部接线和图形符号如图 6-11 所示。电磁式信号继电器的图形符号在 GB/T 4728. 7—2000《电气简图用图形符号　第 7 部分：开关、控制和保护器件》及 GB 4728—1985《电气图用图形符号》中均未直接给出，这里的图形符号是本书编者根据 GB 4728（也符合 GB/T 4728 要求）提出的图形符号绘制和派生原则进行绘制的[27]，而且得到广泛的认同。由于该继电器的操作器件具有机械保持的功能，因此继电器线圈采用 GB 4728 中机电式有或无继电器类的“机械保持继电器”的线圈符号，而且由于该继电器的触点不能自动返回，因此在其触点符号上附加一个 GB 4728 规定的（也是 GB/T 4728 规定的）“非自动复位”的限定符号。

五、电磁式中间继电器

电磁式中间继电器在继电保护装置中用作辅助继电器（中间继电器的英文名称），以弥补主继电器触点数量或触点容量的不足。它通常装设在保护装置的出口回路中，用以接通断路器的跳闸线圈，所以它又称为出口继电器。中间继电器也属于机电式有或无继电器，其文字符号建议采用 KM㊀。

供电系统中常用的 DZ—10 系列中间继电器的内部结构图如图 6-12 所示。当其线圈通电时，衔铁被快速吸向电磁铁，使触点切换。当其线圈断电时，继电器快速释放衔铁，使触点全部返回起始位置。

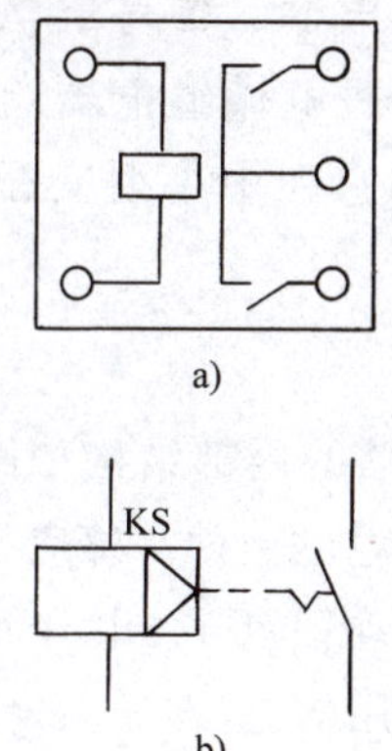

图 6-11　DX—11 型信号继电器的内部接线和图形符号
a）内部接线　b）图形符号

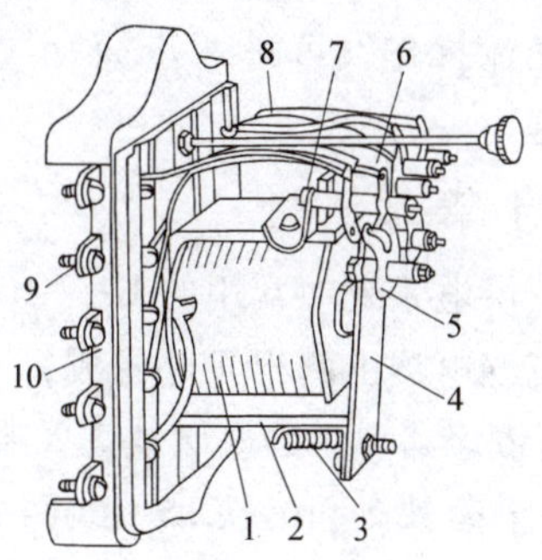

图 6-12　DZ—10 系列中间继电器的内部结构
1—线圈　2—电磁铁　3—弹簧
4—衔铁　5—动触点　6、7—静触点
8—连接线　9—接线端子　10—底座

这种快吸快放的电磁式中间继电器的内部接线和图形符号如图 6-13 所示。电磁式中间继电器的图形符号在 GB/T 4728 中也未直接给出。这里的图形符号也是本书编者根据 GB/T 4728 规定的图形绘制和派生原则进行绘制的[27]，也得到广泛的认同。这里的线圈符号采用了 GB/T 4728 中的机电式有或无继电器类的“快速（快吸和快放）继电器”的线圈符号。

㊀　虽然中间继电器的文字符号按其英文名称可采用“KA”，但由于电流继电器的文字符号已采用了“KA”，因此建议中间继电器的文字符号采用“KM”。其中，“M”为“中间”的英文“medium”的缩写，而且 GB 7159—1987《电气技术中的文字符号制订通则》中也规定，“中间”的文字符号用“M”。但是由于“KM”又是接触器的文字符号，因此，当中间继电器和接触器出现在同一保护电路图中时，建议中间继电器符号用“KM”，而接触器符号改用其大类符号“K”，以免两者混淆；如果两者同时出现在同一控制电路图中时，则建议接触器符号用“KM”，而中间继电器符号改用“K”[29]。

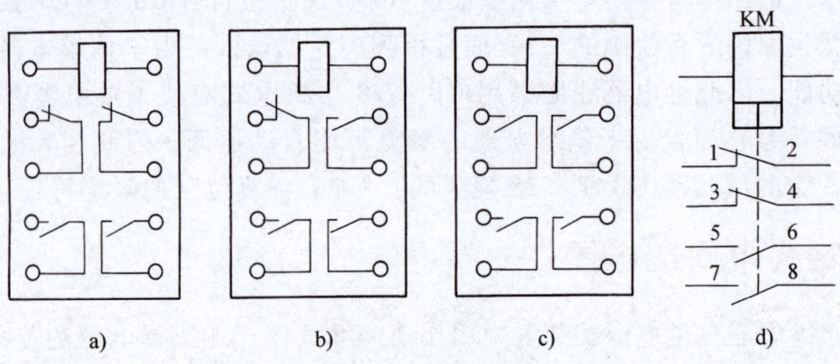

图6-13　DZ—10系列中间继电器的内部接线和图形符号

a）DZ—15型　b）DZ—16型　c）DZ—17型　d）图形符号

六、感应式电流继电器

在工厂供电系统中，广泛采用感应式电流继电器来作过电流保护兼电流速断保护，因为感应式电流继电器兼有上述电磁式电流继电器、时间继电器、信号继电器和中间继电器的功能，从而可大大简化继电保护装置。而且采用感应式电流继电器组成的保护装置采用交流操作，可进一步简化二次系统，减少投资，因此它在中小型变配电所中应用非常普遍。

（一）基本结构

工厂供电系统中常用的GL—10、20系列感应式电流继电器的内部结构如图6-14所示。这种电流继电器由两组元件构成，一组为感应元件，另一组为电磁元件。感应元件主要包括线圈1、带短路环3的电磁铁2及装在可偏转铝框架6上的转动铝盘4。电磁元件主要包括线圈1、电磁铁2和衔铁15。线圈1和电磁铁2是两组元件共用的。

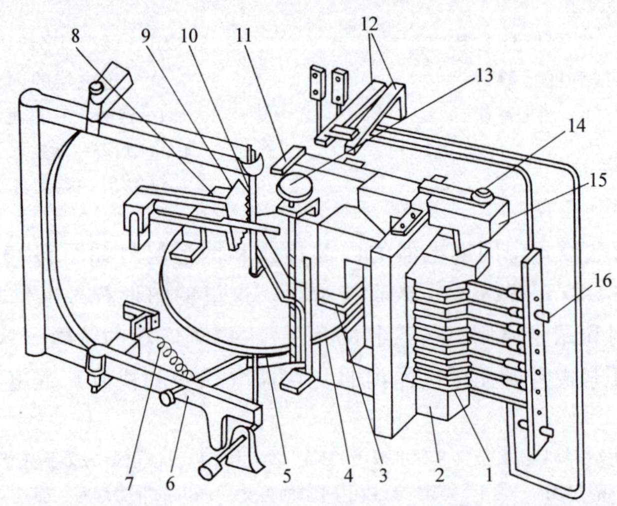

图6-14　GL—10、20系列感应式电流继电器的内部结构

1—线圈　2—电磁铁　3—短路环　4—铝盘　5—钢片　6—铝框架　7—调节弹簧　8—制动永久磁铁　9—扇形齿轮　10—蜗杆　11—扁杆　12—触点　13—时限调节螺杆　14—速断电流调节螺钉　15—衔铁　16—动作电流调节插销

GL—$\frac{15、16}{25、26}$型电流继电器有两对相连的常开和常闭触点，根据继电保护的要求，其动作程序是常开触点先闭合，常闭触点后断开，即构成一组“先合后断的转换触点”，如图 6-15 所示。

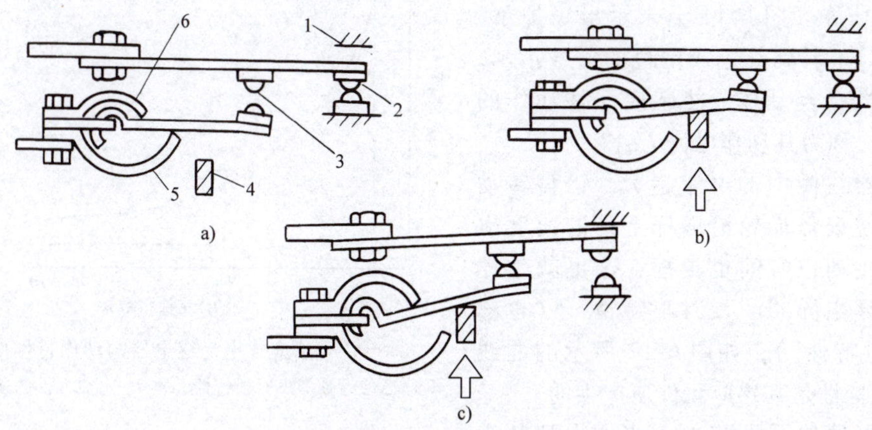

图 6-15 GL—$\frac{15、16}{25、26}$型电流继电器“先合后断转换触点”的动作

a）正常位置 b）动作后常开触点先闭合 c）接着常闭触点断开

1—上止挡 2—常闭触点 3—常开触点 4—衔铁 5—下止挡 6—簧片

（二）工作原理和特性

感应式电流继电器的工作原理如图 6-16 所示。

当线圈 1 有电流 I_{KA} 通过时，电磁铁 2 在短路环 3 的作用下，产生相位一前一后的两个磁通 Φ_1 和 Φ_2，穿过铝盘 4。这时作用于铝盘上的转矩为

$$M_1 \propto \Phi_1 \Phi_2 \sin\psi \tag{6-25}$$

式中，ψ 为 Φ_1 与 Φ_2 之间的相位差。

式（6-25）通常称为感应式机构的基本转矩方程。

由于 $\Phi_1 \propto I_{KA}$，$\Phi_2 \propto I_{KA}$，而 ψ 为常数，因此

$$M_1 \propto I_{KA}^2 \tag{6-26}$$

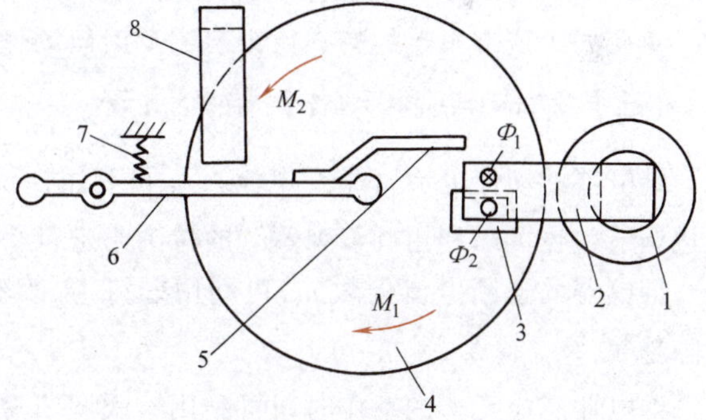

图 6-16 感应式电流继电器的工作原理

1—线圈 2—电磁铁 3—短路环 4—铝盘 5—钢片 6—铝框架 7—调节弹簧 8—制动永久磁铁

铝盘在转矩 M_1 作用下转动，同时切割永久磁铁 8 的磁通，在铝盘上感应出涡流。涡流又与永久磁铁的磁通作用，产生一个与 M_1 反向的制动力矩 M_2。制动力矩 M_2 与铝盘转速 n 成正比，即

$$M_2 \propto n \tag{6-27}$$

当铝盘转速 n 增大到某一定值时，$M_1 = M_2$，这时铝盘匀速转动。

继电器的铝盘在 M_1 和 M_2 的共同作用下，铝盘受力有使铝框架绕轴顺时针方向偏转的趋势，但受到调节弹簧 7 的阻力。

当继电器线圈电流增大到继电器的动作电流值I_{op}时，铝盘受到的力也增大到可克服弹簧的阻力，使铝盘带动铝框架前偏（见图6-14），使蜗杆10与扇形齿轮9啮合，这就称为继电器动作。由于铝盘继续转动，使扇形齿轮沿着蜗杆上升，最后使触点12切换，同时使信号牌（图6-14上未示出）掉下，从观察窗口可看到红色或白色的信号指示，表示继电器已经动作。使感应元件动作的最小电流，称为其动作电流I_{op}。

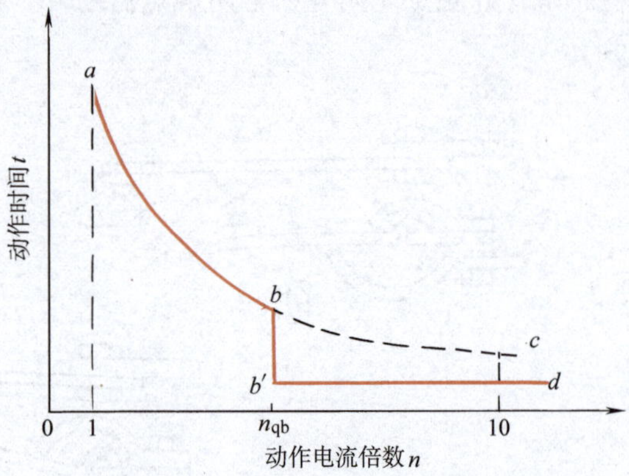

图6-17 感应式电流继电器的动作特性曲线
abc—感应元件的反时限特性 bb′d—电磁元件的速断特性

继电器线圈中的电流越大，铝盘转动得越快，使扇形齿轮沿蜗杆上升的速度也越快，因此动作时间也越短，这也就是**感应式电流继电器的“反时限特性”**（也称“反比延时特性”），如图6-17所示的曲线abc，这一特性是其感应元件所产生的。

当继电器线圈电流进一步增大到整定的速断电流I_{qb}时，电磁铁2（见图6-14）瞬时将衔铁15吸下，使触点12瞬时切换，同时也使信号牌掉下。**电磁元件的“电流速断特性”**如图6-17中曲线$bb'd$，因此该电磁元件又称电流速断元件。使电磁元件动作的最小电流，称为其速断电流I_{qb}。

速断电流I_{qb}与感应元件动作电流I_{op}的比值称为速断电流倍数，即

$$n_{qb}=\frac{I_{qb}}{I_{op}} \tag{6-28}$$

GL—10、20系列电流继电器的速断电流倍数$n_{qb}=2\sim8$。

感应式电流继电器的有一定限度的反时限动作特性，称为“有限反时限特性”。

（三）动作电流和动作时限的调节

继电器的动作电流（整定电流）I_{op}可利用插销16（见图6-14）以改变线圈匝数来进行级进调节，也可以利用调节弹簧7的拉力来进行平滑的细调。

继电器的速断电流倍数n_{qb}可利用螺钉14改变衔铁15与电磁铁2之间的气隙来调节。气隙越大，n_{qb}越大。

继电器感应元件的动作时限可利用时限调节螺杆13改变扇形齿轮顶杆行程的起点来调节，以使动作特性曲线上下移动。不过要注意，继电器的动作时限调节螺杆的标度尺是以10倍动作电流的动作时间来标度的，因此继电器的实际动作时间，与实际通过继电器线圈的电流大小有关，需从相应的动作特性曲线上去查得。

附录表21-1列出了GL—$\frac{11、21}{15、25}$型电流继电器的主要技术数据，附录表21-2列出了其动作特性曲线，曲线上标明的动作时间0.5s、0.7s、1.0s、…、4.0s等均为10倍动作电流的动作时间。

GL—$\frac{11、21}{15、25}$型电流继电器的内部接线和图形符号如图6-18所示。

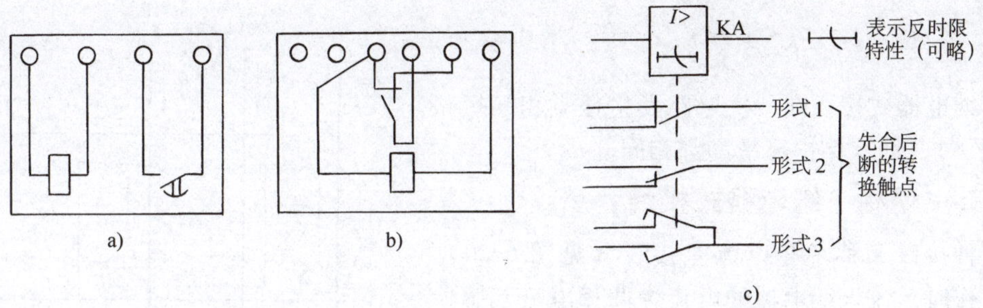

图 6-18　GL—$\frac{11、21}{15、25}$型电流继电器的内部接线和图形符号

a）GL—11、21 型　b）GL—15、25 型　c）图形符号

第五节　工厂高压线路的继电保护

一、概述

按 GB/T 50062—2008《电力装置的继电保护和自动装置设计规范》规定：对 3～66kV 电力线路，应装设相间短路保护、单相接地保护和过负荷保护。

由于一般工厂的高压电力线路不长，容量不大，因此其继电保护装置通常比较简单。

作为线路的相间短路保护，主要采用带时限的过电流保护和瞬时动作的电流速断保护。 当过电流保护动作时限不大于 0.5～0.7s 时，可不再装设电流速断保护。相间短路保护应动作于断路器的跳闸机构，使断路器跳闸，切除短路故障部分。

作为线路的单相接地保护，有两种方式：

1）绝缘监视装置，装设在变配电所的高压母线上，动作于信号（将在第七章第三节介绍）。

2）有选择性的单相接地保护（零序电流保护），也动作于信号；但是当单相接地故障危及人身和设备安全时，则应动作于跳闸。

对可能经常过负荷的电缆线路，按 GB/T 50062—2008 规定，应装设过负荷保护，动作于信号。

二、继电保护装置的接线方式

高压电力线路的继电保护装置中，起动继电器与电流互感器之间的连接方式，主要有两相两继电器式和两相一继电器式两种。

（一）两相两继电器式接线

两相两继电器接线（见图 6-19）时，如果一次电路发生三相短路或两相短路，至少有一个继电器要动作，从而使一次电路的断路器跳闸。

为了表达这种接线方式中继电器电流 I_{KA} 与电流互感器二次电流 I_2 的关系，特引入一个接线系数 K_w

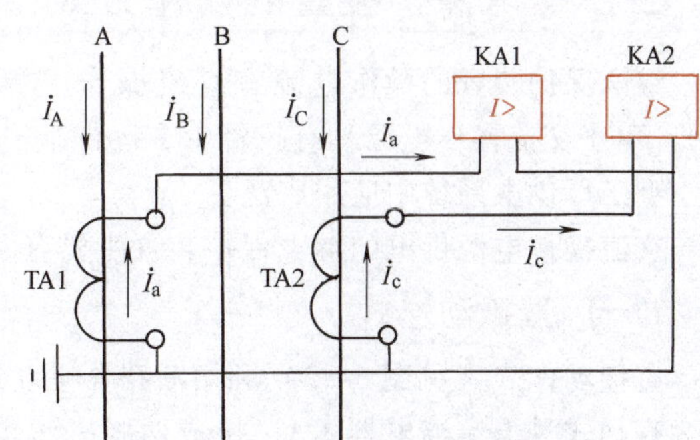

图 6-19　两相两继电器式接线

$$K_w = \frac{I_{KA}}{I_2} \qquad (6\text{-}29)$$

两相两继电器式接线在一次电路发生任意相间短路时，$K_w=1$，即其保护灵敏度都相同。

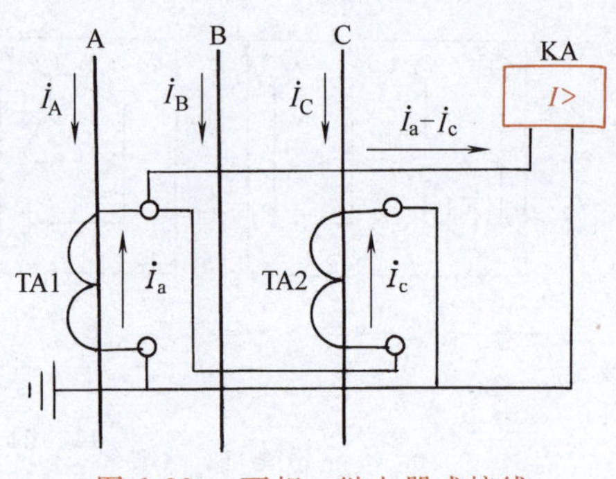

图 6-20　两相一继电器式接线

（二）两相一继电器式接线

这种接线又称两相电流差接线（见图 6-20），正常工作时，流入继电器的电流为两相电流互感器二次电流的相量差。

在其一次电路发生三相短路时，流入继电器的电流为电流互感器二次电流的$\sqrt{3}$倍（见图 6-21a 相量图），即 $K_w^{(3)}=\sqrt{3}$。

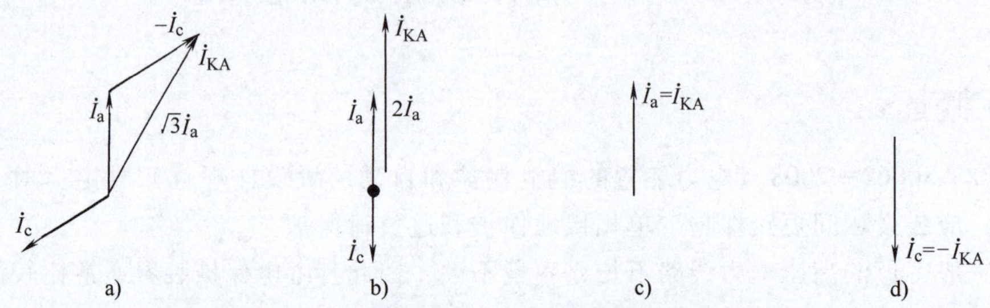

图 6-21　两相一继电器式接线不同相间短路的相量分析

a）三相短路　b）A、C 两相短路　c）A、B 两相短路　d）B、C 两相短路

在其一次电路的 A、C 两相发生短路时，由于两相短路电流反应在 A 相和 C 相中是大小相等、相位相反（见图 6-21b 相量图），因此流入继电器的电流（两相电流相量差）为互感器二次电流的 2 倍，即 $K_w^{(A.C)}=2$。

在其一次电路的 A、B 两相或 B、C 两相发生短路时，流入继电器的电流只有一相（A 相或 C 相）互感器的二次电流（见图 6-21c、d 相量图），即 $K_w^{(A.B)}=K_w^{(B.C)}=1$。

由以上分析可知，两相一继电器式接线能对各种相间短路故障做出反应，但不同短路的保护灵敏度有所不同，有的甚至相差一倍，因此不如两相两继电器式接线。但是它少用一个继电器，较为简单经济。这种接线主要用于高压电动机保护。

三、继电保护装置的操作方式

继电保护装置的操作电源有直流操作电源和交流操作电源两大类（详见第七章第一节）。由于交流操作电源具有投资少、运行维护方便及二次回路简单可靠等优点，因此它在中小型工厂供电系统中应用广泛。

交流操作电源供电的继电保护装置主要有两种操作方式。

（一）直接动作式

直接动作式（见图 6-22）利用断路器手动操作机构内的过电流脱扣器（跳闸线圈）YR 作为直动式过电流继电器 KA，接成两相一继电器式或两相两继电器式。正常运行时，YR 通过的电流远小于其动作电流，因此不动作。而在一次电路发生相间短路时，YR 动作，使

断路器 QF 跳闸。这种操作方式简单经济，但保护灵敏度低，实际上较少应用。

（二）“去分流跳闸”的操作方式

“去分流跳闸”的操作方式（见图 6-23）正常运行时，电流继电器 KA 的常闭触点将跳闸线圈 YR 短路分流，YR 中无电流通过，所以断路器 QF 不会跳闸。当一次电路发生相间短路时，电流继电器 KA 动作，其常闭触点断开，使跳闸线圈 YR 的短路分流支路被去掉（即所谓“去分流”），从而使电流互感器的二次电流全部通过 YR，致使断路器 QF 跳闸，即所谓“去分流跳闸”。这种操作方式的接线也比较简单，且灵敏可靠，但要求电流继电器 KA 触点的分断能力足够大。现在生产的 GL—$\frac{15、16}{25、26}$等型电流继电器，其触点容量相当大，短时分断电流可达 150A，完全能够满足短路时“去分流跳闸”的要求。因此这种去分流跳闸的操作方式现在在工厂供电系统中应用相当广泛。图 6-23 所示的接线并不完善，实际的接线将在下面讲述反时限过电流保护时予以介绍（见图 6-25）。

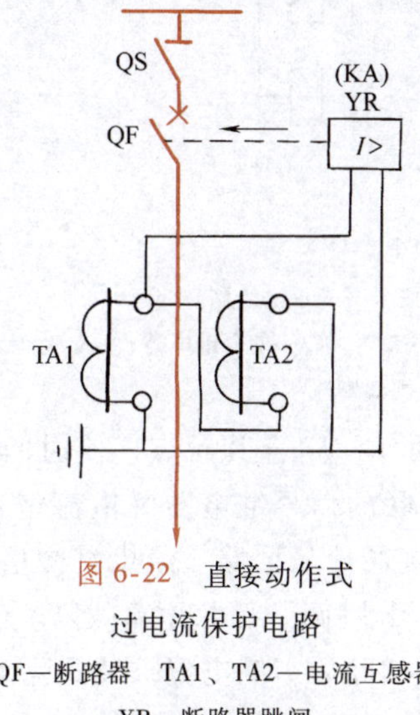

图 6-22 直接动作式过电流保护电路
QF—断路器 TA1、TA2—电流互感器 YR—断路器跳闸线圈（即直动式继电器 KA）

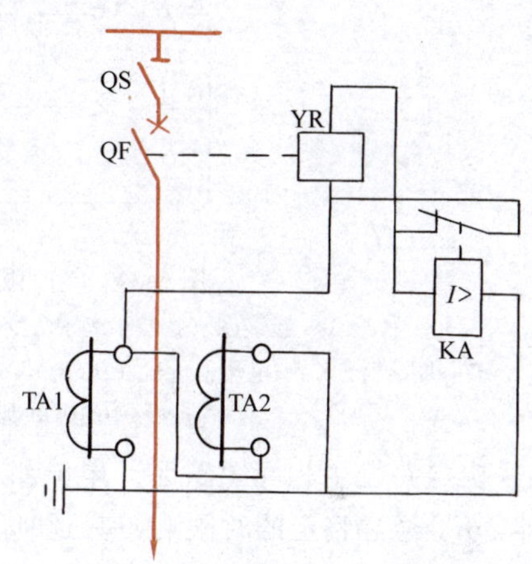

图 6-23 “去分流跳闸”的过电流保护电路
QF—断路器 TA1、TA2—电流互感器 KA—电流继电器（GL 型） YR—跳闸线圈

四、带时限的过电流保护

带时限的过电流保护，按其动作时限特性分，有定时限过电流保护和反时限过电流保护两种。定时限就是保护装置的动作时限是按预先整定的动作时间固定不变的，与短路电流大小无关；而反时限就是保护装置的动作时限原先是按 10 倍动作电流来整定的，而实际的动作时间则与短路电流大小呈反比关系变化，短路电流越大，动作时间越短。

（一）定时限过电流保护装置的组成和工作原理

定时限过电流保护装置的原理电路如图 6-24 所示。其中，图 6-24a 为集中表示的原理电路图，通常称为接线图。这种电路图中的所有电器的组成部件是各自归总在一起的，因此过去也称为归总式电路图。图 6-24b 为分开表示的原理电路图，通常称为展开图。这种电路图中的所有电器的组成部件按各部件所属回路分开绘制。从原理分析的角度来说，展开图简明清晰，在二次电路（包括继电保护、自动装置、控制、测量等回路）中应用最为普遍。

下面分析图6-24所示定时限过电流保护的工作原理。

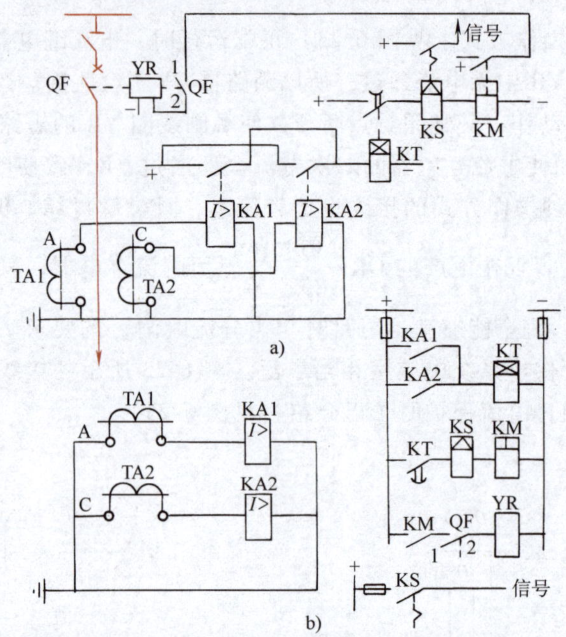

图6-24　定时限过电流保护的原理电路图

a）接线图（按集中表示法绘制）　b）展开图（按分开表示法绘制）

QF—断路器　KA—电流继电器（DL型）　KT—时间继电器（DS型）　KS—信号继电器（DX型）

KM—中间继电器（DZ型）　YR—跳闸线圈

当一次电路发生相间短路时，电流继电器KA瞬时动作，闭合其触点，使时间继电器KT动作。KT经过整定的时限后，其延时触点闭合，使串联的信号继电器（电流型）KS和中间继电器KM动作。KS动作后，其指示牌掉下，同时接通信号回路，给出灯光信号和声响信号。KM动作后，接通跳闸线圈YR回路，使断路器QF跳闸，切除短路故障。QF跳闸后，其辅助触点QF1-2随之切断跳闸回路。在短路故障被切除后，继电保护装置除KS外的其他所有继电器均自动返回起始状态，而KS则可手动复位。

（二）反时限过电流保护装置的组成和工作原理

反时限过电流保护装置由GL型感应式电流继电器组成，其原理电路图如图6-25所示。

当一次电路发生相间短路时，电流继电器KA动作，经过一定延时后（反时限特性），其常开触点闭合，紧接着其常闭触点断开（见图6-15），这时断路器QF因其跳闸线圈YR被“去分流”而跳闸，切除短路故障。在电流继电器KA去分流跳闸的同时，其信号牌掉下，指示保护装置已经动作。在短路故障被切除后，继电器返回，其信号牌可利用外壳上的旋钮手动复位。

比较图6-25与图6-23可以看出，图6-25中的电流继电器KA增加了一对常开触点，与跳闸线圈YR串联，其目的是防止电流继电器的常闭触点在一次电路正常运行时由于外界振动的偶然因素使之断开而导致断路器误跳闸的事故。增加一对常开触点后，则即使常闭触点偶然断开，也不会造成断路器误跳闸。但是，继电器这两对触点的动作程序，必须是常开触点先闭合，常闭触点后断开，即必须采用前面图6-15所示的先合后断的转换触点。否则，

假如常闭触点先断开，将造成电流互感器二次侧带负荷开路，这是不允许的（这已在前面第四章第三节中讲过），同时将使继电器失电返回，不起保护作用。

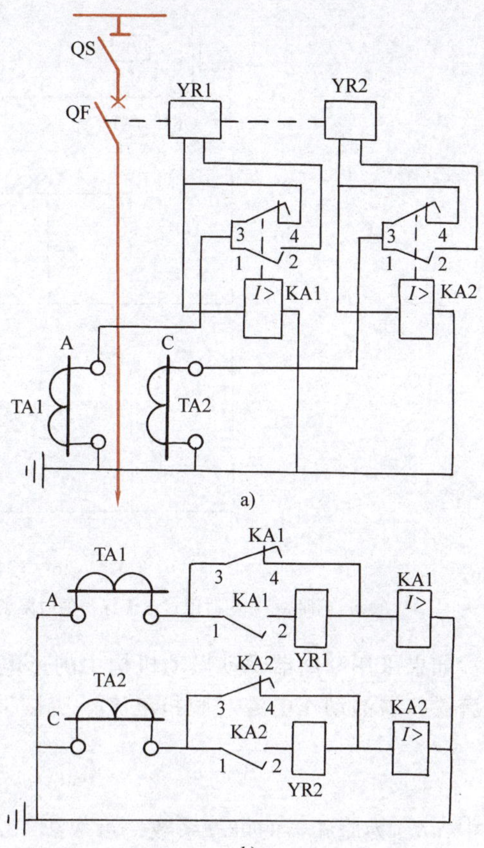

图 6-25 反时限过电流保护的原理电路图
a）接线图（按集中表示法绘制）
b）展开图（按分开表示法绘制）
QF—断路器 TA—电流互感器
KA—电流继电器（GL—15、25 型） YR—跳闸线圈

（三）过电流保护动作电流的整定

带时限过电流保护（含定时限和反时限）的动作电流 I_{op} 应躲过被保护线路的最大负荷电流（包括正常过负荷电流和尖峰电流）$I_{L.max}$，以免在 $I_{L.max}$ 通过时使保护装置误动作；而且其返回电流 I_{re} 也应躲过被保护线路的最大负荷电流 $I_{L.max}$，否则保护装置还可能发生误动作。

如图 6-26a 所示电路，假设线路 WL2 的首端 k 点发生相间短路，由于短路电流远大于线路上的所有负荷电流，所以沿线路的过负荷保护装置包括 KA1、KA2 均要动作。按照保护选择性的要求，应该是靠近故障点 k 的保护装置 KA2 首先动作，断开 QF2，切除故障线路 WL2。这时由于故障线路 WL2 已被切除，保护装置 KA1 应立即返回起始状态，不至再断开 QF1。但是如果 KA1 的返回电流未躲过线路 WL1 的最大负荷电流，则在 KA2 动作并断开线路 WL2 后，可能 KA1 不返回而继续保持动作状态，经过 KA1 所整定的动作时限后，错误地断开断路器 QF1，造成线路 WL1 也停电，扩大了故障停电的范围，这是不允许的。所以过电流保护装置不仅动作电流应该躲过线路的最大负荷电流，而且其返回电流也应该躲过线路的最大负荷电流。

设保护装置所连接的电流互感器电流比为 K_i，保护装置的接线系数为 K_w，保护装置的返回系数为 K_{re}，则线路的最大负荷电流 $I_{L.max}$ 换算到继电器中的电流为 $K_w I_{L.max}/K_i$。由于要求返回电流也要躲过最大负荷电流，即 $I_{re} > K_w I_{L.max}/K_i$。而 $I_{re} = K_{re} I_{op}$，因此 $K_{re} I_{op} > K_w I_{L.max}/K_i$。将此式写成等式，计入一个可靠系数 K_{rel}，即得到**过电流保护装置动作电流的整定计算公式为**

$$I_{op} = \frac{K_{rel} K_w}{K_{re} K_i} I_{L.max} \tag{6-30}$$

式中，K_{rel} 为保护装置的可靠系数，对于 DL 型电流继电器，取 1.2，对于 GL 型电流继电器，取 1.3；K_w 为保护装置的接线系数，对于两相两继电器式接线（相电流接线），为 1，对于两相一继电器式接线（两相电流差接线），为 $\sqrt{3}$；$I_{L.max}$ 为线路上的最大负荷电流，可取为 $(1.5 \sim 3) I_{30}$，I_{30} 为线路计算电流。

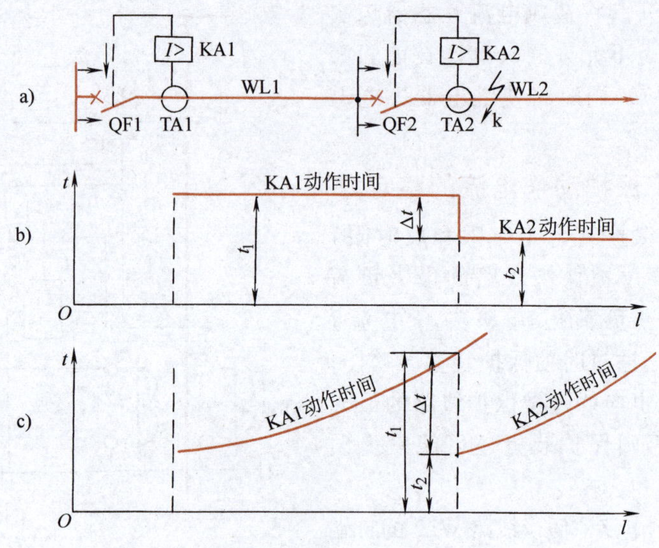

图6-26　线路过电流保护整定

a）电路　b）定时限过电流保护的时限整定说明　c）反时限过电流保护的时限整定说明

如果采用断路器手动操动机构中的过电流脱扣器（跳闸线圈）YR作过电流保护，则**过电流脱扣器的动作电流（脱扣电流）应按下式整定：**

$$I_{op(YR)} = \frac{K_{rel}K_w}{K_i}I_{L.max} \tag{6-31}$$

式中，K_{rel}为脱扣器的可靠系数，可取2~2.5，这里的可靠系数已计入脱扣器的返回系数。

（四）过电流保护动作时限的整定

过电流保护的动作时限，应按“阶梯原则”进行整定，以保证前后两级保护装置动作的选择性。也就是说，在后一级保护装置的线路首端（见图6-26a电路中的k点）发生三相短路时，前一级保护的动作时间t_1应比后一级保护中最长的动作时间t_2大一个时间级差Δt，如图6-26b、c所示，即

$$t_1 \geqslant t_2 + \Delta t \tag{6-32}$$

这一时间级差Δt，应考虑到前一级保护动作时间t_1可能发生的负偏差（即提前动作）Δt_1，考虑到后一级保护动作时间t_2可能发生的正偏差（即延后动作）Δt_2，还应考虑到保护装置特别是GL型感应式继电器动作时具有的惯性误差Δt_3。为了确保前后两级保护动作时间的选择性，还应考虑一个保险时间Δt_4（可取0.1~0.15s）。因此前后两级保护动作时间的时间级差应为

$$\Delta t = \Delta t_1 + \Delta t_2 + \Delta t_3 + \Delta t_4 \tag{6-33}$$

对于定时限过电流保护，可取$\Delta t = 0.5\text{s}$；对于反时限过电流保护，可取$\Delta t = 0.7\text{s}$。

定时限过电流保护的动作时限，利用时间继电器（DS型）来整定。

反时限过电流保护的动作时限，由于GL型电流继电器的时限调节机构是按“10倍动作电流的动作时限”来标度的，因此要根据前后两级保护的GL型继电器的动作特性曲线来整定。假设图6-26a所示电路中，后一级保护KA2的10倍动作电流的动作时限已整定为t_2。现在要整定前一级保护KA1的10倍动作电流的动作时限t_1，整定计算的步骤如下（见图

6-27）：

1）计算 WL2 首端的三相短路电流 I_k 反映到 KA2 中的电流值

$$I'_{k(2)}=\frac{K_{w(2)}}{K_{i(2)}}I_k \tag{6-34}$$

式中，$K_{w(2)}$ 为 KA2 与电流互感器相连接的接线系数；$K_{i(2)}$ 为 KA2 所连电流互感器的电流比。

2）计算 $I'_{k(2)}$ 对 KA2 的动作电流 $I_{op(2)}$ 的倍数，即

$$n_2=\frac{I'_{k(2)}}{I_{op(2)}} \tag{6-35}$$

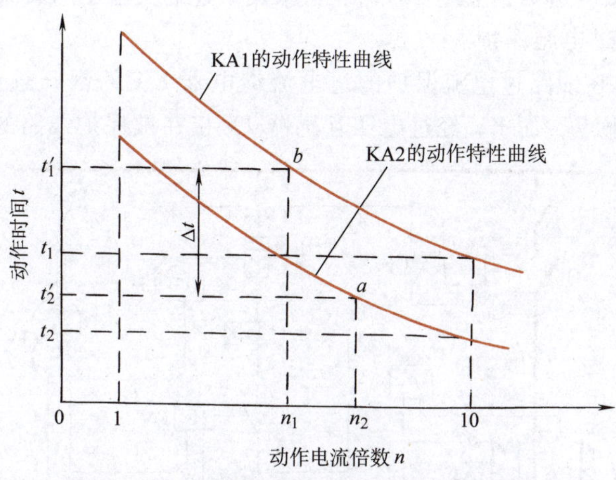

图 6-27 反时限过电流保护的动作时限整定

3）确定 KA2 的实际动作时间。在图 6-27 所示 KA2 的动作特性曲线的横坐标轴上，找出 n_2，然后向上找到该曲线上的 a 点，该点在纵坐标上对应的动作时间 t'_2 就是 KA2 在通过 $I'_{k(2)}$ 时的实际动作时间。

4）计算 KA1 必需的实际动作时间。根据保护选择性的要求，KA1 的实际动作时间 $t'_1=t'_2+\Delta t$；取 $\Delta t=0.7\text{s}$，故 $t'_1=t'_2+0.7\text{s}$。

5）计算 WL2 首端的三相短路电流 I_k 反映到 KA1 中的电流值，即

$$I'_{k(1)}=\frac{K_{w(1)}}{K_{i(1)}}I_k \tag{6-36}$$

式中，$K_{w(1)}$ 为 KA1 与电流互感器相连接的接线系数；$K_{i(1)}$ 为 KA1 所连电流互感器的电流比。

6）计算 $I'_{k(1)}$ 对 KA1 的动作电流 $I_{op(1)}$ 的倍数，即

$$n_1=\frac{I'_{k(1)}}{I_{op(1)}} \tag{6-37}$$

7）确定 KA1 的 10 倍动作电流的动作时限。从图 6-27 所示 KA1 的动作特性曲线的横坐标轴上找出 n_1，从纵坐标轴上找出 t'_1，然后找到 n_1 与 t'_1 相交的坐标 b 点，这 b 点所在曲线所对应的 10 倍动作电流的动作时间 t_1 即为所求。

必须注意：有时 n_1 与 t'_1 相交的坐标点不在给出的曲线上，而在两条曲线之间，这时就只有从上下两条曲线来粗略估计其 10 倍动作电流的动作时限。

（五）过电流保护的灵敏度及提高灵敏度的措施——欠电压闭锁

1. 过电流保护的灵敏度

根据式（6-1），保护灵敏度 $S_p = I_{k.min}/I_{op.1}$。对于线路过电流保护，$I_{k.min}$应取被保护线路末端在系统最小运行方式下的两相短路电流 $I_{k.min}^{(2)}$。而 $I_{op.1} = I_{op}K_i/K_w$。因此按 GB/T 50062—2008 规定，**过电流保护的灵敏度必须满足的条件为**

$$S_p = \frac{K_w I_{k.min}^{(2)}}{K_i I_{op}} \geqslant 2 \tag{6-38}$$

如果过电流保护是作为后备保护，则其保护灵敏度 $S_p \geqslant 1.2$ 即可。

当过电流保护灵敏度达不到上述要求时，可采用下述的欠电压闭锁保护来提高其灵敏度。

2. 欠电压闭锁的过电流保护

如图 6-28 所示，在线路过电流保护的过电流继电器 KA 的常开触点回路中，串入欠电压继电器 KV 的常闭触点，而 KV 经过电压互感器 TV 接在被保护线路的母线上。

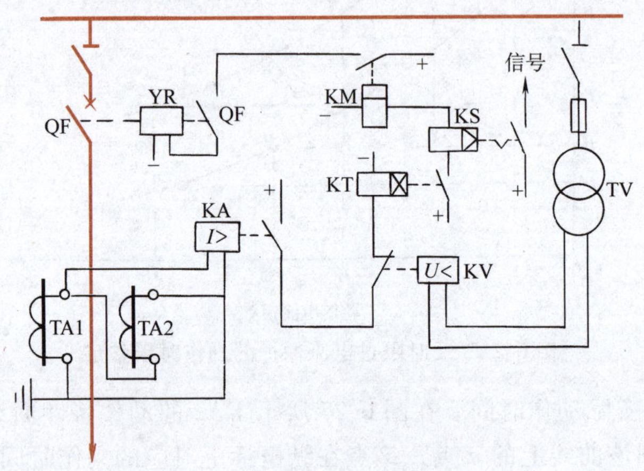

图 6-28　欠电压闭锁的过电流保护

QF—高压断路器　TA—电流互感器　TV—电压互感器　KA—过电流继电器
KT—时间继电器　KS—信号继电器　KM—中间继电器　KV—欠电压继电器

在供电系统正常运行时，母线电压接近于额定电压，因此欠电压继电器 KV 的常闭触点是断开的。这时的过电流继电器 KA 即使由于线路过负荷而误动作（即 KA 触点闭合）也不至造成断路器 QF 误跳闸。正因为如此，凡装有欠电压闭锁的过电流保护装置的动作电流 I_{op}，不必按躲过线路的最大负荷电流 $I_{L.max}$来整定，而只需按躲过线路的计算电流 I_{30}来整定。当然，保护装置的返回电流 I_{re}也应躲过 I_{30}。因此，**装有欠电压闭锁的过电流保护的动作电流整定计算公式为**

$$I_{op} = \frac{K_{rel}K_w}{K_{re}K_i} I_{30} \tag{6-39}$$

式中，各系数的含义和取值，与式（6-30）相同。由于其 I_{op}的减少，从而有效地提高了保护灵敏度。

上述低电压继电器 KV 的动作电压 U_{op}是按躲过母线正常最低工作电压 U_{min}来整定的，当然其返回电压也应躲过 U_{min}，因此**低电压继电器动作电压的整定计算公式为**

$$U_{op}=\frac{U_{min}}{K_{rel}K_{re}K_u}\approx 0.6\frac{U_N}{K_u} \tag{6-40}$$

式中，U_{min}为母线最低工作电压，取（0.85～0.95）U_N，U_N 为线路额定电压；K_{rel}为保护装置的可靠系数，可取 1.2；K_{re}为低电压继电器的返回系数，一般取 1.25；K_u 为电压互感器的电压比。

（六）定时限过电流保护与反时限过电流保护的比较

定时限过电流保护的优点是：动作时间比较精确，整定简便，且动作时间与短路电流大小无关，不会因短路电流小而使故障时间延长。但缺点是：所需继电器多，接线复杂，且需直流电源，投资较大；此外，越靠近电源处的保护装置，其动作时间越长，这是带时限的过电流保护共有的缺点。

反时限过电流保护的优点是：继电器数量大为减少，而且可同时实现电流速断保护，加之可采用交流操作，因此相当简单经济，投资大大降低，故它在中小工厂供电系统中得到广泛应用。但缺点是：动作时限的整定比较麻烦，而且误差较大；当短路电流小时，其动作时间可能相当长，延长了故障持续时间；同样存在越靠近电源、动作时间越长的缺点。

例 6-4　某 10kV 电力线路，如图 6-29 所示。已知 TA1 的电流比为 100A/5A，TA2 的电流比为 50A/5A。WL1 和 WL2 的过电流保护均采用两相两继电器式接线，继电器均为 GL—15/10 型。今 KA1 已经整定，其动作电流为 7A，10 倍动作电流的动作时限为 1s。WL2 的计算电流为 28A，WL2 首端 k-1 点的三相短路电流为 800A，其末端 k-2 点的三相短路电流为 220A。试整定 KA2 的动作电流和动作时限，并校验其保护灵敏度。

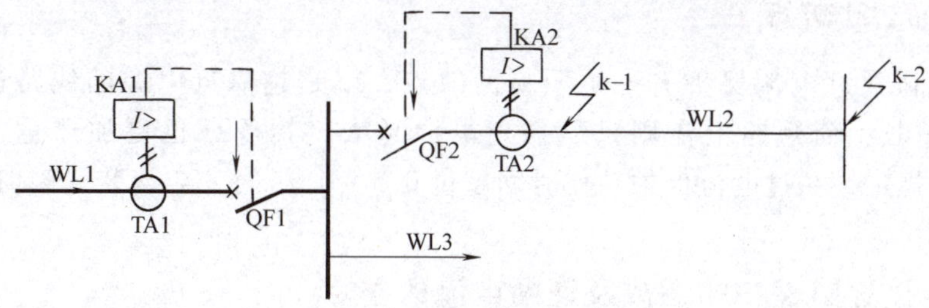

图 6-29　例 6-4 的电力线路

解：（1）整定 KA2 的动作电流　取 $I_{L.max}=2I_{30}=2\times28A=56A$，$K_{rel}=1.3$，$K_{re}=0.8$，$K_i=50/5=10$，$K_w=1$，故

$$I_{op(2)}=\frac{K_{rel}K_w}{K_{re}K_i}I_{L.max}=\frac{1.3\times1}{0.8\times10}\times56A=9.1A$$

根据 GL—15/10 型继电器的规格，动作电流整定为 9A。

（2）整定 KA2 的动作时限　先确定 KA1 的实际动作时间。由于 k-1 点发生三相短路时 KA1 中的电流为

$$I'_{k-1(1)}=\frac{K_{w(1)}}{K_{i(1)}}I_{k-1}=\frac{1}{20}\times800A=40A$$

故 $I'_{k-1(1)}$对 KA1 的动作电流倍数为

$$n_1=\frac{I'_{k-1(1)}}{I_{op(1)}}=\frac{40A}{7A}=5.7$$

利用 $n_1=5.7$ 和 KA1 已经整定的时限 $t_1=1\text{s}$，查附录表 21-2 的 GL—15 型继电器的动作特性曲线，得 KA1 的实际动作时间 $t'_1\approx1.6\text{s}$。

由此可得 KA2 的实际动作时间应为

$$t'_2=t'_1-\Delta t=1.6\text{s}-0.7\text{s}=0.9\text{s}$$

由于 k-1 点发生三相短路时 KA2 中的电流为

$$I'_{\text{k-1(2)}}=\frac{K_{\text{w(2)}}}{K_{\text{i(2)}}}I_{\text{k-1}}=\frac{1}{10}\times800\text{A}=80\text{A}$$

故 $I'_{\text{k-1(2)}}$ 对 KA2 的动作电流倍数为

$$n_2=\frac{I'_{\text{k-1(2)}}}{I_{\text{op(2)}}}=\frac{80\text{A}}{9\text{A}}\approx9$$

利用 $n=9$ 和 KA2 的实际动作时间 $t'_2=0.9\text{s}$，查附录表 21-2 的 GL-15 型继电器的动作特性曲线，得 KA2 应整定的 10 倍动作电流的动作时限为 $t_2\approx0.8\text{s}$。

（3）KA2 的保护灵敏度校验　KA2 保护的线路 WL2 末端 k-2 的两相短路电流为其最小短路电流，即

$$I^{(2)}_{\text{k.min}}=0.866I^{(3)}_{\text{k-2}}=0.866\times200\text{A}=191\text{A}$$

因此 KA2 的保护灵敏度为

$$S_{\text{p(2)}}=\frac{K_{\text{w}}I^{(2)}_{\text{k.min}}}{K_{\text{i}}I_{\text{op(2)}}}=\frac{1\times191\text{A}}{10\times9\text{A}}=2.1>2$$

由此可见，KA2 整定的动作电流满足保护灵敏度的要求。

五、电流速断保护

上述带时限的过电流保护有一个明显的缺点，就是越靠近电源的线路过电流保护，其动作时间越长，而短路电流则是越靠近电源越大，其危害也更加严重。因此 GB/T 50062—2008 规定，在过电流保护动作时间超过 0.5～0.7s 时，应该装设瞬时动作的电流速断保护装置。

（一）电流速断保护的组成及速断电流的整定

电流速断保护就是一种瞬时动作的过电流保护。对于采用 DL 系列电流继电器的速断保护来说，就相当于定时限过电流保护装置中抽去时间继电器，即在起动用的电流继电器之后，直接接信号继电器和中间继电器，最后由中间继电器触点接通断路器的跳闸回路。

图 6-30 是高压线路上同时装有定时限过电流保护和电流速断保护的电路图。图中，KA1、KA2、KT、KS1 和 KM 属定时限过电流保护，KA3、KA4、KS2 和 KM 属电流速断保护，其中 KM 是两种保护装置共用的。

如果采用 GL 系列电流继电器，则可利用该继电器的电磁元件来实现电流速断保护，而其感应元件用来作反时限过电流保护，因此非常简单经济。

为了保证前后两级瞬动的电流速断保护的选择性，电流速断保护的动作电流即速断电流 I_{qb} 应按躲过它所保护线路末端的最大短路电流（三相短路电流）$I_{\text{k.max}}$ 来整定。因为只有如此整定，才能避免在后一级速断保护所保护线路首端发生三相短路时前一级速断保护误动作的可能性，以保证保护的选择性。

以图 6-31 所示装有前后两级电流速断保护的电路为例。前一段线路 WL1 末端 k-1 点的

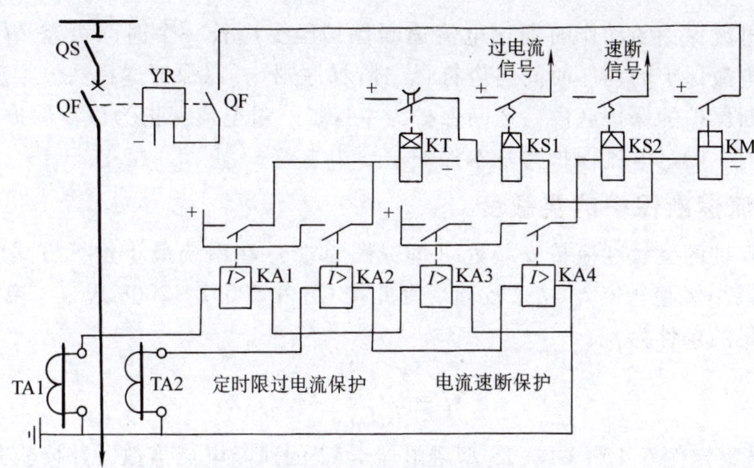

图 6-30 线路的定时限过电流保护和电流速断保护电路

三相短路电流 $I_{k-1}^{(3)}$（即 $I_{k.max}$），实际上与后一段线路 WL2 首端 k-2 点的三相短路电流 $I_{k-2}^{(3)}$ 几乎相等（由于 k-1 点与 k-2 点之间距离很短），因此 KA1 的速断电流 I_{qb} 只有躲过 $I_{k-1}^{(3)}$（即躲过 WL1 末端的 $I_{k.max}$），才能躲过 $I_{k-2}^{(3)}$，防止 k-2 点（下一段线路首端）短路时 KA1 误动作。故**电流速断保护的动作电流（速断电流）的整定计算公式为**

$$I_{op}=\frac{K_{rel}K_w}{K_i}I_{k.max} \tag{6-41}$$

式中，K_{rel} 为可靠系数，对 DL 型电流继电器，取 1.2～1.3，对 GL 型电流继电器，取 1.4～1.5；对过电流脱扣器，取 1.8～2。

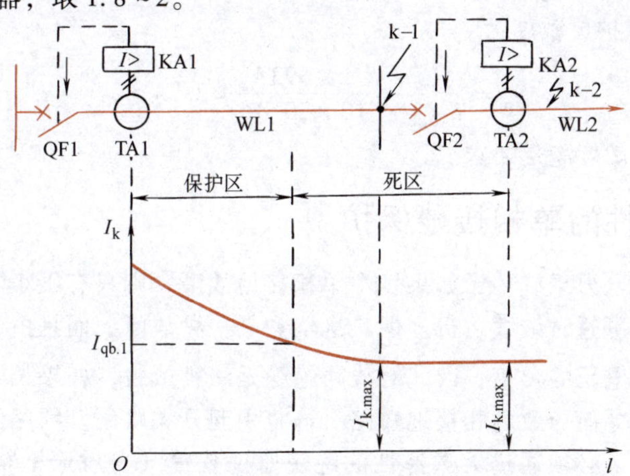

图 6-31 线路电流速断保护动作电流整定及其保护区和死区

$I_{k.max}$—前一级保护躲过的最大短路电流 $I_{qb.1}$—前一级保护整定的一次动作电流

（二）电流速断保护的“死区”及其弥补

由于电流速断保护的动作电流躲过了线路末端的最大短路电流，因此在靠近末端的相当长一段线路上发生的不一定是最大短路电流的短路（例如两相短路）时，电流速断保护不会动作。这说明，电流速断保护不可能保护线路的全长。这种**保护装置不能保护的区域，叫做“死区”，**如图 6-31 所示。

为了弥补死区得不到保护的缺陷，凡是装设电流速断保护的线路，必须配备带时限的过电流保护。过电流保护的动作时间比电流速断保护至少应长一个时间级差 $\Delta t = 0.5 \sim 0.7\text{s}$，而且前后的过电流保护的动作时间还应符合“阶梯原则”，以保证选择性。

在电流速断保护的保护区内，速断保护为主保护，过电流保护为后备保护；而在电流速断保护的死区内，则过电流保护为基本保护。

（三）电流速断保护的灵敏度

电流速断保护的灵敏度应按安装处（即线路首端）在系统最小运行方式下的两相短路电流 $I_k^{(2)}$ 作为最小短路电流 $I_{k.min}$ 来校验。因此按 GB/T 50062—2008 规定，**电流速断保护的灵敏度必须满足的条件为**

$$\boldsymbol{S_p = \frac{K_w I_k^{(2)}}{K_i I_{qb}} \geqslant 2} \tag{6-42}$$

例 6-5 试整定例 6-4 中 GL—15 型继电器 KA2 的速断电流倍数，并校验其灵敏度。

解：(1) 整定 KA2 的速断电流倍数　由例 6-4 知，WL2 末端 k-2 点的 $I_{k.max} = 220\text{A}$；又 $K_w = 1$，$K_i = 10$，取 $K_{rel} = 1.4$，因此速断电流整定为

$$I_{qb} = \frac{K_{rel} K_w}{K_i} I_{k.max} = \frac{1.4 \times 1}{10} \times 220\text{A} = 30.8\text{A}$$

而 KA2 的 $I_{op} = 9\text{A}$，故整定的速断电流倍数为

$$n_{qb} = \frac{I_{qb}}{I_{op}} = \frac{30.8\text{A}}{9\text{A}} = 3.4$$

(2) 校验 KA2 的速断保护灵敏度　$I_{k.min}$ 取 WL2 首端 k-1 点的两相短路电流，则

$$I_{k.min} = 0.866 I_{k-1}^{(3)} = 0.866 \times 800\text{A} = 693\text{A}$$

故 KA2 的电流速断保护灵敏度为

$$S_p = \frac{K_w I_{k-1}^{(2)}}{K_i I_{qb}} = \frac{1 \times 693\text{A}}{10 \times 30.8\text{A}} = 2.25 > 2$$

由此可见，其灵敏度满足要求。

六、有选择性的单相接地保护

在小接地电流的电力系统中，如果发生单相接地故障，则只有很小的接地电容电流，而相间电压不变，因此可暂时继续运行。但是这毕竟是一种故障，而且由于非故障相的对地电压要升高为原来对地电压的$\sqrt{3}$倍，因此对线路绝缘是一种威胁，如果长此下去，可能引起非故障相的对地绝缘击穿而导致两相接地短路。这将引起开关跳闸，线路停电。因此，在系统发生单相接地故障时，必须通过无选择性的绝缘监视装置（参看第七章第三节）或有选择性的单相接地保护装置，发出报警信号，以便运行值班人员及时发现和处理。

（一）单相接地保护的基本原理

单相接地保护又称零序电流保护，它利用单相接地所产生的零序电流使保护装置动作，发出信号。当单相接地危及人身和设备安全时，则动作于跳闸。

单相接地保护必须通过零序电流互感器将一次电路发生单相接地时所产生的零序电流反映到其二次侧的电流继电器中去，如图 6-32 所示。

单相接地保护的原理说明如图 6-33 所示（以电缆线路 WL1 的 A 相发生单相接地为例）。图中，母线 WB 上接有三路电缆出线 WL1、WL2、WL3，每路出线上都装有零序电流互感器。

现假设电缆 WL1 的 A 相发生接地故障，这时 A 相的电位为地电位，所以 A 相不存在对地电容电流，只 B 相和 C 相有对地电容电流 I_1 和 I_2。电缆 WL2 和 WL3 也只有 B 相和 C 相有对地电容电流 $I_3 \sim I_6$。所有这些对地电容电流 $I_1 \sim I_6$ 都要经过接地故障点。由图 6-33 可以看出，故障电缆 A 相芯线上流过所有电容电流之和，且与同一电缆的其他完好的 B 相和 C 相芯线及其金属外皮上所流过的电容电流恰好抵消，而除故障电缆外的其他电缆的所有电容电流 $I_3 \sim I_6$ 则经过电缆头接地线流入地中。接地线流过的这一不平衡电流（零序电流）就要在零序电流互感器（TAN）的铁心中产生磁通，使 TAN 的二次绕组感应出电动势，并使接于二次侧的电流继电器 KA 动作，发出报警信号。而在系统正常运行时，由于三相电流之和为零，没有不平衡电流，因此零序电流互感器铁心中没有磁通产生，其二次侧也没有电动势和电流，电流继电器自然也不会动作。

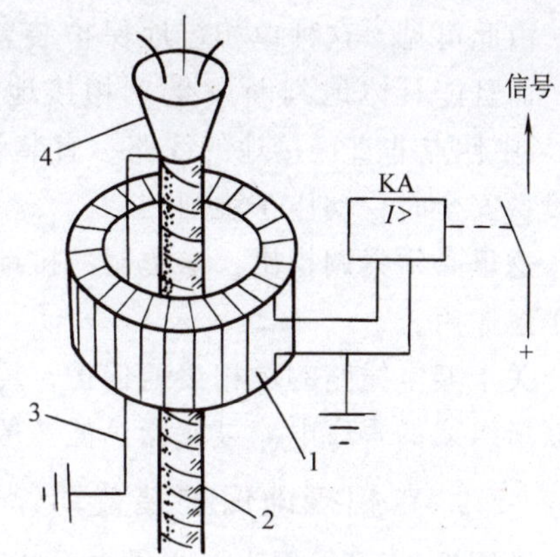

图 6-32　单相接地保护的零序电流互感器的结构和接线

1—零序电流互感器（其环形铁心上绕二次绕组，环氧树脂浇注）　2—电缆　3—接地线　4—电缆头　KA—电流继电器

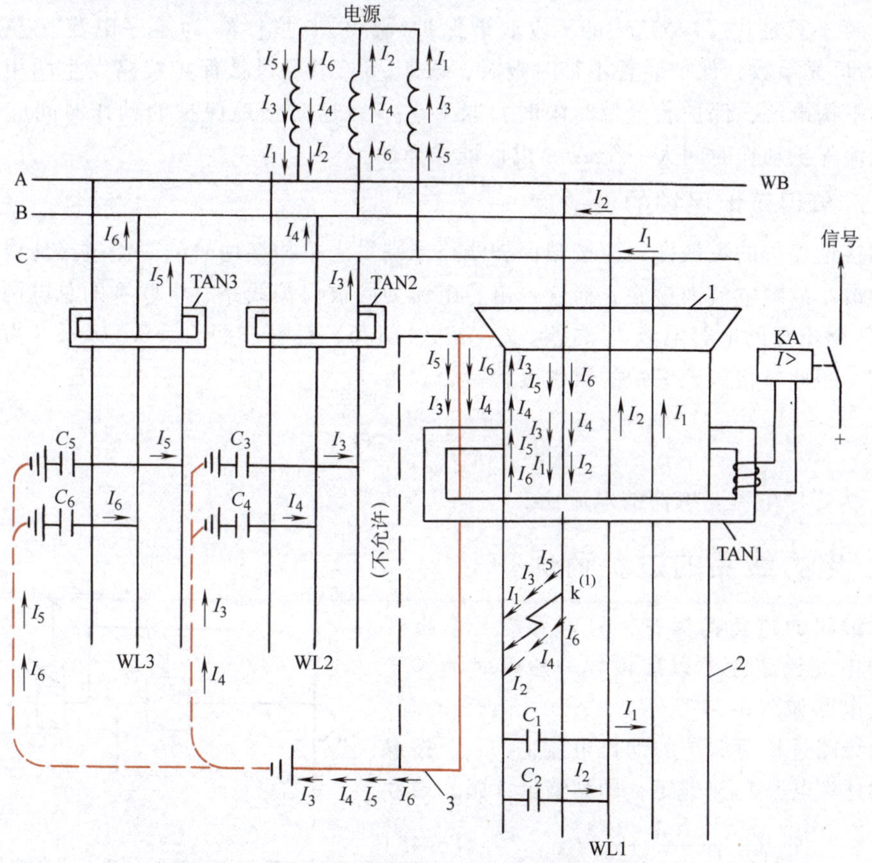

图 6-33　单相接地时接地电容电流的分布

1—电缆头　2—电缆金属外皮　3—接地线

TAN1 ~ TAN3—零序电流互感器　KA—电流继电器　$I_1 \sim I_6$—通过线路对地电容 $C_1 \sim C_6$ 的接地电容电流

由此可见，这种单相接地保护装置能够相当灵敏地监视小接地电流系统的对地绝缘状况，而且能具体地判断发生单相接地故障的线路，因此 GB/T 50062—2008 规定：对 3～66kV 中性点非直接接地的线路，宜装设有选择性的接地保护，并动作于信号；当危及人身和设备安全时，动作于跳闸。

这里必须强调指出：**电缆头的接地线必须穿过零序电流互感器的铁心，否则接地保护装置不起作用。**

关于架空线路的单相接地保护，可采用由三个相装设的同型号规格的电流互感器同极性并联所组成的零序电流过滤器。但一般工厂的高压架空线路不长，很少装设。

（二）单相接地保护装置动作电流的整定

由图 6-33 可以看出，当供电系统某一线路发生单相接地故障时，其他线路上都会出现不平衡的电容电流，而这些线路因本身是正常的，其接地保护装置不应该动作，因此单相接地保护的动作电流 $I_{op(E)}$ 应该躲过在其他线路上发生单相接地时在本线路上引起的电容电流 I_C，即**单相接地保护动作电流的整定计算公式为**

$$I_{op(E)} = \frac{K_{rel}}{K_i} I_C \tag{6-43}$$

式中，I_C 为其他线路发生单相接地时。在被保护线路上产生的电容电流，可按前面式（1-6）计算，只是式（1-6）中的 l 应取被保护线路的长度；K_i 为零序电流互感器的电流比；K_{rel}为可靠系数，保护装置不带时限时，取 4～5，以躲过被保护线路发生两相短路时所出现的不平衡电流，保护装置带时限时，取 1.5～2，这时接地保护的动作时间应比相间短路的过电流保护动作时间大一个 Δt，以保证选择性。

（三）单相接地保护的灵敏度

单相接地保护的灵敏度，应按被保护线路末端发生单相接地故障时流过接地线的不平衡电流作为最小故障电流来检验，而这一电容电流为同被保护线路有电联系的总电网电容电流 $I_{C.\Sigma}$与该线路本身的电容电流 I_C 之差。$I_{C.\Sigma}$ 按式（1-6）计算，而 $I_C = 0.1U_N l$，l 为被保护电缆的长度。因此**单相接地保护的灵敏度检验公式为**

$$S_p = \frac{I_{C.\Sigma} - I_C}{K_i I_{op(E)}} \geq 1.5 \tag{6-44}$$

式中，K_i 为零序电流互感器的电流比。

七、电力线路的过负荷保护

电力线路的过负荷保护，只对可能经常出现过负荷的电缆线路才予以装设，一般延时动作于信号。其电路如图 6-34 所示。

电力线路过负荷保护的动作电流 $I_{op(OL)}$，按躲过线路的计算电流 I_{30}来整定，即其整定计算公式为

$$I_{op(OL)} = \frac{1.2 \sim 1.3}{K_i} I_{30} \tag{6-45}$$

式中，K_i 为电流互感器的电流比。

电力线路过负荷保护的动作时间一般取 10～15s。

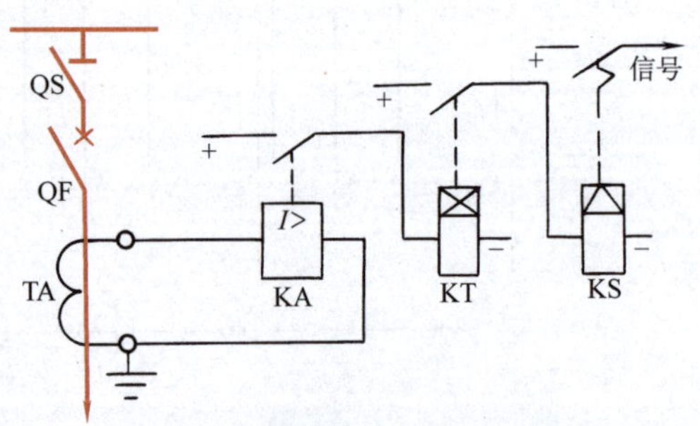

图 6-34　线路过负荷保护电路

TA—电流互感器　KA—电流继电器

KT—时间继电器　KS—信号继电器

第六节 电力变压器的继电保护

一、概述

对于高压按 GB/T 50062—2008 规定：对电力变压器的下列故障及异常运行方式，应装设相应的保护装置：①绕组及其引出线的相间短路和中性点直接接地侧或经小电阻接地侧的单相接地短路；②绕组的匝间短路；③外部短路引起的过电流；④中性点直接接地或经小电阻接地的系统中外部接地短路引起的过电流及中性点过电压；⑤过负荷；⑥油面降低；⑦变压器温度过高或油箱压力过高、产生气体（瓦斯），或冷却系统故障。

对于高压侧为 6 ~ 10kV 的车间变电所主变压器来说，通常装设带时限的过电流保护；当过电流保护动作时间大于 0.5 ~ 0.7s 时，还应装设电流速断保护。容量在 800kV · A 及以上的油浸式变压器和 400kV · A 及以上的车间内油浸式变压器，按规定还应装设气体保护（俗称瓦斯保护）。容量在 400kV · A 及以上的变压器，当数台并列运行或者单台运行并作为其他负荷的备用电源时，应根据可能过负荷的情况装设过负荷保护。过负荷保护和气体保护在轻微故障时（通常称为“轻瓦斯”故障），只动作于信号；而其他保护包括气体保护在严重故障时（通常称为“重瓦斯”故障），一般均动作于跳闸。

对于高压侧为 35kV 及以上的工厂总降压变电所主变压器来说，应装设过电流保护、电流速断保护和气体保护；在有可能过负荷时还应装设过负荷保护。如果单台运行的变压器容量在 10000kV · A 及以上或者并列运行的变压器每台变压器容量在 6300kV · A 及以上时，则应装设纵联差动保护来取代电流速断保护。

二、电力变压器的过电流保护、电流速断保护和过负荷保护

（一）电力变压器的过电流保护

无论采用过电流继电器还是过电流脱扣器，也无论是定时限还是反时限，电力变压器过电流保护的组成、原理与前面讲述的电力线路过电流保护的组成、原理完全相同。

电力变压器过电流保护动作电流的整定也与电力线路过电流保护的整定基本相同，只是式（6-30）和式（6-31）中的 $I_{L.max}$ 应取为（1.5 ~ 3）$I_{1N.T}$，这里的 $I_{1N.T}$ 为电力变压器的额定一次电流。

电力变压器过电流保护动作时间的整定也与电力线路过电流保护的整定相同，也按“阶梯原则”整定。但对电力系统的终端变电所如车间变电所的电力变压器来说，其动作时间可整定为最小值（0.5s）。

电力变压器过电流保护的灵敏度，按变压器二次侧母线在系统最小运行方式下发生两相短路时换算到一次侧的短路电流值 $I'_{k.min}$ 来校验，要求灵敏系数 $S_p \geq 1.5$。当 S_p 达不到要求时，同样可采用低电压闭锁的过电流保护。

（二）电力变压器的电流速断保护

电力变压器电流速断保护的组成、原理，也与前面讲述的电力线路的电流速断保护相同。

电力变压器电流速断保护的动作电流（速断电流）I_{qb} 的整定计算公式，也与电力线路

电流速断保护的基本相同，只是式（6-41）中的 $I_{k.max}$ 应改为电力变压器二次侧母线的三相短路电流周期分量有效值换算到一次侧的短路电流值，即电力变压器电流速断保护的速断电流应躲过其二次侧母线三相短路电流来整定。

电力变压器电流速断保护的灵敏度，按保护装置安装处在系统最小运行方式下发生两相短路时的短路电流 $I_k^{(2)}$ 来校验，要求 $S_p \geqslant 1.5 \sim 2$。

电力变压器的电流速断保护，与电力线路的电流速断保护一样，也有“死区”。弥补死区的措施，也是配备带时限的过电流保护。

考虑到电力变压器在空载投入或突然恢复电压时将出现一个冲击性的励磁涌流，为避免电流速断保护误动作，可在速断电流 I_{qb} 整定后，将电力变压器在空载时试投若干次，以检验变压器的电流速断保护是否误动作。

（三）电力变压器的过负荷保护

电力变压器过负荷保护的组成、原理也与电力线路的过负荷保护完全相同。

电力变压器过负荷保护动作电流 $I_{op(OL)}$ 的整定计算公式也与电力线路过负荷保护基本相同，只是式（6-45）中的 I_{30} 应改为电力变压器的额定一次电流 $I_{1N.T}$。

电力变压器过负荷保护的动作时间一般也取 10~15s。

图 6-35 是电力变压器定时限过电流保护、电流速断保护和过负荷保护的综合电路图。

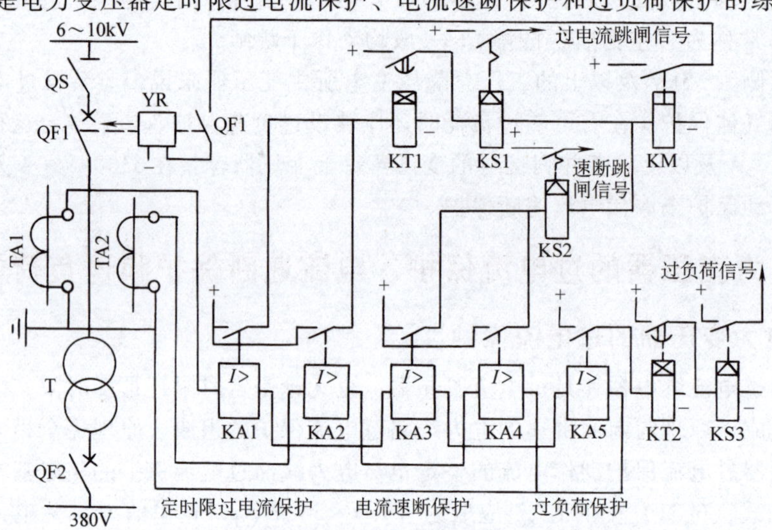

图 6-35　电力变压器定时限过电流保护、电流速断保护和过负荷保护综合电路

例 6-6　某车间变电所装有一台 10kV/0.4kV、1000kV·A 的变压器。已知变压器低压侧母线的三相短路电流 $I_k^{(3)}=16\text{kA}$，高压侧继电保护用电流互感器电流比为 100A/5A，继电器采用 GL—15/10 型，接成两相两继电器式。试整定该继电器的动作电流、动作时限和速断电流倍数。

解：（1）过电流保护动作电流的整定　取 $K_{rel}=1.3$，$K_w=1$，$K_{re}=0.8$，$K_i=100/5=20$，而

$$I_{L.max}=2I_{1N.T}=2\times\frac{1000\text{kV}\cdot\text{A}}{\sqrt{3}\times10\text{kV}}=115.5\text{A}$$

故其动作电流

$$I_{op}=\frac{1.3\times1}{0.8\times20}\times115.5\text{A}=9.4\text{A}$$

动作电流整定为9A。

（2）过电流保护动作时限的整定　考虑到车间变电所为终端变电所，因此其过电流保护的10倍动作电流的动作时间整定为0.5s。

（3）电流速断保护速断电流倍数的整定　取 $K_{rel}=1.5$，而 $I_{k.max}=16kA\times0.4kV/10kV=0.64kA=640A$，故其速断电流

$$I_{qb}=\frac{1.5\times1}{20}\times640A=48A$$

因此速断电流倍数整定为

$$n_{qb}=\frac{48A}{9A}=5.3$$

三、电力变压器低压侧的单相短路保护

对变压器低压侧的单相短路保护可采用下列措施之一：

1）电力变压器低压侧装设三相均带过电流脱扣器的低压断路器。 这种低压断路器，既作为低压侧的主开关，操作方便，且便于自动投入，供电可靠性高，又可用来保护变压器低压侧的相间短路和单相短路。这种保护方式在工厂和车间变电所中应用最为普遍。

2）电力变压器低压侧三相均装设熔断器。 既可保护电力变压器低压侧的相间短路，又可保护其单相短路，简单经济。但熔断器熔断后，更换熔体需一定时间，从而影响连续供电，所以采用熔断器保护只适用于供不重要负荷的小容量电力变压器。

3）在电力变压器低压侧中性点引出线上装设零序电流保护。 电路如图6-36所示。其动作电流 $I_{op(0)}$ 按躲过电力变压器低压侧最大不平衡电流来整定，其整定计算公式为

$$I_{op(0)}=\frac{K_{rel}K_{dsq}}{K_i}I_{2N.T} \tag{6-46}$$

式中，$I_{2N.T}$为电力变压器的额定二次电流；K_{dsq}为不平衡系数，一般取为0.25；K_i 为零序电流互感器的电流比；K_{rel}为可靠系数，可取1.3。

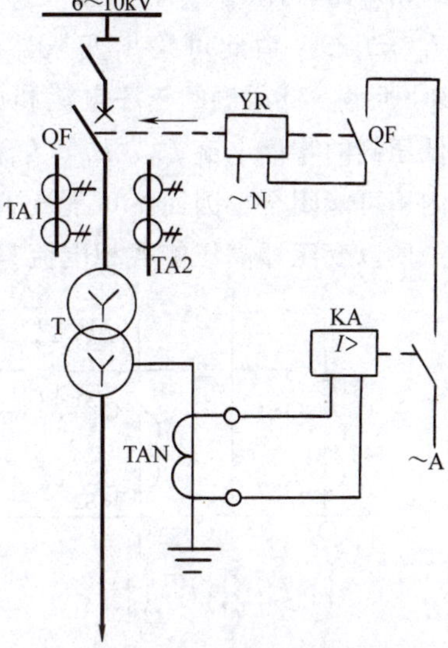

图6-36　电力变压器的零序电流保护电路

QF—高压断路器　TAN—零序电流互感器　KA—电流继电器（GL型）　YR—跳闸线圈

零序电流保护的动作时间一般取0.5～0.7s。

零序电流保护的灵敏度按低压干线末端发生单相短路来校验，对于架空线，$S_p\geqslant1.5$；对于电缆线，$S_p\geqslant1.25$。采用这种零序电流保护，灵敏度较高，但投资较前两种方式多，故一般工厂供电系统中较少采用。

4）电力变压器采用两相三继电器式接线或三相三继电器式接线的过电流保护。 适于兼作电力变压器低压侧单相短路保护的两种过电流保护接线方式，如图6-37a、b所示。这两种接线既能实现相间短路保护，又能实现低压侧的单相短路保护，且保护灵敏度较高。

这里必须指出：**通常作为电力变压器过电流保护的两相两继电器式接线和两相一继电器式接线，均不宜作为其低压侧的单相短路保护。**

下面对此作简单分析：

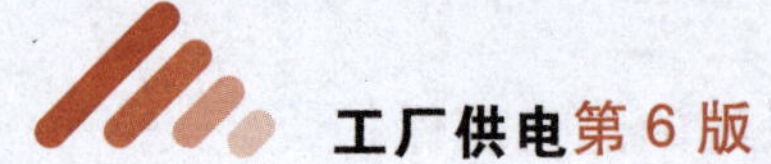

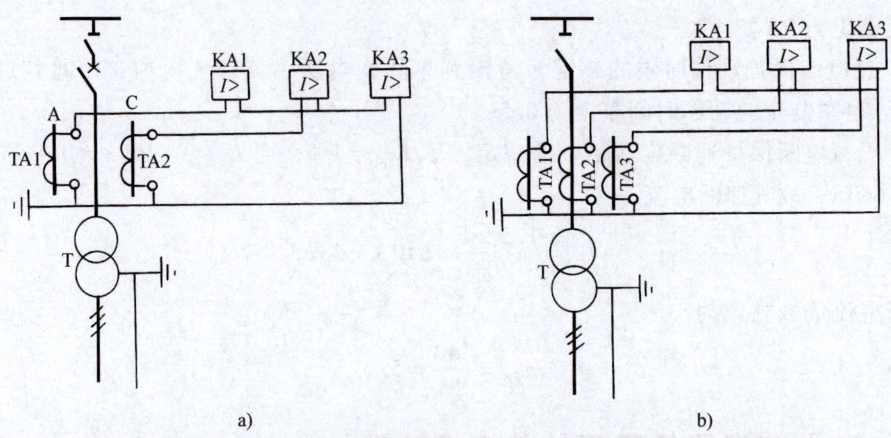

图 6-37　适于兼作电力变压器低压侧单相短路的两种过电流保护接线方式

a）两相三继电器式接线　b）三相三继电器式接线

1）采用两相两继电器式过电流保护的电力变压器，在低压侧单相短路时的电流分布如图 6-38a 所示。设未接电流互感器的 B 相所对应的低压侧 b 相发生单相短路时，低压侧 b 相的单相短路电流 $I_k^{(1)} = I_b$，按“对称分量法”可分解为正序 $I_{b1} = I_b/3$、负序 $I_{b2} = I_b/3$ 和零序 $I_{b0} = I_b/3$。由此可绘出变压器低压侧各相电流的正序、负序和零序分量相量图，如图 6-38b所示。低压侧的正序电流和负序电流通过三相三心柱变压器都要感应到高压侧去；但是低压侧的零序电流 I_{a0}、I_{b0}、I_{c0} 都是同相的，它们产生的零序磁通在三相三心柱变压器铁心内不可能闭合，因而不可能与高压绕组相交链，高压绕组也就不可能感生出零序电流分量。所以变压器高压侧各相电流只有正序分量和负序分量的叠加。

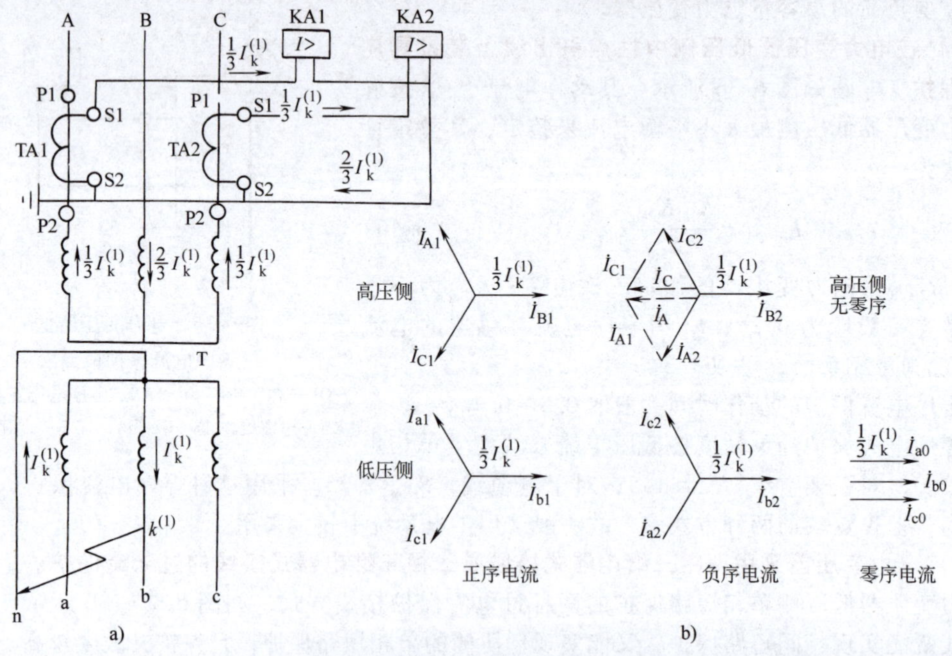

图 6-38　采用两相两继电器式过电流保护的电力变压器（Yyn0 联结）在低压侧单相短路时的电流分布和相量图

a）变压器低压侧 b 相短路时的电流分布　b）变压器低压侧 b 相短路时的电流相量分解

注：假设变压器和互感器的匝数比均为 1。

由上述分析可知，当低压侧 b 相发生单相短路时，在电力变压器高压侧两相两继电器式接线的继电器中，只能对 1/3 的单相短路电流做出反应，灵敏度很低，因此这种接线不适于作其低压侧的单相短路保护。

2）采用两相一继电器式过电流保护的电力变压器在低压侧单相短路时的电流分布如图 6-39 所示。当未装电流互感器的电力变压器高压侧 B 相所对应的低压侧 b 相发生单相短路时，高压侧的电流继电器中根本无电流通过，因此这种接线根本不能作低压侧的单相短路保护。

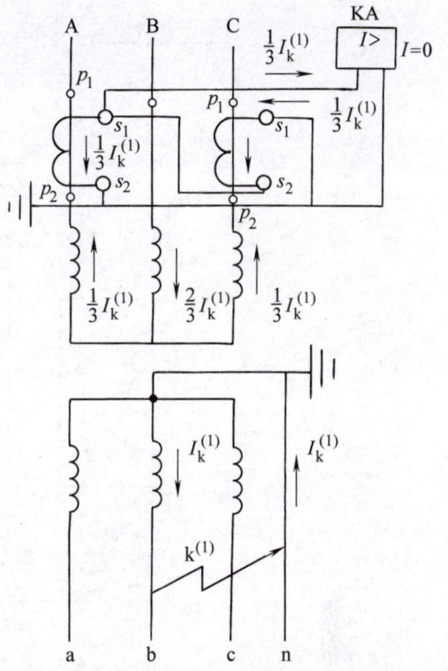

图 6-39　采用两相一继电器式过电流保护的电力变压器（Yyn0 联结）在低压侧单相短路时的电流分布

四、电力变压器的差动保护

差动保护分纵联差动保护和横联差动保护两种形式。纵联差动保护用于单回路，横联差动保护用于双回路。这里讲的变压器差动保护是纵联差动保护。差动保护利用故障时产生的不平衡电流来动作，保护灵敏度很高，而且动作迅速。按 GB/T 50062—2008 规定：10000kV · A 及以上的单独运行变压器和 6300kV · A 及以上的并列运行变压器，应装设纵联差动保护；其他重要变压器及电流速断保护灵敏度达不到要求时，也可装设纵联差动保护。

（一）电力变压器差动保护的基本原理

电力变压器的差动保护，主要用来保护电力变压器内部以及引出线和绝缘套管的相间短路，并且也可用来保护电力变压器内部的匝间短路，其保护区在电力变压器一、二次侧所装电流互感器之间。

图 6-40 是电力变压器纵联差动保护的单相原理电路图。在电力变压器正常运行或差动保护的保护区外 k-1 点发生短路时，TA1 的二次电流 I'_1 与 TA2 的二次电流 I'_2 相等或接近相等，则流入继电器 KA（或差动继电器 KD）的电流 $I_{KA}=I'_1-I'_2\approx 0$，继电器 KA（或 KD）不动作。当差动保护的保护区内 k-2 点发生短路时，对于单端供电的变压器来说，$I'_2=0$，所以 $I_{KA}=I'_1$，超过继电器 KA（或 KD）所整定的动作电流 $I_{op(d)}$，从而使 KA（或 KD）瞬时动作，然后通过出口继电器 KM 使断路器 QF 跳闸，切除短路故障，同时通过信号继电器 KS 发出信号。

（二）电力变压器正常运行时差动保护中的不平衡电流及其减小措施

电力变压器差动保护是利用其保护区内发生短路故障时变压器两侧电流在差动回路（即差动保护中连接继电器的回路）中引起的不平衡电流而动作的一种保护。其不平衡电流 $I_{dsq}=I'_1-I'_2$。在电力变压器正常运行或保护区外短路时，希望 I_{dsq} 尽可能地小，理想情况下是 $I_{dsq}=0$。但这几乎是不可能的，因为 I_{dsq} 不仅与电力变压器和电流互感器的接线方式和结构性能等因素有关，而且与电力变压器的运行有关，因此只能设法使之尽可能地减小。

不平衡电流产生的原因及其减小或消除的措施如下：

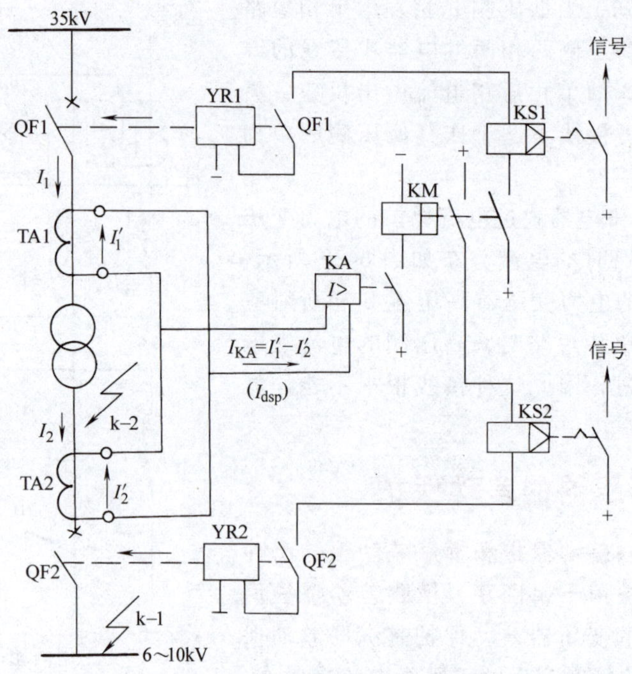

图 6-40　变压器纵联差动保护的单相原理电路图

(1) 由电力变压器接线引起的不平衡电流及其消除措施　工厂总降压变电所的主变压器通常采用 Yd11 联结组，这就造成变压器两侧电流有 30°的相位差。因此，虽然可通过恰当选择变压器两侧电流互感器的电流比使互感器二次电流相等，但由于变压器两侧电流之间存在 30°电位差，从而在差动回路中仍然有相当大的不平衡电流 $I_{dsq}=0.268I_2$，I_2 为互感器二次电流[⊖]。为了消除差动回路中的这一不平衡电流 I_{dsq}，因此将装设在变压器星形联结一侧的电流互感器接成三角形联结，而将装设在变压器三角形联结一侧的电流互感器接成星形联结，如图 6-41a 所示。由图 6-41b 所示相量图可知，如此连接进行相位差的相互补偿后，即可消除差动回路中因变压器两侧电流相位不同所引起的不平衡电流。

(2) 由电力变压器两侧电流互感器电流比选择而引起的不平衡电流及其消除措施　由于电力变压器的电压比和电流互感器的电流比各有标准，因此不太可能使之完全配合恰当，从而不太可能使差动保护两边的电流完全相等，这就必然在差动保护回路中产生不平衡电流。为消除这一不平衡电流，可在互感器二次回路中接入自耦电流互感器来进行平衡，或者利用速饱和电流互感器中的或差动继电器中的平衡线圈来实现平衡，消除不平衡电流。

(3) 由电力变压器励磁涌流引起的不平衡电流及其减小措施　由于电力变压器在空载投入时产生的励磁涌流只通过变压器一次绕组，而二次绕组因开路而无电流，从而在差动回路中产生相当大的不平衡电流。这可通过在差动保护回路中接入速饱和电流互感器，而继电器则接在速饱和电流互感器的二次侧，以减小励磁涌流对差动保护的影响。

此外，在电力变压器正常运行和外部短路时，由于电力变压器两侧电流互感器的型式和

⊖ 这是一个已知两边夹一角求对边长度的三角学问题，可利用“余弦定理”公式 $c^2=a^2+b^2-2ab\cos C$ 求得。这里 $a=b\triangleq I_2$，$\angle C=30°$，因此可求得 $c\triangleq I_{dsq}=0.268I_2$。（这里，“≜”是 GB 3102.11—1993 规定的“相当于”符号。）

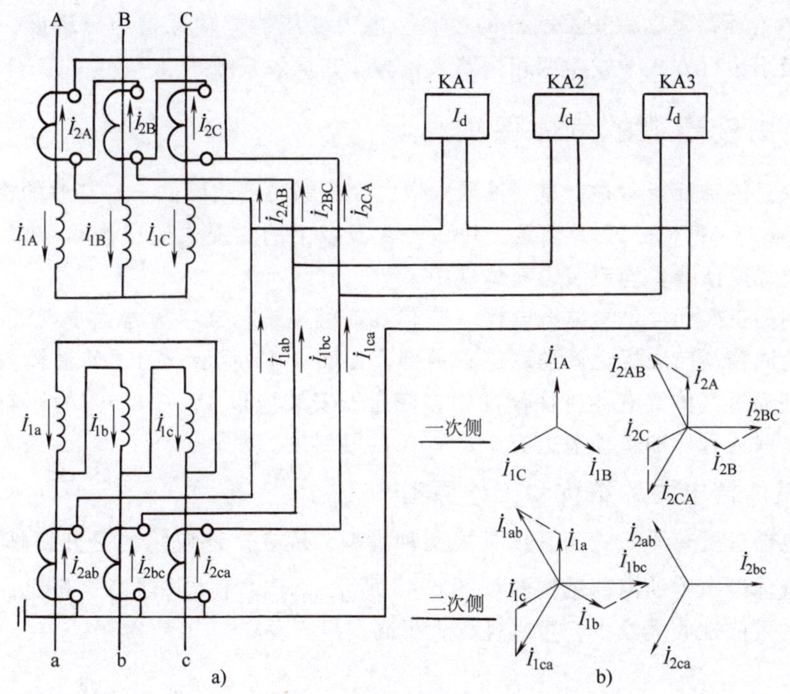

图 6-41　Yd11 联结电力变压器的纵联差动保护

a）变压器及两侧电流互感器的接线　b）变压器一、二次侧电流相量图

注：假设变压器和互感器的匝数比均为 1。

特性的不同，也会在差动保护回路中产生不平衡电流。电力变压器分接头电压的改变，改变了变压器的电压比，而电流互感器的电流比不可能相应改变，从而破坏了差动保护回路中原有的电流平衡状态，也会产生新的不平衡电流。总之，产生不平衡电流的因素很多，不可能完全消除，而只能设法使之减小到最小值。

（三）电力变压器差动保护动作电流的整定及其灵敏度的校验

（1）电力变压器差动保护动作电流的整定　电力变压器差动保护的动作电流 $I_{op(d)}$ 应满足以下三个条件：

1）应躲过电力变压器差动保护区外短路时出现的最大不平衡电流 $I_{dsq.max}$，即

$$I_{op(d)} = K_{rel} I_{dsq.max} \tag{6-47}$$

式中，K_{rel} 为可靠系数，可取 1.3。

2）应躲过电力变压器的励磁涌流，即

$$I_{op(d)} = K_{rel} I_{1N.T} \tag{6-48}$$

式中，$I_{1N.T}$ 为电力变压器额定一次电流；K_{rel} 为可靠系数，可取 1.3～1.5。

3）在电流互感器二次回路断线且电力变压器处于最大负荷时，差动保护不应误动作，因此

$$I_{op(d)} = K_{rel} I_{L.max} \tag{6-49}$$

式中，$I_{L.max}$ 为最大负荷电流，取为（1.2～1.3）$I_{1N.T}$；K_{rel} 为可靠系数，可取 1.3。

（2）电力变压器差动保护灵敏度的校验 电力变压器差动保护的灵敏度，按变压器二次侧在系统最小运行方式下发生两相短路来校验，其**灵敏系数 $S_p \geqslant 2$**。

五、电力变压器的气体保护

气体保护，俗称瓦斯保护，是对油浸式电力变压器内部故障的一种基本的相当灵敏的保护装置。按 GB/T 50062—2008 规定：800kV·A 及以上的油浸式变压器和 400kV·A 及以上的车间内油浸式变压器，均应装设气体保护。

气体保护的主要元件是气体继电器（俗称瓦斯继电器，文字符号为 KG），它装设在油浸式变压器的油箱与储油柜之间的联通管中部，如图 6-42 所示。为了使油箱内部产生的气体能够顺畅地通过气体继电器排往储油柜，变压器安装应取 1% ~1.5% 的倾斜度；而变压器在制造时，联通管对油箱顶盖也有 2% ~4% 的倾斜度。

（一）气体继电器的结构和工作原理

气体继电器主要有浮筒式和开口杯式两种类型，现在广泛应用的是开口杯式。FJ_1—80 型开口杯式气体继电器的内部结构图如图 6-43 所示。开口杯式与浮筒式相比，其抗震性较好，误动作的可能性大大减少，可靠性大大提高。

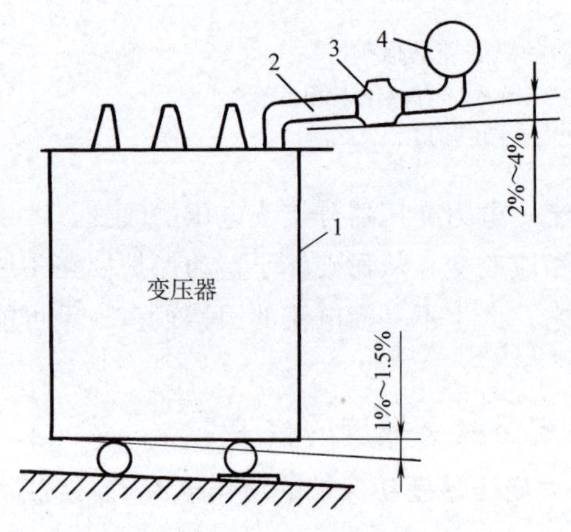

图 6-42 气体继电器在油浸式电力变压器上的安装

1—变压器油箱 2—联通管 3—气体继电器 4—储油柜

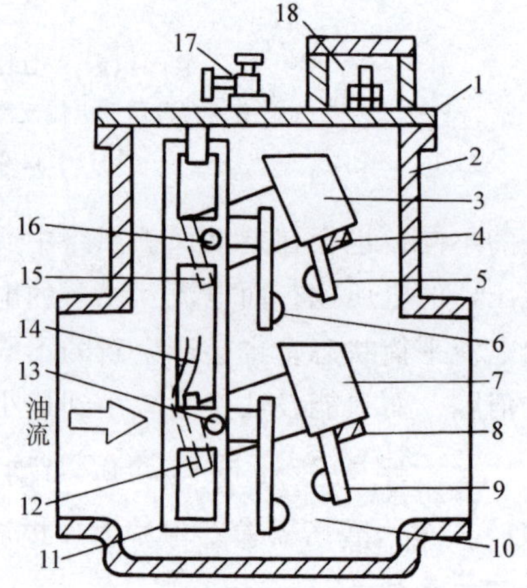

图 6-43 FJ_1—80 型气体继电器的内部结构

1—盖板 2—容器 3—上油杯 4—永久磁铁 5—上动触点 6—上静触点 7—下油杯 8—永久磁铁 9—下动触点 10—下静触点 11—支架 12—下油杯平衡锤 13—下油杯转轴 14—挡板 15—上油杯平衡锤 16—上油杯转轴 17—放气阀 18—接线盒（内接线端子）

在电力变压器正常运行时，气体继电器的容器内包括其中的上、下开口油杯，都是充满油的；而上、下油杯因各自平衡锤的作用而升起，如图 6-44a 所示。此时上、下两对触点都是断开的。

当电力变压器油箱内部发生轻微故障时，由故障产生的少量气体慢慢升起，进入气体继电器的容器，并由上而下地排除其中的油，使油面下降，上油杯因盛有残余的油使其力矩大

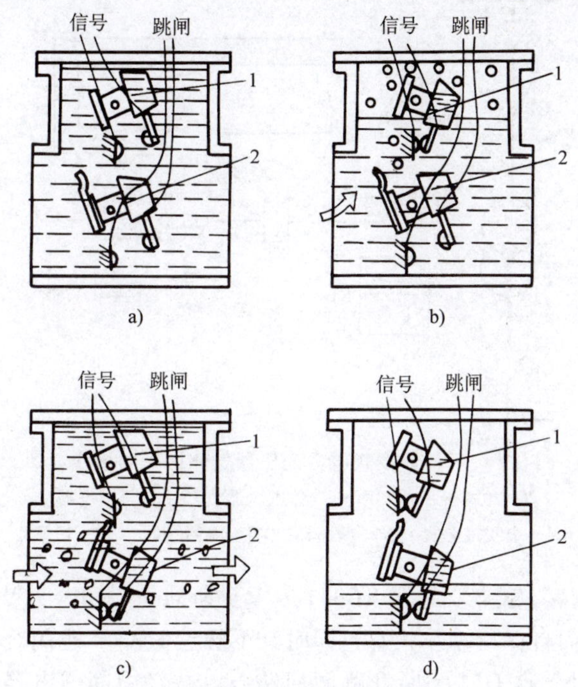

图 6-44　气体继电器的动作

a）正常状态　b）轻瓦斯动作　c）重瓦斯动作　d）严重漏油时

1—上开口油杯　2—下开口油杯

于转轴的另一端平衡锤的力矩而降落，如图 6-44b 所示。这时上触点接通信号回路，发出声响和灯光信号，这称之为“轻瓦斯动作”。

当电力变压器油箱内部发生严重故障时，例如相间短路、铁心起火等，由故障产生的气体很多，带动油流迅猛地由变压器油箱通过联通管进入储油柜。大量的油气混合体在经过气体继电器时，冲击挡板，使下油杯下降，如图 6-44c 所示。这时下触点接通跳闸回路（通过中间继电器），使断路器跳闸，同时发出声响和灯光信号（通过信号继电器），这称之为“重瓦斯动作”。

如果电力变压器油箱漏油，使得气体继电器容器内的油也慢慢流尽，如图 6-44d 所示，则先是气体继电器的上油杯下降，上触点接通，发出报警信号；接着是下油杯下降，下触点接通，使断路器跳闸，同时发出跳闸信号。

（二）电力变压器气体保护的接线

图 6-45 是油浸式电力变压器气体保护的接线图。当变压器内部发生轻微故障（轻瓦斯）时，气体继电器 KG 的上触点 KG1-2 闭合，动作于报警信号。当变压器内部发生严重故障（重瓦斯）时，KG 的下触点 KG3-4 闭合，通常是经过中间继电器 KM 动作于断路器 QF 的跳闸机构 YR，同时通过信号继电器 KS 发出跳闸信号。但 KG3-4 闭合，也可以利用切换片 XB 切换，使 KS 的线圈串接限流电阻 R，动作于报警信号。

由于气体继电器下触点 KG3-4 在重瓦斯时可能有“抖动”（接触不稳定）的情况，因此为了使跳闸回路稳定地接通，断路器能足够可靠地跳闸，这里利用了中间继电器 KM 的上

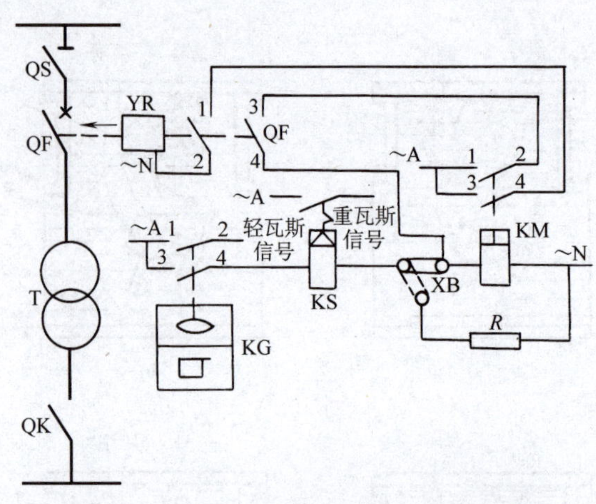

图 6-45　油浸式电力变压器气体保护的接线

T—电力变压器　KG—气体继电器　KS—信号继电器

KM—中间继电器　QF—断路器　YR—跳闸线圈　XB—切换片

触点 KM1-2 作“自保持”触点。只要 KG3-4 因重瓦斯动作一闭合，就使 KM 动作，并借其上触点 KM1-2 的闭合而自保持动作状态，同时其下触点 KM3-4 也闭合，使断路器 QF 跳闸。断路器跳闸后，其辅助触点 QF1-2 断开跳闸回路，以减轻中间继电器的工作，而其另一对辅助触点 QF3-4 则切断中间继电器 KM 的自保持回路，使中间继电器返回。

（三）电力变压器气体保护动作后的故障分析

电力变压器气体保护动作后，可由蓄积在气体继电器内的气体性质来分析和判断故障的原因及处理要求，见表 6-2。

表 6-2　气体继电器动作后的气体分析和处理要求

气体性质	故障原因	处理要求
无色，无臭，不可燃	电力变压器内含有空气	允许继续运行
灰白色，有剧臭，可燃	纸质绝缘烧毁	应立即停电检修
黄色，难燃	木质绝缘烧毁	应停电检修
深灰色或黑色，易燃	油内闪络，油质炭化	应分析油样，必要时停电检修

第七节　高压电动机的继电保护

一、概述

按 GB/T 50062—2008 规定，对电压为 3kV 及以上的异步电动机和同步电动机的下列故障及异常运行方式，应装设相应的保护装置：①定子绕组相间短路；②定子绕组单相接地；③定子绕组过负荷；④定子绕组欠电压；⑤同步电动机失步；⑥同步电动机失磁；⑦同步电动机出现非同步冲击电流；⑧相电流不平衡或断相。

对 2000kW 以下的高压电动机绕组及引出线的相间短路，宜采用电流速断保护，保护装

置宜采用两相式。对2000kW及以上的高压电动机，或电流速断保护灵敏度不符合要求的2000kW以下的高压电动机，应装设纵联差动保护。所有保护装置应动作于跳闸。

对生产过程中易发生过负荷的电动机，应装设过负荷保护。保护装置应根据负荷特性，带时限动作于信号或跳闸。

当单相接地电流大于5A时，应装设有选择性的单相接地保护；当单相接地电流小于5A时，可装设接地绝缘监视装置。当单相接地电流为10A及以上时，保护装置应动作于跳闸；当单相接地电流为10A以下时，保护装置可动作于信号。

对下列高压电动机应装设欠电压保护：①当电源电压短时降低或短时中断后又恢复时，需要断开的次要电动机和有备用自动投入装置的电动机，一般要求欠电压保护经0.5s动作于跳闸；②生产过程不允许或不需要自起动的电动机，一般要求欠电压保护经0.5～1.5s动作于跳闸；③在电源电压长时间消失后需从电网中自动断开的电动机，一般要求欠电压保护经5～20s动作于跳闸。

二、高压电动机的相间短路保护和过负荷保护

（一）高压电动机的相间短路保护

（1）采用电流速断保护的接线及其动作电流的整定计算　高压电动机的电流速断保护一般采用两相一继电器式接线（见图6-20）。如果要求灵敏度较高时，可采用两相两继电器式接线（见图6-19）。继电器采用GL—15、25型时，可利用该继电器的电磁元件实现电流速断保护。

电流速断保护的动作电流（速断电流）I_{qb}应躲过电动机的最大起动电流$I_{st.max}$，整定计算的公式为

$$I_{qb}=\frac{K_{rel}K_w}{K_i}I_{st.max} \tag{6-50}$$

式中，K_{rel}为保护装置的可靠系数，采用DL型电流继电器时取1.4～1.6，采用GL型电流继电器时取1.6～2。

（2）采用纵联差动保护的接线及其动作电流的整定计算　在3～10kV系统中，电动机差动保护可采用两相两继电器式接线，如图6-46所示。继电器可采用DL—11型电流继电器，也可采用专门的差动继电器。

差动保护的动作电流$I_{op(d)}$按躲过电动机额定电流$I_{N.M}$来整定，整定计算的公式为

$$I_{op(d)}=\frac{K_{rel}}{K_i}I_{N.M} \tag{6-51}$$

式中，K_{rel}为保护装置的可靠系数，对DL型电流继电器，取1.5～2。

（二）高压电动机的过负荷保护

作为过负荷保护，可采用一相一继电器式接线（见图6-33）。但当电动机装有电流速断保护时，可利用作为电流速断保护的GL型电流继电器的感应元件来实现过负荷保护。

过负荷保护的动作电流$I_{op(OL)}$按躲过电动机的额定电流$I_{N.M}$来整定，整定计算的公式为

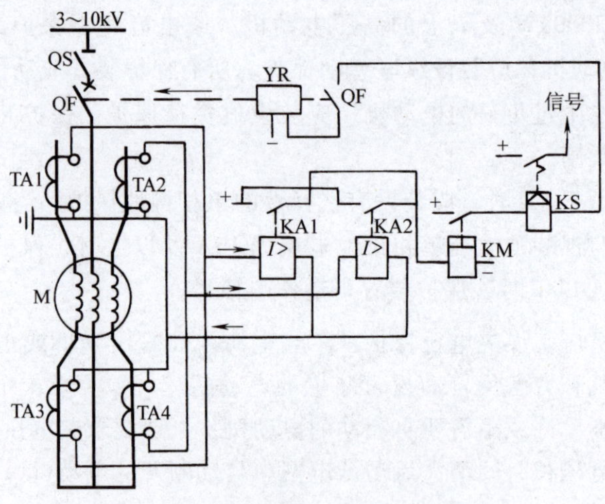

图 6-46 高压电动机的纵联差动保护

KA—DL 型电流继电器 KM—DZ 型中间继电器 KS—DX 型信号继电器

$$I_{op(OL)} = \frac{K_{rel}K_w}{K_{re}K_i}I_{N.M} \tag{6-52}$$

式中，K_{rel}为保护装置的可靠系数，对 DL 型电流继电器取 1.2，对 GL 型电流继电器取 1.3；K_{re}为继电器的返回系数，一般取 0.8。

过负荷保护的动作时间应大于电动机起动所需的时间，一般取为 10～16s。对于起动困难的电动机，可按躲过实测的起动时间来整定。

三、高压电动机的单相接地保护

按 GB/T 50062—2008 规定，高压电动机的单相接地电流大于 5A 时，应装设单相接地保护，其接线如图 6-47 所示。

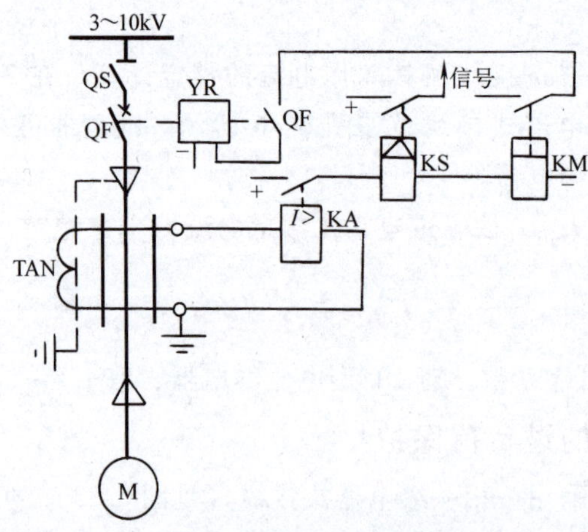

图 6-47 高压电动机的单相接地保护

KA—电流继电器 KS—信号继电器

KM—中间继电器 TAN—零序电流互感器

单相接地保护的动作电流 $I_{op(E)}$，应躲过保护区外（即 TAN 前）发生单相接地故障时流过 TAN 的电动机本身及其配电电缆的电容电流 $I_{C.M}$ 来整定，即整定计算公式为

$$I_{op(E)}=\frac{K_{rel}}{K_i}I_{C.M} \tag{6-53}$$

式中，K_{rel} 为保护装置的可靠系数，取 4～5；K_i 为 TAN 的电流比。

单相接地保护的动作电流也可近似地按保护的灵敏系数 S_p（一般取 1.5）来整定，即

$$I_{op(E)}=\frac{I_C-I_{C.M}}{K_iS_p} \tag{6-54}$$

式中，I_C 为与高压电动机定子绕组有电联系的整个电网的单相接地电容电流，按式（1-6）计算；$I_{C.M}$ 为被保护电动机及其配电电缆的电容电流，一般可略去不计。

复习思考题

6-1　供电系统中有哪些常用的过电流保护装置？对保护装置有哪些基本要求？

6-2　如何选择线路熔断器的熔体？为什么熔断器保护要考虑与被保护的线路导线相配合？

6-3　选择熔断器时应考虑哪些条件？在校验断流能力时，限流熔断器与非限流熔断器各应满足什么条件？跌开式熔断器又应满足哪些条件？

6-4　低压断路器的瞬时、短延时和长延时过电流脱扣器的动作电流各如何整定？其热脱扣器的动作电流又如何整定？

6-5　低压断路器如何选择？在校验断流能力时，万能式和塑料外壳式断路器各应满足什么条件？

6-6　电磁式电流继电器、时间继电器、信号继电器和中间继电器在继电保护装置中各起什么作用？它们的图形符号和文字符号各是什么？感应式电流继电器有哪些功能？其图形符号和文字符号又是什么？

6-7　什么叫过电流继电器的动作电流、返回电流和返回系数？如果过电流继电器返回系数过低有什么不好？

6-8　两相两继电器式接线和两相一继电器式接线作为相间短路保护，各有哪些优缺点？

6-9　定时限过电流保护中，如何整定和调节其动作电流和动作时限？在反时限过电流保护中，又如何整定和调节其动作电流和动作时限？什么叫 10 倍动作电流的动作时限？

6-10　在采用去分流跳闸的反时限过电流保护电路中，如果继电器的常闭触点先断开、常开触点后闭合会出现什么问题？实际采用的是什么触点？

6-11　采用欠电压闭锁为什么能提高过电流保护的灵敏度？

6-12　电流速断保护的动作电流（速断电流）为什么要按躲过被保护线路末端的最大短路电流来整定？这样整定又会出现什么问题？如何弥补？

6-13　在单相接地保护中，电缆头的接地线为什么一定要穿过零序电流互感器的铁心后接地？

6-14　电力线路和变压器各在什么情况下需要装设过负荷保护？其动作电流和动作时限各如何整定？

6-15　变压器的过电流保护和电流速断保护的动作电流各如何整定？其过电流保护的动

作时限又如何整定？

6-16 对变压器低压侧的单相短路，可有哪几种保护措施？最常用的单相短路保护措施是哪一种？

6-17 变压器纵联差动保护在接线上如何消除因变压器两侧电流相位不同而引起的不平衡电流？差动保护的动作电流整定应满足哪些条件？

6-18 油浸式变压器的气体保护在哪些情况下应予装设？什么情况下“轻瓦斯”动作？什么情况下“重瓦斯”动作？各动作什么部位？

6-19 高压电动机的电流速断保护和纵联差动保护各适用于什么情况？它们的动作电流各如何整定？

习 题

6-1 有一台电动机，额定电压为380V，额定电流为22A，起动电流为140A，该电动机端子处的三相短路电流为16kA。试选择保护该电动机的RT0型熔断器及其熔体额定电流，并选择该电动机的配电线（BLV-500型）的导线截面积及穿线的塑料管内径（环境温度为+30℃）。

6-2 有一条380V线路，其$I_{30}=280A$，$I_{pk}=600A$，线路首端的$I_k^{(3)}=7.8kA$，末端的$I_k^{(3)}=2.5kA$。试选择线路首端装设的DW16型低压断路器，并选择和整定其瞬时动作的电磁脱扣器，检验其灵敏度。

6-3 某10kV线路，采用两相两继电器式接线的去分流跳闸的反时限过电流保护装置，电流互感器的电流比为200A/5A，线路的最大负荷电流（含尖峰电流）为180A，线路首端的三相短路电流有效值为2.8kA，末端的三相短路电流有效值为1kA。试整定该线路采用的GL－15/10型电流继电器的动作电流和速断电流倍数，并校验其保护灵敏度。

6-4 现有前后两级反时限过电流保护，都采用GL－15型过电流继电器，前一级按两相两继电器式接线，后一级按两相电流差接线。现后一级的10倍动作电流的动作时限已经整定为0.5s，动作电流整定为9A，而前一级继电器的动作电流已经整定为5A。已知前一级电流互感器的电流比为100A/5A，后一级电流互感器的电流比为75A/5A。后一级线路首端的$I_k^{(3)}=400A$。试整定前一级继电器的10倍动作电流的动作时限（取$\Delta t=0.7s$）。

6-5 某工厂10kV高压配电所有一条高压配电线供电给一车间变电所。该高压配电线路首端拟装设由GL-15型电流继电器组成的反时限过电流保护，采用两相两继电器式接线，电流互感器的电流比为160A/5A。高压配电所的电源进线上装设的定时限过电流保护的动作时限整定为1.5s。高压配电所母线的三相短路电流$I_{k-1}^{(3)}=2.86kA$，车间变电所的380V母线的三相短路电流$I_{k-2}^{(3)}=22.3kA$。该车间变电所装设的主变压器为S9-1000型。试整定供电给该车间变电所的高压配电线首端装设的GL-15型电流继电器的动作电流和动作时限以及电流速断保护的速断电流倍数，并校验其灵敏度。（建议变压器的$I_{L.max}=2I_{1N.T}$）

第七章

工厂供电系统的二次回路和自动装置

本章首先讲述工厂供电系统二次回路的概念及其操作电源，接着依次讲述高压断路器的控制和信号回路、电测量仪表与绝缘监视装置，并讲述自动重合闸装置与备用电源自动投入装置及供电系统远动化的基本知识，最后讲述二次回路的安装接线及接线图的绘制方法。本章内容也是保证供电一次系统安全可靠运行的基本技术知识。

第一节　二次回路及其操作电源

一、二次回路及其分类

工厂供电系统或变配电所的二次回路，即二次电路，是指用来控制、指示、监测和保护一次电路运行的电路，也称二次系统，包括控制系统、信号系统、监测系统及继电保护和自动化系统等。

二次回路按其电源性质分，有直流回路和交流回路。交流回路又分交流电流回路和交流电压回路。交流电流回路由电流互感器供电，交流电压回路由电压互感器供电。

二次回路按其用途分，有断路器控制（操作）回路、信号回路、测量和监视回路、继电保护和自动装置回路等。

二次回路在供电系统中虽然是其一次电路的辅助系统，但是它对一次电路的安全、可靠、优质、经济地运行有着十分重要的作用，因此必须予以充分的重视。

二次回路的操作电源，是供高压断路器分、合闸回路和继电保护装置、信号回路、监测系统及其他二次回路所需的电源。因此对操作电源的可靠性要求很高，容量要求足够大，且要求尽可能不受供电系统运行的影响。

二次回路的操作电源，分直流和交流两大类。直流操作电源有由蓄电池组供电的电源和由整流装置供电的电源两种。交流操作电源有由所（站）用变压器供电的和通过电流、电压互感器供电的两种。

二、直流操作电源

（一）由蓄电池组供电的直流操作电源

蓄电池主要有铅酸蓄电池和镉镍蓄电池两种。

1. 铅酸蓄电池

铅酸蓄电池由二氧化铅（PbO_2）的正极板、铅（Pb）的负极板及稀硫酸（H_2SO_4）电解液构成，容器多为玻璃。

铅酸蓄电池在放电和充电时的化学反应式为

$$PbO_2 + Pb + 2H_2SO_4 \underset{\text{充电}}{\overset{\text{放电}}{\rightleftharpoons}} 2PbSO_4 + 2H_2O$$

铅酸蓄电池的额定端电压（单个）为2V。但是蓄电池充电终了时，其端电压可达2.7V；而放电后，其端电压可下降到1.95V。为获得220V的操作电压，需蓄电池的个数为$n = 230 \div 1.95 \approx 118$个。考虑到充电终了时端电压的升高，因此长期接入操作电源母线的蓄电池个数为$n_1 = 230 \div 2.7 \approx 88$个，而其他$n_2 = n - n_1 = 118 - 88 = 30$个蓄电池则用于调节电压，接于专门的调节开关上。

采用铅酸蓄电池组作操作电源，不受供电系统运行情况的影响，工作可靠；但由于它的外壳是开放式的，它在充电过程中要排出大量氢（H_2）和氧（O_2）的混合气体（由于水被电解而产生的），有爆炸危险，而且随着气体带出的硫酸蒸气有强腐蚀性，对人身健康和设备安全也有很大的危害。因此这种传统的铅酸蓄电池组一般要求单独装设在一房间内，而且要考虑防腐、防爆，投资较大，所以现在一般工厂供电系统中不予采用。

传统的铅酸蓄电池在充电过程中要排出大量的氢和氧的混合气体，主要是由于其极板的栅架是采用铅锑合金制造，其中锑会污染极板上的海绵状的纯铅，减弱其充电后蓄电池的反电动势，因此造成了电解液中水（H_2O）的过度分解。同时，因为其外壳是开放式的，所以不但有大量的氢、氧排出，而且还会带出硫酸蒸气，使电解液较快减少。

现在取而代之的免维护铅酸蓄电池，其极板的栅架采用铅钙合金制造，充电时产生的水分解量少，加之其外壳采用密封结构，释放出来的硫酸蒸气也少。因此免维护铅酸蓄电池较之传统的铅酸蓄电池，具有不需添加电解液、对接线和触头等的腐蚀小、充电后蓄电的时间长、安全可靠、不污染环境等突出优点，现已在工厂供电系统中广泛使用。

2. 镉镍蓄电池

镉镍蓄电池的正极板为氢氧化镍［$Ni(OH)_3$］或三氧化二镍（Ni_2O_3）的活性物，负极板为镉（Cd），电解液为氢氧化钾（KOH）或氢氧化钠（NaOH）、氢氧化镉［$Cd(OH)_2$］、氢氧化镍［$Ni(OH)_3$］等碱溶液。

镉镍蓄电池在放电和充电时的化学反应式为

$$Cd + 2Ni(OH)_3 \underset{\text{充电}}{\overset{\text{放电}}{\rightleftharpoons}} Cd(OH)_2 + 2Ni(OH)_2$$

由以上反应式可以看出，电解液并未参与反应，它只起传导电流的作用，因此在放电和充电过程中，电解液的浓度不会改变。

镉镍蓄电池的额定端电压（单个）为1.2V。充电终了时端电压可达1.75V；放电后端电压为1V。

采用镉镍蓄电池组作操作电源，除了不受供电系统运行情况的影响、工作可靠外，还有大电流放电性能好、比功率大、机械强度高、使用寿命长、腐蚀性小、无需专用房间，从而大大降低投资等优点，因此在工厂供电系统中应用比较普遍。

（二）由整流装置供电的直流操作电源

整流装置主要有硅整流电容储能式和复式整流两种。

1. 硅整流电容储能式直流操作电源

如果单独采用硅整流器来作直流操作电源，则当交流供电系统电压降低或电压消失时，将严重影响直流系统的正常工作，因此宜采用有电容储能的硅整流电源。在供电系统正常运行时，通过硅整流器供给直流操作电源；同时通过电容器储能，在交流供电系统电压降低或电压消失时，由储能电容器对继电器和跳闸回路放电，使其正常动作。

图 7-1 是一种硅整流电容储能式直流操作电源系统的接线图。

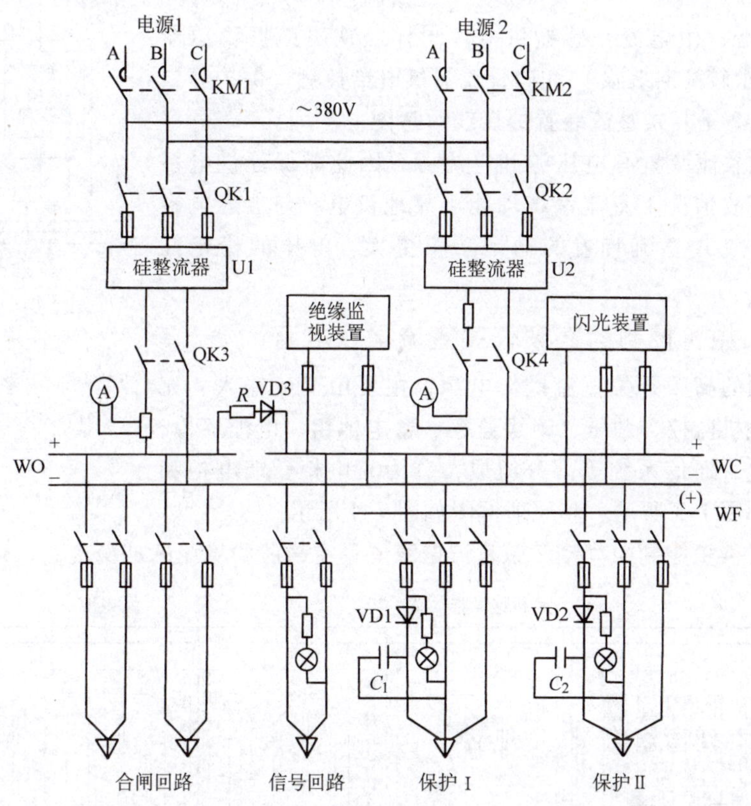

图 7-1 硅整流电容储能式直流操作电源系统接线

C_1、C_2—储能电容器 WC—控制小母线 WF—闪光信号小母线 WO—合闸小母线

为了保证直流操作电源的可靠性，采用两个交流电源和两台硅整流器。硅整流器 U1 主要用作断路器合闸电源，并向控制、信号和保护回路供电。硅整流器 U2 的容量较小，仅向控制、信号和保护回路供电。

逆止元件 VD1 和 VD2 的主要功能：一是当直流电源电压因交流供电系统电压降低而降低时，使储能电容 C_1、C_2 所储能量仅用于补偿自身所在的保护回路，而不向其他元件放电；二是限制 C_1、C_2 向各断路器控制回路中的信号灯和重合闸继电器等放电，以保证其所供电的继电保护和跳闸线圈可靠动作。逆止元件 VD3 和限流电阻 R 接在两组直流母线之间，使直流合闸母线只向控制小母线 WC 供电，防止断路器合闸时硅整流器 U2 向合闸母线供电。

限流电阻 R 用来限制控制回路短路时通过 VD3 的电流，以免 VD3 烧毁。

储能电容器 C_1 用于对高压线路的继电保护和跳闸回路供电，而储能电容器 C_2 用于对其他元件的继电保护和跳闸回路供电。储能电容器多采用容量大的电解电容器，其容量应能保证继电保护和跳闸回路可靠地动作。

2. 复式整流的直流操作电源

复式整流是指提供直流操作电压的整流器电源有两个：

1）电压源：由所用变压器或电压互感器供电，经铁磁谐振稳压器（当稳压要求较高时装设）和硅整流器供电给控制、保护等二次电路。

2）电流源：由电流互感器供电，同样经铁磁谐振稳压器（也是稳压要求较高时装设）和硅整流器供电给控制、保护等二次回路。图 7-2 是复式整流装置的接线示意图。

由于复式整流装置有电压源和电流源，因此能保证供电系统在正常和事故情况下直流系统均能可靠地供电。与上述电容储能式相比，复式整流装置的输出功率更大，电压的稳定性更好。

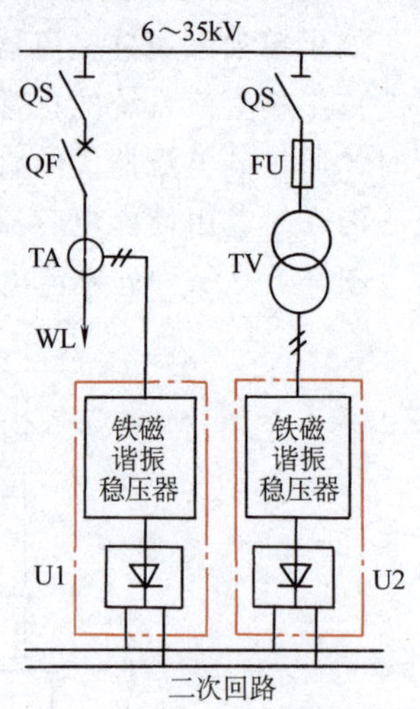

图 7-2　复式整流装置的接线示意图

TA—电流互感器　TV—电压互感器　U1、U2—硅整流器

（三）由微机控制的高频开关直流操作电源

微机控制的高频开关直流操作电源，主要由交流输入、充电和控制、微机监控、调压、绝缘监察、蓄电池组、电池巡检，以及直流馈电、通信系统等部分组成，分为充电柜、馈电柜和蓄电池柜，如图 7-3 所示。其原理框图如图 7-4 所示。

由于这种微机控制的高频开关直流电源屏具有稳压和稳流的准确度高、输出波形的失真

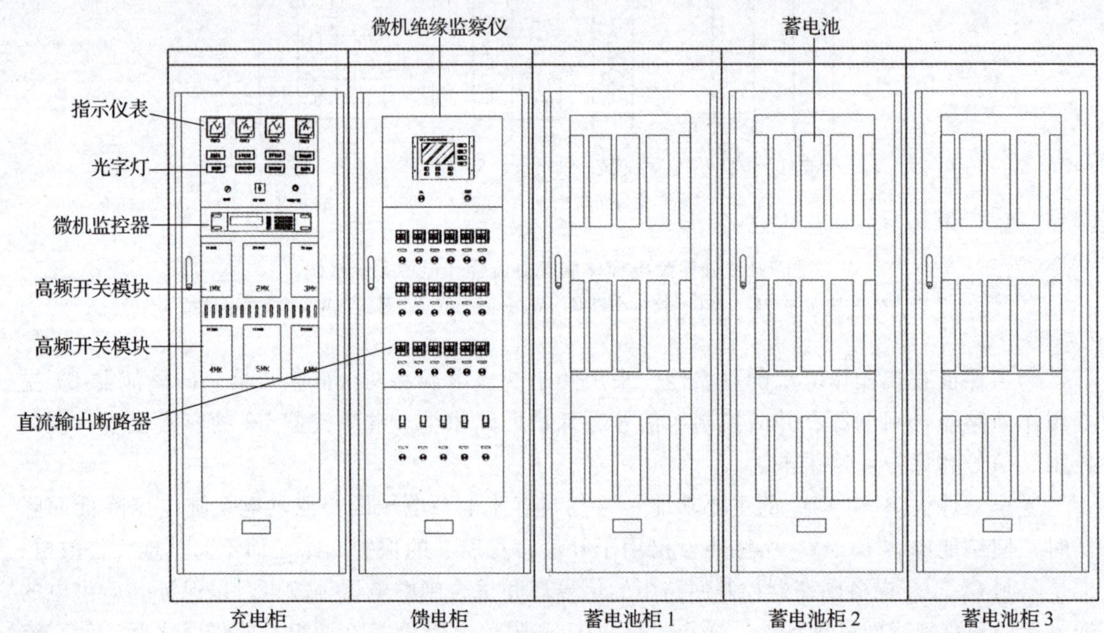

图 7-3　微机控制的高频开关直流电源屏的组成

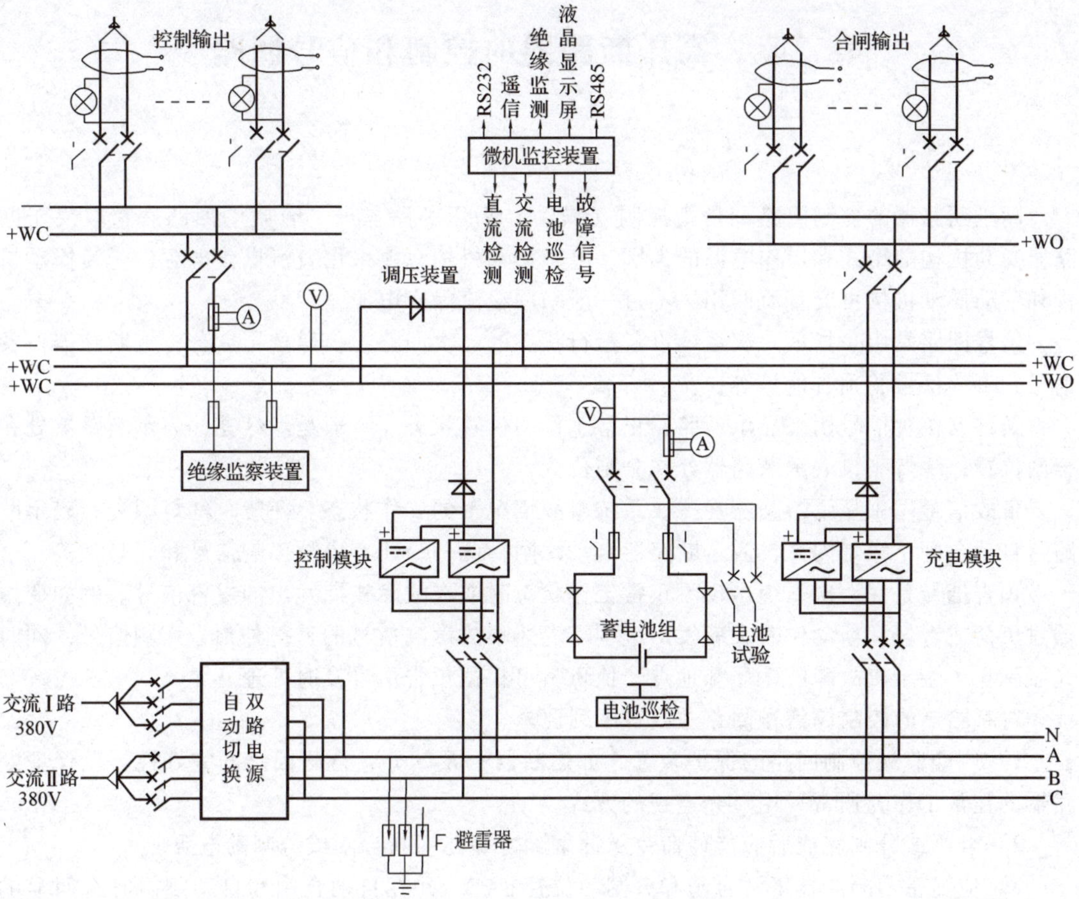

图 7-4 微机控制的高频开关直流电源屏的原理框图

小、体积小、重量轻、效率高、可靠性和自动化程度高等优点，因此它在需要直流操作电源的场所开始得到推广应用。限于篇幅，上述各部分的工作原理说明从略。

三、交流操作电源

对采用交流操作的断路器，应采用交流操作电源。相应地，所有保护继电器、控制设备、信号装置及其他二次元件均应采用交流型式。

交流操作电源可分电流源和电压源两种。电流源取自电流互感器，主要供电给继电保护和跳闸回路。电压源取自变配电所的所用变压器或电压互感器，通常所用变压器作为正常工作电源，而电压互感器因其容量小，只作为保护油浸式变压器内部故障的气体保护的交流操作电源。

根据高压断路器跳闸线圈的供电方式，交流操作又可分直接动作式（见图 6-22）和“去分流跳闸”式（见图 6-23 及图 6-25），因前面已经介绍，这里不再赘述。

采用交流操作电源，可使二次回路大大简化，投资大大减少，工作可靠，维护方便，但是它不适于比较复杂的继电保护、自动装置及其他二次回路。交流操作电源广泛用于中小型工厂变配电所中采用手动操作或弹簧储能操作及继电保护采用交流操作的场合。

第二节　高压断路器的控制和信号回路

一、概述

高压断路器的控制回路，是指控制（操动）高压断路器分、合闸的回路。它取决于断路器操动机构的型式和操作电源的类别。电磁操动机构只能采用直流操作电源，弹簧操动机构和手动操动机构可交直流两用，不过一般采用交流操作电源。

信号回路是用来指示一次系统设备运行状态的二次回路。信号按用途分，有断路器位置信号、事故信号和预告信号等。

断路器位置信号用来显示断路器正常工作的位置状态。一般是红灯亮，表示断路器处在合闸位置；绿灯亮，表示断路器处在分闸位置。

事故信号用来显示断路器在一次系统事故情况下的工作状态。一般是红灯闪光，表示断路器自动合闸；绿灯闪光，表示断路器自动跳闸。此外，还有事故声响信号和光字牌等。

预告信号是在一次系统出现不正常工作状态时或在故障初期发出的报警信号。例如变压器过负荷或者轻瓦斯动作时，就发出区别于上述事故声响信号的另一种预告声响信号，同时光字牌亮，指示出故障的性质和地点，值班员可根据预告信号及时处理。

对断路器的控制和信号回路主要有下列要求：

1）应能监视控制回路的保护装置（如熔断器）及其分、合闸回路的完好性，以保证断路器的正常工作，通常采用灯光监视的方式。

2）合闸或分闸完成后应能使命令脉冲解除，即能切断合闸或分闸的电源。

3）应能指示断路器正常合闸和分闸的位置状态，并在自动合闸和自动跳闸时有明显的指示信号。如前所述，通常用红、绿灯的平光来指示断路器的正常合闸和分闸的位置状态，而用红、绿灯的闪光来指示断路器的自动合闸和跳闸。

4）断路器的事故跳闸信号回路应按“不对应原理”接线。当断路器采用手动操动机构时，利用操动机构的辅助触点与断路器的辅助触点构成“不对应”关系，即操动机构手柄在合闸位置而断路器已经跳闸时，发出事故跳闸信号。当断路器采用电磁操动机构或弹簧操动机构时，则利用控制开关的触点与断路器的辅助触点构成“不对应”关系，即控制开关手柄在合闸位置而断路器已经跳闸时，发出事故跳闸信号。

5）对有可能出现不正常工作状态或故障的设备，应装设预告信号。预告信号应能使控制室或值班室的中央信号装置发出声响或灯光信号，并能指示故障地点和性质。通常预告声响信号用电铃，而事故声响信号用电笛，两者有所区别。

二、采用手动操作的断路器控制和信号回路

图7-5是采用手动操作的断路器控制和信号回路的原理图。

合闸时，推上操动机构手柄使断路器合闸。这时断路器的辅助触点QF3-4闭合，红灯RD亮，指示断路器QF已经合闸。由于有限流电阻R，跳闸线圈YR虽有电流通过，但电流很小，不会动作。红灯RD亮，还表示跳闸线圈YR回路及控制回路的熔断器FU1、FU2是完好的，即红灯RD同时起着监视跳闸回路完好性的作用。

分闸时，扳下操动机构手柄使断路器分闸。这时断路器的辅助触点 QF3-4 断开，切断跳闸回路，同时辅助触点 QF1-2 闭合，绿灯 GN 亮，指示断路器 QF 已经分闸。绿灯 GN 亮，还表示控制回路的熔断器 FU1、FU2 是完好的，即绿灯 GN 同时起着监视控制回路完好性的作用。

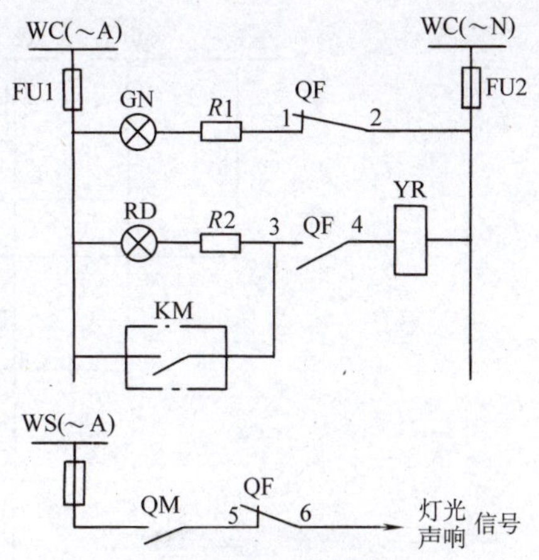

图 7-5 采用手动操作的断路器控制和信号回路

WC—控制小母线 WS—信号小母线 GN—绿色指示灯 RD—红色指示灯 R—限流电阻 YR—跳闸线圈（脱扣器） KM—继电保护出口继电器触点 QF1～6—断路器 QF 的辅助触点 QM—手动操动机构辅助触点

在正常操作断路器分、合闸时，由于操动机构辅助触点 QM 与断路器的辅助触点 QF5-6 是同时切换的，总是一开一合，所以事故信号回路总是不通的，因而不会错误地发出事故信号。

当一次电路发生短路故障时，继电保护装置动作，其出口继电器 KM 的触点闭合，接通跳闸线圈 YR 的回路（触点 QF3-4 原已闭合），使断路器 QF 跳闸。随后触点 QF3-4 断开，使红灯 RD 灭，并切断 YR 的跳闸电源。与此同时，触点 QF1-2 闭合，使绿灯 GN 亮。这时操动机构的操作手柄虽然仍在合闸位置，但其黄色指示牌掉下，表示断路器已自动跳闸。同时事故信号回路接通，发出声响和灯光信号。此事故信号回路正是按“不对应原理”来接线的：由于操动机构仍在合闸位置，其辅助触点 QM 闭合，而断路器因已跳闸，其辅助触点 QF5-6 也返回闭合，因此事故信号回路接通。当值班员得知事故跳闸信号后，可将操作手柄扳下至分闸位置，这时黄色指示牌随之返回，事故信号也随之解除。

控制回路中分别与指示灯 GN 和 RD 串联的电阻 R_1 和 R_2，主要用来防止指示灯的灯座短路时造成控制回路短路或断路器误跳闸。

三、采用电磁操动机构的断路器控制和信号回路

图 7-6 是采用电磁操动机构的断路器控制和信号回路原理图。其操作电源采用图 7-1 所示的硅整流电容储能式直流系统。控制开关采用双向自复式并具有保持触点的 LW5 型万能转换开关，其手柄正常为垂直位置（0°）。顺时针扳转 45°，为合闸（ON）操作，手松开即自动返回（复位），保持合闸状态。反时针扳转 45°，为分闸（OFF）操作，手松开也自动返回，保持分闸状态。图中虚线上打黑点（·）的触点，表示在此位置时触点接通；而虚线上标出的箭头（→），表示控制开关 SA 手柄自动返回的方向。

合闸时，将控制开关 SA 手柄顺时针扳转 45°，这时其触点 SA1-2 接通，合闸接触器 KO 通电（回路中触点 QF1-2 原已闭合），其主触点闭合，使电磁合闸线圈 YO 通电，断路器 QF 合闸。断路器合闸完成后，SA 自动返回，其触点 SA1-2 断开，QF1-2 也断开，切断合闸回路；同时 QF3-4 闭合，红灯 RD 亮，指示断路器已经合闸，并监视着跳闸线圈 YR 回路的完好性。

分闸时，将控制开关 SA 手柄反时针扳转 45°，这时其触点 SA7-8 接通，跳闸线圈 YR 通电（回路中触点 QF3-4 原已闭合），使断路器 QF 分闸。断路器分闸后，SA 自动返回，其触点 SA7-8 断开，QF3-4 也断开，切断跳闸回路；同时 SA3-4 闭合，QF1-2 也闭合，绿灯

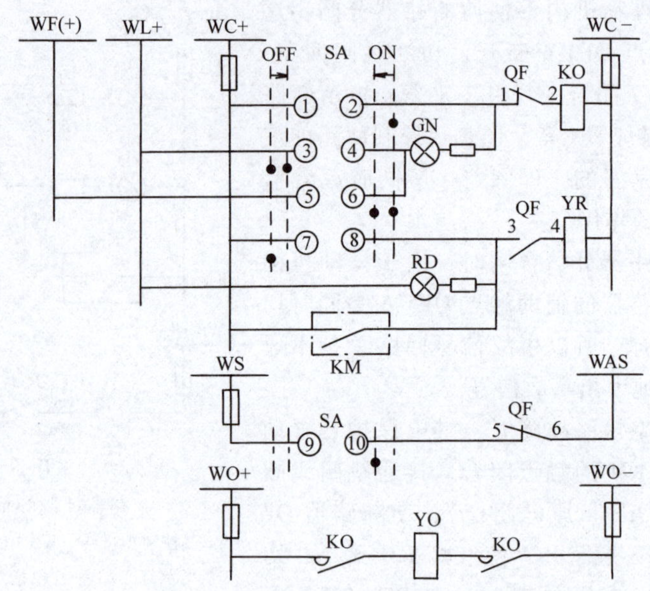

图 7-6　采用电磁操动机构的断路器控制和信号回路

WC—控制小母线　WL—灯光信号小母线　WF—闪光信号小母线　WS—信号小母线　WAS—事故声响信号小母线　WO—合闸小母线　SA—控制开关　KO—合闸接触器　YO—电磁合闸线圈　YR—跳闸线圈　KM—继电保护出口继电器触点　QF1～6—断路器 QF 的辅助触点　GN—绿色指示灯　RD—红色指示灯　ON—合闸操作方向　OFF—分闸操作方向

GN 亮，指示断路器已经分闸，并监视着合闸接触器 KO 回路的完好性。

由于红绿指示灯兼起监视分、合闸回路完好性的作用，长时间运行，因此耗电较多。为了减少操作电源中储能电容器能量的过多消耗，因此另设灯光指示小母线 WL（+），专门用来接入红绿指示灯，储能电容器的能量只用来供电给控制小母线 WC。

当一次电路发生短路故障时，继电保护动作，其出口继电器触点 KM 闭合，接通跳闸线圈 YR 回路（回路中触点 QF3-4 原已闭合），使断路器 QF 跳闸。随后 QF3-4 断开，使红灯 RD 灭，并切断跳闸回路；同时 QF1-2 闭合，而 SA 在合闸位置，其触点 SA5-6 也闭合，从而接通闪光电源 WF（+），使绿灯闪光，表示断路器 QF 自动跳闸。由于 QF 自动跳闸，SA 在合闸位置，其触点 SA9-10 闭合，而 QF 已经跳闸，其触点 QF5-6 也闭合，因此事故声响信号回路接通，又发出声响信号。当值班员得知事故跳闸信号后，可将控制开关 SA 的操作手柄扳向分闸位置（反时针扳转 45°后松开），使 SA 的触点与 QF 的辅助触点恢复对应关系，全部事故信号立即解除。

四、采用弹簧操动机构的断路器控制和信号回路

图 7-7 是采用弹簧操动机构的断路器控制和信号回路原理图，其控制开关 SA 采用 LW2 或 LW5 型万能转换开关。

合闸时，先按下按钮 SB，使储能电动机 M 通电运转（位置开关 SQ2 原已闭合），从而使合闸弹簧储能。弹簧储能完成后，SQ2 自动断开，切断电动机 M 的回路，同时位置开关 SQ1 闭合，为合闸做好准备。然后将控制开关 SA 手柄扳向合闸（ON）位置，其触点 SA3-4

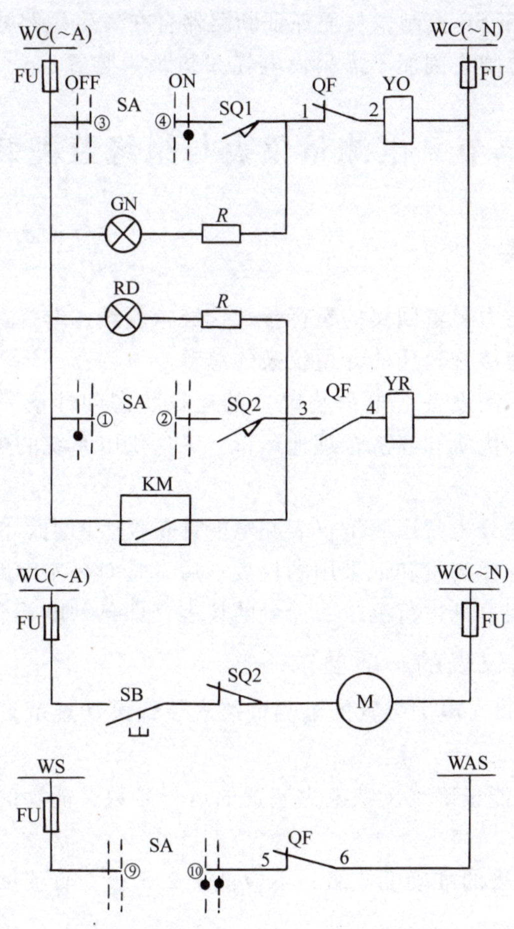

图 7-7 采用弹簧操动机构的断路器控制和信号回路

WC—控制小母线 WS—信号小母线 WAS—事故声响信号小母线 SA—控制开关 SB—按钮
SQ—储能位置开关 YO—电磁合闸线圈 YR—跳闸线圈 QF1～6—断路器辅助触点
M—储能电动机 GN—绿色指示灯 RD—红色指示灯 KM—继电保护出口继电器触点

接通，合闸线圈 YO 通电，使弹簧释放，通过传动机构（参见图 4-41）使断路器断路器 QF 合闸。合闸后，其辅助触点 QF1-2 断开，绿灯 GN 灭，并切断合闸回路，同时 QF3-4 闭合，红灯 RD 亮，指示断路器在合闸位置，并监视跳闸回路的完好性。

分闸时，将控制开关 SA 手柄扳向分闸（OFF）位置，其触点 SA1-2 接通，跳闸线圈 YR 通电（回路中触点 QF3-4 原已闭合），使断路器 QF 分闸。分闸后，其辅助触点 QF3-4 断开，红灯 RD 灭，并切断跳闸回路；同时 QF1-2 闭合，绿灯 GN 亮，指示断路器在分闸位置，并监视合闸回路的完好性。

当一次电路发生短路故障时，保护装置动作，其出口继电器 KM 触点闭合，接通跳闸线圈 YR 回路（回路中触点 QF3-4 原已闭合），使断路器 QF 跳闸。随后 QF3-4 断开，红灯 RD 灭，并切断跳闸回路。由于断路器是自动跳闸，SA 手柄仍在合闸位置，其触点 SA9-10 闭合，而断路器 QF 已经跳闸，QF5-6 闭合，因此事故声响信号回路接通，发出事故跳闸声响信号。值班员得知此信号后，可将控制开关 SA 手柄扳向分闸（OFF）位置，使 SA 触点与 QF 的辅助触点恢复对应关系，从而使事故跳闸信号解除。

储能电动机M由按钮SB控制，从而保证断路器合在发生短路故障的一次电路上时，断路器自动跳闸后不至重合闸，因而不需另设电气“防跳”装置。

第三节　电测量仪表与绝缘监视装置

一、电测量仪表

电测量仪表是指对电力装置回路的运行参数作经常测量、选择测量和记录用的仪表以及作计费或技术经济分析考核管理用的计量仪表的总称。

为了监视供电系统一次设备（电力装置）的运行状态和计量一次系统消耗的电能，保证供电系统安全、可靠、优质和经济合理地运行，工厂供电系统的电力装置中必须装设一定数量的电测量仪表。

电测量仪表按其用途分为常用测量仪表和电能计量仪表两类。前者是对一次电路的电力运行参数作经常测量、选择测量和记录用的仪表；后者是对一次电路进行供用电的技术经济考核分析和对电力用户用电量进行测量、计量的仪表，即各种电能表（又称电度表）。

（一）对常用测量仪表的一般要求

按GB/T 50063—2008《电力装置的电测量仪表装置设计规范》规定，对常用测量仪表及其选择有下列要求：

1）常用测量仪表应能正确地反映电力装置的运行参数，能随时监测电力装置回路的绝缘状况。

2）交流回路指示仪表的准确度等级，不应低于2.5级；直流回路指示仪表的准确度等级，不应低于1.5级。

3）1.5级和2.5级的常用测量仪表，应配用准确度不低于1.0级的电流、电压互感器。

4）仪表的测量范围（量限）和电流互感器电流比的选择，宜满足电力装置回路以额定值运行时，仪表的指示在标度尺的2/3处。对有可能过负荷运行的电力装置回路，仪表的测量范围，宜留有适当的过负荷裕度。对重载起动的电动机及运行中有可能出现短时冲击电流的电力装置回路，宜采用具有过负荷标度尺的电流表。对有可能双向运行的电力装置回路，应采用具有双向标度尺的仪表。对具有极性的直流电流和电压回路，应采用具有极性的仪表。

（二）对电能计量仪表的一般要求

按GB/T 50063—2008规定，对电能计量仪表及其选择有下列要求：

1）月平均用电量在1×10^6kW·h及以上的电力用户电能计量点，应采用0.5级的有功电能表。月平均用电量小于1×10^6kW·h、在315kV·A及以上的变压器高压侧计费的电力用户电能计量点，应采用1.0级的有功电能表。在315kV·A以下的变压器低压侧计费的电力用户电能计量点、75kW及以上的电动机以及仅作为企业内部技术经济考核而不计费的线路和电力装置，均应采用2.0级有功电能表。

2）在315kV·A及以上的变压器高压侧计费的电力用户电能计量点和并联电力电容器组，均应采用2.0级的无功电能表。在315kV·A以下的变压器低压侧计费的电力用户电能

计量点及仅作为企业内部技术经济考核而不计费的电力用户电能计量点，均应采用3.0级的无功电能表。

3）0.5级的有功电能表，应配用0.2级的互感器。1.0级的有功电能表、1.0级的专用电能计量仪表、2.0级计费用的有功电能表及2.0级的无功电能表，应配用不低于0.5级的互感器。仅作为企业内部技术经济考核而不计费的2.0级有功电能表及3.0级的无功电能表，宜配用不低于1.0级的互感器。

（三）变配电装置中各部分仪表的配置要求

工厂供电系统变配电装置中各部分仪表的配置要求如下：

1）在工厂的电源进线上，或在经供电部门同意的电能计量点，必须装设计费的有功电能表和无功电能表，而且应采用经供电部门认可的标准的电能计量柜。为了解负荷电流，进线上还应装设一只电流表。

2）变配电所的每段母线上，都必须装设电压表测量电压。在中性点非直接接地的电力系统中，各段母线上还应装设绝缘监视装置。

3）35～110kV/6～10kV的电力变压器，应装设电流表、有功功率表、无功功率表、有功电能表、无功电能表各一只，装在哪一侧视具体情况而定。6～10kV/3～10kV的电力变压器，在其一侧装设电流表、有功和无功电能表各一只。6～10kV/0.4kV的电力变压器，在高压侧装设电流表和有功电能表各一只；如为单独经济核算单位的变压器，还应装设一只无功电能表。

4）3～10kV的配电线路，应装设电流表、有功和无功电能表各一只。如果不是送往单独经济核算单位时，可不装设无功电能表。当线路负荷在5000kV·A及以上时，可再装设一只有功功率表。

5）380V的电源进线或变压器低压侧，各相应装一只电流表。当变压器高压侧未装电能表时，低压侧还应装设有功电能表一只。

6）低压动力线路上，应装设一只电流表。低压照明线路及三相负荷不平衡率大于15%的线路上，应装设三只电流表分别测量三相电流。如需计量电能，一般应装设一只三相四线有功电能表。对负荷平衡的三相动力线路，可只装设一只单相有功电能表，实际电能按其计量的3倍计。

7）并联电容器组的总回路上，应装设三只电流表，分别测量三相电流；并应装设一只无功电能表。

图7-8是6～10kV高压线路上装设的电测量仪表电路图。

图7-9是低压220V/380V照明线路上装设的电测量仪表电路图。

需在此简单补充的是：**近年来，我国国家电网公司已推广应用新型电子式智能电能表，并于2009年发布了一系列智能电能表的技术标准，以规范智能电能表的制造和使用，并用以支撑智能电网的建设。**

智能电能表由测量单元、数据处理单元和通信单元等几部分组成，具有电能测量、信息存储和处理、实时监测、自动控制等功能。与传统的电能表相比，智能电能表具有很强的通信、数据管理与存储、密钥及安全身份认证等新功能。

关于电测量仪表的结构原理已在相关基础课程“电工测量”中讲述，此处从略。

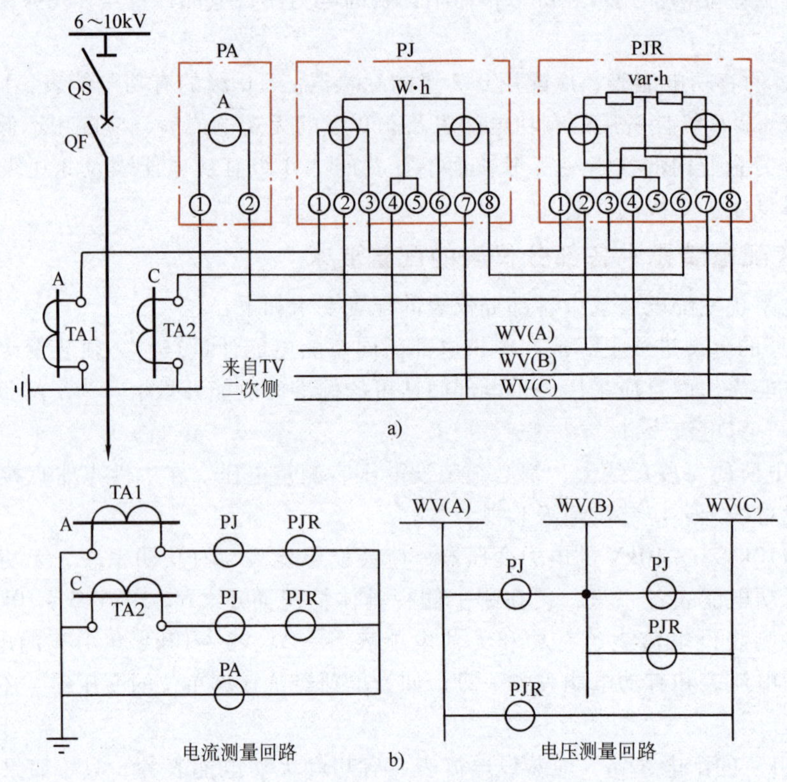

图 7-8　6～10kV 高压线路上装设的电测量仪表电路

a）接线图　b）展开图

TA—电流互感器　TV—电压互感器　PA—电流表　PJ—三相有功电能表　PJR—三相无功电能表　WV—电压小母线

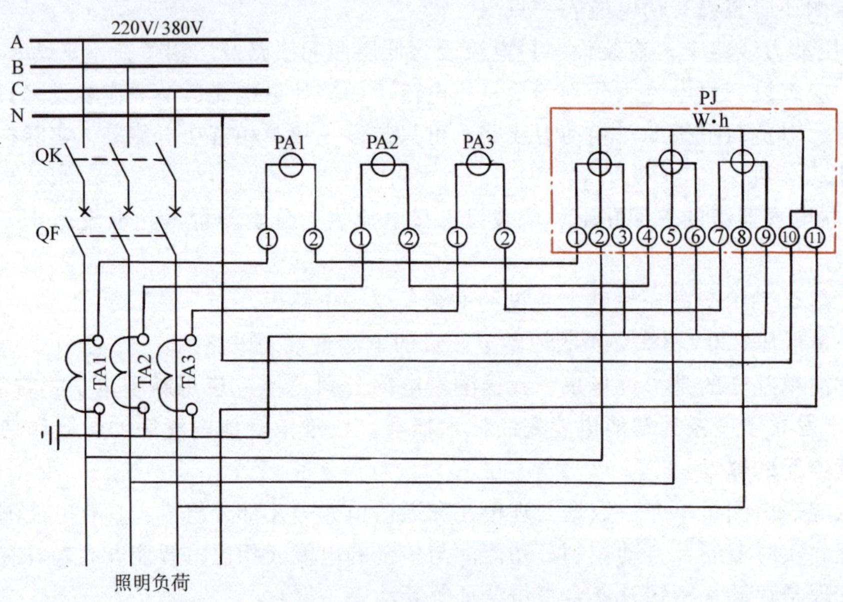

图 7-9　220V/380V 照明线路上装设的电测量仪表电路

TA—电流互感器　PA—电流表　PJ—三相四线有功电能表

二、绝缘监视装置

绝缘监视装置用于非直接接地的电力系统中，以便及时发现单相接地故障，设法处理，以免故障发展为两相接地短路，造成停电事故。

6～35kV 系统的绝缘监视装置，可采用三个单相双绕组的电压互感器和三只电压表，接成 Y_0/Y_0 形（参见图 4-16c），也可采用三个单相三绕组电压互感器或一个三相五心柱三绕组电压互感器，接成 $Y_0/Y_0/$⊿（开口三角）形（见图 4-16d）。接成 Y_0 的二次绕组，其中三只电压表均接各相的相电压。当一次电路某一相发生接地故障时，电压互感器二次侧的对应相的电压表读数指零，其他两相的电压表读数则升高到线电压。由指零电压表的所在相即可得知该相发生了单相接地故障。但是这种绝缘监视装置不能判明具体是哪一条线路发生了故障，所以它是无选择性的，只适于出线不多的系统及作为有选择性的单相接地保护（参见第六章第五节）的一种辅助指示装置。图 4-16d 中电压互感器接成开口三角（⊿）的辅助二次绕组，构成零序电压过滤器，供电给一个过电压继电器。在系统正常运行时，开口三角（⊿）的开口处电压接近于零，继电器不动作。当一次电路发生单相接地故障时，将在开口三角（⊿）的开口处出现近 100V 的零序电压，使电压继电器动作，发出报警的灯光信号和声响信号。

必须注意：**三相三心柱的电压互感器不能用来作绝缘监视装置。**因为在一次电路发生单相接地时，电压互感器各相的一次绕组均将出现零序电压（其值等于相电压），从而在互感器铁心内产生零序磁通。如果互感器是三相三心柱的，由于三相零序磁通是同相的，不可能在铁心内闭合，只能经附近气隙或铁壳闭合，如图 7-10a 所示。由于这些零序磁通不可能与互感器的二次绕组及辅助二次绕组交链，也就不能在二次绕组和辅助二次绕组内感应出零序电压，因此它无法反应于一次电路的单相接地故障。如果互感器采用如图 7-10b 所示的三相五心柱铁心，则零序磁通可经两个边心柱闭合，这样零序磁通就能与二次绕组和辅助二次绕组交链，并在其中感应出零序电压，从而可实现绝缘监视功能。

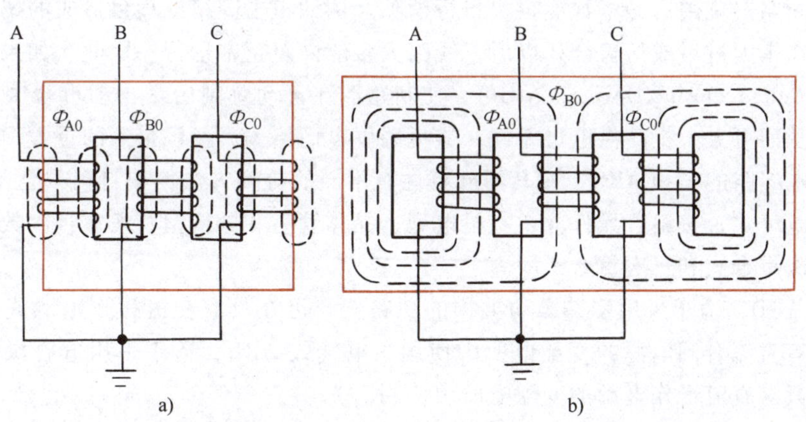

图 7-10　电压互感器中的零序磁通分布（只画出互感器的一次绕组）

a）三相三心柱铁心　b）三相五心柱铁心

图 7-11 是 6～10kV 母线的电压测量和绝缘监视电路图。图中，电压转换开关 SA 用于转换测量三相母线的各个相间电压（线电压）。

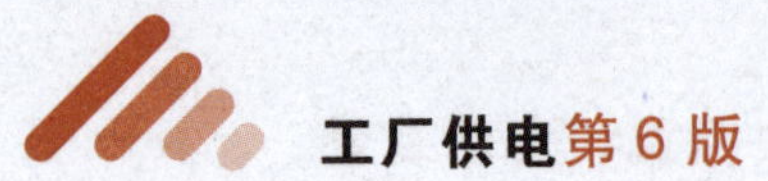

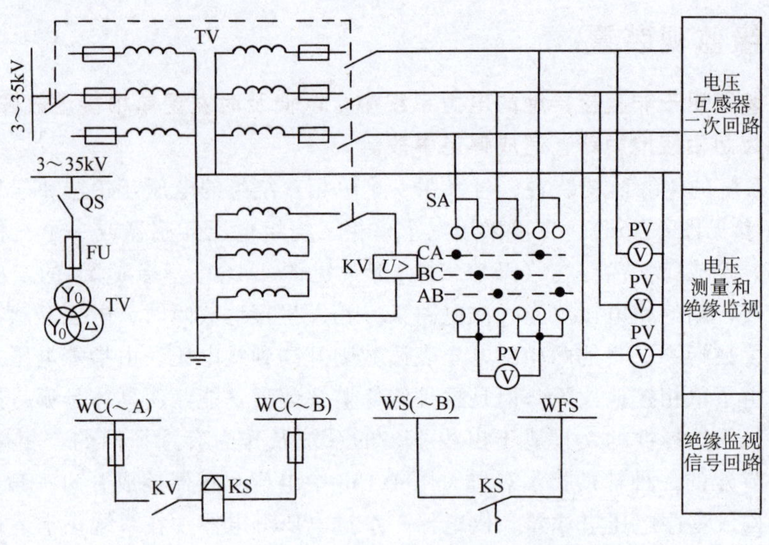

图 7-11　6～10kV 母线的电压测量和绝缘监视电路

TV—电压互感器　QS—高压隔离开关及其辅助触点　SA—电压转换开关　PV—电压表　KV—电压继电器　KS—信号继电器　WC—控制小母线　WS—信号小母线　WFS—预告信号小母线

第四节　供电系统的自动装置与远动化

一、电力线路的自动重合闸装置

（一）概述

运行经验表明，电力系统中的不少故障特别是架空线路上的短路故障大多是暂时性的，这些故障在断路器跳闸后，多数能很快自行消除。例如雷击闪络或鸟兽造成的架空线路短路故障，往往在雷闪过后或鸟兽烧死以后，线路大多能恢复正常运行。因此，如果采用自动重合闸装置（Auto-reclosing Device，ARD），使断路器在自动跳闸后又自动重合闸，则大多能恢复供电，从而可大大提高供电可靠性，避免因停电而给国民经济带来的重大损失。

一端供电线路的三相 ARD，按其不同特性有不同的分类方法：按自动重合闸的方法分，有机械式和电气式；按组合元件分，有机电型、晶体管型和微机型；按重合次数分，有一次重合式、二次重合式和三次重合式等。

机械式 ARD，适于采用弹簧操动机构的断路器，可在具有交流操作电源或虽有直流跳闸电源但没有直流合闸电源的变配电所中使用。电气式 ARD，适于采用电磁操动机构的断路器，可在具有直流操作电源的变配电所中使用。

工厂供电系统中采用的 ARD，一般都是一次重合式，因为一次重合式 ARD 比较简单经济，而且基本上能满足供电可靠性的要求。运行经验证明：ARD 的重合成功率随着重合次数的增加而显著降低。对架空线路来说，一次重合成功率可达 60%～90%，而二次重合成功率只有 15% 左右，三次重合成功率仅 3% 左右。因此工厂供电系统中一般只采用一次 ARD。

（二）电气一次自动重合闸装置的基本原理

图 7-12 是说明电气一次自动重合闸装置基本原理的简图。

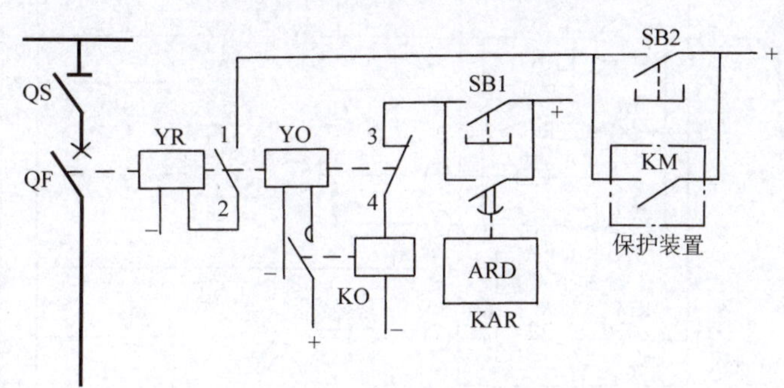

图 7-12　电气一次自动重合闸装置基本原理说明简图

QF—断路器　YR—跳闸线圈　YO—合闸线圈　KO—合闸接触器　KAR—重合闸继电器

KM—继电保护出口继电器触点　SB1—合闸按钮　SB2—跳闸按钮

手动合闸时，按下合闸按钮 SB1，使合闸接触器 KO 通电动作，从而使合闸线圈 YO 动作，使断路器 QF 合闸。

手动跳闸时，按下跳闸按钮 SB2，使跳闸线圈 YR 通电动作，使断路器 QF 跳闸。

当一次电路发生短路故障时，继电保护装置动作，其出口继电器触点 KM 闭合，接通跳闸线圈 YR 回路，使断路器 QF 自动跳闸。与此同时，断路器辅助触点 QF3-4 闭合，而且重合闸继电器 KAR 起动，经整定的时间后其延时闭合的常开触点闭合，使合闸接触器 KO 通电动作，从而使断路器 QF 重合闸。如果一次电路上的故障是瞬时性的，已经消除，则可重合成功。如果短路故障尚未消除，则保护装置又要动作，KM 的触点又使断路器 QF 再次跳闸。由于一次 ARD 采取了“防跳”措施（防止多次反复跳、合闸，图 7-12 中未表示），因此不会再次重合闸。

（三）电气一次自动重合闸装置示例

图 7-13 是采用 DH-2 型重合闸继电器的电气式一次 ARD 展开式原理电路图（图中仅绘出与 ARD 有关的部分）。该电路的控制开关 SA1 采用 LW2 型万能转换开关，其合闸（ON）和分闸（OFF）操作各有三个位置：预备分、合闸，正在分、合闸，分、合闸后。SA1 两侧的箭头“→”指向就是这种操作程序。选择开关 SA2 采用 LW2—1. 1/F4—X 型，只有合闸（ON）和分闸（OFF）两个位置，用来投入和解除 ARD。

1. 一次 ARD 的工作原理

系统正常运行时，控制开关 SA1 和选择开关 SA2 都扳到合闸（ON）位置，ARD 投入工作。这时 KAR 中的电容器 C 经 R_4 充电，同时指示灯 HL 亮，表示控制小母线 WC 的电压正常，电容器 C 处于充电状态。

当一次电路发生短路故障而使断路器 QF 自动跳闸时，断路器辅助触点 QF1-2 闭合，而控制开关 SA1 仍处在合闸位置，从而接通 KAR 的起动回路，使 KAR 中的时间继电器 KT 经它本身的常闭触点 KT1-2 而动作。KT 动作后，其常闭触点 KT1-2 断开，串入电阻 R_5，使 KT 保持动作状态。串入 R_5 的目的，是限制通过 KT 线圈的电流，防止线圈过热烧毁，因为

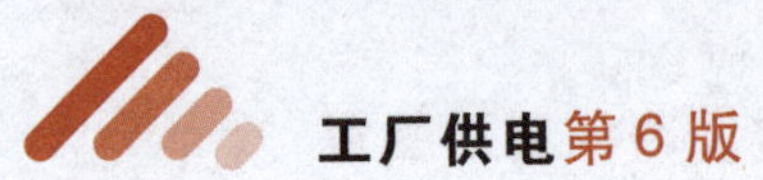

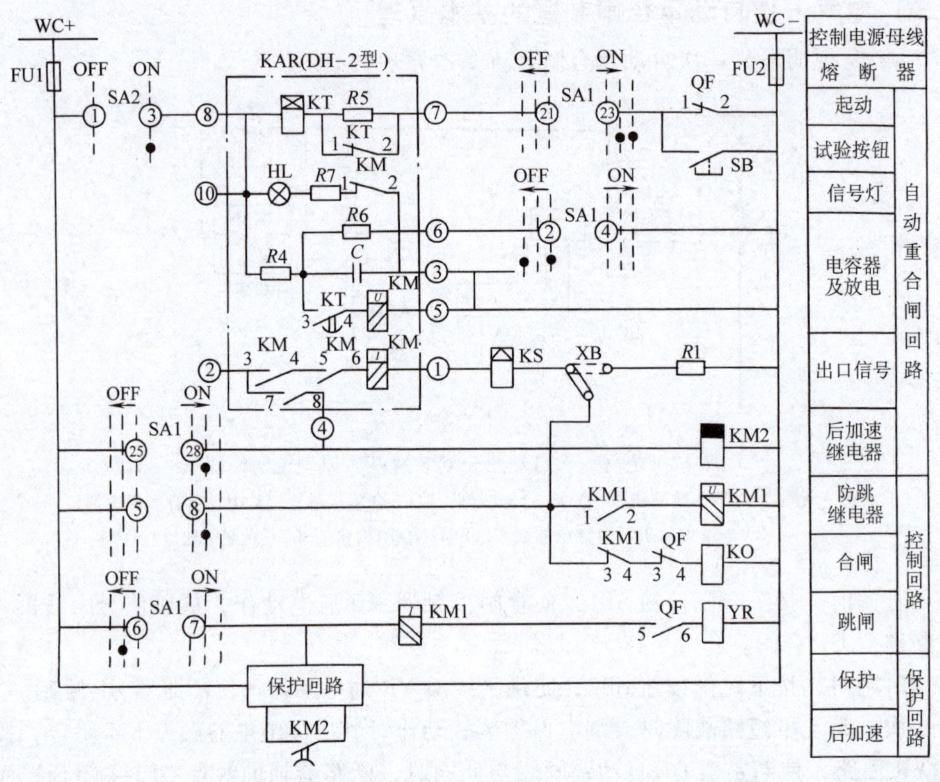

图 7-13　电气一次 ARD 展开式原理电路图

WC—控制小母线　SA1—控制开关　SA2—选择开关　KAR（DH—2 型）重合闸继电器（内含时间继电器 KT、中间继电器 KM、指示灯 HL 及电阻 R、电容器 C 等）　KM1—防跳继电器（DZB—115 型中间继电器）　KM2—后加速继电器（DZS—145 型中间继电器）　KS-DX—11 型信号继电器　KO—合闸接触器　YR—跳闸线圈　XB—连接片　QF—断路器辅助触点

KT 线圈不是按长时间接上额定电压设计的。

时间继电器 KT 动作后，经一定延时，其延时闭合的常开触点 KT3-4 闭合。这时电容器 C 对 KAR 中的中间继电器 KM 的电压线圈放电，使 KM 动作。

中间继电器 KM 动作后，其常闭触点 KM1-2 断开，使指示灯 HL 熄灭，表示 KAR 已经动作，其出口回路已经接通。合闸接触器 KO 由控制小母线 WC 经 SA2、KAR 中的 KM3-4、KM5-6 两对触点及 KM 的电流线圈、KS 线圈、连接片 XB、触点 KM1 3-4 和断路器辅助触点 QF3-4 而获得电源，从而使断路器 QF 重合闸。

由于中间继电器 KM 是由电容器 C 放电而动作的，但 C 的放电时间不长，因此为了使 KM 能够自保持，在 KAR 的出口回路中串入了 KM 的电流线圈，借 KM 本身的常开触点 KM3-4 和 KM5-6 闭合使之接通，以保持 KM 的动作状态。在断路器 QF 合闸后，其辅助触点 QF3-4 断开而使 KM 的自保持解除。

在 KAR 的出口回路中串联信号继电器 KS，是为了记录 KAR 的动作，并为 KAR 动作发出灯光信号和声响信号。

断路器重合成功以后，所有继电器自动返回，电容器 C 又恢复充电。

要使 ARD 退出工作，可将 SA2 扳到分闸（OFF）位置，同时将出口回路中的连接片 XB

断开。

2. 一次 ARD 的基本要求

（1）一次 ARD 只重合一次 如果一次电路故障是永久性的，断路器在 KAR 作用下重合闸后，继电保护又要动作，使断路器再次自动跳闸。断路器第二次跳闸后，KAR 又要起动，使时间继电器 KT 动作。但由于电容器 C 还来不及充好电（充电时间需 15～25s），所以 C 的放电电流很小，不能使中间继电器 KM 动作，从而 KAR 的出口回路不会接通，这就保证了 ARD 只重合一次。

（2）用控制开关操作断路器分闸时，ARD 不应动作 通常在分闸操作时，先将选择开关 SA2 扳至分闸（OFF）位置，其 SA2 1-3 断开，使 KAR 退出工作。同时将控制开关 SA1 扳到“预备分闸”及“分闸后”位置时，其触点 SA1 2-4 闭合，使电容器 C 先对 R_6 放电，从而使中间继电器 KM 失去动作电源。因此即使 SA2 没有扳到分闸位置（使 KAR 退出的位置），在采用 SA1 操作分闸时，断路器也不会自行重合闸。

（3）ARD 的“防跳”措施 当 KAR 出口回路中的中间继电器 KM 的触点被粘住时，应防止断路器多次重合于发生永久性短路故障的一次电路上。

图 7-13 所示 ARD 电路中，采用了两项“防跳”措施：

1）在 KAR 的中间继电器 KM 的电流线圈回路（即其自保持回路）中，串联了它自身的两对常开触点 KM3-4 和 KM5-6。这样，万一其中一对常开触点被粘住，另一对常开触点仍能正常工作，不至发生断路器“跳动”即反复跳、合闸现象。

2）为了防止万一 KM 的两对触点 KM3-4 和 KM5-6 同时被粘住时断路器仍可能“跳动”，故在断路器的跳闸线圈 YR 回路中，又串联了防跳继电器 KM1 的电流线圈。在断路器分闸时，KM1 的电流线圈同时通电，使 KM1 动作。当 KM3-4 和 KM5-6 同时被粘住时，KM1 的电压线圈经它自身的常开触点 KM1 1-2、XB、KS 线圈、KM 电流线圈及其两对触点 KM3-4、KM5-6 而带电自保持，使 KM1 在合闸接触器 KO 回路中的常闭触点 KM1 3-4 也同时保持断开，使合闸接触器 KO 不至接通，从而达到“防跳”的目的。因此，防跳继电器 KM1 实际是一种分闸保持继电器。

在采用了防跳继电器 KM1 后，即使用控制开关 SA1 操作断路器合闸，只要一次电路存在故障，继电保护使断路器跳闸后，断路器也不会再次合闸。当 SA1 的手柄扳到“合闸”位置时，其触点 SA1 5-8 闭合，合闸接触器 KO 通电，使断路器合闸。如果一次电路存在着故障，继电保护将使断路器自动跳闸。在跳闸回路接通时，防跳继电器 KM1 起动。这时即使 SA1 手柄扳在“合闸”位置，由于 KO 回路中 KM1 的常闭触点 KM1 3-4 断开，SA1 的触点 SA1 5-8 闭合，也不会再次接通 KO，而是接通 KM1 的电压线圈使 KM1 自保持，从而避免断路器再次合闸，达到“防跳”的目的。当 SA1 回到“合闸后”位置时，其触点 SA1 5-8 断开，使 KM1 的自保持随之解除。

3. ARD 与继电保护装置的配合

假设线路上装有带时限的过电流保护和电流速断保护，则在线路末端发生短路时，电流速断保护不动作，只过电流保护动作，使断路器跳闸。断路器跳闸后，由于 KAR 动作，将使断路器重新合闸。如果短路故障是永久性的，则过电流保护又要动作，使断路器再次跳闸。但由于过电流保护带有时限，因而将使故障延续时间延长，危害加剧。为了减小危害，缩短故障时间，因此一般采取重合闸后加速保护装置动作的措施。

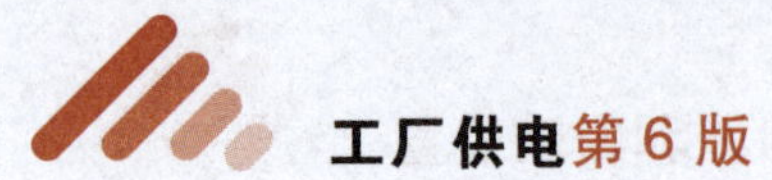

由图7-13可知，在KAR动作后，KM的常开触点KM7-8闭合，使加速继电器KM2动作，其延时断开的常开触点立即闭合。如果一次电路的短路故障是永久性的，则由于KM2触点的闭合，使保护装置起动后，不经时限元件，而只经KM2触点直接接通保护装置出口元件，使断路器快速跳闸。ARD与保护装置的这种配合方式，称为ARD“后加速”。

由图7-13还可看出，控制开关SA1还有一对触点SA1 25-28，它在SA1手柄在“合闸”位置时接通。因此当一次电路存在故障而SA1手柄在“合闸”位置时，直接接通加速继电器KM2，也能加速故障电路的切除。

二、备用电源自动投入装置

(一) 概述

在要求供电可靠性较高的工厂变配电所中，通常设有两路及以上的电源进线。在车间变电所低压侧，一般也设有与相邻车间变电所相连的低压联络线。如果在作为备用电源的线路上装设备用电源自动投入装置（Auto-put-into Device of Reserve-source，APD），则可在工作电源线路突然停电时，利用失电压保护装置使该线路的断路器跳闸，并在APD作用下，使备用电源线路的断路器迅速合闸，投入备用电源，恢复供电，从而大大提高供电可靠性。

(二) 备用电源自动投入的基本原理

图7-14是说明备用电源自动投入基本原理的电气简图。

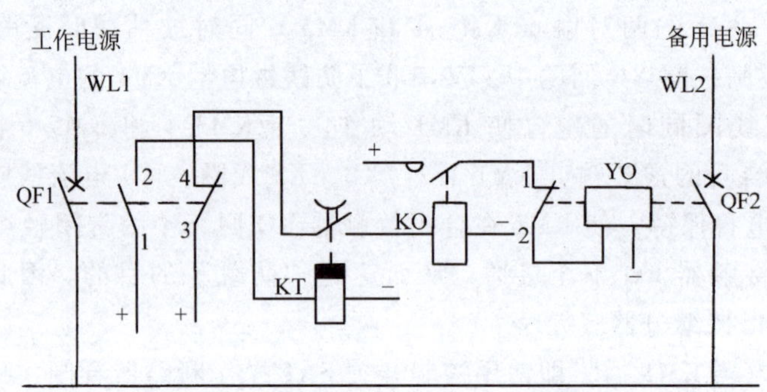

图7-14　备用电源自动投入装置基本原理说明简图

QF1—工作电源进线WL1上的断路器　QF2—备用电源进线WL2上的断路器

KT—时间继电器　KO—合闸接触器　YO—断路器QF2的合闸线圈

假设电源进线WL1在工作，WL2为备用，断路器QF2断开，但其两侧隔离开关（图上未画）是闭合的。当工作电源WL1断电引起失电压保护动作使QF1跳闸时，其常开触点QF1 1-2断开，使原已通电动作的时间继电器KT断电，但其延时断开触点尚未及断开。这时QF1的另一对常闭触点QF1 3-4闭合，而使合闸接触器KO通电动作，使断路器QF2合闸，从而使备用电源WL2投入运行，恢复对变配电所的供电。备用电源WL2投入后，KT的延时断开触点断开，切断KO回路，同时QF2的联锁触点QF2 1-2断开，切断YO回路，避免YO长期通电（YO是按短时大功率设计的）。由此可见，双电源进线又配备以APD时，供电可靠性大大提高。但是双电源单母线不分段接线，如果母线上发生故障，整个变配电所仍要停电。因此对有重要负荷的场合，宜采用单母线分段、两段母线同时供电的方式，如图

1-1 所示的 2 号车间变电所。

（三）高压双电源互为备用的 APD 电路示例

图 7-15 是高压双电源互为备用的 APD 电路，采用的控制开关 SA1、SA2 均为 LW2 型万能转换开关，其触点 5-8 只在“合闸”时接通，触点 6-7 只在“分闸”时接通。断路器 QF1 和 QF2 均采用交流操作的 CT7 型弹簧操动机构。

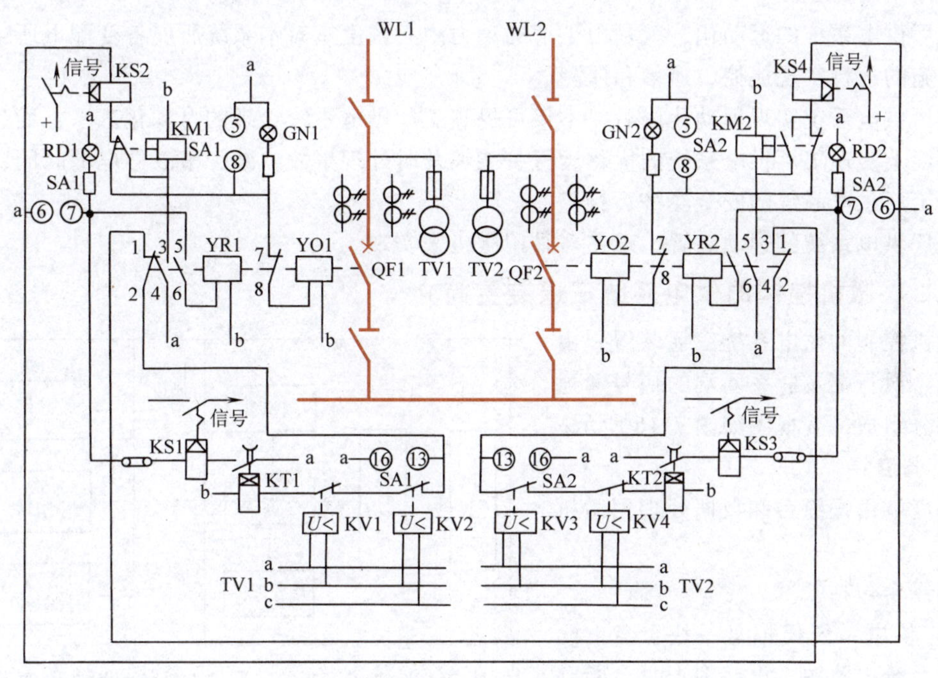

图 7-15 高压双电源互为备用的 APD 电路

WL1、WL2—电源进线 QF1、QF2—断路器 TV1、TV2—电压互感器（其二次侧相序为 a、b、c）SA1、SA2—控制开关 KV1 ~ KV4—电压继电器 KT1、KT2—时间继电器 KM1、KM2—中间继电器 KS1 ~ KS4—信号继电器 YR1、YR2—跳闸线圈 YO1、YO2—合闸线圈 RD1、RD2—红色指示灯 GN1、GN2—绿色指示灯

假设电源 WL1 在工作，WL2 为备用，即断路器 QF1 在合闸位置，QF2 在分闸位置。这时控制开关 SA1 在“合闸后”位置，SA2 在“分闸后”位置，它们的触点 5-8 和 6-7 均断开，而触点 SA1 13-16 接通，触点 SA2 13-16 断开。指示灯 RD1（红灯）亮，GN1（绿灯）灭；RD2（红灯）灭，GN2（绿灯）亮。

当工作电源 WL1 断电时，电压继电器 KV1 和 KV2 动作，它们的触点返回闭合，接通时间继电器 KT1，其延时闭合的常开触点闭合，接通信号继电器 KS1 和跳闸线圈 YR1，使断路器 QF1 跳闸，同时发出跳闸信号。红灯 RD1 因触点 QF1 5-6 断开而熄灭，绿灯 GN1 因触点 QF1 7-8 闭合而点亮。与此同时，断路器 QF2 的合闸线圈 YO2 因触点 QF1 1-2 闭合而通电，使断路器 QF2 合闸，从而使备用电源 WL2 自动投入，恢复变配电所的供电；红灯 RD2 亮，绿灯 GN2 灭。

反之，如果运行的备用电源 WL2 又断电时，同样地，电压继电器 KV3、KV4 将使断路器 QF2 跳闸，使 QF1 合闸，又自动投入电源 WL1。

三、工厂供电系统远动化简介

（一）概述

随着工业生产的发展和科学技术的进步，工厂（特别是现代化大型工厂）供电系统的控制、信号和监测工作已开始由人工管理、就地监控发展为远动化，实现遥控、遥信和遥测，即所谓“三遥”。

工厂供电系统的远动化，就是由工厂的动力中心调度室对本系统所属各变配电所或其他动力设施的运行实现遥控、遥信和遥测。

工厂供电系统实现远动化以后，不仅可提高工厂供电系统管理的自动化水平，而且可在一定程度上实现工厂供电系统的优化运行，能够及时处理事故，减少事故停电的时间，更好地保证工厂供电系统的安全经济运行。

工厂供电系统的远动装置，现在多采用微机来实现。

（二）微机控制的供电系统三遥装置简介

微机控制的供电系统三遥装置，由调度端、执行端及联系两端的信号通道等三部分组成，其框图如图7-16所示。

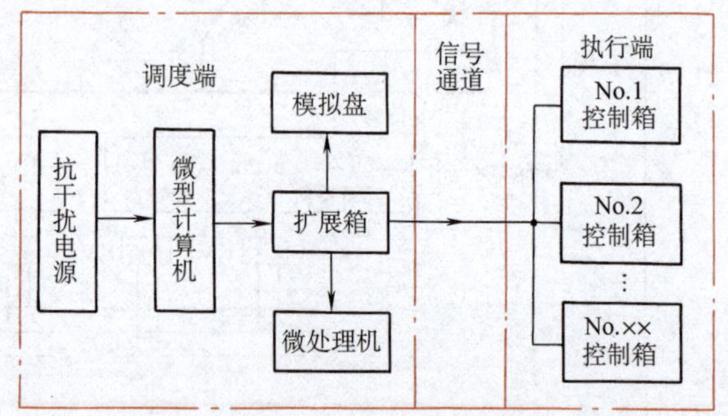

图7-16　微机控制的工厂供电系统三遥装置框图

1. 调度端

调度端由操纵台和数据处理用微机组成。

操纵台包括：

1）供电系统模拟盘一块，盘上绘有供电系统电路图，电路图上每台断路器都装有分、合闸状态指示灯。在事故跳闸时，相应的指示灯（绿灯）还要闪光，指出跳闸的具体部位，同时发出声响信号。

2）数据采集和控制用计算机系统一套，包括：主机一台，用以直接发出各项指令进行操作；打印机一台，可根据指令随时打印出所需的收据资料；彩色显示器（CRT）一台，用以显示系统全部或局部的工作状态和有关数据以及各种操作命令和事故状态等。

3）若干路就地常测入口，通过数字表，将信号输入微机，并用以随时显示全厂电源进线的电压和功率。

4）通信接口，用以完成操纵台与数据处理用微机之间的通信联络。

数据处理用微机的功能主要有：

1）根据所记录的全天半小时平均负荷绘出全厂用电负荷曲线。

2）按全厂有功电能、功率因数及最大需电量等计算每月总电费。

3）统计全厂高峰负荷时间的用电量。

4）根据需要，统计各配电线路的用电情况。

5）统计和分析运行和事故情况等。

2. 信号通道

信号通道是用来传递调度端操纵台与执行端控制箱之间往返的信号用的通道，一般采用带屏蔽的电话电缆；传送距离小于1km时，也可采用控制电缆或塑料绝缘导线。通道的敷

设一般采用树干式，各车间变电所通过分线盒与之相连，如图 7-17 所示。

3. 执行端

执行端是用逻辑电路和继电器组装而成的成套控制箱。每一被控点至少有装设一台。它的主要功能是：

(1) 遥控 对断路器进行远距离分、合闸操作。

(2) 遥信 其中一部分反应被控断路器的分、合闸状态以及事故跳闸的报警；另一部分反应事故预告信号，可实现过负荷、过电压、变压器气体保护及超温等的报警。

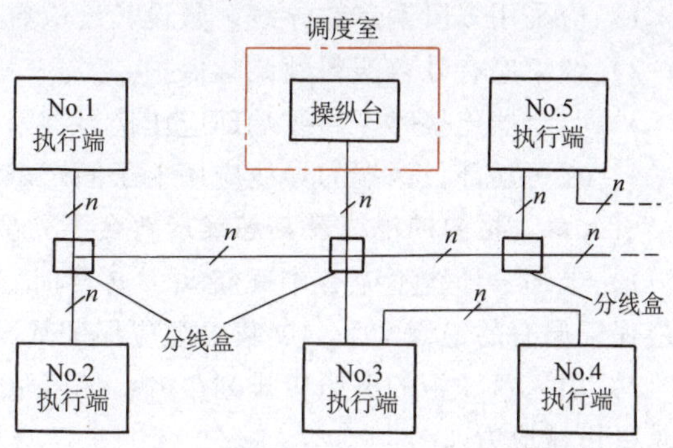

图 7-17 三遥装置通道敷设示意图

(3) 遥测 包括电流、电压等参数的遥测，其中可设一路电流、电压等参数为常测，其余为定时循环检测或自动选测。

(4) 电能遥测 分别遥测有功和无功电能。电能信号分别取自有功和无功电能表，表内装有光电转换单元，将电能表的铝盘转数转换成脉冲信号送回调度端。

微机在工厂供电系统中的应用，大大提高了供电系统的运行水平，使供电系统的运行更加安全、可靠、优质和经济合理。

第五节 二次回路的安装接线和接线图

一、二次回路的安装接线要求

按 GB 50171—2012《电气装置安装工程 盘、柜及二次回路接线施工及验收规范》规定，**二次回路的安装接线应符合下列要求**：

1) 按图施工，接线正确。

2) 导线与电气元件间采用螺栓连接、插接、焊接或压接等，且均应牢固可靠。

3) 盘、柜内的导线中间不应有接头，导线芯线应无损伤。

4) 多股导线与端子、设备连接应压终端附件。

5) 电缆芯线和所配导线的端部均应标明其回路编号，编号应正确，字迹清楚，且不易脱色。

6) 配线应整齐、清晰、美观，导线绝缘应良好。

7) 每个接线端子的每侧接线宜为一根，不得超过两根；对于插接式端子，不同截面积的两根不得接在同一端子上；对于螺栓连接端子，当接两根导线时，中间应加平垫片。

8) 盘、柜内的二次回路配线：电流回路应采用电压不低于 500V 的铜芯绝缘导线，其截面积不应小于 2.5mm^2；其他回路截面积不应小于 1.5mm^2；对电子元件回路、弱电回路采用锡焊连接时，在满足载流量和电压降及有足够机械强度的情况下，可采用截面积不小于 0.5mm^2 的铜芯绝缘导线。

用于连接盘、柜门上的电器及控制台板等可动部位的导线，还应符合下列要求：

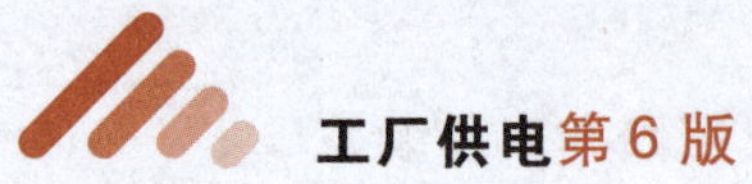

1）应采用多股铜芯软导线，敷设长度应有适当裕度。

2）线束应有外套塑料缠绕管保护。

3）与电器连接时，导线端部应压接终端附件。

4）在可动部位两端的导线应用卡子固定牢固。

引入盘、柜内的电缆及其芯线应符合下列要求：

1）电缆、导线不应有中间接头。必要时，接头应接触良好、牢固，不承受机械拉力，并应保证原有的绝缘水平；屏蔽电缆应保证其原有的屏蔽电气连接作用。

2）引入盘、柜的电缆应排列整齐，编号清晰，避免交叉，固定牢固，不得使所接的端子承受机械应力。

3）铠装电缆进入盘、柜后，应将钢带切断，切断处应扎紧，并应将钢带接地。

4）使用于静态保护、控制等逻辑回路的控制电缆，应采用屏蔽电缆。其屏蔽层应接地良好。

5）橡胶绝缘芯线应外套绝缘管保护。

6）盘、柜内的电缆芯线接线应牢固，排列整齐，并应留有适当裕度；备用芯线应引至盘、柜顶部或线槽末端，并应标明备用标识，芯线导体不得外露。

7）强电与弱电回路不能使用同一根电缆，并应分别成束分开排列。

8）电缆芯线及其绝缘不应有损伤；单股芯线不应因弯曲半径过小而损坏线芯及绝缘。单股芯线弯圆接线时，其弯线方向应与螺栓紧固方向一致；多股软线与端子连接时，应压接相应规格的终端附件。

还应注意：在油污环境中的二次回路应采用耐油的绝缘导线，如塑料绝缘导线。在日光直照环境中的橡胶或塑料绝缘导线均应采取保护措施，如穿金属管、蛇皮管保护。

二、二次回路接线图的绘制要求与方法

二次回路接线图，是用来表示成套装置或设备中二次回路的各元器件之间连接关系的一种简图。**必须注意，这里的接线图与通常等同于电路图的接线图含义是不同的，其用途也有区别。**

二次回路接线图主要用于二次回路的安装接线、线路检查维修和故障处理。因此这里的接线图也可称为“安装接线图”。在实际应用中，安装接线图通常与原理电路图和位置图配合使用。接线图有时也与接线表配合使用。接线表的功用与接线图相同，只是绘制形式不同。接线图和接线表一般都应表示出各个项目（指元件、器件、部件、组件和成套设备等）的相对位置、项目代号、端子号、导线号、导线类型和导线截面积、根数等内容。

绘制二次回路接线图，必须遵循现行国家标准 GB/T 6988.3—2008《电气技术用文件的编制　第3部分：接线图和接线表》的有关规定，其图形符号应符合 GB/T 4728—2005～2008《电气简图用图形符号》的有关规定，其文字符号包括项目代号应符合 GB/T 5094.2—2003《工业系统、装置与设备以及工业产品　结构原则与参照代号　第2部分：项目的分类与分类码》和 09DX001《建筑电气工程设计常用图形符号和文字符号》等的有关规定。

下面分别介绍接线图中二次设备、接线端子及连接导线的表示方法。

（一）二次设备的表示方法

由于二次设备是从属于某一次设备或一次电路的，而一次设备或一次电路又从属于某一

成套装置，因此为避免混淆，所有二次设备都必须按 GB/T 5094.3—2005《工业系统、装置与设备以及工业产品 结构原则与参照代号 第3部分：应用指南》的规定标明其项目代号。项目是指接线图上用图形符号所表示的元件、部件、组件、功能单元、设备、系统等，例如电阻器、继电器、发电机、放大器、电源装置、开关设备等。

项目代号是用来识别项目种类及其层次关系与位置的一种代号。一个完整的项目代号包括四个代号段，每一代号段之前还有一个前缀符号作为代号段的特征标记，见表 7-1。例如图 7-8 所示高压线路的测量仪表电路图中，无功电能表的项目代号为 PJR。假设这一高压线路的项目代号为 W3，而此线路又装在项目代号为 A5 的高压开关柜内，则上述无功电能表的项目代号的完整表示为"=A5+W3-PJR"。对于该无功电能表上的第7号端子，其项目代号则应表示为"=A5+W3-PJR:7"。不过在不至引起混淆的情况下可以简化，例如上述无功电能表第7号端子，就可表示为"-PJR:7"或"PJR:7"。

表 7-1 项目代号的层次与符号

项目层次(段)	代号名称	前缀符号	示　例
第一段	高层代号	=	=A5
第二段	位置代号	+	+W3
第三段	种类代号	-	-PJR
第四段	端子代号	:	:7

（二）接线端子的表示方法

盘、柜外的导线或设备与盘、柜内的二次设备相连接时，必须经过端子排。端子排由专门的接线端子板组合而成。

接线端子板分为普通端子、连接端子、试验端子和终端端子等型式。

普通端子板用来连接由盘外引至盘内或由盘内引至盘外的导线。

连接端子板有横向连接片，可与临近端子板相连，用来连接有分支的二次回路导线。

试验端子板用来在不断开二次回路的情况下，对仪表、继电器等进行试验。如图 7-18 所示，两个试验端子将工作电流表 PA1 与电流互感器 TA 的二次侧相连。当需要换下工作电流表 PA1 进行试验时，可用另一备用电流表 PA2 分别接在两试验端子的接线螺钉 2 和 7 上，如图中虚线所示。然后拧开螺钉 3 和 8，拆下工作电流表 PA1 进行试验。PA1 校验完毕后，再将它接入，并拆下备用电流表 PA2，整个电路恢复原状运行。

终端端子板用来固定或分隔不同安装项目的端子排。

在二次回路接线图中，端子排中各种型式端子板的符号标志如图 7-19 所示。端子排的文字符号为 X，端子的前缀符号为"："。

（三）连接导线的表示方法

二次回路接线图中端子之间的连接导线有以下两种表示方法：

1）**连续线表示法。**表示两端子之间连接导线的线条是连续的，如图 7-20a 所示。

2）**中断线表示法。**表示两端子之间连接导线的线条是中断的，如图 7-20b 所示。这里需要注意：在线条中断处必须标明导线的去向，即在接线端子出线处标明对面端子的代号，因此这种标号法，又称为"相对标号法"或"对面标号法"。

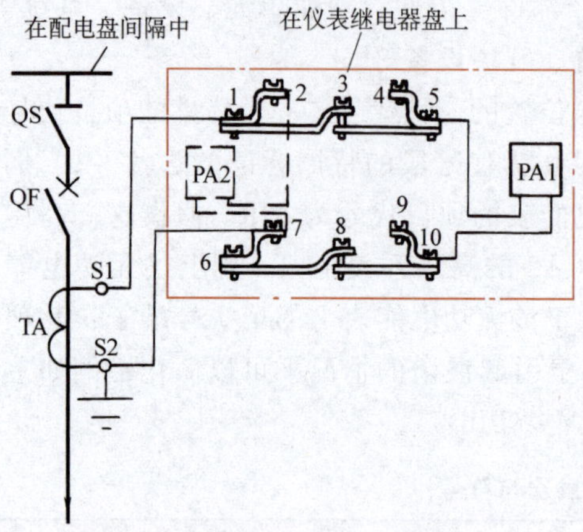

图 7-18　试验端子的结构及其应用

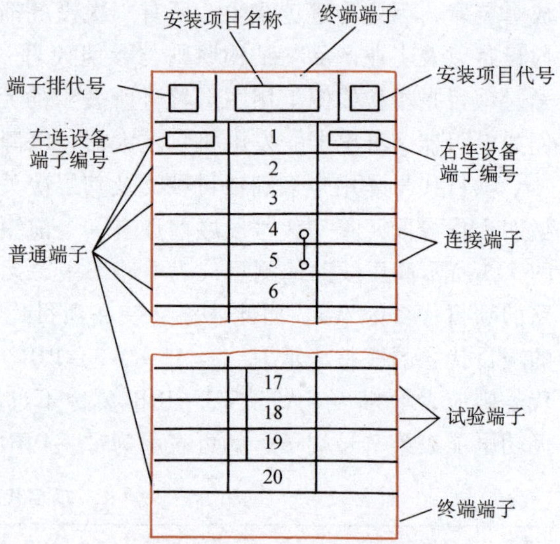

图 7-19　二次回路端子排标志图例

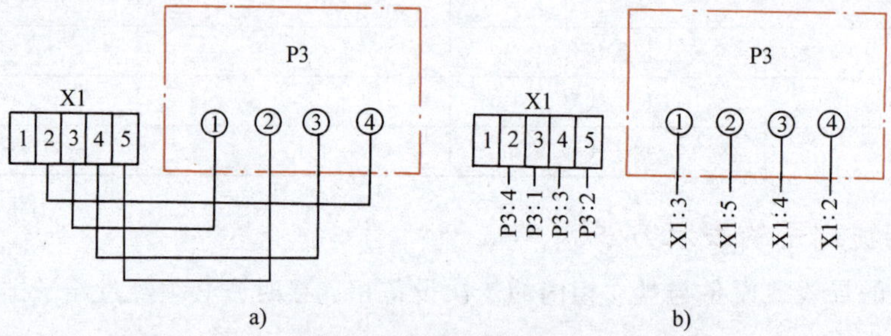

图 7-20　二次回路端子间连接导线的表示方法

a）连续线表示法　b）中断线表示法

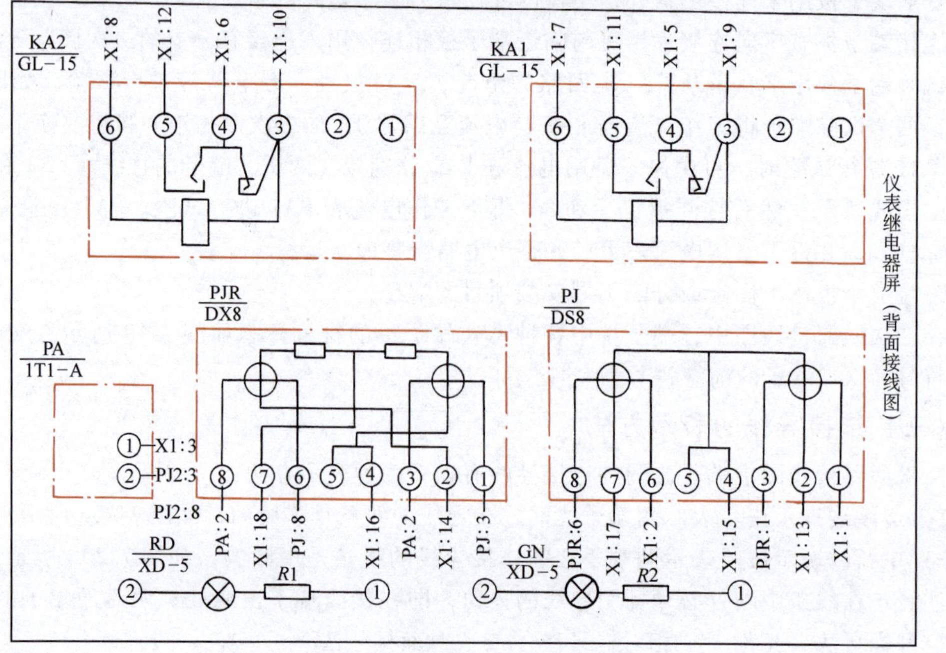

图 7-21　高压线路二次回路安装接线图

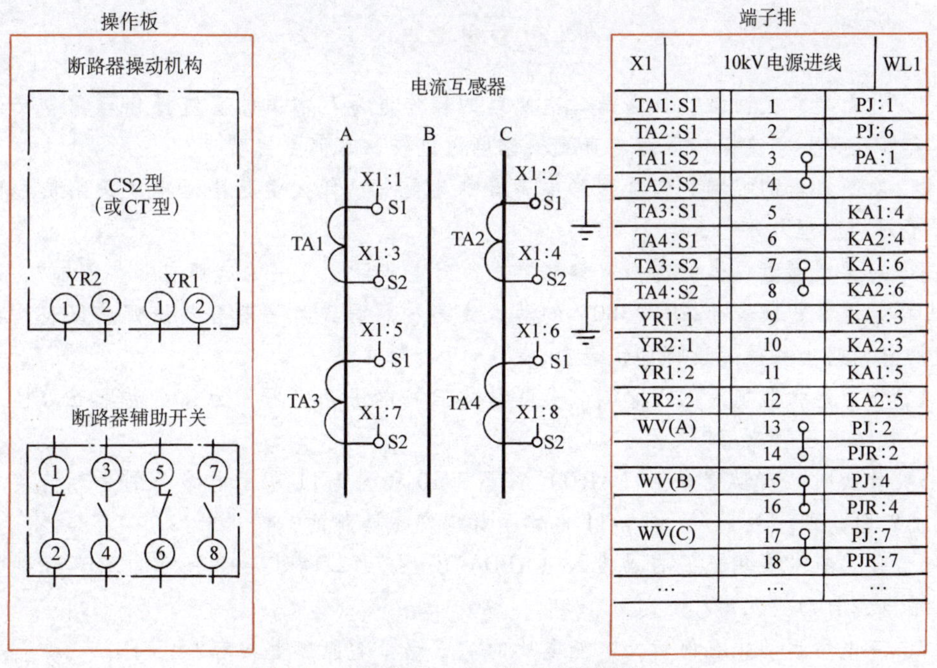

图 7-21　高压线路二次回路安装接线图（续）

用连续线表示的连接导线如果全部画出，有时使整个接线图显得过于繁复，因此在不至引起误解的情况下，也可以将导线组、电缆等用加粗的线条来表示。不过现在的二次回路接线图上多采用中断线来表示连接导线，因为这使接线图显得简明清晰，对安装接线和维护检修都很方便。

图 7-21 是用中断线来表示二次回路连接导线的一条高压线路二次回路安装接线图。为阅读方便，另绘出了该二次回路的展开式原理电路图，如图 7-22 所示，供对照参考。

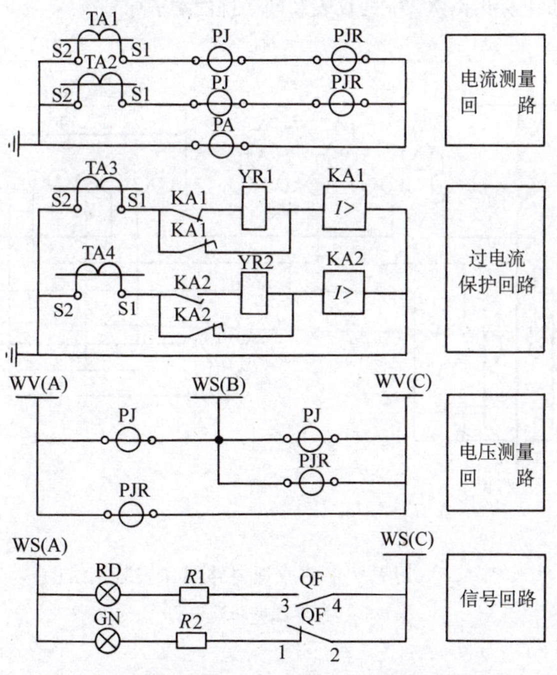

图 7-22　高压线路二次回路展开式原理电路图

复习思考题

7-1 什么是二次回路？什么是二次回路的操作电源？常用的直流操作电源和交流操作电源各有哪几种？交流操作电源与直流操作电源比较，有何主要特点？

7-2 对断路器的控制和信号回路主要有哪些要求？什么是断路器事故跳闸信号回路构成的“不对应原理”？

7-3 对常用测量仪表的选择有哪些要求？对电能计量仪表的选择有哪些要求？一般6～10kV线路装设哪些仪表？220V/380V的动力线路和照明线路一般各装设哪些仪表？并联电容器组的总回路上一般装设哪些仪表？

7-4 作为绝缘监视用的Y_0/Y_0/⊿联结的三相电压互感器，为什么要用五心柱的而不能用三心柱的电压互感器？

7-5 什么叫“自动重合闸（ARD）”？图7-10和图7-11所示电路分别是如何实现自动重合闸的？什么叫“防跳”？图7-11电路是如何实现防跳的？

7-6 什么叫“备用电源自动投入（APD）”？图7-12和图7-13所示电路各分别是如何实现备用电源自动投入的？

7-7 变电所远动化有何意义？变电所的“三遥”包括哪些内容？

7-8 二次回路的安装接线应符合哪些要求？二次设备项目代号中的“=”、“+”、“-”和“:”各是什么符号？含义是什么？什么叫连接导线的连续线表示法和中断线表示法（相对标号法）？

习　题

7-1 某供电给高压并联电容器组的线路上，装有一只无功电能表和三只电流表，如图7-23a所示。试按中断线表示法在图7-23b上标出图7-23a的仪表和端子排的端子标号。

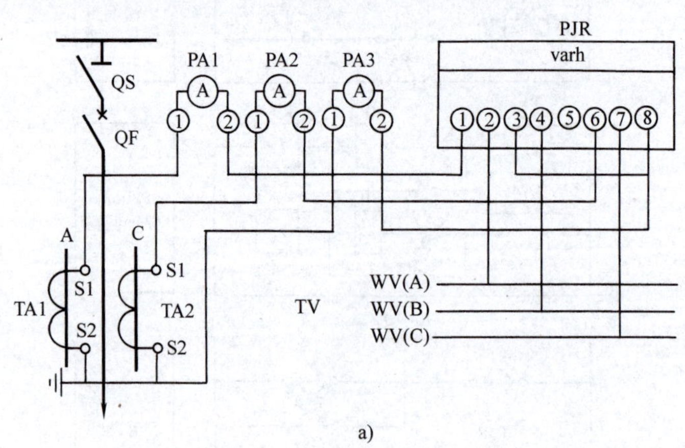

图7-23 习题7-1的原理电路图和安装接线图

a）原理电路图

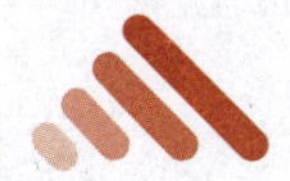

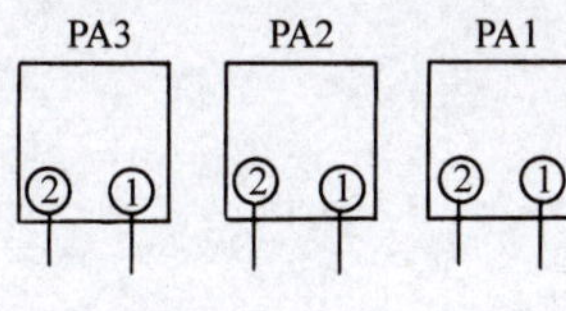

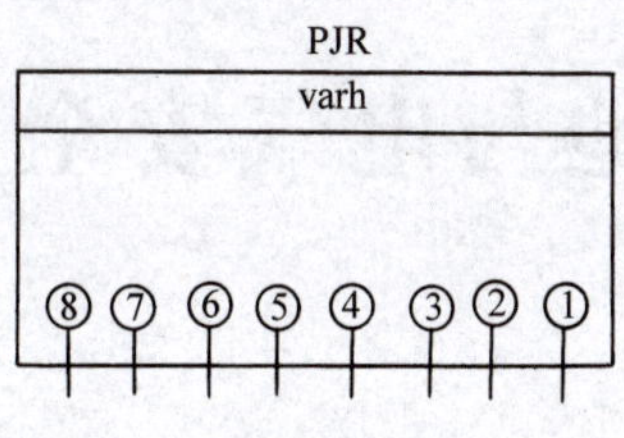

PA3
PA2
PA1
② ①
PJR
varh
⑧ ⑦ ⑥ ⑤ ④ ③ ② ①
X 端子排
TA1:S1 1
TA2:S1 2
TA1:S2 3
TA2:S2 4
WV(A) 5
6
WV(B) 7
8
WV(C) 9
10

b)

图 7-23 习题 7-1 的原理电路图和安装接线图（续）

b）安装接线图（待标号）

第八章

防雷、接地与电气安全

本章首先讲述过电压与防雷，包括过电压和雷电的有关概念、防雷设备及电气装置的防雷、建筑物及电子信息系统的防雷等；然后讲述电气装置的接地及低压配电系统的接地故障保护、漏电保护和等电位联结；最后讲述电气安全与触电急救知识。本章内容贯穿一条“电气安全”的主线。

第一节　过电压与防雷

一、过电压及雷电的有关概念

（一）过电压的形式

过电压是指在电气线路上或电气设备上出现的超过正常工作电压的对绝缘很有危害的异常电压。在电力系统中，过电压按其产生的原因，可分为内部过电压和雷电过电压两大类。

1. 内部过电压

内部过电压是指由于电力系统本身的开关操作、负荷剧变或发生故障等原因，使系统的工作状态突然改变，从而在系统内部出现电磁能量转换、振荡而引起的过电压。

内部过电压又分操作过电压和谐振过电压等形式。操作过电压是由于系统中的开关操作或负荷剧变而引起的过电压。谐振过电压是由于系统中的电路参数（R、L、C）在不利的组合下发生谐振或由于故障而出现断续性接地电弧所引起的过电压，也包括电力变压器铁心饱和而引起的铁磁谐振过电压。

运行经验证明，内部过电压一般不会超过系统正常运行时相对地（即单相）额定电压的3~4倍，因此对电力系统和电气设备绝缘的威胁不是很大。

2. 雷电过电压

雷电过电压又称大气过电压，也称外部过电压，是由于电力系统中的线路、设备或建（构）筑物遭受来自大气中的雷击或雷电感应而引起的过电压。雷电过电压产生的雷电冲击波，其电压幅值可高达1亿伏，其电流幅值可高达几十万安，因此对供电系统的危害极大，必须加以防护。

雷电过电压有两种基本形式：

(1) 直接雷击 它是雷电直接击中电气线路、设备或建（构）筑物，其过电压引起的强大的雷电流通过这些物体放电入地，从而产生破坏性极大的热效应和机械效应，相伴的还有电磁脉冲和闪络放电。这种雷电过电压称为直击雷。

(2) 间接雷击 它是雷电没有直接击中电力系统中的任何部分，而是由雷电对线路、设备或其他物体的静电感应或电磁感应所产生的过电压。这种雷电过电压也称为感应雷，或称闪电感应或雷电感应。

雷电过电压除上述两种雷击形式外，还有一种是由于架空线路或金属管道遭受直接雷击或间接雷击而引起的过电压波，沿着架空线路或金属管道侵入变配电所或其他建筑物。这种雷电过电压形式，称为**高电位侵入或雷电波侵入**。据我国几个大城市统计，供电系统中由于雷电波侵入而造成的雷害事故占所有雷害事故的50%～70%，比例很大，因此对雷电波侵入的防护应予以足够的重视。

(二) 雷电的形成原理

1. 直击雷的形成原理

雷电是带有电荷的“雷云”之间或“雷云”对大地或物体之间产生急剧放电的一种自然现象。

关于雷云形成的理论或学说较多，但比较公认的看法是：在闷热的天气里，地面上的水汽蒸发上升，在高空低温影响下水汽凝结成冰晶。冰晶受到上升气流的冲击而破碎分裂。气流挟带一部分带正电的较小的冰晶上升，形成“正雷云”，而另一部分带负电的较大的冰晶下降，形成“负雷云”。由于高空气流的流动，所以正、负雷云均在天空中飘浮不定。据观测，在地面上产生雷击的雷云多为负雷云。

当空中的雷云靠近大地时，雷云与大地之间形成一个很大的雷电场。由于静电感应作用，使地面上出现与雷云的电荷极性相反的电荷，如图8-1a所示。

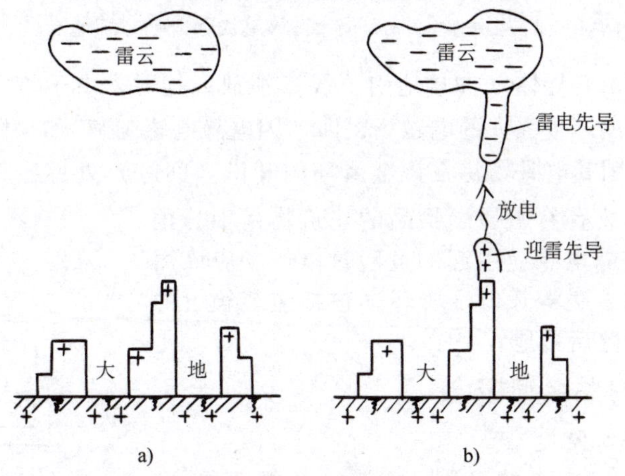

图8-1 雷云对大地放电（直击雷）

a）负雷云出现在大地建筑物上方时 b）负雷云对建筑物顶部尖端放电时

当雷云与大地之间在某一方位的电场强度达到25～30kV/cm时，雷云就会开始向这一方位放电，形成一个导电的空气通道，称为雷电先导。大地感应出的异性电荷集中的上述方位尖端上方，在雷电先导下行到离地面100～300m时，也形成一个上行的迎雷先导，如图

8-1b 所示。当上、下雷电先导相互接近时，正、负电荷强烈吸引中和而产生强大的雷电流，并伴有雷鸣电闪。这就是直击雷的主放电阶段。这个时间极短，一般只有 50 ~ 100μs。主放电阶段之后，雷云中的剩余电荷继续沿着主放电通道向大地放电，形成断续的隆隆雷声。这就是直击雷的余辉放电阶段，时间约为 0.03 ~ 0.15s，电流较小，约几百安。

雷电先导在主放电阶段前与地面上雷击对象之间的最小空间距离，称为"闪击距离"，简称"击距"。雷电的闪击距离，与雷电流的幅值和陡度有关。确定直击雷防护范围的"滚球半径"大小（参见表 8-1），就与闪击距离有关。

2. 感应雷（感应过电压）的形成原理

在架空线路附近出现对地雷击时，架空线路上极易产生感应过电压。其过程是：当雷云出现在架空线路上方时，线路上由于静电感应而积聚大量异性的束缚电荷，如图 8-2a 所示；当雷云对地放电或与其他异性雷云中和放电后，这些束缚电荷被释放而形成自由电荷，向线路两端泄放，形成电位很高的感应过电压，如图 8-2b 所示。这就是"感应雷"，也称为"闪电电涌"。高压线路上的感应过电压，可高达几十万伏，低压线路上的感应过电压也可达几万伏，对供电系统的危害都很大。

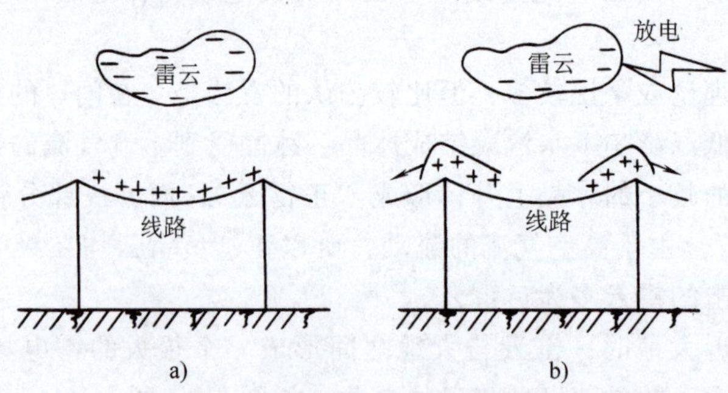

图 8-2　架空线路上的闪电电涌过电压

a）雷云在线路上方时　b）雷云对地或对其他雷云放电后

当强大的雷电流沿着导体（如接地引下线）泄放入地时，由于雷电流具有很大的幅值和陡度，因此在它周围产生强大的电磁场，即"闪电静电感应"。如果附近有一开口的金属环，如图 8-3 所示，则其电磁场将在该金属环的开口（间隙）处感生相当大的电动势而产生火花放电，这对存放有易燃易爆物品的建筑物是十分危险的。为了防止闪电静电感应引起的危险过电压，应该用跨接导体或用焊接的方法将开口金属环（包括包装箱上的铁皮箍）连成闭合回路后接地。

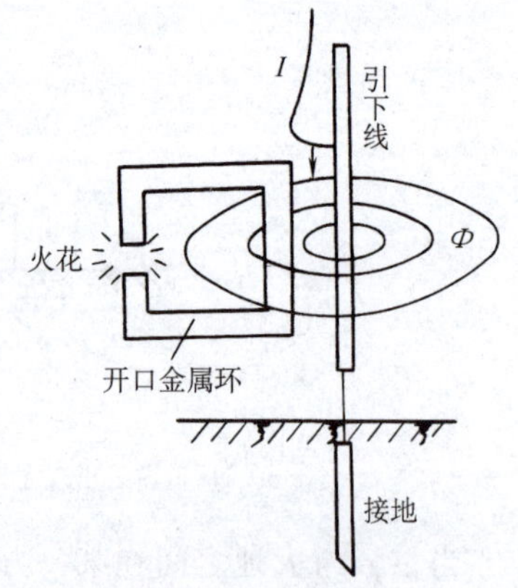

图 8-3　开口金属环上的闪电静电感应过电压

（三）雷电的有关名词概念

1. 雷电流的幅值和陡度

雷电流是指流入雷击点的电流，它是一个幅值很大、陡度很高的冲击波电流，如图 8-4 所示。

雷电流的幅值 I_m，与雷云中的电荷量及雷电放电通道的阻抗值有关。雷电流一般在 1 ~ 4μs 内增长到幅值 I_m。雷电流在幅值以前的一段波形称为波头，而从幅值起衰减到 $I_m/2$ 的一段波形称为波尾。雷电流的陡度 α 用雷电流波头部分增

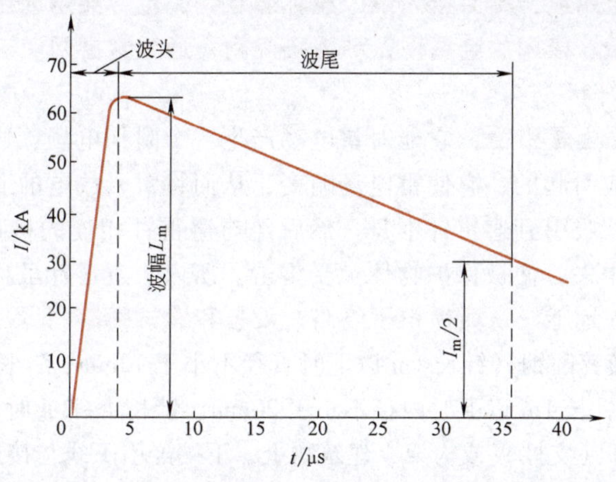

图 8-4　雷电流的波形

长的速率来表示，即 $\alpha = di/dt$。雷电流的陡度，据测定，可达 50kA/μs 以上。对电气设备绝缘来说，雷电流的陡度越大，由 $u_L = Ldi/dt$ 可知，产生的过电压越高，对设备绝缘的破坏性也越严重。因此，研究如何降低雷电流的幅值和陡度是防雷保护的一个重要课题。

2. 年平均雷暴日数

凡有雷电活动的日子，包括看到电闪和听到雷声，都称为雷暴日。由当地气象台、站统计的多年雷暴日的年平均值，称为年平均雷暴日数。年平均雷暴日数不超过 15 天的地区，称为少雷区。年平均雷暴日数超过 40 天的地区，称为多雷区。年平均雷暴日数超过 90 天的地区及雷害特别严重的地区，称为雷电活动特别强烈地区，也可归入多雷区。年平均雷暴日数越多，说明该地区的雷电活动越频繁，因此防雷要求越高，防雷措施越需加强。

3. 年预计雷击次数

年预计雷击次数是表征建筑物可能遭受雷击的一个频率参数。按 GB 50057—2010《建筑物防雷设计规范》规定，建筑物年预计雷击次数 N（单位为次/年）按下式计算：

$$N = 0.1KT_aA_e \tag{8-1}$$

式中，T_a 为年平均雷暴日数，按当地气象台、站资料确定；A_e 为与建筑物截收雷击次数相同的等效面积（km^2），按 GB 50057—2010 规定的方法计算，此处从略；K 为校正系数，在一般情况下取 1，在下列情况下取相应数值：位于山顶上或旷野的孤立建筑物取 2，金属屋面没有接地的砖木结构建筑物取 1.7，位于河边、湖边、山坡下或山地中土壤电阻率较小处、土山顶部、山谷风口等处的建筑物以及特别潮湿的建筑物，取 1.5。

4. 雷电电磁脉冲

雷电电磁脉冲，又称浪涌电压，是雷电直接击在建筑物的防雷装置上或击在建筑物附近所引起的一种电磁感应效应。绝大多数雷电电磁脉冲是通过连接导体使相关联设备的电位升高而产生电流冲击或产生电磁辐射，使电子信息系统受到干扰，所以其对电子信息系统是一种干扰源，必须加以防护。

二、防雷设备

（一）接闪器

接闪器就是专门用来接受直接雷击（雷闪）的金属物体。接闪的金属杆，称为接闪杆，

通称避雷针。接闪的金属线，称为接闪线，通称避雷线，也称架空地线。接闪的金属带，称为接闪带，通称避雷带。接闪的金属网，称为接闪网，通称避雷网。

1. 避雷针（接闪杆）

避雷针的功能实质上是引雷，它能对雷电场产生一个附加电场，这附加电场是由于雷云对避雷针产生静电感应引起的，它使雷电场畸变，从而将雷云放电的通道，由原来可能向被保护物体发展的方向，吸引到避雷针本身，然后经与避雷针相连的接地引下线和接地装置，将雷电流泄放到大地中去，使被保护物体免受雷击。所以，避雷针虽称避雷针，但实质是引雷针，**它把雷电流引入地下，从而保护了线路、设备和建筑物等。**

避雷针一般采用镀锌圆钢（针长 1m 以下时直径不小于 12mm、针长 1～2m 时直径不小于 16mm）或镀锌钢管（针长 1m 以下时内径不小于 20mm、针长 1～2m 时内径不小于 25mm）制成。它通常安装在电杆（支柱）或构架、建筑物上，下端经引下线与接地装置相连。

避雷针的保护范围，以它能够防护直击雷的空间来表示。

我国过去的防雷设计规范（如 GBJ 57—1983）或过电压保护设计规范（如 GBJ 64—1983），对避雷针和避雷线的保护范围都是按“折线法”来确定的，而现行国家标准 GB 50057—2010《建筑物防雷设计规范》则规定采用 IEC 推荐的“滚球法”来确定。

所谓“滚球法”，就是选择一个半径为 h_r（滚球半径）的球体，按需要防护直击雷的部位滚动，如果球体只接触到避雷针（线）或避雷针（线）与地面，而不触及需要保护的部位，则该部位就在避雷针（线）的保护范围之内。滚球半径 h_r 按建筑物的防雷类别不同而取不同值，见表 8-1。

表 8-1 按建筑物防雷类别确定滚球半径和避雷网格尺寸（据 GB 50057—2010）

建筑物防雷类别	滚球半径 h_r/m	避雷网格尺寸/m
第一类防雷建筑物	30	≤5×5 或≤6×4
第二类防雷建筑物	45	≤10×10 或≤12×8
第三类防雷建筑物	60	≤20×20 或≤24×16

单支避雷针的保护范围，按 GB 50057—2010 规定，以下列方法确定（见图 8-5）：

（1）当避雷针高度 $h \leqslant h_r$ 时

1）在距地面 h_r 处作一平行于地面的平行线。

2）以避雷针的针尖为圆心，h_r 为半径，作弧线交于平行线的 A、B 两点。

3）以 A、B 为圆心，h_r 为半径作弧线，该弧线与针尖相交并与地面相切，从此弧线起到地面上的整个锥形空间，就是避雷针的保护范围。

4）避雷针在被保护物高度 h_x 的 xx' 平面上的保护半径，按下式计算：

$$r_x = \sqrt{h(2h_r - h)} - \sqrt{h_x(2h_r - h_x)} \quad (8\text{-}2)$$

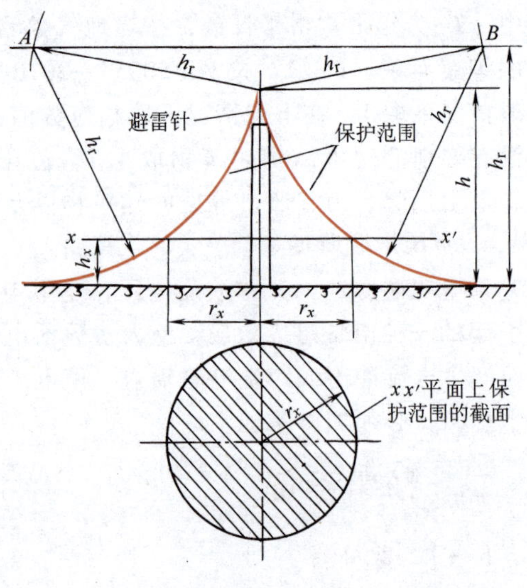

图 8-5 单支避雷针（接闪杆）的保护范围

式中，h_r 为滚球半径，按表 8-1 确定。

5）避雷针在地面上的保护半径，按式（8-3）计算：

$$r_0 = \sqrt{h(2h_r - h)} \tag{8-3}$$

（2）当避雷针高度 $h > h_r$ 时　在避雷针上取高度 h_r 的一点代替单支避雷针的针尖作圆心，其余的作法与上述 $h \leqslant h_r$ 时的作法相同。

关于两支及多支避雷针的保护范围，可参看 GB 50057—2010 或有关设计手册，此处从略。

例 8-1　某厂一座高 30m 的水塔旁边，建有一水泵房（属第三类防雷建筑物），尺寸如图 8-6 所示。水塔上安装有一支高 2m 的避雷针。试问此避雷针能否保护这一水泵房。

解： 查表 8-1 得滚球半径 $h_r = 60\text{m}$，而 $h = 30\text{m} + 2\text{m} = 32\text{m}$，$h_x = 6\text{m}$。故由式（8-2）得避雷针在水泵房顶部高度上的水平保护半径为

$$r_x = \sqrt{32 \times (2 \times 60 - 32)}\,\text{m} - \sqrt{6 \times (2 \times 60 - 6)}\,\text{m} = 26.9\text{m}$$

而水泵房顶部最远一角距离避雷针的水平距离为

$$r = \sqrt{(12 + 6)^2 + 5^2}\,\text{m} = 18.7\text{m} < r_x$$

由此可见，水塔上的避雷针完全能够保护这一水泵房。

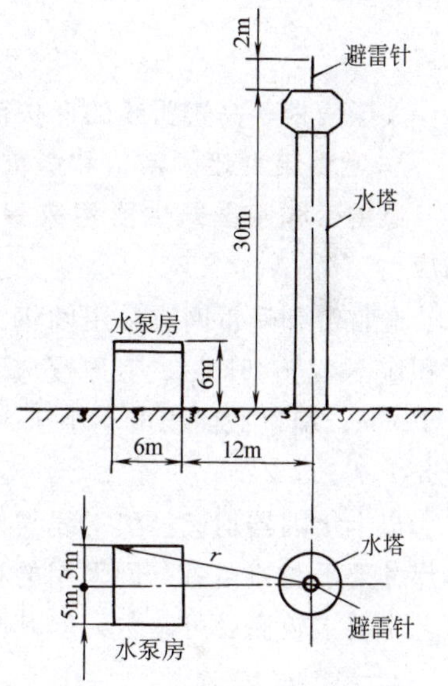

图 8-6　例 8-1 避雷针的保护范围

2. 避雷线（接闪线）

避雷线的功能和原理与避雷针基本相同。

避雷线一般采用截面积不小于 50mm² 的镀锌钢绞线，架设在架空线路的上方，以保护架空线路或其他物体（包括建筑物）免遭直接雷击。由于避雷线既是架空，又要接地，因此又称为架空地线。

单根避雷线的保护范围，按 GB 50057—2010 规定：当避雷线高度 $h \geqslant 2h_r$ 时，无保护范围。当避雷线的高度 $h < 2h_r$ 时，应按下列方法确定（见图 8-7）。但要注意：确定架空避雷线的高度时，应计及弧垂的影响。在无法确定弧垂的情

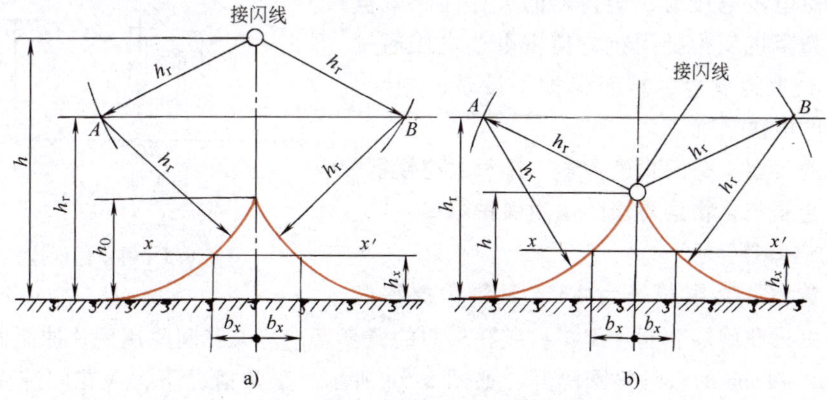

图 8-7　单根避雷线的保护范围

a）当 $2h_r > h > h_r$ 时　b）当 $h \leqslant h_r$ 时

况下，等高支柱间的档距小于120m时，其避雷线中点的弧垂宜取2m；档距为120~150m时，弧垂宜取3m。

1）距地面h_r处作一平行于地面的平行线。

2）以避雷线为圆心，h_r为半径，作弧线交于平行线的A、B两点。

3）以A、B为圆心，h_r为半径作弧线，该两弧线相交或相切，并与地面相切。从该弧线起到地面止的空间，就是避雷线的保护范围。

4）当$2h_r > h > h_r$时，保护范围最高点的高度h_0按式（8-4）计算：

$$h_0 = 2h_r - h \tag{8-4}$$

5）避雷线在h_0高度的xx'平面上的保护宽度b_x按式（8-5）计算：

$$b_x = \sqrt{h(2h_r - h)} - \sqrt{h_x(2h_r - h_x)} \tag{8-5}$$

关于两根等高避雷线的保护范围，可参看GB 50057—2010或有关设计手册，此处从略。

3. 避雷带（接闪带）和避雷网（接闪网）

避雷带和避雷网主要用来保护建筑物特别是高层建筑物，使之免遭直接雷击和雷电感应。

避雷带和避雷网宜采用圆钢或扁钢，优先采用圆钢。圆钢直径应不小于8mm；扁钢截面积应不小于48mm^2，其厚度应不小于4mm。当烟囱上采用避雷环时，其圆钢直径应不小于12mm；扁钢截面积应不小于100mm^2，其厚度应不小于4mm。避雷网的网格尺寸要求见表8-1。

以上接闪器均应经引下线与接地装置连接。引下线宜采用圆钢或扁钢，优先采用圆钢，其尺寸要求与避雷带、网采用的相同。引下线应沿建筑物外墙明敷，并经最短路径接地；建筑艺术要求较高者可暗敷，但其圆钢直径应不小于10mm，扁钢截面积应不小于80mm^2。

（二）避雷器

避雷器包括电涌保护器，用来防止雷电过电压波沿线路侵入变配电所或其他建筑物内，以免其危及被保护设备的绝缘，或用来防止雷电电磁脉冲对电子信息系统的电磁干扰。

避雷器应与被保护设备并联，且安装在被保护设备的电源侧，如图8-8所示。当线路上出现危及设备绝缘的雷电过电压时，避雷器的火花间隙就被击穿，或由高阻抗变为低阻抗，使雷电过电压通过接地引下线对大地放电，从而保护了设备的绝缘，或消除了雷电电磁干扰。

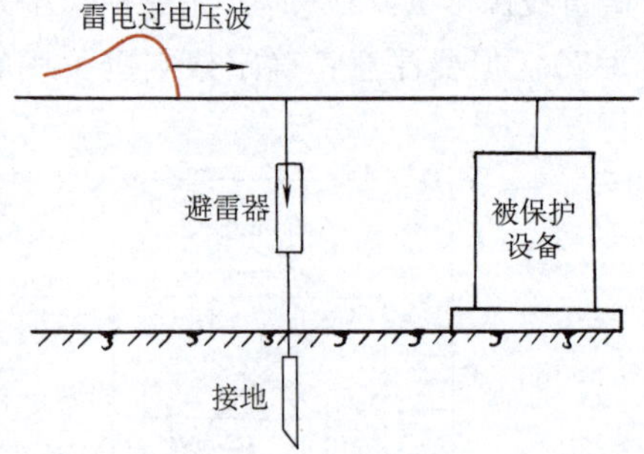

图8-8 避雷器的连接

避雷器的类型，有阀式避雷器、排气式避雷器、保护间隙、金属氧化物避雷器和电涌保护器等。

1. 阀式避雷器

阀式避雷器，文字符号为FV，又称为阀型避雷器，主要由火花间隙和阀片组成，装在密封的瓷套管内。火花间隙用铜片冲制而成。每对间隙用厚0.5~1mm的云母垫圈隔开，如图8-9a所示。正常情况下，火花间隙能阻断工频电流通过，但在雷电过电压作用下，火花间隙被击穿放电。阀片是用陶料粘固的电工用金刚砂（碳化硅）颗粒制成的，如图8-9b所示。这种阀片具有非线性电阻特性。正常电压时，

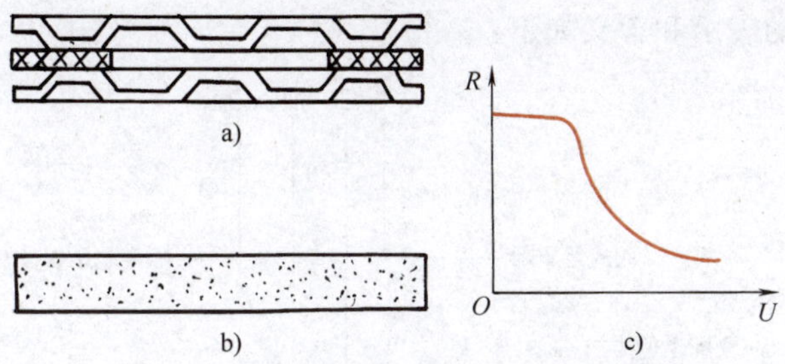

图 8-9 阀式避雷器的组成部件及其特性曲线

a）单元火花间隙 b）阀电阻片 c）阀电阻特性曲线

阀片电阻很大，而过电压时，阀片电阻则变得很小，如图 8-9c 的特性曲线所示。因此阀式避雷器在线路上出现雷电过电压时，其火花间隙被击穿，阀片电阻变得很小，能使雷电流顺畅地向大地泄放。当雷电过电压消失、线路上恢复工频电压时，阀片电阻又变得很大，使火花间隙的电弧熄灭、绝缘恢复而切断工频续流，从而恢复线路的正常运行。

阀式避雷器中火花间隙和阀片的多少，与其工作电压高低成比例。高压阀式避雷器串联很多单元火花间隙，目的是将长弧分割成多段短弧，以加速电弧的熄灭。但阀电阻的限流作用是加速电弧熄灭的主要因素。

图 8-10a、b 分别是 FS4—10 型高压阀式避雷器和 FS—0.38 型低压阀式避雷器的外形结构图。

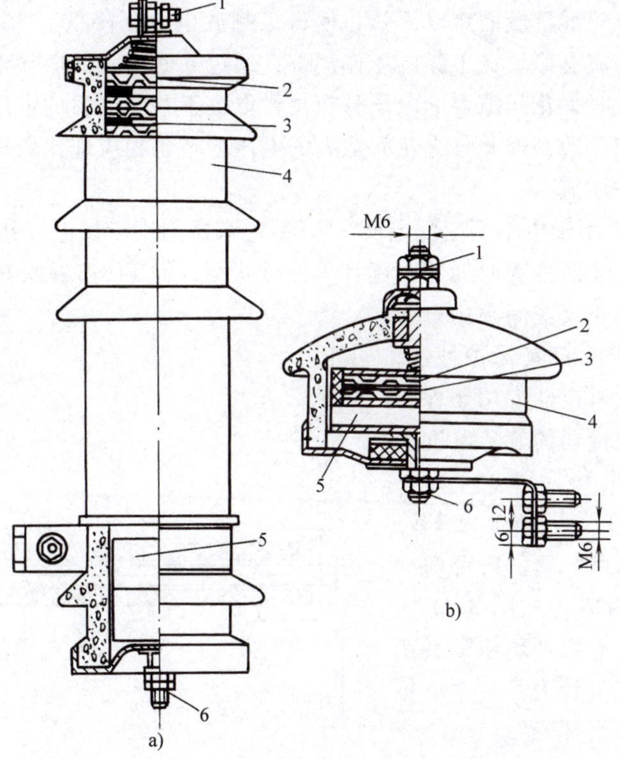

图 8-10 高、低压普通阀式避雷器

a）FS4—10 型 b）FS—0.38 型

1—上接线端子 2—火花间隙 3—云母垫圈 4—瓷套管 5—阀电阻片 6—下接线端子

阀式避雷器型号的表示和含义如下：

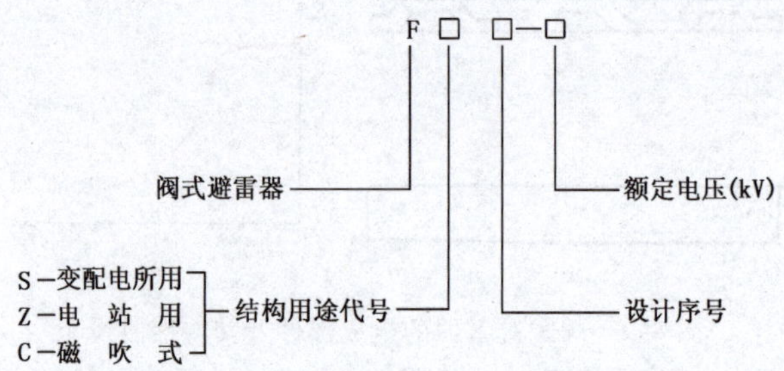

必须说明的是，上述避雷器型号中的额定电压（单位为 kV），过去是用避雷器适应的电力系统额定电压来标注的，例如 FS□—6 型，表示该型避雷器适应于额定电压为 6kV 的系统上工作。但**现在生产的避雷器，其额定电压多按其灭弧电压值（指避雷器在雷电过电压作用下放电终止时的最高电压）来标注。**例如，原 FS□—6 型，由于其灭弧电压为 7.6kV，因此其型号现在多表示为 FS□—7.6 型；原 FS□—10 型，现多表示为 FS□—12.7 型；原 FS□—35 型，现多表示为 FS□—41 型等。

普通阀式避雷器除上述 FS 型外，还有一种 FZ 型。FZ 型避雷器内的火花间隙旁并联有一串分流电阻。这些并联电阻主要起均压作用，使与之并联的火花间隙上的电压分布比较均匀。火花间隙未并联电阻时，由于各火花间隙对地和对高压端都存在着不同的杂散电容，从而造成各火花间隙的电压分布也不均匀，这就使得某些电压较高的火花间隙容易击穿重燃，导致其他火花间隙也相继重燃而难以灭弧，使得工频放电电压降低。火花间隙并联电阻后，相当于增加了一条分流支路。在工频电压作用下，通过并联电阻的电导电流远大于通过火花间隙的电容电流。这时火花间隙上的电压分布主要取决于并联电阻的电压分布。由于各火花间隙的并联电阻是相等的，因此各火花间隙上的电压分布也相应地比较均匀，从而大大改善了阀式避雷器的保护性能。

FS 型避雷器主要用于中小型变配电所，FZ 型避雷器则用于发电厂和大型变配电站。

阀式避雷器除上述两种普通型外，还有一种磁吹型，即 FC 型磁吹阀式避雷器，其内部附加有磁吹装置来加速火花间隙中电弧的熄灭，从而进一步改善其保护性能，降低残压。这种阀式避雷器专用于保护重要的而绝缘又比较薄弱的旋转电机。

2. 排气式避雷器

排气式避雷器（文字符号为 FE）通称管型避雷器，由产气管、内部间隙和外部间隙三部分组成，如图 8-11 所示。产气管由纤维、有机玻璃或塑料制成。内部间隙装在产气管内，一个电极为棒形，另一个电极为环形。

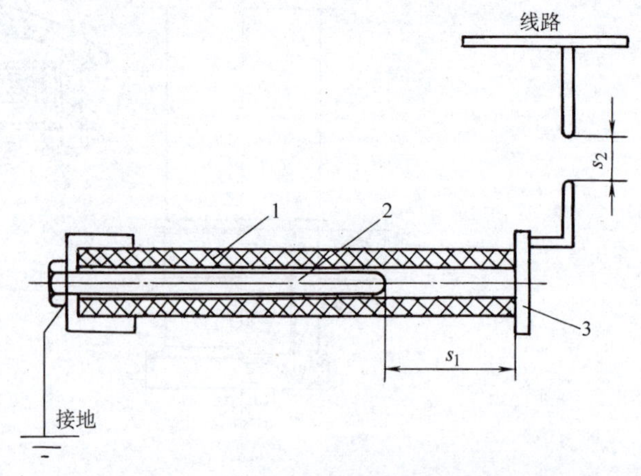

图 8-11 排气式避雷器（管型避雷器）

1—产气管 2—内部棒形电极 3—环形电极

s_1—内部间隙 s_2—外部间隙

当线路上遭到雷击或雷电感应时，雷电过电压使排气式避雷器的内、外间隙击穿，强大的雷电流通过接地装置入

地。由于避雷器放电时内阻接近于零，所以其残压极小，工频续流很大。雷电流和工频续流使产气管内部间隙发生强烈的电弧，使管内壁材料烧灼产生大量灭弧气体，由管口喷出，强烈吹弧，使电弧迅速熄灭，全部灭弧时间最多 0.01s（半个周期）。这时外部间隙的空气迅速恢复绝缘，使避雷器与系统隔离，恢复系统的正常运行。

为了保证避雷器可靠地工作，在选择排气式（管型）避雷器时，其开断电流的上限应不小于安装处短路电流的最大有效值（计入非周期分量）；而其开断电流的下限应不大于安装处短路电流可能的最小值（不计非周期分量）。在排气式（管型）避雷器的全型号中就表示出了开断电流的上、下限。

排气式（管型）避雷器全型号的表示和含义如下：

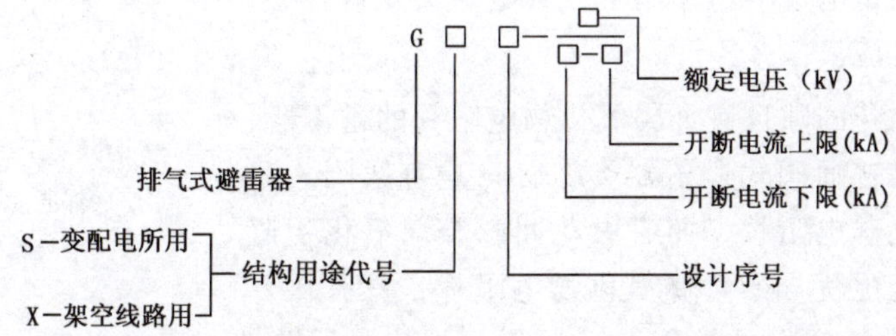

排气式避雷器具有简单经济、残压很小的优点，但它动作时有电弧和气体从管中喷出，因此它只能用在室外架空场所，主要用在架空线路上。此外，它动作时工频续流很大，相当于相间短路，往往要引起线路开关跳闸，因此对于装有排气式避雷器的线路，宜装设一次自动重合闸装置（ARD），以便排气式避雷器动作引起开关跳闸后能自动重合闸，迅速恢复供电。

3. 保护间隙

保护间隙（文字符号为 FG）又称角型避雷器， 如图 8-12 所示。它简单经济，维护方便，但保护性能较差，灭弧能力小，容易造成接地或短路故障，使线路停电。因此对于装有保护间隙的线路，一般也宜装设自动重合闸装置，以提高供电可靠性。

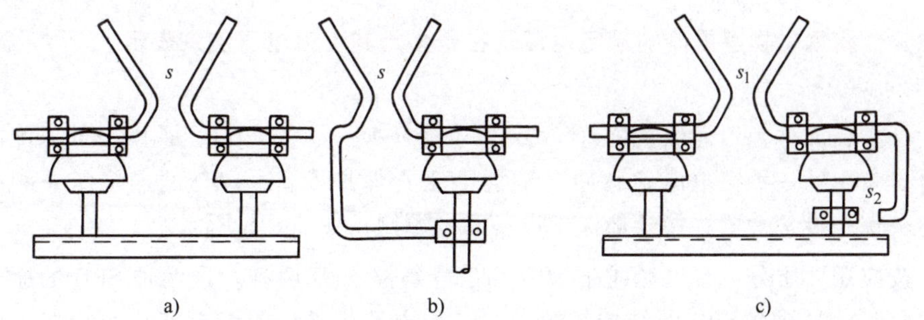

图 8-12 保护间隙（角型避雷器）

a）双支持绝缘子单间隙 b）单支持绝缘子单间隙 c）双支持绝缘子双间隙

s—保护间隙 s_1—主间隙 s_2—辅助间隙

保护间隙的安装一般是一个电极接线路，另一个电极接地。 但为了防止间隙被外物（如鼠、鸟、树枝等）偶然短接而造成接地或短路故障，没有辅助间隙的保护间隙（见图 8-12a、b）必须在其公共接地引下线中间串入一个辅助间隙，如图 8-13 所示。这样即使主间隙被外物短接，也不至造成接地或短路。

保护间隙只用于室外不重要的架空线路上。

4. 金属氧化物避雷器

金属氧化物避雷器（文字符号为 FMO）按有无火花间隙分两种类型，最常见的一种是无火花间隙只有压敏电阻片的避雷器。压敏电阻片是由氧化锌或氧化铋等金属氧化物烧结而成的多晶半导体陶瓷元件，具有理想的阀电阻特性。在正常工频电压下，它呈现极大的电阻，能迅速有效地阻断工频续流，因此无需火花间隙来熄灭由工频续流引起的电弧，而在雷电过电压作用下，其电阻又变得很小，能很好地泄放雷电流。

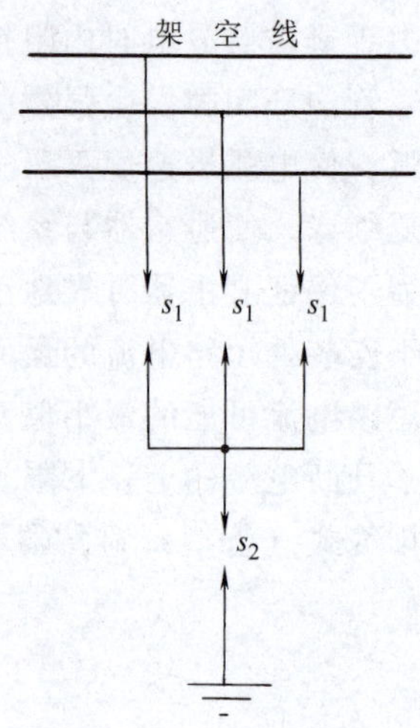

图 8-13 三相线路上保护间隙的连接

s_1—主间隙 s_2—辅助间隙

另一种是有火花间隙且有金属氧化物电阻片的避雷器，其结构与前面讲的普通阀式避雷器类似，只是普通阀式避雷器采用的是碳化硅电阻片，而有火花间隙金属氧化物避雷器采用的是性能更优异的金属氧化物电阻片，具有比普通阀式避雷器更优异的保护性能，且运行更加安全可靠，所以它是普通阀式避雷器的更新换代产品。

金属氧化物避雷器全型号的表示和含义如下：

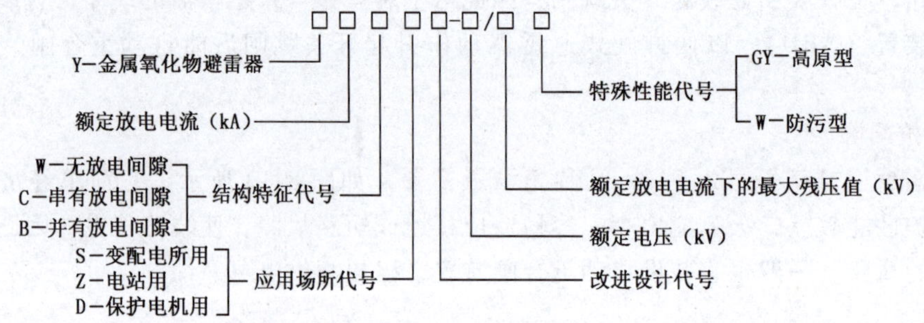

注意：**金属氧化物避雷器的额定电压现在也多用其灭弧电压值来表示。**

5. 电涌保护器

电涌保护器又称为浪涌保护器（Surge Protective Device，SPD），是用于低压配电系统中电子信号设备上的一种雷电电磁脉冲（浪涌电压）保护设备。SPD 的连接与一般避雷器一样，也与被保护设备并联，接于被保护设备的电源侧，如图 8-8 所示。

SPD 按应用性质分，有电源线路 SPD 和信号线路 SPD 两种。这两种 SPD 的原理结构基本相同，只是信号线路 SPD 的结构较简单，工作电压较低，放电电流也小得多，但它对传输速度的要求高，要求响应时间（即动作时间）极短。

SPD 按工作原理分，有电压开关型、限压型和复合型。电压开关型 SPD 是在没有浪涌电压时具有高阻抗，而一旦出现浪涌电压时即变为低阻抗，其常用元件有放电间隙或晶闸管、气体放电管等。限压型 SPD 是在没有浪涌电压时为高阻抗，而出现浪涌电压时，则随着浪涌电压的持续升高，其阻抗也持续降低，以抑制加在被保护设备上的电压，其常用元件为压敏电阻。复合型 SPD 是开关型和限压型两类元件的组合，因此兼有两种 SPD 的性能。

三、电气装置的防雷

（一）架空线路的防雷措施

（1）架设避雷线 这是防雷的有效措施，但造价高，因此只在66kV及以上的架空线路上才全线架设。35kV的架空线路上，一般只进出变配电所的一段线路上装设。而10kV及以下的架空线路上一般不装设。

（2）提高线路本身的绝缘水平 在架空线路上，可采用木横担、瓷横担或高一级电压的绝缘子，以提高线路的防雷水平。这是10kV及以下架空线路防雷的基本措施之一。

（3）利用三角形排列的顶线兼作防雷保护线 对于中性点不接地系统的3～10kV架空线路，可在其三角形排列的顶线绝缘子上装设保护间隙，如图8-14所示。在出现雷电过电压时，顶线绝缘子上的保护间隙被击穿，通过其接地引下线对地泄放雷电流，从而保护了下边两根导线。由于线路为中性点不接地系统，一般也不会引起线路断路器的跳闸。

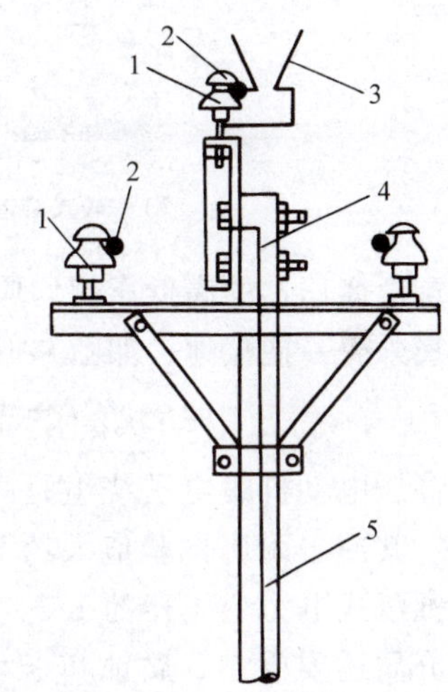

图8-14 顶线绝缘子附加保护间隙

1—绝缘子 2—架空导线 3—保护间隙 4—接地引下线 5—电杆

（4）装设自动重合闸装置 线路上因雷击放电造成线路电弧短路时，会引起线路断路器跳闸，但断路器跳闸后电弧会自行熄灭。如果线路上装设一次自动重合闸装置，使断路器经0.5s自动重合闸，电弧通常不会复燃，从而能恢复供电，这对一般用户不会有多大影响。

（5）个别绝缘薄弱地点加装避雷器 对架空线路中个别绝缘薄弱地点，如跨越杆、转角杆、分支杆、带拉线杆以及木杆线路中个别金属杆等处，可装设排气式避雷器或保护间隙。

（二）变配电所的防雷措施

（1）装设避雷针 室外配电装置应装设避雷针来防护直击雷。如果变配电所处在附近更高的建筑物上防雷设施的保护范围之内或变配电所本身为车间内型，则可不必再考虑直击雷的防护。

（2）装设避雷线 处于峡谷地区的变配电所，可利用避雷线来防护直击雷。在35kV及以上的变配电所架空进线上，架设1～2km的避雷线，以消除一段进线上的雷击闪络，避免其引起的雷电侵入波对变配电所电气装置的危害。

（3）装设避雷器 用来防止雷电侵入波对变配电所电气装置特别是对主变压器的危害。变配电所对高压侧雷电波侵入防护的接线如图8-15所示。在每路进线终端和每段母线上，均装设阀式避雷器。如果进线是具有一段引入电缆的架空线路，则在架空线路终端的电缆头处装设阀式避雷器或排气式避雷器，其接地端与电缆头相连后接地。

为了有效地保护主变压器，阀式避雷器应尽量靠近主变压器安装。阀式避雷器至3～10kV主变压器的最大电气距离见表8-2。

表8-2 阀式避雷器至3～10kV主变压器的最大电气距离

雷雨季节经常运行的进线线路数	1	2	3	≥4
避雷器至变压器的最大电气距离/m	15	23	27	30

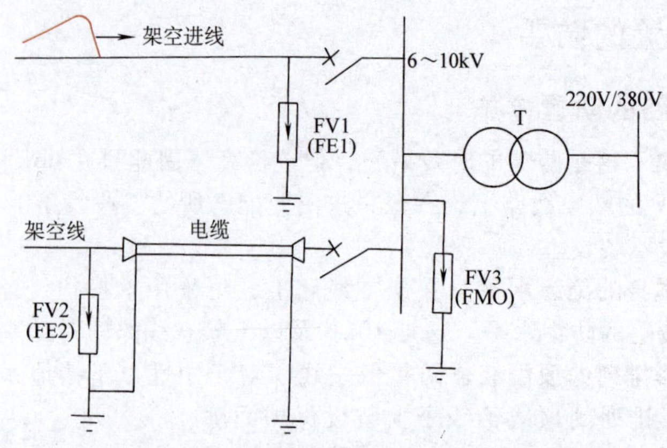

图 8-15　变配电所对雷电波侵入防护的接线

a）3～10kV 架空和电缆进线　b）35kV 架空和电缆进线

FV—阀式避雷器　FE—排气式避雷器　FMO—金属氧化物避雷器

配电变压器的高低压侧均应装设阀式避雷器。变压器两侧的避雷器应与变压器中性点及其金属外壳一同接地，如图 8-16 所示。

（三）高压电动机的防雷措施

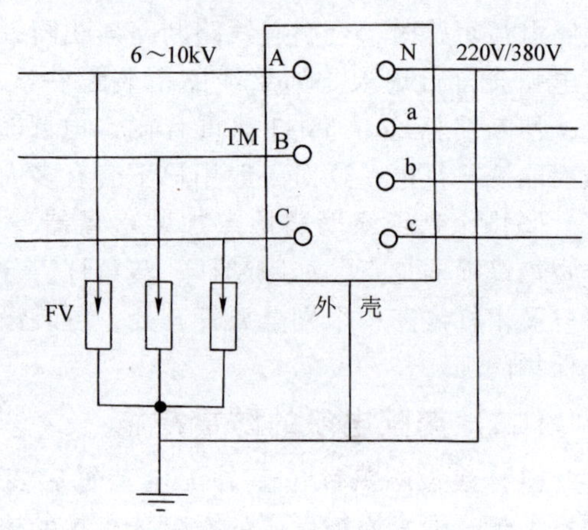

图 8-16　电力变压器的防雷保护及其接地

TM—电力变压器　FV—阀式避雷器

高压电动机的定子绕组是采用固体介质绝缘的，其冲击耐压试验值大约只有相同电压等级的油浸式电力变压器的 1/3，加之长期运行，固体介质还要受潮、腐蚀和老化，会进一步降低其耐压水平。因此**高压电动机对雷电波侵入的防护，不能采用普通的 FS 型或 FZ 型阀式避雷器而应采用专用于保护旋转电机用的 FCD 型磁吹阀式避雷器，或采用有串联间隙的金属氧化物避雷器**。对于定子绕组中性点能引出的高压电动机，可在中性点装设磁吹阀式避雷器或金属氧化物避雷器，对于定子绕组中性点不能引出的高压电动机，可采用图 8-17 所示接线。为降低沿线路侵入的雷电波波头陡度，减轻其对电动机绕组绝缘的危害，可在电动机进线上加一段 100～150m 的引入电缆，并在电缆

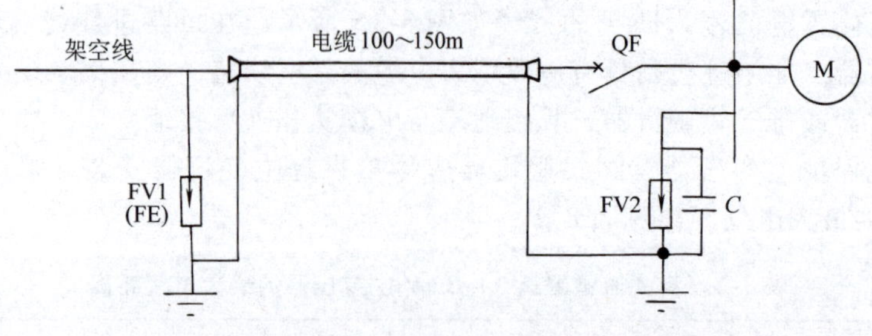

图 8-17　高压电动机对雷电波侵入的防护

FV1—普通阀式避雷器　FV2—磁吹阀式避雷器　FE—排气式避雷器

前的电缆头处安装一组普通阀式或排气式避雷器，而在电动机电源端（母线上）安装一组并联有电容器（0.25～0.5μF）的 FCD 型磁吹阀式避雷器。

四、建筑物的防雷

（一）建筑物的防雷类别

按 GB 50057—2010《建筑物防雷设计规范》规定，建筑物根据其重要性、使用性质、发生雷电事故的可能性和后果，按防雷要求分为以下三类：

1. 第一类防雷建筑物

1）凡制造、使用或储存火炸药及其制品的危险建筑物，因电火花而引起爆炸、爆轰，会造成巨大破坏和人身伤亡者。

2）具有 0 区或 20 区爆炸危险场所的建筑物。

3）具有 1 区或 21 区爆炸危险场所的建筑物，因电火花而引起爆炸会造成巨大破坏和人身伤亡者。关于爆炸危险环境的分区见附录表 22。

2. 第二类防雷建筑物

1）国家级重点文物保护的建筑物。

2）国家级的会堂、办公建筑物、大型展览和博览建筑物、大型火车站和飞机场（不含停放飞机的露天场所和跑道）、国宾馆、国家级档案馆、大型城市的重要给水水泵房等特别重要的建筑物。

3）国家级计算中心、国际通信枢纽等对国民经济有重要意义的建筑物。

4）国家特级和甲级大型体育馆。

5）制造、使用或储存火炸药及其制品的危险建筑物，但电火花不易引起爆炸或不至造成巨大破坏和人身伤亡者。

6）具有 1 区或 21 区爆炸危险场所的建筑物，但电火花不易引起爆炸或不至造成巨大破坏和人身伤亡者。

7）具有 2 区或 22 区爆炸危险场所的建筑物。

8）有爆炸危险的露天钢质封闭气罐。

9）预计雷击次数大于 0.05 次/年的部、省级办公建筑物和其他重要的或人员密集的公共建筑物；

10）预计雷击次数大于 0.25 次/年的住宅、办公楼等一般性民用建筑物或一般性工业建筑物。

3. 第三类防雷建筑物

1）省级重点文物保护的建筑物及省级档案馆。

2）预计雷击次数大于或等于 0.01 次/年 但小于或等于 0.05 次/年的部、省级办公建筑物和其他重要的或人员密集的公共建筑物，以及火灾危险场所。

3）预计雷击次数大于或等于 0.06 次/年 但小于或等于 0.25 次的住宅、办公楼等一般性民用建筑物或一般性工业建筑物。

4）在平均雷暴日大于 15 日/年的地区，高度在 15m 及以上的烟囱、水塔等孤立的高耸建筑物；在平均雷暴日小于或等于 15 日/年的地区，高度在 20m 及以上的烟囱、水塔等孤立的高耸建筑物。

（二）建筑物的防雷措施

按 GB 50057—2010 规定，各类防雷建筑物应在建筑物上装设防直击雷的接闪器，接闪带、网应沿表 8-3 所列的屋角、屋脊、屋檐和屋角等易受雷击的部位敷设。

表 8-3　建筑物易受雷击的部位（据 GB 50057—2010）

序号	屋面情况	易受雷击的部位	备　注
1	平屋面		1. 图上圆圈“ ○ ”表示雷击率最高的部位，实线“———”表示易受雷击部位，虚线“----”表示不易受雷击部位 2. 对序号 3、4 所示屋面，在屋脊有接闪带的情况下，当屋檐处于屋脊接闪带的保护范围内时，屋檐上可不再装设接闪带
2	坡度不大于 1/10 的屋面		
3	坡度大于 1/10 且小于 1/2 的屋面		
4	坡度不小于 1/2 的屋面		

1. 第一类防雷建筑物的防雷措施

（1）防直击雷　装设独立避雷针或架空避雷线（网），使被保护建筑物及其排放爆炸危险气体、蒸气或粉尘的放散、呼吸阀、排风管等的管口外突出屋面的物体，均处于接闪器的保护范围内。架空避雷网的网格尺寸不应大于 5m×5m 或 6m×4m。独立避雷针和架空避雷线（网）的支柱及其接地装置至被保护建筑物及与其有联系的管道、电缆等金属物之间的距离，架空避雷线（网）至被保护建筑物屋面和各种突出屋面物体之间的距离，均不得小于 3m。接闪器接地引下线的冲击接地电阻 $R_{sh}\leqslant 10\Omega$。当建筑物高于 30m 时，尚应采取防侧击雷的措施。

（2）防闪电感应　建筑物内外的所有可产生闪电感应的金属物件均应接到防雷电感应的接地装置上，其工频接地电阻 $R_E\leqslant 10\Omega$。

（3）防雷电波侵入　低压线路宜全线采用电缆直接埋地敷设。在入户端，应将电缆的金属外皮、钢管接到防闪电感应的接地装置上。当全线采用电缆有困难时，可采用水泥电杆和铁横担的架空线，并使用一段电缆穿钢管直接埋地引入，其埋地长度不应小于 15m。在电缆与架空线连接处，还应装设避雷器。避雷器、电缆金属外皮、钢管及绝缘子铁脚、金具等均应连接在一起接地，其冲击接地电阻 $R_{sh}\leqslant 30\Omega$。

2. 第二类防雷建筑物的防雷措施

（1）防直击雷　宜采取在建筑物上装设避雷网（带）或避雷针或由其混合组成的接闪器，使被保护的建筑物及其风帽、放散管等突出屋面的物体均处于接闪器的保护范围内。避雷网格尺寸不应大于 10m×10m 或 12m×8m。接闪器接地引下线的冲击接地电阻 $R_{sh}\leqslant 10\Omega$。当建筑物高于 45m 时，尚应采取防侧击雷的措施。

（2）防闪电感应　建筑物内的设备、管道、构架等主要金属物，应就近接至防直击雷的接地装置或电气设备的保护接地装置上，可不另设接地装置。

(3) 防雷电波侵入 当低压线路全长采用埋地电缆或敷设在架空金属线槽内的电缆引入时，在入户端应将电缆金属外皮和金属线槽接地。低压架空线改换一段埋地电缆引入时，埋地长度也不应小于15m。平均雷暴日小于30日/年地区的建筑物，可采用低压架空线直接引入建筑物内，但在入户处应装设避雷器，或设2~3mm的保护间隙，并与绝缘子铁脚、金具连接在一起接到防雷装置上，其冲击接地电阻 $R_{sh} \leqslant 30\Omega$。

3. 第三类防雷建筑物的防雷措施

(1) 防直击雷 也宜采取在建筑物上装设接闪网（带）或接闪杆或由其混合组成的接闪器。接闪网格尺寸不应大于20m×20m或24m×16m。接闪器接地引下线的冲击接地电阻 $R_{sh} \leqslant 30\Omega$。当建筑物高于60m时，尚应采取防侧击雷的措施。

(2) 防闪电感应 为防止雷电流流经引下线和接地装置时产生的高电位对附近金属物或电气线路的反击，引下线与附近金属物和电气线路的间距应符合规范的要求。

(3) 防雷电波侵入 对电缆进出线，应在进出端将电缆的金属外皮、钢管等与电气设备的接地相连接。当电缆转换为架空线时，应在转换处装设避雷器。电缆金属外皮和绝缘子铁脚、金具等应连接在一起接地，其冲击接地电阻 $R_{sh} \leqslant 30\Omega$。进出建筑物的架空金属管道，在进出处应就近连接到防雷或电气设备的接地装置上或单独接地，其冲击接地电阻 $R_{sh} \leqslant 30\Omega$。

五、建筑物电子信息系统的防雷

（一）建筑物雷电电磁脉冲防护区的划分

按GB 50343—2012《建筑物电子信息系统防雷技术规范》规定，建筑物雷电防护区（Lightning Protection Zone，LPZ）的划分，如图8-18所示。

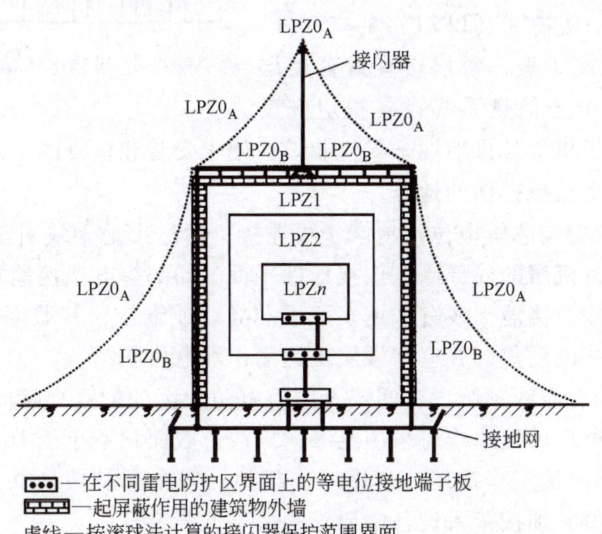

图8-18 建筑物雷电防护区（LPZ）的划分

(1) 直击雷非防护区（$LPZ0_A$） 该区内雷电电磁场没有衰减，各类物体均可能遭到直接雷击，属于完全暴露的不设防区，或称为受直击雷和闪电感应威胁区。

(2) 直击雷防护区（$LPZ0_B$） 该区内雷电电磁场没有衰减，但各类物体很少会遭到直接雷击，属于充分暴露的直击雷防护区。

(3) 第一防护区（LPZ1） 由于建筑物的屏蔽措施，该区流经各类导体的雷电流比直击雷防护区（$LPZ0_B$）减小，雷电电磁场得到了初步的衰减，各类物体不可能遭到直接雷击。

(4) 第二防护区（LPZ2） 该区为进一步减小所导引的雷电流或电磁场而引入的后续防护区。

(5) 后续防护区（LPZ*n*） 该区为需再进一步减小雷电电磁脉冲以保护敏感度水平更高的设备的后续防护区。

（二）电子信息系统防雷电电磁脉冲的措施

建筑物电子信息系统的防雷，包括对雷电电磁脉冲的防护，必须将外部防雷措施与内部防雷措施协调统一，按工程整体要求进行全面规划，做到安全可靠、技术先进、经济合理。

建筑物电子信息系统综合防雷系统如图8-19所示。

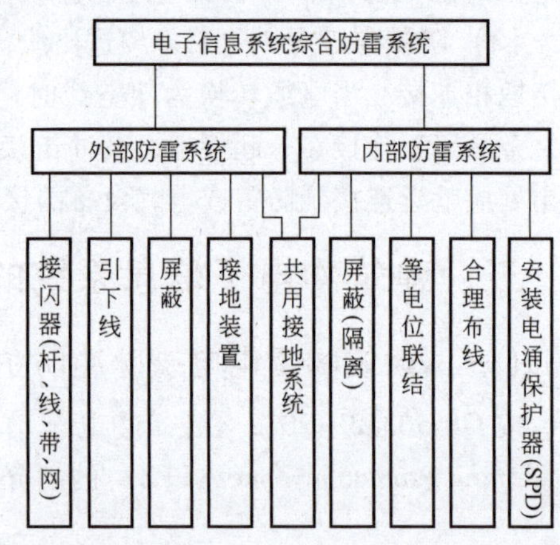

图8-19 建筑物电子信息系统综合防雷系统

1. 等电位联结与共用接地系统要求

1）电子信息系统的机房应设置等电位联结网络。电气和电子设备的金属外壳、机柜、机架、金属管、槽、屏蔽线缆外层、信息设备防静电接地、安全保护接地、电涌保护器（SPD）接地端等，均应以最短距离与等电位联结网络的接地端子相连接。

2）在直击雷非防护区（$LPZ0_A$）或直击雷防护区（$LPZ0_B$）与第一防护区（LPZ1）的交界处，应设置总等电位接地端子板，每层楼宜设置楼层等电位接地端子板，电子信息系统设备机房应设置局部等电位接地端子板。各接地端子板应装设在便于安装和检查的位置，不得安装在潮湿或有腐蚀性气体及易受机械损伤的地方。

3）共用接地装置应与总等电位接地端子板连接，通过接地干线引至楼层等电位接地端子板，并由此引至设备机房的局部等电位接地端子板。局部等电位接地端子板应与预留的楼层主钢筋接地端子连接。接地干线宜采用多股铜芯导线或铜带，其截面积不应小于$16mm^2$。接地干线应在电气竖井内明敷，并应与楼层主钢筋作等电位联结。

4）不同楼层的综合布线系统设备间或不同雷电防护区的配线交接间应设置局部等电位接地端子板。楼层配电箱的接地线应采用绝缘铜导线，截面积不小于$16mm^2$。

5）防雷接地如与交流工作接地、直流工作接地、安全保护接地共用一组接地装置时，接地装置的接地电阻值必须按接入设备中要求的最小值确定。

6）接地装置应优先利用建筑物的自然接地体。当自然接地体的接地电阻达不到要求时，应增加人工接地体。当设置人工接地体时，人工接地体宜在建筑物四周散水坡外大于1m处埋设成环形接地网，并可作为总等电位联结带使用。

2. 屏蔽及合理布线要求

(1) 电子信息系统设备机房屏蔽的规定

1）建筑物的屏蔽宜利用建筑物的金属框架、混凝土中的钢筋、金属墙面、金属屋顶等

自然金属部件与防雷装置连接构成格栅型大空间屏蔽。

2）当建筑物自然金属部件构成的大空间屏蔽不能满足机房内电子信息系统电磁环境要求时，应增加机房屏蔽措施。

3）电子信息系统设备主机房宜选择在建筑物低层中心部位，其设备应配置在 LPZ1 区之后的后续防雷区内，并与相应的雷电防护区屏蔽体及结构柱留有一定的安全距离。

4）屏蔽效果及安全距离，可按 GB 50343—2012 附录 D 规定的计算方法确定。

（2）线缆屏蔽的规定

1）与电子信息系统连接的金属信号线缆采用屏蔽电缆时，应在其屏蔽层两端并宜在雷电防护区交界处做等电位连接并接地。当系统要求单端接地时，宜采用两层屏蔽或穿钢管敷设，外层屏蔽或钢管按前述要求处理。

2）当户外采用非屏蔽电缆时，从人孔井或手孔井到机房的引入线应穿钢管埋地引入，电缆埋地长度应符合下式要求，且不小于 15m；电缆屏蔽槽或金属管道应在入户处做等电位连接。即

$$l \geqslant 2\sqrt{\rho} \quad (8\text{-}6)$$

式中，l 为电缆埋地长度（m）；ρ 为电缆埋地处的土壤电阻率（Ω·m）。

3）当相邻建筑物的电子信息系统之间采用电缆互连时，宜采用屏蔽电缆，非屏蔽电缆应敷设在金属电缆管道内；屏蔽电缆的屏蔽层两端或金属管道两端应分别连接到独立建筑物各自的等电位连接带上。采用屏蔽电缆互连时，电缆屏蔽层应能承载可预见的雷电流。

4）光缆的所有金属接头、金属护层、金属挡潮层、金属加强芯等，应在进入建筑物处直接接地。

（3）线缆敷设的规定

1）电子信息系统线缆宜敷设在金属线槽或金属管道内。电子信息系统线路宜靠近等电位连接网络的金属部件敷设，不宜贴近雷电防护区的屏蔽层。

2）布置电子信息系统线缆路由走向时，应尽量减少由线缆自身形成的电磁感应环路面积。

3）电子信息系统线缆与其他管线的间距应符合表 8-4 的规定。

表 8-4　电子信息系统线缆与其他管线的净距（据 GB 50343—2012）

其他管线类别	电子信息系统线缆与其他管线净距	
	最小平行净距/mm	最小交叉净距/mm
防雷引下线	1000	300
保护地线	50	20
给水管	150	20
压缩空气管	150	20
热力管（不包封）	500	500
热力管（包封）	300	300
燃气管	300	20

注：当线缆敷设高度超过 6000mm 时，与防雷引下线的交叉净距应按下式计算：$S \geqslant 0.05H$，式中，S 为交叉净距（mm）；H 为交叉处防雷引下线距地面的高度（mm）。

4）电子信息系统信号电缆与电力电缆的间距应符合表8-5的规定。

表8-5 电子信息系统信号电缆与电力电缆的净距（据GB 50343—2012）

类　别	与电子信息系统信号线缆接近情况	最小净距/mm
380V 电力电缆容量 小于2kV·A	与信号线缆平行敷设	130
	有一方在接地的金属线槽或钢管中	70
	双方都在接地的金属线槽或钢管中	10
380V 电力电缆容量 2～5kV·A	与信号线缆平行敷设	300
	有一方在接地的金属线槽或钢管中	150
	双方都在接地的金属线槽或钢管中	80
380V 电力电缆容量 大于5V·A	与信号线缆平行敷设	600
	有一方在接地的金属线槽或钢管中	300
	双方都在接地的金属线槽或钢管中	150

注：1. 当380V电力电缆的容量小于2kV·A，双方都在接地的金属线槽中，且平行长度不大于10m时，双方最小间距可为10mm。

2. "双方都在接地的金属线槽中"系指两个不同的线槽，也可在同一线槽中用金属板隔开。

3. 电子信息系统的电源线路中电涌保护器（SPD）的装设要求

（1）TN系统中SPD的装设要求 电子信息系统设备由TN系统供电时，配电线路通常采用TN-S系统的接地型式，在三根相线与PE之间装设SPD，如图8-20所示。

SPD的一个重要参数是最大持续运行电压U_c，它是指可持续加在SPD上而不至使之击穿的最大交流电压有效值或直流电压值。一般取为$U_c \geqslant 1.15U_\varphi$，这里$U_\varphi$为配电线路的相电压。

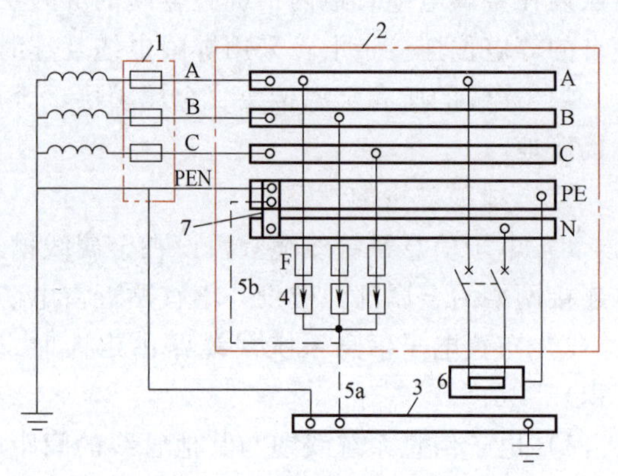

图8-20 TN-C-S系统中SPD的装设

1—进线电源箱 2—配电盘 3—接地母线 4—电涌保护器（SPD） 5—SPD的接地连接（5a或5b） 6—被保护设备 7—PE线与N线的连接端子板 F—保护SPD的熔断器或断路器、剩余电流保护器（RCD）

（2）TT系统中SPD的装设要求 TT系统中的SPD有如图8-21a、b所示两种装设方式。图8-21a中的SPD装在RCD的负荷侧。RCD应考虑具有通过雷电流的能力，且PE线不得穿过RCD的铁心。由于TT系统中用电设备的接地与电源中性点的接地没有电气联系，因此当用电设备发生单相接地故障时，另外两非故障相的对地电位将升高，使SPD上承受的电压相应升高。所以SPD的最大持续运行电压应取为$U_c \geqslant 1.55U_\varphi$，这里$U_\varphi$为配电线路的相电压。图8-21b中的SPD装在RCD的电源侧，RCD不必考虑通过雷电流，但PE线也不得穿过RCD的铁心。由于SPD的接地端又串入了放电间隙，因此SPD的最大持续运行电压可取为$U_c \geqslant 1.15U_\varphi$。

（3）IT系统中SPD的装设要求 IT系统中SPD的装设如图8-22所示。PE线也不得穿过RCD的铁心。由于IT系统的电源中性点不接地或经约1000Ω电阻接地，当其中设备发生单相接地故障时，另外两非故障相的对地电位将升高，使SPD上承受的电压相应升高，可

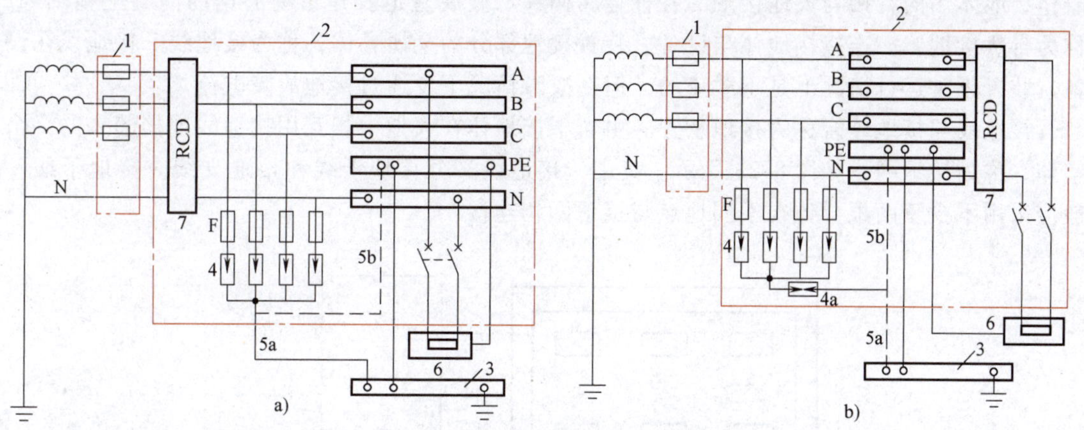

图 8-21 TT 系统中 SPD 的装设

a）SPD 装在 RCD 的负荷侧 b）SPD 装在 RCD 的电源侧

1—进线电源箱 2—配电盘 3—接地母线 4—电涌保护器（SPD） 5—SPD 的接地连接（5a 或 5b） 6—被保护设备 7—剩余电流保护器（RCD）

F—保护 SPD 的熔断器或断路器、剩余电流保护器（RCD）

升至线电压 U_l，因此为确保 SPD 安全运行，SPD 的最大持续运行电压应取为 $U_c \geq 1.15U_l$，这里 U_l 为配电线路的线电压。

由于 SPD 在雷电电磁脉冲作用下导通放电时，施加在被保护设备上的雷电脉冲残压是 SPD 上的残压与 SPD 两端接线上电感 L 的感应电压降（$u_L = L\mathrm{d}i/\mathrm{d}t$）之和（其中 SPD 上的残压由产品性能决定，无法减小；而 SPD 两端接线上的感应电压降则可借缩短接线长度减小电感 L 来减小），因此 SPD 两端的接线应尽量缩短。按 GB 50343—2004 规定，其接线长度不宜大于 0.5m。

关于电子信息系统中的信号线路、计算机网络系统及其他系统的防雷要求，均应符合 GB 50343—2012 的规定，限于篇幅，此处从略。

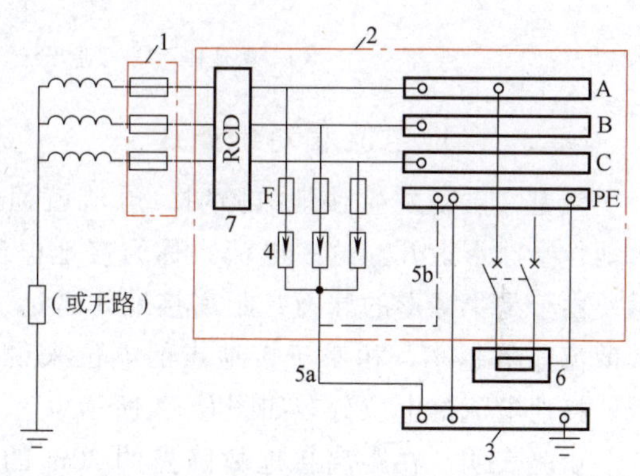

图 8-22 IT 系统中 SPD 的装设

1—进线电源箱 2—配电盘 3—接地母线 4—电涌保护器（SPD） 5—SPD 的接地连接（5a 或 5b） 6—被保护设备 7—剩余电流保护器（RCD） F—保护 SPD 的熔断器或断路器、剩余电流保护器（RCD）

第二节 电气装置的接地及有关保护

一、接地的有关概念

（一）接地和接地装置

电气装置的某部分与大地之间作良好的电气连接，称为接地。埋入地中并直接与大地接触的金属导体，称为接地体或接地极。专门为接地而人为装设的接地体，称为人工接地体。

兼作接地体用的直接与大地接触的各种金属构件、金属管道及建筑物的钢筋混凝土基础等，称为自然接地体。连接接地体与设备、装置接地部分的金属导体，称为接地线。接地线在设备、装置正常运行情况下是不载流的，但在故障情况下要通过接地故障电流。

接地线与接地体合称为接地装置。由若干接地体在大地中相互用接地线连接起来的一个整体，称为接地网，如图8-23所示。其中，接地线又分接地干线和接地支线。接地干线一般应采用不少于两根导体在不同地点与接地网相连接。

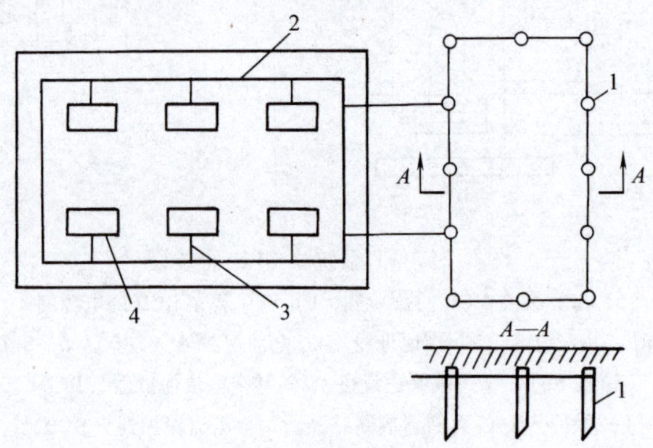

图8-23　接地网

1—接地体　2—接地干线　3—接地支线　4—电气设备

（二）接地电流和对地电压

当电气设备发生接地故障时，电流就通过接地体向大地作半球形散开。这一电流，称为接地电流，用 I_E 表示。由于是半球形的球面，距离接地体越远，球面越大，其散流电阻越小，相对于接地点的电位来说，其电位越低。接地电流的电位分布如图8-24所示。

试验表明，在距离接地故障点约20m的地方，散流电阻实际上已接近于零。这电位为零的地方，称为电气上的"地"或"大地"。

电气设备的接地部分，例如接地的外壳和接地体等，与零电位的"地"（大地）之间的电位差，就称为接地部分的对地电压 U_E，如图8-24所示。

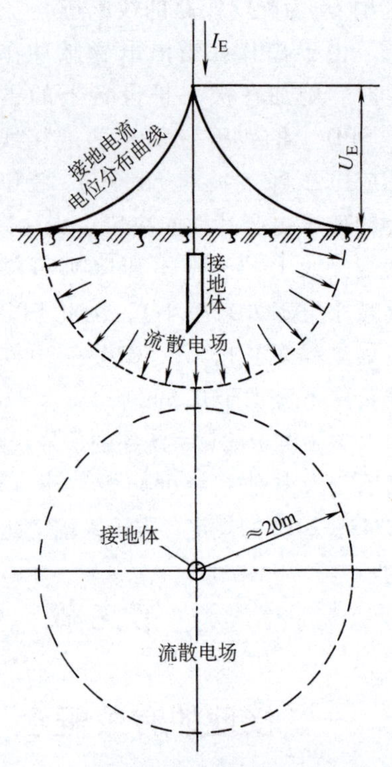

图8-24　接地电流、对地电压及接地电流的电位分布

I_E—接地电流　U_E—对地电压

（三）接触电压和跨步电压

（1）接触电压　指设备的绝缘损坏时，在身体可触及的两部分之间出现的电位差。例如人站在发生接地故障的设备旁边，手触及设备的金属外壳，则人手与脚之间所呈现的电位差，即为接触电压 U_{tou}，如图8-25所示。

（2）跨步电压　指在接地故障点附近行走时，两脚之间所出现的电位差 U_{step}，如图8-24所示。在带电的断线落地点附近及雷击时防雷装置泄放雷电流的接地体附

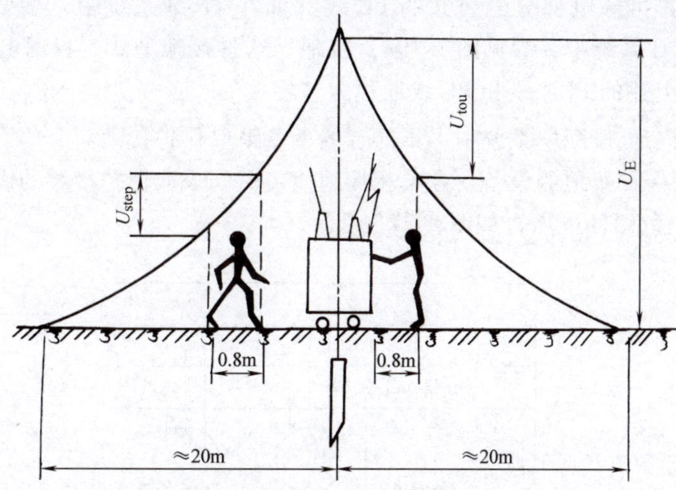

图 8-25 接触电压和跨步电压

U_{tou}—接触电压 U_{step}—跨步电压

近行走时，同样也有跨步电压。越靠近接地点及跨步越长，跨步电压越大。一般跨步长度按 0.8m 计。离接地故障点达 20m 时，跨步电压为零。

（四）工作接地、保护接地和重复接地

（1）工作接地 为保证电力系统和设备达到正常工作要求而进行的一种接地，例如电源中性点的接地、防雷装置的接地等。各种工作接地有各自的功能。例如电源中性点直接接地，能在运行中维持三相系统中相线对地电压不变，而防雷装置的接地，是为了对地泄放雷电流，实现防雷保护的要求。

（2）保护接地与接零 保护接地是为保障人身安全、防止间接触电而将设备的外露可导电部分接地。保护接地的作用如图 8-26 所示。

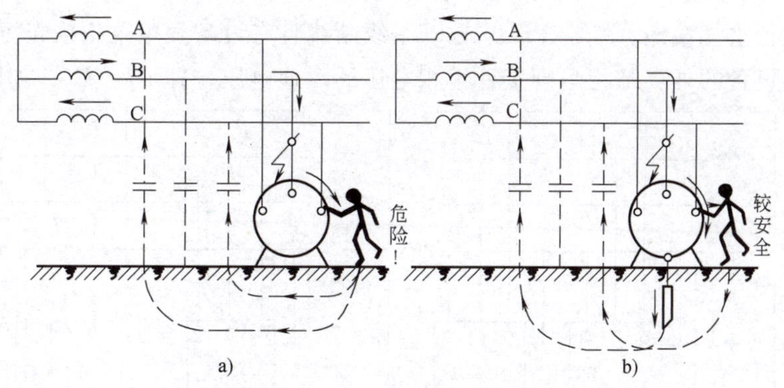

图 8-26 保护接地的作用

a）未接保护接地时 b）接有保护接地时

保护接地的型式有两种：

1）设备的外露可导电部分经各自的接地线（PE 线）直接接地，如 TT 系统和 IT 系统中设备外壳的接地（参见图 1-20 和图 1-21）。

2）设备的外露可导电部分经公共的 PE 线（如在 TN-S 系统中，参见图 1-19b）或经 PEN 线（如在 TN-C 系统中，参见图 1-19a）接地。这种接地型式，我国电工界过去习惯称为“保护接零”。上述的 PEN 线和 PE 线通称为“零线”。

必须注意：同一低压配电系统中，不能有的设备采取保护接地而有的设备又采取保护接零；否则，当采取保护接地的设备发生单相接地故障时，采取保护接零的设备外露可导电部分（外壳）将带上危险的电压，如图 8-27 所示。

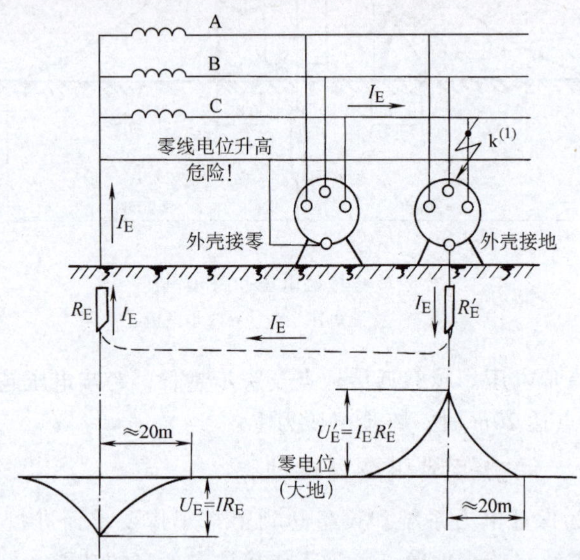

图 8-27 同一系统中有的接地有的接零在外壳接地的设备发生碰壳短路时的情况

(3) 重复接地 在 TN 系统中，为确保公共 PE 线或 PEN 线安全可靠，除在电源中性点进行工作接地外，还应在 PE 线或 PEN 线的下列地点进行重复接地：

1）在架空线路终端及沿线每隔 1km 处。

2）电缆和架空线引入车间和其他建筑物处。

如果不进行重复接地，则在 PE 线或 PEN 线断线且有设备发生单相接壳短路时，接在断线后面的所有设备的外壳都将呈现接近于相电压的对地电压，即 $U_E \approx U_\varphi$，如图 8-28a 所示，

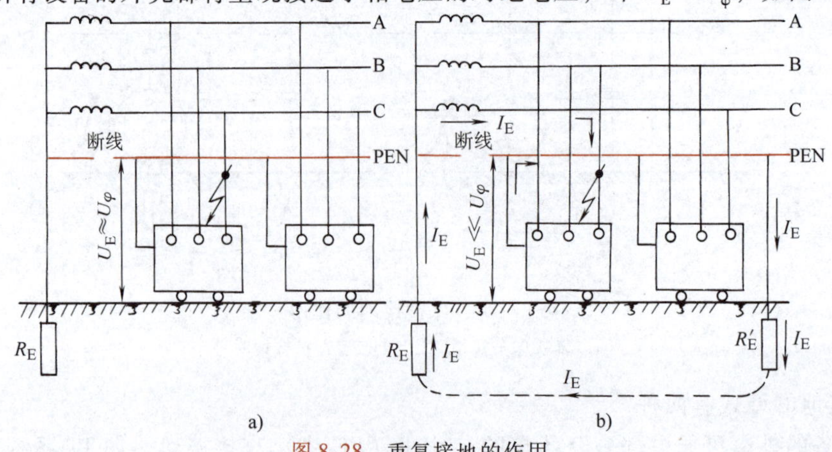

图 8-28 重复接地的作用

a）没有重复接地的系统中，PE 线或 PEN 线断线时 b）采取重复接地的系统中，PE 线或 PEN 线断线时

这是很危险的。如果进行了重复接地，则在发生同样故障时，断线后面的设备外壳呈现的对地电压 $U'_{E}=I_{E}R'_{E}\ll U_{\varphi}$，如图 8-28b 所示，危险程度大大降低。

必须注意：N 线不能重复接地，否则系统中所装设的漏电保护（参见本节后面讲述）将不起作用。

二、电气装置的接地及其接地电阻

（一）电气装置应该接地或接零的金属部分

GB 50169—2006《电气装置安装工程　接地装置施工及验收规范》规定，电气装置的下列金属部分，均应接地或接零：

1）电机、变压器、电器、携带式或移动式用电器具等的金属底座和外壳。

2）电气设备的传动装置。

3）屋内外配电装置的金属或钢筋混凝土构架以及靠近带电部分的金属遮栏和金属门。

4）配电、控制、保护用的屏（柜、箱）及操作台等的金属框架和底座。

5）交、直流电力电缆的接头盒、终端头和膨胀器的金属外壳和可触及的电缆金属护层和穿线的钢管。穿线的钢管之间或钢管与电器设备之间有金属软管过渡的，应保证金属软管段接地畅通。

6）电缆桥架、支架和井架。

7）装有避雷线的电力线路杆塔。

8）装在配电线路杆上的电力设备。

9）在非沥青地面的居民区内，不接地、经消弧线圈接地和高电阻接地系统中无避雷线的架空电力线路的金属杆塔和钢筋混凝土杆塔。

10）承载电气设备的构架和金属外壳。

11）发电机中性点柜外壳，发电机出线柜、封闭母线的外壳及其他裸露的金属部分。

12）气体绝缘全封闭组合电器（GIS）的外壳接地端子和箱式变电站的金属箱体。

13）电热设备的金属外壳。

14）铠装控制电缆的金属护层。

15）互感器的二次绕组。

（二）电气装置可不接地或不接零的金属部分

GB 50169—2006 规定，电气装置的下列金属部分可不接地或不接零：

1）在木质、沥青等不良导电地面的干燥房间内，交流额定电压为 400V 及以下或直流额定电压为 440V 及以下的电气设备的外壳。但当有可能同时触及上述电气设备外壳和已接地的其他物体时，则仍应接地。

2）在干燥场所，交流额定电压为 127V 及以下或直流额定电压为 110V 及以下的电气设备的外壳。

3）安装在配电屏、控制屏和配电装置上的电气测量仪表、继电器和其他低压电器等的外壳，以及当发生绝缘损坏时，在支持物上不会引起危险电压的绝缘子的金属底座等。

4）安装在已接地金属构架上的设备，如穿墙套管等。

5）额定电压为 220V 及以下的蓄电池室内的金属支架。

6）由发电厂、变电所和工业企业区域内引出的铁路轨道。

7）与已接地的机床、机座之间有可靠电气接触的电动机和电器的外壳。

（三）接地电阻及其要求

接地电阻是接地线和接地体的电阻与接地体散流电阻的总和。由于接地线和接地体的电阻相对很小，因此接地电阻可认为就是接地体的散流电阻。

接地电阻按其通过电流的性质分以下两种：

1）工频接地电阻： 是工频接地电流流经接地装置入地所呈现的接地电阻，用 R_E（或 $R_{\sim}$）表示。

2）冲击接地电阻： 是雷电流流经接地装置入地所呈现的接地电阻，用 R_{sh}（或 R_i）表示。

我国有关规程规定的部分电力装置所要求的工作接地电阻（包括工频接地电阻和冲击接地电阻）值见附录表24，供参考。

关于低压TT系统和IT系统中电力设备外露可导电部分的保护接地电阻 R_E，按规定应满足这样的条件，即在接地电流 I_E 通过 R_E 时产生的对地电压不应高于50V（安全特低电压），因此保护接地电阻为

$$R_E \leqslant \frac{50\text{V}}{I_E} \tag{8-7}$$

如果作为设备单相接壳故障保护的剩余电流断路器动作电流 $I_{op(E)}$ 取为30mA（安全电流值），则 $R_E \leqslant 50\text{V}/0.03\text{A} = 1667\Omega$。这一电阻值很大，很容易满足要求。一般取 $R_E \leqslant 100\Omega$，以确保安全。

对低压TN系统，由于其中所有设备的外露可导电部分均接公共PE线或PEN线，是采取保护接零，因此不存在保护接地电阻问题。

三、接地装置的装设与布置

（一）自然接地体的利用

在设计和装设接地装置时，首先应充分利用自然接地体，以节约投资，节约钢材。如果实地测量所利用的自然接地体接地电阻已满足要求，且这些自然接地体又满足短路热稳定度条件时，除35kV及以上变配电所外，一般就不必再装设人工接地装置了。

可利用的自然接地体，按GB 50169—2006规定有：

1）埋设在地下的金属管道，但不包括可燃和有爆炸物质的管道。

2）金属井管。

3）与大地有可靠连接的建筑物的金属结构。

4）水工建筑物及其类似的构筑物的金属管、桩等。

对于变配电所来说，可利用其建筑物的钢筋混凝土基础作为自然接地体。对3～10kV变配电所来说，如果其自然接地电阻满足规定值时，可不另设人工接地。对35kV及以上变配电所则还必须敷设以水平接地体为主的人工接地网。

利用自然接地体时，一定要保证其良好的电气连接。在建、构筑物结构的结合处，除已焊接者外，都要采用跨接焊接，而且跨接线不得小于规定值。

(二) 人工接地体的装设

人工接地体有垂直埋设和水平埋设两种，如图 8-29 所示。

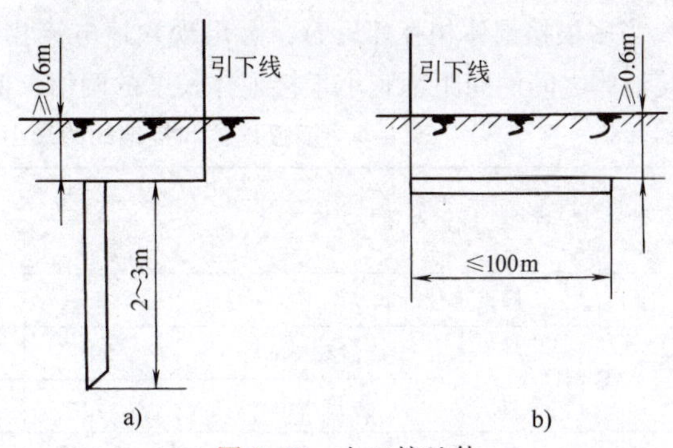

图 8-29 人工接地体

a）垂直埋设的管形或棒形接地体

b）水平埋设的带形接地体

最常用的垂直接地体为直径 50mm、长 2.5m 的钢管。如果采用的钢管直径小于 50mm，则因钢管的机械强度较小，易弯曲，不适于用机械方法打入土中；如果钢管直径大于 50mm，则钢材耗用增大，而散流电阻减小甚微，很不经济（例如钢管直径由 50mm 增大到 125mm 时，散流电阻仅减小 15%）。如果采用的钢管长度小于 2.5m 时，散流电阻增加很多；如果钢管长度大于 2.5m 时，则难以打入土中，而散流电阻也减小不多。由此可见，采用直径为 50mm、长度为 2.5m 的钢管作为垂直接地体是最为经济合理的。但是为了减少外界温度变化对散流电阻的影响，埋入地下的接地体，其顶端离地面不宜小于 0.6m。

当土壤电阻率（见附录表 25）偏高时，例如土壤电阻率 $\rho \geqslant 300\Omega \cdot m$ 时，**为降低接地装置的接地电阻，可采取以下措施：**

1）采用多支线外引接地装置，其外引长度不宜大于 $2\sqrt{\rho}$，这里的 ρ 为埋设地点的土壤电阻率。

2）如果地下较深处土壤电阻率较低时，可采用深埋式接地体。

3）局部进行土壤置换处理，换以电阻率较低的黏土或黑土（见图 8-30），或进行土壤化学处理，填充以炉渣、木炭、石灰、食盐、废电池等降阻剂（见图 8-31）。

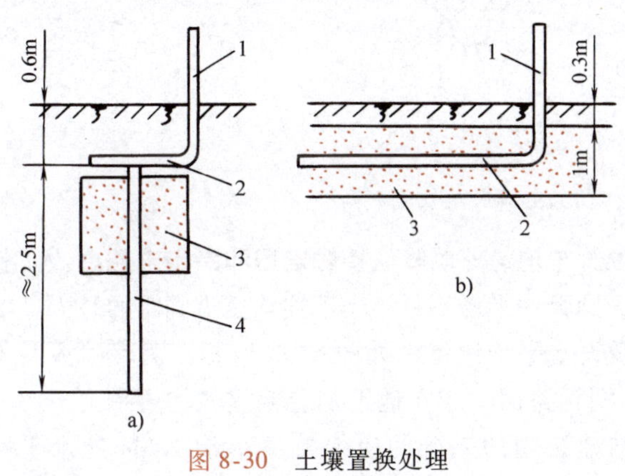

图 8-30 土壤置换处理

a）垂直接地体 b）水平接地体

1—引下线 2—连接扁钢 3—黏土 4—钢管

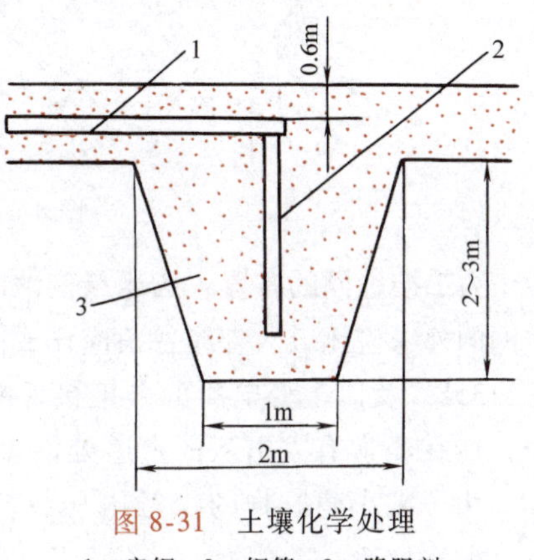

图 8-31 土壤化学处理

1—扁钢 2—钢管 3—降阻剂

按 GB 50169—2006 规定，钢接地体的截面积一般不应小于表 8-6 所列规格。对 110kV 及以上变电所或腐蚀性较强场所的接地装置，应采用热镀锌钢材，或适当加大截面积。不得采用铝导体作接地体或接地线。

按 GB 50169—2006 规定，铜接地体的截面积一般不应小于表 8-7 所列规格。

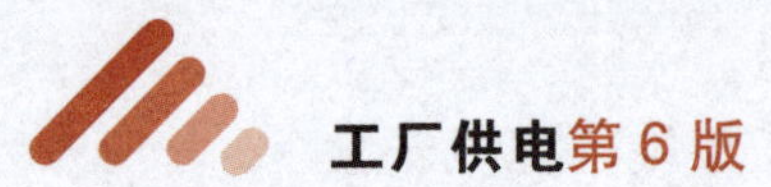

当多根接地体相互邻近时，会出现入地电流相互排挤的屏蔽效应，如图 8-32 所示，因此垂直接地体之间的间距不宜小于接地体长度的两倍，而水平接地体之间的间距一般不宜小于 5m。

表 8-6　钢接地体和接地线的最小规格（据 GB 50169—2006）

种类、规格及单位		地上		地下	
		室内	室外	交流回路	直流回路
圆钢直径/mm		6	8	10	12
扁钢	截面积/mm^2	60	100	100	100
	厚度/mm	3	4	4	6
角钢厚度/mm		2	2.5	4	6
钢管管壁厚度/mm		2.5	2.5	3.5	4.5

注：1. 电力线路杆塔的接地体引出线截面积不应小于 50mm^2。引出线应热镀锌。
2. 按 GB 50057—2010《建筑物防雷设计规范》规定：防雷的接地装置，圆钢直径不应小于 10mm；扁钢截面积不应小于 100mm^2，厚度不应小于 4mm；角钢厚度不应小于 4mm；钢管壁厚不应小于 3.5mm。作为引下线，圆钢直径不应小于 8mm；扁钢截面积不应小于 48mm^2，厚度不应小于 4mm。
3. 本表规格也符合 GB 50303—2011《建筑电气工程施工质量验收规范》的规定。

表 8-7　铜接地体的最小规格（据 GB 50169—2006）

种类、规格及单位	地上	地下
铜棒直径/mm	4	6
铜排截面积/mm^2	10	30
铜管管壁厚度/mm	2	3

注：裸铜绞线一般不作为小型接地装置的接地体用。当作为接地网的接地体时，截面积应满足设计要求。

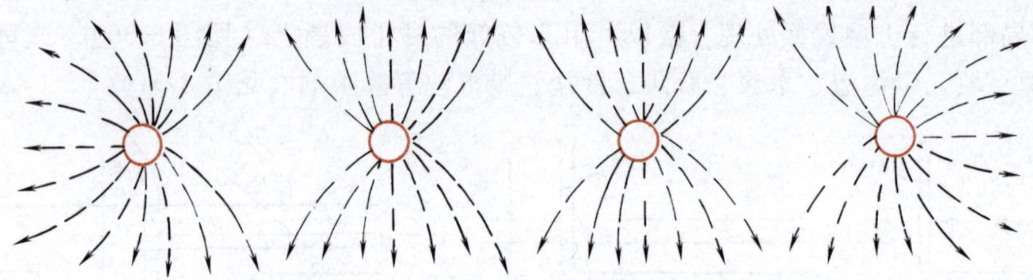

图 8-32　接地体间的电流屏蔽效应

人工接地网的布置，应尽量使地面的电位分布均匀，以降低接触电压和跨步电压。人工接地网的外缘应闭合。外缘各角应作成圆弧形，圆弧的半径不宜小于下述均压带间距的一半。

35kV 及以上变电所的人工接地网内应敷设水平均压带，如图 8-33 所示。为保障人身安全，应在经常有人出入的走道处铺设碎石、沥青路面，或在地下加装帽檐式均压带。

为了减小建筑物的接触电压，接地体与建筑物的基础间应保持不小于 1.5m 的水平距离，通常取 2～3m。

（三）防雷装置的接地装置要求

避雷针宜设独立的接地装置。防雷的接地装置（包括接地体和接地线）及避雷针（线、网）引下线的结构尺寸，应符合表 8-6 下注 2 的要求。

为了防止雷击时雷电流在接地装置上产生的高电位对被保护的建筑物和配电装置及其接地装置进行“反击闪络”，危及建筑物和配电装置的安全，防直击雷的接地装置与建筑物和

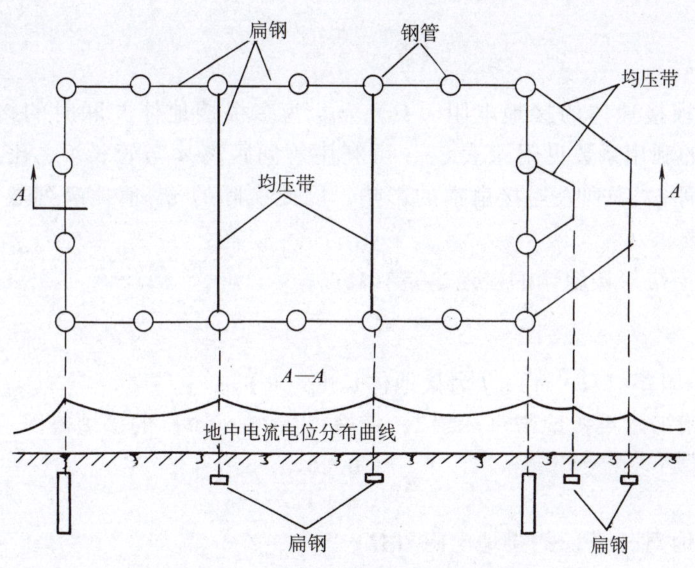

图 8-33 加装均压带的人工接地网

配电装置及其接地装置之间应有一定的安全距离，此安全距离与建筑物的防雷等级有关，在 GB 50057—2010 中有具体规定，但总的来说，空气中的安全距离 $s_0 \geqslant 5\text{m}$，地下的安全距离 $s_E \geqslant 3\text{m}$，如图 8-34 所示。

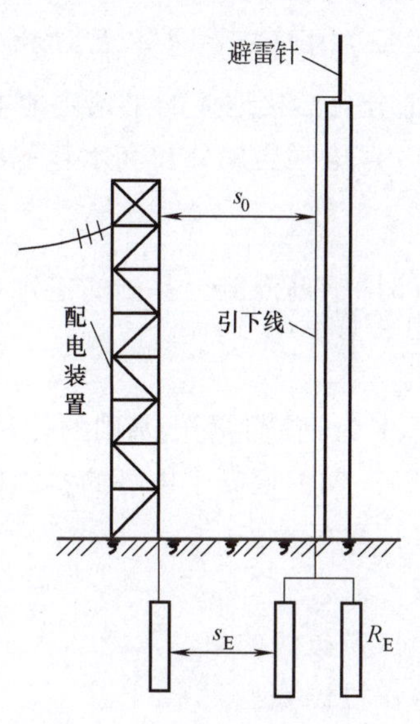

图 8-34 防直击雷的接地装置对建筑物和配电装置及其接地装置间的安全距离
s_0—空气中间距（不小于 5m）
s_E—地下间距（不小于 3m）

为了降低跨步电压、保障人身安全，按 GB 50054—2010 规定，防直击雷的人工接地体距建筑物入口或人行道的距离不应小于 3m。当小于 3m 时，应采取下列措施之一：①水平接地体局部埋深应不小于 1m；②水平接地体局部应包绝缘物，可采用 50～80mm 厚的沥青层；③采用沥青碎石地面，或在接地体上面敷设 50～80mm 厚的沥青层，其宽度应超过接地体 2m。

四、接地装置的计算

（一）人工接地体工频接地电阻的计算

在工程设计中，人工接地体的工频接地电阻可采用下列简化公式计算[28]：

（1）单根垂直管形或棒形接地体的接地电阻（Ω）

$$R_{E(1)} \approx \frac{\rho}{l} \tag{8-8}$$

式中，ρ 为土壤电阻率（Ω·m）；l 为接地体长度（m）。

（2）多根并联垂直接地体的接地电阻（Ω） n 根垂直接地体通过连接扁钢（或圆钢）并联时，由于接地体间屏蔽效应的影响，使得总的接地电阻 $R_E > R_{E(1)}/n$，因此实际总的接地电阻为

$$R_E = \frac{R_{E(1)}}{n\eta_E} \tag{8-9}$$

式中，$R_{E(1)}$ 为单根接地体的接地电阻（Ω）；η_E 为多根接地体并联时的接地体利用系数，垂直管形接地体的利用系数见附录表26，可利用管间距离 a 与管长 l 之比及管子数目 n 去查。由于该表所列 η_E 未列入连接扁钢的影响，因此实际的 η_E 值比表列数值略高，但这样更能满足接地的要求。

（3）单根水平带形接地体的接地电阻（Ω）

$$R_E \approx \frac{2\rho}{l} \tag{8-10}$$

式中，ρ 为土壤电阻率（Ω·m）；l 为接地体长度（m）。

（4）n 根放射形水平接地带（$n \leqslant 12$，每根长度 $l \approx 60\text{m}$）的接地电阻（Ω）

$$R_E \approx \frac{0.062\rho}{n+1.2} \tag{8-11}$$

（5）环形接地网（带）的接地电阻（Ω）

$$R_E \approx \frac{0.6\rho}{\sqrt{A}} \tag{8-12}$$

式中，A 为环形接地网（带）所包围的面积（m^2）。

（二）自然接地体工频接地电阻的计算

部分自然接地体的工频接地电阻可按下列简化计算公式计算：

（1）电缆金属外皮和水管等的接地电阻（Ω）

$$R_E \approx \frac{2\rho}{l} \tag{8-13}$$

（2）钢筋混凝土基础的接地电阻（Ω）

$$R_E \approx \frac{0.2\rho}{\sqrt[3]{V}} \tag{8-14}$$

式中，V 为钢筋混凝土基础的体积（m^3）。

（3）钢筋混凝土电杆的接地电阻（Ω）

1）单杆　$R_E \approx 0.3\rho$　（8-15）

2）双杆　$R_E \approx 0.2\rho$　（8-16）

3）带拉线的单、双杆　$R_E \approx 0.1\rho$　（8-17）

4）拉线底盘　$R_E \approx 0.28\rho$　（8-18）

（三）冲击接地电阻的计算

冲击接地电阻是指雷电流经接地装置泄放入地时所呈现的电阻，包括接地线、接地体电阻和地中散流电阻。由于强大的雷电流泄放入地时，当地的土壤被雷电波击穿并产生火花，使散流电阻显著降低。当然，雷电波的陡度很大，具有高频特性，同时会使接地线的感抗增大；但接地线阻抗较之散流电阻毕竟小得多，因此冲击接地电阻一般是小于工频接地电阻的。按GB 50057—2010规定，**冲击接地电阻按式（8-19）计算**：

$$R_{sh} = \frac{R_E}{\alpha} \tag{8-19}$$

式中，R_E 为工频接地电阻；α 为换算系数，是 R_E 与 R_{sh} 的比值，由图8-35所示计算曲线

确定。

图 8-35 中横坐标的 l_e 为接地体的有效长度（m），应按下式计算：

$$l_e = 2\sqrt{\rho} \tag{8-20}$$

式中，ρ 为土壤电阻率（Ω · m）。

图 8-35 中横坐标的 l：对于单根接地体，为其实际长度；对于有分支线的接地体，为其最长分支线的长度（见图 8-36）；对于环形接地网，为其周长的一半。如果 $l_e < l$ 时，则取 $l_e = l$，即 $\alpha = 1$，也即 $R_{sh} = R_E$。

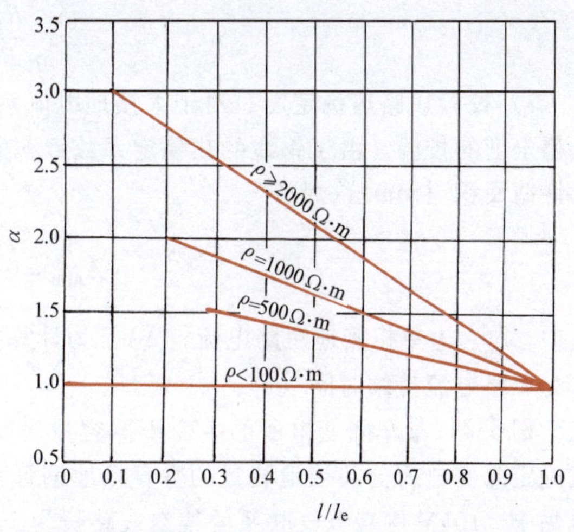

图 8-35　确定换算系数 $\alpha = R_E / R_{sh}$ 的计算曲线

（四）接地装置的计算程序及示例

接地装置的计算程序如下：

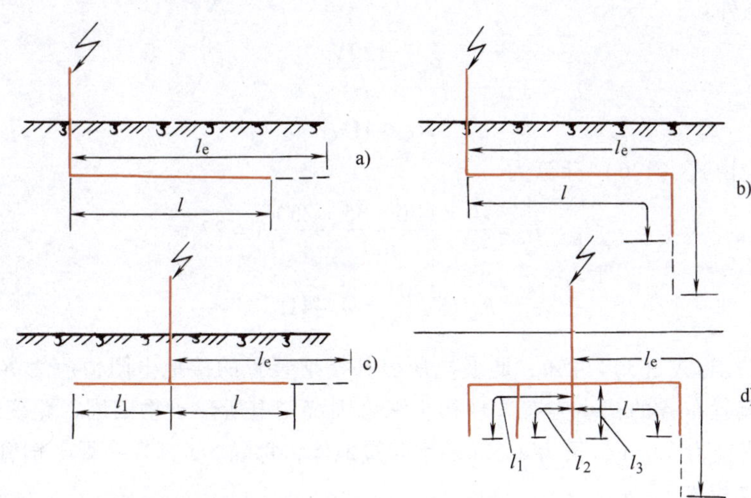

图 8-36　接地体的长度 l 和有效长度 l_e

a）单根水平接地体　b）末端接垂直接地体的单根水平接地体　c）多根水平接地体（$l_1 \leqslant l$）　d）接多根垂直接地体的多根水平接地体（$l_1 \leqslant l$，$l_2 \leqslant l$，$l_3 \leqslant l$）

1）按设计规范的要求确定允许的接地电阻 R_E 值。

2）实测或估算可以利用的自然接地体的接地电阻 $R_{E(net)}$ 值。

3）计算需要补充的人工接地体的接地电阻

$$R_{E(man)} = \frac{R_{E(net)} R_E}{R_{E(net)} - R_E} \tag{8-21}$$

如果不考虑利用自然接地体，则 $R_{E(man)} = R_E$。

4）在装设接地体的区域内初步安排接地体的布置，并按一般经验试选，初步确定接地体和接地线的尺寸。

5）计算单根接地体的接地电阻 $R_{E(1)}$。

6）用逐步渐近法计算接地体的数量

$$n=\frac{R_{E(1)}}{\eta_E R_{E(man)}} \tag{8-22}$$

7）校验短路热稳定度。对于大接地电流系统中的接地装置，可按式（3-60）进行短路热稳定度的校验。由于钢线的热稳定系数 $C=70$，因此**满足短路热稳定度的钢接地线的最小允许截面积（mm²）为**

$$A_{min}=\frac{I_k^{(1)}\sqrt{t_k}}{70} \tag{8-23}$$

式中，$I_k^{(1)}$ 为单相接地短路电流（A），为计算简便，并使热稳定度更有保障，可取为 $I_k^{(3)}$；t_k 为短路电流持续时间（s）。

例 8-2 某车间变电所的主变压器容量为 500kV·A，电压为 10kV/0.4kV，Yyn0 联结。试确定此变电所公共接地装置的垂直接地钢管和连接扁钢的尺寸。已知装设地点的土质为沙质黏土，10kV 侧有电气联系的架空线路长为 70km，电缆线路长为 25km。

解：（1）确定接地电阻值　查附录表 24，可确定此变电所公共接地装置的接地电阻应满足以下两个条件：

$$R_E\leqslant\frac{120\text{V}}{I_E} \tag{1}$$

$$R_E\leqslant 4\Omega \tag{2}$$

式（1）中的 I_E 由式（1-6）计算为

$$I_E=I_C=\frac{10\times(70+35\times25)}{350}\text{A}=27\text{A}$$

故式（1）

$$R_E\leqslant\frac{120\text{V}}{27\text{A}}=4.44\Omega \tag{3}$$

比较式（2）与式（3）可知，此变电所公共接地装置的接地电阻值应为 $R_E\leqslant 4\Omega$。

（2）接地装置布置的初步方案　现初步考虑围绕变电所建筑物四周，距变电所外墙 2～3m，打入一圈直径为 50mm、长为 2.5m 的钢管接地体，每隔 5m 打入一根。钢管间用 40mm×4mm 的扁钢焊接相连。

（3）计算单根钢管的接地电阻　查附录表 25，得沙质黏土的 $\rho=100\Omega\cdot\text{m}$。按式（8-8）得单根钢管接地电阻为

$$R_{E(1)}\approx\frac{\rho}{l}=\frac{100\Omega\cdot\text{m}}{2.5\text{m}}=40\Omega$$

（4）确定接地的钢管数和最后的接地方案　根据 $R_{E(1)}/R_E=40\Omega/4\Omega=10$，并考虑到管间电流屏蔽效应的影响，因此初步选择 15 根管径为 50mm、长为 2.5m 的钢管作接地体。以 $n=15$ 和 $a/l=2$ 去查附录表 26-2（取 $n=10\sim20$ 在 $a/l=2$ 时的 η_E 的中间值）得 $\eta_E\approx0.66$。因此由式（8-22）可得

$$n=\frac{R_{E(1)}}{\eta_E R_E}=\frac{40\Omega}{0.66\times4\Omega}\approx15$$

考虑到接地体的均匀对称布置，选 16 根直径 50mm、长 2.5m 的钢管作接地体，用 40mm×4mm 的扁钢连接，环形布置。因本例题未给短路电流数据，故短路热稳定度校验从略。

五、接地装置的测试

（一）采用电压表、电流表和功率表（三表法）测量接地电阻

测试电路如图 8-37 所示。其中电压极、电流极为辅助测试极。电压极、电流极与接地体之间的布置方案有直线布置和等腰三角形布置两种：

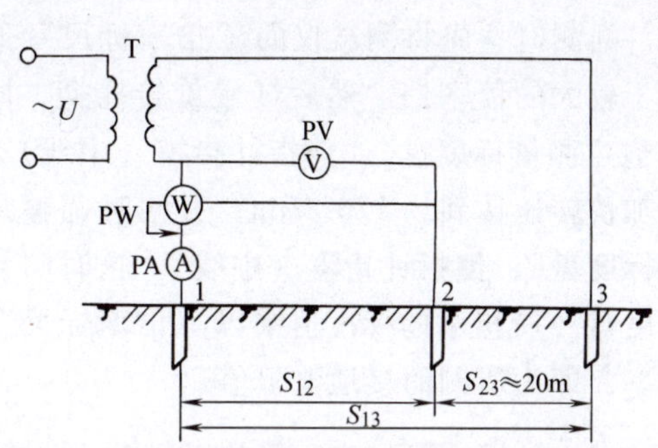

图 8-37 三表法测量接地电阻的测试电路
1—被测接地体 2—电压极 3—电流极
PV—电压表 PA—电流表 PW—功率表

（1）直线布置（见图 8-38a） 取 $S_{13} \geqslant (2 \sim 3)D$，$D$ 为被测接地网的对角线长度；取 $S_{12} \approx 0.6S_{13}$（理论上 $S_{12} = 0.618S_{13}$）。

（2）等腰三角形布置（见图 8-38b） 取 $S_{12} = S_{13} \geqslant 2D$，$D$ 为被测接地网的对角线长度；夹角取 $\alpha \approx 30°$。

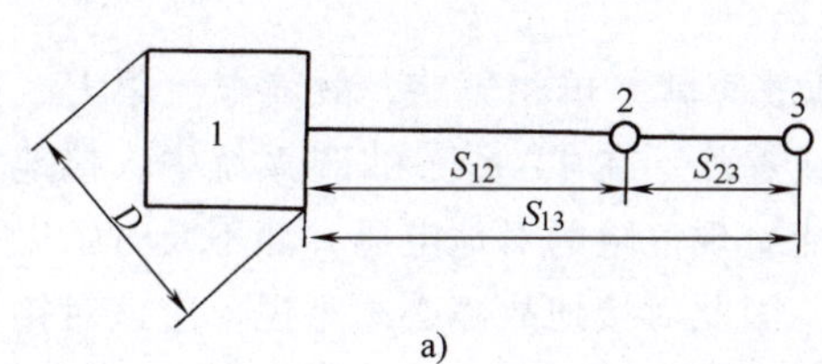

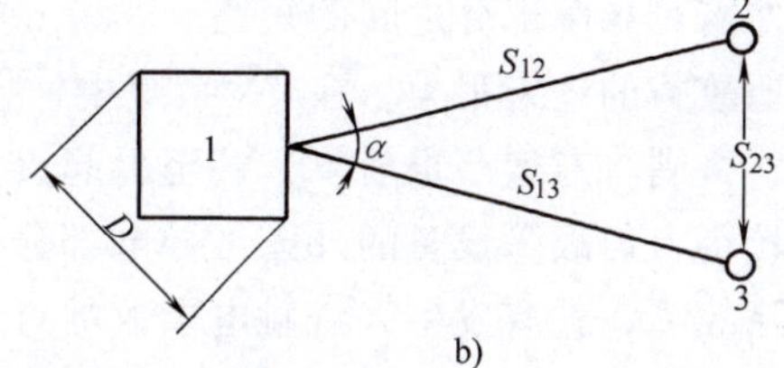

图 8-38 接地电阻测量的电极布置
a）直线布置方案 b）等腰三角形布置方案
1—被测接地体（接地网） 2—电压极 3—电流极

图 8-37 所示测试电路加上电源后，同时读取电压 U、电流 I 和功率 P 值，即可由下式求得接地体（网）的接地电阻值：

$$R_E = \frac{U}{I} \tag{8-24}$$

或

$$R_E = \frac{P}{I^2} = \frac{U^2}{P} \tag{8-25}$$

（二）采用接地电阻测试仪测量接地电阻

接地电阻测试仪俗称接地电阻摇表，其测量机构为流比计。测试电路如图 8-39 所示。电极的布置如图 8-38 所示，具体方案和要求同上。常用的接地电阻测试仪的型号规格见表 8-8。

表 8-8 常用的接地电阻测试仪

型号	名　称	量　程	准确度	外形尺寸：（长/mm×宽/mm×高/mm）
ZC8	接地电阻测试仪	1/10/100	在额定值的 30% 及以下，误差为额定值的 ±1.5%；在额定值的 30% 以上，误差为指示值的 ±5%	170×110×164
		10/100/1000		
ZC29—1	接地电阻测试仪	10/100/1000		172×116×135
ZC34A	晶体管接地电阻测试仪	2/20/200	误差 ±2.5%	180×120×110

摇测时，先将测试仪的“倍率标尺”开关置于较大的倍率挡。然后慢慢旋转摇柄，同时调整“测量标度盘”，使指针指零（中线）；接着加快转速达到约 120r/min，并同时调整“测量标度盘”，使指针指零（中线）。这时“测量标度盘”所示的标度值乘以“倍率标尺”的倍率，即为所测的接地电阻值。

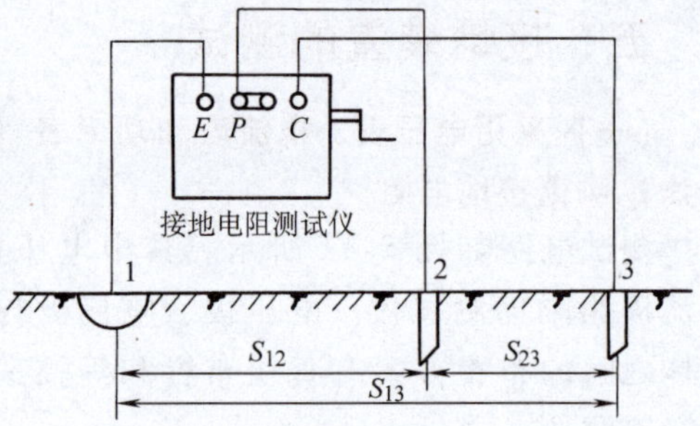

图 8-39　采用接地电阻测试仪测量接地电阻的测试电路

1—被测接地体　2—电压极　3—电流极

六、低压配电系统的接地故障保护、漏电保护和等电位联结

（一）低压配电系统的接地故障保护

接地故障是指低压配电系统中的相线对地或对与地有联系的导电体之间的短路，包括相线与大地、相线与 PE 线或 PEN 线以及相线与设备的外露可导电部分之间的短路。

接地故障的危害很大。在 TN 系统中，接地故障就是单相短路，故障电流很大，必须迅速切除，否则将产生严重后果，甚至引起火灾或爆炸。在 TT 系统和 IT 系统中，接地故障电流虽然较小，但故障设备的外露可导电部分可能呈现危险的对地电压，如不及时予以信号报警或切除故障，就有发生人身触电事故的可能。因此对接地故障必须重视，应该对接地故障采取适当的安全防护措施。

接地故障保护电器的选择，应根据低压配电系统的接地型式、电气设备类别（移动式、手握式或固定式）以及导体截面积大小等因素确定。

1. TN 系统中的接地故障保护

TN 系统中配电线路的接地故障保护可由线路的过电流保护或零序电流保护来实现。接地故障保护的动作电流 $I_{op(E)}$ 应符合式（8-26）要求：

$$I_{op(E)} \leqslant \frac{U_{\varphi}}{|Z_{\Sigma(\varphi\text{-}0)}|} \tag{8-26}$$

式中，U_{φ} 为 TN 系统的相电压；$|Z_{\Sigma(\varphi\text{-}0)}|$ 为接地故障回路的总阻抗模，其计算参见式（3-38）。

接地故障保护的动作时间 $t_{op(E)}$，对于已有总等电位联结的措施且配电线路只供给固定式用电设备的末端线路，其 $t_{op(E)} \leqslant 5s$。对于已有总等电位联结的措施但只供电给手握式和移动式用电设备的末端线路，其 $t_{op(E)} \leqslant 0.4s$。

如果接地故障采用熔断器保护，则接地故障电流 $I_k^{(1)}$ 与熔断器熔体额定电流 $I_{N.FE}$ 的比值 K 不应小于表 6-1 所列数值。如果满足表 6-1 的要求，则可认为满足接地故障保护的要求。

假如接地故障保护达不到上述保护要求，则应采取漏电电流保护。但漏电电流保护只适用于 TN-S 系统，不适用于 TN-C 系统，或将 TN-C 系统改为 TN-C-S 系统来装设漏电电流保护（参见图 8-44）。

2. TT 系统中的接地故障保护

在 TT 系统中，一般装设漏电电流保护作接地故障保护。但在已采取总等电位联结的措施且其作为接地故障保护的过电流保护满足下式要求时，即可认为已达到防触电的安全要

求，不必另装漏电电流保护：

$$I_{op(E)}R_E \leqslant 50V \tag{8-27}$$

式中，$I_{op(E)}$ 为接地故障保护的动作电流；R_E 为电气设备外露可导电部分的接地电阻与 PE 线电阻之和。

当采用过电流保护时，反时限特性过电流保护电器的 $I_{op(E)}$ 应保证在 5s 内切除接地故障回路。当采用瞬时动作特性过电流保护时，$I_{op(E)}$ 应保证瞬时切除接地故障回路。当过电流保护达不到上述要求时，则应采取漏电电流保护。

3. IT 系统中的接地故障保护

在 IT 系统中，当发生第一次接地故障时，应由绝缘监视装置发出声响或灯光报警信号，其动作电流应符合下式要求：

$$I_E R_E \leqslant 50V \tag{8-28}$$

式中，I_E 为相线与设备外露可导电部分之间的短路故障电流，由于 IT 系统中性点不接地或经阻抗接地，因此 I_E 为单相接地电容电流；R_E 为设备外露可导电部分的接地电阻与 PE 线电阻之和。

当发生第二次接地故障时，可形成两相接地短路，这时应由过电流保护或漏电电流保护来切断故障回路，并应符合下列要求：

1）当 IT 系统不引出 N 线、线路电压为 220V/380V 时，保护电器应在 0.4s 内切断故障回路，并满足下式要求：

$$I_{op}|Z_{\Sigma}| \leqslant \frac{\sqrt{3}}{2}U_{\varphi} \tag{8-29}$$

式中，$|Z_{\Sigma}|$为包括相线和 PE 线在内的故障回路阻抗模。

2）当 IT 系统引出 N 线、线路电压为 220V/380V 时，保护电器应在 0.8s 内切断故障回路，并满足下式要求：

$$I_{op}|Z'_{\Sigma}| \leqslant \frac{1}{2}U_{\varphi} \tag{8-30}$$

式中，$|Z'_{\Sigma}|$为包括相线、N 线和 PE 线在内的故障回路阻抗模。

以上两式中的 I_{op} 均为保护装置的动作电流，U_{φ} 为线路的相电压。

（二）低压配电系统的漏电电流保护

1. 漏电保护器的功能与原理

漏电保护器又称剩余电流保护器（IEC 标准名称，Residual Current Protective Device，RCD），它是在规定条件下，当漏电电流（剩余电流）达到或超过规定值时能自动断开电路的一种保护电器。它用来对低压配电系统中的漏电和接地故障进行安全防护，防止发生人身触电事故及因接地电弧引发的火灾。

RCD 按其反应动作的信号分，有电压动作型和电流动作型两类。电压动作型技术上尚存在一些问题，所以现在生产的漏电保护器差不多都是电流动作型。

电流动作型 RCD 利用零序电流互感器来反映接地故障电流，使脱扣机构动作。它按脱扣机构的结构分，又有电磁脱扣型和电子脱扣型两类。

电流动作的电磁脱扣型 RCD 的原理电路图如图 8-40 所示。设备正常运行时，穿过零序电流互感器 TAN 的三相电流相量和为零，零序电流互感器 TAN 二次侧不产生感应电动势，因此极化电磁铁 YA 的线圈中没有电流通过，其衔铁靠永久磁铁的磁力保持在吸合位置，使开关维持在合闸状态。当设备发生漏电或单相接地故障时，就有零序电流穿过互感器 TAN 的铁心，使其二次侧感生电动势，于是电磁铁 YA 的线圈中有交流电流通过，从而使电磁铁 YA 的铁心中产生交变磁通。此交变磁通与原有的永久磁通叠加，产生去磁作用，使其电磁吸力减小，衔铁被弹簧拉开，使自由脱扣机构 YR 动作，开关跳闸，断开故障电路，从而起到漏电保护的作用。

电流动作的电子脱扣型 RCD 的原理电路图如图 8-41 所示。这种电子脱扣型 RCD 是在零序电流互感器 TAN 与自由脱扣机构 YR 之间接入一个电子放大器 AV。当设备发生漏电或单相接地故障时，互感器 TAN 二次侧感应的电信号经电子放大器 AV 放大后，接通脱扣机构 YR，使开关跳闸，从而也起到漏电保护的作用。

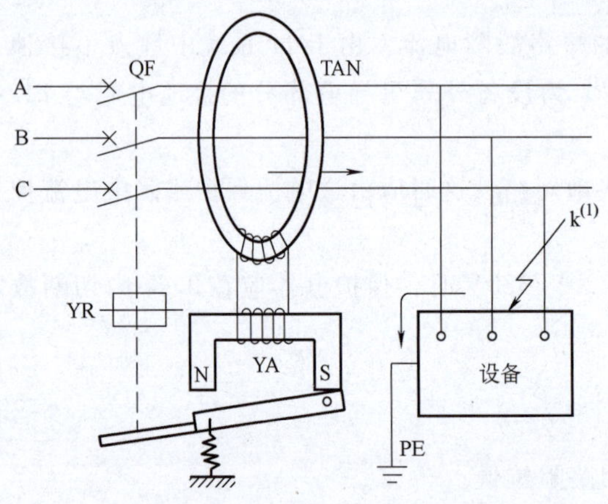

图 8-40　电流动作的电磁脱扣型 RCD 原理电路图
TAN—零序电流互感器　YA—极化电磁铁
QF—断路器　YR—自由脱扣机构

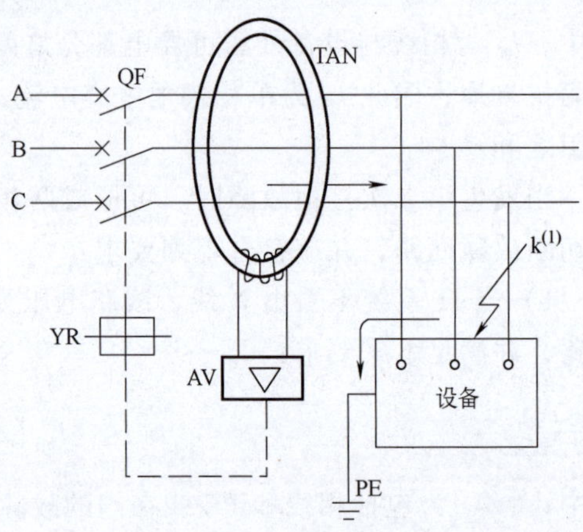

图 8-41　电流动作的电子脱扣型 RCD 原理电路图
TAN—零序电流互感器　AV—电子放大器
QF—断路器　YR—自由脱扣机构

2. RCD 的分类

RCD 按其保护功能和结构特征，可分以下四类：

（1）漏电保护开关　它由零序电流互感器、漏电脱扣器和主开关组装在一个绝缘外壳之中，具有漏电保护及手动通断电路的功能，但不具过负荷和短路保护的功能。这类产品主要应用于住宅，通称漏电开关。

（2）漏电断路器　它是在低压断路器的基础上加装漏电保护部件所组成，因此具有漏电保护及过负荷和短路保护的功能。它的有些产品就是在低压断路器之外拼装漏电保护附件而成。例如 C45 系列小型断路器拼装漏电脱扣器后，就成了家用及类似场所广泛应用的漏电断路器。

（3）漏电继电器　它由零序电流互感器和继电器组成，具有检测和判断漏电和接地故障的功能，由继电器发出信号，并控制断路器或接触器切断电路。

（4）漏电保护插座　它由漏电保护开关或漏电断路器与插座组合而成，使插座回路连接的设备具有漏电保护功能。

RCD 按极数分，有单极 2 线、双极 2 线、3 极 3 线、3 极 4 线和 4 极 4 线等多种型式，其在低压配电线路中的接线如图 8-42 所示。

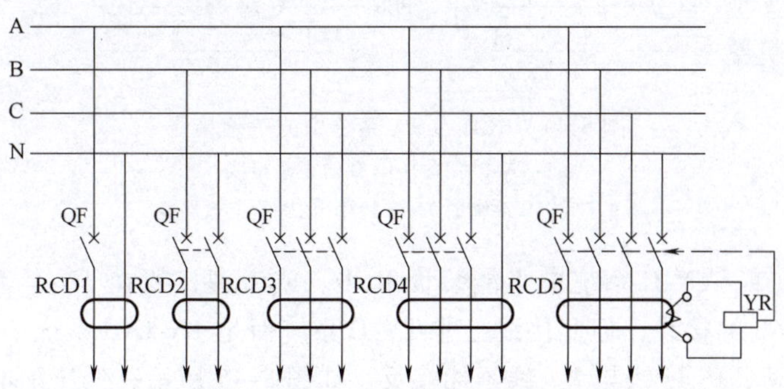

图 8-42 各种 RCD 在低压配电线路中的接线

RCD1—单极 2 线 RCD2—双极 2 线 RCD3—3 极 3 线 RCD4—3 极 4 线

RCD5—4 极 4 线 QF—断路器 YR—漏电脱扣器

3. RCD 的装设场所与要求

(1) RCD 的装设场所 由于人手握住手持式或移动式电器时，如果该电器漏电，则人手因触电痉挛而很难摆脱，触电时间一长，就会导致死亡。而固定式电器漏电，如人体触及，会因电击刺痛而弹离，一般不会继续触电。由此可见，手持式和移动式电器触电的危险性远远大于固定式电器触电。因此一般规定，安装有手持式和移动式电器的回路上应装设 RCD。由于插座主要是用来连接手持式和移动式电器的，因此插座回路上一般也应装设 RCD。GB 50096—2011《住宅设计规范》规定，除壁挂式空调电源插座外，其他电源插座回路均应装设 RCD。

(2) PE 线和 PEN 线不得穿过 RCD 的零序电流互感器铁心 在 TN-S 系统中或 TN-C-S 系统中的 TN-S 段装设 RCD 时，PE 线不得穿过零序电流互感器的铁心。否则，在发生单相接地故障时，由于进出互感器铁心的故障电流相互抵消，RCD 不会动作，如图 8-43a 所示。而在 TN-C 系统中或 TN-C-S 系统中的 TN-C 段装设 RCD 时，PEN 线不得穿过零序电流互感器的铁心，否则，在发生单相接地故障时，RCD 同样不会动作，如图 8-43b 所示。

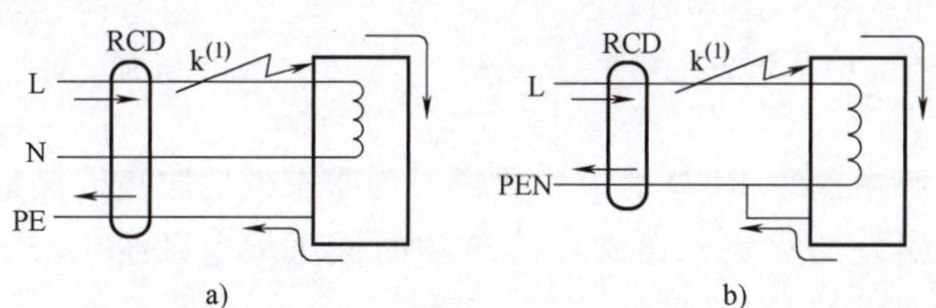

图 8-43 PE 线和 PEN 线不得穿过 RCD 的零序电流互感器铁心

a）TN-S 系统中的 PE 线穿过 RCD 互感器铁心时，RCD 不动作

b）TN-C 系统中的 PEN 线穿过 RCD 互感器铁心时，RCD 不动作

TN-S 系统中和 TN-C-S 系统的 TN-S 段中 RCD 的正确接线如图 8-44 所示。

对于 TN-C 系统，如果发生单相接地故障，就形成单相短路，其过电流保护装置应该动作，切除故障。

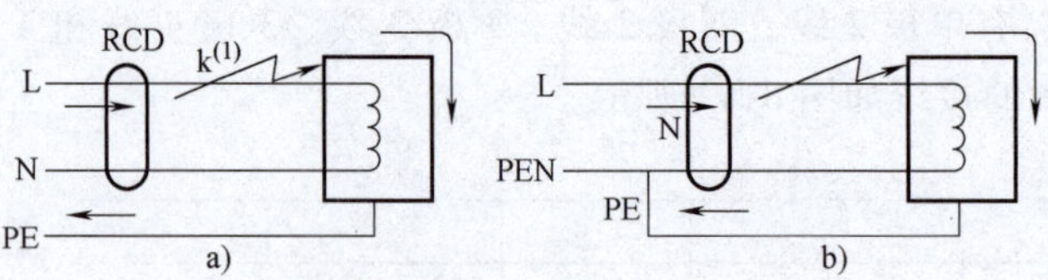

图 8-44　RCD 在 TN 系统中的正确接线

a）TN-S 系统中 RCD 的正确接线

b）TN-C-S 系统的 TN-S 段中 RCD 的正确接线

由图 8-43b 可知，TN-C 系统中不能装设 RCD。或者说，要在 TN-C 系统中装设 RCD，必须采取如图 8-44b 的接线，但此接线已非 TN-C 系统而是 TN-C-S 系统了。

（3）RCD 负荷侧的 N 线与 PE 线不能接反　如图 8-45 所示，低压配电线路中，假设其中插座 XS2 的 N 线端子误接于 PE 线上，而其 PE 线端子误接于 N 线上，则插座 XS2 的负荷电流 I 不是经 N 线而是经 PE 线返回电源，从而使 RCD 的零序电流互感器一次侧出现不平衡电流 I，造成 RCD 无法合闸。

为了避免 N 线与 PE 线接错，建议在电气安装中，按规定（参见表 5-2）N 线使用淡蓝色绝缘线，PE 线使用黄绿双色绝缘线，而 A、B、C 三相则分别使用黄、绿、红色绝缘线。

（4）装设 RCD 时，不同回路不应共用一根 N 线　在电气施工中，为节约线路投资，往往将几回配电线路共用一根 N 线。例如，图 8-46 所示线路将装有 RCD 的回路与其他回路共用一根 N 线，这将使 RCD 的零序电流互感器一次侧出现不平衡电流而引起 RCD 误动，因此这种做法是不允许的。

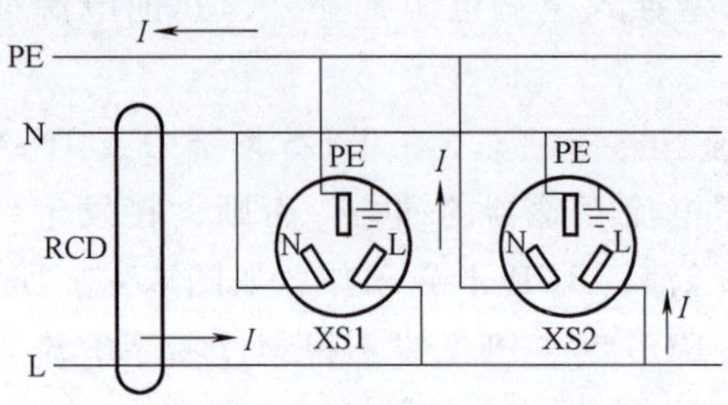

图 8-45　低压配电线路中如插座的 N 线与 PE 线接反时，RCD 无法合闸

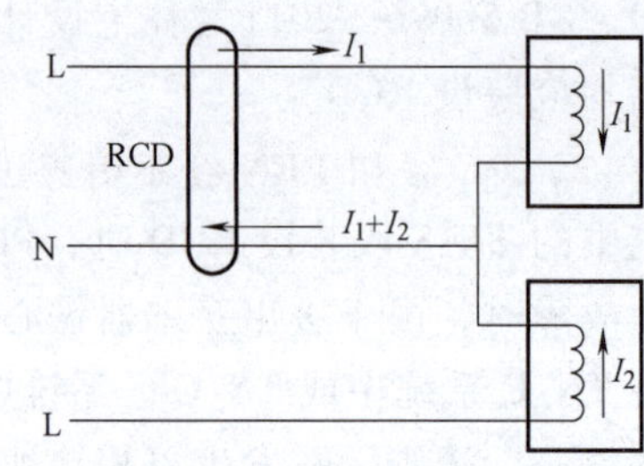

图 8-46　不同回路共用一根 N 线可引起 RCD 误动

（5）低压配电系统中多级 RCD 的装设要求　为了有效地防止因接地故障引起的人身触电事故及因接地电弧引发的火灾，通常在建筑物的低压配电系统中装设两级或三级 RCD，如图 8-47 所示。

线路末端装设的 RCD，通常为瞬动型，动作电流一般取为 30mA（安全电流值）；对手持式用电设备，RCD 动作电流则取为 15mA；对医疗电气设备，RCD 动作电流取为 6mA。线路末端为低压开关柜、配电箱时，RCD 动作电流也可取 100mA。其前一级 RCD 则应采用选择型，最长动作时间为 0.15s，动作电流取 300～500mA，以保证前后 RCD 动作的选择性。由于国内外资料证实，接地电流只有达到 500mA 以上时其电弧能量才有可能引燃起火，因此从防火安全来说，RCD 的动作电流最大可达 500mA。

（三）低压配电系统的等电位联结

1. 等电位联结的功能与类别

等电位联结是使电气装置各外露可导电部分和装置外可导电部分的电位基本相等的一种电气联结。等电位联结的功能在于降低接触电压，以确保人身安全。

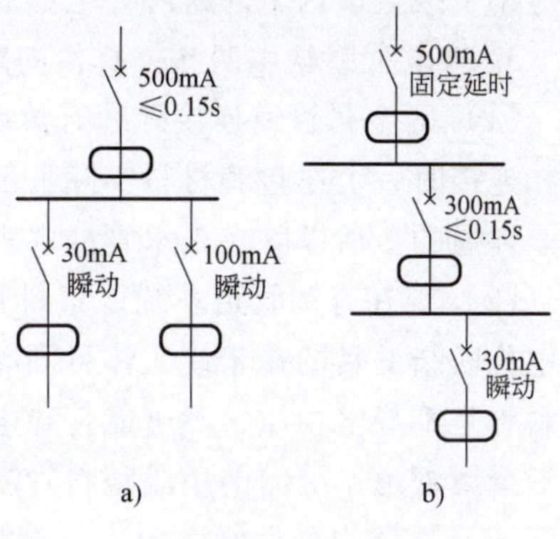

图 8-47 低压配电系统中的多级 RCD
a）两级 RCD b）三级 RCD

按 GB 50054—2011《低压配电设计规范》规定：住宅供电系统应采用 TT、TN-C-S 或 TN-S 接地方式，并进行“总等电位联结”（Main Equipotential Bonding，MEB）。当电气装置或其某一部分的接地故障保护不能满足要求时，尚应在其局部范围内进行“局部等电位联结”(Localized Equipotential Bonding，LEB)。

(1) 总等电位联结（MEB） 是在建筑物进线处，将 PE 线或 PEN 线与电气装置接地干线、建筑物内的各种金属管道如水管、煤气管、采暖空调管道等以及建筑物的金属构件等，都接向总等电位联结端子，使它们都具有基本相等的电位，如图 8-48 中的 MEB。

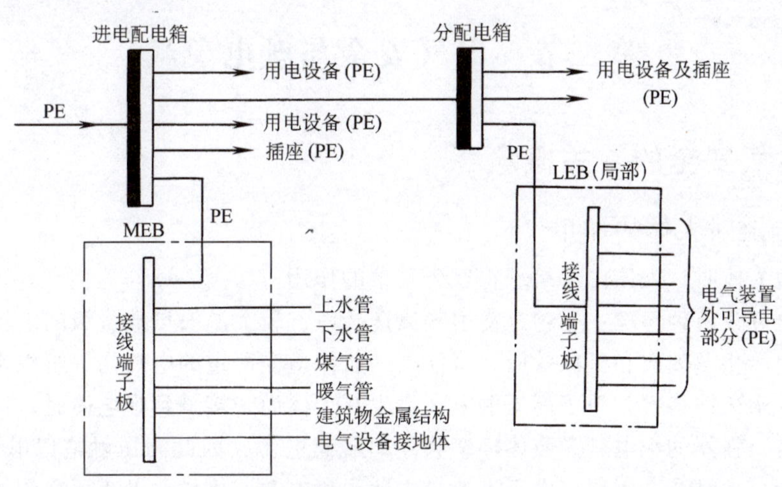

图 8-48 MEB 和 LEB

(2) 局部等电位联结（LEB） 又称辅助等电位联结，是在远离总等电位联结处，非常潮湿、触电危险性大的局部地区内进行的等电位联结，作为总等电位联结的一种补充，如图 8-48 中的 LEB。特别是在容易触电的浴室及安全要求极高的胸腔手术室等处，宜作局部等电位联结。

2. 等电位联结的联结线要求

等电位联结的主母线截面积，规定不应小于装置中最大 PE 线或 PEN 线的一半，但采用铜线时截面积不应小于 $6mm^2$，采用铝线时截面积不应小于 $16mm^2$。采用铝线时，必须采取机械保护，且应保证铝线连接处的持久导电性。如果采用铜导线作联结线，其截面积可不超过 $25mm^2$。如果采用其他材质导线时，其截面积应能承受与之相当的载流量。

连接装置外露可导电部分与装置外可导电部分的局部等电位联结线，其截面积也不应小于相应 PE 线或 PEN 线的一半。而连接两个外露可导电部分的局部等电位联结线，其截面积不应小于接至该两个外露可导电部分的较小 PE 线的截面积。

3. 等电位联结中的几个具体问题

(1) 两金属管道连接处缠有黄麻或聚乙烯薄膜，是否需要做跨接线　由于两管道在做丝扣连接时，上述包缠材料实际上已被损伤而失去了绝缘作用，因此管道连接处在电气上依然是导通的。所以除自来水管的水表两端需做跨接线外，金属管道连接处一般不需跨接。

(2) 现在有些管道系统以塑料管取代金属管，塑料管道系统要不要做等电位联结　做等电位联结的目的在于使人体可同时触及的导电部分的电位相等或相近，以防人身触电。而塑料管是不导电物质，不可能传导电流或呈现电位，因此不需对塑料管道做等电位联结。但是对金属管道系统内的小段塑料管需做跨接。

(3) 在等电位联结系统内是否需对一管道系统做多次重复联结　只要金属管道全长导通良好，原则上只需做一次等电位联结。例如在水管进入建筑物的主管上做一次总等电位联结，再在浴室内的水道主管上做一次局部等电位联结就行了。

(4) 是否需在建筑物的出入口处采取均衡电位的措施，以降低跨步电压　对于1000V及以下的工频低压装置，不必考虑跨步电压的危害，因为一般情况下，其跨步电压不足以构成对人体的伤害。

第三节　电气安全与触电急救

一、电气安全的有关概念

（一）电流对人体的作用

电流通过人体时，人体内部组织将产生复杂的作用。

人体触电可分两种情况：一种是雷击和高压触电，较大的安培数量级的电流通过人体所产生的热效应、化学效应和机械效应，将使人的肌体遭受严重的电灼伤、组织炭化坏死及其他难以恢复的永久性伤害。由于高压触电多发生在人体尚未接触到带电体时，在肢体受到电弧灼伤的同时，强烈的触电刺激肢体痉挛收缩而脱离电源，因此高压触电以电灼伤者居多。但在特殊场合，人触及高压后，由于不能自主地脱离电源，将导致迅速死亡的严重后果。**另一种是低压触电**，在数十至数百毫安电流作用下，使人的肌体产生病理生理性反应，轻的有针刺痛感，或出现痉挛、血压升高、心律不齐以至昏迷等暂时性的功能失常，重的可引起呼吸停止、心脏骤停、心室纤维性颤动，严重的可导致死亡。

图8-49是国际电工委员会（IEC）提出的人体触电时间和通过人体电流（50Hz）对人身机体反应的关系曲线。由图8-49可以看出：①区——人体对触电无反应；②区——人体触电后有麻木感，但一般无病理生理反应，对人体无害；③区——人体触电后，可产生心律不齐、血压升高、强烈痉挛等症状，但一般无器质性损伤；④区——人体触电后，可发生心室纤维性颤动，严重的可导致死亡。因此通常将①、②、③区视为人身“安全区”，③区与④区之间的一条曲线，称为“安全曲线”。但③区也不是绝对安全的，这一点必须注意。

（二）安全电流及其有关因素

安全电流是人体触电后的最大摆脱电流。

安全电流值，各国规定并不完全一致。我国一般取 30mA（50Hz 交流）为安全电流，但是触电时间按不超过 1s 计，因此这一安全电流也称为 30mA·s。由图 8-49 所示安全曲线也可以看出，当通过人体的电流不超过 30mA·s 时，对人身肌体不会有损伤，不至引起心室颤动或器质性损伤。当通过人体的电流达到 50mA·s 时，对人就有致命危险。而当电流达到 100mA·s 时，一般要致人死命。这个 100mA 即为“致命电流”。

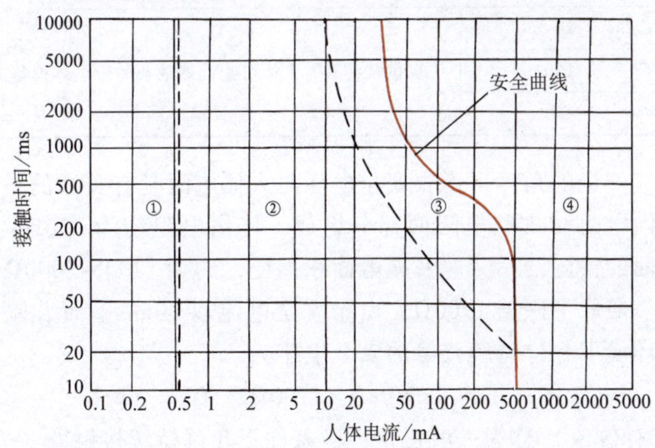

图 8-49　IEC 提出的人体触电时间和通过人体电流（50Hz）对人身肌体反应的曲线
①—人体无反应区　②—人体一般无病理生理反应区　③—人体一般无心室纤维性颤动和器质性损伤区　④—人体可能发生心室纤维性颤动区

安全电流主要与下列因素有关：

（1）**触电时间**　由图 8-49 所示安全曲线可以看出，触电时间在 0.2s 以下和 0.2s 以上（即以 200ms 为界），电流对人体的危害程度是大有差别的。触电时间超过 0.2s 时，致颤电流值将急剧降低。

（2）**电流性质**　试验表明，直流、交流和高频电流通过人体时对人体的危害程度是不一样的，通常以 50～60Hz 的工频电流对人体的危害最为严重。

（3）**电流路径**　电流对人体的伤害程度，主要取决于心脏的受损程度。试验表明，不同路径的电流对心脏有不同的伤害程度，而以电流从手到脚特别是从一手到另一手对人最为危险。

（4）**体重和健康状况**　健康人的心脏和虚弱病人的心脏对电流伤害的抵抗能力是大不一样的。人的心理状态、情绪好坏以及人的体重等，也使电流对人体的危害程度有所差异。

（三）安全电压和人体电阻

安全电压是指不至使人直接致死或致残的电压。

我国早年国家标准 GB 3805—1983《安全电压》规定的安全电压等级见表 8-9。表内的额定电压值，是由特定电源供电的电压系列，这个特定电源是指用安全隔离变压器与供电干线隔离开的电源。表中所列空载上限值，主要是考虑到某些重载的电气设备，其额定电压虽然符合规定，但空载电压往往很高，如果超过规定的上限值，仍不能认为符合安全电压标准。

必须说明的是，原国家标准 GB/T 3805—1983《特低电压（ELV）限值》规定的正常环境条件下，15～100Hz 交流电压限值一般为 33V；对接触面积小于 $1cm^2$ 的非可握紧部件，交流电压限值允许增大到 66V。不过两者的平均值仍为 50V，与表 8-9 中“在有触电危险的场所使用手持式电动工具等”的安全电压空载上限值 50V 相同。

表 8-9　安全电压等级

安全电压(交流有效值)/V		选用举例
额定值	空载上限值	
42	50	在有触电危险的场所使用的手持式电动工具等
36	43	在矿井、多导电粉尘等场所使用的行灯等
24	29	可供某些具有人体可能偶然触及的带电体设备选用
12	15	
6	8	

实际上，从电气安全的角度来说，安全电压与人体电阻是有关系的。

人体电阻由体内电阻和皮肤电阻两部分组成。体内电阻约为500Ω，与接触电压无关。皮肤电阻随皮肤表面的干湿洁污状况及接触面积而变，约为1700～2000Ω。从人身安全的角度考虑，人体电阻一般取下限值1700Ω。由于安全电流取30mA，而人体电阻取1700Ω，因此人体在正常干燥环境下允许持续接触的安全电压为

$$U_{\text{saf}} = 30\text{mA} \times 1700\Omega \approx 50\text{V}$$

该50V（50Hz交流有效值）称为一般正常环境条件下允许持续接触的“安全特低电压”。

（四）直接触电防护和间接触电防护

根据人体触电的情况将触电防护分为直接触电防护和间接触电防护两种：

1）**直接触电防护**：指对直接接触正常时带电部分的防护，例如对带电导体加隔离栅栏或加保护罩等。

2）**间接触电防护**：指对故障时可带危险电压而正常时不带电的电气装置外露可导电部分的防护，例如将正常不带电的设备金属外壳和框架等接地，并装设接地故障保护等。

二、电气安全的一般措施

在供用电工作中，必须特别注意电气安全。如果稍有麻痹或疏忽，就可能造成严重的人身触电事故或者引起火灾或爆炸，给国家和人民带来极大的损失。

保证电气安全的一般措施如下：

（一）加强电气安全教育

电能够造福于人，但如果使用不当，也能给人以极大危害，甚至致人死命。因此必须加强电气安全教育，人人树立“以人为本，安全第一”的观点，个个都做安全教育工作，力争供用电系统无事故地运行，防患于未然。

（二）严格执行安全工作规程

国家颁布的和现场制定的安全工作规程，是确保工作安全的基本依据。只有严格执行安全工作规程，才能确保工作安全。例如在变配电所工作，就必须严格执行国家电网公司2005年发布试行的《国家电网公司电力安全工作规程（变电站和发电厂电气部分）》等的有关规定。

（1）电气作业人员必须具备的条件

1）经医师鉴定，无妨碍工作的病症（体格检查每两年至少一次）。

2）具备必要的电气知识和业务技能，且按工作性质，熟悉上述《电力安全工作规程》

的有关部分，并经考试合格。

3）具备必要的安全生产知识，学会紧急救护法，特别要学会触电急救。

（2）高压设备工作的一般安全要求

1）运行人员应熟悉电气设备。单独值班人员或运行值班负责人还应有实际工作经验。

2）高压设备符合下列条件者可由单人值班或单人操作：①室内高压设备的隔离室设有遮拦，遮拦的高度在1.7m以上，安装牢固并加锁者；②室内高压断路器的操动机构用墙或金属板与该断路器隔离或装有远方操动机构者。

（3）人身与带电体的安全距离

1）作业人员工作中正常活动范围与带电设备的安全距离不得小于表8-10的规定。

表8-10　作业人员工作中正常活动范围与带电设备的安全距离

电压等级/kV	≤10(13.8)	20、35	66、110	220	330	500
安全距离/m	0.70	1.00	1.50	3.00	4.00	5.00

注：表中未列电压按高一挡电压等级的安全距离。

2）进行地电位带电作业时，人身与带电体间的安全距离不得小于表8-11的规定。

表8-11　进行地电位带电作业时人身与带电体间的安全距离

电压等级/kV	10	35	66	110	220	330	500
安全距离/m	0.4	0.6	0.7	1.0	1.8(1.6)①	2.2	3.4(3.2)②

① 因受设备限制达不到1.8m时，经主管生产领导（总工程师）批准，并采取必要措施后，可采用括号内1.6m的数值。

② 海拔500m以下，500kV取3.2m，但不适用于紧凑型线路。

3）等电位作业人员对邻相导线的安全距离不得小于表8-12的规定。

表8-12　等电位作业人员对邻相导线的安全距离

电压等级/kV	10	35	66	110	220	330	500
安全距离/m	0.6	0.8	0.9	1.4	2.5	3.5	5.0

（三）严格遵循设计、安装规范

国家制定的设计、安装规范，是确保设计、安装质量的基本依据。例如进行工厂供电设计，就必须遵循国家标准GB 50052—2009《供配电系统设计规范》、GB 50053—2013《20kV及以下变电所设计规范》、GB 50054—2011《低压配电设计规范》等一系列设计规范；而进行供电工程的安装，则必须遵循国家标准GB 50147—2010《电气装置安装工程　高压电器施工及验收规范》、GB 50148—2010《电气装置安装工程　电力变压器、油浸电抗器、互感器施工及验收规范》、GB 50168—2006《电气装置安装工程　电缆线路施工及验收规范》、GB 50173—2014《电气装置安装工程　66kV及以下架空电力线路施工及验收规范》、GB 50303—2011《建筑电气工程施工质量验收规范》等一系列施工及验收规范。

（四）加强运行维护和检修试验工作

加强供用电设备的运行维护和检修试验工作，对于供用电系统的安全运行，也具有很重要的意义。这方面也应遵循有关的规程、标准。例如电气设备的交接试验，应遵循GB 50150—2006《电气装置安装工程　电气设备交接试验标准》的规定。

（五）采用安全电压及符合安全要求的相应电器

对于容易触电及有触电危险的场所，应按表 8-10 的规定采用相应的安全电压值。

对于在有爆炸和火灾危险的环境中使用的电气设备和导线、电缆，应符合 GB 50058—1992《爆炸和火灾危险环境电力装置设计规范》的规定。GB 50058—1992 中关于爆炸和火灾危险环境的分区，见附录表 22。关于在爆炸危险环境 1 区和 2 区内在 1000V 以下采用钢管配线的技术要求见附录表 23。

（六）按规定使用电气安全用具

电气安全用具分基本安全用具和辅助安全用具两类。

（1）基本安全用具 这类安全用具的绝缘足以承受电气设备的工作电压，操作人员必须使用它，才允许操作带电设备。例如操作高压隔离开关和跌开式熔断器的绝缘操作棒（俗称令克棒，见图 8-50）和用来装拆低压熔断器熔管的绝缘操作手柄（参见图 4-51d）等。

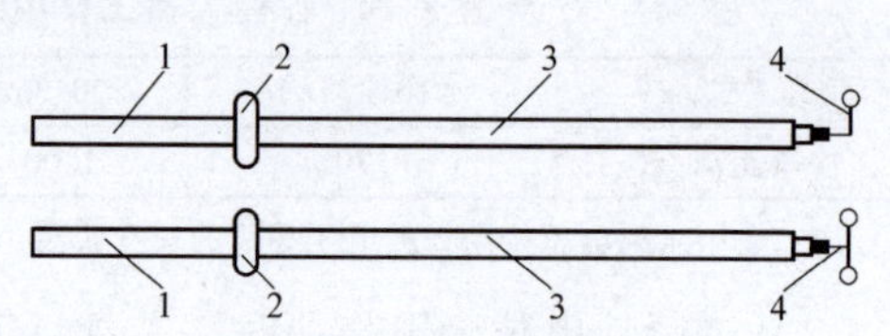

图 8-50 高压绝缘操作棒

1—操作手柄 2—护环 3—绝缘杆 4—金属钩

（2）辅助安全用具 这类安全用具的绝缘不足以完全承受电气设备工作电压的作用，但是工作人员使用它，可使人身安全有进一步的保障。例如绝缘手套、绝缘靴、绝缘地毯、绝缘垫台、高压验电器（见图 8-51a）、低压试电笔（见图 8-51b）、临时接地线（见图 8-52）及“禁止合闸，有人工作!”、“止步，高压危险!”等标示牌。

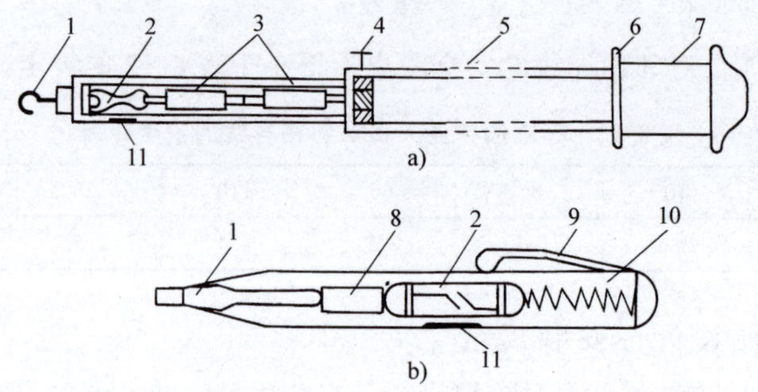

图 8-51 验电工具

a）高压验电器 b）低压试电笔

1—触头 2—氖灯 3—电容器 4—接地螺钉 5—绝缘棒 6—护环 7—绝缘手柄 8—碳质电阻 9—金属挂钩 10—弹簧 11—观察窗口

使用电气安全用具必须遵循国家电网公司 2005 年颁布的《电力安全工作规程》的规定。例如用绝缘操作棒拉合高压隔离开关时，应戴绝缘手套。雨天室外操作时，绝缘棒应有防雨罩，还应穿绝缘靴。所有绝缘用具应定期进行试验。例如高压绝缘操作棒每年应进行一次耐压试验，合格的才能继续使用。

（七）普及安全用电常识

1）不得私拉电线，装拆电线应请电工，以免发生短路和触电事故。

2）不得超负荷用电，不得随意加大熔断器熔体规格或更换熔体材质。

3）绝缘电线上不得晾晒衣物，以防电线绝缘破损，漏电伤人。

4）不得在架空线路和变配电所附近放风筝，以免造成线路短路或接地故障。

5）不得用鸟枪或弹弓来打电线上的鸟，以免击毁线路绝缘子。

6）不得擅自攀登电杆和变配电装置的构架。

7）移动式和手持式电器的电源插座，一般应采用带保护接地（PE）插孔的三孔插座。

8）所有可触及的设备外露可导电部分必须接地，或接 PE 线或 PEN 线。

9）当带电的电线断落在地上时，不可走近，更不能用手去拣。对落地的高压线，人应该离开落地点 8～10m 以上。遇此类断线落地故障，应划定禁止通行区，派人看守，并通知电工或供电部门前来处理。

10）如遇有人触电，应立即设法断开电源，并按规定进行急救处理。

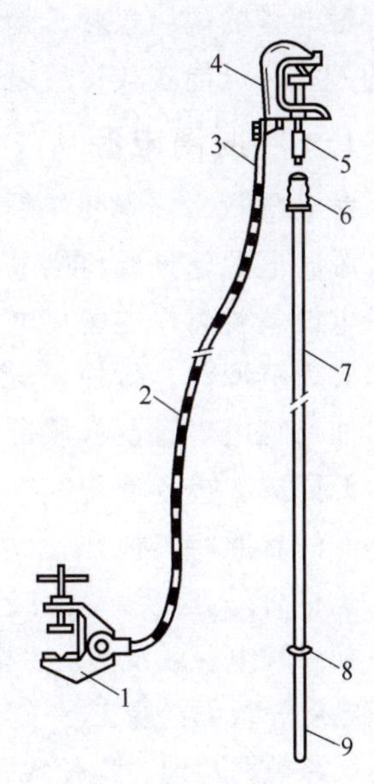

图 8-52　临时接地线和接地操作棒

1—接地端线夹　2—接地线（有外护层的软铜绞线）　3—铜绞线上的线鼻子　4—导线端线夹　5—导线端线夹上的紧固件　6—接地操作棒上的紧固头　7—接地操作棒的绝缘部分　8—操作棒的护环　9—操作棒的手柄

（八）正确处理电气失火事故

（1）电气失火的特点　失火的电气线路或设备可能带电，因此灭火时要防止触电，应尽快切断失火设备的电源。

失火的电气设备内可能充有大量的可燃油，因此要防止充油设备爆炸，并引起火势蔓延。

电气失火时会产生大量浓烟和有毒气体，不仅对人体有害，而且会对电气设备产生二次污染，影响电气设备今后的安全运行。因此在扑灭电气火灾后，必须仔细清除这种二次污染。

（2）带电灭火的措施和注意事项　应使用二氧化碳（CO_2）灭火器、干粉灭火器或 1211（二氟一氯一溴甲烷）灭火器。这些灭火器的灭火剂不导电，可直接用来扑灭带电设备的失火。但使用二氧化碳灭火器时，要防止冻伤和窒息，因为其二氧化碳是液态的，灭火时它喷射出来后，强烈扩散，大量吸热，形成温度很低（可低至 −78℃）的雪花状干冰，降温灭火，并隔绝氧气。因此使用二氧化碳灭火器时，要打开门窗，并要离开火区 2～3m，勿使干冰沾着皮肤，以防冻伤。

不能使用一般泡沫灭火器，因为其灭火剂（水溶液）具有一定的导电性，而且对电气设备的绝缘有一定的腐蚀性。一般也不能用水来灭电气失火，因为水中多少含有导电杂质，用水进行带电灭火，易发生触电事故。

可使用干砂来覆盖进行带电灭火，但只能是小面积的。

带电灭火时，应采取防触电的可靠措施。

三、触电的急救处理

如有人触电，应按下述方法进行急救处理。

触电者的现场急救，是抢救过程中关键的一步。如果处理及时和正确，则因触电而呈假死的人就有可能获救；反之，则会带来不可弥补的后果。

（一）脱离电源

触电急救，首先要使触电者迅速脱离电源，越快越好，因为触电时间越长，伤害越重。

脱离电源就是要将触电者接触的那一部分带电设备的电源开关断开，或者设法使触电者与带电设备脱离。在脱离电源时，救护人员既要救人，又要注意保护自己，防止触电。触电者未脱离电源前，救护人员不得用手触及触电者。

如果触电者触及低压带电设备，救护人员应设法迅速切断电源，例如拉开电源开关或拔下电源插头，或者使用绝缘工具、干燥木棒等不导电物体解脱触电者。可抓住触电者干燥而不贴身的衣服将其拖开，也可戴绝缘手套或将手用干燥衣物等绝缘物包起后解脱触电者。救护人员也可站在绝缘垫上或干木板上进行救护。

如果触电者触及高压带电设备，救护人员应立即通知有关供电单位或用户停电，或迅速用相应电压等级的绝缘工具按规定要求拉开电源开关或熔断器。也可抛掷先接好地的裸金属线使高压线路短路接地，迫使线路的保护装置动作，断开电源。但抛掷短接线时一定要注意安全。抛出短接线后，要迅速离开短接线接地点8m以外，或双脚并拢，以防跨步电压伤人。

如果触电者处于高处，解脱电源后触电者可能从高处掉下，因此要采取相应的安全措施，以防触电者摔伤或致死。

如果触电事故发生在夜间，在切断电源救护触电者时，应考虑到救护所必需的应急照明；但也不能因此而延误切断电源、进行抢救的时间。

（二）急救处理

当触电者脱离电源后，应立即根据具体情况对症救治，同时通知医生前来抢救。

如果触电者神志尚清醒，则应使之就地躺平，或抬至空气新鲜、通风良好的地方让其躺下，严密观察，暂时不要让他站立或走动。

如果触电者已神志不清，则应使之就地仰面躺平，且确保空气通畅，并用5s左右时间，呼叫伤员，或轻拍其肩部，以判定其是否意识丧失。禁止摇动伤员头部呼叫伤员。

如果触电者已失去知觉，停止呼吸，但心脏微有跳动，则应在通畅气道后，立即施行口对口或口对鼻的人工呼吸。

如果触电者伤害相当严重，心跳和呼吸均已停止，完全失去知觉，则在通畅气道后，应立即同时进行口对口（鼻）的人工呼吸和胸外按压心脏的人工循环。当现场仅有一人抢救时，可交替进行人工呼吸和人工循环：先胸外按压心脏4~8次，然后口对口（鼻）吹气2~3次，再按压心脏4~8次，又口对口（鼻）吹气2~3次，……如此循环反复进行。

因为人的生命的维持主要是靠心脏跳动而造成的血液循环和呼吸而形成的氧气与废气的交换，所以采取胸外按压心脏的人工循环和口对口（鼻）吹气的人工呼吸的方法，能对处于因触电而暂时停止了心跳和呼吸的“假死”状态的人起暂时弥补的作用，促使其血液循环和正常呼吸，实现“起死回生”。因此，这两种急救方法统称为“心肺复苏法”。

在急救过程中，人工呼吸和人工循环的措施必须坚持进行。在医务人员未来接替救治前，不应放弃现场抢救，更不能只根据没有呼吸和脉搏就擅自判定伤员死亡，放弃抢救。只有医生有权作出伤员死亡的论断。

（三）人工呼吸法

人工呼吸法有仰卧压胸法、俯卧压背法和口对口（鼻）吹气法等，这里只介绍现在公认简便易行且效果较好的口对口（鼻）吹气法。

1）首先迅速解开触电者衣服、裤带，松开上身的紧身衣、胸罩、围巾等，使其胸部能自由扩张，不至妨碍呼吸。

2）应使触电者仰卧，不垫枕头，头先侧向一边，清除其口腔内的血块、假牙及其他异物。如果舌根下陷，应将舌根拉出，使气道畅通。如果触电者牙关紧闭，救护人员应以双手托住其下颌骨的后角处，大拇指放在下颌角边缘，用手将下颌骨慢慢向前推移，使下牙移到上牙之前；也可用开口钳、小木片、金属片等，小心地从口角伸入牙缝撬开牙齿，清除口腔内异物。然后将其头扳正，使之尽量后仰，鼻孔朝天，使气道畅通。

3）救护人位于触电者一侧，用一只手捏紧鼻孔，不使漏气；用另一只手将下颌拉向前下方，使嘴巴张开。可在其嘴上盖一层纱布，准备进行吹气。

4）救护人作深呼吸后，紧贴触电者嘴巴，向他大口吹气，如图 8-53a 所示。如果掰不开嘴，也可捏紧嘴巴，紧贴鼻孔吹气。吹气时，要使其胸部膨胀。

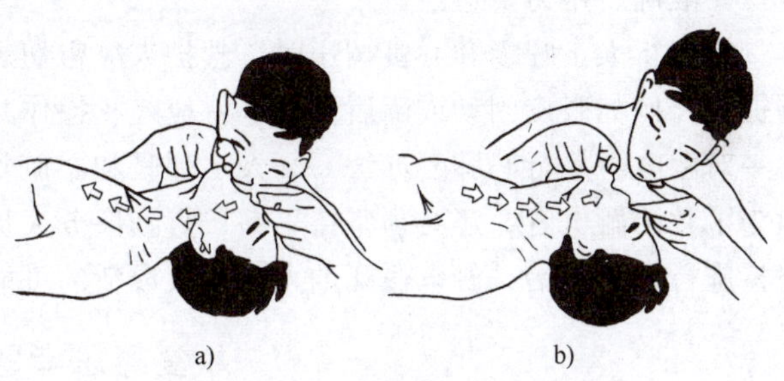

a)　　b)

图 8-53　口对口吹气的人工呼吸法
a）贴紧吹气　b）放松换气（⇒气流方向）

5）救护人吹完气换气时，应立即离开触电者的嘴巴（或鼻孔）并放松紧捏的鼻孔（或嘴巴），让其自由排气，如图 8-53b 所示。

按照上述操作要求对触电者反复地吹气、换气，每分钟约 12 次。对幼小儿童施行此法时，鼻子不必捏紧，任其自由漏气，而且吹气也不能过猛，以免其肺泡胀破。

（四）胸外按压心脏的人工循环法

按压心脏的人工循环法，有胸外按压和开胸直接挤压两种。后者是在胸外按压心脏效果不大的情况下，由胸外科医生进行的一种手术。这里只介绍胸外按压心脏的人工循环法。

1）与上述人工呼吸法的要求一样，首先要解开触电者的衣服、裤带、胸罩、围巾等，并清除口腔内异物，使气道畅通。

2）使触电者仰卧，姿势与上述口对口吹气法一样，但后背着地处的地面必须平整牢固，为硬地或木板之类。

3）救护人位于触电者一侧，最好是跨腰跪在触电者腰部，两手相叠（对儿童可只用一只手），手掌根部放在心窝稍高一点的地方，如图 8-54 所示。

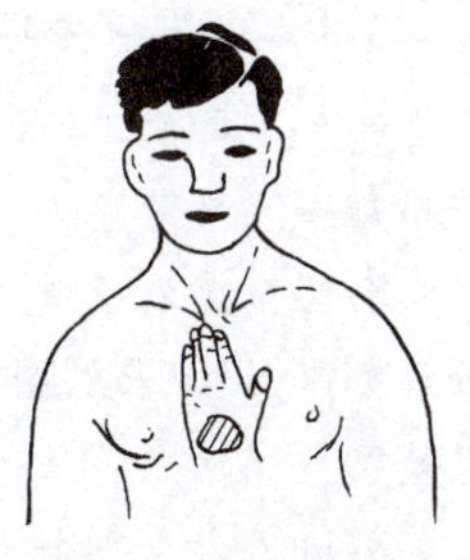

图 8-54　胸外按压心脏的正确压点

4）救护人找到触电者的正确压点后，自上而下、垂直均衡地用力向下按压，压出心脏里面的血液，如图 8-55a 所示。对儿童，用力应适当小一些。

5）按压后，掌根迅速放松（但手掌不要离开胸部），使触电者胸部自动复原，心脏扩张，血液又回离到心脏里来，如图 8-55b 所示。

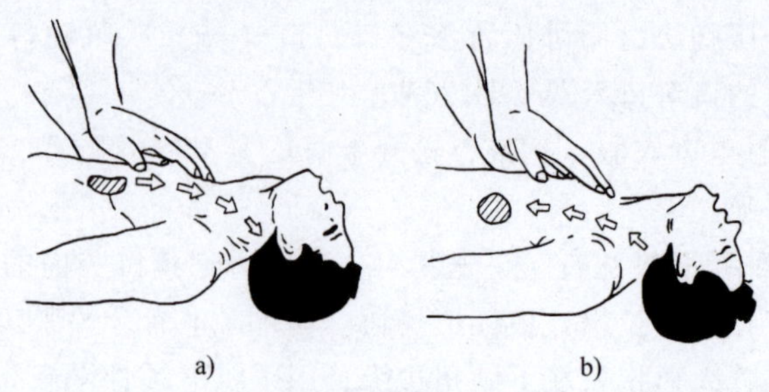

图 8-55　人工胸外按压心脏法

a）向下按压　b）放松回流（⇒血流方向）

按照上述操作要求对触电者的心脏反复地进行按压和放松，每分钟约 60 次。按压时，定位要准确，用力要适当。

在施行人工呼吸和心脏按压时，救护人应密切观察触电者的反应。只要发现触电者有苏醒征象，例如眼皮闪动或嘴唇微动，就应终止操作几秒钟，以让触电者自行呼吸和心跳。

对触电者施行心肺复苏法——人工呼吸和心脏按压，对于救护人员来说是非常劳累的，但为了救治触电者，还必须坚持不懈，直到医务人员前来救治为止。事实说明，只要正确地坚持施行人工救治，触电假死的人被抢救成活的可能性是非常大的。

复习思考题

8-1　什么叫过电压？过电压有哪些类型？其中雷电过电压又有哪些形式？各是如何产生的？

8-2　什么叫年平均雷暴日数？什么叫多雷区和少雷区？

8-3　什么叫接闪器？其功能是什么？避雷针、避雷线和避雷带（网）各主要用在哪些场所？

8-4　什么叫“滚球法”？如何用滚球法来确定避雷针、避雷线的保护范围？

8-5　避雷器的主要功能是什么？阀式避雷器、排气式避雷器、保护间隙和金属氧化物避雷器在结构、性能上各有哪些特点？各应用在哪些场合？

8-6　架空线路有哪些防雷措施？变配电所又有哪些防雷措施？

8-7　高压电动机应采用哪种类型避雷器进行防雷？为什么？

8-8　建筑物按防雷要求分哪几类？各类防雷建筑物各应采取哪些防雷措施？

8-9　什么叫雷电电磁脉冲？它对电子信息系统有什么危害？对雷电电磁脉冲有哪些防护措施？

8-10　为什么电涌保护器（SPD）两端的接线应尽量缩短？如果 SPD 采用图 8-56 所示 V 形接线，对被保护设备有何好处？

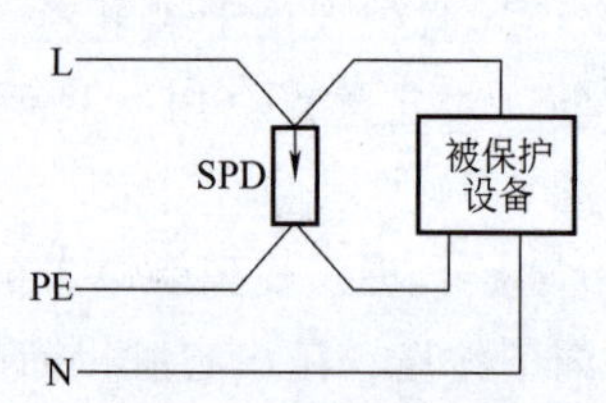

图 8-56　复习思考题 8-10 SPD 装设的 V 形接线

8-11　什么叫接地？什么叫接地装置？什么叫人工接地体和自然接地体？

8-12　什么叫接地电流和对地电压？什么叫接触电压和跨

步电压？

8-13 什么叫工作接地和保护接地？什么叫保护接零？为什么同一低压配电系统中不能有的设备采取保护接地，有的设备采取保护接零？

8-14 在TN系统中为什么要采取重复接地？哪些情况需重复接地？

8-15 什么叫接地电阻？人工接地电阻主要指的是哪部分电阻？

8-16 最常用的垂直接地体是哪一种？规格尺寸如何？为什么这种规格最为合适？

8-17 什么叫工频接地电阻？什么叫冲击接地电阻？两者如何换算？

8-18 什么叫接地故障保护？TN系统、TT系统和IT系统中各自的接地故障保护有什么特点？

8-19 在低压配电线路中装设漏电保护器（RCD）的目的是什么？电磁脱扣型RCD和电子脱扣型RCD各是如何进行漏电保护的？

8-20 为什么低压配电系统中装设RCD时，PE线或PEN线不得穿过零序电流互感器的铁心？

8-21 为什么说TN-C系统中不能装设RCD？如果TN-C系统中需要装设RCD，应如何接线？

8-22 什么叫总等电位联结和局部等电位联结？其功能是什么？

8-23 什么叫安全电流？安全电流与哪些因素有关？一般认为的安全电流是多少？

8-24 什么叫安全电压？一般正常环境条件下的安全特低电压是多少？

8-25 什么叫直接触电防护和间接触电防护？试举例说明。

8-26 什么叫基本安全用具和辅助安全用具？试举例说明。

8-27 电气失火有哪些特点？可用哪些灭火器材带电灭火？

8-28 如果发现有人触电，应如何急救处理？什么叫心肺复苏法？

习 题

8-1 有一座第二类防雷建筑物，高为10m，其屋顶最远的一角距离一高为50m的烟囱15m远。该烟囱上装有一根2.5m高的避雷针。试验算此避雷针能否保护该建筑物。

8-2 有一台630kV·A的配电变压器低压中性点需进行接地，可利用的变电所钢筋混凝土基础的自然接地体电阻为12Ω。试确定需补充的人工接地体的接地电阻值及人工接地的垂直埋地钢管、连接扁钢和布置方案。已知接地处的土壤电阻率为100Ω·m，单相短路电流可达2.8kA，短路电流持续时间为0.7s。

第九章

节约用电与计划用电

本章首先讲述节约用电的意义及其一般措施，接着介绍电力变压器经济运行及并联电容器的接线、装设、控制、保护和运行维护知识，最后讲述计划用电、用电管理与电费计收等问题。上一章和本章的内容综合起来就是“三电”（安全用电、节约用电、计划用电）问题，“三电”是供电系统运行管理必须遵循的原则。

第一节　节约用电的意义及其一般措施

一、节约用电的意义

电能是一种很重要的二次能源。由于电能与其他形式的能量转换容易，输送、分配和控制都比较简单经济，因此电能的应用非常广泛，几乎渗透社会生活的各个方面，特别是在工业生产中。

能源（包括电能）是发展国民经济的重要物质基础，也是制约国民经济发展的一个重要因素。而能源紧张是我国也是当今世界各国面临的一个严重问题，其中就包括电力供应紧张。由于电力供应不足，致使我国的工业生产能力得不到应有的发挥，因此我国将能源建设（包括电力建设）作为国民经济建设的战略重点之一，同时提出在加强能源开发的同时，必须最大限度地提高能源利用的经济效益，大力降低能源消耗。

从我国电能消耗的情况来看，大约 70% 消耗在工业部门，所以工厂的节约用电特别值得重视。节约用电，不只是减少工厂的电费开支，降低工业产品的生产成本，可以为工厂积累更多的资金，更重要的是，由于电能能创造比它本身价值高几十倍甚至上百倍的工业产值，因此多节约 1kW · h 电能，就能为国家多创造财富，更有力地促进国民经济的持续发展。由此可见，节约用电具有十分重要的意义。

二、节约用电的一般措施

工厂的节约用电，需从科学管理和技术改造两方面采取措施。

（一）加强工厂供用电系统的科学管理

（1）加强能源管理，建立和健全能源管理机构和制度　对于工厂的各种能源（包括电

能），要进行统一管理。工厂不仅要建立一个精干的能源管理机构，形成一个完整的管理体系，而且要建立一套科学的能源管理制度。能源管理的基础，是能耗的定额管理。不少工厂的实践说明，实行能耗定额管理和相应的奖惩制度，对开展工厂的节电节能工作具有巨大的推动作用。

（2）实行计划供用电，提高能源利用率 电能是一种特殊商品。由于它对国民经济影响极大，所以国家必须宏观调控。计划供用电就是宏观调控的一种手段。工厂应按与供电部门签订的《供用电合同》实行计划用电。供电部门可对工厂采取必要的限电措施。对工厂内部供用电系统来说，各车间用电也应按工厂下达的指标实行计划用电。为了加强用电管理，各车间的供电线路上宜装设电能表计量，以便考核。对工厂的各种生活用电和职工家庭用电，也应装表计量。

（3）实行"需求侧管理"，进行负荷调整 需求侧管理，就是电力供应方（即电网部门）对需求方（即电力用户）的负荷管理。负荷调整，就是根据供电系统的电能供应情况及各类用户的不同用电规律，合理地安排和组织各类用户的用电时间，以降低负荷高峰，填补负荷低谷，即所谓"削峰填谷"，充分发挥发、变电设备的能力，提高电力系统的供电能力。负荷调整是一项带全局性的工作，也是需求侧管理和宏观调控的一种手段。现在已在部分地方电网实行、并将在全国推行的峰谷分时电价和丰枯季节电价政策（将在后面介绍），就是运用电价这一经济杠杆对用户用电进行调控的一项有效措施。因为工厂用电在整个电力系统中占的比重最大，所以电力系统调荷的主要对象是工厂。工厂的调荷主要有以下一些措施：①错开各车间的上下班时间、进餐时间等，使各车间的高峰负荷时间错开，从而降低工厂总的负荷高峰；②调整厂内大容量设备的用电时间，使之避开高峰时间用电；③调整各车间的生产班次和工作时间，实行高峰让电等。由于实行负荷调整，"削峰填谷"，从而可提高变压器的负荷率和功率因数，既提高了供电能力，又节约了电能。

（4）实行经济运行方式，全面降低系统能耗 所谓经济运行方式，是指能使整个电力系统的能耗减少、经济效益提高的一种运行方式。例如对于负荷率长期偏低的电力变压器，可以考虑换较小容量的电力变压器。如果运行条件许可，两台并列运行的电力变压器，可以考虑在低负荷时切除一台。同样地，对负荷长期偏低的电动机，也可以考虑换以较小容量的电动机。这样处理，都能减少电能损耗，达到节电的效果。但是负荷率具体低到多少时才宜于"以小换大"或"以单代双"，是需要通过计算确定的，关于电力变压器经济运行负荷的计算将在后面讲述。

（5）加强运行维护，提高设备的检修质量 节电工作与供用电系统的运行维护和检修质量有密切的关系。例如电力变压器通过检修，消除了铁心过热的故障，就能降低铁耗，节约电能。又如电动机通过检修，使其转子与定子间的气隙均匀或减小，或者减小转子的转动摩擦，也都能降低电能损耗。再如将供电线路中接头的接触不良、严重发热的问题解决好，不仅能保证安全供电，而且使电能损耗也得以降低。对于其他的动力设施，加强维护保养，减少水、汽、热等能源的跑、冒、滴、漏，也都能节约电能。从广义节能的概念来说，所有节约原材料和保养生产设备的一切措施，乃至爱护一切物资财富的行动，都属于节电节能的范畴，因为一切物资财富，都需要能源才能创造出来。因此，要切实做好工厂的节电节能工作，单靠少数节能管理人员或电工是不行的，一定要动员全厂职工乃至家属，人人都树立节能降耗的意识。只有人人重视节电节能，时时注意节电节能，处处做到节电节能，在全厂上下形成一种节电节能的新风尚，才能真正开创工厂节电节能的新局面。

（二）搞好工厂供用电系统的技术改造

（1）加快更新淘汰现有低效高耗能的供用电设备 以高效节能的电气设备取代低效高耗能的电气设备，这是节约电能的一项基本措施。对于国家明令淘汰的电气设备，一定要坚决予以淘汰。采用高效节能设备取代低效高耗能设备的经济效益是十分明显的。以电力变压器为例，采用冷轧硅钢片的新型低损耗变压器，其空载损耗比采用热轧硅钢片的老型号变压器的一半还低。同是10kV电压级1000kV·A的配电变压器，采用冷硅钢片的低损耗S9型变压器，其空载损耗为1.7kW，而采用热轧硅钢片的老型号的SJL型变压器，空载损耗为3.9kW。如果以S9型调换SJL型，则在变压器的空载损耗方面一年就可节电 $(3.9-1.7)\text{kW}\times8760\text{h}=19272\text{kW}\cdot\text{h}$，相当可观。又如电动机，新的Y系列电动机与老的YO2系列相比，平均效率提高了0.413%，如果全国按年产量 $50\times10^6\text{kW}$ 计算，年工作时间考虑为4000h，则全国一年可因此节电 $50\times10^6\text{kW}\times4000\text{h}\times0.413/100=8.26\times10^8\text{kW}\cdot\text{h}$，即8.26亿度电。再如我国新生产的一种涂覆稀土元素荧光粉的节能荧光灯，其9W的照度相当于60W普通白炽灯的照度，而使用寿命又比普通白炽灯长2倍以上，假如我国8000万户城镇家庭中每家用一盏这样的节能灯，平均每天燃点3.5h，则全国一年就可节电 $(60-9)\times10^{-3}\text{kW}\times3.5\text{h}\times365\times8000\times10^4=52.1\times10^8\text{kW}\cdot\text{h}$，即52.1亿度电。此外，在供用电系统中推广应用电子技术、计算机技术以及远红外技术、微波加热技术等，也可大量节约电能。例如我国某电解铝厂，全部用硅整流器取代旧的汞弧整流器后，一天就可节电21万度电，全年可节约上千万元人民币，节电的经济效益十分显著。

（2）改造现有不合理的供配电系统，降低线路损耗 对现有不合理的供配电系统进行技术改造，能有效地降低线路损耗，节约电能。例如，将迂回配电的线路改为直配线路，将截面积偏小的导线适当换粗或将架空线改为电缆线，将绝缘破损、漏电严重的绝缘导线予以换新，在技术经济指标合理的条件下将配电系统升压运行，改选变配电所所址、适当分散装设变压器使之更加靠近负荷中心等，都能有效地降低线路损耗，收到节电的效果，同时还可大大改善电能质量。

（3）选用高效节能产品，合理选择设备容量，或进行技术改造，提高设备的负荷率 例如推广应用高频晶闸管调压装置、节能型变压器及其他节能产品，以及合理选择电力变压器的容量，使之接近于经济运行状态等。如果变压器的负荷率长期偏低，则应按经济运行条件进行考核，适当更换较小容量的变压器。对电动机等电气设备也是一样，长期轻载运行是很不经济的，从节电的观点考虑，也宜换以较小容量的电动机。如果感应电动机长期轻载运行，而其定子绕组原来为三角形联结，也可以改为星形联结，这样每相绕组承受的电压只有原承受电压的 $1/\sqrt{3}$，从而使其定子旋转磁场降为原旋转磁场的 $1/\sqrt{3}$，电动机的铁耗也会相应减小。但要注意，这时电动机的转矩只有原来转矩的1/3了。如果长期轻载运行的感应电动机定子绕组不便改为星形联结，也可将每相定子绕组改接，使每相由原来三个并联支路改接为两个并联支路，如图9-1所示。改接后，每个支

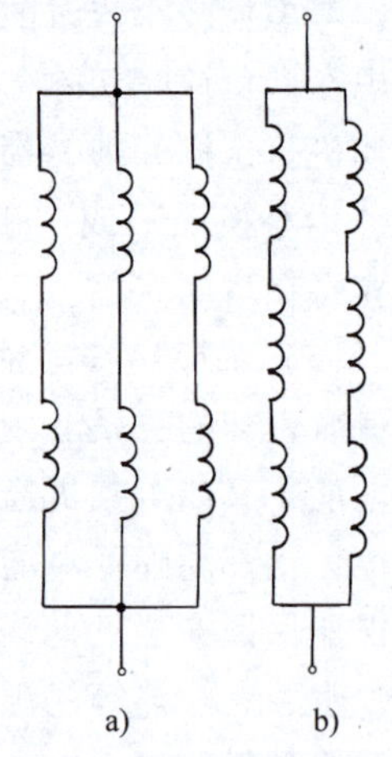

图9-1 感应电动机定子绕组每相由三个并联支路改接为两个并联支路
a）改接前 b）改接后

路电压只有原来支路电压的2/3，从而使定子铁心中的磁通减少，使铁耗降低，达到节电的目的。如果线绕转子感应电动机所带负载的生产工艺条件许可，还可以将其线绕式转子绕组改为励磁绕组，使电动机同步化运行，这可大大提高功率因数，收到明显的节电效果。

（4）改革落后工艺，改进操作方法 生产工艺不仅影响到产品的质量和产量，而且影响到产品的耗电量。例如在机械加工中，有的零件加工以铣代刨，就可使耗电量减少30%～40%；在铸造中，有的用精密铸造工艺来取代金属切削工艺，可使耗电量减少50%左右。改进操作方法也是节电的一条有效途径。例如在电加热处理中，电炉的连续作业就比间隙作业消耗的电能少。

（5）采用无功补偿设备，人工地提高功率因数 GB 50052—2009《供配电系统设计规范》和GB/T 3485—1998《评价企业合理用电技术导则》等都规定，在采用上述提高自然功率因数的措施后仍达不到规定的功率因数要求时，应合理装设无功补偿设备，以人工地提高功率因数。所谓“提高自然功率因数”，是指不添置任何无功补偿设备，只是采取技术措施（如前所述合理选择设备容量、提高负荷率等），以减少无功功率消耗量，使功率因数提高。由于提高自然功率因数不需对无功补偿设备的额外投资，因此应予优先考虑。

进行无功功率人工补偿的设备，主要有同步补偿机和并联电容器。同步补偿机是一种专门用来改善功率因数的同步电动机，通过调节其励磁电流，可以起到补偿无功功率的作用。并联电容器是一种专门用来改善功率因数的电力电容器，与同步补偿机比较，因其无旋转部分，具有安装简单、运行维护方便、有功损耗小及组装灵活、便于扩容等优点，所以在工厂供电系统中应用最为普遍。GB 50052—2009也规定：“当采用提高自然功率因数措施后，仍达不到电网合理运行要求时，应采用并联电力电容器作为无功补偿装置。只有在经过技术经济比较、确认采用同步电动机作为无功补偿装置合理时，才可采用同步电动机。”

第二节 电力变压器的经济运行

一、经济运行与无功功率经济当量的概念

经济运行是指能使电力系统的有功损耗最小、经济效益最佳的一种运行方式。

电力系统的有功损耗不仅与设备的有功损耗有关，而且与设备的无功损耗有关，因为无功损耗的增加，将使电力系统中的电流增大，从而使电力系统中的有功损耗增加。

为了计算设备的无功损耗在电力系统中引起的有功损耗增加量，特引入一个换算系数“无功功率经济当量”。

无功功率经济当量是表示电力系统每减少1kvar的无功功率，相当于电力系统所减少的有功功率损耗kW数，其符号为K_q。K_q值与电力系统的容量、结构及计算点的相对位置等多种因数有关。

对于工厂变配电所，无功经济当量$K_q=0.02\sim0.15$，平均取$K_q=0.1$。

对于由发电机电压直配的工厂，可取$K_q=0.02\sim0.04$。

对于经两级变压的工厂，可取$K_q=0.05\sim0.08$。

对于经三级及以上变压的工厂，可取$K_q=0.1\sim0.15$。

二、一台变压器运行的经济负荷计算

变压器的损耗包括有功损耗和无功损耗两部分，而其无功损耗对电力系统来说，可通过 K_q 换算为等效的有功损耗。因此变压器的有功损耗加上变压器的无功损耗所换算的等效有功损耗，就称为变压器的有功损耗换算值。

一台变压器在负荷为 S 时的有功损耗换算值为

$$\Delta P \approx \Delta P_T + K_q \Delta Q_T \approx \Delta P_0 + \Delta P_k \left(\frac{S}{S_N}\right)^2 + K_q \Delta Q_0 + K_q \Delta Q_N \left(\frac{S}{S_N}\right)^2$$

即

$$\Delta P \approx \Delta P_0 + K_q \Delta Q_0 + (\Delta P_k + K_q \Delta Q_N)\left(\frac{S}{S_N}\right)^2 \tag{9-1}$$

式中，ΔP_0 为变压器的空载损耗；ΔP_k 为变压器的短路损耗；ΔP_T 为变压器的有功损耗，可按式（2-37）近似计算；ΔQ_0 为变压器空载时的无功损耗，可按式（9-2）近似计算；ΔQ_N 为变压器满载（二次侧短路）时的无功损耗，可按式（9-3）近似计算；ΔQ_T 为变压器的无功损耗，可按式（2-38）近似计算；S_N 为变压器的额定容量。

ΔQ_0 近似地与变压器空载电流 I_0 成正比，即

$$\Delta Q_0 \approx \frac{I_0\%}{100} S_N \tag{9-2}$$

ΔQ_N 近似地与变压器短路电压（阻抗电压）U_k 成正比，即

$$\Delta Q_N \approx \frac{U_k\%}{100} S_N \tag{9-3}$$

变压器的 ΔP_0、ΔP_k、$I_0\%$ 和 $U_k\%$ 可直接由产品样本查到，也可查有关技术手册。S9、SC9 和 S11—M · R 系列配电变压器的技术数据可查附录表 5。

要使变压器运行在经济负荷 S_{ec} 下，就必须满足变压器单位容量的有功损耗换算值 $\Delta P/S$ 为最小值的条件。因此令 $\frac{d(\Delta P/S)}{dS}=0$，**可得变压器的经济负荷为**

$$S_{ec} = S_N \sqrt{\frac{\Delta P_0 + K_q \Delta Q_0}{\Delta P_k + K_q \Delta Q_N}} \tag{9-4}$$

变压器经济负荷 S_{ec} 与变压器额定容量 S_N 之比，称为变压器的经济负荷率，用 K_{ec} 表示，即

$$K_{ec} = \sqrt{\frac{\Delta P_0 + K_q \Delta Q_0}{\Delta P_k + K_q \Delta Q_N}} \tag{9-5}$$

一般电力变压器的经济负荷率约为50%左右。

例 9-1 试计算 S9—800/10 型电力变压器（Dyn11 联结）的经济负荷和经济负荷率。

解： 查附录表 5 得 S9—800/10 型变压器（Dyn11 联结）的有关技术数据：$\Delta P_0 = 1.4\text{kW}$，$\Delta P_k = 7.5\text{kW}$，$I_0\% = 2.5$，$U_k\% = 5$。

由式（9-2）得

$$\Delta Q_0 \approx 800 \times 0.025\text{kvar} = 20\text{kvar}$$

由式（9-3）得

$$\Delta Q_N \approx 800 \times 0.05\text{kvar} = 40\text{kvar}$$

取 $K_q=0.1$，由式（9-5）可求得变压器的经济负荷率为

$$K_{ec}=\sqrt{\frac{1.4+0.1\times 20}{7.5+0.1\times 40}}=0.544$$

因此变压器的经济负荷为

$$S_{ec}=0.544\times 800\text{kV}\cdot\text{A}=435\text{kV}\cdot\text{A}$$

三、两台变压器经济运行的临界负荷计算

假设变电所有两台同型号同容量（均为 S_N）的变压器，而变电所的总负荷为 S。

一台变压器单独运行时，它承担总负荷 S 时的有功损耗换算值为

$$\Delta P_{\text{I}}\approx\Delta P_0+K_q\Delta Q_0+(\Delta P_k+K_q\Delta Q_N)\left(\frac{S}{S_N}\right)^2$$

两台变压器并列运行时，也承担总负荷 S 时的有功损耗换算值为

$$\Delta P_{\text{II}}\approx 2(\Delta P_0+K_q\Delta Q_0)+2(\Delta P_k+K_q\Delta Q_N)\left(\frac{S}{2S_N}\right)^2$$

将以上两式的 ΔP 与 S 的函数关系绘成如图 9-2 所示的两条曲线。这两条曲线相交于 a 点，a 点所对应的变压器负荷就是两台并列运行变压器经济运行方式下的临界负荷，用 S_{cr} 表示。

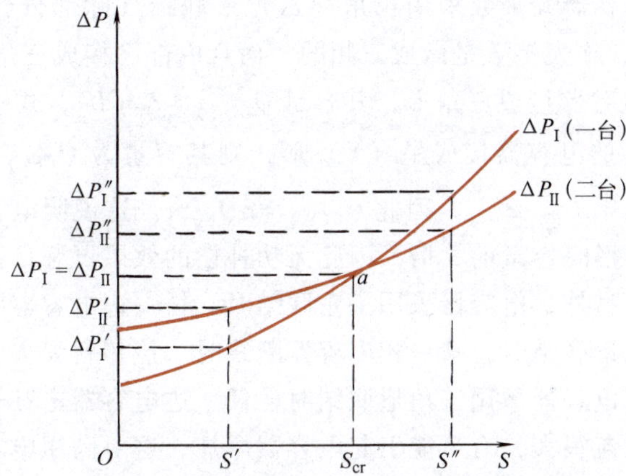

图 9-2　两台并列变压器经济运行的临界负荷

当 $S=S'<S_{cr}$时，则因 $\Delta P'_{\text{I}}<\Delta P'_{\text{II}}$，故宜于一台变压器运行。

当 $S=S''>S_{cr}$时，则因 $\Delta P''_{\text{I}}>\Delta P''_{\text{II}}$，故宜于两台变压器运行。

当 $S=S_{cr}$时，则 $\Delta P_{\text{I}}=\Delta P_{\text{II}}$，即

$$\Delta P_0+K_q\Delta Q_0+(\Delta P_k+K_q\Delta Q_N)\left(\frac{S}{S_N}\right)^2$$

$$=2(\Delta P_0+K_q\Delta Q_0)+2(\Delta P_k+K_q\Delta Q_N)\left(\frac{S}{2S_N}\right)^2$$

由此可求得**两台并列变压器经济运行的临界负荷为**

$$S_{cr}=S_N\sqrt{2\times\frac{\Delta P_0+K_q\Delta Q_0}{\Delta P_k+K_q\Delta Q_N}}\tag{9-6}$$

如果是 n 台并列变压器，则判别 n 台与 $n-1$ 台经济运行的临界负荷为

$$S_{cr} = S_N \sqrt{(n-1)n\frac{\Delta P_0 + K_q \Delta Q_0}{\Delta P_k + K_q \Delta Q_N}} \tag{9-7}$$

例 9-2 某车间变电所装有两台 S9—800/10 型变压器（均 Dyn11 联结）试求其变压器经济运行的临界负荷。

解： 利用例 9-1 查得的 S9—800/10 型变压器的技术数据，代入式（9-6）即得判别两台并列变压器经济运行的临界负荷为（取 $K_q = 0.1$）

$$S_{cr} = 800\text{kV}\cdot\text{A}\times\sqrt{2\times\frac{1.4+0.1\times20}{7.5+0.1\times40}} = 615\text{kV}\cdot\text{A}$$

当负荷 $S < 615\text{kV}\cdot\text{A}$ 时，宜于一台运行；当负荷 $S > 615\text{kV}\cdot\text{A}$ 时，则宜于两台并列运行。

第三节　并联电容器的接线、装设、控制、保护及其运行维护

一、并联电容器的接线

并联补偿的电力电容器大多数采用三角（△）形联结（除部分容量较大的高压电容器外）。低压并联电容器，绝大多数是做成三相的，而且内部已接成三角形。

三个电容为 C 的电容器接成三角形，其容量 $Q_{C(\Delta)} = 3\omega CU^2$，式中 U 为三相线路的线电压。如果三个电容为 C 的电容器接成星（Y）形，则其容量为 $Q_{C(Y)} = 3\omega CU_\varphi^2$，式中 U_φ 为三相线路的相电压。由于 $U = \sqrt{3}U_\varphi$，因此 $Q_{C(\Delta)} = 3Q_{C(Y)}$。这说明电容器接成三角形时的容量为同一电路中接成星形时容量的 3 倍，因此无功补偿的效果更好，这显然是并联电容器接成三角形的一大优点。另外，电容器采用三角联结时，任一边电容器断线时，三相线路仍得到无功补偿；而采用星形联结时，某一相电容器断线时，该相就失去了无功补偿。

但是也必须指出：电容器采用三角形联结时，任一边电容器击穿短路时，将造成三相线路的两相短路，短路电流很大，有可能引起电容器爆炸，这对高压电容器特别危险。如果电容器采用星形联结，情况就完全不同。图 9-3a 所示为电容器星形联结时正常工作时的电流分布，图 9-3b 所示为电容器星形联结时 A 相电容器击穿短路时的电流分布和相量图。

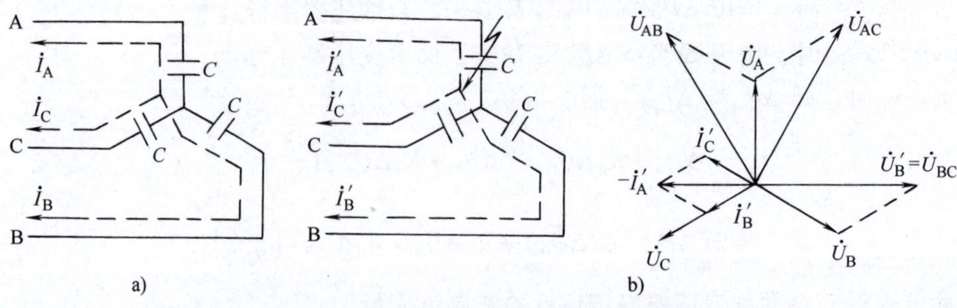

图 9-3　三相线路中电容器星形联结时的电流分布

a）正常工作时的电流分布　b）A 相电容器击穿短路时的电流分布和相量图

电容器正常工作时（见图 9-3a）

$$I_{A}=I_{B}=I_{C}=\frac{U_{\varphi}}{X_{C}} \tag{9-8}$$

式中，X_C 为每相容抗，$X_C=1/\omega C$；U_{φ} 为相电压。

当 A 相电容器击穿短路时（见图 9-3b）

$$I'_{A}=\sqrt{3}I'_{B}=\sqrt{3}I'_{C}=\sqrt{3}\frac{U_{AB}}{X_{C}}=3\frac{U_{\varphi}}{X_{C}}=3I_{A} \tag{9-9}$$

这说明，**电容器采用星形联结时，如果其中一相电容器击穿短路，其短路电流仅为正常工作电流的 3 倍，故其运行就安全多了。**因此 GB 50053—2013《20kV 及以下变电所设计规范》规定：高压电容器组应接成中性点不接地星（Y）形。低压电容器组应接成三角形。

二、并联电容器的装设位置

并联电容器在工厂供电系统中的装设位置，有高压集中补偿、低压集中补偿和分散就地补偿（个别补偿）等三种方式，如图 9-4 所示。

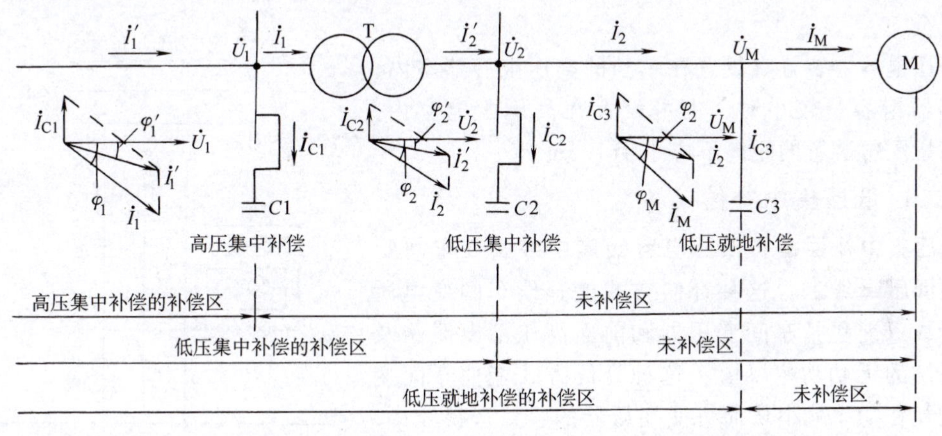

图 9-4　并联电容器在工厂供电系统中的装设位置和补偿效果

（一）高压集中补偿

高压集中补偿是将高压电容器组集中装设在工厂变配电所的 6～10kV 母线上。这种补偿方式只能补偿 6～10kV 母线以前所有线路上的无功功率，而此母线后的厂内线路的无功功率得不到补偿，所以这种补偿方式的补偿效果没有后两种补偿方式好。但是这种补偿方式的初投资较少，便于集中运行维护，而且能对工厂高压侧的无功功率进行有效的补偿，以满足工厂总的功率因数的要求，所以这种补偿方式在一些大中型工厂中应用相当普遍。

图 9-5 是高压集中补偿的电容器组接线图。这里的高压电容器组采用星形联结，装在高压电容器柜内。为防止电容器击穿时引起相间短路，星形联结的各边均接有高压熔断器保护。

由于电容器从电网上切除后有残余电压，残余电压最高可达电网电压的峰值，这对人身是很危险的。因此 GB 50053—2013 规定：电容器组应装设放电装置，使电容器组两端的电

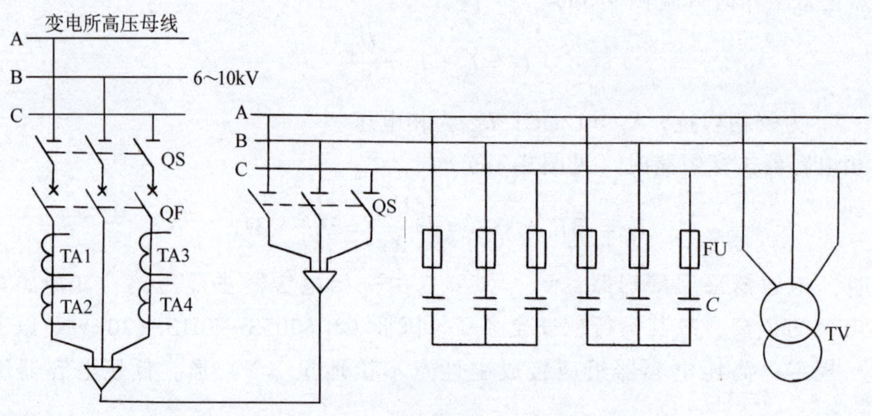

图 9-5　高压集中补偿的电容器组接线

压从峰值（$\sqrt{2}U_{N.C}$）降至50V所需的时间，高压电容器不应超过5s，低压电容器不应超过3min。对高压电容器组，通常利用电压互感器（如图9-5中的TV）的一次绕组来放电。为了确保可靠放电，电容器组的放电回路中不得装设熔断器或开关，以免放电回路断开，危及人身安全。

高压电容器装置宜设置在单独的高压电容器室内；当电容器组容量较小时，也可设置在高压配电室内，但与高压配电装置的距离不应小于1.5m。

（二）低压集中补偿

低压集中补偿是将低压电容器集中装设在车间变电所的低压母线上。这种补偿方式能补偿车间变电所低压母线以前包括车间变压器和前面高压配电线路及电力系统的无功功率。由于这种补偿方式能使车间变压器的视在功率减小从而可使变压器的容量选得较小，因此比较经济。而且这种补偿的低压电容器柜一般可安装在低压配电室内（只有电容器柜较多时才考虑单设低压电容器室），运行维护安全方便，因此这种补偿方式在工厂中相当普遍。

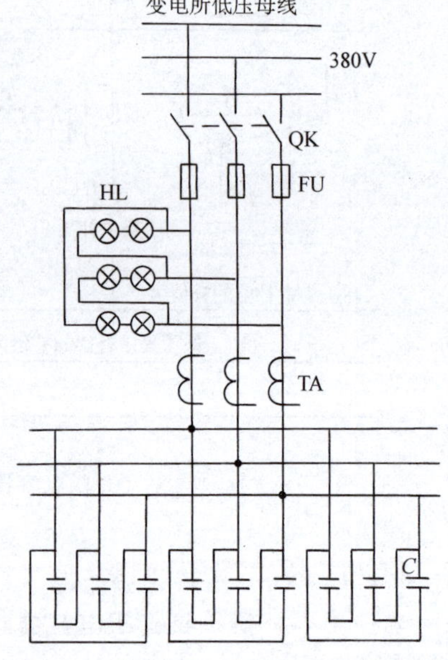

图 9-6　低压集中补偿的电容器组接线

图9-6是低压集中补偿的电容器组接线图。这种电容器组，都采用三角形联结，一般利用220V、15～25W的白炽灯灯丝电阻来放电，但是也有采用专门的放电电阻来放电的。放电用的白炽灯同时兼作电容器组正常运行的指示灯。

（三）单独就地补偿

单独就地补偿也称分散就地补偿，是将并联电容器组装设在需要进行无功补偿的各个用电设备旁边。这种补偿方式能够补偿安装部位以前的所有高低压线路和电力变压器的无功功率，因此其补偿范围最大，补偿效果最好，应予优先选用。但是这种补偿方式总的投资较大，而且电容器组在被补偿的用电设备停止工作时，它也将一并被切除，因此其利用率较

低。这种分散就地补偿方式特别适用于负荷平稳、长期运转而容量又大的设备，如大容量感应电动机、高频电热炉等，也适用于容量虽小但数量多且长期稳定运行的一些电器，如荧光灯等。对于供电系统中高压侧和低压侧的基本无功功率的补偿，仍宜采用高压集中补偿和低压集中补偿的方式。

图 9-7 是直接接在感应电动机旁就地补偿的低压电容器组接线图。这种电容器组通常利用所补偿的用电设备本身的绕组电阻放电。

在工厂供电设计中，实际上多是综合采用上述各种补偿方式，以求经济合理地达到总的无功补偿要求，使工厂电源进线处在最大负荷时的功率因数不低于规定值（高压进线时为 0.9）。

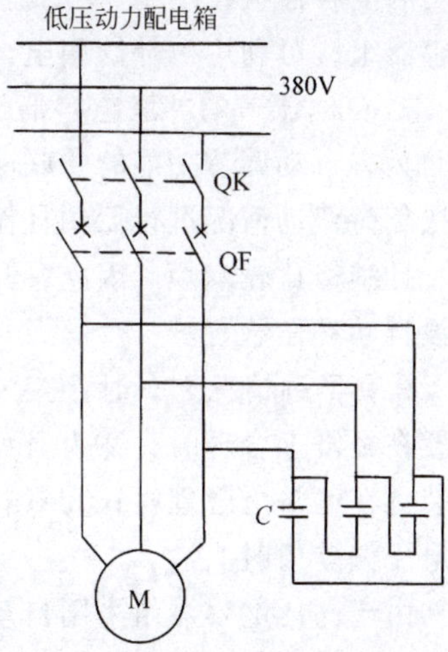

图 9-7 感应电动机旁就地补偿的低压电容器组接线

三、并联电容器的控制与保护

（一）并联电容器的控制

并联电容器有手动投切和自动调节两种控制方式。

1. 手动投切并联电容器组

并联电容器组采用手动投切，具有简单经济、便于维护的优点，但是不便于调节补偿容量，更不能按负荷变动情况进行无功补偿，达到理想的补偿要求。

具有下列情况之一时，宜采用手动投切的并联电容器组补偿：①补偿低压基本无功功率；②常年稳定的无功功率补偿；③长期投入运行的变压器或变配电所投切次数较少的高压电容器组。

对集中补偿的高压电容器组（见图 9-5），采用高压断路器进行手动投切。

对集中补偿的低压电容器组，可按补偿容量分组投切。图 9-8a 是利用接触器进行分组

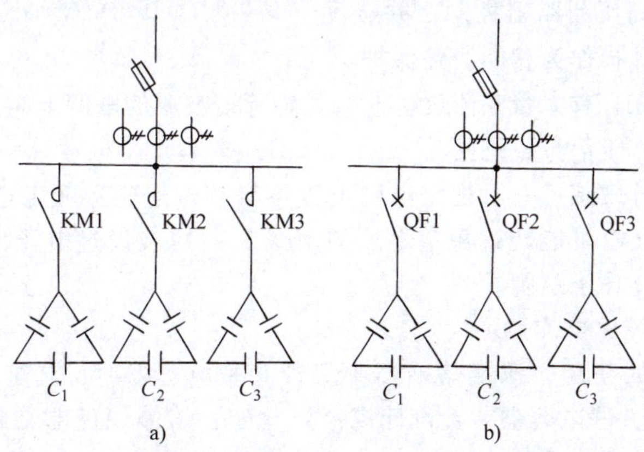

图 9-8 手动投切的低压电容器组

a）利用接触器分组投切 b）利用低压断路器分组投切

投切的电容器组；图 9-8b 是利用低压断路器进行分组投切的电容器组。对分散就地补偿的电容器组，可利用被补偿用电设备的控制开关来进行投切。

2. 自动调节的并联电容器组

具有自动调节功能的并联电容器组，通称无功自动补偿装置。采用无功自动补偿装置可以按负荷变动情况进行无功补偿，达到比较理想的无功补偿要求。但是这种补偿装置投资较大，且维修比较麻烦。因此，凡可不用自动补偿或者采用自动补偿效果不大的地方，均不必装设自动补偿装置。

具有下列情况之一时，宜装设无功自动补偿装置：①为避免过补偿，装设无功自动补偿装置在经济上合理时；②为避免轻载时电压过高，造成某些用电设备损坏而装设无功自动补偿装置在经济上合理时；③只有装设无功自动补偿装置才能满足在各种运行负荷情况下的允许电压偏差值时。

由于高压电容器组采用自动补偿时对电容器组回路中的切换元件要求较高，价格较贵，而且维修比较困难，因此当补偿效果相同或相近时，宜优先选用低压自动补偿装置。

低压无功自动补偿装置的原理电路图如图 9-9 所示。电路中的功率因数自动补偿控制器，按电力负荷的变动及功率因数的高低，以一定的时间间隔（10～15s），自动控制各组电容器回路中接触器 KM 的投切，使电网的无功功率自动得到补偿，保持功率因数在 0.95 以上，而不至过补偿。

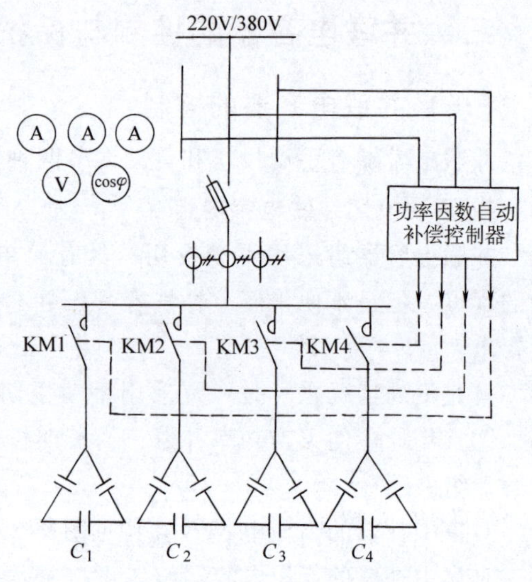

图 9-9　低压无功自动补偿装置的原理电路图

（二）并联电容器的保护

1. 并联电容器保护的一般要求

并联电容器的主要故障形式是短路故障，它可造成电网的相间短路。对于低压电容器及容量不超过 450kvar 的高压电容器，可装设熔断器作为相间短路保护。对于容量较大的高压电容器组，则需采用高压断路器控制，并装设瞬时或短延时过电流保护作为相间短路保护。

当电容器组安装在含有大量整流设备或电弧炉等谐波源的电网上时，电容器组宜装设过负荷保护，带时限动作于信号或跳闸。

电容器对电压十分敏感，一般规定电网电压不得超过电容器额定电压 10%。因此凡电容器安装处的电网电压有可能超过额定电压的 10% 时，应装设过电压保护。过电压保护可动作于信号或带时限动作于跳闸。

2. 并联电容器短路保护的整定

（1）熔断器保护的整定　采用熔断器来保护并联电容器时，其熔体额定电流的选择，按 GB 50227—2008《并联电容器装置设计规范》规定：**熔体额定电流应按电容器额定电流 $I_{N.C}$ 的 1.37～1.50 倍选择**，即

$$I_{N.FE} = (1.37 \sim 1.50) I_{N.C} \tag{9-10}$$

（2）电流继电器的整定　采用电流继电器作为相间短路保护时，**电流继电器的动作电**

流应按下式计算：

$$I_{op}=\frac{K_{rel}K_w}{K_i}I_{N.C} \tag{9-11}$$

式中，K_{rel}为保护装置的可靠系数，取 2 ~2.5；K_w 为保护装置的接线系数，相电流接线为 1；K_i 为电流互感器的电流比，考虑到电容器的合闸涌流，互感器一次电流宜选为 $I_{N.C}$ 的 1.5 ~2 倍。

(3) 保护灵敏度的检验　**并联电容器过电流保护的灵敏度，应按电容器端子上发生两相短路的条件来检验，即**

$$S_p=\frac{K_w I_{k.min}^{(2)}}{K_i I_{op}}\geqslant 1.5 \tag{9-12}$$

式中，$I_{k.min}^{(2)}$为在电力系统最小运行方式下电容器端子处的两相短路电流。

四、并联电容器的运行维护

(一) 并联电容器的投入和切除

并联电容器在供电系统正常运行时是否投入，主要视供电系统的功率因数或电压是否符合要求而定。如果功率因数过低，或者电压过低，则应投入电容器，或者增加电容器的投入量。

并联电容器是否切除或部分切除，也主要视供电系统的功率因数或电压情况而定。如果变配电所母线的母线电压偏高（例如超过电容器额定电压10%），则应将电容器切除或部分切除。

当发生下列情况之一时，应立即切除电容器：①电容器爆炸；②接头严重过热；③套管闪络放电；④电容器喷油或燃烧；⑤环境温度超过 40℃。

如果变配电所停电，电容器也应切除，以免突然来电时，母线电压过高，击穿电容器。

在切除电容器时，需从仪表指示或指示灯观察其放电回路是否完好。电容器从电网切除后，应立即通过放电回路放电。为确保人身安全，人体接触电容器之前，还应用短接导线将所有电容器两端直接短接放电。

(二) 并联电容器的维护

并联电容器在正常运行中，值班人员应定期检视其电压、电流和室温等，并检查其外部，观察有无漏油、喷油、外壳膨胀等现象，有无放电声响和放电痕迹，接头有无发热现象，放电回路是否完好，指示灯是否指示正常等。对装有通风装置的电容器室，还应检查通风装置各部分是否完好。

第四节　计划用电、用电管理与电费计收

一、计划用电的意义及其一般措施

(一) 计划用电的意义

实行计划用电之所以必要，首先是由电力这一特殊商品的生产特点所决定的。电力的生

产、供应和使用过程是同时进行的，只能用多少发多少，不像其他商品那样可以大量储存。发电、供电和用电每时每刻都必须保持平衡。如果用电负荷突然增加，则电力系统的频率和电压就要下降，可能造成严重的后果。

实行计划用电也是解决电力供需矛盾的一项重要措施。即使在电力供需矛盾出现缓和的情况下，实行计划用电也是完全必要的，它可以改善电力系统的运行状态，更好地保证电能的质量。

实行计划用电也是实现电能节约的重要保证，包括利用合理的电价政策这一经济杠杆来调整负荷，使电力系统“削峰填谷”，就可降低系统的电能损耗，提高发、供电设备的利用率。

（二）计划用电的一般措施

计划用电可有下列一般措施：

（1）建立健全计划用电的各种能源管理机构和制度 用户应组建能源办公室或“三电”（指安全用电、节约用电、计划用电）办公室，负责具体工作，做好用电负荷的预测、调度和管理。

（2）供用电双方签订《供用电合同》 供电企业与用户应在接电前根据用户的需要和供电企业的供电能力双方签订《供用电合同》。《供用电合同》应当具备以下条款：①供电方式、供电质量和供电时间；②用电容量和用电地址、用电性质；③计量方式和电价、电费结算方式；④供用电设施维护责任的划分；⑤合同的有效期限；⑥违约责任；⑦双方共同认为应当约定的其他条款。《供用电合同》为计划用电提供了基本依据。

（3）实行分类电价 按用户用电性质的不同，各类电价也不同。分类电价有：①居民生活电价；②非居民照明电价；③商业电价；④普通工业电价；⑤大工业电价；⑥非工业电价；⑦农业电价等。通常居民生活电价和农业电价较低，以示优惠。

（4）实行分时电价 分时电价包括峰谷分时电价和丰枯季节电价。峰谷分时电价就是一天内峰高谷低的电价。谷低电价可比平时段电价低30%～50%或更低，峰高电价可比平时段电价高30%～50%或更高，以鼓励用户避开负荷高峰用电。丰枯季节电价是水电比重较大地区的电网所实行的一种电价。丰水季节电价可比平时段电价低30%～50%，枯水季节电价可比平时段电价高30%～50%，以鼓励用户在丰水季节多用电，充分发挥水电的潜力。

（5）实行“两部电费制” 两部电费，即用户每月缴纳的电费，包括基本电费和电度电费两部分。基本电费，按用户的最大需量或最大装机容量来收取，以促使用户尽可能压低负荷高峰，提高低谷负荷，以减少其基本电费开支。而电度电费，是按用户每月用电量（电度数）收取的电费。按原国家经济贸易委员会和国家发展计划委员会2000年底发布的《节约用电管理办法》规定：要“扩大两部制电价的使用范围，逐步提高基本电价，降低电度电价；加速推广峰谷分时电价和丰枯电价，逐步拉大峰谷、丰枯电价差距；研究制订并推行可停电负荷电价。”利用电价政策这一经济杠杆进行用电管理的措施今后将更加强。

（6）装设电力负荷管理装置 电力负荷管理装置是指能够监视、控制用户电力负荷的各种仪器装置，包括音频、载波、无线电等集中型电力负荷管理装置和电力定量器、电流定量器、电力时控开关、电力监控仪、多费率电能表等分散型电力负荷管理装置。装设电力负荷管理装置的目的，是贯彻落实国家有关计划用电的政策，也是实现管理到户的一种技术手

段。通过推广应用电力管理技术来加强计划用电和节约用电管理，保证重点用户用电，对居民生活用电优先予以保证，有计划地均衡用电负荷，保证电网的安全经济运行，尽量提高电力资源的社会效益。

二、用电管理与电费计收

（一）用电管理的若干重要规定

1）我国的《电力法》明确规定：国家对电力供应和使用，实行安全用电、节约用电、计划用电（即“三电”）的管理原则。

2）供用电双方应当根据平等自愿、协商一致的原则，按照《电力供应与使用条例》的规定签订《供用电合同》，确定双方的权利和义务。

3）供电企业应当保证供给用户的供电质量符合国家标准。用户对供电质量有特殊要求的，供电企业应当根据其必要性和电网的可能，提供相应的电力。

4）供电企业在发电、供电系统正常的情况下，应当连续向用户供电，不得中断。因供电设备检修、依法限电或者用户违法用电等原因，需要中断供电时，供电企业应当按国家有关规定事先通知用户。

5）用户应当安装用电计量装置。用户受电装置的设计、施工安装和运行管理，应当符合国家标准或者电力行业标准。

6）用户用电不得危害供电、用电安全和扰乱供电、用电秩序。对危害供电、用电安全和扰乱供电、用电秩序的，供电企业有权制止。

7）供电企业应当按照国家标准的电价和用电计量的记录，向用户计收电费。

8）电价实行统一政策、统一定价原则。电价的制定，应当合理补偿成本、合理确定收益、依法计入税金、坚持公平负担、促进电力建设。要实行分类电价和分时电价。对同一电网内的同一电压等级、同一类别的用户，执行相同的电价标准。禁止任何单位和个人在电费中加收其他费用；法律、行政法规另有规定的，按照规定执行。

9）任何单位或个人需新装用电或增加用电容量、变更用电，都必须按《供电营业规则》规定，事先到供电企业用电营业场所提出申请，办理手续。供电企业应在用电营业场所公告办理各项用电业务的程序、制度和收费标准。

10）供电企业应按《用电检查管理办法》规定，对本供电营业区内的用户进行用电检查，用户应接受检查，并为供电企业的用电检查提供方便。用电检查的内容有：①用户执行国家有关电力供应与使用的法规、方针、政策、标准和规章制度的情况；②用户受（送）电装置工程的施工质量检验；③用户受（送）电装置中电气设备运行的安全状况；④用户的保安电源和非电性质的保安措施；⑤用户的反事故措施；⑥用户进网作业电工的资格、进网作业的安全状况及作业的安全保障措施；⑦用户执行计划用电节约用电情况；⑧用电计量装置、电力负荷控制装置、继电保护和自动装置、调度通信等的安全运行状况；⑨《供用电合同》及有关协议履行的情况；⑩受电端电能的质量状况；⑪违章用电和窃电行为；⑫并网电源、自备电源并网安全状况等。

（二）用电计量与电费计收

1. 用电计量的有关规定

关于用电计量，《供电营业规则》规定了以下要求：

1）供电企业应在用户每一个受电点内按不同电价类别，分别安装用电计量装置。每个受电点作为用户的一个计量单位。

2）计费电能表及其附件的购置、安装、移动、更换、校验、拆除、加封、启封及表计接线等，均由供电企业负责办理，用户应提供工作上的方便。高压用户的成套设备中装有自备电能表及附件时，经供电企业检验合格、加封并移交供电企业维护管理的，可作为计费用电能表。

3）对 10kV 及以下电压供电的用户，应配置专用的电能计量柜；对 35kV 及以上电压供电的用户，应有专用的电流互感器二次线圈和专用的电压互感器二次连接线，并不得与保护、测量回路共用。

4）用电计量装置原则上应装在供电设施的产权分界处。如果产权分界处不适宜装表时，对专线供电的高压用户，可在供电变压器低压侧计量。当用电计量装置不装在产权分界处时，线路与变压器损耗的有功和无功电能均需由产权所有者负担。在计算用户基本电费、电度电费及功率因数调整电费时，应将上述损耗电能计算在内。

5）供电企业必须按规定周期校验、轮换计费电能表，并对计费电能表进行不定期检查。

2. 电费计收的要求与环节

电费计收是按照国家批准的电价，依据用户实际用电情况和用电计量装置记录来定时计算和收取电费。

电费计收包括抄表、电费核算和电费收取等环节：

（1）抄表 抄表就是供电企业抄表人员定期抄录用户所装用电计量装置记录的读数，以便计收电费。抄表有现场手抄或通过微机抄表器抄表、远程遥测抄表、电话抄表和委托专业抄表公司代理抄表等多种方式。

（2）电费核算 电费核算是电费管理的中枢。电费是否按照规定及时、准确地收回，账务是否清楚，统计数字是否准确，关键在于电费核算的质量。因此电费核算一定要严肃认真，一丝不苟，逐项审查，而且要注意账务处理和汇总工作。

（3）电费收取 电费的收取，有上门收费、定期定点收费、委托银行代收、用户电费储蓄扣收及用户购电付费等多种方式。其中用户购电付费，是用户持供电企业发放的购电卡前往供电企业营业部门售电微机购电，将购电数量存储于购电卡中。用户持卡插入电卡式智能电能表后，其电源开关即自动合闸送电。如果购电卡上存储的电量余额不足 50kW · h，电能表将显示余额，提醒用户再去购电。当余额不足 3kW · h 时，即停电一次以警告用户速去购电，而用户将电卡再插入智能电能表即可恢复供电。当所购电量全部用完时，则自动断电，直到用户插入新购电卡后，方可恢复用电。这种付费购电方式改革了传统的人工抄表、核收电费制度，从根本上解决了有的用户只管用电、不按时交纳电费的问题，值得推广。

复习思考题

9-1 节约用电对国民经济建设有何重要意义？

9-2 什么叫负荷调整？工厂有哪些主要的调荷措施？

9-3 什么叫经济运行方式？电力变压器如何考虑经济运行？

9-4 什么叫提高自然功率因数？什么叫无功功率的人工补偿？为什么通常采用并联电容器来进行无功补偿？

9-5 什么叫无功功率经济当量？什么叫变压器的经济负荷？什么叫并列变压器经济运行的临界负荷？

9-6 并联电容器组采用三角形联结与采用星形联结各有哪些优缺点？各适用于什么情况？为什么容量较大的高压电容器组宜采用星形联结？

9-7 并联电容器组的高压集中补偿、低压集中补偿和分散就地补偿各有何特点？各适用于什么情况？各采取什么放电措施？

9-8 并联电容器采用熔断器保护时，其熔体电流如何选择？采用电流继电器保护时，其动作电流又如何整定？

9-9 并联电容器在什么情况下应予投入？在什么情况下应予切除？

9-10 为什么有必要实行计划用电？计划用电有哪些主要措施？

9-11 什么叫分时电价？实行分时电价有什么好处？

9-12 电费计收包括哪几个环节？电费收取一般有哪些方式？什么叫付费购电方式？

习　题

9-1 试计算 S9—1000/10 型电力变压器（Yyn0 联结）的经济负荷和经济负荷率（取 $K_q=0.1$）。

9-2 某车间变电所有两台 Dyn11 联结的 S9—630/10 型变压器并列运行，而变电所负荷现在只有 520kV·A。问是采用一台还是两台运行较为经济合理？（取 $K_q=0.1$）

9-3 现用 BWF6.3—30—1 型并联电容器 18 台，星形联结，采用高压断路器控制，并采用 GL15 型电流继电器的两相两继电器接线的过电流保护。试选择电流互感器的电流比，并整定 GL15 型电流继电器的动作电流。

第十章

工厂的电气照明

本章首先介绍照明技术包括绿色照明的有关概念，接着讲述工厂常用的电光源和灯具类型及其选择与布置，然后重点讲述照明质量、标准及照度的计算，最后介绍照明供电系统及其导线截面积的选择计算。

第一节　照明技术的基本概念

一、概述

照明按其光源方式分，有自然照明（自然采光）和人工照明两大类。

由于电气照明具有灯光稳定、色彩丰富、控制调节方便和安全经济等优点，因而成为现代人工照明中应用最为广泛的一种照明方式。

实践证明，工业生产的产品质量和劳动生产率与照明质量有密切的关系。良好的照明是保证安全生产、提高劳动生产率和产品质量、保障职工视力健康的必要措施。因此电气照明的合理选择设计对工业生产具有十分重要的作用。

这里必须强调指出：**合理的电气照明，必须达到绿色照明的要求。所谓“绿色照明”，是指节约能源，保护环境，有益于提高人们生产、工作、学习效率和生活质量，保护身心健康的照明。**

我国现在在国民经济建设中，大力提倡和实行的节能减排、保护环境的科学发展方针，其中就包括实施绿色照明。

二、照明技术的有关概念

（一）光和光通量

（1）光　光是物质的一种形态，是一种波长比毫米无线电波短又比 X 射线长的电磁波，而所有电磁波都具有辐射能。

在电磁波的辐射谱中，光谱的大致范围包括：

1）红外线，波长为 780nm ~ 1mm。

2）可见光，波长为 380 ~ 780nm。

3）紫外线，波长为 1～380nm。

可见光又可分为：红（640～780nm）、橙（600～640nm）、黄（570～600nm）、绿（490～570nm）、青（450～490nm）、蓝（430～450nm）和紫（380～430nm）七种单色光。

人眼对各种波长的可见光有不同的敏感性。实验证明，正常人眼对波长为 555nm 的黄绿色光最敏感，也就是这种黄绿色光的辐射可引起人眼的最大视觉。因此波长越偏离 555nm 的光辐射，可见度越低。

(2) 光通量　光源在单位时间内向周围空间辐射出的使人眼产生光感的能量，称为光通量，简称光通，符号为 Φ，单位为 lm（流明）。

(二) 光强及其分布特性

(1) 发光强度　简称光强，是光源在给定方向的辐射强度，符号为 I，单位为 cd（坎德拉）。

对于向各个方向均匀辐射光通量的光源，它在各个方向的发光强度均等，其值为

$$I=\frac{\Phi}{\Omega} \tag{10-1}$$

式中，Φ 为光源在立体角 Ω 内所辐射的总光通量。

空间立体角　　$\Omega = A/r^2$

式中，r 为球的半径；A 为与 Ω 相对应的球面积。

(2) 配光曲线　配光曲线即发光强度分布曲线，是在通过光源对称轴的一个平面上绘出的灯具发光强度与对称轴之间角度 α 的函数曲线。

对一般照明灯具，配光曲线绘在极坐标上，如图 10-1a 所示。其光源采用光通量为 10001m 的假想光源。而对于聚光很强的投光灯，由于其光强集中在一个很小的空间角内，因此其配光曲线一般绘在直角坐标上，如图 10-1b 所示。

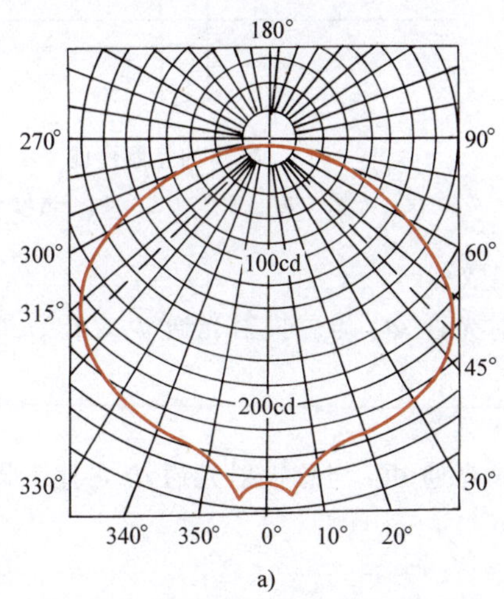

a)

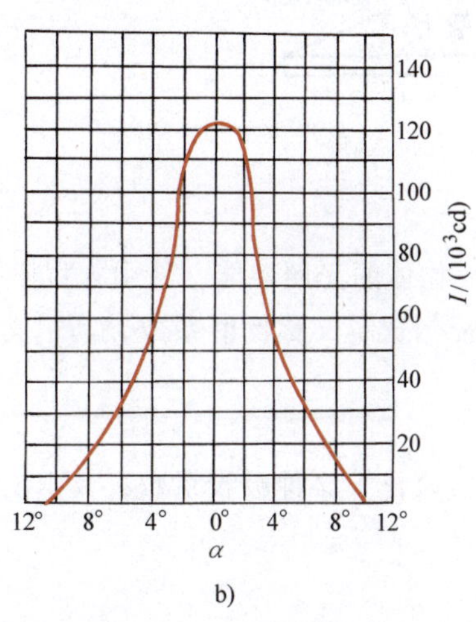

b)

图 10-1　灯具的配光曲线

a）绘在极坐标上的配光曲线（配照灯）　b）绘在直角坐标上的配光曲线（投光灯）

(三) 照度和亮度

(1) 照度　受照物体表面单位面积投射的光通量，称为照度。其符号为 E，单位为 lx

（勒克斯）。

如果光通 Φ 均匀地投射在面积为 A 的表面上，则该表面的照度值为

$$E=\frac{\Phi}{A} \tag{10-2}$$

（2）亮度 发光体（不只是指光源，受照表面的反射光通也可看作间接光源）在视线方向单位投影面上的发光强度，称为亮度。其符号为 L，单位为 cd/m^2（坎德拉每平方米）。

假设发光体表面法线方向的发光强度为 I，而人眼视线与发光体表面法线成 α 角，如图 10-2 所示，则视线方向的发光强度为 $I_\alpha=I\cos\alpha$，而视线方向的投影面积为 $A_\alpha=A\cos\alpha$。由此可得发光体在视线方向的亮度为

$$L=\frac{I_\alpha}{A_\alpha}=\frac{I\cos\alpha}{A\cos\alpha}=\frac{I}{A} \tag{10-3}$$

由式（10-3）可以看出，发光体的亮度值实际上与视线方向无关。

（四）物体的光照性能

当光通 Φ 投射到物体上时，一部分光通 Φ_ρ 从物体表面反射回去，一部分光通 Φ_α 被物体所吸收，而余下的一部分光通 Φ_τ 则透过物体，如图 10-3 所示。

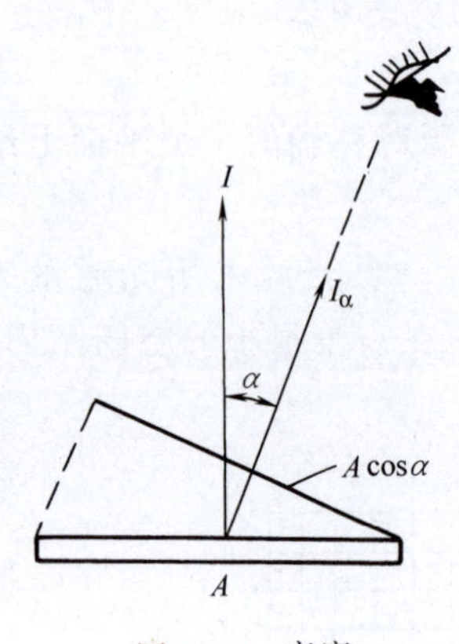

图 10-2 亮度

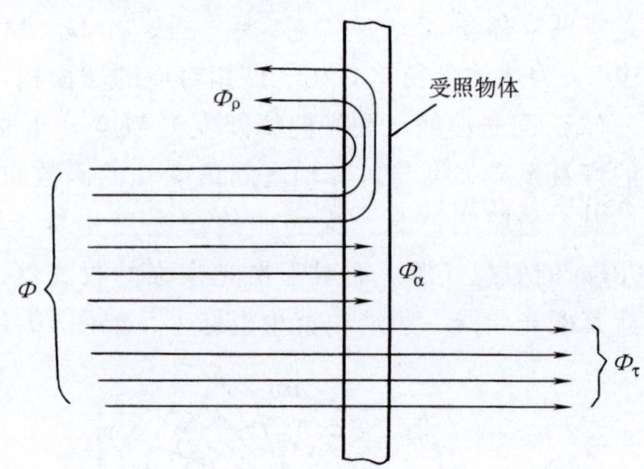

图 10-3 物体的光照性能

Φ_ρ—反射光通 Φ_α—吸收光通 Φ_τ—透射光通

为表征物体的光照性能，特引入以下三个参数：

（1）反射比 又称反射系数，其定义是反射光通 Φ_ρ 与总投射光通 Φ 之比，即

$$\rho=\frac{\Phi_\rho}{\Phi} \tag{10-4}$$

（2）吸收比 又称吸收系数，其定义是吸收光通 Φ_α 与总投射光通 Φ 之比，即

$$\alpha=\frac{\Phi_\alpha}{\Phi} \tag{10-5}$$

（3）透射比 又称透射系数，其定义是透射光通 Φ_τ 与总投射光通 Φ 之比，即

$$\tau=\frac{\Phi_\tau}{\Phi} \tag{10-6}$$

以上三个参数之间有下列关系：

$$\rho+\alpha+\tau=1 \tag{10-7}$$

在照明技术中应特别注重反射比这一参数，因为它直接影响到工作面上的照度。

表 10-1 所列为各种情况下墙壁、顶棚及地面的反射比近似值，供参考。

表 10-1　墙壁、顶棚及地面的反射比近似值

反射面情况	反射比 ρ(%)
刷白的墙壁、顶棚，窗子装有白色窗帘	70
刷白的墙壁，但窗子未挂窗帘，或挂深色窗帘；刷白的顶棚，但房间潮湿；墙壁和顶棚虽未刷白，但洁净光亮	50
有窗子的水泥墙壁、水泥顶棚；木墙壁、木顶棚；糊有浅色纸的墙壁、顶棚；水泥地面	30
有大量深色灰尘的墙壁、顶棚；无窗帘遮蔽的玻璃窗；未粉刷的砖墙；糊有深色纸的墙壁、顶棚；较脏污的水泥地面及广漆、沥青等地面	10

（五）光源的发光效能、色温和显色性

（1）光源的发光效能　指光源发出的光通量除以光源功率所得的商，简称光源的光效，其单位为 lm/W（流明每瓦特）。普通白炽灯的光效为 7.3～25lm/W，而紧凑型荧光灯的光效达 44～87lm/W，这说明后者的光效远高于前者，因此如以紧凑型节能荧光灯取代白炽灯，将大大节约电能。

（2）光源的色温度　色温度是以发光体表面颜色来估计其温度的一个物理量。

光源的色温度用其辐射光的色品与某一温度下黑体[㊀]的温度来度量。色温度的单位为 K（开尔文）。普通白炽灯的色温度最高为 2900K（1000W 灯泡），普通日光色荧光灯的色温度为 6500K（40W）。

（3）光源的显色性　指光源对被照物体颜色显现的性能。物体的颜色以日光或与日光相当的参考光源照射下的颜色为准。

为表征光源的显色性，特引入光源的显色指数。**一般显色指数（符号为 Ra）是指由国际照明委员会（CIE）规定的八种试验色样，在由被测光源照明时与由参考光源照明时其颜色相符程度的度量。**被测光源的 Ra 越高，说明该光源的显色性越好，物体颜色在该光源照明下的失真度越小。以日光的 $Ra=100$ 为基准，白炽灯的 $Ra=95\sim99$，而荧光灯的 $Ra=75\sim90$，这说明荧光灯的显色性比白炽灯的显色性差一些。

第二节　工厂常用的电光源和灯具

一、工厂常用电光源的类型、特性及其选择

（一）工厂常用电光源的类型

电光源按其发光原理分，有热辐射光源和气体放电光源两大类。

1. 热辐射光源

热辐射光源是利用物体加热时辐射发光的原理所制成的光源，如白炽灯和卤钨灯。

㊀“黑体”（Blackbody）是指能全部吸收外来电磁辐射而毫无反射和透射的理想物体。黑体对任何波长的辐射的吸收率均为 1。黑体的辐射能力也特强，比同一温度下的其他任何物体的辐射能力都强，可视为“完全辐射体”。

(1) 白炽灯 其结构如图 10-4 所示。**它靠灯丝通过电流加热到白炽状态而引起热辐射发光。**

白炽灯按灯丝结构分，有单螺旋的和双螺旋的两种，后者的光效率较高。按用途分，有普通照明的和局部照明的两种。普通照明的单螺旋灯丝白炽灯的型号为 PZ，普通照明的双螺旋灯丝白炽灯的型号为 PZS，局部照明的单螺旋灯丝白炽灯的型号为 JZ，局部照明的双螺旋灯丝白炽灯的型号为 JZS。此外，白炽灯的灯头型式有 B-插口式和 E-螺口式。

白炽灯的结构简单，价格低廉，使用方便，而且显色性好，因此无论城乡和工厂，过去一直应用最为广泛。但是它的光效低，耗电多，使用寿命较短，耐震性也较差。

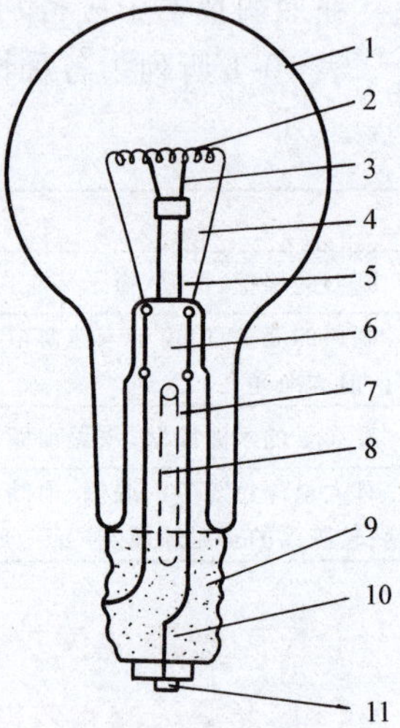

图 10-4 白炽灯结构

1—玻壳 2—灯丝（钨丝） 3—支架（钼丝） 4—电极（镍丝） 5—玻璃心柱 6—杜美丝（铜铁镍合金丝） 7—引入线（铜丝） 8—抽气管 9—灯头 10—封端胶泥 11—锡焊接触端

(2) 卤钨灯 其结构有两端引入式和单端引入式两种。两端引入的卤钨灯结构如图 10-5 所示，单端引入的卤钨灯结构如图 10-6 所示。前者用于需高照度的工作场所，后者主要用于放映灯等。

卤钨灯实质上是在白炽灯内充入含有卤素或卤化物的气体，利用卤钨循环原理来提高灯的光效和使用寿命。

所谓“卤钨循环原理”是这样的：当灯管（或灯泡）工作时，灯丝（钨丝）的温度很高，从而蒸发出钨分子，使之移向玻管内壁。一般白炽灯泡之所以会逐渐发黑也就是这一原因。而卤钨灯由于灯管内充有卤素（碘或溴），因此钨分子在管壁与卤素作用，生成气态的卤化钨。卤化钨由管壁向灯丝迁移，进入灯丝的高温（1600℃以上）区域后，就分解为钨分子和卤素，钨分子就沉淀在灯丝上。当钨分子沉淀的数量等于灯丝蒸发出去的钨分子数量时，就形成相对平衡状态。这一过程就称为“卤钨循环”。由于卤钨灯内存在卤钨循环，所以其玻管不易发黑，灯丝也不易烧断，也因此其光效比白炽灯高，使用寿命也大大延长。

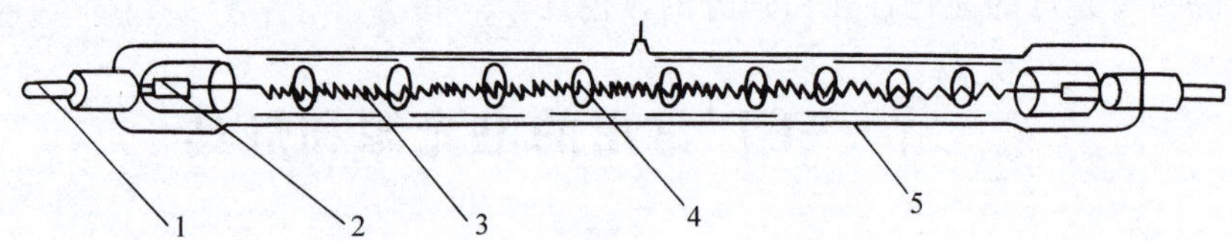

图 10-5 两端引入的卤钨灯管结构

1—灯脚（引入电极） 2—钼箔 3—灯丝（钨丝） 4—支架 5—石英玻管（内充微量卤素）

为了使卤钨灯的卤钨循环顺利进行，安装时必须保持灯管水平，倾斜角不得大于 4°，且不允许采用人工冷却措施（如使用电风扇）。由于卤钨灯工作时管壁温度可高达 600℃，因此灯不能与易燃物品靠近。卤钨灯的耐震性更差，需注意防震。卤钨灯的显色性好，使用也方便。

最常用的卤钨灯为碘钨灯。

2. 气体放电光源

气体放电光源是利用气体放电时发光的原理所制成的光源，例如荧光灯、高压汞灯、高

压钠灯、金属卤化物灯和氙灯等。

（1）荧光灯 其灯管结构如图 10-7 所示。

荧光灯是利用汞蒸气在外加电压作用下产生弧光放电，发出少许可见光和大量紫外线，紫外线又激励管内壁涂覆的荧光粉，使之再辐射出大量的可见光。由此可见，荧光灯的光效显然比白炽灯高，使用寿命也比白炽灯长得多。

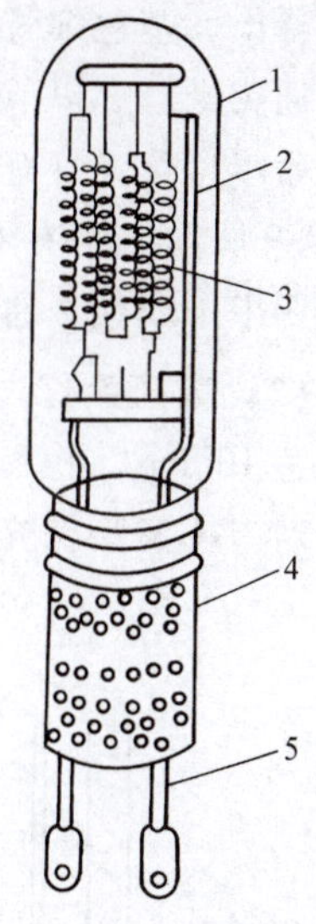

图 10-6 单端引入的卤钨灯泡结构
1—石英玻泡（内充微量卤素） 2—金属支架 3—排丝状灯丝（钨丝） 4—散热罩 5—引入电极

荧光灯的接线如图 10-8 所示。图中，S 是辉光启动器，它有两个电极，其中一个弯成 U 形的电极是双金属片。当荧光灯接上电压后，辉光启动器首先产生辉光放电，致使双金属片加热伸开，造成两极短接，从而使电流通过灯丝。灯丝加热后发射电子，并使管内的少量汞汽化。图中，L 是镇流器，它实质上是一个铁心电感线圈。当辉光启动器两极短接使灯丝加热后，辉光启动器内的辉光放电停止，双金属片冷却收缩，从而突然断开灯丝加热回路，这就使镇流器两端感生很高的电动势，连同电源电压加在灯管两端，使充满汞蒸气的灯管击穿，产生弧光放电。由于灯管起燃后，管内电压降很小，因此又要借助镇流器来产生很大一部分电压降，以维持灯管稳定的电流。图 10-8 中，C 是用来提高电路功率因数的。未接 C 时，功率因数只有 0.5 左右；接入 C 以后，功率因数可提高到 0.95 以上。

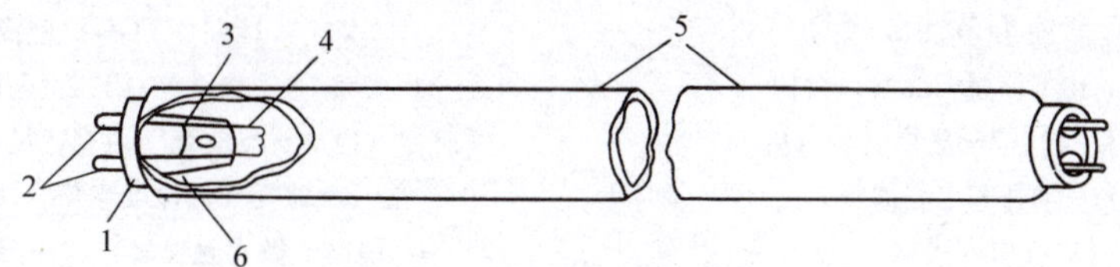

图 10-7 荧光灯管结构
1—灯头 2—灯脚 3—玻璃心柱 4—灯丝（钨丝）
5—玻管（内壁涂荧光粉，充惰性气体） 6—汞（少量）

荧光灯工作时，其灯光将随着加在灯管两端电压的周期性交变而频繁闪烁，这就是“频闪效应”。频闪效应可使人眼发生错觉，使观察到的物体运动显现出不同于实际运动的状态，甚至可将一些由同步电动机驱动的旋转物体误为不动的物体，这当然是安全生产不能允许的。因此在有旋转机械的车间里，不宜使用荧光灯。如果要使用荧光灯，则必须设法消除其频闪效应。消除频闪效应的方法很多，最简单的方法，是在该灯具内安装两根或三根荧光灯管，而各根灯管分别接到不同相位的线路上。

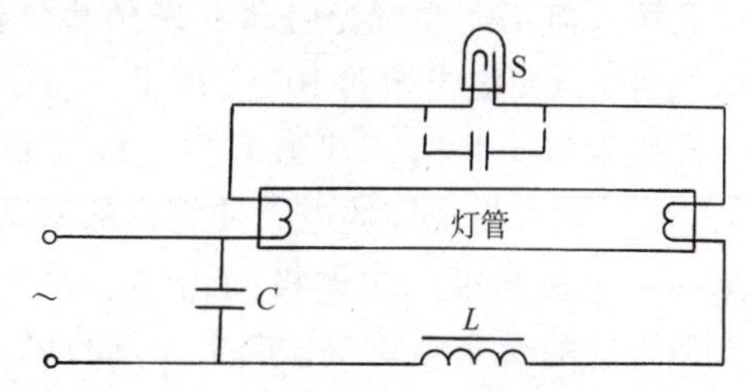

图 10-8 荧光灯的接线
S—辉光启动器 L—镇流器 C—电容器

荧光灯除有普通直管形荧光灯（一般管径大于 26mm）外，还有现在推广应用的稀土三基色细管径荧光灯和紧凑型节能荧光灯。

稀土三基色细管径（≤26mm）荧光灯具有光效高、寿命长、显色性较好的优点，可取代普通荧光灯，以节约电能。

紧凑型荧光灯有U形、2U形、H形和2D形等多种形式。常用的2U形紧凑型荧光灯如图10-9所示。紧凑型荧光灯具有光色好、光效高、能耗低和使用寿命长等优点，因此在一般照明中可取代普通白炽灯，以节约电能。

(2) 高压汞灯 又称高压水银荧光灯。它是上述荧光灯的改进产品，属于高气压（压强可达10^5Pa以上）的汞蒸气放电光源。其结构有以下三种类型：

1) GGY型荧光高压汞灯 这是最常用的一种，如图10-10所示。

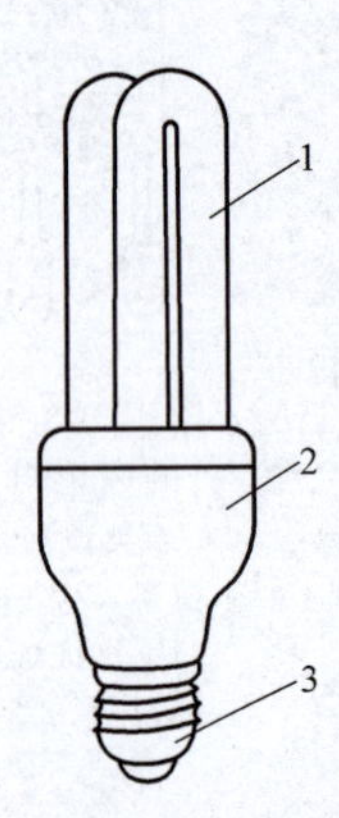

图10-9 2U形紧凑型节能荧光灯
1—灯管（放电管，内壁涂覆荧光粉，管内充少量汞，管端有灯丝） 2—底罩（内装电子镇流器、辉光启动器和电容器等） 3—灯头（内有引入线）

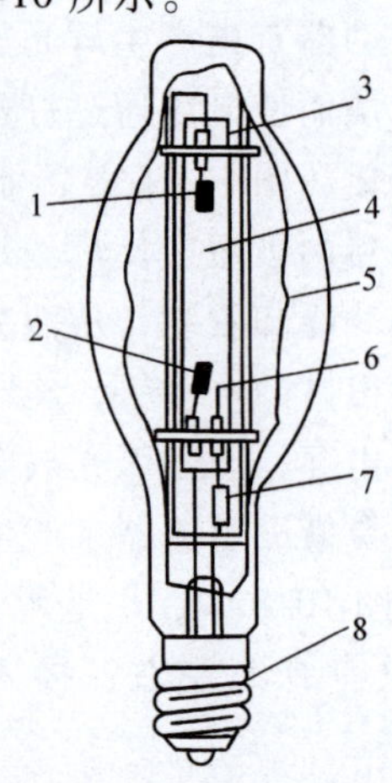

图10-10 GGY型高压汞灯
1—第一主电极 2—第二主电极 3—金属支架 4—内层石英玻壳（内充适量汞和氩） 5—外层石英玻壳（内涂荧光粉，内外玻壳间充氮） 6—辅助电极（触发极） 7—限流电阻 8—灯头

2) GYZ型自镇流高压汞灯： 它利用自身的灯丝兼作镇流器。

3) GYF型反射高压汞灯： 它采用部分玻壳内壁镀反射层的结构，使光线集中均匀地定向反射。

高压汞灯不需要辉光启动器来预热灯丝，但它必须与相应功率的镇流器串联使用（除GYZ型外），其接线如图10-11所示。

高压汞灯工作时，其第一主电极与辅助电极（触发极）间首先击穿放电，使管内的汞蒸发，导致第一主电极与第二主电极间击穿，发生弧光放电，使管壁的荧光质受激，产生大量的可见光。

高压汞灯的光效较高，寿命较长，但起动时间较长，显色性较差。

(3) 高压钠灯 其结构如图10-12所示；其接线与高压汞灯（见图10-11）相同。

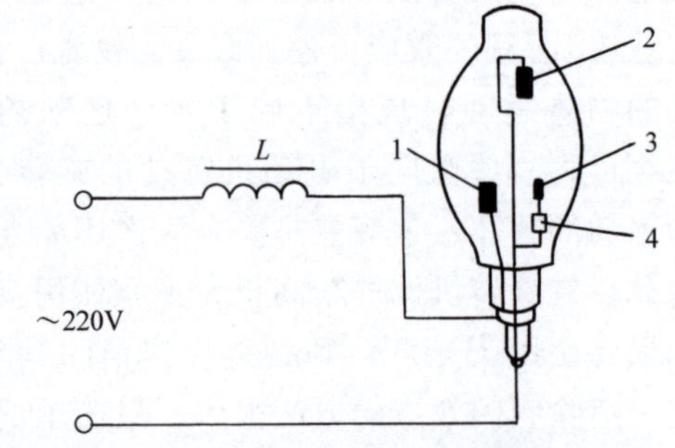

图10-11 高压汞灯的接线
1—第一主电极 2—第二主电极 3—辅助电极（触发极） 4—限流电阻

高压钠灯利用高气压（压强可达10^4Pa）的钠蒸气放电发光，其光谱集中在人眼较为敏感的

区间，因此其光效比高压汞灯还高一倍，且寿命长，但显色性也较差，起动时间也较长。

(4) 金属卤化物灯 它是由金属蒸气与金属卤化物分解物的混合物放电而发光的放电灯。其结构如图 10-13 所示。

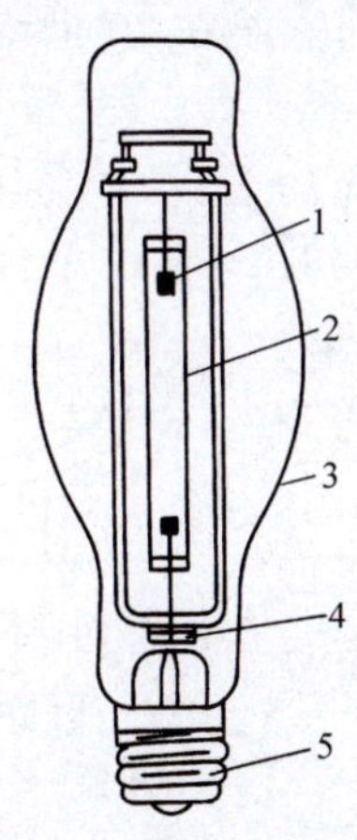

图 10-12 高压钠灯结构

1—主电极 2—半透明陶瓷放电管（内充钠、汞及氙或氖氩混合气体） 3—外玻壳（内外壳间充氮） 4—消气剂 5—灯头

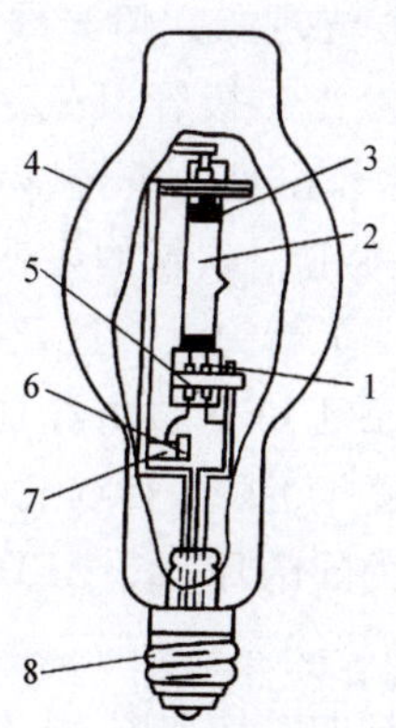

图 10-13 金属卤化物灯结构

1—主电极 2—放电管（内充汞、稀有气体和金属卤化物） 3—保温罩 4—石英玻壳 5—消气剂 6—起动电极 7—限流电阻 8—灯头

金属卤化物的主要辐射来自充填在放电管内的铟、镝、铊、钠等金属的卤化物，这些卤化物在高温下分解产生的金属蒸气和汞蒸气混合物的激发，产生大量的可见光。其光效和显色指数也比高压汞灯高得多。

金属卤化物灯有下列型式：NTI——钠铊铟灯；ZJD——高光效金属卤素灯；DDG——日光色镝灯；KNG——钪钠灯。

以上高压汞灯、高压钠灯和金属卤化物灯，统称高强度气体放电（HID）灯。在高强度气体放电灯中，高压汞灯特别是自镇流高压汞灯的光效最低，因此从节能考虑，宜尽量以高压钠灯或金属卤化物灯取代高压汞灯。

(5) 单灯混光灯 这是 20 世纪末才发展起来的一种高效节能型新光源。其外形与上述几种高强度气体放电灯相似。它有以下三个系列：

1) HXJ 系列金卤钠灯： 由一支金属卤化物灯管芯和一支中显钠灯管芯串联构成，吸取了中显钠灯和金属卤化物灯光效高、寿命长等优点，又克服了这两种光源光色差、特别是金属卤化物灯在使用后期光通量衰减和变色严重的缺点，是一种光色好、光线柔和、寿命长，色温和显色指数等技术指标均优于中显钠灯和金属卤化物灯的新型混光光源。

2) HXG 系列中显钠汞灯： 由一支中显钠灯管芯和一支汞灯管芯构成，克服了汞灯、钠灯和金属卤化物灯光色不太适应人的视觉习惯和光效偏低、显色性差、寿命短等缺点，是又一种光效高、光色好、显色指数高和寿命长的新型混光光源。

3) HJJ 系列双管芯金属卤化物灯： 它具有两支金属卤化物灯管芯。当其中一支管芯失效时，另一支管芯会自动起动，从而大大提高了可靠性和使用寿命，并减少了维修工作量。因此这种光源特别适用于体育场馆、高大厂房等可靠性要求较高而维修比较困难的场所。

此外还有一种氙灯，它是一种充有高气压氙气的高功率（可高达 100kW）的气体放电

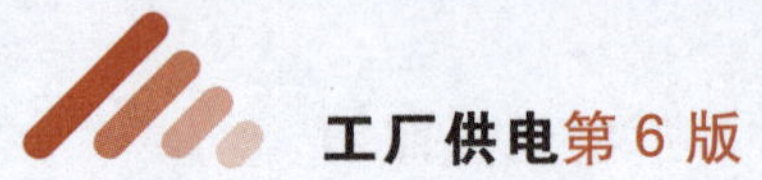

灯，俗称“人造小太阳”。它主要用在大型广场，而在工厂中很少应用，此处从略。

这里需要补充的是：电光源除上述常用的热辐射光源和气体放电光源两大类外，还有一种近几年才兴起的 LED 照明光源。

LED 是“发光二极管”的英文 Light Emitting Diode 的缩写。早在 20 世纪初就发现了碳化硅的电致发光现象，但光线太暗，无法应用于照明。1965 年，世界上第一款发光二极管诞生。它是用锗材料制作的可发红光的 LED。其后又制作出可发橙光、黄光和白光的 LED。至 21 世纪初，美国一家公司推出一款新的发冷白光的 LED 照明光源，其发光效率和亮度都创下了新记录。近几年来，LED 照明光源在我国也得到了飞速发展，而且 LED 照明灯具逐渐多样化，发光效率不断提高，生产成本也在逐年下降。**目前它主要用于装饰和信号照明。随着低碳生活理念在我国的深入，LED 照明灯具有可能发展为灯具市场的主流。**

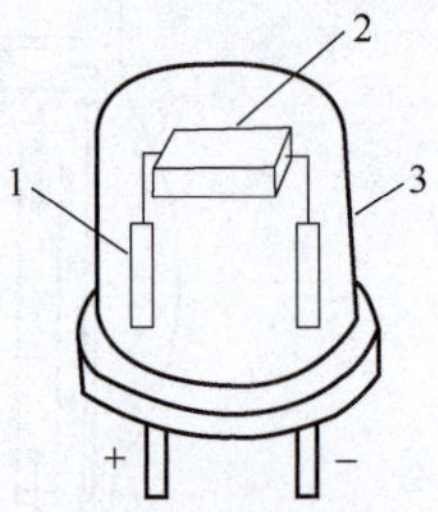

图 10-14　LED 照明灯的结构
1—电极　2—发光二极管芯片　3—封装的树脂外壳

LED 照明灯的结构如图 10-14 所示。

（二）部分常用电光源的主要技术特性

部分常用电光源的主要技术特性见表 10-2，供参考。

表 10-2　部分常用电光源的主要技术特性

光 源 种 类	额定功率/W	光效/(lm/W)	显色指数 *Ra*	色温/K	平均寿命/h
普通照明用白炽灯	10 ~ 1500	10 ~ 18	95 ~ 99	2400 ~ 2900	1000 ~ 2000
卤钨灯	60 ~ 5000	20 ~ 30	95 ~ 99	2800 ~ 3300	1500 ~ 2000
普通直管形荧光灯	4 ~ 200	40 ~ 90	60 ~ 72	3000 ~ 6500	6000 ~ 8000
高压汞灯	50 ~ 1000	30 ~ 50	35 ~ 40	3300 ~ 4300	5000 ~ 10000
高压钠灯	35 ~ 1000	70 ~ 190	20 ~ 25	1950 ~ 2500	12000 ~ 24000
金属卤化物灯	35 ~ 3500	60 ~ 90	65 ~ 90	3000 ~ 5600	5000 ~ 10000
单灯混光灯	100 ~ 800	40 ~ 100	60 ~ 80	3100 ~ 3400	10000 ~ 20000

由表 10-2 可以看出，高压钠灯的光效最高，其次是金属卤化物灯。高压汞灯的光效较低，而光效最低的是白炽灯。但从显色指数 *Ra* 来说，白炽灯最高，而高压钠灯和高压汞灯都很低。因此选择光源类型时，要根据光源性能和具体应用场所而定。

附录表 27 列出了部分普通照明白炽灯的主要技术数据，供参考。

（三）工厂常用电光源类型的选择

选择电光源，应符合 GB 50034—2013《建筑照明设计标准》的规定。

选择光源时，应在满足显色性、起动时间等要求的条件下，根据光源、灯具及镇流器等的效率、寿命和价格，在进行综合技术经济分析比较后确定。

照明设计时可按下列条件选择电光源：

1）高度较低的房间，如办公室、教室、会议室及仪表、电子等生产车间，宜采用细管径（≤26mm）直管形荧光灯，因为这种荧光灯较之普通的粗管径（38mm）直管形荧光灯的光效高，寿命长，显色性也较好。

2）高度较高的工业厂房，应按照生产使用要求，采用金属卤化物灯或高压钠灯，也可

采用大功率的细管径荧光灯。金属卤化物灯由于其光效高、寿命长而在高大厂房中得到普遍应用。高压钠灯也具有光效高和寿命长的优点，且价格较低，但其显色性差，因此宜用于辨色要求不高的场所，如锻工车间、炼铁车间、材料库、成品库等。

3）由于荧光高压汞灯与金属卤化物灯或高压钠灯相比，其光效较低，寿命较短，显色指数也不高，因此一般照明场所不宜采用。而自镇流高压汞灯的光效更低，更不应采用。

4）由于普通照明白炽灯的光效低，寿命短，因此一般情况下不应采用。但在下列场所可采用 100W 及以下的白炽灯：

① 要求瞬时起动和连续调光的场所，使用其他光源技术经济不合理时，宜采用白炽灯。

② 由于气体放电灯会产生高次谐波，从而产生电磁干扰，因此对防止电磁干扰要求严格的场所，宜采用白炽灯。

③ 由于气体放电灯频繁开关时会缩短使用寿命，因此灯开关频繁的场所，可采用白炽灯。

④ 照度要求不高、燃点时间不长的场所，也可采用白炽灯。

⑤ 对装饰有特殊要求的场所，如采用紧凑型荧光灯或其他光源不合适时，可采用白炽灯。

5）应急照明灯应选用能快速点燃的光源，如白炽灯或荧光灯，而不宜采用高强度气体放电灯。

6）应根据识别颜色的要求和照明场所的特点，选用相应显色指数的光源。显色性要求高的场所，应选用显色指数高的光源，如 $Ra>80$ 的三基色荧光灯或混光灯。而显色性要求不高的场所，则可采用显色指数较低而光效更高、寿命更长的光源。

二、工厂常用灯具的类型及其选择与布置

（一）工厂常用灯具的类型

1. 按灯具的配光特性分类

按灯具的配光特性分类，有两种分类方法：一种是国际电工委员会（CIE）提出的分类法，另一种是传统的分类法。

（1）CIE 分类法 根据灯具向下和向上投射光通量的百分比，将灯具分为以下五种类型：

1）直接照明型： 灯具向下投射的光通量占总光通量的 90%～100%，而向上投射的光通量极少。

2）半直接照明型： 灯具向下投射的光通量占总光通量的 60%～90%，向上投射的光通量只有 10%～40%。

3）均匀漫射型： 灯具向下投射的光通量与向上投射的光通量差不多相等，为 40%～60%之间。

4）半间接照明型： 灯具向上投射的光通量占总光通量的 60%～90%，向下投射的光通量只有 10%～40%。

5）间接照明型： 灯具向上投射的光通量占总光通量的 90%～100%，而向下投射的光通量极少。

（2）传统分类法 根据灯具的配光曲线形状，将灯具分为以下五种类型（见图 10-15）：

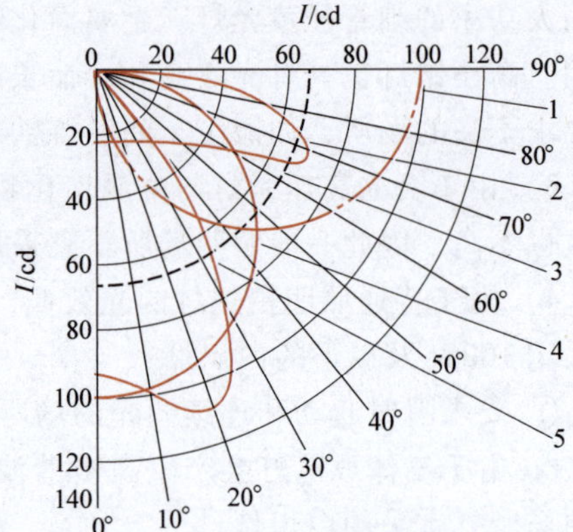

图 10-15　灯具按配光曲线分类
1—正弦分布型　2—广照型　3—漫射型　4—配照型　5—深照型

1）正弦分布型： 发光强度是角度的正弦函数，并且在 $\theta=90°$时（水平方向）发光强度最大。

2）广照型： 最大的发光强度分布在较大的角度上，可在较广的面积上形成较为均匀的照度。

3）漫射型： 各个角度（方向）的发光强度基本一致。

4）配照型： 发光强度是角度的余弦函数，并且在 $\theta=0°$时（垂直向下方向）发光强度最大。

5）深照型： 光通量和最大发光强度集中在0°～30°的狭小立体角内。

2. 按灯具的结构特点分类

灯具按其结构特点可分为以下五种类型：

1）开启型： 其光源与灯具外界的空间相通，例如通常使用的配照灯、广照灯和深照灯等。

2）闭合型： 其光源被透明罩包合，但内外空气仍能流通，例如圆球灯、双罩型（即万能型）灯和吸顶灯等。

3）密闭型： 其光源被透明罩密封，内外空气不能对流，例如防潮灯、防水防尘灯等。

4）增安型： 其光源被高强度透明罩密封，且灯具能承受足够的压力，能安全地应用在有爆炸危险介质的场所，或称防爆型。

5）隔爆型： 其光源被高强度透明罩密封，但不是靠其密封性来防爆，而是在灯座的法兰与灯罩的法兰之间有一隔爆间隙。当气体在灯罩内部爆炸时，高温气体经过隔爆间隙被充分冷却，从而不至引起外部爆炸性混合气体爆炸，因此隔爆型灯也能应用在有爆炸危险介质的场所。

图 10-16 是工厂常用的几种灯具的外形和图形符号。

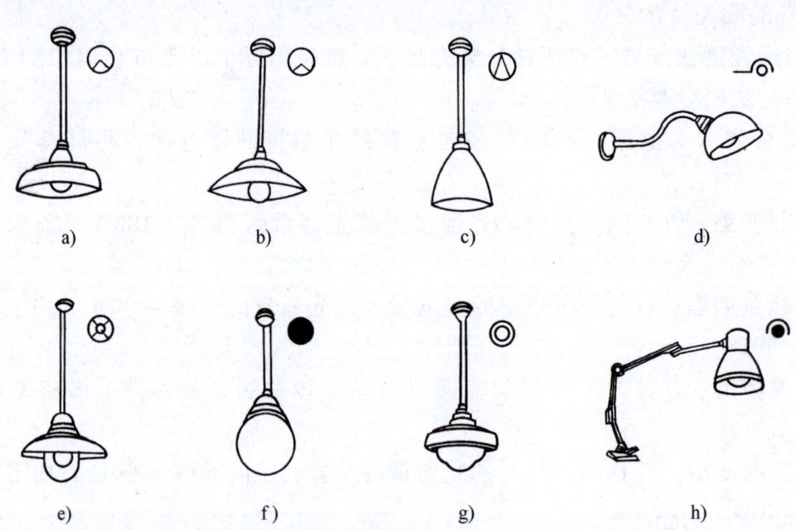

图 10-16　工厂常用的几种灯具的外形和图形符号
a）配照型工厂灯　b）广照型工厂灯　c）深照型工厂灯　d）斜照型工厂灯（弯灯）
e）广照型防水防尘灯　f）圆球型工厂灯　g）双罩型工厂灯　h）机床局部照明灯

(二) 工厂用灯具类型的选择

选用照明灯具，也应符合 GB 50034—2013《建筑照明设计标准》的规定。

1）在满足眩光限制和配光要求的条件下，应选用效率高的灯具，并应符合下列规定：

① 荧光灯灯具的效率不应低于表 10-3 的规定。

表 10-3 荧光灯灯具的效率（据 GB 50034—2013）

灯具出口形式	开敞式	保护罩（玻璃或塑料）		格栅
		透明	磨砂、棱镜	
灯具效率（%）	75	65	55	60

② 高强度气体放电灯灯具的效率不应低于表 10-4 的规定。

表 10-4 高强度气体放电灯灯具的效率（据 GB 50034—2013）

灯具出口形式	开敞式	格栅或透光罩
灯具效率（%）	75	60

2）根据照明场所的环境条件，分别选用下列灯具：

① 在潮湿场所，应采用相应防护等级的防水灯具或带防水灯头的开敞式灯具。

② 在有腐蚀性气体或蒸汽的场所，应采用防腐蚀密闭式灯具。如果采用开敞式灯具，则其各部分应有防腐蚀或防水的措施。

③ 在高温场所，应采用散热性能好、耐高温的灯具。

④ 在有尘埃的场所，应按防尘的相应防护等级选择适宜的灯具。

⑤ 在装有锻锤、大型桥式起重机等振动和摆动较大的场所使用的灯具，应有防振和防脱落的措施。

⑥ 在易受机械损伤、光源自行脱落可能造成人身伤害或财产损失的场所使用的灯具，应有防护措施。

⑦ 在有爆炸或火灾危险场所使用的灯具，应符合 GB 50058—1992《爆炸和火灾危险环境电力装置设计规范》的有关规定。爆炸危险场所灯具防爆结构的选型见表 10-5。火灾危险场所灯具防护结构的选型见表 10-6。

表 10-5 爆炸危险场所灯具防爆结构的选型（据 GB 50058—1992）

爆炸危险区域		1 区		2 区	
灯具防爆结构		隔爆型	增安型	隔爆型	增安型
灯具设备	固定式灯	适用	不适用	适用	适用
	移动式灯	慎用		适用	
	携带式电池灯	适用		适用	
	指示灯类	适用	不适用	适用	适用
	镇流器	适用	慎用	适用	适用

注：爆炸危险环境的分区见附录表 22。由于 GB 50058——2014 中没有“灯具防爆结构的选型”内容，故本表列出 GB 50058—1992 的规定供参考。

⑧ 在有洁净要求的场所，应采用不易积尘、易于擦拭的洁净灯具。

⑨ 在需防止紫外线照射的场所，应采用隔紫灯具或无紫光源。

表 10-6 火灾危险场所灯具防护结构的选型（据 GB 50058—1992）

火灾危险分区		21 区	22 区	23 区
照明灯具防护结构	固定安装时	IP2X	IP5X	IP2X
	移动式、携带式	IP5X		

注：火灾危险环境的分区见附录表 22；外壳防护等级的分类代号见附录表 13。

3）直接安装在可燃材料表面上的灯具，当灯具发热部件紧贴在安装表面上时，必须采用带有▽F标志的灯具，以免一般灯具的发热导致可燃材料燃烧，酿成火灾。

4）照明设计时，应按下列原则选择镇流器：

① 自镇流荧光灯应配用电子镇流器。

② 直管形荧光灯应配用电子镇流器或节能型电感镇流器。

③ 高压钠灯、金属卤化物灯应配用节能型电感镇流器。在电压偏差较大的场所，宜配用恒功率镇流器；功率较小者可配用电子镇流器。

④ 所有采用的镇流器均应符合该产品的国家能效标准。

5）高强度气体放电灯的触发器与光源的安装距离应符合产品的要求。

（三）室内灯具的悬挂高度

室内灯具不宜悬挂过高。如悬挂过高，一方面降低了工作面上的照度，而要满足照度的要求，势必增大光源功率，不经济；另一方面运行维修（如擦拭或更换灯泡）也不方便。

室内灯具也不宜悬挂过低。如悬挂过低，一方面容易被人碰撞，不安全；另一方面会产生眩光，降低人的视力。

室内一般照明灯具的最低悬挂高度，按机械行业标准 JBJ 6—1996《机械工厂电力设计规范》规定（见附录表 28），可供工厂照明设计参考。表中所列灯具的遮光角（又称保护角）的含义如图 10-17 所示。它表征灯具的光线被灯罩遮盖的程度，也表征避免灯具对人眼直射眩光的范围。

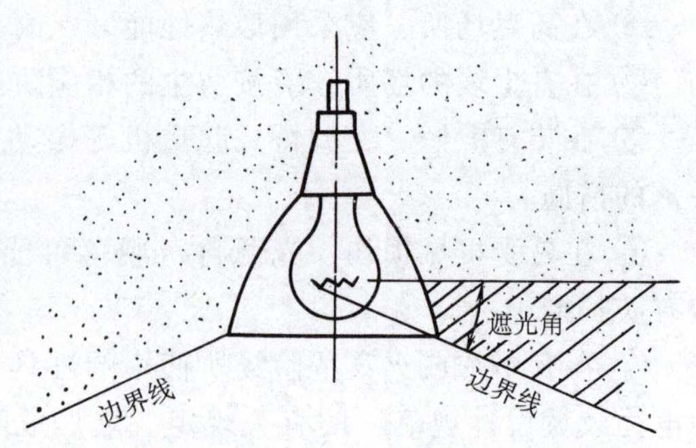

图 10-17 灯具的遮光角

（四）室内灯具的布置方案

室内灯具的布置，与房间的结构及照明的要求有关，既要经济实用，又要尽可能协调美观。

车间内一般照明灯具，通常有两种布置方案：

（1）均匀布置 灯具在整个车间内均匀分布，其布置与生产设备的位置无关，如图 10-18a所示。

（2）选择布置 灯具的布置与生产设备的位置有关。其大多是按工作面对称布置，以力求使工作面获得最有利的光照并消除阴影，如图 10-18b 所示。

由于灯具均匀布置较之选择布置更为美观，而且使整个车间照度比较均匀，所以在既有一般照明又有局部照明的场所，其一般照明灯具宜采用均匀布置。

均匀布置的灯具可排列成正方形或矩形，如图 10-19a 所示。矩形布置时，也应尽量使灯距 l

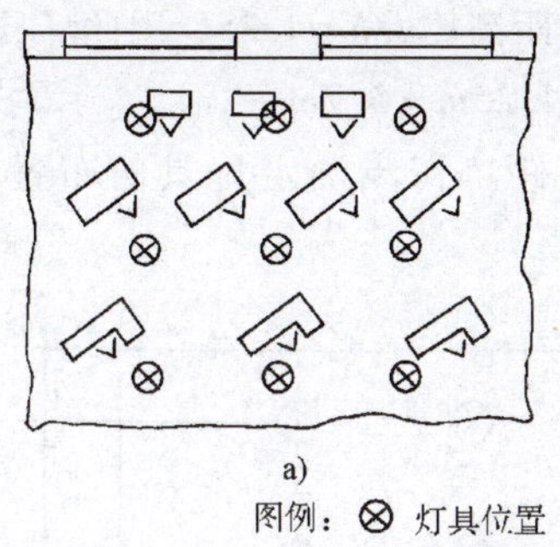

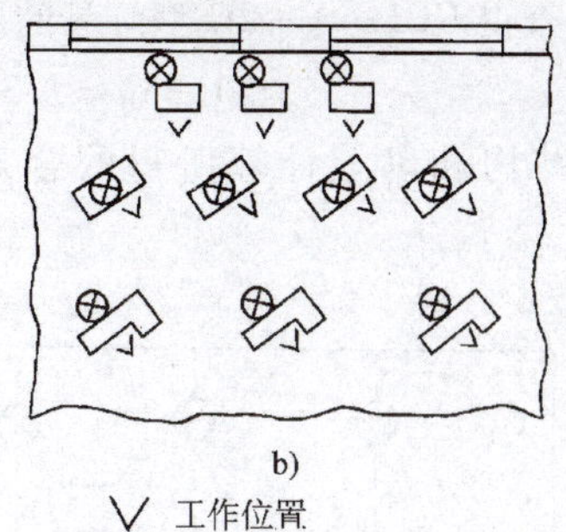

图 10-18 车间内一般照明灯具的布置方案

a）均匀布置 b）选择布置

与 l' 相接近。为了使照度更加均匀，可将灯具排列成菱形，如图 10-19b 所示。当采用等边三角形的菱形布置，即 $l'=\sqrt{3}l$ 时，照度分布最为均匀。

灯具间的距离，应按灯具的光强分布、悬挂高度、房屋结构及照度要求等多种因素确定。为了使工作面上获得较均匀的照度，灯间距离 l 与灯具在工作面上的悬挂高度 h 之比（简称距高比）一般不宜超过各类灯具所规定的最高距高比。例如 GC1—A、B—2G 型[⊖]工厂配照灯的最大允许距高比为 1.35（见附录表 29），其余灯具的最大距高比可查有关设计手册或产品样本。

从使整个房间获得较为均匀的照度考虑，最边缘一列灯具离墙的距离 l''（见图 10-18）取值如下：靠墙有工作面时，可取 $l''=(0.25\sim0.3)l$；靠墙为通道时，可取 $l''=(0.4\sim0.6)l$。其中，l 为灯具间距离，对于矩形布置，灯间距离可取其纵向和横向的几何平均值。

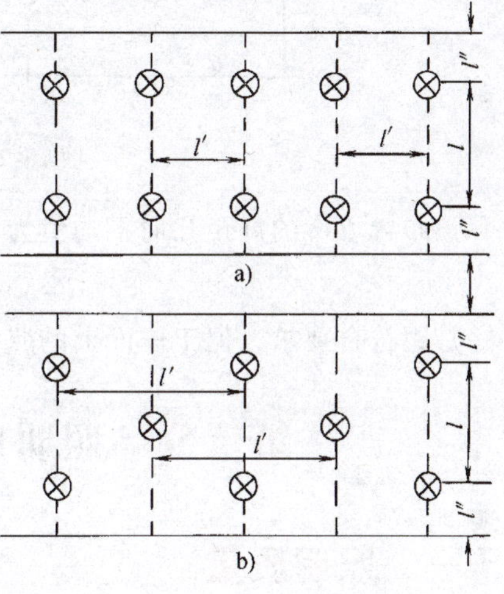

图 10-19 灯具的均匀布置

a）矩形布置 b）菱形布置

注：虚线表示桁架。

例 10-1 某车间的平面面积为 36m×18m，桁架的跨度为 18m，桁架之间相距 6m，桁架下弦离地 5.5m，工作面离地 0.75m。现拟采用 GC1—A—2G 型工厂配照灯（装 220V、125W 荧光高压汞灯，即 GGY—125 型）作车间一般照明。试初步确定灯具的布置方案。

解： 根据车间的建筑结构，灯具宜悬挂在桁架上。如果灯具下吊 0.5m，则灯具的悬挂高度（在工作面上的高度）为

$$h=5.5\text{m}-0.75\text{m}-0.5\text{m}=4.25\text{m}$$

⊖ 灯具型号的含义：

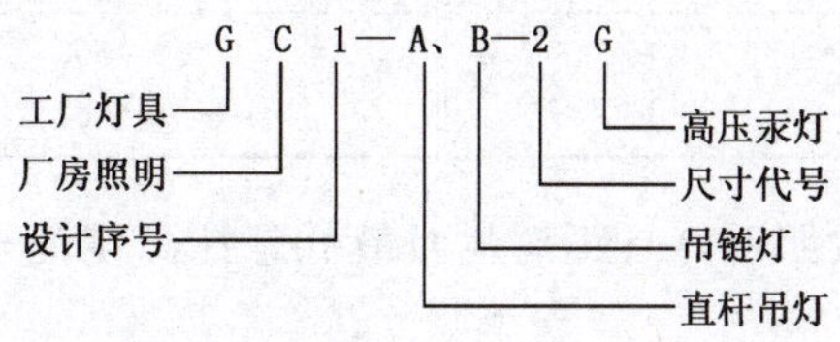

由附录表29查得GC1—A—2G型灯具的最大距高比 $l/h=1.35$，因此灯具间的合理距离为

$$l \leqslant 1.35h = 1.35 \times 4.25\text{m} = 5.7\text{m}$$

根据车间的结构和以上计算所得的合理灯距，初步确定灯具的布置方案如图10-20所示。

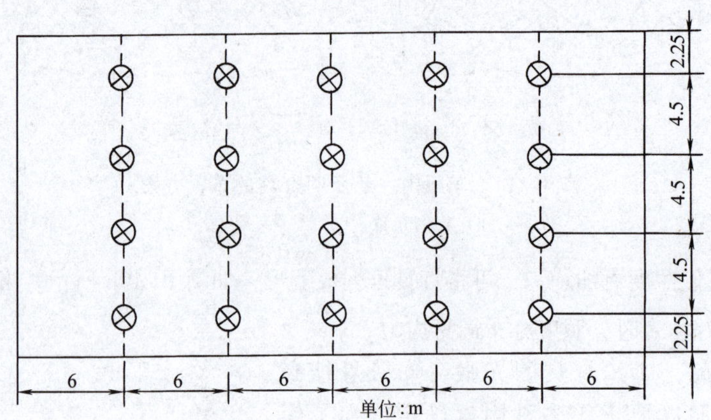

图10-20　例10-1的灯具布置方案

该布置方案的灯距几何平均值为

$$l = \sqrt{4.5 \times 6}\text{m} = 5.2\text{m} < 5.7\text{m}$$

灯距符合要求，但工作面上的照度是否符合要求，尚待进一步的照度计算来检验。

第三节　照明质量、照度标准与照度计算

一、照明质量

照明质量包括眩光限制、光源颜色、照度均匀度及工作房间表面的反射比等问题，但最基本的是照明区域内工作面上的照度是否达到规定的照度标准。此外，按GB 50034—2013规定，还需考虑照明的节能问题，在满足照度标准的前提下，照明的功率密度值（LPD，其单位为 W/m^2）也应满足要求。

（一）眩光限制

眩光能引起人眼视觉不适或降低视力，因此在照明设计中必须限制眩光，以保证照明质量。

按GB 50034—2013规定，直接型灯具的遮光角不应小于表10-7所列数值。

表10-7　直接型灯具的遮光角（据GB 50034—2013）

光源平均亮度/(kcd/m^2)	遮光角/(°)	光源平均亮度/(kcd/m^2)	遮光角/(°)
1~20	10	30~500	20
20~50	15	≥500	30

附录表28所列室内一般照明灯具距离地面最低悬挂高度的规定也是为了满足眩光限制的要求。

工业建筑和公共建筑常用房间或场所的不舒适眩光，应采用统一眩光值（UGR）来评价。UGR 值按 GB 50034—2013 附录 A 所提供的公式计算（此处从略）。部分工业建筑的 UGR 最大允许值见附录表 28。UGR 值分 28、25、22、19、16、13、10 七挡。28 为刚刚不可忍受值，25 为不舒适感值，22 为刚刚不舒适感值，19 为感觉舒适与不舒适的界限值，16 为刚刚可接受值，13 为刚刚感到眩光值，10 为无眩光感值。GB 50043—2013 的照度标准多数采用 25、22、19 的 UGR 值。

由特定表面（如建筑物的光亮表面和玻璃窗等）产生的反射光而引起的眩光称为光幕反射眩光。它可改变作业面的可见度，降低可见度，不利于工作。可采取下列措施来减少光幕反射眩光：

1）从灯具和作业面的布置方面考虑，应避免将灯具安装在干扰区内，例如将灯安装在正前方 40°以外区域。

2）从房间各表面的装饰材料方面考虑，应采用低光泽度的材料。

3）从灯具的亮度方面考虑，应设法限制灯具的亮度，例如采用格栅、漫反射罩。

4）从周围亮度考虑，应适当照亮顶棚和墙壁，以降低光源与周围的亮度对比，但要避免顶棚和墙壁上出现光斑。

（二）光源颜色

按 GB 50034—2013 规定，室内照明光源的色表可按相关色温分为三组，各组色表适用的场所举例见表 10-8。

表 10-8 光源色表特征及其适用场所（据 GB 50034—2013）

色表特征	相关色温/K	适用场所
暖	<3300	客房、卧室、病房、酒吧
中间	3300~5300	办公室、教室、阅览室、商场、诊室、检验室、实验室、控制室、机加工车间、仪表装配
冷	>5300	热加工车间、高照度场所

长期工作或停留的房间或场所，照明光源的显色指数 Ra 不宜小于 80。在灯具安装高度大于 6m 的工业建筑场所，Ra 可低于 80，但必须能够辨别安全色。部分工业建筑一般照明的 Ra 的最小允许值见附录表 28。

（三）照度均匀度

照度均匀度是在给定的照明区域内最小照度与平均照度的比值。

按 GB 50034—2013 规定，工业建筑作业区域内和公共建筑的工作房间内的一般照明，其照度均匀度不应小于 0.7，而作业面邻近周围的照度均匀度不应小于 0.5。上述房间或场所内的通道和其他非作业区域的一般照明的照度值不宜低于作业区域一般照明照度值的 1/3。

GB 50034—2013 规定的作业面邻近周围（指作业面外 0.5m 范围内）与这些作业面照度对应的最低照度值见表 10-9。

（四）反射比

GB 50034—2013 规定，长时间工作的房间，其表面反射比宜按表 10-10 选取。

表 10-9 作业面邻近周围的最低照度（据 GB 50034—2013）

作业面照度/lx	作业面邻近周围照度值/lx	作业面照度/lx	作业面邻近周围照度值/lx
≥750	500	300	200
500	300	≤200	与作业面照度相同

表 10-10 工作房间表面的反射比（据 GB 50034—2013）

表面名称	顶棚	墙面	地面
反射比	0.6～0.9	0.3～0.8	0.1～0.5

二、照度标准

为了创造良好的工作条件，提高工作效率和工作质量（含产品质量），保障人身安全，工作场所及其他活动环境的照明必须具有足够的照度。

照度标准值的分级为 0.5lx、1lx、3lx、5lx、10lx、15lx、20lx、30lx、50lx、75lx、100lx、150lx、200lx、300lx、500lx、750lx、1000lx、1500lx、2000lx、3000lx、5000lx 等。

GB 50034—2013 中规定的部分工业及民用和公共建筑的一般照明标准值（含照度标准值、统一眩光值和一般显色指数值）列于附录表 29，供参考。

GB 50034—2013 规定的照度标准值，为作业面或参考平面上的平均照度值。

GB 50034—2013 规定：设计照度与照度标准值的偏差不应超过 ±10%。

三、照度的计算

在灯具的型式、悬挂高度和布置方案初步确定以后，就应该根据初步拟定的照明方案计算工作面上的照度，检验是否符合照度标准的要求。也可以在初步确定灯具型式和悬挂高度以后，根据工作面上的照度标准要求来确定灯具的数目，然后确定灯具布置方案。

照度的计算方法，主要有利用系数法、概算曲线法、比功率法（即单位容量法）和逐点计算法。前三种方法只用于计算水平工作面上的照度，其中概算曲线法实质上是利用系数法的实用简化；而后一种方法则可用于任一倾斜面包括垂直面上的照度计算。限于篇幅和时间，这里只介绍前三种方法。

（一）利用系数法

1. 利用系数的概念

照明光源的利用系数是表征照明光源的光通量有效利用程度的一个参数，用投射到工作面上光通量 Φ_e（包括直射光通量和多方反射到工作面上的光通量）**与全部光源发出的光通量 $n\Phi$ 之比**（Φ 为每一光源的光通量，n 为光源数）来表示，即

$$u = \frac{\Phi_e}{n\Phi} \tag{10-8}$$

利用系数 u 与下列因素有关：

1）与灯具的型式、光效和配光特性有关。灯具的光效越高，光通量越集中，利用系数也越高。

2）与灯具的悬挂高度有关。灯具悬挂得越高，反射的光通量越多，利用系数也越高。

3）与房间的面积及形状有关。房间的面积越大，越接近于正方形，则由于直射光通量越多，因此利用系数也越高。

4）与墙壁、顶棚及地面的颜色和洁污情况有关。颜色越淡、越洁净，反射的光通量越多，利用系数也越高。

2. 利用系数的确定

由附录表29所列GC1—A、B—2G型工厂配照灯的利用系数可以看出，**利用系数值应按墙壁、顶棚和地面的反射比及房间的受照空间特征来确定。房间的受照空间特征用一个"室空间比 *RCR*"的参数来表征。**

如图10-21所示，一个房间按受照情况不同可分三个空间：上面为顶棚空间，即从顶棚至悬挂的灯具开口平面的空间；中间为室空间，即从灯具开口平面至工作面的空间；下面为地板空间，即工作面以下至地板的空间。对于装设吸顶式或嵌入式灯具的房间，无顶棚空间；而对于工作面为地面的房间，则无地板空间。

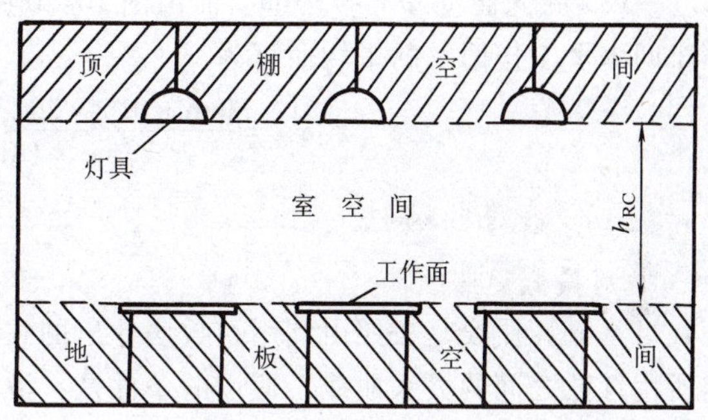

图10-21　室空间比 *RCR* 的计算

室空间比 *RCR* 按下式计算：

$$RCR=\frac{5h_{RC}(l+b)}{lb} \tag{10-9}$$

式中，h_{RC}为室空间高度；l为房间长度；b为房间宽度。

3. 按利用系数法计算工作面上的平均照度

由于灯具在使用期间，光源（灯泡）本身的光效要逐渐降低，灯具也要陈旧赃污，受照场所的墙壁、顶棚也有污损的可能，从而使工作面上的光通量有所减少，因此在**计算工作面上的实际平均照度时，应计入一个小于1的"减光系数"。故工作面上的实际平均照度为**

$$E_{av}=\frac{uKn\Phi}{A} \tag{10-10}$$

式中，K为减光系数（又称维护系数），按表10-11确定；u为利用系数；n为灯数；Φ为每盏灯发出的光通量；A为受照房间的面积，矩形房间即其长l乘以宽b，即$A=lb$。

表10-11　**减光系数**（维护系数）**值**（据GB 50034—2013）

环境污染特征		房间或场所举例	灯具最少擦拭次数（次/年）	减光系数
室内	清洁	卧室、办公室、影院、剧场、餐厅、阅览室、教室、病房、仪器仪表装配间、电子元器件装配间、检验室、商店营业厅、体育馆等	2	0.80
	一般	机场候机厅、候车室、机械加工车间、机械装配车间、农贸市场等	2	0.70
	污染严重	公用厨房、锻工车间、铸工车间、水泥车间等	3	0.60
室外		雨篷、站台	2	0.65

假设已知工作面上的平均照度标准，并已确定灯具型式和光源功率，则可由下式确定灯具光源数：

$$n = \frac{E_{av}A}{uK\Phi} \tag{10-11}$$

例 10-2 试计算例 10-1 初步确定的灯具布置方案（见图 10-20）在工作面上的平均照度。

解： 该车间的室空间比为

$$RCR = \frac{5 \times 4.25 \times (36 + 18)}{36 \times 18} = 1.77$$

假设车间顶棚的反射比 $\rho_c = 70\%$，墙壁的反射比 $\rho_w = 50\%$，地面的反射比 $\rho_f = 20\%$，运用插入法可由附录表 30-3 查得利用系数 $u \approx 0.6$。又由附录表 30-1 查得灯具所装灯泡 GGY—125 的光通量 $\Phi = 4750\text{lm}$。而由图 10-20 知，灯数 $n = 20$。因此按式（10-10）可求得该车间水平工作面上的平均照度为

$$E_{av} = \frac{0.6 \times 0.7 \times 20 \times 4750\text{lm}}{36\text{m} \times 18\text{m}} = 61.6\text{lx}$$

（二）概算曲线法

1. 灯具概算曲线简介

灯具概算曲线是按照由利用系数法导出的式（10-11）进行计算而绘出的被照房间面积与所用灯数之间的关系曲线，假设的条件是：被照水平工作面的平均照度为 100lx。

附录表 30-4 列出了 GC1—A、B—2G 型工厂配照灯的概算曲线图表。其他常用灯具的概算图表可查有关照明设计手册。

2. 按概算曲线法进行灯数或照度的计算

首先根据房屋建筑的环境污染特征确定其顶棚、墙壁和地面的反射比 ρ_c、ρ_w 和 ρ_f，并求出该房间的水平面积 A。然后由相应的灯具概算曲线上查得对应的灯数 N。由于灯具概算曲线绘制所依据的减光系数 K' 不一定与实际的减光系数 K 相同，而且概算曲线法所依据的平均照度为 100lx，并非实际要求达到的平均照度 E_{av}，因此**实际需用的灯数 n 应按下式进行换算：**

$$n = \frac{E_{av}K'}{100\text{lx}K}N \tag{10-12}$$

根据上式，也可以在已知布置方案和灯数 n 时，反过来计算平均照度 E_{av}。

例 10-3 试按灯具概算曲线法验算例 10-2 所计算的平均照度。

解： 根据 $\rho_c = 70\%$、$\rho_w = 50\%$、$\rho_f = 20\%$ 及 $h = 4.25\text{m}$、$A = 36\text{m} \times 18\text{m} = 648\text{m}^2$，查附录表 30-4 的概算曲线，得 $N \approx 30$。因此由式（10-12）可得

$$E_{av} = \frac{100\text{lx} \cdot Kn}{K'N} = \frac{100 \times 0.7 \times 20}{0.7 \times 30}\text{lx} = 66.7\text{lx}$$

计算结果与例 10-2 相近。

（三）比功率法

1. 比功率的概念

照明光源的比功率，是指单位水平面积上照明光源的安装功率，又称“单位容量”，即

$$P_0 = \frac{P_\Sigma}{A} = \frac{nP_N}{A} \tag{10-13}$$

式中，P_{Σ} 为受照房间总的光源安装容量；P_{N} 为每一光源的安装容量；n 为总的光源数；A 为受照房间的水平面积。

附录表 31 列出采用 GGY—125 型高压汞灯的工厂配照灯的一般照明比功率（单位容量）参考值。其他灯具的比功率值可查有关设计手册。

2. 按比功率法估算照明灯具的安装容量或灯数

如果已知比功率 P_0 及车间平面面积 A，则车间一般照明的总安装容量为

$$P_{\Sigma}=P_0A \tag{10-14}$$

每盏灯具的光源容量为

$$P_{N}=\frac{P_{\Sigma}}{n}=\frac{P_0A}{n} \tag{10-15}$$

例 10-4 试用比功率法确定例 10-1 所示车间所装灯具的灯数。

解： 由 $h=4.25\text{m}$，$E_{av}=60\text{lx}$ 及 $A=648\text{m}^2$，查附录表 31 得 $P_0\approx4.5\text{W/m}^2$。因此该车间一般照明总的安装容量应为

$$P_{\Sigma}=4.5\text{W/m}^2\times648\text{m}^2=2196\text{W}$$

因此应装 GC1—A—2G 型工厂配照灯的灯数为

$$n=\frac{P_{\Sigma}}{P_{N}}=\frac{2916\text{W}}{125\text{W}}\approx23$$

按比功率法计算的灯数比例 10-1 所确定的灯数略多一些。

第四节 照明供电系统及其选择

一、概述

工厂的电气照明，按照明地点分，有室内照明和室外照明两大类；按照明方式分，有一般照明和局部照明两大类。一般照明不考虑某些局部的特殊需要，是为照亮整个场地而设置的照明。局部照明是为满足某些部位（如工作面）的特殊需要而设置的照明，例如机床上的工作照明和工作台上的台灯等。多数车间都采用由一般照明和局部照明组成的混合照明。

按照明的用途分，有正常照明、应急照明、值班照明、警卫照明和障碍照明等。正常照明是指在正常情况下使用的照明；应急照明是指因正常照明的电源发生故障后而启用的照明。应急照明又分备用照明、安全照明和疏散照明。备用照明是用以确保正常活动继续进行的应急照明；安全照明是用以确保处于潜在危险之中的人员安全的应急照明；疏散照明是用以确保安全出口通道能被有效地辨认和应用、使人安全撤离的应急照明。

应急照明的电源，应区别于正常照明的电源。**应急照明的供电电源宜从下列之一选取：**

1）独立于正常供电电源的发电机组。

2）蓄电池组。

3）供电系统中有效地独立于正常电源的馈电线路。

4）应急照明灯自带直流逆变器。

5）当装有两台及以上变压器时，应与正常照明的供电干线分别接自不同的变压器，如

图 10-22 所示。

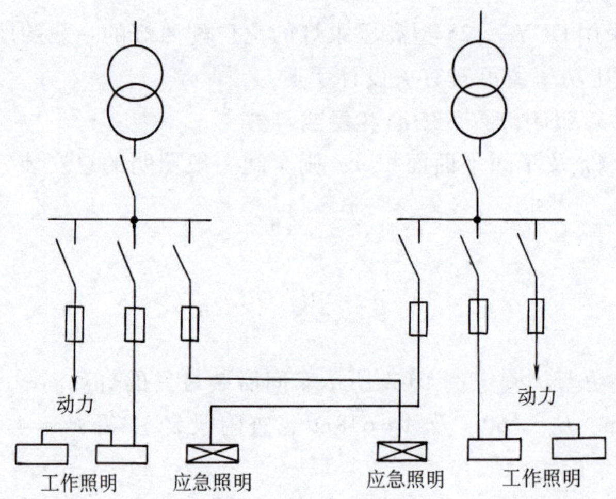

图 10-22　应急照明由两台变压器交叉供电的照明供电系统

6）仅装有一台变压器时，应从正常照明的供电干线自变电所的低压屏上或母线上分开，如图 10-23 所示。

应急照明的正常电源在故障停电时宜实行备用电源自动投入（APD），如图 10-24 所示。当正常电源停电时，接触器 KM1 因失电而跳开，其常闭触点 KM1 1-2 返回闭合，使时间继电器 KT 通电动作。其延时闭合触点 KT1-2 经 0.5s 后闭合，使接触器 KM2 通电动作，其主触点闭合，从而投入备用电源。KM2 的常开触点 KM2 3-4 同时闭合，保持 KM2 线圈通电动作状态，其常闭触点 KM2 1-2 断开，切断时间继电器 KT 的回路，其触点 KT1-2 断开。同时，KM2 5-6 断开，切断 KM1 的回路。

二、电气照明的平面布线图

电气照明平面布线图是表示照明线路及其控制、保护设备和灯具等的平面相对位置及其相互联系的一种施工图，是照明工程施工、竣工验收和维护检修的重要依据。

图 10-25 是图 5-35 所示机械加工车间一般照明的平面布线图（只绘出车间一角）。

在平面布线图上，对设备、灯具和线路等，均应按建设部批准的图集 09DX001《建筑电气工程设计常用图形和文字符号》规定的格式进行标注。

照明灯具的标注格式为

$$a-b\frac{c\times d\times L}{e}f \qquad (10\text{-}16)$$

式中，a 为灯数；b 为灯具型号或编号；c 为每盏灯具的灯泡数；d 为灯泡容量（W）；e 为灯具安装高度（m），如果是“——”则表示吸顶安装；f 为安装方式；L 为光源种类。

线路敷设方式和导线敷设部位的标注代号，见第五章表 5-6，灯具安装方式的标注代号见表 10-12。

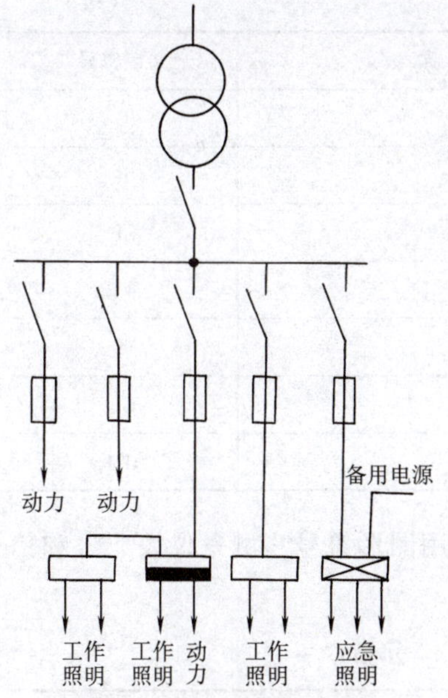

图 10-23 应急照明由一台变压器供电的照明供电系统

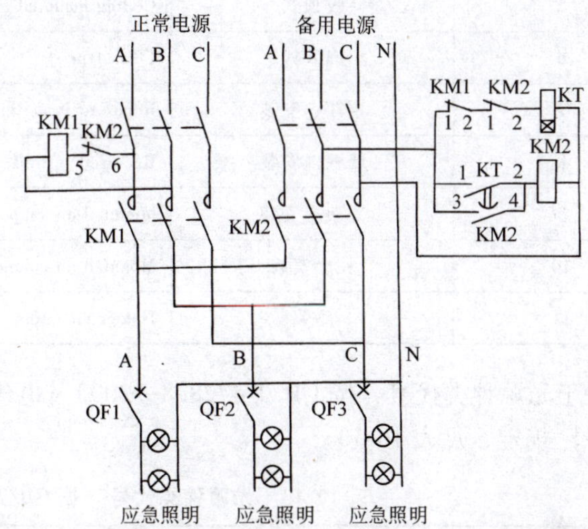

图 10-24 采用备用电源自动投入（APD）的应急照明控制电路

QF—低压断路器 KM—接触器 KT—时间继电器

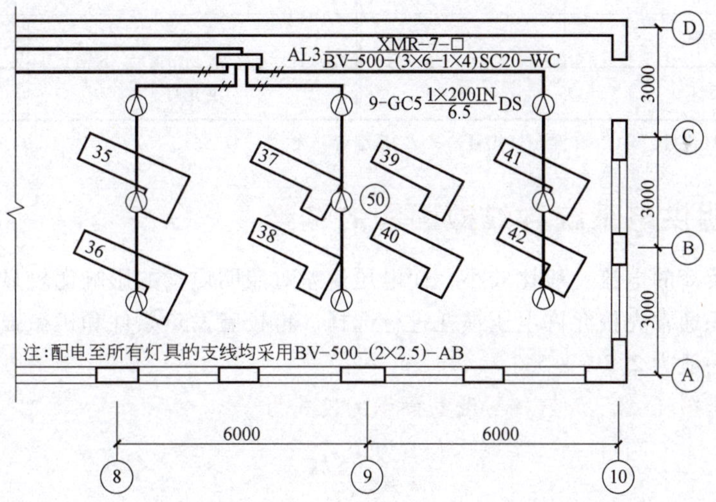

图 10-25 图 5-35 所示机械加工车间（一角）一般照明的平面布线图

表 10-12 灯具安装方式的标注代号（据 09DX001）

序 号	名 称	英 文 名 称	文字符号
1	线吊式	Wire suspension type	SW
2	链吊式	Catenary suspension type	CS
3	管吊式	Conduit suspension type	DS
4	壁装式	Wall mounted type	W

（续）

序　　号	名　　称	英文名称	文字符号
5	吸顶式	Ceiling mounted type	C
6	嵌入式	Flush type	R
7	顶棚内安装	Recessed in ceiling	CR
8	墙壁内安装	Recessed in wall	WR
9	支架上安装	Mounted on support	S
10	柱上安装	Mounted on column	CL
11	座装	Holder mounting	HM

关于光源种类代号，按 GB/T 4728. 8—2000《电气简图用图形符号 · 测量仪表、灯和信号器件》规定，见表 10-13。

表 10-13　光源种类代号（据 GB/T 4728. 8—2000）

名　　称	代　　号	名　　称	代　　号
白炽灯	IN	高压钠灯	Na
卤(碘)钨灯	I	金属卤化物灯	HL①
荧光灯	FL	氙灯	Xe
高压汞灯	Hg	混光灯	ML①

① 金属卤化物灯代号“HL”和混光灯代号“ML”系编者补充。

三、照明供电系统导线截面积的选择

由于照明负荷的电流一般比较小，而电压偏差对照明质量的影响比较显著，因此照明线路的导线截面积通常先按允许电压损耗进行选择，再校验发热条件和机械强度。照明线路的允许电压损耗一般为 2. 5% ~5% 。

按允许电压损耗 $\Delta U_{al}\%$ 选择导线截面积的公式为

$$A = \frac{\Sigma M}{C\Delta U_{al}\%} \tag{10-17}$$

式中，C 为计算系数，参见表 5-4；ΣM 为线路中负荷功率矩之和（kW · m）。

按上式计算的导线截面积还应校验发热条件和机械强度，并满足与该线路保护装置（熔断器或低压断路器过电流脱扣器）的配合要求，即应符合式（6-4）或式（6-15）的要求。

四、照明供电系统保护装置的选择

照明供电系统可采用熔断器或低压断路器进行短路和过负荷保护。考虑到各种不同光源点燃的起动电流不同，因此不同光源的保护装置动作电流也有所区别，见表 10-14。

表 10-14 照明线路保护装置的选择

保护装置类型	保护装置动作电流/照明线路计算电流		
	白炽灯、卤钨灯、荧光灯、金属卤化物灯	高压汞灯	高压钠灯
RL1 型熔断器	1	1.3～1.7	1.5
RC1A 型熔断器	1	1.0～1.5	1.1
带热脱扣器低压断路器	1	1.1	1
带瞬时脱扣器低压断路器	6	6	6

注：保护装置动作电流，对熔断器为熔体额定电流，对低压断路器为其脱扣电流。

必须注意：用熔断器保护照明线路时，熔断器应安装在相线上，而在 PE 线或 PEN 线上，不允许装设熔断器。用低压断路器保护照明线路时，其过电流脱扣器也应装设在相线上。

复习思考题

10-1 电气照明有哪些特点？对工业生产有何重要作用？什么叫“绿色照明”？

10-2 可见光有哪些颜色？哪种颜色光的波长最长？哪种颜色光的波长最短？哪种波长的光可引起人眼最大的视觉？

10-3 什么叫发光强度（光强）？什么叫照度和亮度？它们的符号和单位各是什么？

10-4 什么叫色温度？什么叫显色性？什么叫反射比？反射比与照明有何关系？

10-5 什么叫热辐射光源？什么叫气体放电光源？各自的发光原理是怎样的？卤钨灯的“卤钨循环”是怎么回事？

10-6 荧光灯电路中的辉光启动器、镇流器和电容器各起什么作用？气体放电灯（包括荧光灯）为什么会出现频闪效应？有何危害？如何消除？

10-7 从节能考虑，一般情况下可用什么灯来取代普通白炽灯？但在哪些场合宜采用白炽灯照明？在哪些场合宜采用荧光灯或其他高强度气体放电灯？

10-8 什么是灯具的距高比？距高比与照明质量有什么关系？

10-9 什么叫照明光源的利用系数？它与哪些因素有关？利用系数法用于什么样的照度计算？什么叫减光系数（维护系数）？它又与哪些因素有关？

10-10 试分析图 10-24 所示采用备用电源自动投入的应急照明控制电路是如何实现备用电源自动投入的？

10-11 照明线路的导线截面积如何选择和校验？为什么要如此选择和校验？

习　题

10-1 某车间的面积为 10m×30m，顶棚离地高度为 5m，工作面离地为 0.75m。现拟采用 GC1—A—2G 型工厂配照灯（装 220V、125W 高压汞灯）作为车间一般照明。灯从顶棚吊下 0.55m。车间反射比为 $\rho_c=50\%$，$\rho_w=30\%$，$\rho_f=20\%$。减光系数可取 0.7。试用利用系数法确定灯数，进行合理布置。

10-2 试用概算曲线法重作习题 10-1（只计算灯数）。

10-3 试选择图 10-26 所示照明线路的导线截面积。已知线路额定电压为 220V（单相），全线均采用同一 BLV-500 型铝芯塑料线明敷，线路长度和负荷标注如图。假设全线允许电压降为 3%，该地环境温度为 +30℃。

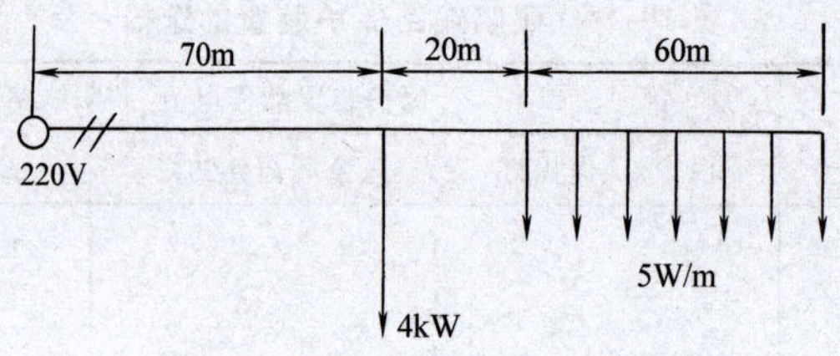

图 10-26 习题 10-3 的照明线路

附　　录

附录表 1　用电设备组的需要系数、二项式系数及功率因数参考值

用电设备组名称	需要系数 K_d	二项式系数		最大容量设备台数 x[①]	cosφ	tanφ
		b	c			
小批生产的金属冷加工机床电动机	0.16～0.2	0.14	0.4	5	0.5	1.73
大批生产的金属冷加工机床电动机	0.18～0.25	0.14	0.5	5	0.5	1.73
小批生产的金属热加工机床电动机	0.25～0.3	0.24	0.4	5	0.6	1.33
大批生产的金属热加工机床电动机	0.3～0.35	0.26	0.5	5	0.65	1.17
通风机、水泵、空压机及电动发电机组电动机	0.7～0.8	0.65	0.25	5	0.8	0.75
非连锁的连续运输机械及铸造车间整砂机械	0.5～0.6	0.4	0.4	5	0.75	0.88
连锁的连续运输机械及铸造车间整砂机械	0.65～0.7	0.6	0.2	5	0.75	0.88
锅炉房和机加、机修、装配等类车间的吊车($\varepsilon=25\%$)	0.1～0.15	0.06	0.2	3	0.5	1.73
铸造车间的吊车($\varepsilon=25\%$)	0.15～0.25	0.09	0.3	3	0.5	1.73
自动连续装料的电阻炉设备	0.75～0.8	0.7	0.3	2	0.5	1.73
实验室用小型电热设备(电阻炉、干燥箱等)	0.7	0.7	0	—	1.0	0
工频感应电炉(未带无功补偿装置)	0.8	—	—	—	0.35	2.68
高频感应电炉(未带无功补偿装置)	0.8	—	—	—	0.6	1.33
电弧熔炉	0.9	—	—	—	0.87	0.57
点焊机、缝焊机	0.35	—	—	—	0.6	1.33
对焊机、铆钉加热机	0.35	—	—	—	0.7	1.02
自动弧焊变压器	0.5	—	—	—	0.4	2.29
单头手动弧焊变压器	0.35	—	—	—	0.35	2.68
多头手动弧焊变压器	0.4	—	—	—	0.35	2.68

（续）

用电设备组名称	需要系数 K_d	二项式系数		最大容量设备台数 x①	$\cos\varphi$	$\tan\varphi$
		b	c			
单头弧焊电动发电机组	0.35	—	—	—	0.6	1.33
多头弧焊电动发电机组	0.7	—	—	—	0.75	0.88
生产厂房及办公室、阅览室、实验室照明②	0.8～1	—	—	—	1.0	0
变配电所、仓库照明②	0.5～0.7	—	—	—	1.0	0
宿舍（生活区）照明②	0.6～0.8	—	—	—	1.0	0
室外照明、应急照明②	1	—	—	—	1.0	0

① 如果用电设备组的设备总台数 $n<2x$，则最大容量设备台数取 $x=n/2$，且按“四舍五入”修约规则取整数。例如，某机床电动机组 $n=7<2x=2\times5=10$，故取 $x=7/2\approx4$。

② 这里的 $\cos\varphi$ 和 $\tan\varphi$ 值均为白炽灯照明数据。如为荧光灯照明，则 $\cos\varphi=0.9$，$\tan\varphi=0.48$；如为高压汞灯、钠灯，则 $\cos\varphi=0.5$，$\tan\varphi=1.73$。

附录表2　部分工厂的需要系数、功率因数及年最大有功负荷利用小时参考值

工厂类别	需要系数 K_d	功率因数 $\cos\varphi$	年最大有功负荷利用小时 T_{max}/h
汽轮机制造厂	0.38	0.88	5000
锅炉制造厂	0.27	0.73	4500
柴油机制造厂	0.32	0.74	4500
重型机械制造厂	0.35	0.79	3700
重型机床制造厂	0.32	0.71	3700
机床制造厂	0.20	0.65	3200
石油机械制造厂	0.45	0.78	3500
量具刃具制造厂	0.26	0.60	3800
工具制造厂	0.34	0.65	3800
电机制造厂	0.33	0.65	3000
电器开关制造厂	0.35	0.75	3400
电线电缆制造厂	0.35	0.73	3500
仪器仪表制造厂	0.37	0.81	3500
滚动轴承制造厂	0.28	0.70	5800

附录表 3 并联电容器的无功补偿率

补偿前的功率因数 $\cos\varphi_1$	补偿后的功率因数 $\cos\varphi_2$								
	0.85	0.86	0.88	0.90	0.92	0.94	0.96	0.98	1.00
0.60	0.71	0.74	0.79	0.85	0.91	0.97	1.04	1.13	1.33
0.62	0.65	0.67	0.73	0.78	0.84	0.90	0.98	1.06	1.27
0.64	0.58	0.61	0.66	0.72	0.77	0.84	0.91	1.00	1.20
0.66	0.52	0.55	0.60	0.65	0.71	0.78	0.85	0.94	1.14
0.68	0.46	0.48	0.54	0.59	0.65	0.71	0.79	0.88	1.08
0.70	0.40	0.43	0.48	0.54	0.59	0.66	0.73	0.82	1.02
0.72	0.34	0.37	0.42	0.48	0.54	0.60	0.67	0.76	0.96
0.74	0.29	0.31	0.37	0.42	0.48	0.54	0.62	0.71	0.91
0.76	0.23	0.26	0.31	0.37	0.43	0.49	0.56	0.65	0.85
0.78	0.18	0.21	0.26	0.32	0.38	0.44	0.51	0.60	0.80
0.80	0.13	0.16	0.21	0.27	0.32	0.39	0.46	0.55	0.75
0.82	0.08	0.10	0.16	0.21	0.27	0.33	0.40	0.49	0.70
0.84	0.03	0.05	0.11	0.16	0.22	0.28	0.35	0.44	0.65
0.85	0.00	0.03	0.08	0.14	0.19	0.26	0.33	0.42	0.62
0.86	—	0.00	0.05	0.11	0.17	0.23	0.30	0.39	0.59
0.88	—	—	0.00	0.06	0.11	0.18	0.25	0.34	0.54
0.90	—	—	—	0.00	0.06	0.12	0.19	0.28	0.48

附录表 4 部分并联电容器的主要技术数据

型　号	额定容量 /kvar	额定电容 /μF	型　号	额定容量 /kvar	额定电容 /μF
BCMJ0.4-4-3	4	80	BGMJ0.4-3.3-3	3.3	66
BCMJ0.4-5-3	5	100	BGMJ0.4-5-3	5	99
BCMJ0.4-8-3	8	160	BGMJ0.4-10-3	10	198
BCMJ0.4-10-3	10	200	BGMJ0.4-12-3	12	230
BCMJ0.4-15-3	15	300	BGMJ0.4-15-3	15	298
BCMJ0.4-20-3	20	400	BGMJ0.4-20-3	20	398
BCMJ0.4-25-3	25	500	BGMJ0.4-25-3	25	498
BCMJ0.4-30-3	30	600	BGMJ0.4-30-3	30	598
BCMJ0.4-40-3	40	800	BWF0.4-14-1/3	14	279
BCMJ0.4-50-3	50	1000	BWF0.4-16-1/3	16	318
BKMJ0.4-6-1/3	6	120	BWF0.4-20-1/3	20	398
BKMJ0.4-7.5-1/3	7.5	150	BWF0.4-25-1/3	25	498
BKMJ0.4-9-1/3	9	180	BWF0.4-75-1/3	75	1500
BKMJ0.4-12-1/3	12	240	BWF10.5-16-1	16	0.462
BKMJ0.4-15-1/3	15	300	BWF10.5-25-1	25	0.722
BKMJ0.4-20-1/3	20	400	BWF10.5-30-1	30	0.866
BKMJ0.4-25-1/3	25	500	BWF10.5-40-1	40	1.155
BKMJ0.4-30-1/3	30	600	BWF10.5-50-1	50	1.44
BKMJ0.4-40-1/3	40	800	BWF10.5-100-1	100	2.89
BGMJ0.4-2.5-3	2.5	55			

注：1. 额定频率为 50Hz。
　　2. 型号中“1/3”表示有单相和三相两种。

附录表5　S9、SC9和S11—M·R系列电力变压器的主要技术数据

1. S9系列油浸式铜线电力变压器的主要技术数据

型　　号	额定容量/kV·A	额定电压/kV		联结组标号	损耗/W		空载电流(%)	阻抗电压(%)
		一次	二次		空载	负载		
S9-30/10(6)	30	11,10.5,10,6.3,6	0.4	Yyn0	130	600	2.1	4
S9-50/10(6)	50	11,10.5,10,6.3,6	0.4	Yyn0	170	870	2.0	4
				Dyn11	175	870	4.5	4
S9-63/10(6)	63	11,10.5,10,6.3,6	0.4	Yyn0	200	1040	1.9	4
				Dyn11	210	1030	4.5	4
S9-80/10(6)	80	11,10.5,10,6.3,6	0.4	Yyn0	240	1250	1.8	4
				Dyn11	250	1240	4.5	4
S9-100/10(6)	100	11,10.5,10,6.3,6	0.4	Yyn0	290	1500	1.6	4
				Dyn11	300	1470	4.0	4
S9-125/10(6)	125	11,10.5,10,6.3,6	0.4	Yyn0	340	1800	1.5	4
				Dyn11	360	1720	4.0	4
S9-160/10(6)	160	11,10.5,10,6.3,6	0.4	Yyn0	400	2200	1.4	4
				Dyn11	430	2100	3.5	4
S9-200/10(6)	200	11,10.5,10,6.3,6	0.4	Yyn0	480	2600	1.3	4
				Dyn11	500	2500	3.5	4
S9-250/10(6)	250	11,10.5,10,6.3,6	0.4	Yyn0	560	3050	1.2	4
				Dyn11	600	2900	3.0	4
S9-315/10(6)	315	11,10.5,10,6.3,6	0.4	Yyn0	670	3650	1.1	4
				Dyn11	720	3450	3.0	4
S9-400/10(6)	400	11,10.5,10,6.3,6	0.4	Yyn0	800	4300	1.0	4
				Dyn11	870	4200	3.0	4
S9-500/10(6)	500	11,10.5,10,6.3,6	0.4	Yyn0	960	5100	1.0	4
				Dyn11	1030	4950	3.0	4
		11,10.5,10	6.3	Yd11	1030	4950	1.5	4.5
S9-630/10(6)	630	11,10.5,10,6.3,6	0.4	Yyn0	1200	6200	0.9	4.5
				Dyn11	1300	5800	3.0	5
		11,10.5,10	6.3	Yd11	1200	6200	1.5	4.5
S9-800/10(6)	800	11,10.5,10,6.3,6	0.4	Yyn0	1400	7500	0.8	4.5
				Dyn11	1400	7500	2.5	5
		11,10.5,10	6.3	Yd11	1400	7500	1.4	5.5
S9-1000/10(6)	1000	11,10.5,10,6.3,6	0.4	Yyn0	1700	10300	0.7	4.5
				Dyn11	1700	9200	1.7	5
		11,10.5,10	6.3	Yd11	1700	9200	1.4	5.5
S9-1250/10(6)	1250	11,10.5,10,6.3,6	0.4	Yyn0	1950	12000	0.6	4.5
				Dyn11	2000	11000	2.5	5
		11,10.5,10	6.3	Yd11	1950	12000	1.3	5.5
S9-1600/10(6)	1600	11,10.5,10,6.3,6	0.4	Yyn0	2400	14500	0.6	4.5
				Dyn11	2400	14000	2.5	6
		11,10.5,10	6.3	Yd11	2400	14500	1.3	5.5
S9-2000/10(6)	2000	11,10.5,10,6.3,6	0.4	Yyn0	3000	18000	0.8	6
				Dyn11	3000	18000	0.8	6
		11,10.5,10	6.3	Yd11	3000	18000	1.2	6
S9-2500/10(6)	2500	11,10.5,10,6.3,6	0.4	Yyn0	3500	25000	0.8	6
				Dyn11	3500	25000	0.8	6
		11,10.5,10	6.3	Yd11	3500	19000	1.2	5.5
S9-3150/10(6)	3150	11,10.5,10	6.3	Yd11	4100	23000	1.0	5.5
S9-4000/10(6)	4000	11,10.5,10	6.3	Yd11	5000	26000	1.0	5.5
S9-5000/10(6)	5000	11,10.5,10	6.3	Yd11	6000	30000	0.9	5.6
S9-6300/10(6)	6300	11,10.5,10	6.3	Yd11	7000	35000	0.9	5.5

（续）

2. 10kV 级 SC9 系列树脂浇注干式铜线电力变压器的主要技术数据

型　　号	额定容量/kV·A	额定电压/kV		联结组标　号	损耗/W		空载电流（%）	阻抗电压（%）
		一次	二次		空载	负载		
SC9-200/10	200				480	2670	1.2	4
SC9-250/10	250				550	2910	1.2	4
SC9-315/10	315				650	3200	1.2	4
SC9-400/10	400				750	3690	1.0	4
SC9-500/10	500				900	4500	1.0	4
SC9-630/10	630				1100	5420	0.9	4
SC9-630/10	630	10	0.4	Yyn0 Dyn11	1050	5500	0.9	6
SC9-800/10	800				1200	6430	0.9	6
SC9-1000/10	1000				1400	7510	0.8	6
SC9-1250/10	1250				1650	8960	0.8	6
SC9-1600/10	1600				1980	10850	0.7	6
SC9-2000/10	2000				2380	13360	0.6	6
SC9-2500/10	2500				2850	15880	0.6	6

3. S11—M·R 系列卷铁心全密封铜线电力变压器的主要技术数据

型　　号	额定容量/kV·A	额定电压/kV		联结组标　号	损耗/W		空载电流（%）	阻抗电压（%）
		一次	二次		空载	负载		
S11-M·R-100	100				200	1480	0.85	
S11-M·R-125	125				235	1780	0.80	
S11-M·R-160	160				280	2190	0.76	
S11-M·R-200	200				335	2580	0.72	
S11-M·R-250	250	11， 10.5， 10， 6.3， 6	0.4	Yyn0 Dyn11	390	3030	0.70	4
S11-M·R-315	315				470	3630	0.65	
S11-M·R-400	400				560	4280	0.60	
S11-M·R-500	500				670	5130	0.55	
S11-M·R-630	630				805	6180	0.52	4.5

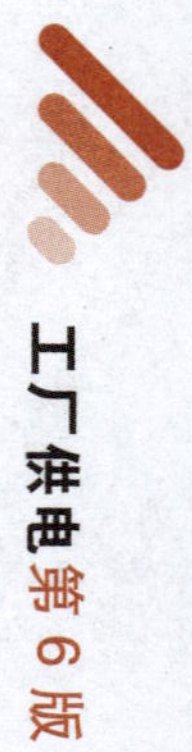

附录表6 三相线路导线和电缆单位长度每相阻抗值

类别			导线(线芯)截面积/mm²													
			2.5	4	6	10	16	25	35	50	70	95	120	150	185	240
导线类型		导线温度/℃	每相电阻/(Ω·km⁻¹)													
LJ		50	—	—	—	—	2.07	1.33	0.96	0.66	0.48	0.36	0.28	0.23	0.18	0.14
LGJ		50	—	—	—	—	—	—	0.89	0.68	0.48	0.35	0.29	0.24	0.18	0.15
绝缘导线	铜芯	50	8.40	5.20	3.48	2.05	1.26	0.81	0.58	0.40	0.29	0.22	0.17	0.14	0.11	0.09
		60	8.70	5.38	3.61	2.12	1.30	0.84	0.60	0.41	0.30	0.23	0.18	0.14	0.12	0.09
		65	8.72	5.43	3.62	2.19	1.37	0.88	0.63	0.44	0.32	0.24	0.19	0.15	0.13	0.10
	铝芯	50	13.3	8.25	5.53	3.33	2.08	1.31	0.94	0.65	0.47	0.35	0.28	0.22	0.18	0.14
		60	13.8	8.55	5.73	3.45	2.16	1.36	0.97	0.67	0.49	0.36	0.29	0.23	0.19	0.14
		65	14.6	9.15	6.10	3.66	2.29	1.48	1.06	0.75	0.53	0.39	0.31	0.25	0.20	0.15
电力电缆	铜芯	55	—	—	—	—	1.31	0.84	0.60	0.42	0.30	0.22	0.17	0.14	0.12	0.09
		60	8.54	5.34	3.56	2.13	1.33	0.85	0.61	0.43	0.31	0.23	0.18	0.14	0.12	0.09
		75	8.98	5.61	3.75	3.25	1.40	0.90	0.64	0.45	0.32	0.24	0.19	0.15	0.12	0.10
		80	—	—	—	—	1.43	0.91	0.65	0.46	0.33	0.24	0.19	0.15	0.13	0.10
	铝芯	55	—	—	—	—	2.21	1.41	1.01	0.71	0.51	0.37	0.29	0.24	0.20	0.15
		60	14.38	8.99	6.00	3.60	2.25	1.44	1.03	0.72	0.51	0.38	0.30	0.24	0.20	0.16
		75	15.13	9.45	6.31	3.78	2.36	1.51	1.08	0.76	0.54	0.40	0.31	0.25	0.21	0.16
		80	—	—	—	—	2.40	1.54	1.10	0.77	0.56	0.41	0.32	0.26	0.21	0.17

（续）

类别		导线（线芯）截面积/mm²													
		2.5	4	6	10	16	25	35	50	70	95	120	150	185	240
导线类型	线距/mm	每相电抗/（Ω·km^{-1}）													
LJ	600	—	—	—	—	0.36	0.35	0.34	0.33	0.32	0.31	0.30	0.29	0.28	0.28
LJ	800	—	—	—	—	0.38	0.37	0.36	0.35	0.34	0.33	0.32	0.31	0.30	0.30
LJ	1000	—	—	—	—	0.40	0.38	0.37	0.36	0.35	0.34	0.33	0.32	0.31	0.31
LJ	1250	—	—	—	—	0.41	0.40	0.39	0.37	0.36	0.35	0.34	0.34	0.33	0.32
LGJ	1500	—	—	—	—	—	—	0.39	0.38	0.37	0.35	0.35	0.34	0.33	0.33
LGJ	2000	—	—	—	—	—	—	0.40	0.39	0.38	0.37	0.37	0.36	0.35	0.34
LGJ	2500	—	—	—	—	—	—	0.41	0.41	0.40	0.39	0.38	0.37	0.37	0.36
LGJ	3000	—	—	—	—	—	—	0.43	0.42	0.41	0.40	0.39	0.39	0.38	0.37
绝缘导线 明敷	100	0.327	0.312	0.300	0.280	0.265	0.251	0.241	0.229	0.219	0.206	0.199	0.191	0.184	0.178
绝缘导线 明敷	150	0.353	0.338	0.325	0.306	0.290	0.277	0.266	0.251	0.242	0.231	0.223	0.216	0.209	0.200
绝缘导线 穿管敷设		0.127	0.119	0.112	0.108	0.102	0.099	0.095	0.091	0.087	0.085	0.083	0.082	0.081	0.080
纸绝缘电力电缆	1kV	0.098	0.091	0.087	0.081	0.077	0.067	0.065	0.063	0.062	0.062	0.062	0.062	0.062	0.062
纸绝缘电力电缆	6kV	—	—	—	—	0.099	0.088	0.083	0.079	0.076	0.074	0.072	0.071	0.070	0.069
纸绝缘电力电缆	10kV	—	—	—	—	0.110	0.098	0.092	0.087	0.083	0.080	0.078	0.077	0.075	0.075
塑料电力电缆	1kV	0.100	0.093	0.091	0.087	0.082	0.075	0.073	0.071	0.070	0.070	0.070	0.070	0.070	0.070
塑料电力电缆	6kV	—	—	—	—	0.124	0.111	0.105	0.099	0.093	0.089	0.087	0.083	0.082	0.080
塑料电力电缆	10kV	—	—	—	—	0.133	0.120	0.113	0.107	0.101	0.096	0.095	0.093	0.090	0.087

注：表中“线距”指线间几何均距。

附录表7　导体在正常和短路时的最高允许温度及热稳定系数

导体种类及材料			最高允许温度/℃		热稳定系数 C /$A \cdot \sqrt{s} \cdot mm^{-2}$
			正常 θ_L	短路 θ_k	
母线	铜		70	300	171
	铜(接触面有锡层时)		85	200	164
	铝		70	200	87
油浸纸绝缘电缆	铜(铝)芯	1～3kV	80(80)	250(200)	148(84)
		6kV	65(65)	220(200)	145(90)
		10kV	60(60)	220(200)	148(92)
橡皮绝缘导线和电缆		铜芯	65	150	112
		铝芯	65	150	74
聚氯乙烯绝缘导线和电缆		铜芯	65	130	100
		铝芯	65	130	65
交联聚乙烯绝缘导线和电缆		铜芯	80	250	140
		铝芯	80	250	84
有中间接头的电缆(不包括聚氯乙烯绝缘电缆)		铜芯	—	150	—
		铝芯	—	150	—

附录表8　常用高压断路器的主要技术数据

类别	型　号	额定电压/kV	额定电流/A	开断电流/kA	断流容量/MV·A	动稳定电流峰值/kA	热稳定电流/kA	固有分闸时间/s≤	合闸时间/s≤	配用操动机构型号
少油户外	SW2-35/1000	35(40.5)	1000	16.5	1000	45	16.5(4s)	0.06	0.4	CT2-XG
	SW2-35/1500		1500	24.8	1500	63.4	24.8(4s)			
少油户内	SN10-35Ⅰ	35(40.5)	1000	16	1000	45	16(4s)	0.06	0.2	CT10
	SN10-35Ⅱ		1250	20	1250	50	20(4s)		0.25	CT10Ⅳ
	SN10-10Ⅰ	10(12)	630	16	300	40	16(4s)	0.06	0.15	CT7、8
			1000	16	300	40	16(4s)		0.2	CD10Ⅰ
	SN10-10Ⅱ		1000	31.5	500	80	31.5(4s)	0.06	0.2	CD10Ⅰ、Ⅱ
	SN10-10Ⅲ		1250	40	750	125	40(4s)	0.07	0.2	CD10Ⅲ
			2000	40	750	125	40(4s)			
			3000	40	750	125	40(4s)			

（续）

<table>
<tr><th>类别</th><th>型　号</th><th>额定电压/kV</th><th>额定电流/A</th><th>开断电流/kA</th><th>断流容量/MV·A</th><th>动稳定电流峰值/kA</th><th>热稳定电流/kA</th><th>固有分闸时间/s≤</th><th>合闸时间/s≤</th><th>配用操动机构型号</th></tr>
<tr><td rowspan="15">真空户内</td><td rowspan="2">ZN12-40.5</td><td rowspan="4">35
(40.5)</td><td>1250、
1600</td><td>25</td><td>—</td><td>63</td><td>25(4s)</td><td rowspan="2">0.07</td><td rowspan="2">0.1</td><td rowspan="4">CT12 等</td></tr>
<tr><td>1600、
2000</td><td>31.5</td><td>—</td><td>80</td><td>31.5(4s)</td></tr>
<tr><td>ZN12-35</td><td>1250～
2000</td><td>31.5</td><td>—</td><td>80</td><td>31.5(4s)</td><td>0.075</td><td>0.1</td></tr>
<tr><td>ZN23-40.5</td><td>1600</td><td>25</td><td>—</td><td>63</td><td>25(4s)</td><td>0.06</td><td>0.075</td></tr>
<tr><td>ZN3-10Ⅰ</td><td rowspan="11">10
(12)</td><td>630</td><td>8</td><td rowspan="7"></td><td>20</td><td>8(4s)</td><td>0.07</td><td>0.15</td><td rowspan="4">CD10 等</td></tr>
<tr><td>ZN3-10Ⅱ</td><td>1000</td><td>20</td><td>50</td><td>20(2s)</td><td>0.05</td><td>0.1</td></tr>
<tr><td>ZN4-10/1000</td><td>1000</td><td>17.3</td><td>44</td><td>17.3(4s)</td><td rowspan="2">0.05</td><td rowspan="2">0.2</td></tr>
<tr><td>ZN4-10/1250</td><td>1250</td><td>20</td><td>50</td><td>20(4s)</td></tr>
<tr><td>ZN5-10/630</td><td>630</td><td>20</td><td>50</td><td>20(2s)</td><td rowspan="3">0.05</td><td rowspan="3">0.1</td><td rowspan="3">CT8 等</td></tr>
<tr><td>ZN5-10/1000</td><td>1000</td><td>20</td><td>50</td><td>20(2s)</td></tr>
<tr><td>ZN5-10/1250</td><td>1250</td><td>25</td><td>63</td><td>25(2s)</td></tr>
<tr><td>ZN12-12/1250
1600
2000</td><td>1250
1600
2000</td><td>25</td><td>—</td><td>63</td><td>25(4s)</td><td>0.06</td><td>0.1</td><td>CT8 等</td></tr>
<tr><td>ZN24-12/1250-20</td><td>1250</td><td>20</td><td>—</td><td>50</td><td>20(4s)</td><td rowspan="3">0.06</td><td rowspan="3">0.1</td><td rowspan="3">CT8 等</td></tr>
<tr><td>ZH24-12/1250、
2000-31.5</td><td>1250、
2000</td><td>31.5</td><td>—</td><td>80</td><td>31.5(4s)</td></tr>
<tr><td>ZH28-12/630～1600</td><td>630～
1600</td><td>20</td><td>—</td><td>50</td><td>20(4s)</td></tr>
<tr><td rowspan="4">六氟化硫
(SF_6)
户内</td><td>LN2-35Ⅰ</td><td rowspan="3">35
(40.5)</td><td>1250</td><td>16</td><td rowspan="4"></td><td>40</td><td>16(4s)</td><td rowspan="3">0.06</td><td rowspan="3">0.15</td><td rowspan="3">CT12Ⅱ</td></tr>
<tr><td>LN2-35Ⅱ</td><td>1250</td><td>25</td><td>63</td><td>25(4s)</td></tr>
<tr><td>LN2-35Ⅲ</td><td>1600</td><td>25</td><td>63</td><td>25(4s)</td></tr>
<tr><td>LN2-10</td><td>10
(12)</td><td>1250</td><td>25</td><td>63</td><td>25(4s)</td><td>0.06</td><td>0.15</td><td>CT12Ⅰ
CT8Ⅰ</td></tr>
</table>

附录表9　RM10型低压熔断器的主要技术数据和保护特性曲线

1. 主要技术数据

型号	熔管额定电压/V	额定电流/A		最大分断能力	
		熔管	熔体	电流/kA	cosφ
RM10—15	交流 220,380,500 直流 220,440	15	6,10,15	1.2	0.8
RM10—60		60	15,20,25,35,45,60	3.5	0.7
RM10—100		100	60,80,100	10	0.35
RM10—200		200	100,125,160,200	10	0.35
RM10—350		350	200,225,260,300,350	10	0.35
RM10—600		600	350,430,500,600	10	0.35

2. 保护特性曲线

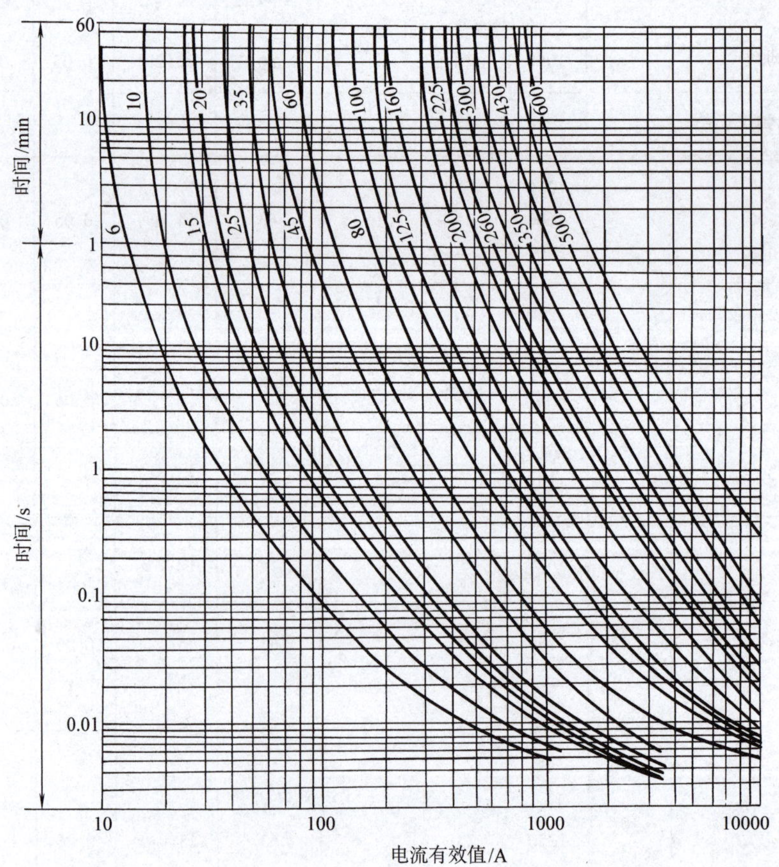

附录表 10　RT0 型低压熔断器的主要技术数据和保护特性曲线

1. 主要技术数据

<table>
<tr><th rowspan="2">型号</th><th rowspan="2">熔管额定电压
V</th><th colspan="2">额定电流/A</th><th rowspan="2">最大分断电流/kA</th></tr>
<tr><th>熔管</th><th>熔　体</th></tr>
<tr><td>RT0—100</td><td rowspan="5">交流 380
直流 440</td><td>100</td><td>30,40,50,60,80,100</td><td rowspan="5">50
($\cos\varphi=0.1\sim0.2$)</td></tr>
<tr><td>RT0—200</td><td>200</td><td>(80,100),120,150,200</td></tr>
<tr><td>RT0—400</td><td>400</td><td>(150,200),250,300,350,400</td></tr>
<tr><td>RT0—600</td><td>600</td><td>(350,400),450,500,550,600</td></tr>
<tr><td>RT0—1000</td><td>1000</td><td>700,800,900,1000</td></tr>
</table>

2. 保护特性曲线

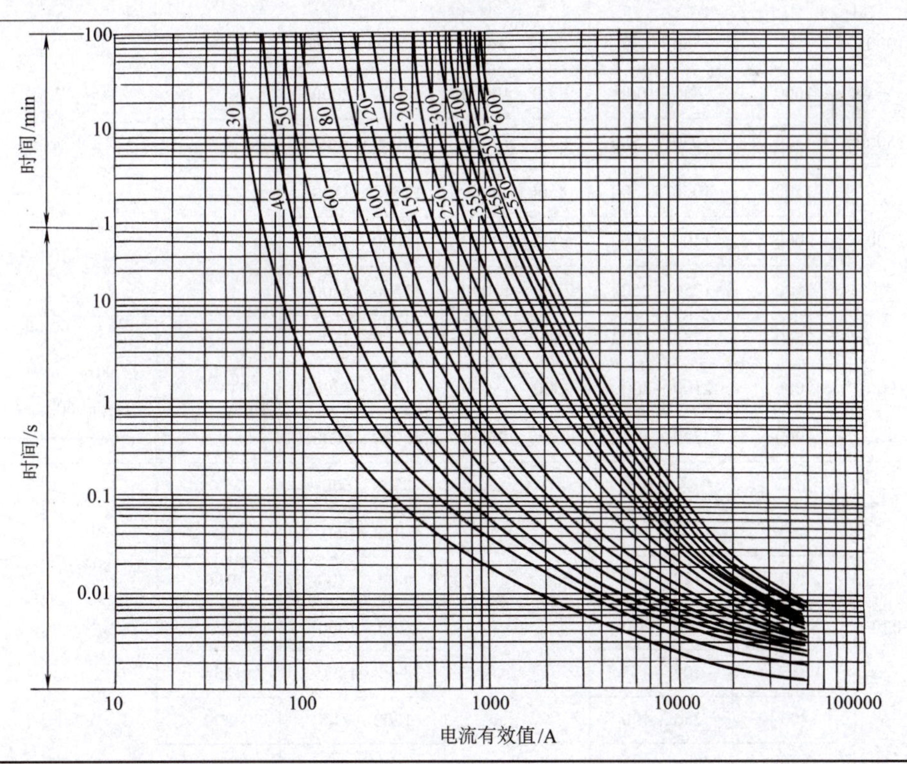

注:表中括号内的熔体电流尽量不采用。

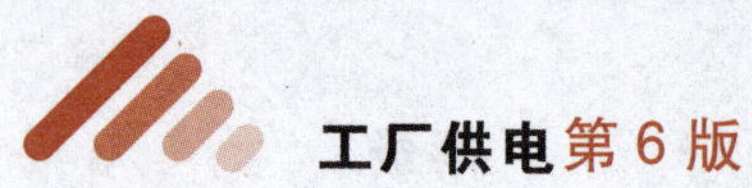

附录表11　部分低压断路器的主要技术数据

型号	脱扣器额定电流	长延时动作整定电流/A	短延时动作整定电流/A	瞬时动作整定电流/A	单相接地短路动作电流/A	分断能力	
						电流/kA	cosφ
DW15—200	100	64~100	300~1000	300~1000 800~2000	—	20	0.35
	150	98~150	—	—			
	200	128~200	600~2000	600~2000 1600~4000			
DW15—400	200	128~200	600~2000	600~2000 1600~4000	—	25	0.35
	300	192~300	—	—			
	400	256~400	1200~4000	3200~8000			
DW15—600 (630)	300	192~300	900~3000	900~3000 1400~6000	—	30	0.35
	400	256~400	1200~4000	1200~4000 3200~8000			
	600	384~600	1800~6000	—			
DW15—1000	600	420~600	1800~6000	6000~12000	—	40 (短延时30)	0.35
	800	560~800	2400~8000	8000~16000			
	1000	700~1000	3000~10000	10000~20000			
DW15—1500	1500	1050~1500	4500~15000	15000~30000	—		
DW15—2500	1500	1050~1500	4500~9000	10500~21000	—	60 (短延时40)	0.2 (短延时0.25)
	2000	1400~2000	6000~12000	14000~28000			
	2500	1750~2500	7500~15000	17500~35000			
DW15—4000	2500	1750~2500	7500~15000	17500~35000	—	80 (短延时60)	0.2
	3000	2100~3000	9000~18000	21000~42000			
	4000	2800~4000	12000~24000	28000~56000			
DW16—630	100	64~100	—	300~600	50	30 (380V)	0.25 (380V)
	160	102~160		480~960	80		
	200	128~200		600~1200	100		
	250	160~250		750~1500	125		
	315	202~315		945~1890	158	20 (660V)	0.3 (660V)
	400	256~400		1200~2400	200		
	630	403~630		1890~3780	315		

（续）

型号	脱扣器额定电流	长延时动作整定电流/A	短延时动作整定电流/A	瞬时动作整定电流/A	单相接地短路动作电流/A	分断能力	
						电流/kA	cosφ
DW16—2000	800	512～800	—	2400～4800	400	50	—
	1000	640～1000		3000～6000	500		
	1600	1024～1600		4800～9600	800		
	2000	1280～2000		6000～12000	1000		
DW16—4000	2500	1400～2500	—	7500～15000	1250	80	—
	3200	2048～3200		9600～19200	1600		
	4000	2560～4000		12000～24000	2000		
DW17—630 （ME630）	630	200～400 350～630	3000～5000 5000～8000	1000～2000 1500～3000 2000～4000 4000～8000	—	50	0.25
DW17—800 （ME800）	800	200～400 350～630 500～800	3000～5000 5000～8000	1500～3000 2000～4000 4000～8000	—	50	0.25
DW17—1000 （ME1000）	1000	350～630 500～1000	3000～5000 5000～8000	1500～3000 2000～4000 4000～8000	—	50	0.25
DW17—1250 （ME1250）	1250	500～1000 750～1250	3000～5000 5000～8000	2000～4000 4000～8000	—	50	0.25
DW17—1600 （ME1600）	1600	500～1000 900～1600	3000～5000 5000～8000	4000～8000	—	50	0.25
DW17—2000 （ME2000）	2000	500～1000 1000～2000	5000～8000 7000～12000	4000～8000 6000～12000	—	80	0.2
DW17—2500 （ME2500）	2500	1500～2500	7000～12000 8000～12000	6000～12000	—	80	0.2
DW17—3200 （ME3200）	3200	—	—	8000～16000	—	80	0.2
DW17—4000 （ME4000）	4000	—	—	10000～20000	—	80	0.2

注：表中低压断路器的额定电压：DW15，直流220V，交流380V、660V、1140V；DW16，交流400V、660V；DW17（ME），交流380V、660V。

附录表 12　LQJ—10 型电流互感器的主要技术数据

1. 额定二次负荷

铁心代号	额定二次负荷					
	0.5 级		1 级		3 级	
	电阻/Ω	容量/V·A	电阻/Ω	容量/V·A	电阻/Ω	容量/V·A
0.5	0.4	10	0.6	15	—	—
3	—	—	—	—	1.2	30

2. 热稳定度和动稳定度

额定一次电流/A	1s 热稳定倍数	动稳定倍数
5,10,15,20,30,40,50,60,75,100	90	225
160(150),200,315(300),400	75	160

注：括号内数据，仅限于老产品。

附录表 13　外壳防护等级的分类代号

项目		代号组成格式
代号含义说明		IP□□ 第二个□——防水侵入的代号(第二位特征数字) 第一个□——防固体侵入的代号(第一位特征数字) IP——外壳防护的代号(特征字母) 注:只用于单一防水或防固体时,则另一特征数字用字母 X 表示
特征数字		含　义　说　明
第一位特征数字	0	无防护
	1	防止直径大于 50mm 的固体异物
	2	防止直径大于 12.5mm 的固体异物
	3	防止直径大于 2.5mm 的固体异物
	4	防止直径大于 1mm 的固体异物
	5	防尘(尘埃进入量不至妨碍正常运转)
	6	尘密(无尘埃进入)
第二位特征数字	0	无防护
	1	防滴(垂直滴水对设备无有害影响)
	2	15°防滴(倾斜 15°,垂直滴水无有害影响)
	3	防淋水(倾斜 60°以内淋水无有害影响)
	4	防溅水(任何方向溅水无有害影响)
	5	防喷水(任何方向喷水无有害影响)
	6	防强烈喷水(任何方向强烈喷水无有害影响)
	7	防短时浸水影响(浸入规定压力的水中经规定时间后外壳进水量不至达到有害程度)
	8	防持续潜水影响(持续潜水后外壳进水量不至达到有害程度)

附录表 14　架空裸导线的最小允许截面积

线路类别		导线最小截面积/mm²		
		铝及铝合金线	钢芯铝线	铜绞线
35kV 及以上线路		35	35	35
3～10kV 线路	居民区	35①	25	25
	非居民区	25	16	16
低压线路	一般	16②	16	16
	与铁路交叉跨越档	35	16	16

① DL/T 599—2005《城市中低压配电网改造技术导则》规定，中压架空线路宜采用铝绞线，主干线截面积应为150～240mm²，分支线截面积不宜小于70mm²。但此规定不是从机械强度要求考虑的，而是考虑到城市电网发展的需要。

② 低压架空铝绞线原规定最小截面积为16mm²。而 DL/T 599—2005 规定：低压架空线宜采用铝芯绝缘线，主干线截面积宜采用150mm²，次干线截面积宜采用120mm²，分支线截面积宜采用50mm²。这些规定是从安全运行和电网发展需要考虑的。

附录表 15　绝缘导线芯线的最小允许截面积

线路类别			芯线最小截面积/mm²		
			铜芯软线	铜芯线	铝芯线
照明用灯头引下线	室内		0.5	1.0	2.5
	室外		1.0	1.0	2.5
移动式设备线路	生活用		0.75	—	—
	生产用		1.0	—	—
敷设在绝缘支持件上的绝缘导线（L 为支持点间距）	室内	$L \leqslant 2$m	—	1.0	10
	室外	$L \leqslant 2$m	—	1.5	10
		$2\text{m} < L \leqslant 6$m	—	2.5	10
		$6\text{m} < L \leqslant 16$m	—	4	10
		$16\text{m} < L \leqslant 25$m	—	6	10
穿管敷设或在槽盒中敷设的绝缘导线			1.5	1.5	2.5
沿墙明敷的塑料护套线			—	1.0	2.5
板孔穿线敷设的绝缘导线			—	1.0	2.5
PE 线和 PEN 线	有机械保护时		—	1.5	2.5
	无机械保护时	多芯线	—	2.5	4
		单芯干线	—	10	16

注：GB 50096—2011《住宅设计规范》规定：住宅导线应采用铜芯绝缘线，每套住宅进户线截面积不应小于10mm²，分支回路导线截面积不应小于2.5mm²。

附录表 16　LJ 型铝绞线和 LGJ 型钢芯铝绞线的允许载流量　　（单位：A）

导线截面积 /mm²	LJ 型铝绞线				LGJ 型钢芯铝绞线			
	环境温度				环境温度			
	25℃	30℃	35℃	40℃	25℃	30℃	35℃	40℃
10	75	70	66	61	—	—	—	—
16	105	99	92	85	105	98	92	85
25	135	127	119	109	135	127	119	109
35	170	160	150	138	170	159	149	137
50	215	202	189	174	220	207	193	178
70	265	249	233	215	275	259	228	222
95	325	305	286	247	335	315	295	272
120	375	352	330	304	380	357	335	307
150	440	414	387	356	445	418	391	360
185	500	470	440	405	515	484	453	416
240	610	574	536	494	610	574	536	494
300	680	640	597	550	700	658	615	566

注：1. 导线正常工作温度按 70℃ 计。

2. 本表载流量按室外架设考虑，无日照，海拔为 1000m 及以下。

附录表 17　LMY 型矩形硬铝母线的允许载流量　　（单位：A）

每相母线条数		单条		双条		三条		四条	
母线放置方式		平放	竖放	平放	竖放	平放	竖放	平放	竖放
母线尺寸 宽×厚/(mm×mm)	40×4	480	503	—	—	—	—	—	—
	40×5	542	562	—	—	—	—	—	—
	50×4	586	613	—	—	—	—	—	—
	50×5	661	692	—	—	—	—	—	—
	63×6.3	910	952	1409	1547	1866	2111	—	—
	63×8	1038	1085	1623	1777	2113	2379	—	—
	63×10	1168	1221	1825	1994	2381	2665	—	—
	80×6.3	1128	1178	1724	1892	2211	2505	2558	3411
	80×8	1274	1330	1946	2131	2491	2809	2863	3817
	80×10	1427	1490	2175	2373	2774	3114	3167	4222
	100×6.3	1371	1430	2054	2253	2633	2985	3032	4043
	100×8	1542	1609	2298	2516	2933	3311	3359	4479
	100×10	1728	1803	2558	2796	3181	3578	3622	4829
	125×6.3	1674	1744	2446	2680	2079	3490	3525	4700
	125×8	1876	1955	2725	2982	3375	3813	3847	5129
	125×10	2089	2177	3005	3282	3725	4194	4225	5633

注：1. 本表载流量按导体最高允许工作温度为 70℃、环境温度为 25℃、无风、无日照条件下计算而得。如果环境温度不为 25℃，则应乘以下表的校正系数：

环境温度	+20℃	+30℃	+35℃	+40℃	+45℃	+50℃
校正系数	1.05	0.94	0.88	0.81	0.74	0.67

2. 当母线为四条时，平放和竖放时第二、三片间距均为 50mm。

附录表 18　10kV 常用三芯电缆的允许载流量及其校正系数

1. 10kV 常用三芯电缆的允许载流量

项　　目		铝芯电缆允许载流量/A					
绝缘类型		不滴流纸		交联聚乙烯			
钢铠护套				无		有	
缆芯最高工作温度		65℃		90℃			
敷设方式		空气中	直埋	空气中	直埋	空气中	直埋
缆芯截面积/mm^2	16	47	59	—	—	—	—
	25	63	79	100	90	100	90
	35	77	95	123	110	123	105
	50	92	111	146	125	141	120
	70	118	138	178	152	173	152
	95	143	169	219	182	214	182
	120	168	196	251	203	246	205
	150	189	220	283	223	278	219
	185	218	246	324	252	320	247
	240	261	290	378	292	373	292
	300	295	325	433	332	428	328
	400	—	—	506	378	501	374
	500	—	—	579	428	574	424
环境温度		40℃	25℃	40℃	25℃	40℃	25℃
土壤热阻系数/(℃·m·W)		—	1.2	—	2.0	—	2.0

注：1. 本表系铝芯电缆数值。铜芯电缆的允许载流量应乘以 1.29。
2. 如当地环境温度与本表不同时其载流量校正系数见附录表 18-2。
3. 如当地土壤热阻系数不同时其载流量校正系数见附录表 18-3。(以热阻系数 1.2 为基准)
4. 本表据 GB 50217—2007《电力工程电缆设计规范》编制。

2. 电缆在不同环境温度时的载流量校正系数

电缆敷设地点		空　气　中				土　壤　中			
环境温度		30℃	35℃	40℃	45℃	20℃	25℃	30℃	35℃
缆芯最高工作温度	60℃	1.22	1.11	1.0	0.86	1.07	1.0	0.93	0.85
	65℃	1.18	1.09	1.0	0.89	1.06	1.0	0.94	0.87
	70℃	1.15	1.08	1.0	0.91	1.05	1.0	0.94	0.88
	80℃	1.11	1.06	1.0	0.93	1.04	1.0	0.95	0.90
	90℃	1.09	1.05	1.0	0.94	1.04	1.0	0.96	0.92

3. 电缆在不同土壤热阻系数时的载流量校正系数

土壤热阻系数/(℃·m·W^{-1})	分类特征(土壤特性和雨量)	校正系数
0.8	土壤很潮湿，经常下雨。如湿度大于 9% 的沙土；湿度大于 10% 的沙-泥土等	1.05
1.2	土壤潮湿，规律性下雨。如湿度大于 7% 但小于 9% 的沙土；湿度为 12% ~14% 的沙-泥土等	1.0
1.5	土壤较干燥，雨量不大。如湿度为 8% ~12% 的沙-泥土等	0.93
2.0	土壤干燥，少雨。如湿度大于 4% 但小于 7% 的沙土；湿度为 4% ~8% 的沙-泥土等	0.87
3.0	多石地层，非常干燥。如湿度小于 4% 的沙-泥土等	0.73

附录表19 绝缘导线明敷、穿钢管和穿塑料管时的允许载流量

1. 绝缘导线明敷时的允许载流量　　（单位：A）

芯线截面积/mm^2	橡皮绝缘线								塑料绝缘线							
	环境温度															
	25℃		30℃		35℃		40℃		25℃		30℃		35℃		40℃	
	铜芯	铝芯	铜芯	铝芯	铜芯	铝芯	铜芯	铝芯	铜芯	铝芯	铜芯	铝芯	铜芯	铝芯	铜芯	铝芯
2.5	35	27	32	25	30	23	27	21	32	25	30	23	27	21	25	19
4	45	35	41	32	39	30	35	27	41	32	37	29	35	27	32	25
6	58	45	54	42	49	38	45	35	54	42	50	39	46	36	43	33
10	84	65	77	60	72	56	66	51	76	59	71	55	66	51	59	46
16	110	85	102	79	94	73	86	67	103	80	95	74	89	69	81	63
25	142	110	132	102	123	95	112	87	135	105	126	98	116	90	107	83
35	178	138	166	129	154	119	141	109	168	130	156	121	144	112	132	102
50	226	175	210	163	195	151	178	138	213	165	199	154	183	142	168	130
70	284	220	266	206	245	190	224	174	264	205	246	191	228	177	209	162
95	342	265	319	247	295	229	270	209	323	250	301	233	279	216	254	197
120	400	310	361	280	346	268	316	243	365	283	343	266	317	246	290	225
150	464	360	433	336	401	311	366	284	419	325	391	303	362	281	332	257
185	540	420	506	392	468	363	428	332	490	380	458	355	423	328	387	300
240	660	510	615	476	570	441	520	403	—	—	—	—	—	—	—	—

注：型号表示：铜芯橡皮线—BX，铝芯橡皮线—BLX，铜芯塑料线—BV，铝芯塑料线—BLV。

（续）

2. 橡皮绝缘导线穿钢管时的允许载流量

（单位：A）

芯线截面积/mm²	芯线材质	2根单芯线 环境温度/℃				2根穿管管径/mm		3根单芯线 环境温度/℃				3根穿管管径/mm		4～5根单芯线 环境温度/℃				4根穿管管径/mm		5根穿管管径/mm	
		25	30	35	40	SC	MT	25	30	35	40	SC	MT	25	30	35	40	SC	MT	SC	MT
2.5	铜	27	25	23	21	15	20	25	22	21	19	15	20	21	18	17	15	20	25	20	25
	铝	21	19	18	16			19	17	16	15			16	14	13	12				
4	铜	36	34	31	28	20	25	32	30	27	25	20	25	30	27	25	23	20	25	20	25
	铝	28	26	24	22			25	23	21	19			23	21	19	18				
6	铜	48	44	41	37	20	25	44	40	37	34	20	25	39	36	32	30	25	25	25	32
	铝	37	34	32	29			34	31	29	26			30	28	25	23				
10	铜	67	62	57	53	25	32	59	55	50	46	25	32	52	48	44	40	25	32	32	40
	铝	52	48	44	41			46	43	39	36			40	37	34	31				
16	铜	85	79	74	67	25	32	76	71	66	59	32	32	67	62	57	53	32	40	40	(50)
	铝	66	61	57	52			59	55	51	46			52	48	44	41				
25	铜	111	103	95	88	32	40	98	92	84	77	32	40	88	81	75	68	40	(50)	40	—
	铝	86	80	74	68			76	71	65	60			68	63	58	53				
35	铜	137	128	117	107	32	40	121	112	104	95	32	(50)	107	99	92	84	40	(50)	50	—
	铝	106	99	91	83			94	87	83	74			83	77	71	65				

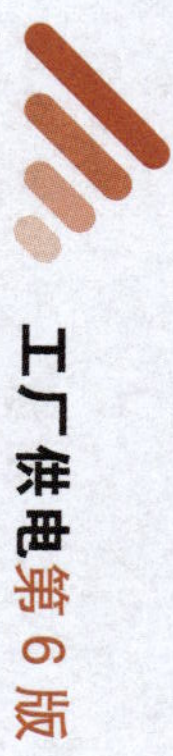

（续）

芯线截面积/mm²	芯线材质	2根单芯线 环境温度/℃				2根穿管管径/mm		3根单芯线 环境温度/℃				3根穿管管径/mm		4~5根单芯线 环境温度/℃				4根穿管管径/mm		5根穿管管径/mm	
		25	30	35	40	SC	MT	25	30	35	40	SC	MT	25	30	35	40	SC	MT	SC	MT
50	铜	172	160	148	135	40	（50）	152	142	132	120	50	（50）	135	126	116	107	50	—	70	—
	铝	135	124	115	105			118	110	102	93			105	98	90	83				
70	铜	212	199	183	168	50	（50）	194	181	166	152	50	（50）	172	160	148	135	70	—	70	—
	铝	164	154	142	130			150	140	129	118			133	124	115	105				
95	铜	258	241	223	204	70	—	232	217	200	183	70	—	206	192	178	163	70	—	80	—
	铝	200	187	173	158			180	168	155	142			160	149	138	126				
120	铜	297	277	255	233	70	—	271	253	233	214	70	—	245	228	216	194	70	—	80	—
	铝	230	215	198	181			210	196	181	166			190	177	164	150				
150	铜	335	313	289	264	70	—	310	289	267	244	70	—	284	266	245	224	80	—	100	—
	铝	260	243	224	205			240	224	207	180			220	205	190	174				
185	铜	381	355	329	301	80	—	348	325	301	275	80	—	323	301	279	254	80	—	100	—
	铝	295	275	255	233			270	252	233	213			250	233	216	197				

注：1. 穿线管符号：SC—焊接钢管，管径按内径计；MT—电线管，管径按外径计。

2. 4~5根单芯线穿管的载流量，是指低压TN-C系统、TN-S系统或TN-C-S系统中的相线载流量，其中N线或PEN线中可有不平衡电流通过。如三相负荷平衡，则虽有4根或5根线穿管，但其载流量仍按3根线穿管考虑，而穿线管管径则按实际穿管导线数选择。

（续）

3. 塑料绝缘导线穿钢管时的允许载流量

（单位:A）

芯线截面积/mm²	芯线材质	2根单芯线 环境温度/℃				2根穿管管径/mm		3根单芯线 环境温度/℃				3根穿管管径/mm		4~5根单芯线 环境温度/℃				4根穿管管径/mm		5根穿管管径/mm	
		25	30	35	40	SC	MT	25	30	35	40	SC	MT	25	30	35	40	SC	MT	SC	MT
2.5	铜	26	23	21	19	15	15	23	21	19	18	15	15	19	18	16	14	15	15	15	20
	铝	20	18	17	15	15	15	18	16	15	14			15	14	12	11				
4	铜	35	32	30	27	15	20	31	28	26	23	15	15	28	26	23	21	15	20	20	20
	铝	27	25	23	21	20	25	24	22	20	18			22	20	19	17				
6	铜	45	41	39	35	25	25	41	37	35	32	15	20	36	34	31	28	20	25	25	25
	铝	35	32	30	27	25	32	32	29	27	25			28	26	24	22				
10	铜	63	58	54	49	32	40	57	53	49	44	20	25	49	45	41	39	25	25	25	32
	铝	49	45	42	38			44	41	38	34			38	35	32	30				
16	铜	81	75	70	63			72	67	62	57	25	32	65	59	55	50	25	32	32	40
	铝	63	58	54	49			56	52	48	44			50	46	43	39				
25	铜	103	95	89	81			90	84	77	71	32	32	84	77	72	66	32	40	32	(50)
	铝	80	74	69	63			70	65	60	55			65	60	56	51				
35	铜	129	120	111	102			116	108	99	92	32	40	103	95	89	81	40	(50)	40	—
	铝	100	93	86	79			90	84	77	71			80	74	69	63				

（续）

芯线截面积/mm²	芯线材质	2根单芯线 环境温度/℃				2根穿管管径/mm		3根单芯线 环境温度/℃				3根穿管管径/mm		4~5根单芯线 环境温度/℃				4根穿管管径/mm		5根穿管管径/mm	
		25	30	35	40	SC	MT	25	30	35	40	SC	MT	25	30	35	40	SC	MT	SC	MT
50	铜	161	150	139	126	40	50	142	132	123	112	40	(50)	129	120	111	102	50	(50)	50	—
	铝	125	116	108	98			110	102	95	87			100	93	86	79				
70	铜	200	186	173	157	50	50	184	172	159	146	50	(50)	164	150	141	129	50	—	70	—
	铝	155	144	134	122			143	133	123	113			127	118	109	100				
95	铜	245	228	212	194	50	(50)	219	204	190	173	50	—	196	183	169	155	70	—	70	—
	铝	190	177	164	150			170	158	147	134			152	142	131	120				
120	铜	284	264	245	224	50	(50)	252	235	217	199	50	—	222	206	191	175	70	—	80	—
	铝	220	205	190	174			195	182	168	154			172	160	148	136				
150	铜	323	301	279	254	70	—	290	271	250	228	70	—	258	241	223	204	70	—	80	—
	铝	250	233	216	197			225	210	194	177			200	187	173	158				
185	铜	368	343	317	290	70	—	329	307	284	259	70	—	297	277	255	233	80	—	100	—
	铝	285	266	246	225			255	238	220	201			230	215	198	181				

注：同上表注。

（续）

4. 橡皮绝缘导线穿硬塑料管时的允许载流量

（单位：A）

芯线截面积/mm²	芯线材质	2根单芯线 环境温度/℃				2根穿管管径/mm	3根单芯线 环境温度/℃				3根穿管管径/mm	4~5根单芯线 环境温度/℃				4根穿管管径/mm	5根穿管管径/mm
		25	30	35	40		25	30	35	40		25	30	35	40		
2.5	铜	25	22	21	19	15	22	19	18	17	15	19	18	16	14	20	25
	铝	19	17	16	15		17	15	14	13		15	14	12	11		
4	铜	32	30	27	25	20	30	27	25	23	20	26	23	22	20	20	25
	铝	25	23	21	19		23	21	19	18		20	18	17	15		
6	铜	43	39	36	34	20	37	35	32	28	20	34	31	28	26	25	32
	铝	33	30	28	26		29	27	25	22		26	24	22	20		
10	铜	57	53	49	44	25	52	48	44	40	25	45	41	38	35	32	32
	铝	44	41	38	34		40	37	34	31		35	32	30	27		
16	铜	75	70	65	58	32	67	62	57	53	32	59	55	50	46	32	40
	铝	58	54	50	45		52	48	44	41		46	43	39	36		
25	铜	99	92	85	77	32	88	81	75	68	32	77	72	66	61	40	40
	铝	77	71	66	60		68	63	58	53		60	56	51	47		
35	铜	123	114	106	97	40	108	101	93	85	40	95	89	83	75	40	50
	铝	95	88	82	75		84	78	72	66		74	69	64	58		

（续）

芯线截面积/mm²	芯线材质	2根单芯线 环境温度/℃ 25	30	35	40	2根穿管管径/mm	3根单芯线 环境温度/℃ 25	30	35	40	3根穿管管径/mm	4~5根单芯线 环境温度/℃ 25	30	35	40	4根穿管管径/mm	5根穿管管径/mm
50	铜	155	145	133	121	40	139	129	120	111	50	123	114	106	97	50	65
	铝	120	112	103	94		108	100	93	86		95	88	82	75		
70	铜	197	184	170	156	50	174	163	150	137	50	155	144	133	122	65	75
	铝	153	143	132	121		135	126	116	106		120	112	103	94		
95	铜	237	222	205	187	50	213	199	183	168	65	194	181	166	152	75	80
	铝	184	172	159	145		165	154	142	130		150	140	129	118		
120	铜	271	253	233	214	65	245	228	212	194	65	219	204	190	173	80	80
	铝	210	196	181	166		190	177	164	150		170	158	147	134		
150	铜	323	301	277	254	75	293	273	253	231	75	264	246	228	209	80	90
	铝	250	233	215	197		227	212	196	179		205	191	177	162		
185	铜	364	339	313	288	80	329	307	284	259	80	299	279	258	236	100	100
	铝	282	263	243	223		255	238	220	201		232	216	200	183		

注：如附录表19-2的注2所述，如果三相负荷平衡，则虽有4根或5根线穿管，但导线载流量仍按3根导线穿管选择，而穿线管管径则按实际穿管导线数选择。

（续）

5. 塑料绝缘导线穿硬塑料管时的允许载流量

（单位：A）

芯线截面积/mm^2	芯线材质	2根单芯线 环境温度/℃				2根穿管管径/mm	3根单芯线 环境温度/℃				3根穿管管径/mm	4~5根单芯线 环境温度/℃				4根穿管管径/mm	5根穿管管径/mm
		25	30	35	40		25	30	35	40		25	30	35	40		
2.5	铜	23	21	19	18	15	21	18	17	15	15	18	17	15	14	20	25
	铝	18	16	15	14		16	14	13	12		14	13	12	11		
4	铜	31	28	26	23	20	28	26	24	22	20	25	22	20	19	20	25
	铝	24	22	20	18		22	20	19	17		19	17	16	15		
6	铜	40	36	34	31	20	35	32	30	27	20	32	30	27	25	25	32
	铝	31	28	26	24		27	25	23	21		25	23	21	19		
10	铜	54	50	46	43	25	49	45	42	39	25	43	39	36	34	32	32
	铝	42	39	36	33		38	35	32	30		33	30	28	26		
16	铜	71	66	61	51	32	63	58	54	49	32	57	53	49	44	32	40
	铝	55	51	47	43		49	45	42	38		44	41	38	34		
25	铜	94	88	81	74	32	84	77	72	66	40	74	68	63	58	40	50
	铝	73	68	63	57		65	60	56	51		57	53	49	45		
35	铜	116	108	99	92	40	103	95	89	81	40	90	84	77	71	50	65
	铝	90	84	77	71		80	74	69	63		70	65	60	55		

（续）

芯线截面积/mm²	芯线材质	2根单芯线 环境温度/℃ 25	30	35	40	2根穿管管径/mm	3根单芯线 环境温度/℃ 25	30	35	40	3根穿管管径/mm	4~5根单芯线 环境温度/℃ 25	30	35	40	4根穿管管径/mm	5根穿管管径/mm
50	铜	147	137	126	116	50	132	123	114	103	50	116	108	99	92	65	65
	铝	114	106	98	90		102	95	89	80		90	84	77	71		
70	铜	187	174	161	147	50	168	156	144	132	50	148	138	128	116	65	75
	铝	145	135	125	114		130	121	112	102		115	107	98	90		
95	铜	226	210	195	178	65	204	190	175	160	65	181	168	156	142	75	75
	铝	175	163	151	138		158	147	136	124		140	130	121	110		
120	铜	266	241	223	205	65	232	217	200	183	65	206	192	178	163	75	80
	铝	206	187	173	158		180	168	155	142		160	149	138	126		
150	铜	297	277	255	233	75	267	249	231	210	75	239	222	206	188	80	90
	铝	230	215	198	181		207	193	179	163		185	172	160	146		
185	铜	342	319	295	270	75	303	283	262	239	80	273	255	236	215	90	100
	铝	265	247	220	209		235	219	203	185		212	198	183	167		

注：1. 同上表注。

2. 管径在工程中常用英寸（in）表示，管径的SI制（mm）与英制（in）近似对照如下：

SI制，mm	15	20	25	32	40	50	65	70	80	90	100
英制，in	1/2	3/4	1	1¼	1½	2	2½	2¾	3	3½	4

附录表 20　电力变压器配用的高压熔断器规格

<table>
<tr><th colspan="2">变压器容量/(kV·A)</th><th>100</th><th>125</th><th>160</th><th>200</th><th>250</th><th>315</th><th>400</th><th>500</th><th>630</th><th>800</th><th>1000</th></tr>
<tr><td rowspan="2">$I_{1N.T}$/A</td><td>6kV</td><td>9.6</td><td>12</td><td>15.4</td><td>19.2</td><td>24</td><td>30.2</td><td>38.4</td><td>48</td><td>60.5</td><td>76.8</td><td>96</td></tr>
<tr><td>10kV</td><td>5.8</td><td>7.2</td><td>9.3</td><td>11.6</td><td>14.4</td><td>18.2</td><td>23</td><td>29</td><td>36.5</td><td>46.2</td><td>58</td></tr>
<tr><td rowspan="2">RN1 型熔断器
$I_{N.FU}/I_{N.FE}$
(A)</td><td>6kV</td><td colspan="2">20/20</td><td colspan="2">75/30</td><td>75/40</td><td>75/50</td><td colspan="2">75/75</td><td>100/100</td><td colspan="2">200/150</td></tr>
<tr><td>10kV</td><td colspan="3">20/15</td><td>20/20</td><td colspan="2">50/30</td><td>50/40</td><td>50/50</td><td colspan="2">100/75</td><td>100/100</td></tr>
<tr><td rowspan="2">RW4 型熔断器
$I_{N.FU}/I_{N.FE}$
(A)</td><td>6kV</td><td colspan="2">50/20</td><td>50/30</td><td colspan="2">50/40</td><td>50/50</td><td colspan="2">100/75</td><td>100/100</td><td colspan="2">200/150</td></tr>
<tr><td>10kV</td><td colspan="2">50/15</td><td colspan="2">50/20</td><td>50/30</td><td colspan="2">50/40</td><td>50/50</td><td colspan="2">100/75</td><td>100/100</td></tr>
</table>

附录表 21　GL-11、15、21、25 型电流继电器的主要技术数据及动作特性曲线

1. 主要技术数据

<table>
<tr><th rowspan="2">型　号</th><th rowspan="2">额定电流
/A</th><th colspan="2">额　定　值</th><th rowspan="2">速断电
流倍数</th><th rowspan="2">返回
系数</th></tr>
<tr><th>动作电流/A</th><th>10 倍动作电流的
动作时间/s</th></tr>
<tr><td>GL—11/10,—21/10</td><td>10</td><td>4,5,6,7,8,9,10</td><td rowspan="4">0.5,1,2,3,4</td><td rowspan="4">2～8</td><td rowspan="2">0.85</td></tr>
<tr><td>GL—11/5,—21/5</td><td>5</td><td>2,2.5,3,3.5,4,4.5,5</td></tr>
<tr><td>GL—15/10,—25/10</td><td>10</td><td>4,5,6,7,8,9,10</td><td rowspan="2">0.8</td></tr>
<tr><td>GL—15/5,—25/5</td><td>5</td><td>2,2.5,3,3.5,4,4.5,5</td></tr>
</table>

2. 动作特性曲线

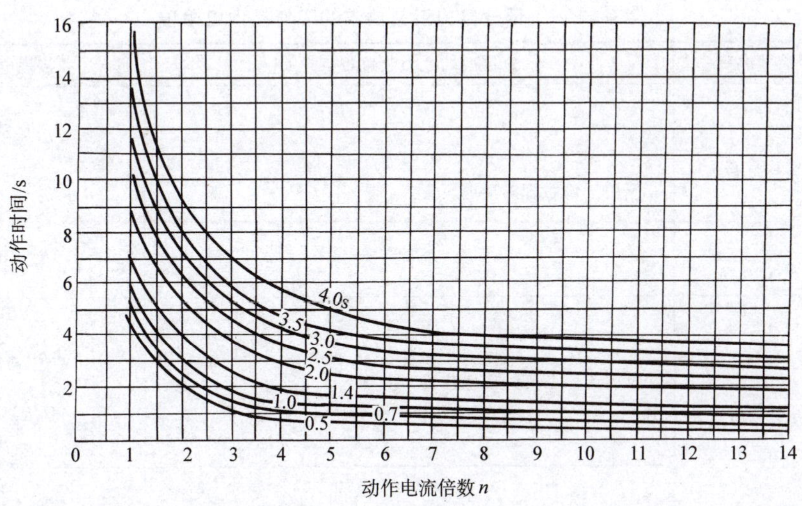

注：速断电流倍数 = 电磁元件动作电流（速断电流）/感应元件动作电流（整定电流）。

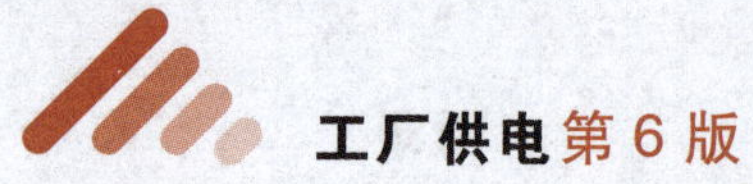

附录表22 爆炸性气体和粉尘危险区域的分区（据GB 50058—2014）

分区代号		环境特征
爆炸性气体环境	0区	连续出现或长期出现爆炸性气体混合物的环境
	1区	在正常运行时可能出现爆炸性气体混合物的环境
	2区	正常运行时不太可能出现爆炸性气体混合物的环境，或即使出现也仅是短时存在的爆炸性气体混合物的环境
爆炸性粉尘环境	20区	空气中的可燃性粉尘云持续地或长期地或频繁地出现于爆炸性环境中的区域
	21区	在正常运行时，空气中的可燃性粉尘云很可能偶尔出现于爆炸性环境中的区域
	22区	在正常运行时，空气中的可燃性粉尘云一般不可能出现于爆炸性环境中，即使出现持续时间也是短暂的区域

附录表23 爆炸危险环境钢管配线的技术要求

项目		钢管明敷线路用绝缘导线的最小截面积			接线盒、分支盒、挠性连接管	管子连接要求
		电力	照明	控制		
爆炸危险区域	1区	铜芯线$2.5mm^2$及以上	铜芯线$2.5mm^2$及以上	铜芯线$2.5mm^2$及以上	隔爆型	对$\phi25mm$及以下的钢管螺纹旋合不应少于5扣，对$\phi32mm$及以上的不应少于6扣；并应有锁紧螺母
	2区	铜芯线$1.5mm^2$及以上、铝芯线$4mm^2$及以上	铜芯线$1.5mm^2$及以上、铝芯线$2.5mm^2$及以上	铜芯线$1.5mm^2$及以上	隔爆型 增安型	对$\phi25mm$及以下的钢管螺纹旋合不应少于5扣，对$\phi32mm$及以上的不应少于6扣

注：1. 钢管应采用低压液体输送用镀锌焊接钢管（SC）。
2. 为了防腐蚀，钢管连接的螺纹部分应涂以铅油或磷化膏。

附录表24 部分电力装置要求的工作接地电阻值

序号	电力装置名称	接地的电力装置特点	接地电阻值
1	1kV以上大电流接地系统	仅用于该系统的接地装置	$R_E \leqslant \frac{2000V}{I_k^{(1)}}$ 当$I_k^{(1)} > 4000A$时 $R_E \leqslant 0.5\Omega$
2	1kV以上小电流接地系统	仅用于该系统的接地装置	$R_E \leqslant \frac{250V}{I_E}$ 且$R_E \leqslant 10\Omega$
3		与1kV以下系统共用的接地装置	$R_E \leqslant \frac{120V}{I_E}$ 且$R_E \leqslant 10\Omega$

（续）

序号	电力装置名称	接地的电力装置特点		接地电阻值
4	1kV 以下系统	与总容量在 100kV · A 以上的发电机或变压器相连的接地装置		$R_E \leqslant 4\Omega$
5		上述（序号 4）装置的重复接地		$R_E \leqslant 10\Omega$
6		与总容量在 100kV · A 及以下的发电机或变压器相连的接地装置		$R_E \leqslant 10\Omega$
7		上述（序号 6）装置的重复接地		$R_E \leqslant 30\Omega$
8	避雷装置	独立避雷针和避雷线		$R_E \leqslant 10\Omega$
9		变配电所装设的避雷器	与序号 4 装置共用	$R_E \leqslant 4\Omega$
10			与序号 6 装置共用	$R_E \leqslant 10\Omega$
11		线路上装设的避雷器或保护间隙	与电机无电气联系	$R_E \leqslant 10\Omega$
12			与电机有电气联系	$R_E \leqslant 5\Omega$
13	防雷建筑物	第一类防雷建筑物		$R_{sh} \leqslant 10\Omega$
14		第二类防雷建筑物		$R_{sh} \leqslant 10\Omega$
15		第三类防雷建筑物		$R_{sh} \leqslant 30\Omega$

注：R_E 为工频接地电阻；R_{sh} 为冲击接地电阻；$I_k^{(1)}$ 为流经接地装置的单相短路电流；I_E 为单相接地电容电流，按式（1-6）计算。

附录表 25　土壤电阻率参考值

土　壤　名　称	电阻率/(Ω · m)	土　壤　名　称	电阻率/(Ω · m)
陶黏土	10	沙质黏土、可耕地	100
泥炭、泥灰岩、沼泽地	20	黄土	200
捣碎的木炭	40	含沙黏土、沙土	300
黑土、田园土、陶土	50	多石土壤	400
黏土	60	沙、沙砾	1000

附录表 26　垂直管形接地体的利用系数参考值

1. 敷设成一排时（未计入连接扁钢的影响）

管间距离与管子长度之比 a/l	管子根数 n	利用系数 η_E	管间距离与管子长度之比 a/l	管子根数 n	利用系数 η_E
1	2	0.84 ~ 0.87	1	5	0.67 ~ 0.72
2		0.90 ~ 0.92	2		0.79 ~ 0.83
3		0.93 ~ 0.95	3		0.85 ~ 0.88
1	3	0.76 ~ 0.80	1	10	0.56 ~ 0.62
2		0.85 ~ 0.88	2		0.72 ~ 0.77
3		0.90 ~ 0.92	3		0.79 ~ 0.83

（续）

2. 敷设成环形时（未计入连接扁钢的影响）

管间距离与管子长度之比 a/l	管子根数 n	利用系数 η_E	管间距离与管子长度之比 a/l	管子根数 n	利用系数 η_E
1 2 3	4	0.66～0.72 0.76～0.80 0.84～0.86	1 2 3	20	0.44～0.50 0.61～0.66 0.68～0.73
1 2 3	6	0.58～0.65 0.71～0.75 0.78～0.82	1 2 3	30	0.41～0.47 0.58～0.63 0.66～0.71
1 2 3	10	0.52～0.58 0.66～0.71 0.74～0.78	1 2 3	40	0.38～0.44 0.56～0.61 0.64～0.69

附录表27　普通照明白炽灯的主要技术数据

型　号	额定功率/W	额定光通量/lm	型　号	额定功率/W	额定光通量/lm
PZ220-15	15	110	PZ220-500	500	8300
PZ220-25	25	220	PZ220-1000	1000	18600
PZ220-40	40	350	PZS220-36	36	350
PZ220-60	60	630	PZS220-40	40	415
PZ220-100	100	1250	PZS220-55	55	630
PZ220-150	150	2090	PZS220-60	60	715
PZ220-200	200	2920	PZS220-94	94	1250
PZ220-300	300	4610	PZS220-100	100	1350

注：灯泡额定电压为220V，平均使用寿命为1000h。

附录表28　室内一般照明灯具距离地面的最低悬挂高度（据JBJ 6—1996）

光源种类	灯具型式	灯具遮光角	光源功率/W	最低悬挂高度/m
白炽灯	有反射罩	10°～30°	≤100	2.5
			150～200	3.0
			300～500	3.5
	乳白玻璃漫射罩	—	≤100	2.2
			150～200	2.5
			300～500	3.0
荧光灯	无反射罩	—	≤40	2.2
			>40	3.0
	有反射罩	—	≤40	2.2
			>40	2.2

（续）

光源种类	灯具型式	灯具遮光角	光源功率/W	最低悬挂高度/m
荧光高压汞灯	有反射罩	10°~30°	<125	3.5
			125~250	5.0
			≥400	6.0
	有反射罩带格栅	>30°	<125	3.0
			125~250	4.0
			≥400	5.0
金属卤化物灯、高压钠灯、混光光源	有反射罩	10°~30°	<150	4.5
			150~250	5.5
			250~400	6.5
			>400	7.5
	有反射罩带格栅	>30°	<150	4.0
			150~250	4.5
			250~400	5.5
			>400	6.5

附录表 29　部分工业、民用和公共建筑一般照明标准值（据 GB 50034—2013）

1. 部分工业建筑一般照明标准值

照明房间或场所		参考平面及其高度	照度标准值/lx	统一眩光值(UGR)	一般显色指数(*Ra*)	备注
(1)通用房间或场所						
试验室	一般	0.75m 水平面	300	22	80	可另加局部照明
	精细	0.75m 水平面	500	19	80	可另加局部照明
检验室	一般	0.75m 水平面	300	32	80	可另加局部照明
	精细，有颜色要求	0.75m 水平面	750	19	80	可另加局部照明
计量室，测量室		0.75m 水平面	500	19	80	可另加局部照明
变、配电站	配电装置室	0.75m 水平面	200	—	60	
	变压器室	地面	100	—	20	
电源设备室，发电机室		地面	200	25	60	
控制室	一般控制室	0.75m 水平面	300	22	80	
	主控制室	0.75m 水平面	500	19	80	
电话站、网络中心		0.75m 水平面	500	19	80	
计算机站		0.75m 水平面	500	19	80	
动力站	风机房、空调机房	地面	100	—	60	
	水泵房	地面	100	—	60	
	冷冻站	地面	150	—	60	
	压缩空气站	地面	150	—	60	
	锅炉房、煤气站的操作层	地面	100	—	60	锅炉水位表的照度不小于 50lx

（续）

照明房间或场所		参考平面及其高度	照度标准值/lx	统一眩光值（UGR）	一般显色指数（Ra）	备注
仓库	大件库（如钢坯、钢材、大成品、气瓶）	1.0m 水平面	50	—	20	
仓库	一般件库	1.0m 水平面	100	—	60	
仓库	半成品存	1.0m 水平面	150	—	80	
仓库	精细件库（如工具、小零件）	1.0m 水平面	200	—	60	货架垂直照度不小于50lx
车辆加油站		地面	100	—	60	油表照度不小于50lx
（2）机电工业						
机械加工	粗加工	0.75m 水平面	200	22	60	可另加局部照明
机械加工	一般加工（公差≥0.1mm）	0.75m 水平面	300	22	60	应另加局部照明
机械加工	精密加工（公差<0.1mm）	0.75m 水平面	500	19	60	应另加局部照明
机电、仪表装配	大件	0.75m 水平面	200	25	80	可另加局部照明
机电、仪表装配	一般件	0.75m 水平面	300	25	80	可另加局部照明
机电、仪表装配	精密	0.75m 水平面	500	22	80	应另加局部照明
机电、仪表装配	特精密	0.75m 水平面	750	19	80	应另加局部照明
电线、电缆制造		0.75m 水平面	300	25	60	
线圈绕制	大线圈	0.75m 水平面	300	25	80	
线圈绕制	中等线圈	0.75m 水平面	500	22	80	可另加局部照明
线圈绕制	精细线圈	0.75m 水平面	750	19	80	应另加局部照明
线圈浇注		0.75m 水平面	300	25	80	
焊接	一般	0.75m 水平面	200	—	60	
焊接	精密	0.75m 水平面	300	—	60	
钣金		0.75m 水平面	300	—	60	
冲压、剪切		0.75m 水平面	300	—	60	
热处理		地面至0.5m 水平面	200	—	20	
铸造	熔化、浇铸	地面至0.5m 水平面	200	—	20	
铸造	造型	地面至0.5m 水平面	300	25	60	
精密铸造的制模、脱壳		地面至0.5m 水平面	500	25	60	
锻工		地面至0.5m 水平面	200	—	20	
电镀		0.75m 水平面	300	—	80	

（续）

照明房间或场所		参考平面及其高度	照度标准值/lx	统一眩光值（UGR）	一般显色指数（Ra）	备注
喷漆	一般	0.75m 水平面	300	—	80	
	精细	0.75m 水平面	500	22	80	
酸洗、腐蚀、清洗		0.75m 水平面	300	—	80	
抛光	一般装饰性	0.75m 水平面	300	22	80	防频闪
	精细	0.75m 水平面	500	22	80	防频闪
复合材料加工、铺叠、装饰		0.75m 水平面	500	22	80	
机电修理	一般	0.75m 水平面	200	—	60	可另加局部照明
	精密	0.75m 水平面	300	22	60	可另加局部照明
（3）电力工业						
火电厂锅炉房		地面	100	—	40	
发电机房		地面	200	—	60	
主控室		0.75m 水平面	500	19	80	
（4）电子工业						
电子元器件		0.75m 水平面	500	19	80	应另加局部照明
电子零部件		0.75m 水平面	500	19	80	应另加局部照明
电子材料		0.75m 水平面	300	22	80	应另加局部照明
酸、碱、药液及粉配制		0.75m 水平面	300	—	80	

注：其他工业建筑的一般照明标准值参见 GB 50034—2013，此处从略。

2. 部分民用和公共建筑照明标准值

照明房间或场所		参考平面及其高度	照度标准值/lx	统一眩光值（UGR）	一般显色指数（*Ra*）
（1）居住建筑					
起居室	一般活动	0.75m 水平面	100	—	80
	书写、阅读		300①		
卧室	一般活动	0.75m 水平面	75	—	80
	床头阅读		150①		
餐厅		0.75m 水平面	150	—	80
厨房	一般活动	0.75m 水平面	100	—	80
	操作台	台面	150①		
卫生间		0.75m 水平面	100	—	80

①宜用混合照明，即一般照明加局部照明。

（2）商业建筑

照明房间或场所	参考平面及其高度	照度标准值/lx	统一眩光值（UGR）	一般显色指数（*Ra*）
一般商店营业厅	0.75m 水平面	300	22	80
高档商店营业厅	0.75m 水平面	500	22	80
一般超市营业厅	0.75m 水平面	300	22	80
高档超市营业厅	0.75m 水平面	500	22	80

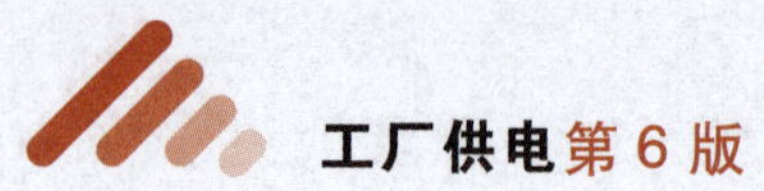

（续）

照明房间或场所	参考平面及其高度	照度标准值/lx	统一眩光值(UGR)	一般显色指数(Ra)
收款台	台面	500*	—	80
(3)旅馆建筑				
客房 一般活动区	0.75m 水平面	75	—	80
客房 床头	0.75m 水平面	150	—	80
客房 写字台	台面	300	—	80
客房 卫生间	0.75m 水平面	150	—	80
中餐厅	0.75m 水平面	200	22	80
西餐厅	0.75m 水平面	150	—	80
酒吧间、咖啡厅	0.75m 水平面	75	—	80
多功能厅,宴会厅	0.75m 水平面	300	22	80
总服务台	地面	300	—	80
休息厅	地面	200	22	80
客房层走廊	地面	50	—	80
厨房	台面	500*	—	80
洗衣房	0.75m 水平面	200	—	80
(4)教育建筑				
教室、阅览室	课桌面	300	19	80
实验室、阅览室	实验桌面	300	19	80
美术教室	桌面	500	19	90
多媒体教室	0.75m 水平面	300	19	80
教室黑板	黑板面	500*	—	80
(5)医疗建筑				
治疗室、检查室	0.75m 水平面	300	19	80
化验室	0.75m 水平面	750	19	80
诊室	0.75m 水平面	300	19	80
病房	地面	100	19	80
药房	0.75m 水平面	500	19	80
重症监护室	0.25m 垂直面	300	19	80
走道	地面	100	19	80
(6)办公建筑				
普通办公室	0.75m 水平面	300	19	80
高档办公室	0.75m 水平面	500	19	80

（续）

照明房间或场所	参考平面及其高度	照度标准值/lx	统一眩光值(UGR)	一般显色指数(*Ra*)
会议室	0.75m 水平面	300	19	80
接待室、前台	0.75m 水平面	200	—	80
服务大厅、营业厅	0.75m 水平面	300	22	80
设计室	实际工作面	500	19	80
文件整理、复印、发行室	0.75m 水平面	300	—	80
资料、档案存放室	0.75m 水平面	200	—	80

注：其他民用建筑的照明标准值参见 GB 50034—2013，此处从略。＊指混合照明的照度。

附录表 30 GC1—A、B—2G 型工厂配照灯的主要技术数据和概算图表

1. 主要规格数据

光源型号	光源功率	光源光通量	遮光角	灯具效率	最大距高比
GGY—125	125W	4750lm	0°	66%	1.35

2. 灯具外形及其配光曲线

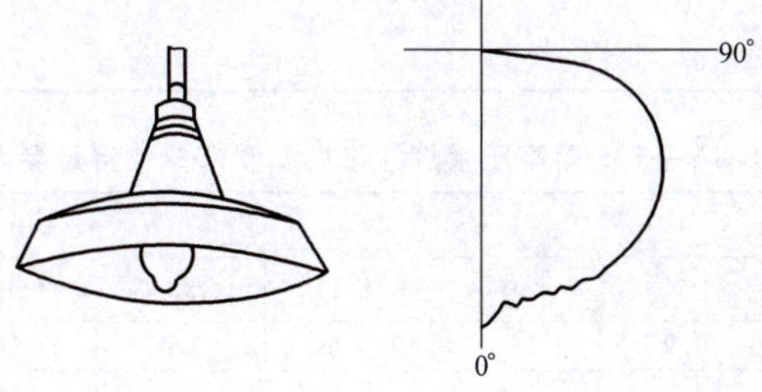

3. 灯具利用系数 u

顶棚反射比 ρ_c(%)		70			50			30			0
墙壁反射比 ρ_w(%)		50	30	10	50	30	10	50	30	10	10
室空间比 *RCR* 地面反射比($\rho_f = 20\%$)	1	0.66	0.64	0.61	0.64	0.61	0.59	0.61	0.59	0.57	0.54
	2	0.57	0.53	0.49	0.55	0.51	0.48	0.52	0.49	0.47	0.44
	3	0.49	0.44	0.40	0.47	0.43	0.39	0.45	0.41	0.38	0.36
	4	0.43	0.38	0.33	0.42	0.37	0.33	0.40	0.36	0.32	0.30
	5	0.38	0.32	0.28	0.37	0.31	0.27	0.35	0.31	0.27	0.25
	6	0.34	0.28	0.23	0.32	0.27	0.23	0.31	0.27	0.23	0.21
	7	0.30	0.24	0.20	0.29	0.23	0.19	0.28	0.23	0.19	0.18
	8	0.27	0.21	0.17	0.26	0.21	0.17	0.25	0.20	0.17	0.15
	9	0.24	0.19	0.15	0.23	0.18	0.15	0.23	0.18	0.15	0.13
	10	0.22	0.16	0.13	0.21	0.16	0.13	0.21	0.16	0.13	0.11

（续）

4. 灯具概算图表

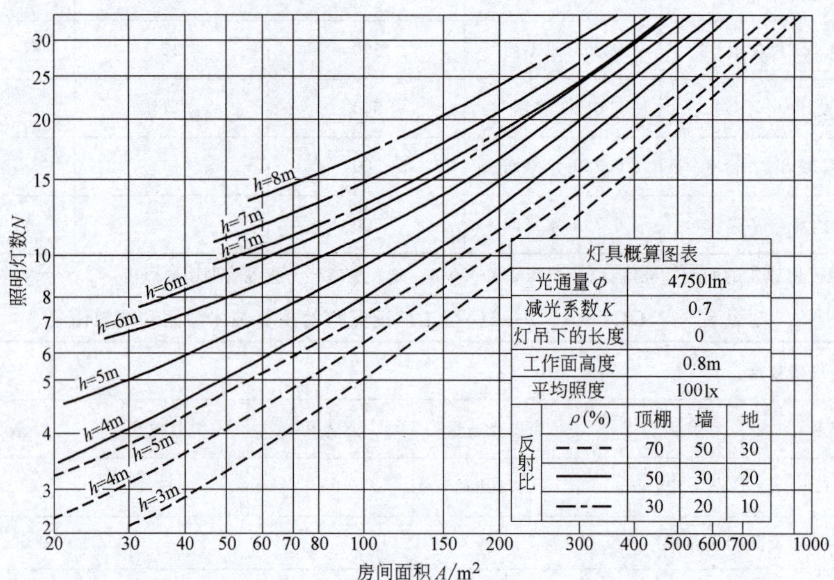

附录表31　采用GGY—125型高压汞灯的工厂配照灯单位容量参考值　（单位：W/m²）

灯在工作面上高度/m	被照面积/m²	平均照度/lx						
		5	10	20	30	50	75	100
4	20~30	0.9	1.8	3.6	5.4	9.0	13.5	18
	30~50	0.7	1.4	2.8	4.2	7.0	10.5	14
	50~100	0.5	1.0	2.0	3.0	5.0	7.5	10
	100~200	0.4	0.8	1.6	2.4	4.0	6.0	8.0
	200~300	0.35	0.7	1.4	2.1	3.5	5.3	7.0
	≥300	0.33	0.66	1.3	2.0	3.3	5.0	6.6
5	30~50	0.9	1.8	3.6	5.4	9.0	13.5	18
	50~100	0.6	1.2	2.4	3.6	6.0	9.0	12
	100~200	0.5	1.0	2.0	3.0	5.0	7.5	10
	200~300	0.4	0.8	1.6	2.4	4.0	6.0	8.0
	≥300	0.39	0.78	1.56	2.34	3.9	5.9	7.8
8	30~50	1.1	2.2	4.4	6.6	11	16.5	22
	50~100	0.8	1.6	3.2	4.8	8.0	12	16
	100~200	0.54	1.1	2.2	3.3	5.4	8.3	11
	200~300	0.45	0.9	1.8	2.7	4.5	6.8	9.0
	≥300	0.43	0.86	1.7	2.6	4.3	6.5	8.6

注：本表数据以装GGY—125型高压汞灯的GC1—A、B—1型工厂配照灯为准计算。

习题参考答案

第一章　概　　论

1-1　T1：10.5kV/242kV；WL1：220kV；WL2：35kV。

1-2　G：10.5kV；T1：10.5kV/38.5kV；T2：35kV/6.6kV；T3：10kV/0.4kV。

1-3　昼夜电压偏差范围为 -5.26% ~ +7.89%；主变压器分接头宜换至“-5%”的位置运行，而晚上切除主变压器，投入联络线，由邻近车间变电所供电。

1-4　由于单相接地电容电流 $I_C = 17A < 30A$，因此无需改变电源中性点运行方式。

第二章　工厂的电力负荷及其计算

2-1　负荷计算结果见下表：

设备名称	设备容量 P_e/kW	需要系数 K_d	cosφ	tanφ	计算负荷			
					P_{30}/kW	Q_{30}/kvar	S_{30}/kV·A	I_{30}/A
切削机床	800	0.2	0.5	1.73	160	277	320	486
通风机	56	0.8	0.8	0.75	44.8	33.6	56	85
车间总计	856	—	—	—	204.8	310.6	—	—
	取 $K_{\Sigma p}=0.9, K_{\Sigma q}=0.95$				184	295	348	529

2-2　负荷计算结果见下表：

设备名称	设备台数	设备容量 P_e/kW		需要系数 K_d	cosφ	tanφ	计算负荷			
		铭牌	换算				P_{30}/kW	Q_{30}/kvar	S_{30}/kV·A	I_{30}/A
冷加工机床	52	200	200	0.2	0.5	1.73	40	69.2	—	—
行车	1	5.1	3.95	0.15	0.5	1.73	0.59	1.02	—	—
通风机	4	5	5	0.8	0.8	0.75	4	3	—	—
点焊机	3	10.5	8.47	0.35	0.6	1.33	2.96	3.94	—	—
车间总计	60	220.6	217.4	—	—	—	47.55	77.16	—	—
	取 $K_{\Sigma p}=0.9, K_{\Sigma q}=0.95$						42.8	73.3	84.9	129

2-3　两种计算方法的计算结果见下表：

计算方法	计算系数 K_d 或 b/c	$\cos\varphi$	$\tan\varphi$	计算负荷			
				P_{30}/kW	Q_{30}/kvar	S_{30}/kV·A	I_{30}/A
需要系数法	0.2	0.5	1.73	17	29.4	34	51.7
二项式法	0.14/0.4	0.5	1.73	20.9	36.2	41.8	63.5

2-4　一相3台1kW，另两相各1台3kW。$P_{30}=6.3$kW，$Q_{30}=0$，$S_{30}=6.3$kvar，$I_{30}=9.57$A（取$K_d=0.7$时）。

2-5　$P_{30}=19.0$kW，$Q_{30}=15.3$kvar，$S_{30}=24.5$kV·A，$I_{30}=37.2$A（按A相计算）。

2-6　按变压器损耗简化公式计算：$P_{30(1)}=425.5$kW，$Q_{30(1)}=377.3$kvar，$\cos\varphi=0.75$。为达到一次侧$\cos\varphi=0.90$的要求，二次侧按$\cos\varphi=0.92$计，需装设$Q_C=198$kvar的并联电容器。

2-7　查附录表2得$K_d=0.35$，$\cos\varphi=0.75$，$T_{max}=3400$h，由此求得$P_{30}=2044$kW，$Q_{30}=1799$kvar，$S_{30}=2725$kV·A。取年工作小时$T_a=2000$h（一班制），$\alpha=0.75$，$\beta=0.80$，由此求得$W_{p.a}=3066\times10^3$kW·h，$W_{q.a}=2878\times10^3$kvar·h。

2-8　需装设BWF10.5-30-1型电容器57个。补偿后工厂的视在计算负荷$S_{30}=2638$kV·A，比补偿前减少1054kV·A。

2-9　$I_{30}=88.8$A，$I_{pk}=283.4$A。

第三章　短路电流及其计算

3-1　短路计算结果见下表：

短路计算点	短路电流/kA					短路容量/MV·A
	$I_k^{(3)}$	$I''^{(3)}$	$I_\infty^{(3)}$	$i_{sh}^{(3)}$	$I_{sh}^{(3)}$	$S_k^{(3)}$
k-1	8.82	8.82	8.82	22.4	13.3	160
k-2	42	42	42	77.3	45.8	29.1

3-2　短路计算结果与习题4-1基本相同。

3-3　$\sigma_c=45.8\text{MPa}<\sigma_{al}=70\text{MPa}$，故该母线满足短路动稳定度的要求。

3-4　满足短路热稳定度的$A_{min}=374\text{mm}^2$，而母线实际截面积为$A=800\text{mm}^2$，故该母线完全满足短路热稳定度的要求。

第四章　工厂变配电所及其一次系统

4-1　初步选两台S9-630/10型电力变压器。如果选两台S9-500/10型，则在一台运行时，考虑到当地年平均气温较高，又是室内运行，实际容量$S=500\text{kV·A}\times(0.92-0.05)=435\text{kV·A}<S_{\text{I}+\text{II}}=460\text{kV·A}$，不满足一、二级负荷要求，故改选两台S9-630/10型。

4-2　将使S9-315/10型变压器过负荷7.9%。

4-3　电流互感器 0.5 级的二次负荷 $S_2=6.05\text{V}\cdot\text{A}$，小于 $S_{2N}=10\text{V}\cdot\text{A}$，3 级的二次负荷 $S_2=18.15\text{V}\cdot\text{A}$，也小于 $S_{2N}=30\text{V}\cdot\text{A}$，因此均符合准确度的要求。

4-4　应选 SN10-10Ⅱ/1000-500 型高压少油断路器。

第五章　工厂电力线路

5-1　相线截面积选为 95mm²，其 $I_{al}=152\text{A}$；PEN 线截面积选为 50mm²；穿线钢管选为 SC70mm。所选结果可表示为：BLV—500—(3×95+1×50)—SC70。

5-2　所选结果为 BLV—500—(3×120+1×70+PE70)—PC80。

5-3　相线采用 LJ—50，其 $I_{al(30℃)}=202A>I_{30}=179\text{A}$，PEN 线可选 LJ—25；校验电压损耗 $\Delta U\%=4.13\%<\Delta U\%=5\%$，也满足要求。

5-4　按经济电流密度可选 LJ—70，其 $I_{al}=236\text{A}>I_{30}=89\text{A}$，满足发热条件；校验电压损耗 $\Delta U\%=2\%<\Delta U\%=5\%$，也满足要求。

5-5　按发热条件选 BLV—500—1×25mm² 的导线，其 $I_{al}=98\text{A}$，$\Delta U\%=2.26\%$。

第六章　工厂供电系统的过电流保护

6-1　选 RT0-100/50 型熔断器，熔体电流为 50A；配电线选 BLV-500-1×6mm²，穿硬塑料管（PC），其内径选为 ϕ20mm。

6-2　选 DW16-630 型低压断路器，脱扣器额定电流为 315A，脱扣电流整定为 3 倍即 945A，保护灵敏度达 2.65，满足要求。

6-3　过电流保护动作电流整定为 8A，灵敏度为 2.7，满足要求。速断电流倍数整定为 4.7 倍，灵敏度为 1.6，略低于规定值（不小于 2）的要求。

6-4　整定为 0.8s。

6-5　反时限过电流保护的动作电流整定为 6A，动作时限整定为 0.8s；速断电流倍数整定为 6.7 倍。过电流保护灵敏度达 3.8，电流速断保护灵敏度达 1.9，均满足要求。

第七章　工厂供电系统的二次回路和自动装置

7-1　PA1:1-X:1；PA1:2-PJ:1；PA2:1-X:2；PA2:2-PJ:6；PA3:1-X:3（X:3 与 X:4 并联后接地）；PA3:2-PJ:8；PJ:1-PA1:1；PJ:2-X:5；PJ:3-PJ:8；PJ:4-X:7；PJ:6-PA2:2；PJ:7-X:9；PJ:8-PJ:3 与 PA3:2；X:1-PA1:1；X:2-PA2:1；X:3-PA3:1；X:4 左端与 X:3 左端并联后接地，右端空；X:5-PJ:2；X:7-PJ:4；X:9-PJ:7。

第八章　防雷、接地与电气安全

8-1　避雷针的保护半径约为 16.1m>15m，因此能保护该建筑物。

8-2　需补充装设人工接地装置的接地电阻值为 6Ω。可用 10 根直径为 50mm、长为 2.5m 的钢管垂直打入地下，用 40mm×4mm 的扁钢焊成一圈，钢管距为 5m。经短路热稳定度校验，满足要求。

第九章　工厂节约用电与计划用电

9-1　S9-1000/10 型电力变压器的经济负荷为 400kV·A，经济负荷率为 0.4。

9-2　两台变压器经济运行的临界负荷 $S_{cr}=414$kV·A，而两变压器的总负荷为 $S_{30}=520$kV·A $>S_{cr}$，因此宜两台变压器并列运行。

9-3　电流互感器的电流比宜选为 100A/5A，GL15 型电流继电器的动作电流整定为 6.5A。

第十章　工厂的电气照明

10-1　可选 36 盏灯，均匀矩形布置；纵向每隔 3m 装 1 灯，灯距墙 1.25m，每排 4 灯，共 9 排。

10-2　查附录表 30-4 的概算图表，可得 $N\approx18$，因此计算得 $n\approx36$，灯具布置同上。

10-3　选用 BLV-500-1×16 型铝芯塑料线。

参 考 文 献

[1] 刘介才. 工厂供电 [M]. 5版. 北京：机械工业出版社, 2010.
[2] 刘介才. 工厂供电 [M]. 3版. 北京：机械工业出版社, 2014.
[3] 刘介才. 供配电技术 [M]. 3版. 北京：机械工业出版社, 2013.
[4] 苏文成. 工厂供电 [M]. 2版. 北京：机械工业出版社, 1990.
[5] 曾德君. 配电网新设备新技术问答 [M]. 北京：中国电力出版社, 2002.
[6] 陈小虎. 工厂供电技术 [M]. 2版. 北京：高等教育出版社, 2006.
[7] 李俊、遇桂琴. 供用电网络及设备 [M]. 2版. 北京：中国电力出版社, 2007.
[8] 王厚余. 低压电气装置的设计、安装和检验 [M]. 北京：中国电力出版社, 2003.
[9] 中国航空工业规划设计研究院. 工业与民用配电设计手册 [M]. 3版. 北京：中国电力出版社, 2005.
[10] 刘介才. 工厂供电简明设计手册 [M]. 北京：机械工业出版社, 1993.
[11] 刘介才. 供电工程师技术手册 [M]. 北京：机械工业出版社, 1998.
[12] 刘介才. 工厂供用电实用手册 [M]. 北京：中国电力出版社, 2001.
[13] 刘介才. 实用供配电技术手册 [M]. 北京：中国水利水电出版社, 2002.
[14] 刘介才. 安全用电实用技术 [M]. 北京：中国电力出版社, 2006.
[15] 电力工业部安全监察及生产协调司. 电力供应与使用法规汇编 [M]. 北京：中国电力出版社, 1999.
[16] 中华人民共和国国家标准（含修订本）[S]. 北京：中国标准出版社, 1983~2014.
[17] 电气标准规范汇编（含修订本）[S]. 北京：中国计划出版社, 1999~2006.
[18] 电气装置工程施工及验收规范汇编 [S]. 北京：中国建筑工业出版社, 2000~2006.
[19] 电力工业标准汇编 [S]. 北京：中国电力出版社, 1996~2006.
[20] 国家电网公司. 国家电网公司电力安全工作规程（变电部分、线路部分）[S]. 北京：中国电力出版社, 2009.
[21] 全国电压电流等级和频率标准化技术委员会. 电压电流频率和电能质量国家标准应用手册 [M]. 北京：中国电力出版社, 2001.
[22] 《建筑照明设计标准》编制组. 建筑照明设计标准培训讲座 [M]. 北京：中国建筑工业出版社, 2004.
[23] 《工厂常用电气设备手册》编写组. 工厂常用电气设备手册（含补充本）[M]. 北京：中国电力出版社, 1997~2003.
[24] 刘介才. 工厂供电设计指导 [M]. 2版. 北京：机械工业出版社, 2008.
[25] 刘介才. 电气照明设计指导 [M]. 北京：机械工业出版社, 1999.
[26] 刘介才. 三相交流相序代号问题的商榷 [J]. 电工技术杂志, 1997（3）.
[27] 刘介才. 浅谈电气图形符号的派生 [M]. 电世界杂志, 1993（8）（本文收入朱光亚、周光召主编的大型文献《中国科学技术文库·电工技术卷》[M]. 北京：科技文献出版社, 1998）.
[28] 刘介才. 接地电阻简化计算公式辨析 [J]. 建筑电气季刊, 1998（2）（本文被美国柯尔比科学文化信息中心推荐进入全球信息网络，网址：http：//w. w. w. collby-usa. com）.
[29] 刘介才. 关于电气符号的“明文规定”[J]. 电气时代月刊, 2000（11）.
[30] 刘介才. 供电设计中若干问题的探讨 [C]. 四川省电工技术学会优秀论文集（1）, 1990.